中国农业热带作物标准

（2011—2015）

农业农村部热带作物及制品标准化技术委员会　编

中国农业出版社
农村读物出版社
北　京

编　委　会

主　　任：谢江辉　汪学军

副 主 任：王树昌　李　琼

编　　委：吴金玉　崔野韩　杨伟林　吕汉林　何天喜

　　　　　符月华　王家保　罗金辉　韩学军　万靓军

本书编写人员

主　　编：楚小强　孙　亮

副 主 编：廖子荣　郑　玉　魏玉云　张艳玲　马　帅

参编人员（按姓氏笔画排序）：

王金丽　文尚华　邓怡国　卢　光　邢淑莲

刘　奎　刘智强　许　逵　许灿光　苏智伟

李一民　李仕强　李希娟　吴桂苹　张　劲

陈　鹰　陈业渊　陈叶海　陈伟南　陈莉莎

陈超平　林泽川　易克贤　赵志浩　赵溪竹

郝朝运　俞　欢　袁淑娜　徐　志　徐兵强

殷世铭　唐语琪　黄华孙　黄茂芳　黄家溢

蒲金基　蒙绪儒　蔡泽祺　黎其万

前　言

　　热带作物主要包括天然橡胶、木薯、油棕等工业原料，香蕉、荔枝、芒果等热带水果以及咖啡、桂皮、八角等香（饮）料，是重要的国家战略资源和日常消费品。1991 年 11 月 24 日，为加强我国热带作物及制品标准化工作，农业部批准成立农业部热带作物及制品标准化技术委员会（以下简称"热标委"），开展热带作物及制品行业标准的制定、审查和相关标准化工作。经过多年努力，目前已建立了较为完备的热带作物及制品标准体系。为方便查阅以及更好地推动标准宣贯和实施，现将部分标准汇编成《中国农业热带作物标准（2011—2015）》，旨在为相关从业人员提供参考借鉴。

　　本书共收录热标委 2011—2015 年归口管理的 98 项热带作物及制品行业标准，并按发布时间顺序进行编排。涉及橡胶树、香蕉、木薯、澳洲坚果、槟榔、菠萝、甘蔗、胡椒、剑麻、咖啡、苦丁茶、荔枝、龙舌兰麻、龙眼、芒果、非洲菊、鹤蕉、红掌、香草兰、腰果、椰子、油棕等 22 种热带作物，涵盖种质资源收集保存鉴定、品种审定、栽培植保、加工、产品质量控制等标准。

　　本书编写工作得到了农业农村部农垦局、农业农村部农产品质量安全监管司、中国热带农业科学院、中国农垦经济发展中心和农业农村部农产品质量安全中心的大力支持。在此，对有关单位和个人表示感谢！

　　特别声明：本着尊重原著的原则，除明显差错外，对标准中所涉及的有关量、符号、单位和编写体例均未做统一改动。

　　由于本书涉及热带作物及制品种类较多且覆盖产前、产中和产后各环节，标准数量大，整理时间短，书中可能会出现不妥和疏漏之处，敬请广大读者批评指正。

编　者

2021 年 11 月

目　　录

目 录

目　录

中华人民共和国农业行业标准

天然橡胶初加工机械 基础件

Machinery for primary processing of natural rubber—Basic parts

NY/T 232—2011
代替 NY/T 232.1～232.3—1994

1 范围

本标准规定了天然橡胶初加工机械辊筒、筛网、锤片的主要尺寸参数、结构型式、技术要求、试验方法、检验规则及标志、包装、运输和贮存要求。

本标准适用于天然橡胶初加工机械辊筒、筛网、锤片。

2 规范性引用文件

下列文件对于本文件的应用是必不可少的。凡是注日期的引用文件，仅注日期的版本适用于本文件。凡是不注日期的引用文件，其最新版本（包括所有的修改单）适用于本文件。

GB/T 230.1 金属洛氏硬度试验 第1部分 试验方法(A、B、C、D、E、F、G、H、K、N、T标尺)

GB/T 231.1 金属材料 布氏硬度试验 第1部分 试验方法

GB/T 232 金属材料 弯曲试验方法

GB/T 699 优质碳素结构钢

GB/T 1031 产品几何技术规范(GPS) 表面结构 轮廓法表面粗糙度参数及其数值

GB/T 1184 形状和位置公差 未注公差值

GB/T 1348 球墨铸铁件

GB/T 1800.2 产品几何技术规范(GPS) 极限与配合第2部分:标准公差等级和孔、轴极限偏差表

GB/T 1801 产品几何技术规范(GPS) 极限与配合 公差带和配合的选择

GB/T 1804 一般公差 未注公差的线性和角度尺寸的公差

GB/T 1958 产品几何技术规范(GPS) 形状和位置公差 检测规定

GB/T 2822 标准尺寸

GB/T 2828.1 计数抽样检验程序 第1部分:按接收质量限(AQL)检索的逐批检验抽样计划

GB/T 3177 产品几何技术规范(GPS) 光滑工件尺寸的检验

GB/T 3280 不锈钢冷轧钢板和钢带

GB/T 3880.2 一般工业用铝及铝合金板、带材 第2部分:力学性能

GB/T 5330 工业用金属丝编织方孔筛网

JB/T 7945 灰铸铁 力学性能试验方法

GB/T 9439 灰铸铁件

GB/T 9441 球墨铸铁金相检验

GB/T 10610 产品几何技术规范(GPS) 表面结构 轮廓法 评定表面结构的规则和方法

GB/T 11352　一般工程用铸造碳钢件

NY/T 460—2001　天然橡胶初加工机械　干燥车

YB/T 5349　金属弯曲力学性能试验方法

3　主要尺寸参数与结构型式

3.1　基础件中辊筒、筛网的主要尺寸参数应符合 GB/T 2822 的规定，可分别按表 1、表 2 的规定执行。

表1　辊筒主要尺寸参数　　　　　　　　　　　　　　　　　　　　　　单位为毫米

辊筒直径			辊筒长度		
R10	R20	R40	R10	R20	R40
100			400		(420)
	112			450	(420)
	140		500		
		150			530
160				560	
	180		500		
200					600
250			630		
	280				670
		300	710	(750)	
	355		710	(800)	
		375			850
400				900	
	450				950
500			1 000		
	530		1 000		(1 060)
	560			1 120	(1 060)

注：按 R10、R20、R40 顺序选用。

表2　筛网主要尺寸参数　　　　　　　　　　　　　　　　　　　　　　单位为毫米

筛网品种	筛网号	筛孔直径		筛孔间距	
		R10	R20	R10	R20
锤磨机筛网	20	20		25	28
	22		22	32	28
	25	25		32	30
	28		28	40	36
	32	32		40	45
	36		36	50	45
干燥设备筛网	4	4		6	9
	5	5		8	9
	6	6		10	9
	8	8		12	11
	10	10		16	14
	12	12		16	18

注：按 R10、R20 顺序选用。

3.2 锤磨机筛网按孔分布位置可分为Ⅰ、Ⅱ两种型式,如图1。

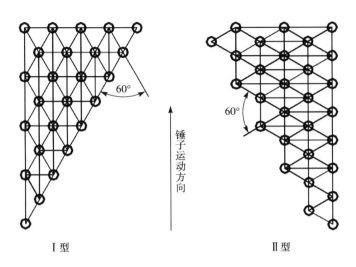

图1 锤磨机筛网孔结构型式

Ⅰ型筛网:由筛孔中心构成的等边三角形中有一边与锤片运动方向垂直。

Ⅱ型筛网:由筛孔中心构成的等边三角形中有一边与锤片运动方向平行。

3.3 锤磨机锤片可采用Ⅰ型或Ⅱ型结构型式制造,如图2。

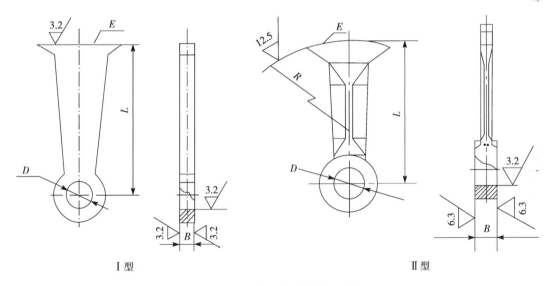

图2 锤磨机锤片结构型式

3.4 干燥设备筛网分为编织网和板材冲孔网。

4 技术要求

4.1 基本要求

4.1.1 应按批准的图样及技术文件制造与检验。

4.1.2 未注明公差的机械加工尺寸,应符合GB/T 1804中C级的规定。

4.2 辊筒

4.2.1 采用的材料应符合相应产品标准的规定,其中,绉片机、锤磨机、洗涤机、撕粒机等辊筒体应采用

3

力学性能不低于 GB/T 1348 规定的 QT 450‐10 或 GB/T 11352 规定的 ZG 310‐570 制造;压片机、压薄机等辊筒体应采用力学性能不低于 GB/T 9439 规定的 HT200 制造;辊筒两端轴均应采用力学性能不低于 GB/T 699 规定的 45 钢制造。

4.2.2 表面硬度应符合相应产品标准的规定,其中,绉片机、锤磨机、洗涤机、撕粒机等辊筒表面硬度不低于 200 HB,压片机、压薄机等辊筒表面硬度应不低于 150 HB。

4.2.3 轴承位尺寸公差应符合 GB/T 1800.2 中 k6 或 h6 的要求。

4.2.4 轴承位同轴度公差应不低于 GB/T 1184 规定的 8 级精度。

4.2.5 轴承位和辊筒外圆的表面粗糙度分别不低于 GB/T 1031 中的 Ra3.2 和 Ra6.3。

4.2.6 辊筒体不应有裂纹,砂眼、气孔直径和深度均应小于 4 mm,砂眼、气孔之间的距离应不小于 40 mm。

4.2.7 转速大于 500 r/min 的辊筒应进行静平衡。

4.3 筛网

4.3.1 筛网开孔率应不小于 35%。

4.3.2 锤磨机筛网应采用机械性能不低于 GB/T 3280 规定的 0Cr13 的材料制造。

4.3.3 干燥设备筛网应符合 GB/T 5330 中的规定或采用机械性能不低于 GB 3880.2 规定的 1050 牌号的材料制造。

4.3.4 干燥设备筛网对角线差应符合 NY/T 460—2001 中表 2 的规定。

4.3.5 干燥设备筛网应可拆卸清洗。

4.4 锤片

4.4.1 应采用力学性能不低于 GB/T 11352 规定的 ZG 310~570 材料制造。

4.4.2 工作外圆表面硬度为 40 HRC~50 HRC。

4.4.3 不应有裂纹,外表面不应有砂眼、气孔等缺陷。

4.4.4 图中 D、B 和 L 的尺寸偏差应分别符合 GB/T 1801 中 B11、js13 和 js12 的规定。

4.4.5 表面粗糙度应符合图的规定。

4.4.6 按质量分组,以锤磨机转子每条销轴上锤片为一组,每组总质量差不大于 10 g。

5 试验方法

5.1 尺寸公差的测定应按 GB/T 3177 规定的方法执行。

5.2 形位公差的测定应按 GB/T 1958 规定的方法执行。

5.3 洛氏硬度的测定应按 GB/T 230.1 规定的方法执行,布氏硬度测定应按 GB/T 231.1 规定的方法执行。

5.4 表面粗糙度参数的测定应按 GB/T 10610 规定的方法执行。

5.5 材料性能试验:灰铸铁件应按 GB/T 7945 规定的方法执行;球墨铸铁件应按 GB/T 9441 规定的方法执行;结构钢应按 YB/T 5349 和 GB/T 232 规定的方法执行。

6 检验规则

6.1 出厂检验

6.1.1 产品均需经制造厂质检部门检验合格,并签发"产品合格证"后才能出厂。

6.1.2 出厂检验应采用随机抽样,抽样方法按 GB/T 2828.1 中正常检查一次抽样方案确定。

6.1.3 样本应在六个月内生产的产品中随机抽取。抽样检查批量应不少于 3 件(锤片则为 3 台锤磨机锤片),样本大小为 2 件(锤片则为 2 台锤磨机锤片)。

6.1.4 出厂检验项目、不合格分类见表 3。

6.1.5 判定规则。评定时采用逐项检验考核,A、B、C 各类的不合格总数小于等于 Ac 为合格,大于等于 Re 为不合格。A、B、C 各类均合格时,该批产品为合格品,否则为不合格品。

表 3 出厂检验项目、不合格分类

不合格分类	检 验 项 目		样本数	项目数	检查水平	样本大小字码	AQL	Ac	Re
A	辊筒	裂纹情况		1			6.5	0	1
	筛网	开孔率							
	锤片	裂纹情况							
B	辊筒	1. 工作表面硬度 2. 轴承位尺寸		2			25	1	2
	筛网	1. 筛网直径 2. 筛网间距							
	锤片	1. 工作表面硬度 2. 组间总质量差	2		S-I	A			
C	辊筒	1. 轴承位和辊筒体表面粗糙度 2. 外观质量 3. 合格证		3			25	1	2
	筛网	1. 对角线差 2. 尺寸 3. 合格证							
	锤片	1. 表面粗糙度 2. 尺寸 3. 合格证							
注:AQL 为合格质量水平,Ac 为合格判定数,Re 为不合格判定数。									

6.2 型式检验

6.2.1 有下列情况之一时,应对产品进行型式检验:

——新产品生产或产品转厂生产;

——正式生产后,结构、材料、工艺等有较大改变,可能影响产品性能;

——正常生产时,定期或周期性抽查检验;

——产品长期停产后恢复生产;

——出厂检验结果与上次型式检验有较大差异;

——质量监督机构提出进行型式检验要求。

6.2.2 型式检验应采用随机抽样,抽样方法按 GB/T 2828.1 中正常检查一次抽样方案确定。

6.2.3 样本应在六个月内生产的产品中随机抽取。抽样检查批量应不少于 3 件(锤片则为 3 台锤磨机的全部锤片),样本大小为 2 件(锤片则为 2 台锤磨机的全部锤片),应在生产企业成品库或销售部门已检验合格的零部件中抽取。

6.2.4 型式检验项目、不合格分类见表 4。

表4 型式检验项目、不合格分类

不合格分类	检 验 项 目		样本数	项目数	检查水平	样本大小字码	AQL	Ac	Re
A	辊筒	1. 材料力学性能 2. 裂纹情况		2			6.5	0	1
	筛网	1. 材料力学性能 2. 开孔率							
	锤片	1. 材料力学性能 2. 裂纹情况							
B	辊筒	1. 工作表面硬度 2. 轴承位尺寸		2	I	D	25	1	2
	筛网	1. 筛网直径 2. 筛网间距	2						
	锤片	1. 工作表面硬度和外表面砂眼、气孔等情况 2. 组间总质量差							
C	辊筒	1. 轴承位和辊筒体表面粗糙度 2. 外观质量 3. 合格证		3			25	1	2
	筛网	1. 对角线差 2. 尺寸 3. 合格证							
	锤片	1. 表面粗糙度 2. 尺寸 3. 合格证							

注:AQL 为合格质量水平,Ac 为合格判定数,Re 为不合格判定数。

6.2.5 判定规则

评定时采用逐项检验考核,A、B、C 各类的不合格总数小于等于 Ac 为合格,大于等于 Re 为不合格。A、B、C 各类均合格时,该批产品为合格品,否则为不合格品。

7 标志、包装、运输和贮存

7.1 标志

产品应有标牌和产品合格证。标牌上应包括产品名称、型号、技术规格、制造厂名称、商标和出厂年月内容。

7.2 包装

7.2.1 外露加工面应涂防锈剂或包防潮纸,防锈的有效期自产品出厂之日起应不少于 6 个月。

7.2.2 包装应符合运输和装载要求。

7.3 运输和贮存

产品在运输过程中,应保证其不受损坏。产品应贮存在干燥、通风的仓库内,在贮存时应保证其不受损坏。

附加说明:

本标准按照 GB/T 1.1—2009 给出的规则起草。

本标准代替 NY/T 232.1—1994(制胶设备基础件 辊筒)、NY/T 232.2—1994(制胶设备基础件 筛网)、NY/T 232.3—1994(制胶设备基础件 锤片)。

本标准与 NY/T 232.1—1994、NY/T 232.2—1994 和 NY/T 232.3—1994 相比,主要变化如下:

——标准名称改为:NY/T 232—2011 天然橡胶初加工机械 基础件;

——修改和完善了主要尺寸参数(3.1);

——明确规定了部分性能指标,如辊筒硬度指标(4.2.1);

——修订了试验方法,具体规定了各性能指标的检测方法(第5章);

——修订了检验规则,增加了出厂检验项目和型式检验项目及其不合格分类等(6.2.4 和 7.2.5);

——增加了运输和贮存等要求(第7章)。

本标准由中华人民共和国农业部农垦局提出。

本标准由农业部热带作物及制品标准化技术委员会归口。

本标准起草单位:农业部热带作物机械质量监督检验测试中心、广东广垦机械有限公司。

本标准主要起草人:李明、王金丽、孙悦平、邓怡国。

本标准所代替标准的历次版本发布情况为:

——NY/T 232.1—1994、NY/T 232.2—1994、NY/T 232.3—1994。

中华人民共和国农业行业标准

剑麻纤维及制品回潮率的测定

Determination of moisture regain for sisal fibre
and derived products

NY/T 243—2011

代替 NY/T 243—1995，
NY/T 244—1995

1 范围

本标准规定了用烘箱法和蒸馏法测定剑麻纤维及制品回潮率的方法。

烘箱法适用于剑麻纤维和不含油脂的剑麻制品；蒸馏法适用于含油脂和不含油脂的所有剑麻纤维及制品。

2 术语和定义

下列术语和定义适用于本文件。

2.1

回潮率 moisture regain

物料中所含水分质量对物料绝干质量的百分率。

3 烘箱法

3.1 原理

在规定温度下，用烘箱直接烘除试样的水分，根据加热前后的质量差计算试样的回潮率。

3.2 仪器设备

八篮恒温干燥箱：工作温度可控制在105℃～110℃内；天平：感量为0.01 g。

3.3 试验条件

在环境大气条件下进行。

3.4 试验步骤

3.4.1 试样的制备

称取质量约50 g样品作为一个试样，精确至0.01 g，以保持松散为原则将试样收缩成团状。如试样中含有容易脱落的碎小物料，如麻糠等，应放置在铝盘或玻璃器皿中测试。

3.4.2 测定

将试样逐个置于八篮恒温干燥箱的吊篮内，迅速称重并记录。在105℃～110℃下烘1 h后，每隔10 min称重一次，直至前后两次重量差不超过0.02 g后记录。

3.4.3 结果计算

试样的回潮率 H_c，按式(1)计算：

$$H_c = \frac{S-G}{G} \times 100 \cdots\cdots\cdots\cdots\cdots\cdots\cdots\cdots\cdots (1)$$

式中：

H_c——试样的回潮率,以百分率表示(%);

S——试样的烘前质量,单位为克(g);

G——试样的烘干质量,单位为克(g)。

计算结果精确至小数点后一位。

4 蒸馏法

4.1 原理

在试样中加入有机溶剂,采用共沸蒸馏将试样中水分分离出来,根据水的体积计算试样的回潮率。

4.2 仪器

4.2.1 水分测定器

装置如图1,各部连接处均为玻璃磨口。使用前仪器需用铬酸钾洗液洗净并烘干。

4.2.1.1 短颈圆底烧瓶:500 mL。

4.2.1.2 水分收集管:容量 10 mL。1 mL 以下分度值为 0.1 mL,1 mL~10 mL 分度值为 0.2 mL。

4.2.1.3 回流冷凝管:外管长 400 mm。

4.2.2 天平

感量为 0.01 g。

4.2.3 可调封闭式电炉。

4.3 试剂

甲苯或二甲苯:先以水饱和后,分去水层,进行蒸馏,收集馏出液备用。

4.4 试验条件

在通风橱内进行。

4.5 试验步骤

4.5.1 试样的制备

按 3.4.1 的规定执行。

4.5.2 测定

4.5.2.1 将试样拆散置于烧瓶中,加入适量甲苯(或二甲苯),浸没试样,并加入数粒玻璃珠。连接好仪器,在烧瓶上端与收集管的连接管之间用石棉布包裹好,自冷凝管上口注入甲苯至充满收集管并溢入烧瓶。

4.5.2.2 加热慢慢蒸馏,使每秒钟得馏出液 2 滴,待大部分水分蒸出后,加速蒸馏约每秒钟 4 滴。当水分完全馏出,即冷凝管下口无水滴,收集管刻度部分中水量不再增加时,停止加热。从冷凝管顶端加入甲苯(或二甲苯)冲洗,如冷凝管壁附有水滴,则用包有橡皮圈的玻璃棒用甲苯(或二甲苯)湿润后碰擦管壁使水滴落下,再蒸馏片刻至收集管上部及冷凝管壁无水滴附着,接收管水面保持 10 min 不变为蒸馏终点,读取收集管水层的体积。

4.6 结果计算

试样的回潮率 H_c,按式(2)计算:

$$H_c = \frac{V\rho}{S - V\rho} \times 100 \quad \cdots\cdots\cdots\cdots\cdots\cdots (2)$$

式中:

H_c——试样的回潮率,单位为百分率(%);

V——收集管中水分的体积,单位为毫升(mL);

ρ——室温下水的密度,按 1 g/mL 计;

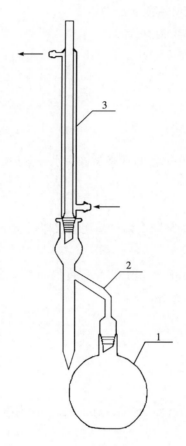

说明：

1——圆底烧瓶；

2——水分收集管；

3——回流冷凝管。

图 1　水分测定装置图

　　S——试样的质量，单位为克（g）。

　　计算结果精确至小数点后一位。

5　精密度

　　在重复性条件下获得的两次独立测试结果的绝对差值不得超过算术平均值的 15%。

————————————

附加说明：

本标准按照 GB/T 1.1—2009 给出的规则起草。

本标准代替 NY/T 243—1995《剑麻纤维制品回潮率的测定　蒸馏法》和 NY/T 244—1995《剑麻纤维制品回潮率的测定　烘箱法》。

本标准与 NY/T 243—1995 和 NY/T 244—1995 相比，主要变化如下：

——增加了第 2 章"术语和定义"；

——蒸馏法增加了水分测定器装置图及其组成部件的规格要求；

——增加了第 5 章"精密度"。

请注意本标准的某些内容可能涉及专利。本标准的发布机构不承担识别这些专利的责任。

本标准由中华人民共和国农业部农垦局提出。

本标准由农业部热带作物及制品标准化技术委员会归口。

本标准起草单位：农业部剑麻及制品质量监督检验测试中心。

本标准主要起草人:侯尧华、陈伟南、张光辉。

本标准所代替历次标准版本发布情况为:

——NY/T 243—1995、NY/T 244—1995。

中华人民共和国农业行业标准

剑麻加工机械 制股机

Machinery for sisal hemp processing—Stranding machine

NY/T 260—2011

代替 NY/T 260—1994

1 范围

本标准规定了剑麻加工机械制股机的术语和定义、型号规格、技术要求、试验方法、检验规则及标志和包装等要求。

本标准适用于将剑麻纱加工成股条的机械;其他采用天然纤维和合成纤维的纱线加工成股条的机械,也可参照使用。

2 规范性引用文件

下列文件对于本文件的应用是必不可少的。凡是注日期的引用文件,仅注日期的版本适用于本文件。凡是不注日期的引用文件,其最新版本(包括所有的修改单)适用于本文件。

GB/T 1184 形状和位置公差 未注公差值

GB/T 1800.2 产品几何技术规范(GPS)极限与配合 第2部分:标准公差等级和孔、轴极限偏差表

GB/T 2828.1 计数抽样检验程序 第1部分:按接收质量限(AQL)检索的逐批检验抽样计划

GB/T 3768 声学 声压法测定噪声源声功率级 反射面上方采用包络测量表面的简易法

GB/T 8196 机械安全 防护装置 固定式和活动式防护装置设计与制造一般要求

GB/T 10089 圆柱蜗杆、蜗轮精度

GB/T 15032—2008 制绳机械设备通用技术条件

JB/T 9050.2 圆柱齿轮减速器 接触斑点测定方法

JB/T 9832.2 农林拖拉机及机具 漆膜 附着性能测定方法 压切法

3 术语和定义

下列术语和定义适用于本文件。

3.1

制股 strand forming

将数根一定规格的纱线按照一定的排列规则,并以纱线相反的捻向加捻成股条的工艺。

3.2

S捻 S-twist

纱线、股条或绳索的倾斜方向与字母"S"的中部相一致的捻向。

3.3

Z捻 Z-twist

纱线、股条或绳索的倾斜方向与字母"Z"的中部相一致的捻向。

3.4

股饼 strand plate

用于在制股过程中卷绕绳股的装置。

3.5

恒锭 constant spindle

在加捻过程中,股饼架(摇篮)不随机器主轴运转的形式。

3.6

转锭 turning spindle

在加捻过程中,股饼除绕自身轴心线旋转外,还跟随框架轮绕机器主轴运转的形式。

4 型号和规格

4.1 型号规格的编制方法

产品型号规格的编制应符合 GB/T 15032 的规定。

4.2 型号规格表示方法

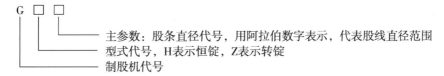

示例:GZ5 表示 5 号转锭制股机,股条直径为 3.3 mm～7.0 mm。

4.3 产品型号规格和主要参数

产品型号规格和主要参数见表1。

表 1 产品型号规格和主要参数

类别	型号	股条直径范围 mm	主轴转速 r/min	电动机功率 kW	生产率 kg/h	净重 t
恒锭	GH6	1.7～4.0	1 000	1.5	2.5～16	0.8
	GH5	3.3～7.0	1 000	2.2	8～96	1.1
转锭	GZ6	1.7～4.0	500	0.75	1.5～8	0.1
	GZ5	3.3～7.0	300	1.5	4～24	0.5
	GZ4	5.8～11.0	180	2.2	9～55	1.1
	GZ3	9.6～16.0	120	4	40～105	2.3
	GZ2	14.0～22.0	120	4	75～300	2.4
	GZ1	19.9～32.0	80	5.5	150～750	3.0
	GZ0	30.0～40.0	100	7.5	200～950	4.0

5 技术要求

5.1 一般要求

5.1.1 应按批准的图样和技术文件制造。

5.1.2 机器运转应平稳,不应有异常撞击声;滑动、转动部位应运转灵活、平稳、无阻滞现象。

5.1.3 空载噪声应不大于 85 dB(A)。

5.1.4 使用可靠性应不小于 92%。

5.1.5 应具有制造 S 捻、Z 捻股条的性能。制作的股条应光滑坚实,没有严重擦伤和油污现象。

5.1.6 应设有股条长度显示装置。

5.1.7 阻尼装置应灵敏可靠,调节方便。

5.1.8 股饼装卸机构应便于操作,锁紧应安全可靠。

5.1.9 机器运转时,各轴承的温度不应有骤升现象。空运转时温升≤30℃,负荷运转时温升≤35℃。

5.1.10 减速箱不应有渗漏油现象,润滑油的最高温度≤60℃。

5.1.11 排线装置应能使股条均匀排布于股饼上,且整个行程内不应有卡滞现象。

5.2 主要零部件

5.2.1 半轴

轴径尺寸公差应符合 GB/T 1800.2 中 k7 的要求。

5.2.2 轴承座

转锭制股机两扁形机架轴承孔尺寸公差应符合 GB/T 1800.2 中 M7 的要求。其中,心距应符合 GB/T 1800.2 中 Js10 的要求。

5.2.3 前、后锥形齿轮轴和齿轮

前、后锥形齿轮轴和齿轮齿面硬度应为 22 HRC~28 HRC。

5.3 装配

5.3.1 所有零、部件应检验合格;外购件、协作件应有合格证明文件,并经检验合格后方可进行装配。

5.3.2 机器的润滑系统应清洗干净,其内部不应有切屑和其他污物。

5.3.3 离合器分离与接合应灵敏可靠。

5.3.4 蜗轮副侧隙应不低于 GB/T 10089 规定的 8C 要求。

5.3.5 前、后法兰径向跳动应不低于 GB/T 1184 规定的 9 级要求。

5.3.6 开式齿轮接触斑点,在齿高方向应≥30%,在齿宽方向应≥40%。

5.3.7 开式啮合齿轮的轴向错位≤1.5 mm。

5.4 外观

5.4.1 机器表面不应有明显的凸起、凹陷、粗糙不平和损伤等缺陷。

5.4.2 金属手轮轮缘和操纵手柄应镀防锈层并抛光。

5.4.3 机器的涂层喷漆,色泽应均匀,平整光滑,不应有严重的流痕,明显起泡、起皱应不多于 3 处。

5.4.4 漆层的漆膜附着力应符合 JB/T 9832.2 中 2 级 3 处的规定。

5.5 铸件

铸件质量应符合 GB/T 15032—2008 中 5.5 的规定。

5.6 焊接件

焊接件质量应符合 GB/T 15032—2008 中 5.6 的规定。

5.7 安全防护

5.7.1 外露运行部件的安全防护装置应符合 GB/T 8196 的规定。

5.7.2 整机应能满足吊装和运输要求。

5.7.3 电气设备应有可靠的接地保护装置,接地电阻≤10 Ω。

6 试验方法

6.1 空载试验

6.1.1 空载试验应在总装检验合格后进行。

6.1.2 在额定转速下连续运转时间应不少于 2 h。

6.1.3 空载试验项目和要求见表2。

表 2 空载试验项目、方法和要求

试验项目	试验方法	标准要求
工作平稳性及声响	感观	符合5.1.2的规定
噪声	符合GB/T 3768的规定	符合5.1.3的规定
排线装置在全行程内卡滞情况	目测	符合5.1.11的规定
离合器操作灵敏可靠性	感观	符合5.3.3的规定
轴承温升	测温仪	符合5.1.9的规定
减速箱油温及渗漏油情况	测温仪及目测	符合5.1.10的规定
开式齿轮接触斑点	符合JB/T 9050.2的规定	符合5.3.6的规定

6.2 负载试验

6.2.1 负载试验应在空载试验合格后进行。

6.2.2 在额定转速及满负荷条件下,连续运转时间应不少于2 h。

6.2.3 负载试验项目和要求见表3。

表 3 负载试验项目、方法和要求

试验项目	试验方法	标准要求
工作平稳性及声响	感观	符合5.1.2的规定
排线装置在全行程内运行及卡滞情况	目测	符合5.1.11的规定
离合器操作灵敏可靠性	感观	符合5.3.3的规定
阻尼装置工作情况	目测	符合5.1.7的规定
轴承温升	测温仪	符合5.1.9的规定
减速箱油温及渗漏油情况	测温仪及目测	符合5.1.10的规定
制股质量	按加工工艺要求及有关试验方法	符合5.1.5和4.3的规定
生产率	测定单位时间内剑麻股条产量	符合或超过4.3的规定

7 检验规则

7.1 出厂检验

7.1.1 每台出厂产品应经检验合格,在用户方安装调试合格后,方可签发合格证。

7.1.2 出厂检验项目及要求:
——外观和涂漆应符合5.4的规定;
——装配应符合5.3的规定;
——安全防护应符合5.7的规定;
——空载试验应符合6.1的规定。

7.1.3 用户有要求时,可进行负载试验,负载试验应符合6.2的规定。

7.2 型式检验

7.2.1 有下列情况之一时,应进行型式检验:
——新产品生产或产品转厂生产;
——正式生产后,结构、材料、工艺等有较大改变,可能影响产品性能;
——正常生产时,定期或周期性抽查检验;
——产品长期停产后恢复生产;
——出厂检验结果与上次型式检验有较大差异;

——质量监督机构提出进行型式检验要求。

7.2.2 型式检验应采用随机抽样,抽样方法按 GB/T 2828.1 中正常检查一次抽样方案确定。

7.2.3 样本应在六个月内生产的产品中随机抽取。抽样检查批量应不少于 3 台(件),样本大小为 2 台(件)。

7.2.4 样本应在生产企业成品库或销售部门抽取,零部件在零部件成品库或装配线上已检验合格的零部件中抽取。

7.2.5 型式检验项目、不合格分类见表 4。

表 4 检验项目、不合格分类

不合格分类	检验项目	样本数	项目数	检查水平	样本大小字码	AQL	Ac	Re
A	1. 生产率 2. 使用可靠性 3. 安全防护		3			6.5	0	1
B	1. 制股质量 2. 齿轮齿面和前、后锥形齿轮轴硬度 3. 噪声 4. 轴承温升、油温和渗漏油 5. 轴承与孔、轴配合精度	2	5	S-I	A	25	1	2
C	1. 侧隙、接触斑点和轴向错位(开式齿轮) 2. 零部件结合面尺寸 3. 漆膜附着力 4. 外观质量 5. 标志和技术文件		5			40	2	3

注:AQL 为合格质量水平,Ac 为合格判定数,Re 为不合格判定数。

7.2.6 判定规则

评定时采用逐项检验考核,A、B、C 各类的不合格总数小于等于 Ac 为合格,大于等于 Re 为不合格。A、B、C 各类均合格时,该批产品为合格品,否则为不合格品。

8 标志和包装

按 GB/T 15032—2008 中第 8 章的规定。

附加说明:

本标准按照 GB/T 1.1—2009 给出的规则起草。

本标准代替 NY/T 260—1994《剑麻制股机》。本标准与 NY/T 260—1994 相比,主要变化如下:

——标准名称由"剑麻制股机"改为"剑麻加工机械 制股机";

——增加和删除了部分引用标准;

——增加了转定制股机的型号;

——对技术要求进行了分类、修改和补充;

——修改了空载和负载试验内容;

——修改了出厂检验内容；

——修改了型式检验要求和判定规则；

——铸件和焊接件按 GB/T 15032—2008 中第 5 章的规定；

——标志和包装按 GB/T 15032—2008 中第 8 章的规定。

本标准由中华人民共和国农业部农垦局提出。

本标准由农业部热带作物及制品标准化技术委员会归口。

本标准起草单位：中国热带农业科学院农业机械研究所、湛江农垦第二机械厂。

本标准主要起草人：张劲、欧忠庆、张文强、李明、邓干然。

本标准所代替标准的历次版本发布情况为：

——NY/T 260—1994。

中华人民共和国农业行业标准

天然橡胶初加工机械　洗涤机

Machinery for primary processing natural rubber—Scrap washer

NY/T 340—2011
代替 NY/T 340—1998

1　范围

本标准规定了天然橡胶初加工机械洗涤机的术语和定义、型号规格和主要技术参数、技术要求、试验方法、检验规则及标志、包装、运输和贮存等要求。

本标准适用于天然橡胶初加工机械洗涤机。

2　规范性引用文件

下列文件对于本文件的应用是必不可少的。凡是注日期的引用文件，仅注日期的版本适用于本文件。凡是不注日期的引用文件，其最新版本（包括所有的修改单）适用于本文件。

GB/T 230.1　金属材料　洛氏硬度试验　第 1 部分：试验方法（A、B、C、D、E、F、G、H、K、N、T 标尺）

GB/T 699　优质碳素结构钢

GB/T 1184　形状和位置公差　未注公差值

GB/T 1348　球墨铸铁件

GB/T 1800.2　产品几何技术规范（GPS）　极限与配合　第 2 部分：标准公差等级和孔、轴的极限偏差表

GB/T 1804　一般公差　未注公差的线性和角度尺寸的公差

GB/T 1958　产品几何量技术规范（GPS）形状和位置公差　检测规定

GB/T 2828.1　计数抽样检验程序　第 1 部分：按接收质量限（AQL）检索的逐批检验抽样计划

GB/T 3768　声学　声压法测定噪声源声功率级　反射面上方采用包络测量表面的简易法

GB 5226.1　机械安全　机械电气设备　第 1 部分：通用技术条件

GB/T 5667　农业机械　生产试验方法

GB/T 9439　灰铸铁件

GB/T 11352　一般工程用铸造碳钢件

JB/T 5673　农林拖拉机及机具涂漆　通用技术条件

JB/T 9050.1　圆柱齿轮减速器　通用技术条件

JB/T 9832.2　农林拖拉机及机具　漆膜附着性能测定方法　压切法

NY/T 408　天然橡胶初加工机械产品质量分等

NY/T 409　天然橡胶初加工机械　通用技术条件

NY/T 1036—2006　热带作物机械　术语

NY 1494　辊筒式天然橡胶初加工机械　安全技术要求

---

3 术语和定义

下列术语和定义适用于本文件。

3.1

杂胶 scrap

胶线、树皮胶线、杯凝胶、泥胶、湿胶块、撇泡胶片、工厂杂胶及碎胶等物质。

3.2

洗涤机 scrap washer

采用一对辊筒将杂胶反复揉搓、挤压使其破碎,并用水冲洗除去其中杂质的设备。

注:改写 NY/T 1036—2006,定义 2.1.2.19。

4 产品型号规格和主要技术参数

4.1 产品型号规格的编制方法

产品型号规格的编制应符合 NY/T 409 的有关规定。

4.2 产品型号规格的表示方法

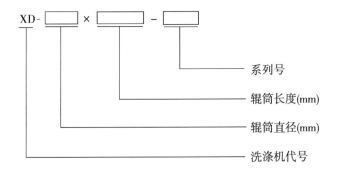

示例:

XD-250×500 表示产品为洗涤机,其辊筒直径为 250 mm,辊筒长度为 500 mm。

4.3 产品型号规格和主要技术参数

产品的主要型号规格及其主要技术参数见表 1。

表 1 产品型号规格和主要技术参数

项目		型号规格				
		XD-250×500	XD-250×800	XD-250×800-A	XD-250×800-B	XD-350×800
辊筒尺寸 mm	直径	250	250	250	250	350
	长度	500	800	800	800	800
辊筒波纹槽 mm	深度×宽度	20×53	20×53	20×53	20×53	20×56
辊筒转速 r/min	前辊	27～29	16～24	18～24	16～24	26～30
	后辊	32～34	23～35	25～35	23～35	31～35
驱动大齿轮	模数,mm	8	8	10	—	—
	齿数	98	98	75	—	—
电机功率,kW		15	30	30	30	45～55
每次投料量(湿胶),kg		18	25	25	25	35
生产率(干胶),kg/h		≥100	≥180	≥180	≥180	≥400

5 技术要求

5.1 一般要求

5.1.1 设备应按规定程序批准的图样和技术文件制造。

5.1.2 整机应运行平稳,不应有明显的振动、冲击和异常声响。

5.1.3 调整装置应灵活可靠,紧固件无松动,出料挡板铰接部位应启闭灵活、轻便可靠。

5.1.4 整机运行 2 h 以上,空载时轴承温升应不大于 20℃,负载时应不大于 40℃。

5.1.5 整机运行过程中,减速器等各密封部位不应有渗漏现象,减速箱油温应不大于 65℃。

5.1.6 产品图样未注公差尺寸应符合 GB/T 1804 中 C 公差等级的规定。

5.1.7 空载噪声应不大于 85 dB(A)。

5.1.8 使用可靠性应不小于 93%。

5.1.9 外观质量、铸锻件质量、焊接件质量和装配质量应符合 NY/T 409 的有关规定;安全性应符合 NY/T 409 和 NY 1494 的有关规定。

5.2 主要零部件要求

5.2.1 辊筒

辊筒如图 1 所示。

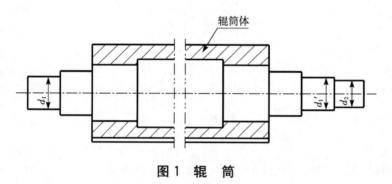

图 1 辊 筒

5.2.1.1 辊筒体材料力学性能应不低于 GB/T 1348 中规定的 QT 450-10 或 GB/T 11352 中规定的 ZG 270-500 的要求;两端轴材料力学性能应不低于 GB/T 699 中规定的 45 号钢的要求。

5.2.1.2 辊筒体不应有裂纹,其外圆与端面处直径小于 3 mm、深度小于 2 mm 的气孔、砂眼应不超过 8 处,其间距应不少于 40 mm。

5.2.1.3 轴承位 d_1、d_1' 的尺寸公差应符合 GB/T 1800.2 中 j7 的要求,d_2 应符合 h7 的要求。

5.2.1.4 d_1、d_1' 与 d_2 的同轴度应不低于 GB/T 1184 中 8 级精度的要求。

5.2.1.5 d_1、d_1' 的表面粗糙度应不低于 Ra3.2,d_2 的表面粗糙度应不低于 Ra6.3。

5.2.2 轴承座

轴承座如图 2 所示。

5.2.2.1 材料力学性能应不低于 GB/T 9439 中规定的 HT 200 的要求。

5.2.2.2 内孔直径 D 的尺寸公差应符合 GB/T 1800.2 中 H7 的要求,表面粗糙度应不低于 Ra3.2。

5.2.2.3 两孔中心距 L 应符合 GB/T 1800.2 中 H9 的要求。

5.2.2.4 两孔轴线平行度和两孔轴线对 C 面的平行度均应不低于 GB/T 1184 中 8 级精度的要求。

5.2.3 驱动齿轮副和速比齿轮副

5.2.3.1 驱动大齿轮材料力学性能应不低于 GB/T 9439 中规定的 HT200 或 GB/T 11352 中规定的

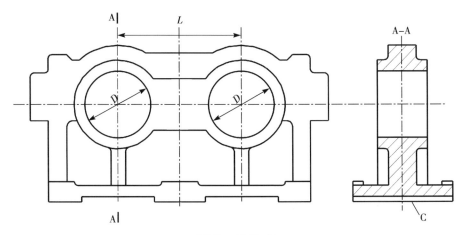

图 2 轴承座

ZG 270 - 500 的要求。

5.2.3.2 驱动大齿轮不应有裂纹,齿部、内孔及键槽表面不应有气孔、缩孔等缺陷,齿圈两端面直径小于 2 mm、深度小于 3 mm 的气孔、砂眼应不超过 5 处,其间距不少于 40 mm。

5.2.3.3 驱动大齿轮齿面粗糙度应不低于 Ra6.3。

5.2.3.4 驱动小齿轮、速比齿轮材料力学性能应不低于 GB/T 699 中规定的 45 号钢或 GB/T 11352 中规定的 ZG 310 - 570 的要求。

5.2.3.5 驱动小齿轮、速比齿轮齿面硬度应为 40 HRC～50 HRC,齿面粗糙度应不低于 Ra3.2。

5.2.3.6 齿轮内孔尺寸公差应符合 GB/T 1800.2 中 H8 的要求,表面粗糙度应不低于 Ra3.2。

5.2.3.7 驱动大、小齿轮副的侧隙应为 0.25 mm～0.53 mm,接触斑点沿齿高方向应不小于 30%,沿齿长方向应不小于 40%。

5.2.4 齿轮减速器

应不低于 JB/T 9050.1 中 9 级精度的要求。

5.2.5 箱体及底座

5.2.5.1 箱体材料力学性能应不低于 GB/T 9439 中规定的 HT200 的要求,底座材料力学性能应不低于 GB/T 9439 中规定的 HT150 的要求。

5.2.5.2 底座上安装轴承座与减速箱体的两平面的平行度应不低于 GB/T 1184 中 8 级精度的要求。

5.3 涂漆质量要求

5.3.1 设备表面涂漆质量应符合 JB/T 5673 中普通耐候涂层的规定。

5.3.2 漆膜附着力应符合 JB/T 9832.2 中Ⅱ级 3 处的规定。

5.4 电气要求

5.4.1 电气装置应安全可靠,并符合 GB 5226.1 中的有关规定。

5.4.2 设备应有可靠的接地保护装置,接地电阻应不大于 10 Ω。

5.4.3 电气控制系统应有短路、过载和失压保护装置。

6 试验方法

6.1 空载试验

6.1.1 每台产品均应在总装配检验合格后进行空载试验。

6.1.2 在额定转速下连续运转时间应不少于 2 h。

6.1.3 按表 2 的规定进行检查和测试。

表 2 空载试验项目和方法

序号	试验项目	试验方法	标准要求
1	运转平稳性及声响	感官	运转应平稳,无异常声响
2	安全性	感官	符合 NY/T 409 和 NY 1494 的有关规定
3	噪声	按 GB/T 3768 的规定	≤85 dB(A)
4	轴承温升	用测温仪分别测试试验前后的轴承温度	≤20℃
5	减速箱油温及渗漏油情况	油温:用测温仪测试 渗漏油情况:目测	油温≤65℃,无渗漏油现象

6.2 负载试验

6.2.1 应在空载试验合格后进行。

6.2.2 在额定转速及满负荷条件下连续运转时间应不少于 2 h。

6.2.3 按表 3 的规定进行检查和测试。

表 3 负载试验项目和方法

序号	试验项目	试验方法	标准要求
1	运转平稳性及声响	感官	运转应平稳,无异常声响
2	安全性	感官	符合 NY/T 409 和 NY 1494 的有关规定
3	接地电阻	用接地电阻测试仪器测试	≤10 Ω
4	轴承温升	用测温仪分别测试试验前后的轴承温度	≤40℃
5	减速箱油温及渗漏油情况	油温:用测温仪测试 渗漏油情况:目测	油温≤65℃,无渗漏油现象
6	生产率	按 NY/T 408 的规定(测定单位时间内的干胶产量)	应符合表 1 的规定

6.3 其他试验方法

6.3.1 使用可靠性的测试应按 GB/T 5667 规定的方法执行。

6.3.2 尺寸公差的测试应按 GB/T 1804 规定的方法执行。

6.3.3 形位公差的测试应按 GB/T 1958 规定的方法执行。

6.3.4 洛氏硬度的测试应按 GB/T 230.1 规定的方法执行。

6.3.5 漆膜附着力的测试应按 JB/T 9832.2 规定的方法执行。

7 检验规则

7.1 出厂检验

7.1.1 每台出厂产品需经制造厂检验合格并签发"产品合格证"后方可出厂。

7.1.2 出厂检验项目及要求:
——外观质量应符合 NY/T 409 的有关规定;
——安全性应符合 NY/T 409 和 NY 1494 的有关规定;
——涂漆质量应符合 5.3 的规定;
——装配质量应符合 NY/T 409 的有关规定;
——空载试验应符合 6.1 的规定。

7.1.3 用户有要求时,可进行负载试验,负载试验应符合6.2的规定。

7.2 型式检验

7.2.1 有下列情况之一时,应对产品进行型式检验:

——新产品生产或产品转厂生产;

——正式生产后,结构、材料、工艺等有较大改变,可能影响产品性能;

——正常生产时,定期或周期性的抽查检验;

——产品长期停产后恢复生产;

——出厂检验发现产品质量显著下降;

——质量监督机构提出进行型式检验要求。

7.2.2 型式检验应符合第5章要求,抽样方法应符合GB/T 2828.1中正常检查一次抽样方案的规定。

7.2.3 样本应在近6个月内生产的产品中随机抽取。抽样检查批量应不少于3台,样本大小为2台。

7.2.4 整机应在生产企业成品库或销售部门抽取;零部件应在零部件成品库或装配线上已检验合格的零部件中抽取,也可在样机上拆取。

7.2.5 型式检验项目、不合格分类见表4。

表4 型式检验项目、不合格分类

不合格分类	检验项目	样本数	项目数	检查水平	样本大小字码	AQL	Ac	Re
A	1. 生产率 2. 使用可靠性 3. 安全性		3			6.5	0	1
B	1. 噪声 2. 轴承温升 3. 轴承与孔、轴配合精度 4. 辊筒轴承座两孔轴线平行度 5. 齿轮副侧隙、接触斑点	2	5	S-Ⅰ	A	25	1	2
C	1. 运转平稳性及声响 2. 减速箱油温及渗漏油情况 3. 齿轮公法线平均长度 4. 漆膜附着力 5. 外观质量 6. 标志和技术文件		6			40	2	3

注:AQL为合格质量水平,Ac为合格判定数,Re为不合格判定数。

7.2.6 判定规则:评定时采用逐项检验考核,A、B、C各类的不合格项小于或等于Ac为合格,大于或等于Re为不合格。A、B、C各类均合格时,该批产品为合格品,否则为不合格品。

8 标志、包装、运输和贮存

产品的标志、包装、运输和贮存要求应符合NY/T 409的相关规定。

———————————————

附加说明:

本标准按照GB/T 1.1—2009给出的规则起草。

本标准代替NY/T 340—1998《天然橡胶初加工机械 洗涤机》。本标准与NY/T 340—1998相

比,除编辑性修改外,主要技术变化如下:

  ——修改了"杂胶"的定义(见3.1,1998年版的3.1);

  ——删除了"杯凝胶"、"胶线"、"树皮胶线"、"泥胶"、"湿胶块"、"早凝块"、"撇泡胶片"、"工厂杂胶"、"碎胶"及"洗涤"的术语和定义(见1998年版的3.1.1~3.1.9和3.2);

  ——增加了"洗涤机"的术语和定义(见3.2);

  ——修改了产品主要技术参数生产率、电机功率(见4.3,1998年版的4.2);

  ——增加了产品一般技术要求(见5.1);

  ——增加了使用可靠性、接地电阻指标(见5.1.8和5.4.2);

  ——修改了空载试验项目(见6.1.3,1998年版的6.1.3);

  ——修改了负载试验项目(见6.2.3,1998年版的6.2.3);

  ——增加了生产率、使用可靠性、尺寸公差、形位公差、洛氏硬度等指标的试验方法(见6.3);

  ——修改了型式检验项目(见7.2.5,1998年版的7.3.3);

  ——增加了对产品贮存的要求(见第8章)。

本标准由中华人民共和国农业部农垦局提出。

本标准由农业部热带作物及制品标准化技术委员会归口。

本标准起草单位:中国热带农业科学院农业机械研究所、农业部热带作物机械质量监督检验测试中心、海南省农垦营根机械厂。

本标准主要起草人:黄晖、王金丽、刘智强、张文。

本标准所代替标准的历次版本发布情况为:

  ——NY/T 340—1998。

中华人民共和国农业行业标准

菠萝 种苗

Pineapple—Seedling

NY/T 451—2011
代替 NY/T 451—2001

---

1 范围

本标准规定了菠萝［*Ananas comosus*（L.）Merr.］种苗相关的术语和定义、要求、试验方法、检测规则、包装、标识、运输和贮存。

本标准适用于卡因类和皇后类菠萝种苗，也可作为其他菠萝品种种苗检验参考。

2 规范性引用文件

下列文件对于本文件的应用是必不可少的。凡是注日期的引用文件，仅注日期的版本适用于本文件。凡是不注日期的引用文件，其最新版本（包括所有的修改单）适用于本文件。

GB 9847 苹果苗木

GB 15569 农业植物调运检疫规程

《植物检疫条例》 中华人民共和国国务院

《植物检疫条例实施细则（农业部分）》 中华人民共和国农业部

3 术语和定义

下列术语和定义适用于本文件。

3.1

裔芽 descendant bud

从菠萝果柄上长出的芽，又名托芽。

4 要求

4.1 基本要求

植株生长正常、粗壮，叶色正常；苗龄 3 个月～8 个月；无检疫性病虫害。

4.2 分级

4.2.1 卡因类

种苗分级应符合表 1 的规定。

表 1 卡因类菠萝裔芽种苗分级指标

项 目	等 级	
	一级	二级
种苗高，cm	≥35	≥25

表1（续）

项 目	等 级	
	一级	二级
种苗茎粗,cm	≥3.0	≥2.5
最长叶宽,cm	≥3.5	≥2.5
品种纯度,%	≥98.0	

4.2.2 皇后类

种苗分级应符合表2的规定。

表2 皇后类菠萝裔芽种苗分级指标

项 目	等 级	
	一级	二级
种苗高,cm	≥30	≥20
种苗茎粗,cm	≥3.5	≥3.0
最长叶宽,cm	≥4.0	≥3.0
品种纯度,%	≥98.0	

5 试验方法

5.1 纯度

将种苗按附录A逐株用目测法检验,根据其品种的主要特征,确定本品种的种苗数。纯度按式(1)计算。

$$X = \frac{A}{B} \times 100 \quad\cdots\cdots\cdots\cdots\cdots\cdots\cdots\cdots\cdots\cdots\cdots\cdots\cdots\cdots\cdots\cdots\cdots\cdots\cdots\cdots\cdots\cdots\cdots (1)$$

式中：

X——品种纯度,以百分率表示(%),保留一位小数;

A——样品中鉴定品种株数,单位为株;

B——抽样总株数,单位为株。

5.2 外观

植株外观采用目测法检验,苗龄根据育苗档案核定。

5.3 疫情

按《植物检疫条例》、《植物检疫条例实施细则(农业部分)》和GB 15569的有关规定执行。

5.4 分级

5.4.1 种苗高度

用钢卷尺测量芽体底端至种苗2片～3片心叶叶尖的距离,保留整数。

5.4.2 种苗茎粗

用游标卡尺测量芽体底端以上约5 cm处种苗茎中部的直径,保留一位小数。

5.4.3 最长叶宽

用钢卷尺测量最长叶片的中段部位的叶面宽度,保留一位小数。

将检测结果记入附录B中。

6 检测规则

6.1 组批

凡同品种、同等级、同一批种苗可作为一个检验批次。检验限于种苗装运地或繁育地进行。

6.2 抽样

按 GB 9847 中 6.2 的规定进行,采用随机抽样法。种苗基数在 1 000 株以下,按基数的 10%抽样,并按式(2)计算抽样量;种苗基数在 1 000 株以上时,按式(3)计算抽样量。具体计算公式如下:

$$n_1 = N \times 10\% \quad\cdots\cdots\cdots\cdots\cdots\cdots\cdots\cdots\cdots\cdots\cdots\cdots\cdots\cdots\cdots\cdots\cdots\cdots (2)$$
$$n_2 = 100 + (N \times 2\%) \quad\cdots\cdots\cdots\cdots\cdots\cdots\cdots\cdots\cdots\cdots\cdots\cdots\cdots\cdots (3)$$

式中:

n_1——1 000 株以下的抽样数;

n_2——1 000 株以上的抽样数;

N——具体株数。

计算结果保留整数。

6.3 判定规则

6.3.1 一级苗判定

同一批检验的一级种苗中,允许有 5%的种苗低于一级苗标准,但应达到二级苗标准。

6.3.2 二级苗判定

同一批检验的二级种苗中,允许有 5%的种苗低于二级苗标准。

6.4 复检规则

如果对检验结果产生异议,可采用备用样品(如条件允许,可再抽一次样)复检一次,复检结果为最终结果。

7 包装、标识、运输和贮存

7.1 包装

种苗应进行包扎、捆绑,以减少其体积。一般情况下以 20 株为一捆,用结实的绳子进行捆绑。

7.2 标识

种苗销售或调运时,必须附有质量检验证书和标签。推荐的检验证书参见附录 C,推荐的标签参见附录 D。

7.3 运输

种苗应按不同品种、不同级别装运;在运输过程中,应保持通风、透气、干燥,防止雨淋。

7.4 贮存

种苗运到目的地后,应在晴天种植。如短时间内不能种植的,应置于防雨处,不可堆积,以保持干燥。

附　录　A

（资料性附录）

菠萝主要品种特征

A.1　无刺卡因（卡因类）

株型直立高大，株高一般为 70 cm～90 cm，冠幅 120 cm～150 cm；叶片狭长浓绿，叶缘无刺或近尖端有少许刺，叶数 60 片～80 片，叶形半圆形，叶缘无波浪，叶槽中央有一条紫红色彩带，占叶面积的 1/2～2/3，叶面光滑无白粉，叶背被厚白粉，叶厚硬、质脆、易折；每株吸芽 0 个～2 个，裔芽 3 个～10 个，冠芽多为单冠，间有复冠或鸡冠；果实基部果瘤少，花淡紫色。属大果类型，一般单果重 1.5 kg～2.0 kg，个别可达 4.0 kg～6.0 kg。果长圆筒形，晚熟，小果数目 100 个～150 个，果眼大而扁平，为 4 角～6 角形，排列不整齐，果丁浅，果眼深度一般不超过 1.2 cm。果实甜酸适中，香味稍淡。

A.2　巴厘（皇后类）

植株长势中等，株型开张，高 70 cm～80 cm，冠幅 120 cm～130 cm，叶片较宽，叶缘呈波浪形并有排列整齐、细而密的刺，叶两面被白粉，叶片中央有红色彩带，叶面呈黄绿色，叶背中线两侧有两条狗牙状粉线，叶长 70 cm～80 cm，叶宽 5.0 cm～6.0 cm；每株有吸芽 2 个～4 个，地下芽 0 个～4 个，裔芽 1 个～9 个，肉瘤甚少，单冠芽较细小；花淡紫色；果实中等，单果重 0.75 kg～1.5 kg，也有少数达 2.5 kg，果实呈筒形或微圆锥形；早熟果，小果 120 个～130 个；果眼中等大，排列整齐，大小较均匀，呈 4 角～6 角形，果眼锥状突起；果实糖和酸含量适中，香味较浓，清甜。

A.3　神湾

植株较巴厘种矮小，半开张，冠幅 120 cm～130 cm；叶片短而窄，叶长 70 cm 左右，叶缘有排列整齐而锐利的刺，叶片中央有红色彩带，叶背中线两侧各有一条明显的狗牙状粉线，叶面被薄粉，叶背被厚白粉；分蘖力最强，吸芽 8 个～24 个，地下芽 1 个～9 个，裔芽较少，只有 0 个～3 个；单冠，无肉瘤，属小果种，早熟，果实为短筒形，方肩，单果重 0.25 kg～0.75 kg，小果数 130 多个，果眼锥状突出，多为 6 角形，排列整齐，大小均匀，果丁深（深度超过 1.2 cm）；香味浓郁，糖酸含量较高。

A.4　台农 4 号

植株中等偏小，平均株高约 54.5 cm，株型开张，叶刺布满叶缘，叶片绿色，紫红色的条纹分布在叶片两侧，平均叶长约 48 cm，平均叶宽约 3.7 cm，吸芽 3 个，裔芽 6.3 个，单冠，冠芽高约 15.0 cm，果实短圆筒形，可剥粒，单果重 0.56 kg（不带冠芽），果眼中等微隆，平均果眼数 36.4 个，排列整齐，果眼深度 1.1 cm。果肉金黄，肉质滑脆，清甜可口，果肉半透明金黄，纤维较少，水分适中，别具风味。可溶性固形物含量 16.4%，酸含量 0.42%，维生素 C 含量 100.00 mg/100 g。5 月下旬～6 月中旬成熟，为早熟品种，较耐储。

A.5　金钻（台农 17 号）

植株中型，除叶尖外叶缘无刺，叶片表面略呈褐红色，两端为草绿色。果实为圆筒形，果皮薄、花腔浅，果肉深黄色或者金黄色，肉质细致，果心稍大但可食，糖度 14.1 左右，口感及风味均佳，平均单果重约 1.4 kg。平均亩产 2 000 kg～2 500 kg，为台湾南部主要的栽培品种。

A.6 台农 16 号

植株高大,平均株高约 90.6 cm;叶片狭长,叶长约 80.4 cm,叶宽约 5.8 cm;叶色浓绿、叶片光滑无茸毛,叶缘无刺,叶表面中轴呈紫红色,有隆起条纹,边缘绿色,叶质软。果实呈长圆锥形或圆筒形,成熟时果皮呈鲜黄色。单果重 1.2 kg～1.5 kg(不带冠芽)。果实表面无凹眼,果眼大而平浅。果肉黄色或浅黄,纤维少,肉质细腻,汁多清甜,是鲜食和加工兼用品种。

附　录　B

（资料性附录）

菠萝种苗质量检测记录

品　　种：_____　　　　　　　　　　　　　　　　No：_____

育苗单位：_____　　　　　　　　　　　　　　购苗单位：_____

出圃株数：_____　　　　　　　　　　　　　　抽检株数：_____

样株号	种苗高度 cm	种苗茎粗 cm	最长叶宽 cm	初评级别

审核人(签字)：　　　　校核人(签字)：　　　　检测人(签字)：　　　　检测日期：　年　月　日

附　录　C

（资料性附录）

菠萝种苗质量检验证书

No：_____

育苗单位		购苗单位	
出圃株数		苗木品种	
品种纯度，%			
检验结果	一级：　　株；二级：　　株。		
检验意见			
证书签发日期		证书有效期	
检验单位			
注：本证一式三份，育苗单位、购苗单位、检验单位各一份。			

审核人（签字）：　　　　　　　　　校核人（签字）：　　　　　　　　　检测人（签字）：

附　录　D
（资料性附录）
菠萝种苗标签

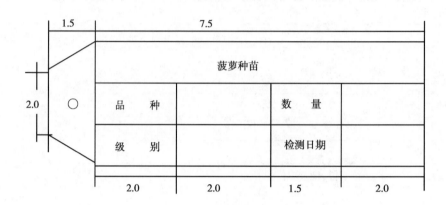

正面（单位为厘米）

反面（单位为厘米）

注：标签用150 g的牛皮纸。标签孔用金属包边。

附加说明：

本标准按照GB/T 1.1—2009给出的规则起草。

本标准代替NY/T 451—2001《菠萝　种苗》。与NY/T 451—2001相比，主要技术变化如下：

——删除了冠芽、吸芽的术语和定义；

——删除冠芽苗和吸芽苗的分级指标；

——裔芽苗的指标值进行了改变；

——修改补充了种苗质量判定规则；

——补充了菠萝种苗品种的特征特性。

本标准由中华人民共和国农业部农垦局提出。

本标准由农业部热带作物及制品标准化技术委员会归口。

5 技术要求

不同级别的子午线轮胎橡胶物理和化学性能应符合表1的要求。

表1 子午线轮胎橡胶的技术要求

性 能	各级子午线轮胎橡胶的极限值			试验方法
	5号(SCR RT 5)	10号(SCR RT 10)	20号(SCR RT 20)	
颜色标志,色泽	绿	褐	红	
留在45 μm筛上的杂质(质量分数),%,最大值	0.05	0.10	0.20	GB/T 8086
灰分(质量分数),%,最大值	0.6	0.75	1.0	GB/T 4498
氮含量(质量分数),%,最大值	0.6	0.6	0.6	GB/T 8088
挥发分(质量分数),%,最大值	0.8	0.8	0.8	GB/T 24131(烘箱法,105℃±5℃)
丙酮抽出物含量(质量分数),%,最大值	2.0~3.5	2.0~3.5	2.0~3.5	GB/T 3516
塑性初值(P_0)[a],最小值	36	36	36	GB/T 3510
塑性保持率(PRI),最小值	60	50	40	GB/T 3517
门尼黏度[b],ML(1+4)100℃	83±10	83±10	83±10	GB/T 1232.1
硫化胶拉伸强度[c],MPa,最小值	21.0	20.0	20.0	GB/T 528

[a] 交货时不大于48;

[b] 有关各方也可同意采用另外的黏度值;

[c] 进行拉伸强度试验的硫化胶使用 NY/T 1403—2007 表1中规定的 ACS 1纯胶配方:橡胶100.00、氧化锌6.00、硫黄3.50、硬脂酸0.50、促进剂 MBT 0.50,硫化条件:140℃×20 min、30 min、40 min、60 min。

6 取样和评价

除非有关各方同意采用其他方法,否则,子午线轮胎橡胶应按 GB/T 15340 规定的方法取样。从一批橡胶中所取的样品都应符合子午线轮胎橡胶级别的要求。

7 包装、标志、贮存和运输

7.1 包装

子午线轮胎橡胶的包装按 GB/T 8082—2008 中3.1的规定执行。

7.2 标志

7.2.1 国产子午线轮胎橡胶使用"SCR RT"代号(其中 SCR 代表"标准中国橡胶",RT 代表子午线轮胎橡胶,即标准中国橡胶 子午线轮胎橡胶),三个级别的橡胶代号分别为 SCR RT 5(5号胶)、SCR RT 10(10号胶)、SCR RT 20(20号胶)。

7.2.2 在每个胶包外袋最大一面标志注明:子午线轮胎橡胶级别代号、净含量、生产厂名或厂代号、生产日期,标志的颜色 SCR RT 5为绿色,SCR RT 10为褐色,SCR RT 20为红色。如使用每箱1t有托板的包装箱,还应在箱外加涂各项标志。

7.3 贮存和运输

子午线轮胎橡胶的贮存和运输按 GB/T 8082—2008 中第4章的规定执行。

附加说明：

本标准按照 GB/T 1.1—2009 给出的规则起草。

本标准代替 NY/T 459—2001《天然生胶　子午线轮胎橡胶》。本标准与 NY/T 459—2001 的主要差异如下：

——增加了第 3 章"术语和定义"；

——增加了第 4 章"原料组成"；

——第 5 章中原"一级"、"二级"胶改为"5 号"、"10 号"胶，原二级胶的标志颜色"蓝"改为"褐"，增加了 20 号胶的技术要求；

——原第 5 章"合格准则"改为第 6 章"取样和评价"。

本标准由中华人民共和国农业部农垦局提出。

本标准由农业部热带作物及制品标准化技术委员会天然橡胶分技术委员会归口。

本标准由中国热带农业科学院农产品加工研究所负责起草，国家重要热带作物工程技术中心、海南省农垦总局、云南天然橡胶产业股份有限公司、农业部食品质量监督检验测试中心（湛江）参加起草。

本标准主要起草人：张北龙、邓维用、林泽川、缪桂兰、陈成海、刘丽丽、黄红海。

本标准所代替标准的历次版本发布情况为：

——NY/T 459—2001。

中华人民共和国农业行业标准

小粒种咖啡初加工技术规范

Technical rules for primary processing of arabica coffee

NY/T 606—2011
代替 NY/T 606—2002

1 范围

本标准规定了小粒种咖啡(*Coffea arabica* L.)初加工的术语和定义、果实采收、加工方法、分级、包装、标志、贮存和运输。

本标准适用于小粒种咖啡的湿法和干法初加工。

2 规范性引用文件

下列文件对于本文件的应用是必不可少的。凡是注日期的引用文件,仅注日期的版本适用于本文件。凡是不注日期的引用文件,其最新版本(包括所有的修改单)适用于本文件。

GB 5749 生活饮用水卫生标准

GB/T 18007 咖啡及其制品 术语

NY/T 604 生咖啡

3 术语和定义

GB/T 18007 界定的以及下列术语和定义适用于本文件。

3.1

脱皮 pulping

在湿法加工中用机械方法除去外果皮和尽可能多的中果皮。

3.2

干燥 drying

利用太阳的辐射能或机械产生的热能对带壳咖啡进行干燥,使其达到标准的含水量。

3.3

分捡 sorting

用人工或机械方法捡除咖啡豆中的缺陷豆和杂质。

4 果实采收

4.1 采果标准

咖啡果实表皮由绿色变为红色为熟果的标志。果实成熟后应及时采收,做到随熟随采。

4.2 采果时期

小粒种咖啡果实采收期一般为9月至翌年2月。

4.3 采果方法

不能连果柄摘下,并注意勿损伤腋芽和折断枝干。

5 加工方法

咖啡鲜果加工方法有两种,即湿法加工和干法加工。湿法加工又分为普通湿法加工和机械湿法加工。

5.1 普通湿法加工

5.1.1 加工设备

脱皮机、旋转干燥机、除石脱壳机、抛光机、重力分选机、粒径分级机、电子色质分选机、称量机、缝袋机及其配套设备。

5.1.2 加工设施

鲜果收集池、虹吸池、发酵池、洗豆池(槽)、浸泡池、废水(皮)处理池、加工车间、晒场、仓库等。

5.1.3 加工用水

加工用水的质量应符合 GB 5749 的规定。

5.1.4 加工工艺流程

加工工艺流程见图 1。

鲜果 → 清洗 → 浮选 → 脱皮 → 发酵 → 洗豆 → 浸泡 → 干燥 → 带壳干豆 → 除杂 → 脱壳 →
抛光 → 分级分检 → 称量装袋

图 1 普通湿法加工工艺流程

5.1.5 加工工艺

5.1.5.1 鲜果清洗

将鲜果放置虹吸池,注入清水,除去尘土、石子、枝叶等杂质,经虹吸池浮选,浮果单独加工。

5.1.5.2 脱果皮

用脱皮机将鲜果脱皮,脱皮过程要有足够的流动清水,经脱皮的咖啡豆脱皮率＞95％,破损率应＜4％。采摘的咖啡鲜果一般要求当天加工完毕,未能加工完的鲜果应浸泡在收集池中保鲜,次日再加工。

5.1.5.3 发酵

将已脱去果皮的咖啡豆放入有少量清水的发酵池内进行发酵。气温在 20℃左右,经 12 h～24 h,发酵即可完成,如气温较低时,需适当延长发酵时间。以手触摸豆粒感觉表面有粗糙感为发酵完全。

5.1.5.4 洗豆

经发酵处理后的咖啡豆,在洗豆池(槽)随流水充分搅拌搓揉,将豆粒表面的果胶漂洗干净。

5.1.5.5 浸泡

经洗涤后的咖啡豆置于清水池中浸泡 12 h 左右,换水 1 次～2 次,浮豆单独干燥加工。

5.1.5.6 干燥

把洗净浸泡过的豆粒滤干后放置晒场晾晒,晾场要保持清洁。开始时豆粒要摊薄,厚度一般以 5 cm 为宜,适时耙晒,使豆粒表面水分干得快。2 d～3 d 后的豆粒铺 10 cm 厚,使豆粒内的水分缓慢蒸发,忌太阳暴晒,以免种壳破裂。晒干的豆粒含水量应为 11％～12％,用水分测定仪或烘干法测定含水量。

若用旋转干燥机对带壳咖啡豆进行干燥处理,使其水分含量由 45％～55％降为 11％～12％。干燥时,咖啡豆温度以 45℃为宜,干燥时间为 30 h～35 h,每吨带壳湿豆干燥耗电 140 kW·h,标煤 2 t。

5.1.5.7 脱壳

经干燥好的带壳咖啡豆,用脱壳机脱去种壳。脱壳过程中破碎豆不能高于 5％。

5.1.5.8 抛光

用抛光机除去种皮(银皮)及杂物。

5.1.5.9 分级

经抛光的咖啡豆利用粒径分选机和重力分选机进行分级,分出一、二、三级的咖啡豆。分级要求按NY/T 604的规定执行。

5.1.5.10 分检

用人工或机械方法检除缺陷豆及杂质。

5.2 机械湿法加工

5.2.1 加工设备

清洗分离机、脱皮脱胶组合机、旋转干燥机、除石脱壳分级组合机、抛光机、粒径分级(选)机、重力分选机、称量机、电子色质分选机、缝袋机及其配套设备。

5.2.2 加工设施

蓄水池、浸泡池、排水管道、带壳湿豆中转场地、烘干车间、脱壳分级车间和仓库等。

5.2.3 加工工艺流程

加工工艺流程见图2。

鲜 果 → 清洗分检 → 脱皮脱胶 → 浸 泡 → 机械干燥 → 清 洁 → 除 杂 → 脱 壳 → 抛 光 → 粒径分选 →
重力分选 → 色质分选 → 称量装袋

图2 机械湿法加工工艺流程

5.2.4 加工工艺要求

5.2.4.1 清洗分检

用清洗机将咖啡鲜果清洗,并分离除去沙、土和枝叶等杂物。

5.2.4.2 脱皮脱胶

用绿果分离机分离出未成熟的青果,再用脱皮机脱去外果皮后进行脱胶,或用脱皮脱胶组合机同步进行脱皮脱胶,获得带壳湿咖啡豆。

5.2.4.3 浸泡

将已脱皮脱胶的带壳咖啡豆放入浸泡池中浸泡12 h左右,浮豆单独干燥和加工。

5.2.4.4 干燥

用旋转干燥机对带壳咖啡豆进行干燥处理,使其水分含量由45%～55%降为11%～12%。干燥时咖啡豆温度以45℃为宜,干燥时间为30 h～35 h,每吨带壳湿豆干燥耗电140 kW·h,标煤2 t。

5.2.4.5 脱壳及分选

利用除石脱壳分级组合机、脱壳抛光机、粒径分选机、重力分选机等设备对已干燥的带壳咖啡豆进行清洁、除杂、脱壳、分级等处理,并将咖啡豆分为一、二、三级。

5.3 干法加工

5.3.1 晒果

将落果、干果及最后一批收果中未成熟的绿果或分离机分离出的绿果放置晒场摊晒,需时15 d～20 d。摊晒过程要多次翻动,防止雨淋霉变,晒至果实摇动时有响声为干。

5.3.2 脱皮壳

将晒干的干果,用脱壳机脱去果皮及种壳。

5.3.3 风除

把已脱皮壳的豆经风选机吹除果皮种壳、异物。

5.3.4 筛选分级

把风选后的豆粒,经筛分机筛分出不同级别的咖啡豆。

6 分级、包装、标志、贮存和运输

按 NY/T 604 的规定执行。

附加说明：

本标准按照 GB/T 1.1—2009 给出的规则起草。

本标准代替 NY/T 606—2002《小粒种咖啡初加工技术规范》，与 NY/T 606—2002 相比，主要技术变化如下：

——增加了 5.1.3　加工用水。用水标准应符合 GB 5749—85 的规定，原 5.1.3 加工工艺流程改为 5.1.4；

——将 5.1.4.2　发酵　改为 5.1.5.3，发酵时间由原来 24 h 改为 20 h～48 h；

——将 5.1.4.3　洗涤　改为 5.1.5.4 洗豆；

——将 5.1.4.4　浸泡　改为 5.1.5.5，浸泡时间由原来的 20 h～24 h 改为 12 h～20 h；

——将 5.1.4.5　干燥　改为 5.1.5.6，豆粒含水量应为 10.0％～11.5％改为豆粒含水量应为 11％～12％；

——将 5.1.4.6　脱壳　改为 5.1.5.7 脱壳；

——将 5.1.4.7　抛光　改为 5.1.5.8 抛光；

——将 5.1.4.8　分级　改为 5.1.5.9 将分出不同级别的咖啡豆改为分出一、二、三级的咖啡豆，分级要求按 NY/T 604 规定执行；

——将 5.1.4.9　分级　改为 5.1.5.10 分级；

——将 5.2.4.1　湿处理　改为 5.2.4.1 清洗分检；原 5.2.4.2 干燥改为脱皮脱胶，5.2.4.3 改为浸泡，5.2.4.4 改为干燥，5.2.4.5 改为脱壳及分选。

本标准由中华人民共和国农业部农垦局提出。

本标准由农业部热带作物及制品标准化技术委员会归口。

本标准起草单位：云南省热带作物学会、云南省普洱市咖啡产业联合会、云南省德宏热带农业科学研究所。

本标准主要起草人：李维锐、周仕峥、李光华、李锦红。

本标准所代替标准的历次版本发布情况为：

——NY/T 606—2002。

中华人民共和国农业行业标准

剑 麻 布

Sisal cloth

NY/T 712—2011
代替 NY/T 712—2003

1 范围

本标准规定了剑麻布的术语和定义、标记、要求、试验方法、包装和标志、运输和贮存。

本标准适用于用剑麻纱机织的布。

2 规范性引用文件

下列文件对于本文件的应用是必不可少的。凡是注日期的引用文件,仅注日期的版本适用于本文件。凡是不注日期的引用文件,其最新版本(包括所有的修改单)适用于本文件。

NY/T 244 剑麻纤维及制品回潮率的测定

NY/T 245 剑麻纤维制品含油率的测定

NY/T 249 剑麻织物 物理性能试验的取样和试样裁取

NY/T 251 剑麻织物 单位面积质量的测定

3 术语和定义

下列术语和定义适用于本文件。

3.1

幅宽 width

织物最外边的两根经纱间与织物长度方向垂直的距离。

3.2

单位面积质量 mass per unit

单位面积内包含含水量和非纤维物质等在内的织物单位质量。

3.3

布面疵点 cloth spot

因生产过程中生产工序和工艺的区别,在最终产品上出现的削弱织物性能及影响织物外观质量的缺陷。

3.4

纱疵 yarn spot

织物布面纱线上存在的疵点。

3.5

织疵 flaw

织物在织造过程中产生的疵点。

3.6

密度 density

织物在无折皱和无张力下,每单位长度所含的经纱根数和纬纱根数,一般以根/10 cm 表示。

3.7

经密 longitude density

在织物纬向单位长度内所含的经纱根数。

3.8

纬密 latitude density

在织物经向单位长度内所含的纬纱根数。

3.9

硬挺度 stiffness

织物受自身重力而不易改变形状的程度。

3.10

断裂强力 breaking force

试样在规定条件下拉伸至断裂的最大力。

3.11

条样试验 strip test

试样整个宽度被夹持器夹持的一种织物拉伸试验。

3.12

剪割条样 cut strip

用剪割方法使试样达到规定宽度的条形试样。

4 标记

剑麻布以其品名、标准代号、单位面积质量、硬挺度、经密和纬密进行产品标记。

示例:

剑麻布 NY/T 712‑1050‑YG‑32×24。

标记中各要素的含义如下:

1050——单位面积质量为 1 050 g/m²;

YG——硬挺度,高;

32×24——经密为 32 根/10 cm,纬密为 24 根/10 cm。

5 要求

5.1 硬挺度

应符合表 1 的要求。

表 1 硬挺度

单位面积质量 g/m²	硬挺度(Y) mN·m		
	G	Z	D
≥1 300	≥17.50	≥14.50	≥11.50
≥1 050	≥11.50	≥9.50	≥7.50
<1 050	≥9.50	≥7.50	≥6.00
注:G 表示剑麻布硬挺度值高(硬);Z 表示剑麻布硬挺度值适中;D 表示剑麻布硬挺度值低(软)。			

5.2 其他技术性能

应符合表2的规定。

表 2 其他技术性能

项 目		优等品	一等品	合格品
布面疵点 点/m²	颜色	白、浅黄	白、浅黄	灰白、黄褐
	布面	平	平	有波纹
	纱疵	≤3点	≤4点	≤5点
	织疵	≤0.5点	≤1点	≤2点
	破洞	无	无	1.5 cm 以下≤1点
	污渍	无	无	不明显
幅宽允差,cm		0～1.0	0～2.0	−1.0～2.0
单位面积质量偏差,%		±3.0	±4.0	±5.0
密度偏差,%	经向	±4.0		
	纬向	±6.0		
断裂强力,N ≥	1 300 g/m² 以上	2 340		
	1 050 g/m²～1 300 g/m²	2 100		
	1 050 g/m² 以下	1 890		
回潮率,%		≤13		
含油率,%		≤8		

6 取样

6.1 批样捆数

按同一批次同一品等的捆布随机抽取样捆,有受潮或受损的捆布不能作为样品。随机抽取的布捆数量如表3。

表 3 批样捆数

批布捆数	≤3	4～10	11～30	31～75	≥76
取样捆数	1	2	3	4	5

6.2 样品数量

从批样的每一捆中随机剪取不少于500 cm 长的全幅作为样品,但离捆端不少于300 cm。保证样品没有折皱和明显的疵点。

6.3 试样裁取

按 NY/T 249 的规定执行。

7 试验方法

7.1 试验条件

试样应在温度为(27.0±2.0)℃、相对湿度为(65.0±4.0)%环境中调湿不小于12 h。

7.2 布面疵点的检验

7.2.1 原理

在规定的条件下,以记录疵点的点数和疵点的标记数来评定布面疵点轻重程度的方法,又称计点法。

7.2.2 试验步骤

7.2.2.1 将样品放置在工作台上至少 24 h,轻轻拉动样品,直到样品中间部分在桌面上放平,用有色笔标示出 2 m 部分为试样,去除张力。

7.2.2.2 用计点法从试样中记录布面疵点数,布面疵点不论大小每处疵点即为一个点数。

7.2.2.3 光源 40 W 日光灯 2 支~3 支,光源与布面距离为 1.0 m~2.0 m;采用目视检验布面疵点,其检验依次为颜色、布面、纱疵、织疵、破洞和污渍的顺序进行。

7.2.3 结果计算

外观疵点按式(1)计算:

$$B = \frac{A}{W \times 2} \qquad\qquad (1)$$

式中:

B——单位面积疵点,单位为点每平方米(点/m²);

A——疵点总数,单位为点;

W——试样幅宽,单位为米(m)。

计算结果保留到小数点后一位。

7.3 幅宽的测定

7.3.1 原理

在规定的条件下,去除试样的张力后,用钢尺在试样的不同点测量幅宽。

7.3.2 试验步骤

7.3.2.1 按 7.2.2.1 的方法取样。

7.3.2.2 用钢尺测量,钢尺应与被测试样布边垂直。

7.3.2.3 在试样一边做四个标记,各标记间距应在 25 cm~50 cm 之间,测量并记录各个标记处的幅宽值。

7.3.3 结果计算

7.3.3.1 按测得的四个幅宽值,计算算术平均值,即为剑麻布的实测幅宽。

7.3.3.2 幅宽允差按式(2)计算:

$$W_b = W - W_0 \qquad\qquad (2)$$

式中:

W_b——幅宽允差,单位为厘米(cm);

W——实测幅宽,单位为厘米(cm);

W_0——规格(标称)幅宽,单位为厘米(cm)。

计算结果保留到小数点后一位。

7.4 单位面积质量偏差

7.4.1 原理

按规定尺寸剪取试样,将已知面积的试样称量并计算单位面积质量,以实测单位面积质量与标称单位面积质量之差与标称单位面积质量的百分比计算单位面积质量偏差。

7.4.2 试验步骤

按 NY/T 251 的规定执行。

7.4.3 结果计算

单位面积质量偏差按式(3)计算:

$$D = \frac{M_g - M_0}{M_0} \times 100 \qquad\qquad (3)$$

式中:

D——单位面积质量偏差,单位为百分率(%);

M_g——试样的实测单位面积质量,单位为克每平方米(g/m²);

M_0——试样的标称单位面积质量,单位为克每平方米(g/m²)。

计算结果保留到小数点后一位。

7.5 经密、纬密偏差

7.5.1 原理

在规定的条件下,测定剑麻布平面上 10 cm 内经纱或纬纱的根数。以实测经密或纬密与标称经密或纬密差值表示经密偏差或纬密偏差。

7.5.2 试验步骤

7.5.2.1 将样品平摊在工作台上,在距离边缘 15 cm 没有折痕皱纹的任何部位测量五处 10 cm 内经纱或纬纱的根数,每处距离应大于 5 cm。

7.5.2.2 测量经纱的根数时,钢尺应与纬纱平行;测量纬纱的根数时,钢尺应与经纱平行。

7.5.2.3 测量起点应在两根经纱或纬纱中间,当讫点在最后一根纱线上不足 1 根时,按 0.5 根计。

7.5.3 结果计算

7.5.3.1 按五处测定的经纱或纬纱根数,计算算术平均值,即为该试样的实测经密或纬密。

7.5.3.2 经密或纬密的偏差按式(4)计算:

$$C = \frac{N - N_0}{N_0} \times 100 \quad\cdots\cdots\cdots\cdots\cdots\cdots\cdots\cdots\cdots\cdots\cdots\cdots\cdots\cdots\cdots\cdots \quad (4)$$

式中:

C——经密或纬密偏差,单位为百分率(%);

N——实测经密或纬密,单位为根每 10 厘米(根/10 cm);

N_0——标称经密或纬密,单位为根每 10 厘米(根/10 cm)。

计算结果保留到小数点后一位。

7.6 硬挺度的测定

按附录 A 的规定执行。

7.7 断裂强力的测定

按附录 B 的规定执行。

7.8 回潮率的测定

按 NY/T 244 的规定执行。

7.9 含油率的测定

按 NY/T 245 的规定执行。

8 包装和标志

8.1 包装

8.1.1 剑麻布应卷绕成捆,成圆柱体装。布捆两端应基本平整,直径不超过 50 cm。每捆剑麻布须用两或三道线带捆扎结实,外面用塑料编织布包装,并应有生产单位、标记、品等、幅宽、净质量、生产日期及防潮标记。

8.1.2 捆扎线带的质量不应超过布捆净质量的 0.3%。

8.2 标志

每捆剑麻布应附有标签,标明制造单位、标记、执行的产品标准编号、幅宽、品等、净质量、生产日期和产品合格标志。

9 运输和贮存

9.1 运输

装运剑麻布的车辆、船舱等运输工具应清洁、干燥，不应与易燃、易爆和有损产品质量的物品混装。

9.2 贮存

剑麻布应按规格分别堆放。仓库应保持清洁、干燥、通风良好，防止产品受潮、受污染，不应露天堆放。

附　录　A

（规范性附录）

硬挺度的测定

A.1　原理

矩形试样在规定的平台上移动，达到规定角度时，测量其伸出部分长度，以试样伸出长度和织物单位面积质量计算弯曲长度。

A.2　仪器

固定角弯曲计如图 A.1 所示。

单位为毫米

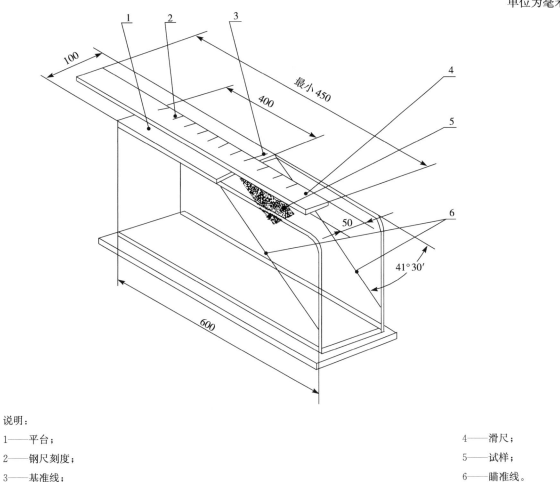

说明：

1——平台；
2——钢尺刻度；
3——基准线；

4——滑尺；
5——试样；
6——瞄准线。

图 A.1　固定角弯曲计

A.2.1　水平装置。

A.2.2
平台：宽度（50±2）mm，长度不小于 300 mm，支撑在高出桌面不少于 250 mm 的高度上。平台表面应光滑，平台前缘的斜面和水平平台底面成 41°30′夹角。平台支撑的侧面应当透明。

A.2.3
钢尺：宽（25±1）mm，长度不小于平台长度，质量为（300±10）g，刻度为毫米，其下表面有防滑橡胶层。

A.3 试样制备

按照 NY/T 249 的规定执行。沿经向和纬向裁取尺寸为 50 mm×400 mm 的矩形试样各 6 个。每个试样都需标记织物的正反面。试样应平整,不应有自然弯曲、折痕。任何两个经向试样不应含有相同的经向纱,任何两个纬向试样不应含有相同的纬向纱。

A.4 试验程序

A.4.1 按 NY/T 251 的规定测定和计算试样的单位面积质量。

A.4.2 调节仪器的水平。将试样放在弯曲计的平台上,使其一端和平台的前缘重合。将钢尺置在试样上,钢尺的零点和基准线对齐。

A.4.3 以一定的速度向前推动钢尺和试样,使试样伸出平台的前缘,并在其自重下弯曲,直到试样的前端到达瞄准线时停止推动,读出对着基准线的钢尺的刻度。该读数即为试样的伸出长度,以毫米表示。

A.4.4 重复 A.5.2 和 A.5.3,对同一试样的另一面进行试验。再次重复对试样的另一端的两面进行试验。

A.4.5 结果表示

A.4.5.1 计算试样的平均伸出长度。

A.4.5.2 剑麻布硬挺度按式(A.1)计算:

$$Y = 9.81\, m_a \times \left(\frac{L}{2}\right)^3 \qquad\cdots\cdots\cdots\cdots\cdots\cdots\cdots\cdots\cdots\cdots \text{(A.1)}$$

式中:

Y——硬挺度,单位为毫牛·米(mN·m);

m_a——剑麻布单位面积质量,单位为克每平方米(g/m²);

L——试样的平均伸出长度,单位为米(m)。

计算结果保留至小数点后两位。

附 录 B

（规范性附录）

断裂强力的测定

B.1 原理

规定尺寸的试样以恒定速度被拉伸直至断脱，记录断裂强力。

B.2 仪器

实验室常规仪器、设备以及等速强力试验机，并应满足下列要求：

—— 试验机具有一个固定的夹持器用于夹持试样的一端，一个等速驱动的夹持器用于夹持试样的另一端；

—— 动夹持器移动的恒定速度范围为 100 mm/min～500 mm/min，精确度为 ±2%；

—— 仪器应有显示和记录施加力值的装置；

—— 强力示值最大误差不应超过 2%。

B.3 试样制备

B.3.1 剪割条样

每一个实验室样品剪取两组试样，一组为经向试样，另一组为纬向试样。

每组试样至少应包括 5 块试样，另加预备试样若干。如有更高精确度要求，应增加试样数量。试样应具有代表性，应避开折皱、疵点。试样距布边不少于 100 mm，保证试样均匀分布于样品上。对于机织物，两块试样不应包括有相同的经纱或纬纱。样品剪取试样示例见图 B.1。

B.3.2 尺寸

剪取试样的长度方向应平行于织物的经向或纬向，每块试样去边纱，有效宽度应为 50 mm（不包括毛边），其长度应能满足隔距长度 250 mm。

B.4 条样试验

B.4.1 设定隔距长度

隔距长度为 250 mm±10 mm。

B.4.2 设定拉伸速度

拉伸速度为 100 mm/min。

B.4.3 夹持试样

在夹持试样前，应检查钳口是否准确地对正和平行。仪器两铗钳的中心点应处于拉力轴线上，铗钳的钳口线应与拉力线垂直，夹持面应在同一平面上，保证施加的力不产生角度偏移。在铗钳中心位置夹持试样，以保证拉力中心线通过铗钳的中点。

B.4.4 测定

B.4.4.1 夹紧试样，开启试验机，将试样拉伸至断脱，并记录断裂强力值。

B.4.4.2 条样试验每个方向不少于 5 块。

B.4.4.3 在试验过程中，若试样断裂于钳口处或测试时出现试样滑移，舍弃该试验数据，换上新试样重

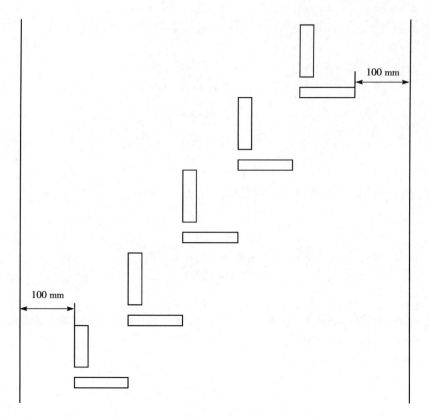

图 B.1 样品剪取试样示例

新开始试验。要求仪器两铗钳应能握持试样而不使试样打滑,铗钳面应平整,不剪切试样或破坏试样。但如果使用平整铗钳不能防止试样的滑移时,应使用其他形式的夹持器。夹持面上可使用适当的衬垫材料。铗钳宽度不少于 60 mm。

B.5　结果表示

B.5.1　每个样品测试 10 个以上试样的有效试验数据。

B.5.2　断裂强力以算术平均值表示,按式(B.1)计算:

$$\bar{f} = \frac{1}{n} \sum_{i=1}^{n} f_i \qquad\qquad (B.1)$$

式中:

$\bar{f}$——样品断裂强力的算术平均值,单位为牛顿(N);

n——样品的有效试验次数;

f_i——样品第 i 次有效试验的试验值,单位为牛顿(N)。

计算结果精确到 1 N。

附加说明:

本标准按照 GB/T 1.1—2009 给出的规则起草。

本标准代替 NY/T 712—2003《剑麻布》。本标准与 NY/T 712—2003 相比,主要变化如下:

——增加了布面疵点的检验及其技术要求;

——增加了幅宽的测定及其允差的计算方法;

——增加了断裂强力的测定及其技术要求,并将断裂强力的测定作为附录B;

——修改了NY/T 712—2003中第3章"术语和定义"的内容;

——修改了NY/T 712—2003中3.1、4.1和5.3有关硬挺度的内容,并将硬挺度调整至附录A;

——修改了NY/T 712—2003中第6章"标记"的内容,并调整到第4章;

——修改了NY/T 712—2003中5.1.1表3抽样样捆的基数和样品的数量,并调整到第6章。

请注意本标准的某些内容可能涉及专利。本标准的发布机构不承担识别这些专利的责任。

本标准由中华人民共和国农业部农垦局提出。

本标准由农业部热带作物及制品标准化技术委员会归口。

本标准起草单位:农业部剑麻及制品质量监督检验测试中心。

本标准主要起草人:陈伟南、张光辉、黄祖全、冯超、郑润里。

本标准所代替标准的历次版本发布情况为:

——NY/T 712—2003。

中华人民共和国农业行业标准

油棕　种苗

Oil palm—Seedling

NY/T 1989—2011

1　范围

本标准规定了油棕种苗的术语和定义、要求、试验方法、检验规则、包装、标签、运输和贮存。

本标准适用于由成熟油棕种子培育的袋装种苗。

2　术语和定义

下列术语和定义适用本文件。

2.1

油棕种苗　oil palm seedling

由成熟油棕种子培育的袋装种苗。

2.2

叶片数　number of leaves

种苗除中心枪叶外的成活的叶片总数(含船形叶和羽状叶)。

2.3

小叶数　number of leaflets

油棕幼苗最长叶片的小叶对数。

2.4

种苗高度　seedling height

自种果发芽处到顶端叶片最高点的自然高度。

2.5

病虫危害率　disease and insect incidence

发生病虫危害的种苗数量占调查总株数的百分率。

3　要求

3.1　基本要求

育苗袋规格应为:长×宽＝40 cm×19 cm,厚度为 0.2 mm,底部打 2 排孔,每排 8 个,孔径 0.6 cm;出圃种苗应是同一品种,外观整齐、均匀,叶片完好,根系完整,无检疫对象和严重病虫害,苗龄宜在 12 个月～15 个月。

3.2　分级

出圃种苗按表 1 的要求分级。

中华人民共和国农业部 2011-09-01 发布　　　　　　　　　　　　　　　2011-12-01 实施

表 1　种苗等级质量要求

项　目	指　标		
	一级	二级	三级
叶片数,片	14～19	12～13	10～11
小叶数,对	≥23	20～22	17～19
种苗高度,cm	120～150	100～119	80～99
病虫危害率,%	≤2	≤3	≤5

4　试验方法

4.1　育苗袋

用直尺测量育苗袋的长度和宽度,用游标卡尺测量厚度。

4.2　品种

查阅油棕苗圃育苗记录,同一批种苗其种子来源应一致。

4.3　外观

以感官进行鉴别,统计种苗的外观整齐度、均匀性及叶片完好度和根系损伤程度。

4.4　苗龄

查阅油棕苗圃育苗记录,以种子抽出第一片叶到检测或出圃时的生长时间为苗龄。

4.5　叶片数、小叶数

采用随机抽取样本调查法,调查记录叶片数、小叶数。

4.6　种苗高度

用钢卷尺测量。

4.7　病虫害

在苗圃随机抽样,目测有无检疫对象和严重病虫害并记录;存在病虫斑小叶数超过整株总小叶数5%的视为病虫株,依此计算病虫危害率。

5　检验规则

5.1　组批和抽样

以同一批出圃的种苗作为一个检验批次,按表2的规定随机抽样。

表 2　种苗检验抽样表

种苗总数,株	检验种苗数,株
＜1 000	25
1 000～4 999	50～100
5 000～10 000	101～200
＞10 000	201～300

5.2　出圃要求

种苗检验应在种苗出圃时进行,并将检验结果记入表格中(参见附录A)。种苗出圃时,应附有质量检验证书(参见附录B)。无证书的种苗不能出圃。

5.3　判定和复验规则

5.3.1　一级种苗:同一批检验种苗中,允许有10%的种苗低于一级种苗要求,但应达到二级种苗要求。

5.3.2　二级种苗:同一批检验种苗中,允许有10%的种苗低于二级种苗要求,但应达到三级种苗要求。

5.3.3 三级种苗:同一批检验种苗中,允许有 10%的种苗低于三级种苗要求。

5.3.4 达不到三级种苗要求的种苗判定为不合格种苗。

5.3.5 如有关各方对检验结果持有异议,可加倍抽样复检一次,以复检结果为最终结果。

6 包装、标签、运输和贮存

6.1 包装

出圃油棕种苗为单株袋装。

6.2 标签

每一株种苗应附有一个标签,标明品种、批次、等级、育苗单位、出圃时间等信息,标签模型参见附录C。

6.3 运输

运输时袋装种苗直立摆放,运输途中需用帆布盖住种苗,长距离运输需在途中淋水。

6.4 贮存

油棕种苗出圃后可保存 1 个月,但应及时定植,不能及时定植的应贮存在阴凉处,避免阳光直接照射。

附　录　A

（资料性附录）

种苗出圃检验结果登记表

出圃批次	出圃数量	抽样数量	一级种苗数量	二级种苗数量	三级种苗数量
1					
2					
3					
……					

附 录 B

（资料性附录）

油棕种苗检验证书

No：_____

育苗单位		购苗单位	
出圃株数		种苗品种	
种子或母株来源		母本名称		父本名称	
检验结果	其中：一级：	二级：	三级：
检验意见			
证书签发期		证书有效期	
审核人（签字）：	校核人（签字）：	检测人（签字）：	
注：本证一式三份，育苗单位、购苗单位、检验单位各一份。			

附　录　C
（资料性附录）
油棕种苗标签

C.1 油棕种苗标签正面见图 C.1。

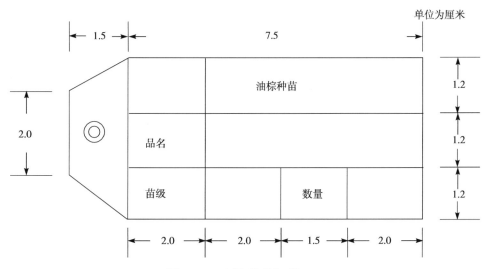

图 C.1　油棕种苗标签正面

C.2 油棕种苗标签反面见图 C.2。

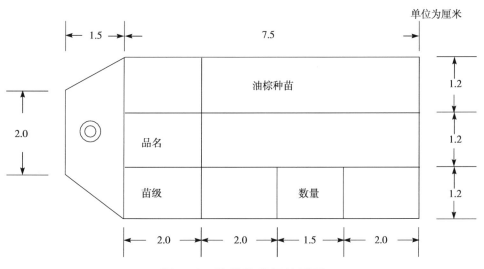

图 C.2　油棕种苗标签反面

注：标签用 150 g 的牛皮纸。标签孔用金属包边。

附加说明：

本标准按照 GB/T 1.1—2009 给出的规则起草。

本标准由中华人民共和国农业部农垦局提出。

本标准由农业部热带作物及制品标准化技术委员会归口。

本标准起草单位：中国热带农业科学院椰子研究所。

本标准主要起草人：雷新涛、范海阔、马子龙、李杰、秦海棠、黄丽云、吴翼。

中华人民共和国农业行业标准

菠萝贮藏技术规范

Technical specification for pineapple storage

NY/T 2001—2011

1 范围

本标准规定了菠萝（*Ananas comosus* L. Merr.）贮藏的术语和定义、采收、果实质量、贮藏前处理、贮藏、贮藏期限及出库指标。

本标准适用于巴厘、无刺卡因、台农 11 号等菠萝品种；其他品种可参照执行。

2 规范性引用文件

下列文件对于本文件的应用是必不可少的。凡是注日期的引用文件，仅注日期的版本适用于本文件。凡是不注日期的引用文件，其最新版本（包括所有的修改单）适用于本文件。

GB 2763 食品中农药最大残留限量

GB/T 8559—2008 苹果冷藏技术

GB/T 8855 新鲜水果和蔬菜 取样方法

GB/T 9829 水果和蔬菜 冷库中物理条件 定义和测量

NY 5177 无公害食品 菠萝

SB/T 10063—1992 鲜菠萝

3 术语和定义

下列术语和定义适用于本文件。

3.1

果眼 fruit eyes

由头状花序发育成的聚复果上的小果。

3.2

冠芽 crown

着生于果实顶部的芽。

3.3

日灼 sunburn

因强光直射，使果面局部形成变色的斑或出现裂口。

3.4

预冷 precooling

果实贮藏或运输前，利用各种降温措施，将其所携带的田间热量迅速除去，使果温降低到贮藏或运输的要求。

4 采收

4.1 采收成熟度

适于长途运输或贮藏的菠萝以在青熟期(七八成熟)采收为宜,此时果眼饱满,果皮由深青绿变为黄绿色,白粉脱落呈现光泽,基部1层~2层小果间隙裂缝出现淡黄色至1/4小果转黄。

4.2 采收时间

菠萝采收以晴天清晨露水干后或阴天无雨干爽时采收为宜,避免在强烈阳光下采收。

4.3 采收方法

采收时要用锋利刀具,留果柄长2 cm~3 cm,除净托芽和苞片,保留冠芽。采收时应轻采轻放,避免一切机械损伤,采下的菠萝应及时放置在阴凉处,不宜堆叠过高。

5 果实质量

供贮藏的果实应生理发育正常、果眼饱满、达到适当的成熟度,清洁、无明显日灼、无病虫害、无机械损伤,并应符合NY 5177的规定。

6 贮藏前处理

6.1 防腐处理

先用清水洗净果面,再用质量浓度为500 mg/L~1 000 mg/L的抑霉唑(imazalil)、噻菌灵(thiabendazol)、咪鲜胺(prochloraz)等杀菌剂浸果杀菌1 min~2 min,然后晾干。杀菌剂的残留限量应符合GB 2763的规定。

6.2 预冷

果实采后应在24 h内迅速将果温预冷至贮藏温度,预冷可在恒温冷库或预冷库中进行。

6.3 分级和包装

菠萝果实的分级和包装应在阴凉处或低温包装库中进行,分别按SB/T 10063—1992中4.1和第7章的规定执行。

7 贮藏

7.1 库房准备

7.1.1 库房消毒

库房在果实入库前半个月应进行消毒,每立方米库房体积用10 g硫黄粉和1 g氯酸钾点燃熏蒸,密闭5 d后,通风2 d~3 d备用。

7.1.2 库房降温

果实入库前,应将库房温度预先降至或略低于果实贮藏要求的温度。

7.2 入库与堆码

7.2.1 入库

果实包装后及时入库,从果实采收到入库应在24 h内完成。每日入库量以不超过库容量的25%为宜。

7.2.2 堆码

根据不同包装容器合理安排货位,其堆码形式、高度、垫木和货垛排列方式、走向及间隔应与库内空气环流方向一致。货位堆码方式按GB/T 8559—2008中5.7的要求执行。

7.3 贮藏管理

7.3.1 温度和湿度

贮藏期间库房内温度应保持在 8℃～10℃,相对湿度应保持在 85%～95%。温湿度的检测方法按照 GB/T 9829 的规定执行。

7.3.2 通风换气

贮藏期间应及时进行通风换气,宜每天通风换气一次,一般在气温较低的早晨进行。注意时间不要过长,避免引起库内温湿度的剧烈波动。

7.3.3 质量检验

7.3.3.1 抽样方法

贮藏期内应定期抽样检验果实好果率。抽样按照 GB/T 8855 的规定执行。

7.3.3.2 好果率

将烂果、黑心病果(病斑面积大于果实纵剖面总面积的 10%)剔除,计算好果率,以好果数占调查总果数的百分率表示。

8 贮藏期限及出库指标

8.1 贮藏期限

在本标准规定的贮藏条件下,菠萝的贮藏期一般为 11 d～17 d。

8.2 出库指标

贮藏后果实应保持味道正常,好果率应在 90% 以上。

————————

附加说明:
本标准按照 GB/T 1.1—2009 给出的规则起草。
本标准由中华人民共和国农业部农垦局提出。
本标准由农业部热带作物及制品标准化技术委员会归口。
本标准起草单位:中国热带农业科学院南亚热带作物研究所。
本标准主要起草人:弓德强、谢江辉、张秀梅、李伟才、陈佳瑛、孙光明。

中华人民共和国农业行业标准

热带观赏植物种质资源描述规范
红　掌

NY/T 2033—2011

Descriptive standard for germplasm resources
of tropical ornamental plant—Anthurium

1　范围

本标准规定了红掌种质描述的要求和方法。

本标准适用于红掌种质在收集、整理和保存中有关特性的描述。

2　规范性引用文件

下列文件对于本文件的应用是必不可少的。凡是注日期的引用文件,仅注日期的版本适用于本文件。凡是不注日期的引用文件,其最新版本(包括所有的修改单)适用于本文件。

GB/T 2260　全国县及县以上行政区划代码表

GB/T 2659　世界各国和地区名称代码

GB/T 2828　逐批检查计数抽样程序及抽样表

GB/T 12404　单位隶属关系代码

GB/T 18247.1　主要花卉产品等级　第1部分:鲜切花

GB/T 18247.2　主要花卉产品等级　第2部分:盆花

3　要求

3.1　样本采集

随机采集正常生长的植株作为代表性样本。

3.2　描述内容

从基本信息、植物学性状、农艺学性状和品质性状对种质资源进行描述(见附录A)。

4　描述方法

4.1　基本信息

4.1.1　种质名称

4.1.1.1　学名

由"属名+种名+命名人"组成。属名和种名为斜体字,命名人为正体字。

4.1.1.2　俗名

种质在当地的通用名。

4.1.2　种质编号

作为种质保存的该种质的编号,由"保存单位代码+4位顺序号码"组成。单位代码应按照GB/T 12404执行,如该单位代码未列入GB/T 12404中,则由该单位汉语拼音的大写首字母组成,顺序码从"0001"到"9999"。种质编号应具有唯一性。

4.1.3 种质库编号

进入国家种质资源长期保存库的种质的统一种质库编号,由"GK+HZ+4位顺序号"组成。顺序号从"0001"到"9999"。每份种质应具有唯一的种质库编号。

4.1.4 种质圃编号

进入国家种质资源长期保存圃的种质的统一种质库编号,在种质保存圃的编号,由"GP+HZ+4位顺序码"组成。顺序号从"0001"到"9999"。每份种质应具有唯一的种质库编号。

4.1.5 原产地信息

4.1.5.1 原产地名称

种质原产地的国家、地区、省、市(县)、乡、村的名称。国家和地区的名称应按照GB/T 2659的规定执行,如该国家名称现不使用,应在原国家名称前加"前";省、市(县)的名称应按照GB/T 2260的规定执行;乡、村的名称应按照实际调查的名称。

4.1.5.2 地理位置

种质原产地的经度、纬度和海拔。经度单位为"°"和"′",记录格式为DDDFF,其中DDD为度,FF为分;纬度单位为"°"和"′",记录格式为DDFF,其中DD为度,FF为分;海拔单位为米(m)。

4.1.6 引种信息

4.1.6.1 引种号

种质从外地引入时赋予的编号,由"年份+4位顺序号"组成的8位字符串,如"20080024"。顺序号从"0001"到"9999"。每份种质应具有唯一的引种号。

4.1.6.2 引种地

种质引种的国家、地区、省、市(县)、乡、村的名称。国家和地区的名称应按照GB/T 2659的规定执行,如该国家名称现不使用,应在原国家名称前加"前";省、市(县)的名称应按照GB/T 2260的规定执行;乡、村的名称应按照实际调查的名称。

4.1.6.3 引种单位(个人)

种质引种单位或个人。单位名称或个人姓名应写全称。

4.1.6.4 引种时间

种质引种的时间以"年月日"表示。记录格式为:YYYYMMDD,其中YYYY代表年份,MM代表月份,DD代表日期。

4.1.6.5 引种材料类型

    1   植株

    2   芽

    3   种茎

    4   果实

    5   种子

    6   花粉

    7   其他(须注明具体情况)

4.1.7 采集信息

4.1.7.1 采集号

种质在野外采集时赋予的编号,由"国家代码+年份+4位顺序号"组成。顺序号从"0001"到"9999",国家代码应按照GB/T 2659执行。

4.1.7.2 采集地

种质采集地的国家、地区、省、市(县)、乡、村的名称。国家和地区的名称应按照GB/T 2659的规定执行,如该国家名称现不使用,应在原国家名称前加"前";省、市(县)的名称应按照 GB/T 2260 的规定执行;乡、村的名称应按照实际调查的名称。

4.1.7.3 采集单位(个人)

种质采集单位或个人。单位名称或个人姓名应写全称。

4.1.7.4 采集时间

种质采集的时间以"年月日"表示。记录格式为:YYYYMMDD,其中 YYYY 代表年份,MM 代表月份,DD 代表日期。

4.1.7.5 采集材料类型

    1   植株
    2   芽
    3   种茎
    4   果实
    5   种子
    6   花粉
    7   其他(须注明具体情况)

4.1.8 保存信息

4.1.8.1 保存编号

种质在保存单位中的种质编号。保存编号在同一保存单位应具有唯一性。

4.1.8.2 保存单位(个人)

负责种质繁殖、并提交国家种质资源长期库前的原保存单位或个人。单位名称或个人姓名应写全称。

4.1.8.3 保存种质形态

    1   植株
    2   种子
    3   组织培养物
    4   花粉
    5   DNA
    6   其他(须注明具体情况)

4.1.8.4 图像

种质图像格式为 .jpg,文件名由"种质编号+-+序号"组成。图像要求 600 dpi 以上或 1 024×768 像素以上。

4.1.9 育种信息

4.1.9.1 系谱

选育品种(系)的亲缘关系。

4.1.9.2 选育单位(个人)

选育品种(系)的单位或个人。单位名称或个人姓名应写全称。

4.1.9.3 育成年份

品种(系)通过新品种审定或登记的年份。记录格式:YYYYMMDD,其中 YYYY 代表年份,MM 代表月份,DD 代表日期。

4.1.10 种质类型

    1   野生资源
    2   地方品种(品系)

3　引进品种（品系）

4　选育品种（品系）

5　特殊遗传材料

6　其他（须注明具体情况）

4.1.11　主要特性

1　高产

2　优质

3　抗病

4　抗虫

5　抗逆

6　其他（须注明具体情况）

4.1.12　主要用途

1　观赏

2　纤维

3　药用

4　其他（须注明具体情况）

4.1.13　备注

种质收集者了解的该种质的生态环境的主要信息，产量、栽培技术等。

4.2　植物学性状

4.2.1　植株

4.2.1.1　株龄

从种子萌发或组培苗出瓶到观察时的月份数，不满 30 d 的按一个月计。单位为月（M）。

4.2.1.2　株高

测量植株从地面根茎至顶端最高处的垂直距离。单位为厘米（cm），精确到 0.1 cm。

4.2.2　叶

4.2.2.1　叶片数

所有正常生长的叶片数量。单位为片。

4.2.2.2　叶柄长

测量成熟叶片的叶柄基部至叶片基部的长度。单位为厘米（cm），精确到 0.1 cm。

4.2.2.3　叶柄粗

测量成熟叶片的叶柄最粗处横切面的距离。单位为厘米（cm），精确到 0.1 cm。

4.2.2.4　叶柄颜色

目测成熟叶片叶柄中部的基本颜色。

1　浅绿

2　绿

3　深绿

4　其他（须注明具体情况）

4.2.2.5　叶形

目测成熟叶片的基本形状（见图 1）。

1　正三角形

2　心形

3　戟形

4　阔披针形

5　其他(须注明具体情况)

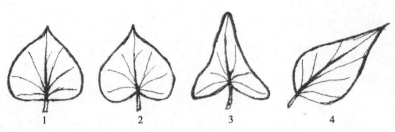

图 1　红掌叶形

4.2.2.6　叶片长

测量成熟叶片基部至叶尖的长度。单位为厘米(cm),精确到 0.1 cm。

4.2.2.7　叶片宽

测量成熟叶片最宽处的宽度。单位为厘米(cm),精确到 0.1 cm。

4.2.2.8　嫩叶颜色

目测刚刚展开的叶片的颜色。

　　1　嫩绿

　　2　黄绿

　　3　绿

　　4　深绿

　　5　淡玫红

　　6　紫红

　　7　其他(须注明具体情况)

4.2.2.9　叶腹面颜色

目测成熟叶片腹面的基本颜色。

　　1　黄绿

　　2　绿

　　3　深绿

　　4　棕色

　　5　其他(须注明具体情况)

4.2.2.10　叶背面颜色

目测成熟叶片背面的基本颜色。

　　1　黄绿

　　2　深绿

　　3　紫红

　　4　紫

　　5　深紫

　　6　其他(须注明具体情况)

4.2.2.11　叶尖形状

目测成熟叶片尖端的基本形状(见图 2)。

　　1　渐尖

　　2　尾尖

3　锐尖

4　钝形

5　其他(须注明具体情况)

图 2　叶尖形状

4.2.2.12　叶基形状

目测成熟叶片基部的基本形状(见图3)。

1　戟形

2　心形

3　圆形

4　卵形

5　平截

6　其他(须注明具体情况)

图 3　叶基形状

4.2.3　花

4.2.3.1　花梗长

测量成熟花梗自基部至顶端的长度。单位为厘米(cm),精确到 0.1 cm。

4.2.3.2　花梗粗

测量成熟花梗最粗处横切面的宽度。单位为厘米(cm),精确到 0.1 cm。

4.2.3.3　花梗颜色

目测成熟花梗的基本颜色。

1　黄

2　黄绿

3　绿

4　棕

5　其他(须注明具体情况)

4.2.3.4　佛焰苞长

测量成熟佛焰苞纵轴最长处的长度。单位为厘米(cm),精确到 0.1 cm。

4.2.3.5　佛焰苞宽

测量成熟佛焰苞最宽处的宽度。单位为厘米(cm),精确到 0.1 cm。

4.2.3.6　佛焰苞形状

目测成熟佛焰苞形状(见图4)。

1　圆形

    2   心形

    3   卵圆形

    4   三角形

    5   戟形

    6   不规则形

    7   其他(须注明具体情况)

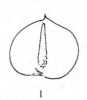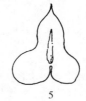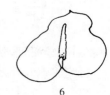

图 4　佛焰苞形状

4.2.3.7　佛焰苞基部形状

目测成熟佛焰苞基部的形状。

    1   戟形

    2   心形

    3   圆形

    4   耳形

    5   其他(须注明具体情况)

4.2.3.8　佛焰苞尖端形状

目测成熟佛焰苞尖端的形状(见图 5)。

    1   钝形

    2   渐尖

    3   锐尖

    4   尾尖

    5   其他(须注明具体情况)

图 5　佛焰苞尖端形状

4.2.3.9　佛焰苞光泽

目测成熟佛焰苞表面光泽的程度。

    3   弱

    5   中

    7   强

4.2.3.10　佛焰苞腹面颜色组成

目测成熟佛焰苞腹面的颜色组成。

    1   单色

    2   复色

4.2.3.11 佛焰苞腹面主要颜色

目测成熟佛焰苞腹面主要颜色。

1　白

2　粉

3　桃红

4　红

5　绿

6　褐

7　其他(须注明具体情况)

4.2.3.12 佛焰苞耳片有无

目测成熟佛焰苞基部耳片的有无(见图6)。

0　无

1　有

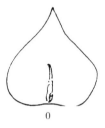 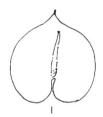

图 6　佛焰苞耳片有无

4.2.3.13 佛焰苞耳片的相对位置

目测成熟佛焰苞耳片的相对位置(见图7)。

1　重叠

2　接合

3　分离

4　远离

  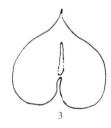 

图 7　佛焰苞耳片的相对位置

4.2.3.14 肉穗花序与佛焰苞凹处之间的距离

测量成熟肉穗花序与佛焰苞凹处之间的距离(见图8)。单位为厘米(cm),精确到 0.1 cm。

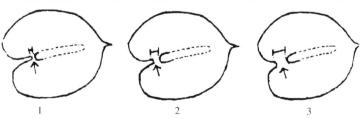

图 8　肉穗花序与佛焰苞凹处之间的距离

4.2.3.15 肉穗花序长

测量成熟肉穗花序基部至顶端的长度。单位为厘米(cm),精确到 0.1 cm。

4.2.4 果实

4.2.4.1 数量

单个花序着生果实的数量。单位为个。

4.2.4.2 果实大小

果实生理成熟期,单个成熟果的横径、纵径,表示为"横径×纵径"。单位为厘米(cm),精确到 0.1 cm。

4.2.5 种子

4.2.5.1 数量

单个成熟果中含有的种子数量。单位为个。

4.2.5.2 千粒重

1 000 粒种子新鲜种子的总重量。单位为克(g)。

4.2.5.3 形状

目测成熟种子的形状。

  1 条形
  2 圆形
  3 椭圆形
  4 不规则形

4.3 农艺性状

4.3.1 物候期

4.3.1.1 始花期

在自然状态下,有 5%～25% 植株的花序开始生长的时间段。记录格式:YYYYMMDD～YYYYMMDD,其中 YYYY 代表年份,MM 代表月份,DD 代表日期。

4.3.1.2 盛花期

在自然状态下,有 25%～75% 植株的整个花序进入完全成熟,呈现出最佳观赏状态的时间段。记录格式:YYYYMMDD～YYYYMMDD,其中 YYYY 代表年份,MM 代表月份,DD 代表日期。

4.3.1.3 末花期

在自然状态下,有 5%～25% 的植株的整个花序开始失去观赏价值的时间段。记录格式:YYYYMMDD～YYYYMMDD,其中 YYYY 代表年份,MM 代表月份,DD 代表日期。

4.3.2 产量

在一个生长年度内商品花的采收总量。单位为支/(hm² · 年)。

4.3.3 单花寿命

在自然状态下,植株上单支花序开始开放至整个花序失去观赏价值的天数。单位为天(d)。

4.4 品质性状

4.4.1 切花

4.4.1.1 外观

从整体感(包括整个花序的外观新鲜度、均匀度、完整性、色泽等)、佛焰苞长、佛焰苞宽、肉穗花序长、肉穗花序粗、花葶长、花葶粗等方面进行综合评价。应按照 GB/T 18247.1 的规定执行。

  1 好
  3 中

5　　差

7　　极差

4.4.1.2　瓶插寿命

切离植株后不经任何保鲜处理即插入清水中直至失去观赏价值的时间。单位为天(d)。

4.4.1.3　畸花率

抽样样本中,畸形或受损伤的样本占样本总数的比例。单位为百分率(%)。检测方法应按照 GB/T 2828 执行。检测方法应按照 GB/T 18247.1、GB/T 2828 执行。

$$Cr = n/N \times 100 \quad \cdots\cdots (1)$$

式中:

Cr——切花畸花率;

n——畸花数;

N——样本数。

4.4.2　盆花

4.4.2.1　外观

从整体感、植株高度、冠幅、开花多度、佛焰苞长、佛焰苞宽、肉穗花序长、肉穗花序粗、花葶长、花葶粗等方面进行综合评价。应按照 GB/T 18247.2 执行。

1　　好

3　　中

5　　差

7　　极差

4.4.2.2　畸花率

抽样样本中,畸形或受损伤的盆花样本占样本总数的比例。单位为百分率(%)。检测方法应按照 GB/T 18247.2、GB/T 2828 执行。

$$Pr = n_1/N \times 100 \quad \cdots\cdots (2)$$

式中:

Pr——盆花畸花率;

n_1——畸花盆数;

N——样本数。

附 录 A

（规范性附录）

红掌种质资源描述信息总汇表

1　基本信息			
种质学名		种质俗名	
种质编号		种质库编号	
种质圃编号		原产地名称	
地理位置		引种号	
引种地			
引种单位（个人）		引种时间	
引种材料类型	1 植株　2 芽　3 种茎　4 果实　5 种子　6 花粉　7 其他（须注明具体情况）		
采集号		采集地	
采集单位（个人）		采集时间	
采集材料类型	1 植株　2 芽　3 种茎　4 果实　5 种子　6 花粉　7 其他（须注明具体情况）		
保存编号		保存单位（个人）	
保存种质形态	1 植株　2 种子　3 组织培养物　4 花粉　5 DNA　6 其他（须注明具体情况）		
图像		系谱	
选育单位（个人）		育成年份	
种质类型	1 野生资源　2 地方品种（品系）　3 引进品种（品系） 4 选育品种（品系）　5 特殊遗传材料　6 其他（须注明具体情况）		
主要特性	1 高产　2 优质　3 抗病　4 抗虫　5 抗逆　6 其他（须注明具体情况）		
备注			
2　植物学性状			
株龄	月	株高	cm
叶片数	片	叶柄长	cm
叶柄粗	cm		
叶柄颜色	1 浅绿　2 绿　3 深绿　4 其他（须注明具体情况）		
叶形	1 正三角形　2 心形　3 戟形　4 阔披针形　5 其他（须注明具体情况）		
叶片长	cm	叶片宽	cm
嫩叶颜色	1 嫩绿　2 黄绿　3 绿　4 深绿　5 淡玫红　6 紫红　7 其他（须注明具体情况）		
叶腹面颜色	1 黄绿　2 绿　3 深绿　4 棕色　5 其他		
叶背面颜色	1 黄绿　2 深绿　3 紫红　4 紫　5 深紫　6 其他（须注明具体情况）		
叶尖形状	1 渐尖　2 尾尖　3 锐尖　4 钝形　5 其他（须注明具体情况）		
叶基形状	1 戟形　2 心形　3 圆形　4 接合　5 平截　6 其他（须注明具体情况）		
花梗长	cm	花梗粗	cm
佛焰苞长	cm	佛焰苞宽	cm
佛焰苞形状	1 圆形　2 心形　3 卵圆形　4 三角形　5 戟形　6 不规则形　7 其他（须注明具体情况）		
佛焰苞基部形状	1 戟形　2 心形　3 圆形　4 耳形　5 其他（须注明具体情况）		
佛焰苞尖端形状	1 钝形　2 渐尖　3 锐尖　4 尾尖　5 其他（须注明具体情况）		
佛焰苞光泽	3 弱　5 中　7 强	佛焰苞腹面颜色组成	1 单色　2 复色
佛焰苞腹面主要颜色	1 白　2 粉　3 桃红　4 红　5 绿　6 褐　7 其他（须注明具体情况）		
佛焰苞耳片有无	0 无　1 有	佛焰苞耳片的相对位置	1 重叠　2 接合　3 分离 4 远离
肉穗花序与佛焰苞凹处之间的距离	cm	肉穗花序长	cm

表 A. 1（续）

坐果数量		个	果实大小		cm× cm
种子数量		个	种子千粒重		g
种子形状	1 条形　2 圆形　3 椭圆形　4 不规则形				
3　农艺性状					
始花期			盛花期		
末花期			产量		支/(hm²·年)
单花寿命					d
4　品质性状					
切花外观	1 好　3 中　5 差　7 极差		切花瓶插寿命		d
切花畸花率		%	盆花外观		1 好　3 中　5 差　7 极差
盆花畸花率		%			

填表人：　　　　　　　　　　　审核：　　　　　　　　　　日期：

_____

附加说明：

本标准按照 GB/T 1.1—2009 给出的规则起草。

本标准由中华人民共和国农业部农垦局提出。

本标准由农业部热带作物及制品标准化委员会归口。

本标准起草单位：中国热带农业科学院热带作物品种资源研究所。

本标准主要起草人：杨光穗、徐世松、陈金花、尹俊梅、黄少华、黄素荣、任羽、郑玉、刘永花。

中华人民共和国农业行业标准

热带观赏植物种质资源描述规范
非洲菊

NY/T 2034—2011

Descriptive standard for germplasm resources
of tropical ornamental plant—Gerbera

1 范围

本标准规定了非洲菊种质描述的要求和方法。

本标准适用于非洲菊种质在收集、整理和保存中的有关特性描述。

2 规范性引用文件

下列文件对于本文件的应用是必不可少的。凡是注日期的引用文件,仅注日期的版本适用于本文件。凡是不注日期的引用文件,其最新版本(包括所有的修改单)适用于本文件。

GB/T 2260　全国县及县以上行政区划代码表

GB/T 2659　世界各国和地区名称代码

GB/T 2828　逐批检查计算抽样程序及抽样表

GB/T 12404　单位隶属关系代码

GB/T 18247.1　主要花卉产品等级　第1部分:鲜切花

GB/T 18247.2　主要花卉产品等级　第2部分:盆花

3 要求

3.1 样本采集

随机采集正常生长开花的植株作为代表性样本。

3.2 描述内容

从基本信息、植物学性状、农艺学性状和品质性状对种质资源进行描述(见附录A)。

4 描述方法

4.1 基本信息

4.1.1 种质名称

4.1.1.1 学名

由"属名＋种名＋命名人"组成。属名和种名为斜体字,命名人为正体字。

4.1.1.2 俗名

种质在当地的通用名。

4.1.2 种质编号

作为种质保存的该种质的编号,由"保存单位代码＋4位顺序号码"组成。单位代码应按照GB/T 12404执行,如该单位代码未列入GB/T 12404中,则由该单位汉语拼音的大写首字母组成,顺序码从"0001"到"9999"。种质编号应具有唯一性。

4.1.3 种质库编号

进入国家种质资源长期保存库的种质的统一种质库编号,由"GK+HJ+4 位顺序号"组成。顺序号从"0001"到"9999"。每份种质应具有唯一的种质库编号。

4.1.4 种质圃编号

进入国家种质资源长期保存圃的种质的统一种质库编号,在种质保存圃的编号,由"GP+FZJ+4 位顺序码"组成。顺序号从"0001"到"9999"。每份种质应具有唯一的种质库编号。

4.1.5 原产地信息

4.1.5.1 原产地名称

种质原产地的国家、地区、省、市(县)、乡、村的名称。国家和地区的名称应按照 GB/T 2659 的规定执行,如该国家名称现不使用,应在原国家名称前加"前";省、市(县)的名称应按照 GB/T 2260 的规定执行;乡、村的名称应按照实际调查的名称。

4.1.5.2 地理位置

种质原产地的经度、纬度和海拔。经度单位为"°"和"′",记录格式为 DDDFF,其中 DDD 为度,FF为分;纬度单位为"°"和"′",记录格式为 DDFF,其中 DD 为度,FF 为分;海拔单位为米(m)。

4.1.6 引种信息

4.1.6.1 引种号

种质从外地引入时赋予的编号,由"年份+4 位顺序号"组成的 8 位字符串,如"20080024"。顺序号从"0001"到"9999"。每份种质应具有唯一的引种号。

4.1.6.2 引种地

种质引种的国家、地区、省、市(县)、乡、村的名称。国家和地区的名称应按照 GB/T 2659 的规定执行,如该国家名称现不使用,应在原国家名称前加"前";省、市(县)的名称应按照 GB/T 2260 的规定执行;乡、村的名称应按照实际调查的名称。

4.1.6.3 引种单位(个人)

种质引种单位或个人。单位名称或个人姓名应写全称。

4.1.6.4 引种时间

种质引种的时间以"年月日"表示。记录格式为:YYYYMMDD,其中 YYYY 代表年份,MM 代表月份,DD 代表日期。

4.1.6.5 引种材料类型

1　植株

2　芽

3　种子

4　花粉

5　其他(须注明具体情况)

4.1.7 采集信息

4.1.7.1 采集号

种质在野外采集时赋予的编号,由"国家代码+年份+4 位顺序号"组成。顺序号从"0001"到"9999",国家代码应按照 GB/T 2659 执行。

4.1.7.2 采集地

种质采集地的国家、地区、省、市(县)、乡、村的名称。国家和地区的名称应按照 ISO 3166 的规定执行,如该国家名称现不使用,应在原国家名称前加"前";省、市(县)的名称应按照 GB/T 2260 的规定执行;乡、村的名称应按照实际调查的名称。

4.1.7.3 采集单位(个人)

种质采集单位或个人。单位名称或个人姓名应写全称。

4.1.7.4 采集时间

种质采集的时间以"年月日"表示。记录格式为:YYYYMMDD,其中 YYYY 代表年份,MM 代表月份,DD 代表日期。

4.1.7.5 采集材料类型

    1   植株
    2   芽
    3   种子
    4   花粉
    5   其他(须注明具体情况)

4.1.8 保存信息

4.1.8.1 保存编号

种质在保存单位中的种质编号。保存编号在同一保存单位应具有唯一性。

4.1.8.2 保存单位(个人)

负责种质繁殖、并提交国家种质资源长期库前的原保存单位或个人。单位名称或个人姓名应写全称。

4.1.8.3 保存种质形态

    1   植株
    2   种子
    3   组织培养物
    4   花粉
    5   DNA
    6   其他(须注明具体情况)

4.1.8.4 图像

种质图像格式为.jpg,文件名由"种质编号+－+序号"组成。图像要求 600 dpi 以上或 1 024×768 像素以上。

4.1.9 育种信息

4.1.9.1 系谱

选育品种(系)的亲缘关系。

4.1.9.2 选育单位(个人)

选育品种(系)的单位或个人。单位名称或个人姓名应写全称。

4.1.9.3 育成年份

品种(系)通过新品种审定或登记的年份。记录格式:YYYYMMDD,其中 YYYY 代表年份,MM 代表月份,DD 代表日期。

4.1.10 种质类型

    1   野生资源
    2   地方品种(品系)
    3   引进品种(品系)
    4   选育品种(品系)
    5   特殊遗传材料
    6   其他(须注明具体情况)

4.1.11 主要特性

    1   高产

    2   优质

    3   抗病

    4   抗虫

    5   抗逆

    6   其他(须注明具体情况)

4.1.12 主要用途

    1   观赏

    2   其他(须注明具体情况)

4.1.13 备注

种质收集者了解的该种质的生态环境的主要信息,产量、栽培技术等。

4.2 植物学性状

4.2.1 植株

4.2.1.1 株龄

从种子萌发或组培苗出瓶到观察时的月份数,不满30 d的按一个月计。单位为月(M)。

4.2.1.2 株高

测量植株从地面根茎至植株自然最高点的垂直高度。单位为厘米(cm),精确到0.1 cm。

4.2.2 叶

4.2.2.1 叶长

测量成熟叶叶柄基部至叶片尖端的长度。单位为厘米(cm),精确到0.1 cm。

4.2.2.2 叶宽

测量成熟叶叶片最宽处的宽度。单位为厘米(cm),精确到0.1 cm。

4.2.2.3 叶形

目测成熟叶叶片的基本形状(见图1)。

    1   椭圆形

    2   长椭圆形

    3   三角形

    4   卵形

    5   菱形

    6   其他(须注明具体情况)

图 1 叶 形

4.2.2.4 叶缘

目测成熟叶叶缘的类型(见图2)。

 1 全缘
 2 浅波缘
 3 皱波缘
 4 其他(须注明具体情况)

图2 叶 缘

4.2.2.5 叶裂

目测成熟叶叶裂的类型(见图3)。

 1 羽状浅裂
 2 羽状深裂
 3 羽状全裂

图3 叶 裂

4.2.2.6 叶尖形状

目测成熟叶叶尖的基本形状(见图4)。

 1 渐尖
 2 锐尖
 3 钝形
 4 截形
 5 圆形
 6 其他(须注明具体情况)

4.2.2.7 叶基形状

目测成熟叶叶基的基本形状(见图5)。

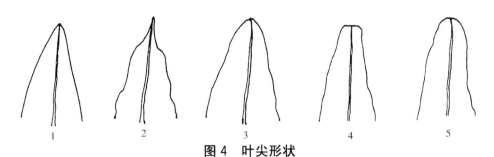

图 4　叶尖形状

1　楔形
2　渐狭
3　下延
4　截形
5　偏斜
6　其他(须注明具体情况)

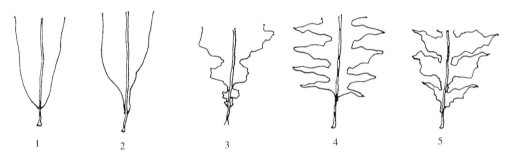

图 5　叶基形状

4.2.2.8　叶柄基部有无着色

目测成熟叶叶柄基部是否着生与叶柄主色不同的其他颜色。

　　0　无
　　1　有

4.2.3　花

4.2.3.1　花梗长

测量成熟花花梗基部至花梗顶端的长度。单位为厘米(cm),精确到 0.1 cm。

4.2.3.2　花梗粗

测量成熟花花梗最粗处横切面的宽度。单位为厘米(cm),精确到 0.1 cm。

4.2.3.3　花梗颜色

目测成熟花花梗的基本颜色。

　　1　浅绿
　　2　绿
　　3　深绿
　　4　其他(须注明具体情况)

4.2.3.4　花梗顶端有无着色

目测成熟花花梗顶端是否着生与花梗颜色不同的其他颜色。

　　0　无
　　1　有

4.2.3.5　总苞下有无苞片

目测头状花序总苞下端是否有苞片。

    0   无

    1   有

4.2.3.6 长舌状花尖端与总苞顶端的相对水平高度

目测长舌状小花尖端与总苞顶端之间的相对水平高度(见图6)。

    1   低于总苞顶端

    2   同一水平

    3   高于总苞顶端

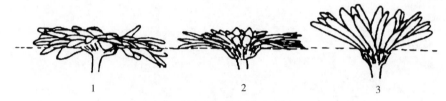

图6 长舌状花尖端与总苞顶端的相对水平高度

4.2.3.7 小花类型

目测组成头状花序的小花类型。

    1   长舌状花

    2   短舌状花

    3   管状花

4.2.3.8 花序类型

目测花序的基本类型(见图7)。

    1   单瓣型(花序从外到内由长舌状花和管状花组成)

    2   半重瓣型(花序从外到内由长舌状花、短舌状花和管状花组成)

    3   重瓣型(花序从外到内由长舌状花和短舌状花组成)

图7 花序类型

4.2.3.9 花序直径

测量头状花序的最大直径。单位为厘米(cm),精确到0.1 cm。

4.2.3.10 内轮花序边缘状况

重瓣或半重瓣品种才具有的性状。目测短舌状花组成的内轮花序边缘状况(见图8)。

    1   规则

    2   不规则

4.2.3.11 长舌状花形状

目测长舌状花的基本形状(见图9)。

    1   条形

图8 内轮花序边缘状况

2 狭倒披针形

3 狭椭圆形

4 长椭圆形

5 其他(须注明具体情况)

图9 长舌状花的形状

4.2.3.12 长舌状花长度

测量长舌状花自花瓣基部至花瓣顶端的长度。单位为厘米(cm),精确到0.1 cm。

4.2.3.13 长舌状花宽度

测量长舌状小花花瓣最宽处的宽度。单位为厘米(cm),精确到0.1 cm。

4.2.3.14 长舌状花花瓣尖端形状

目测花序上长舌状小花花瓣尖端的形状。

  1 锐尖

  2 钝形

  3 圆形

  4 其他(须注明具体情况)

4.2.3.15 长舌状花上有无游离花瓣

目测长舌状花上花瓣基部是否有较长的游离花瓣(见图10)。

  0 无

  1 有

图10 长舌状花上有无游离花瓣

4.2.3.16 长舌状花颜色

目测长舌状花上所具有的颜色种类。

  1　单色

  2　复色

4.2.3.17　长舌状花主色

目测长舌状花的主要颜色。

  1　白

  2　黄

  3　橙

  4　粉红

  5　大红

  6　紫

  7　其他(须注明具体情况)

4.2.3.18　长舌状花主色分布

目测长舌状花上主要颜色深浅的分布状况。

  1　均匀

  2　向着基部逐渐变浅

  3　向着顶端逐渐变浅

4.2.3.19　花盘直径

测量位于头状花序中部管状小花所组成的花盘的直径(仅针对单瓣或半重瓣品种)。单位为厘米(cm),精确到 0.1 cm。

4.2.3.20　花盘冠毛颜色

目测管状小花完全开放以前花序上花盘冠毛的颜色。

  1　绿

  2　粉红

  3　大红

  4　紫

  5　褐

  6　其他(须注明具体情况)

4.2.3.21　花盘上两性小花花被圆裂片颜色

目测花序上位于花盘上的两性小花花被圆裂片的基本颜色。

  1　白

  2　黄

  3　橙

  4　粉红

  5　大红

  6　紫

  7　褐

  8　其他(须注明具体情况)

4.2.3.22　柱头颜色

目测花序上雌花柱头的基本颜色。

  1　白

  2　黄

3 其他(须注明具体情况)

4.2.3.23 花药颜色

目测雄花花药的基本颜色。

1 黄

2 橙

3 粉红

4 大红

5 紫

6 褐

7 其他(须注明具体情况)

4.3 农艺性状

4.3.1 物候期

4.3.1.1 始花期

在自然状态下,有 5%～25% 植株的花序开始生长的时间段。记录格式:YYYYMMDD～YYYYMMDD,其中 YYYY 代表年份,MM 代表月份,DD 代表日期。

4.3.1.2 盛花期

在自然状态下,有 25%～75% 植株的整个花序进入完全成熟,呈现出最佳观赏状态的时间段。记录格式:YYYYMMDD～YYYYMMDD,其中 YYYY 代表年份,MM 代表月份,DD 代表日期。

4.3.1.3 末花期

在自然状态下,有 5%～25% 的植株的整个花序开始失去观赏价值的时间段。记录格式:YYYYMMDD～YYYYMMDD,其中 YYYY 代表年份,MM 代表月份,DD 代表日期。

4.3.2 产量

在一个生长年度内商品花的采收总量。单位为支/(hm² · 年)。

4.3.3 单花寿命

在自然状态下,单支花序从长舌状小花完全展开至整个花序失去观赏价值的天数。单位为天(d)。

4.4 品质性状

4.4.1 切花

4.4.1.1 外观

从整体感(包括整个花序的外观新鲜度、均匀度、完整性、色泽等整体观感)、花序直径、花梗长、花梗粗等方面对切花进行综合评价。应按照 GB/T 18247.1 的规定执行。

1 差

3 中

5 好

7 极好

4.4.1.2 瓶插寿命

切花切离植株后直至失去观赏价值的天数。单位为天(d)。

4.4.1.3 畸花率

抽样样本中,畸形、受损而失去观赏价值的切花所占比例,单位为百分率(%)。检测方法应按照 GB/T 18247.1、GB/T 2828 执行。

$$Cr = n/N \times 100 \quad\quad\quad\quad\quad\quad\quad\quad\quad\quad\quad (1)$$

式中:

Cr——切花畸花率;

n——畸花数；

N——样本数。

4.4.2 盆花

4.4.2.1 外观

从整体感、成熟叶高度、冠幅、开花多度、色泽、花序直径等方面对盆花进行综合评价。

1 差

3 中

5 好

7 极好

4.4.2.2 畸花率

抽样样本中,植株畸形、受损而失去观赏价值的盆花所占比例。检测方法应按照 GB/T 18247.2、GB/T 2828 执行。

$$Pr = n_1 / N \times 100 \quad \cdots\cdots\cdots\cdots\cdots\cdots\cdots\cdots\cdots\cdots\cdots\cdots \quad (2)$$

式中：

Pr——盆花畸花率；

n_1——畸花盆数；

N——开花总数。

附 录 A

（规范性附录）

非洲菊种质资源描述信息总汇

1 基本信息			
种质学名		种质俗名	
种质编号		种质库编号	
种质圃编号		原产地名称	
地理位置		引种号	
引种地		引种单位（个人）	
引种时间			
引种材料类型	1 植株　2 芽　3 种子　4 花粉　5 其他（须注明具体情况）		
采集号		采集地	
采集单位（个人）		采集时间	
采集材料类型	1 植株　2 芽　3 种子　4 花粉　5 其他（须注明具体情况）		
保存编号		保存单位（个人）	
保存种质类型	1 植株　2 种子　3 组织培养物　4 花粉　5 DNA　6 其他（须注明具体情况）		
图像		系谱	
选育单位（个人）		育成年份	
种质类型	1 野生资源　2 地方品种（品系）　3 引进品种（品系）　4 选育品种（品系） 5 特殊遗传材料　6 其他（须注明具体情况）		
主要特性	1 高产　2 优质　3 抗病　4 抗虫　5 抗逆　6 其他（须注明具体情况）		
备注			
2 植物学特性			
株龄	月	株高	cm
叶长	cm	叶宽	cm
叶形	1 椭圆形　2 长椭圆形　3 三角形　4 卵形　5 菱形　6 其他（须注明具体情况）		
叶缘	1 全缘　2 浅波缘　3 皱波缘　4 其他（须注明具体情况）		
叶裂	1 羽状浅裂　2 羽状深裂　3 羽状全裂		
叶尖形状	1 渐尖　2 锐尖　3 钝形　4 圆形　5 其他（须注明具体情况）		
叶基形状	1 楔形　2 渐狭　3 下延　4 截形　5 偏斜　6 其他（须注明具体情况）		
叶柄基部着色有无	0 无　1 有	花梗长	cm
花梗粗	cm	花梗颜色	1 浅绿　2 绿　3 深绿 4 其他（须注明具体情况）
花梗顶端着色有无	0 无　1 有	总苞下有无苞片	0 无　1 有
长舌状花尖端与总苞顶端的相对水平高度	1 低于总苞顶端　2 同一水平　3 高于总苞顶端		
小花类型	1 长舌状花　2 短舌状花　3 管状花		
花序类型	1 单瓣型　2 半重瓣型　3 重瓣型		
花序直径	cm	内轮花序边缘状况	1 规则　2 不规则
长舌状花的形状	1 条形　2 狭倒披针形　3 狭椭圆形　4 长椭圆形　5 其他		
长舌状花长度	cm	长舌状花宽度	cm
长舌状花花瓣尖端形状	1 锐尖　2 钝形　3 圆形　4 其他（须注明具体情况）		
长舌状花上游离花瓣有无	0 无　1 有	长舌状花的颜色种类	1 单色　2 复色
长舌状花的主色	1 白　2 黄　3 橙　4 粉红　5 大红　6 紫　7 其他（须注明具体情况）		
长舌状花的主色分布	1 均匀　2 向着基部逐渐变浅　3 向着顶端逐渐变浅		

表 A.1（续）

花盘直径		cm	花盘冠毛颜色	1 绿 2 粉红 3 大红 4 紫 5 褐 6 其他
花盘上两性小花花被圆裂片的颜色	1 白 2 黄 3 橙 4 粉红 5 大红 6 紫 7 褐 8 其他			
柱头颜色	1 白 2 黄 3 其他(须注明具体情况)			
花药颜色	1 黄 2 橙 3 粉红 4 大红 5 紫 6 褐 7 其他(须注明具体情况)			
3 农艺性状				
始花期			盛花期	
末花期			产量	支/(hm²·年)
单花寿命		d		
4 品质性状				
切花外观	1 差 3 中 5 好 7 极好			
切花瓶插寿命		d	切花畸花率	%
盆花外观	1 差 3 中 5 好 7 极好		盆花畸花率	%

填表人：　　　　　　　　　　　　审核：　　　　　　　　　　　　日期：

附加说明：

本标准按照 GB/T 1.1—2009 给出的规则起草。

本标准由中华人民共和国农业部农垦局提出。

本标准由农业部热带作物及制品标准化委员会归口。

本标准起草单位：中国热带农业科学院热带作物品种资源研究所。

本标准主要起草人：尹俊梅、杨光穗、任羽、黄少华、徐世松、张志群、黄素荣、郑玉、陈金花。

中华人民共和国农业行业标准

热带花卉种质资源描述规范
鹤　蕉

NY/T 2035—2011

Descriptive standard for germplasm resources
of tropical ornamental plant—Heliconia nakai

1 范围

本标准规定了鹤蕉种质描述的要求和方法。

本标准适用于鹤蕉种质在收集、整理和保存中的有关特性描述。

2 规范性引用文件

下列文件对于本文件的应用是必不可少的。凡是注日期的引用文件，仅注日期的版本适用于本文件。凡是不注日期的引用文件，其最新版本（包括所有的修改单）适用于本文件。

GB/T 2260　全国县及县以上行政区划代码表

GB/T 2659　世界各国和地区名称代码

GB/T 2828　逐批检查计数抽样程序及抽样表

GB/T 12404　单位隶属关系代码

GB/T 18247.1　主要花卉产品等级　第1部分：鲜切花

GB/T 18247.2　主要花卉产品等级　第2部分：盆花

3 要求

3.1 样本采集

随机采集正常生长的植株作为代表性样本。

3.2 描述内容

从基本信息、植物学性状、农艺学性状和品质性状对种质资源进行描述（见附录A）。

4 描述方法

4.1 基本信息

4.1.1 种质名称

4.1.1.1 学名

由"属名＋种名＋命名人"组成。属名和种名为斜体字，命名人为正体字。

4.1.1.2 俗名

种质在当地的通用名。

4.1.2 种质编号

作为种质保存的该种质的编号，由"保存单位代码＋4位顺序号码"组成。单位代码应按照GB/T 12404执行，如该单位代码未列入GB/T 12404中，则由该单位汉语拼音的大写首字母组成，顺序码从"0001"到"9999"。种质编号应具有唯一性。

4.1.3 种质库编号

进入国家种质资源长期保存库的种质的统一种质库编号,由"GK+HJ+4 位顺序号"组成。顺序号从"0001"到"9999"。每份种质应具有唯一的种质库编号。

4.1.4 种质圃编号

进入国家种质资源长期保存圃的种质的统一种质库编号,在种质保存圃的编号,由"GP+HJ+4 位顺序码"组成。顺序号从"0001"到"9999"。每份种质应具有唯一的种质库编号。

4.1.5 原产地信息

4.1.5.1 原产地名称

种质原产地的国家、地区、省、市(县)、乡、村的名称。国家和地区的名称应按照 GB/T 2659 的规定执行,如该国家名称现不使用,应在原国家名称前加"前";省、市(县)的名称应按照 GB/T 2260 的规定执行;乡、村的名称应按照实际调查的名称。

4.1.5.2 地理位置

种质原产地的经度、纬度和海拔。经度单位为"°"和"′",记录格式为 DDDFF,其中 DDD 为度,FF 为分;纬度单位为"°"和"′",记录格式为 DDFF,其中 DD 为度,FF 为分;海拔单位为米(m)。

4.1.6 引种信息

4.1.6.1 引种号

种质从外地引入时赋予的编号,由"年份+4 位顺序号"组成的 8 位字符串,如"20080024"。顺序号从"0001"到"9999"。每份种质应具有唯一的引种号。

4.1.6.2 引种地

种质引种的国家、地区、省、市(县)、乡、村的名称。国家和地区的名称应按照 GB/T 2659 的规定执行,如该国家名称现不使用,应在原国家名称前加"前";省、市(县)的名称应按照 GB/T 2260 的规定执行;乡、村的名称应按照实际调查的名称。

4.1.6.3 引种单位(个人)

种质引种单位或个人。单位名称或个人姓名应写全称。

4.1.6.4 引种时间

种质引种的时间以"年月日"表示。记录格式为:YYYYMMDD,其中 YYYY 代表年份,MM 代表月份,DD 代表日期。

4.1.6.5 引种材料类型

    1   植株

    2   芽

    3   种茎

    4   果实

    5   种子

    6   花粉

    7   其他(须注明具体情况)

4.1.7 采集信息

4.1.7.1 采集号

种质在野外采集时赋予的编号,由"国家代码+年份+4 位顺序号"组成。顺序号从"0001"到"9999",国家代码应按照 GB/T 2659 执行。

4.1.7.2 采集地

种质采集地的国家、地区、省、市(县)、乡、村的名称。国家和地区的名称应按照 GB/T 2659 的规定执行,如该国家名称现不使用,应在原国家名称前加"前";省、市(县)的名称应按照 GB/T 2260 的规定执行;乡、村的名称应按照实际调查的名称。

4.1.7.3 采集单位(个人)

种质采集单位或个人。单位名称或个人姓名应写全称。

4.1.7.4 采集时间

种质采集的时间以"年月日"表示。记录格式为:YYYYMMDD,其中 YYYY 代表年份,MM 代表月份,DD 代表日期。

4.1.7.5 采集材料类型

1　植株
2　芽
3　种茎
4　果实
5　种子
6　花粉
7　其他(须注明具体情况)

4.1.8 保存信息

4.1.8.1 保存编号

种质在保存单位中的种质编号。保存编号在同一保存单位应具有唯一性。

4.1.8.2 保存单位(个人)

负责种质繁殖、并提交国家种质资源长期库前的原保存单位或个人。单位名称或个人姓名应写全称。

4.1.8.3 保存种质形态

1　植株
2　种子
3　组织培养物
4　花粉
5　DNA
6　其他(须注明具体情况)

4.1.8.4 图像

种质图像格式为.jpg,文件名由"种质编号＋－＋序号"组成。图像要求 600 dpi 以上或 1 024×768 像素以上。

4.1.9 育种信息

4.1.9.1 系谱

选育品种(系)的亲缘关系。

4.1.9.2 选育单位(个人)

选育品种(系)的单位或个人。单位名称或个人姓名应写全称。

4.1.9.3 育成年份

品种(系)通过新品种审定或登记的年份。记录格式:YYYYMMDD,其中 YYYY 代表年份,MM 代表月份,DD 代表日期。

4.1.10 种质类型

1　野生资源
2　地方品种(品系)

3　引进品种(品系)

4　选育品种(品系)

5　特殊遗传材料

6　其他(须注明具体情况)

4.1.11　主要特性

1　高产

2　优质

3　抗病

4　抗虫

5　抗逆

6　其他(须注明具体情况)

4.1.12　主要用途

1　观赏

2　纤维

3　药用

4　其他(须注明具体情况)

4.1.13　备注

种质收集者了解的该种质的生态环境的主要信息,产量、栽培技术等。

4.2　植物学性状

4.2.1　植株

4.2.1.1　株龄

从种子萌发或组培苗出瓶到观察时的月份数,不满30 d的按一个月计。单位为月(M)。

4.2.1.2　株高

测量植株从地面假茎长至植株最高点的垂直距离。单位为厘米(cm),精确到0.1 cm。

4.2.2　假茎

4.2.2.1　假茎高

测量植株从地表基部至花序轴与叶柄分生处的距离。单位为厘米(cm),精确到0.1 cm。

4.2.2.2　假茎粗

测量植株离地表面20 cm处茎秆横切面最宽处的距离。单位为厘米(cm),精确到0.1 cm。

4.2.2.3　假茎颜色

目测假茎的基本颜色。

1　黄绿

2　青绿

3　深绿

4　红褐

5　其他(须注明具体情况)

4.2.2.4　假茎表面皮粉

目测假茎表面白色粉末状附着物的状况。

0　无

3　少

5　中

7　多

4.2.2.5 假茎表面茸毛

目测假茎表面附着茸毛的状况。

    0   无

    3   少

    5   中

    7   多

4.2.3 叶

4.2.3.1 叶形

目测成熟叶片的基本形状。

    1   长椭圆形

    2   宽椭圆形

    3   披针形

    4   长披针形

    5   长圆形

    6   卵圆形

    7   其他(须注明具体情况)

4.2.3.2 叶片长

测量成熟植株倒数第3片叶,自叶片基部至叶片顶端的距离。单位为厘米(cm),精确到0.1 cm。

4.2.3.3 叶片宽

测量成熟植株倒数第3片叶,叶片两侧最宽处的距离。单位为厘米(cm),精确到0.1 cm。

4.2.3.4 叶片基部对称性

目测成熟叶片基部中脉两侧对称的状况。

    1   对称

    2   偏斜

    3   极不对称

4.2.3.5 叶片韧性

目测在自然状况下成熟叶片韧性的强弱。

    3   弱

    5   中

    7   强

4.2.3.6 叶背皮粉

目测成熟叶片叶背面附着白色粉末的状况。

    0   无

    3   少

    5   中

    7   多

4.2.3.7 叶片中脉颜色

目测成熟叶片中脉的主要颜色。

    1   黄

    2   黄绿

    3   浅绿

    4   绿

　　　　5　　紫红

　　　　6　　其他(须注明具体情况)

4.2.3.8　叶腹面颜色

目测成熟叶片腹面的主要颜色。

　　　　1　　黄绿

　　　　2　　绿

　　　　3　　深绿

　　　　4　　紫红

　　　　5　　复色

4.2.3.9　叶背面颜色

目测成熟叶片背面的主要颜色。

　　　　1　　灰绿

　　　　2　　深绿

　　　　3　　紫红

　　　　4　　复色

4.2.3.10　叶柄长

测量成熟叶片自叶柄基部至叶片基部的距离。单位为厘米(cm),精确到 0.1 cm。

4.2.3.11　叶柄颜色

目测成熟叶片叶柄的主要颜色。

　　　　1　　绿白

　　　　2　　黄绿

　　　　3　　绿

　　　　4　　深绿

　　　　5　　紫红

　　　　6　　褐

　　　　7　　其他(须注明具体情况)

4.2.4　花

4.2.4.1　花序姿势

目测花序在花序梗上的着生状态(见图1)。

　　　　1　　直立

　　　　2　　下垂

图 1　鹤蕉花序姿势

4.2.4.2　花序长

测量花序从第 1 个苞片基部至花序顶端的距离。单位为厘米(cm),精确到 0.1 cm。

4.2.4.3　花序宽

测量成熟花序第 2 苞片至第 3 苞片顶端的平行距离。单位为厘米(cm),精确到 0.1 cm。

4.2.4.4 花序表面光泽

目测成熟花序表面有无光泽。

  0 无

  1 有

4.2.4.5 花序表面皮粉

目测成熟花序表面附着白色粉末的状况。

  0 无

  3 少

  5 中

  7 多

4.2.4.6 花序表面茸毛

目测成熟花序表面附着茸毛的疏密状况。

  0 无

  3 少

  5 中

  7 多

4.2.4.7 花序颜色组成

目测组成花序颜色的基本情况。

  1 单色

  2 复色

4.2.4.8 花序主要颜色

目测成熟花序表面主体部分的主要颜色。

  1 浅黄

  2 黄

  3 绿

  4 橙

  5 粉红

  6 红

  7 深红

  8 红褐

  9 其他(须注明具体情况)

4.2.4.9 花序次要颜色

目测成熟花序中除主要颜色外的第 2 种颜色。

  1 浅黄

  2 黄

  3 绿

  4 橙

  5 粉红

  6 红

  7 深红

  8 红褐

9   其他(须注明具体情况)

4.2.4.10   花轴颜色

目测成熟花序花序轴的主要颜色。

1   黄

2   绿

3   橙

4   红

5   褐

6   其他(须注明具体情况)

4.2.4.11   苞片数量

成熟花序上苞片的数量。单位为枚。

4.2.4.12   苞片疏密

目测成熟花序各苞片间距离的疏密状况(见图2)。

1   疏

3   中

5   密

7   极密

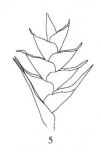

图 2   鹤蕉苞片疏密状况

4.2.4.13   苞片对称性

目测花序轴两侧苞片是否对称。

0   不对称

1   对称

4.2.4.14   苞片姿势

目测成熟花序的苞片在花序轴上着生的状态(见图3)。

1   斜生

2   平展

3   反折

图 3   鹤蕉苞片姿势

4.2.4.15 苞片形状

目测成熟苞片的基本形状(见图4)。

1 扁平状狭披针形

2 三角状长披针形

3 卵圆状披针形

4 卵圆形

5 圆筒状披针形

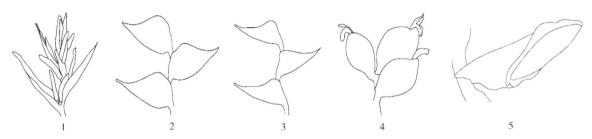

图4 鹤蕉苞片形状

4.2.4.16 叶状苞片

目测花序上第1枚苞片带有未完全退化的小叶的苞片。

0 无

1 有

4.2.4.17 苞片长

测量成熟花序的第2枚苞片,从苞片基部至苞片顶端的距离。单位为厘米(cm),精确到0.1 cm。

4.2.4.18 苞片宽

测量成熟花序的第2枚苞片,从苞片唇边至苞片脊背最宽处的距离。单位为厘米(cm),精确到0.1 cm。

4.2.4.19 苞片颜色组成

目测成熟花序中苞片颜色的组成情况。

1 单色

2 复色

4.2.4.20 苞片主要颜色

目测成熟花序中苞片的主要颜色。

1 浅黄

2 黄

3 浅绿

4 绿

5 橙

6 粉红

7 红

8 深红

9 紫

10 褐

11 其他(须注明具体情况)

4.2.4.21 苞片次要颜色

目测成熟花序中苞片的颜色除主要颜色外的第 2 种颜色。

    1   浅黄

    2   黄

    3   浅绿

    4   绿

    5   橙

    6   粉红

    7   红

    8   深红

    9   紫

    10   褐

    11   其他(须注明具体情况)

4.2.4.22　苞片唇边状况

目测成熟苞片唇边的基本形状(见图 5)。

    1   直边

    2   皱边

 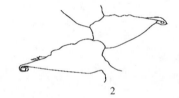

图 5　鹤蕉苞片唇边状况

4.2.4.23　苞片边缘着色部位

目测成熟苞片边缘着色的部位(见图 6)。

    1   唇边

    2   脊背

    3   唇边和脊背

  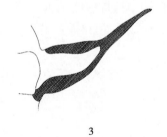

图 6　鹤蕉苞片边缘着色部位

4.2.4.24　苞片唇边颜色

目测成熟苞片唇边与苞片底色不同的其他颜色。

    1   白

    2   黄

    3   绿

    4   褐

5　　其他(须注明具体情况)

4.2.4.25　苞片脊背颜色

目测成熟苞片脊背与苞片底色不同的其他颜色。

1　　黄

2　　绿

3　　褐

4　　其他(须注明具体情况)

4.2.4.26　苞片表面皮粉

目测成熟苞片表面附着皮粉的状况。

0　　无

3　　少

5　　中

7　　多

4.2.4.27　苞片表面茸毛

目测成熟苞片表面附着茸毛的状况。

0　　无

3　　少

5　　中

7　　多

4.2.4.28　小花形状

目测成熟小花的基本形状(见图7)。

1　　管状花

2　　长舌状三角花

3　　棒槌花

图7　鹤蕉小花形状

4.2.4.29　花朵裸露状况

目测成熟苞片的小花隐匿或裸露于苞片外的状况(见图8)。

1　　隐匿或微露于苞片外

2　　半裸露于苞片外

3　　裸露于苞片外

4.2.4.30　小花颜色

目测成熟小花花被的主要颜色。

1　　白

2　　黄

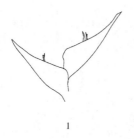  

图 8　鹤蕉花朵裸露状况

　　3　　绿

　　4　　橙

　　5　　红

　　6　　其他(须注明具体情况)

4.2.4.31　花被张开状况

　　目测成熟小花的花被是否张开。

　　0　　无

　　1　　有

4.2.4.32　花被顶端黑色环纹

　　目测成熟小花花被顶端黑色环纹的状况(见图9)。

　　0　　无

　　1　　有

 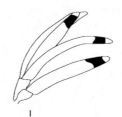

图 9　鹤蕉花被顶端黑色环纹状况

4.2.4.33　唇瓣反折

　　目测成熟小花唇瓣反折的状况(见图10)。

　　0　　无

　　1　　有

图 10　鹤蕉唇瓣反折状况

4.2.4.34　雄蕊在苞片中的着生状况

　　目测成熟小花的雄蕊隐匿或裸露于花被外的状况。

　　1　　隐匿于花被中

2   裸露于花被外

4.2.5   果实

4.2.5.1   果实在苞片中的着生状况

目测第 2 枚成熟苞片内果实隐匿或裸露于苞片外的状况。

1   隐匿于苞片中

2   裸露于苞片外

4.2.5.2   果实形状

目测成熟果实的基本形状(见图 11)。

1   三角形

2   多边形

3   近圆形

4   长椭圆状三角形

5   其他(须注明具体情况)

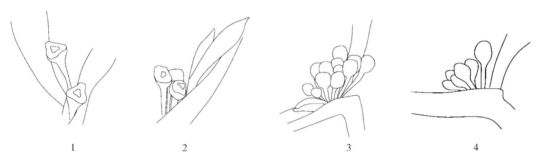

图 11   鹤蕉果实形状

4.2.5.3   果实数量

第 2 枚成熟苞片内果实的数量。单位为个。

4.2.5.4   未成熟果实颜色

目测未成熟果实的主要颜色。

1   白

2   黄

3   浅绿

4   绿

5   红

6   其他(须注明具体情况)

4.2.5.5   成熟果实颜色

目测成熟果实的主要颜色。

1   黄

2   蓝

3   红

4   其他(须注明具体情况)

4.2.6   种子

4.2.6.1   单个果实的种子数量

单个成熟果实中种子的数量。单位为粒。

1   1 果 1 籽

2　　1 果多籽

4.2.6.2　形状

目测成熟种子的基本形状。

1　　三角形

2　　椭圆形

3　　不规则形

4　　其他(须注明具体情况)

4.3　农艺性状

4.3.1　物候期

4.3.1.1　萌芽期

在自然状态下,有 5%～25%的植株开始分蘖萌发的时间。记录格式:YYYYMMDD～YYYYMMDD,其中 YYYY 代表年份,MM 代表月份,DD 代表日期。

4.3.1.2　始花期

在自然状态下,有 5%～25%植株的花序开始生长的时间段。记录格式:YYYYMMDD～YYYYMMDD,其中 YYYY 代表年份,MM 代表月份,DD 代表日期。

4.3.1.3　盛花期

在自然状态下,有 25%～75%植株的整个花序进入完全成熟,呈现出最佳观赏状态的时间段。记录格式:YYYYMMDD～YYYYMMDD,其中 YYYY 代表年份,MM 代表月份,DD 代表日期。

4.3.1.4　末花期

在自然状态下,有 5%～25%的植株的整个花序开始失去观赏价值的时间段。记录格式:YYYYMMDD～YYYYMMDD,其中 YYYY 代表年份,MM 代表月份,DD 代表日期。

4.3.2　产量

在一个生长年度内商品花的采收总量。单位为支/(hm² · 年)。

4.3.3　单花寿命

在自然状态下,单枝花序从第 1 天开放至失去观赏价值的天数。单位为天(d)。

4.4　品质性状

4.4.1　切花

4.4.1.1　外观

从整体感(包括整个花序外观的新鲜度、均匀度、完整性、色泽等方面)、花序长、花序宽、花梗长、花梗粗等方面对切花进行综合评价。应按照 GB/T 18247.1 执行。

1　　差

3　　中

5　　好

7　　极好

4.4.1.2　瓶插寿命

花枝切离植株后不经任何保鲜剂处理即插入清水中养护,直至失去观赏价值的时间。单位为天(d)。

4.4.1.3　畸花率

抽样样本中,畸形或受损伤的样本占样本总数的比例,计算平均值。单位为百分率(%),精确到 1%。检测方法应按照 GB/T 18247.1、GB/T 2828 执行。

$$Cr = n/N \times 100 \quad\quad\quad (1)$$

式中:

Cr——切花畸花率；

n——畸花数；

N——样本数。

4.4.2 盆花

4.4.2.1 外观

从整体感、植株高度、冠幅、开花的整齐度、花朵的数量和质量等方面进行综合评价。

1 差

3 中

5 好

7 极好

4.4.2.2 畸花率

抽样样本中，畸形或受损伤的花枝占每盆花开花总数的比例。单位：%，精确到1%。检测方法应按照 GB/T 18247.2、GB/T 2828 执行。

$$Pr = n_1/N \times 100 \quad\cdots\cdots\cdots\cdots\cdots\cdots\cdots\cdots\cdots\cdots\cdots\cdots\cdots\cdots\cdots\cdots (2)$$

式中：

Pr——盆花畸花率；

n_1——畸花盆数；

N——样本数。

附　录　A

（规范性附录）

鹤蕉种质资源描述信息总汇

1　基本信息			
种质学名		种质俗名	
种质编号		种质库编号	
种质圃编号		原产地名称	
地理位置			
引种号		引种地	
引种单位(个人)		引种时间	
引种材料类型	1 植株　2 芽　3 种茎　4 果实　5 种子　6 花粉　7 其他(须注明具体情况)		
采集号		采集地	
采集单位(个人)		采集时间	
采集材料类型	1 植株　2 芽　3 种茎　4 果实　5 种子　6 花粉　7 其他(须注明具体情况)		
保存编号		保存单位(个人)	
保存种质形态	1 植株　2 种子　3 组织培养物　4 花粉　5 DNA　6 其他(须注明具体情况)		
图像		系谱	
选育单位(个人)		育成年份	
种质类型	1 野生资源　2 地方品种(品系)　3 引进品种(品系) 4 选育品种(品系)　5 特殊遗传材料　6 其他(须注明具体情况)		
主要特性	1 高产　2 优质　3 抗病　4 抗虫　5 抗逆　6 其他(须注明具体情况)		
主要用途	1 观赏　2 纤维　3 药用　4 其他(须注明具体情况)		
备注			
2　植物学性状			
株龄	月	株高	cm
假茎高	cm	假茎粗	cm
假茎颜色	1 黄绿　2 青绿　3 深绿　4 红褐　5 其他(须注明具体情况)		
假茎表面皮粉	0 无　3 少　5 中　7 多	假茎表面的茸毛	0 无　3 少　5 中　7 多
叶形	1 长椭圆形　2 宽椭圆形　3 披针形　4 长披针形　5 长圆形　6 卵圆形　7 其他(须注明具体情况)		
叶片长	cm	叶片宽	cm
叶片基部对称性	1 对称　2 偏斜　3 极不对称		
叶片韧性	3 弱　5 中　7 强	叶背皮粉	0 无　1 有
叶片中脉颜色	1 黄　2 黄绿　3 浅绿　4 绿　5 紫红　6 其他(须注明具体情况)		
叶腹面颜色	1 黄绿　2 绿　3 深绿　4 紫　5 复色		
叶背面颜色	1 灰绿　2 深绿　3 紫红　4 复色		
叶柄长			cm
叶柄颜色	1 绿白　2 黄绿　3 绿　4 深绿　5 紫红　6 褐　7 其他(须注明具体情况)		
花序姿势	1 直立　2 下垂	花序长	cm
花序宽	cm	花序表面光泽	0 无　1 有
花序表面皮粉	0 无　3 少　5 中　7 多	花序表面茸毛	0 无　3 少　5 中　7 多
花序颜色组成	1 单色　2 复色		
花序主要颜色	1 浅黄　2 黄　3 绿　4 橙　5 粉红　6 红　7 深红　8 红褐　9 其他(须注明具体情况)		
花序次要颜色	1 浅黄　2 黄　3 绿　4 橙　5 粉红　6 红　7 深红　8 红褐　9 其他(须注明具体情况)		

表 A.1（续）

花轴颜色	1 黄　2 绿　3 橙　4 红　5 褐　6 其他(须注明具体情况)			
苞片数量	枚	苞片疏密	1 疏　3 中　5 密　7 极密	
苞片对称性	1 对称　2 不对称	苞片姿势	1 斜生　2 平展　3 反折	
苞片形状	1 扁平状狭披针形　2 三角状长披针形　3 卵圆状披针形　4 卵圆形　5 圆筒状披针形			
叶状苞片	0 无　1 有	苞片长	cm	
苞片宽	cm	苞片颜色组成	1 单色　2 复色	
苞片主要颜色	1 浅黄　2 黄　3 浅绿　4 绿　5 橙　6 粉红　7 红　8 深红　9 紫　10 褐　11 其他(须注明具体情况)			
苞片次要颜色	1 浅黄　2 黄　3 浅绿　4 绿　5 橙　6 粉红　7 红　8 深红　9 紫　10 褐　11 其他(须注明具体情况)			
苞片唇边状况	1 直边　2 皱边	苞片边缘着色部位	1 唇边　2 脊背　3 唇边和脊背	
苞片唇边颜色	1 白　2 黄　3 绿　4 褐　5 其他(须注明具体情况)			
苞片脊背颜色	1 黄　2 绿　3 褐　4 其他(须注明具体情况)			
苞片表面皮粉	0 无　3 少　5 中　7 多	苞片表面茸毛	0 无　3 少　5 中　7 多	
小花形状	1 管状花　2 舌状三角花　3 棒槌花			
花朵裸露状况	1 隐匿或微露于苞片外　2 半裸露于苞片外　3 裸露于苞片外			
小花颜色	1 白　2 黄　3 绿　4 橙　5 红　6 其他(须注明具体情况)			
花被张开状况	0 无　1 有	花被顶端黑色环纹	0 无　1 有	
唇瓣反折	0 无　1 有	雄蕊在花被中的着生状况	1 隐匿于花被中　2 裸露于花被外	
果实在苞片中的着生状况	1 隐匿于苞片中　2 裸露于苞片外			
果实形状	1 三角形　2 多边形　3 近圆形　4 长椭圆状三角形　5 其他(须注明具体情况)			
果实数量	粒			
未成熟果实颜色	1 白　2 黄　3 浅绿　4 绿　5 红　6 其他(须注明具体情况)			
成熟果实颜色	1 黄　2 蓝　3 红　4 其他(须注明具体情况)			
单个果实的种子数量	1 1果1籽　2 1果多籽			
种子形状	1 三角形　2 椭圆形　3 不规则形　4 其他(须注明具体情况)			
3　农艺性状				
萌芽期		始花期		
盛花期		末花期		
产量	支/(hm²·年)	单花寿命	d	
4　品质性状				
切花外观	1 差　3 中　5 好　7 极好	切花瓶插寿命	d	
切花畸花率	%	盆花外观	1 差　3 中　5 好　7 极好	
盆花畸花率	%			

填表人：　　　　　　　　　　审核：　　　　　　　　　　日期：

————————

附加说明：

本标准按照 GB/T 1.1—2009 给出的规则起草。

本标准由中华人民共和国农业部农垦局提出。

本标准由农业部热带作物及制品标准化委员会归口。

本标准起草单位：中国热带农业科学院热带作物品种资源研究所。

本标准主要起草人：黄少华、尹俊梅、杨光穗、徐世松、任羽、黄素荣、陈金花、郑玉、刘永花。

中华人民共和国农业行业标准

橡胶园化学除草技术规范

Technical specification for chemical weed control
in rubber plantation

NY/T 2037—2011

1 范围

本标准规定了橡胶树（*Hevea brasiliensis* Muell.-Arg.）种植园杂草和橡胶树更新后残桩化学防除的术语、定义和要求。

本标准适用于橡胶苗圃、幼龄橡胶园和成龄橡胶园杂草，以及橡胶树更新后残桩的化学防除。

2 规范性引用文件

下列文件对于本文件的应用是必不可少的。凡是注日期的引用文件，仅注日期的版本适用于本文件。凡是不注日期的引用文件，其最新版本（包括所有的修改单）适用于本文件。

GB/T 8321.2～9 农药合理使用准则

GB/T 15783 主要造林树种林地化学除草技术规程

NY/T 221 橡胶树栽培技术规程

农药安全使用规定（[82]农（农）字第4号） 农业部和卫生部1982年6月5日颁发

3 术语和定义

GB/T 15783、NY/T 221界定的以及下列术语和定义适用于本文件。

3.1

橡胶树苗圃 nursery of rubber tree

培育橡胶树苗木的园圃。

3.2

幼龄橡胶园 young rubber plantation

从定植后至开割前的橡胶园。

3.3

成龄橡胶园 adult rubber plantation

从开割至更新前的橡胶园。

3.4

橡胶园恶性杂草 worse weeds of rubber plantation

橡胶园中对橡胶树生长和产量有严重影响、分布广和难以防除的多年生杂草。主要包括：与橡胶树竞争严重的多年生杂草；寄生在橡胶树茎枝上，吸取橡胶树养分的寄生性杂草；传染橡胶病虫害的杂草；严重妨碍生产管理活动的杂草。

3.5

橡胶园一般性杂草 common weeds of rubber plantation

橡胶园中对橡胶树生长和产量无显著影响,不妨碍生产管理活动的杂草。主要包括:幼龄橡胶园萌生带的一些弱生植物,特别是丘陵地的一些植物,对保持水土尤为重要;成龄橡胶园下的耐阴性植物。

4 橡胶园除草剂的使用原则

除草剂的使用应遵照《农药安全使用规定》和 GB/T 8321.2~9 的规定执行。严禁使用未登记的除草剂。

橡胶园除草剂使用技术和注意事项参见附录 A。

注:本标准列出的除草剂品种仅有草甘膦、双丙氨膦、莠去津、苄嘧·草甘膦和甲嘧·草甘膦在我国橡胶园登记使用过,大多数只是经过国内外橡胶园除草试验,确定安全有效,并在其他作物或应用范围登记使用的除草剂品种,仅供应用时参考。

5 橡胶树苗圃化学除草

5.1 播前化学除草

5.1.1 选择好苗圃地,在橡胶播种前,对多年生恶性杂草为主,选用草甘膦 2 250 g/hm²~3 000 g/hm²(有效成分,下同),兑水 450 kg/hm² 喷施,20 d~30 d 后整地播种;对一年生杂草为主,选用草甘膦 750 g/hm²~1 500 g/hm²、草铵膦 450 g/hm²~900 g/hm² 或百草枯 450 g/hm²~900 g/hm²,兑水 450 kg/hm² 喷施,15 d~20 d 后整地播种。

5.1.2 对整好的苗圃地,可以灌、淋湿水,诱发杂草萌发至 3 叶~5 叶,选用草甘膦 450 g/hm²、草铵膦 450 g/hm² 或百草枯 450 g/hm²,兑水 450 kg/hm² 喷施,15 d~20 d 后播种。

5.2 播后苗/萌前化学除草

5.2.1 橡胶种子播种后出苗前,杂草萌发前,可用乙草胺 750 g/hm²、异丙甲草胺 1 500 g/hm² 或敌草胺 750 g/hm²,兑水 600 kg/hm² 喷施,做土壤处理除草。

5.3 苗后化学除草

5.3.1 人工除净杂草,再喷施乙草胺 750 g/hm²、异丙甲草胺 1 500 g/hm² 或敌草胺 750 g/hm²,兑水 600 kg/hm²。

5.3.2 对于禾本科杂草为主,在 3 叶~5 叶期,可用精吡氟禾草灵 100 g/hm²、高效氟吡甲禾灵 45 g/hm² 或精喹唑禾草灵 45 g/hm²,兑水 450 kg/hm² 喷施防除。

5.3.3 在橡胶苗茎干高 1 m 以上已木栓化时,对一年生杂草为主,在 3 叶~5 叶期或开花前,定向茎叶喷施草甘膦 450 g/hm²、草铵膦 450 g/hm² 或百草枯 450 g/hm²;对多年生杂草,在生长旺盛期,定向茎叶喷施草甘膦 2 250 g/hm²。

注意:不应把除草剂(特别是草甘膦)喷到或飘到橡胶树叶片上,以免发生药害。

6 幼龄橡胶园的化学除草

6.1 定植前的化学除草

6.1.1 选择好橡胶宜林地,在挖穴前或后,对多年生杂草为主,用草甘膦 2 250 g/hm²~3 000 g/hm²,兑水 450 kg/hm² 喷施,20 d~30 d 后整地定植;对一年生杂草为主,用草甘膦 750 g/hm²~1 500 g/hm²、草铵膦 450 g/hm²~900 g/hm² 或百草枯 450 g/hm²~900 g/hm²,兑水 450 kg/hm² 喷施,15 d~20 d 后整地定植。

6.2 植胶带的化学除草

6.2.1 在橡胶树茎干高 1 m 内未木栓化时,人工除净植胶带杂草,再喷施乙草胺 750 g/hm²、异丙甲草胺 1 500 g/hm² 或敌草胺 750 g/hm²,兑水 600 kg/hm²,做土壤处理除草。

6.2.2 在橡胶树茎干高 1 m 以上已木栓化时，对多年生杂草为主，在生长旺盛期，定向茎叶喷施草甘膦 2 250 g/hm² 防除；对于一年生杂草为主，在 3 叶～5 叶期或开花前，定向茎叶喷施草甘膦 750 g/hm²、草 铵膦 450 g/hm² 或百草枯 450 g/hm² 防除。

对草甘膦、草铵膦或百草枯不敏感的阔叶杂草，可混用 2,4-滴、2 甲 4 氯、麦草畏、氨氯吡啶酸或氯 氟吡氧乙酸等防除。注意不应把除草剂（特别是草甘膦）喷到或飘到橡胶树叶片上，以免发生药害。

6.3 萌生带的化学除草

对萌生带的多年生恶性杂草，在生长旺盛期，定向茎叶喷施草甘膦 2 250 g/hm² 防除；对萌生带的 一般性杂草，如果不间作，不宜灭除，及时进行割草控萌管理即可。

7 成龄胶园的化学除草

7.1 植胶带的化学除草

对妨碍割胶、争肥和/或传播病虫害的杂草，用草甘膦 1 500 g/hm²、草铵膦 450 g/hm² 或百草枯 450 g/hm² 防除。

7.2 橡胶树桑寄生的化学防除

在橡胶树冬季停割后至抽芽前，在 12 月至翌年 2 月，在树头于桑寄生着生方向，用手钻或电钻钻一 斜孔（直径 1.0 cm～1.2 cm，深 5 cm～10 cm），用注射器注入灭桑灵药剂 3 mL～8 mL，用封口剂封口 即可。

注意事项：

施药量根据胶树和桑寄生的大小而定，小则用下限，大则用上限，特大或几个分支都有桑寄生时，要 钻 2 个～3 个孔施药；

施药方向一定要与桑寄生着生方向一致，确保药液传到桑寄生上；

施药后胶树抽叶时，药剂传到的有桑寄生的枝条会有药害，抽出的叶片会脱落，但大部分枝条都会 重新抽叶，恢复正常，对整株胶树当年产量影响不大。药剂没有传到的枝条不受影响。

8 橡胶树更新后残桩的化学防除

对橡胶树更新后的残桩，在离地高度 15 cm～20 cm 处，环状剥皮，将 2,4-滴丁酯溶于柴油，涂在树 桩环状剥皮的形成层上。2,4-滴丁酯的施用浓度和技术要求：树桩直径 30 cm 以下，每千克 72% 2,4- 滴丁酯配柴油 2.5 kg，涂 140 个树桩，每个树桩用药液量不少于 25 mL；树桩直径 30 cm～50 cm，每千克 72% 2,4-滴丁酯配柴油 1.5 kg，涂 70 个树桩，每个树桩用药液量不少于 35 mL；树桩直径 50 cm 以上， 每千克 72% 2,4-滴丁酯配柴油 1 kg，涂 40 个树桩，每个树桩用药液量不少于 50 mL。

附 录 A

（资料性附录）

橡胶园除草剂使用技术和注意事项

通用名	商品名	作用特点	防除对象	推荐剂量 有效成分 g/hm²	注意事项
草甘膦 glyphosate	农达 Roundup 时拔克 Spark 农民乐 农旺	广谱灭生性 内吸传导型茎 叶处理除草剂	一年生和多 年生恶性杂草	750～3 075	1）施药时应防止药液飘移到作物茎叶上，以免产生药害； 2）用药量应根据杂草或作物对药剂的敏感程度确定； 3）应用清水配药，泥浆水等配药会降低药效。草甘膦与土壤接触立即失去活性，宜作茎叶处理； 4）使用时可加入适量的洗衣粉、柴油等表面活性剂，可提高除草效果； 5）草甘膦喷施后4 h内遇大雨会降低药效，应酌情补喷。施后3 d内，请勿割草、放牧和翻地。温暖晴天用药效果优于低温天气； 6）草甘膦对金属有腐蚀性，应用塑料容器贮存； 7）低温贮存时会有结晶析出，用时应充分摇动容器，使结晶溶解，以保证药效
			杂灌木	1 950～ 3 075	
双丙氨膦 bialaphossodi- um	好必思	新型生物源 广谱灭生性内 吸传导型茎叶 处理除草剂	阔叶草和禾 本科杂草	1 000～ 2 000	1）该产品是 bialaphos 菌种的发酵产物； 2）主要作用机制为抑制植物氮代谢的活动，使植物正常活动发生严重障碍导致植物枯萎坏死； 3）它只能从植物的叶部吸收，对树木的根部不会造成危害； 4）在土壤中能迅速分解，不残留，对环境不会造成污染，具有较高的安全性； 5）严禁与其他农药或物质混用
草铵膦 glufosinate	草丁膦 草胺膦 Basta	部分内吸作 用的非选择性 触杀型茎叶处 理除草剂	一年生杂草	450～900	1）本品以杂草茎叶吸收发挥除草活性，无土壤活性，应避免漏喷，确保杂草叶片充分均匀着药。喷药时避免药液飘移到邻近作物上，以免产生药害； 2）不可用泥水、污水兑液，否则降低药效； 3）一般选择温暖晴天用药，效果优于低温天气。施药后5 d内不能割草、放牧、耕翻等； 4）本品对金属制成的镀锌容器有腐化作用，易引起火灾； 5）施药时应远离水产养殖区施药，禁止在河塘等水体中清洗施药器具； 6）使用本品时应穿戴防护服和手套，避免吸入药液。施药期间不可吃东西和饮水。施药后应及时洗手和洗脸； 7）避免孕妇及哺乳期的妇女接触

表 A.1（续）

通用名	商品名	作用特点	防除对象	推荐剂量有效成分 g/hm²	注意事项
百草枯 paraquat	克芜踪 Gramoxone	灭生性触杀型茎叶处理除草剂	一年生杂草	450～900	1)在幼树和作物行间作定向喷雾时,不应将药液喷溅到橡胶或作物叶子和绿色部分,否则会产生药害; 2)光照可加速百草枯药效发挥,荫蔽或阴天虽然延缓药剂显效速度,但最终不降低除草效果,施药后30 min遇雨时能基本保证药效; 3)本品为中等毒性及有刺激性的液体,运输时应以金属容器盛载,药瓶盖紧存于安全地点
2,4-滴 2,4-D		激素型选择性除草剂	阔叶杂草,对禾本科杂草无效	1 620～2 160	1)气温高、光照强不易产生药害; 2)该药挥发性强,施药作物田要与敏感作物(一般为阔叶作物,如香蕉、薯类、豆类、瓜菜类等)田有一定距离; 3)此药不应与酸碱性物质接触,不应与种子化肥一起贮存; 4)喷施药械宜专用
2甲4氯 MPCA		选择性激素型除草剂	阔叶杂草	900～1 125	1)该药与喷雾机接触部分的结合力很强,最好喷雾机专用,否则需彻底清洗干净; 2)该药飘移对双子叶作物威胁极大,应在无风天气避开双子叶地块施药; 3)贮存时应注意防潮,放置于阴凉干燥处,不得与种子、食物、饲料放在一起;勿与酸性物质接触,以免失效
麦草畏 dicamba	百草敌 Banvel MDBA Mediben	选择性内吸传导激素型除草剂	阔叶杂草	180～280	1)小麦三叶前和拔节后禁止使用; 2)麦草威主要通过茎叶吸收,故此药不宜做土壤处理; 3)药剂正常使用后对小麦、玉米苗在初期有匍匐、倾斜或弯曲现象,一周后方可恢复; 4)不同小麦品种对此药有不同的敏感反应,应用前要进行敏感性测定
氨氯吡啶酸 picloram	毒莠定 Tordon Tordan	内吸传导激素型除草剂	灌木阔叶杂草	1 080～1 800	1)豆类、葡萄、蔬菜、棉花、果树、烟草、向日葵、甜菜、花卉等对毒莠定敏感,毒莠定药液和漂移物都会对这些作物造成危害,故不宜在靠近这些作物地块的地方用毒莠定作弥雾处理,尤其在有风的情况下; 2)也不宜在泾流严重的地块施药; 3)毒莠定生物活性高,且在喷雾器(尤其是金属材料)壁上的残存物极难清洗干净,在对大豆、烟草、向日葵等阔叶作物地除草继续使用这种喷雾器时,常常会产生药害,故应将喷雾器专用; 4)未使用过的地方和单位应先试验后推广

表 A.1（续）

通用名	商品名	作用特点	防除对象	推荐剂量有效成分 g/hm²	注意事项
氯氟吡氧乙酸 fluroxypyr	氟草定 使它隆 Starene	内吸传导型茎叶处理除草剂	阔叶杂草，对禾本科杂草无效	225～450	1）施药时，应避免将药液直接喷到树叶上，尽量采用压低喷雾，或用保护罩进行定向喷雾； 2）使用过的喷雾器，应清洗干净方可用于阔叶作物喷其他的农药； 3）施药时应注意安全防护； 4）此药对鱼类有害； 5）该药为易燃品，应远离火源的地方存放
吡氟禾草灵 fluazifopbutyl 精吡氟禾草灵 fluazifop-P-butyl	稳杀得 精稳杀得	选择性内吸传导型茎叶处理除草剂	一年生和多年生禾本科杂草	吡氟禾草灵：50～525 精吡氟禾草灵：75～150	1）在土地湿度较高时，除草效果较好，在高温干旱条件下施药，杂草茎叶未能充分吸收药剂，此时要用剂量的高限； 2）单子叶草与阔叶杂草、莎草混生地块，应与阔叶杂草除草剂混用或先后使用； 3）施药时应注意安全防护，以避免污染皮肤和眼睛，工作完毕后应洗澡和洗净污染的衣服； 4）下雨前 1 h 内不要喷药
高效氟吡甲禾灵 haloxyfop-R-methyl	高效盖草能	选择性、内吸传导型茎叶处理除草剂	一年生和多年生禾本科杂草	30～52.5	1）药剂对萌后到分蘖、抽穗初期的一年生和多年生禾本杂草，有很好的防除效果，对阔叶草和莎草无效； 2）喷洒落入土壤中的药剂易被根部吸收，也能起杀草作用，在土壤中半衰期平均 55 d； 3）施药后 1 h 降雨对药效影响很小
精噁唑禾草灵 fenoxaprop-P-ethyl	骠马 Puma 威霸 Whip	选择性、内吸传导型茎叶处理除草剂	一年生和多年生禾本科杂草	45～120	1）威霸不含安全剂，不能用于橡胶园间作小麦； 2）骠马不能用于橡胶园间作大麦，或其他禾本科作物
乙草胺 acetochlor	禾耐斯 Harness 消草安	选择性萌前土壤处理除草剂	一年生禾本科杂草和部分阔叶杂草	750～1 275	1）杂草对本剂的主要吸收部位是芽鞘或下胚轴，因此应在杂草出土前施药； 2）只能做土壤处理，不作杂草茎叶处理； 3）本剂的应用剂量取决于土壤湿度和土壤有机质含量，应根据不同地区，不同季节确定使用剂量； 4）间作黄瓜、菠菜、韭菜、谷子、高粱不宜用该药； 5）未使用过的地方和单位应先试验后推广
异丙甲草胺 metolachlor	都尔 Dual 稻乐思 Bicep Milocep	选择性萌前土壤处理除草剂	一年生禾本科杂草和部分阔叶杂草	975～1 950	1）在干旱条件下施药，应迅速进行浅混土； 2）残效期一般为 30 d～35 d，所以一次施药需结合人工或其他除草措施，才能有效控制作物全生育期杂草为害； 3）采用毒土法，应掌握在下雨或灌溉前后施药； 4）不应随意加大用药量
敌草胺 napropamide	萘丙酰草胺 草萘胺 萘丙胺 萘氧丙草胺 大惠利 Devrinol	选择性萌前土壤处理除草剂	大多禾本科杂草和部分阔叶杂草	750～1 995	1）对芹菜、茴香等有药害，不宜使用； 2）用量过高时，会对间作玉米等禾本科作物产生药害。亩用量在 150 g 以下，当作物生长期超过 90 d 以上时，一般不会对间种作物产生药害； 3）对已出土的杂草效果差，故应早施药。对已出土的杂草事先予以清除，若土壤湿度大，利于提高防治效果

表 A.1（续）

通用名	商品名	作用特点	防除对象	推荐剂量有效成分 g/hm²	注意事项
敌草隆 diuron	Marmex Lucenit	选择性内吸传导型萌前或萌后早期土壤处理除草剂	一年生杂草	1 500～2 400	1）可被植物的根叶吸收，以根系吸收为主； 2）宜采用毒土法，以免药害； 3）沙性土壤用药量应比黏土适当减少； 4）该剂对多种作物的叶片有杀伤力，应避免药液飘移到作物叶片上，桃树对该药敏感，使用时应注意； 5）用过药的器械应清洗干净，并处理好洗涮水，不应污染池塘和水源
莠去津 atrazine	阿特拉津 莠去尽 阿特拉嗪 园保净 Atranex	选择性内吸传导型萌前或萌后早期土壤处理除草剂	一年生杂草	1 125～3 750	1）本品残效长，对豆类等一些间作物有药害； 2）做土壤处理除草时，要求整地要平，土块要细； 3）蔬菜、大豆、桃树、水稻等对莠去津敏感，周围有这些作物时不宜使用； 4）施药后，各种工具要认真清洗，空瓶要及时回收，并妥善处理
莠灭净 ametryn	阿灭净	选择性内吸传导型萌前或萌后早期土壤处理除草剂	一年生杂草	1 560～2 400	1）本品对 3 叶期以前杂草敏感，应在此时施药； 2）本品用于苗前土壤喷雾处理，每季最多使用一次； 3）本品未经试验不可与其他农药混用； 4）有机质含量低的沙质土不宜使用； 5）土壤湿度大有利药效发挥，土壤干旱应在施药后浅混土，才能保证药效； 6）施药时穿戴必要的防护用具，尽量避免皮肤与农药接触，顺风施药，避免逆风施药，施药后用肥皂洗净脸、手及裸露的皮肤和衣物，施药时不可吸烟或饮食； 7）用剩后药液应妥善处理，禁止倒入池塘，避免对水源和鱼的影响
甲嘧磺隆 sulfometuron-methyl	森草净 傲杀 Oust 嘧磺隆	广谱灭生性内吸传导型萌前、萌后除草剂	绝大多数一年生和多年生阔叶杂草、禾本科杂草及灌木	100～200	1）用药量少，持效期长，施药后可保持半年至一年内不生杂草，因此要严格控制用药量； 2）可用在林业和非耕地防除一年生、多年生禾本科杂草与阔叶杂草，不得用于农田除草； 3）不可直接用于附近有湖泊、溪流和池塘的橡胶园； 4）禁止同酸性药剂混用
苄嘧·草甘膦 bensulfuron-methyl·glyphosate	苄嘧磺隆·草甘膦	广谱灭生性内吸传导型茎叶和土壤处理除草剂	一年生和多年生杂草	1 125～2 250	同草甘膦
甲嘧·草甘膦 sulfometuron-methyl·glyphosate	甲嘧磺隆·草甘膦[a]	广谱灭生性内吸传导型茎叶和土壤处理除草剂	一年生和多年生杂草	1 125～2 250	同草甘膦
[a]　按新的农药标签，不注商品名。					

附加说明：

本标准按照 GB/T 1.1—2009 给出的规则起草。

本标准由中华人民共和国农业部农垦局提出。

本标准由农业部热带作物及制品标准化技术委员会归口。

本标准起草单位：中国热带农业科学院环境与植物保护研究所、海南省天然橡胶产业集团股份有限公司、云南省天然橡胶产业股份有限公司、广东省农垦总局。

本标准起草人：范志伟、沈奕德、李智全、邱学俊、李传辉、蔡汉荣。

中华人民共和国农业行业标准

腰果病虫害防治技术规范

Technical criterion for cashew diseases and insect pests control

NY/T 2047—2011

1 范围

本标准规定了腰果(*Anacardium occidentale* L.)主要病虫害的防治措施和推荐使用药剂等技术。
本标准适用于腰果主要病虫害的防治。

2 规范性引用文件

下列文件对于本文件的应用是必不可少的。凡是注日期的引用文件,仅注日期的版本适用于本文件。凡是不注日期的引用文件,其最新版本(包括所有的修改单)适用于本文件。

GB 4285 农药安全使用标准

GB/T 8321(所有部分) 农药合理使用准则

3 腰果主要病虫害及其防治

3.1 腰果主要病虫害及其发生特点

参见附录 A 和附录 B。

3.2 腰果主要病虫害防治的原则

3.2.1 概述

贯彻"预防为主,综合防治"的植保方针,以腰果园整个生态系统为整体,针对主要病虫害的发生特点,综合考虑影响病虫害发生的各种因素,以农业防治为基础,协调应用检疫、物理防治、生物防治和化学防治等措施对腰果病虫害进行安全、有效、经济的防治。推荐选用的杀菌/杀虫剂是经我国药剂管理部门登记允许在腰果或其他水果上使用的。不应使用国家严格禁止在果树上使用的和未登记的农药。

3.2.2 农业防治

选种抗病虫腰果品种或品系,培育健壮苗。同一品种或品系集中成片种植,使腰果植株抽梢期整齐,实施病虫害的统一防治。加强水肥与花果管理,提高植株抗性,注意腰果园通风透光,避免过度密植,创造不利于腰果病虫害发生的果园环境。搞好果园清洁,控制病虫害的侵染来源。结合果园修剪及时剪除植株上严重受害或干枯的枝叶、花(果)、穗(枝)和果实,及时清除果园地面的落叶、落果等残体,集中烧毁或深埋。

3.2.3 物理防治

鼓励使用灯光诱杀、人工捕捉、色板及防虫网等无公害防治措施。

3.2.4 生物防治

保护和利用天敌。采用助育和人工饲放天敌控制害虫,利用昆虫性信息素诱杀或干扰成虫交配。

3.2.5 化学防治

鼓励使用微生物源、植物源及矿物源等对天敌、授粉昆虫等有益昆虫及环境与产品影响小的无公害防治措施。使用药剂防治时应参照 GB 4285 和 GB/T 8321 中的有关规定,严格掌握使用浓度或剂量、使用次数、施药方法和安全间隔期,注意药剂的合理轮换使用。

3.3 主要病害的防治

3.3.1 腰果流胶病

3.3.1.1 防治措施

增施氮磷钾肥,促进腰果植株生长健壮,提高植株抗病力。培育抗病品种或品系。

3.3.1.2 推荐使用的主要杀菌剂及方法

把腰果树干受害部位溃烂部清除,然后涂上 1% 波尔多液 10 倍～15 倍液,保护切除部位直到伤口愈合,可减轻该病为害。

3.3.2 腰果花枝回枯病

3.3.2.1 防治措施

做好田间卫生。冬季至少在腰果树开花前,清除腰果园所有残留的病果、病枝和枯枝、落叶,集中烧毁,以减少田间菌源。增施氮磷钾肥,促进腰果植株生长健壮,提高植株抗病力。

3.3.2.2 推荐使用的主要杀菌剂及方法

在腰果树开花时期,选用 80% 代森锰锌可湿性粉剂 600 倍～800 倍液与 90% 晶体敌百虫 1 000 倍液混合喷洒花枝,每周 1 次,连续喷 2 次。或用 50% 多菌灵可湿性粉剂 500 倍～1 000 倍液与 80% 敌敌畏乳油 1 000 倍～1 500 倍液混合喷洒。可兼治茶角盲蝽,有效防止茶角盲蝽为害引发花枝回枯病的发生。

3.3.3 腰果炭疽病

3.3.3.1 防治措施

在腰果园周围建设防风林带,减少风害损伤,有助于减少炭疽病为害。做好果园卫生。收果后及时清除树上的病死枝叶和僵果及果园地面的枯枝、落果和落叶,集中烧毁。在腰果幼嫩组织敏感时期,即新梢抽发期、开花期和坐果期进行药剂防治,每隔 10 d～14 d 喷施 1 次,连续喷施 2 次。

3.3.3.2 推荐使用的主要杀菌剂及方法

选用 75% 百菌清可湿性粉剂 600 倍～800 倍液、25% 咪鲜胺乳油 800 倍～1 500 倍液、1% 波尔多液 500 倍～1 000 倍液、50% 甲基托布津可湿性粉剂 800 倍～1 000 倍液等喷洒嫩梢、嫩叶、花穗和果实。

3.3.4 腰果叶疫病

3.3.4.1 防治措施

加强果园管理,增施氮磷钾肥,清除病残组织,避免腰果园田间湿度过大。

3.3.4.2 推荐使用的主要杀菌剂及方法

选用 58% 甲霜灵·锰锌可湿性粉剂 800 倍～1 000 倍液、75% 百菌清可湿性粉剂 800 倍～1 000 倍液或 72.2% 霜霉威水剂 800 倍～1 000 倍液喷洒叶片。

3.3.5 腰果猝倒病

3.3.5.1 防治措施

苗床及腰果幼苗培养土要进行消毒灭菌。保持腰果苗圃或袋装育苗排水良好,防止积水。

3.3.5.2 推荐使用的主要杀菌剂及方法

选用 50% 多菌灵可湿性粉剂 500 倍～1 000 倍液、75% 百菌清可湿性粉剂 800 倍～1 000 倍液、80% 多福锌可湿性粉剂 700 倍～800 倍液或 72% 霜脲·锰锌可湿性粉剂 500 倍～1 000 倍液等洗淋苗床。

3.3.6 腰果烟煤病

3.3.6.1 防治措施

加强果园管理,适当修剪,以利通风透光,增强树势。加强果园巡查,及时防治介壳虫、粉虱和蚜虫等刺吸式口器的害虫。

3.3.6.2 推荐使用的主要杀菌剂及方法

选用石灰过量式波尔多液 200 倍液或 50％灭菌丹可湿性粉剂 400 倍～500 倍液喷洒树冠,可抑制烟煤病蔓延。选用 25％扑虱灵可湿性粉剂 1 500 倍～2 000 倍液、0.3％库参碱水剂 200 倍～300 倍液、2.5％功夫乳油 3 000 倍～4 000 倍液、3％啶虫脒乳油 1 500 倍～2 500 倍液等喷洒树冠、枝条等防治蚧类、粉虱和蚜虫等刺吸式口器的害虫。

3.3.7 腰果藻斑病

3.3.7.1 防治措施

加强果园管理。果园要有排灌设施,注意排水,合理修剪,提高果园通风透光度,降低果园湿度。平时注意清除果园病枝落叶,减少病原菌。有计划地对老衰树进行复壮,合理施肥,增施有机肥,以增强树势,提高抗病力。

3.3.7.2 推荐使用的主要杀菌剂及方法

选用 77％氢氧化铜可湿性粉剂 600 倍～800 倍液、58％甲霜灵·锰锌可湿性粉剂 800 倍～1 000 倍液、0.5％等量式波尔多液 200 倍液或 70％石硫合剂晶体 180 倍～200 倍液等喷洒叶片和枝条。

3.4 主要虫害的防治

3.4.1 茶角盲蝽

3.4.1.1 防治措施

作好预测预报。每年在腰果植株初梢开始,应定期进行田间调查,随时掌握茶角盲蝽的发生动态。在腰果园收果后,进行修枝管理,剪除过密枝条,除去带卵枝条。结合除草施肥,彻底清除腰果园中的杂草,以减少盲蝽的食料来源。注意保护黄猄蚁、蜘蛛、瓢虫和猎蝽等捕食性天敌。在腰果初梢期、初花期和初果期进行药剂防治,初花初果期是防治关键期。

3.4.1.2 推荐使用的主要杀虫剂及方法

选用 4.5％高效氯氰菊酯乳油 2 500 倍～3 000 倍液、40％乐果乳油 1 000 倍～1 500 倍液、80％敌敌畏乳油 1 000 倍～1 500 倍液或 90％晶体敌百虫 1 000 倍液喷洒嫩叶、嫩梢、花穗和果实。

3.4.2 腰果云翅斑螟

3.4.2.1 防治措施

在腰果结果初期,人工摘除树上被害果实或被害花枝,以降低当年虫源基数。捡拾地上被害落果集中处理,以减少下代虫源。在蛹期结合中耕除草挖掘蛹。在腰果盛果期初期开始喷药,每隔 7 d～10 d 1 次。

3.4.2.2 推荐使用的主要杀虫剂及方法

选用 4.5％高效氯氰菊酯乳油 2 500 倍～3 000 倍液、1.8％阿维菌素乳油 2 000 倍～2 500 倍液、80％敌敌畏乳油 1 000 倍～1 500 倍液、20％除虫脲悬浮剂 4 000 倍～5 000 倍液、25％灭幼脲 3 号可湿性粉剂 2 000 倍～2 500 倍液或 50％杀螟松乳油 1 000 倍～1 500 倍液等喷施花枝及果实。

3.4.3 脊胸天牛

3.4.3.1 防治措施

在腰果收获后,结合果园的修枝工作,剪除被害枝条集中烧毁。加强田间巡查,每年 7 月开始逐株检查,发现虫枝即从最后 1 个排粪孔的下方 15 cm 处剪锯除虫害枝,以后每隔 1 个月～2 个月复查 1 次。对受害严重的腰果树,可在收果后采取重修剪的办法,将病虫老弱枝全部锯除,仅保留主骨干枝,同时加强抚管,增施有机肥,促进新树冠形成。

3.4.3.2 推荐使用的主要杀虫剂及方法

选用 80％敌敌畏乳油 1 000 倍液或 20％高效氯氰菊酯·马拉硫磷乳油 1 000 倍液注入最后 1 个排

粪孔,或用棉花沾药液堵塞虫洞,然后以湿泥封住排粪孔以保药效。

3.4.4 咖啡胖天牛

3.4.4.1 防治措施

加强腰果园虫害情况调查,每年至少逐株普查1次,复查2次,分别在收果后6月~7月和8月~9月进行。发现被害植株时,当即用刀剖开被害处树皮,清除干净幼虫,在被害枝干洞口塞以蘸有药液的棉球,外封以湿泥。避免树干损伤,如有伤口应及时涂封保护。待伤口干燥后,培土促使树基部不定根生长,促进植株恢复长势。

3.4.4.2 推荐使用的主要杀虫剂及方法

选用90%晶体敌百虫500倍液或80%敌敌畏乳油1 000倍液蘸湿棉花堵塞虫孔。

3.4.5 腰果细蛾

3.4.5.1 防治措施

注意保护羽角姬小蜂和瑟姬小蜂等寄生性天敌。在腰果嫩梢期初期开始进行药剂防治,每隔10 d~15 d喷药1次,连喷2次~3次。

3.4.5.2 推荐使用的主要杀虫剂及方法

选用50%杀螟松乳油1 000倍~1 500倍、5%氟铃脲乳油1 000倍~2 000倍液、2%阿维菌素乳油3 000倍~5 000倍液、5%氟苯脲乳油1 000倍~2 000倍液、4.5%高效氯氰菊酯乳油2 500倍~3 000倍液或2.5%溴氰菊酯4 000倍~6 000倍液等喷洒嫩叶。

3.4.6 蓟马类

3.4.6.1 防治措施

改善腰果园光照条件,减少荫蔽。清除杂草,减少虫源。加强腰果植株肥水管理,增强树势,提高腰果树补偿能力。注意保护黄猄蚁、花蝽、蚂蚁、草蛉、大赤螨、蜘蛛等捕食性天敌。

3.4.6.2 推荐使用的主要杀虫剂及方法

选用3%啶虫脒乳油1 500倍~2 500倍液、5%吡虫啉乳油1 000倍~2 000倍液、2.5%乙基多杀霉素悬浮剂1 000倍~1 500倍液或24%螺虫乙酯悬浮剂4 000倍~5 000倍液等喷洒枝叶和果实。

3.4.7 蚜虫类

3.4.7.1 防治措施

加强预测预报,当腰果嫩梢抽发时,有蚜梢率达10%时应用药剂防治。结合修剪,剪除被害和有虫、卵的枝叶和果实。注意保护瓢虫、草蛉、食蚜蝇等捕食性天敌和芽茧蜂等寄生性天敌。

3.4.7.2 推荐使用的主要杀虫剂及方法

选用50%抗蚜威可湿性粉剂2 000倍~3 000倍液、3%啶虫脒乳油1 500倍~2 500倍液、80%敌敌畏乳油1 000倍~1 500倍液、25%噻虫嗪水分散粒剂10 000倍~12 000倍液、5%吡虫啉乳油1 000倍~2 000倍液等喷施嫩叶、嫩梢和果实。

3.4.8 象甲类

3.4.8.1 防治措施

利用象甲假死性,人工捕捉成虫。

3.4.8.2 推荐使用的主要杀虫剂及方法

选用48%毒死蜱乳油1 000倍~1 500倍液、4.5%高效氯氰菊酯乳油2 500倍~3 000倍液、2.5%溴氰菊酯4 000倍~6 000倍液、50%辛硫磷乳油800倍~1 000倍液等喷洒树干基部附近地表、树干和枝叶。

3.4.9 蓑蛾类

3.4.9.1 防治措施

田间重点抓好幼虫刚孵化至 3 龄前时间段集中为害时施用药剂。利用冬季或夏季修剪虫枝,发现虫囊及时摘除,集中烧毁。也可利用蓑蛾雄成虫有趋光的习性,用黑光灯、白炽灯等诱杀成虫。受蓑蛾为害比较严重的植株,应重点防治,剪除虫枝,增施肥水,促进植株生长旺盛,减轻受害。蓑蛾有护囊保护,药剂难以渗透,应适当增加药量,施用药剂时务必使叶背和虫囊充分湿润。

3.4.9.2 推荐使用的主要杀虫剂及方法

选用 90％晶体敌百虫 1 000 倍～1 500 倍液、50％杀螟松乳油 1 000 倍～1 500 倍液、50％杀螟硫磷乳油 1 500 倍～2 000 倍液、2.5％溴氰菊酯 4 000 倍～6 000 倍液等喷洒枝叶。

3.4.10 介壳虫类

3.4.10.1 防治措施

结合清理果园,剪除严重受害叶片集中烧毁。在蚧虫发生不多时,可采取人工刷除。注意保护蚜小蜂、瓢虫、草蛉、钝绥螨等天敌。在若虫孵化盛期进行药剂防治。

3.4.10.2 推荐使用的主要杀虫剂及方法

选用 20％害扑威乳油 600 倍～800 倍液、50％马拉硫磷乳油 1 000 倍～1 500 倍液、50％二溴磷乳油 1 000 倍～1 500 倍液、52.25％毒死蜱·氯氰菊酯乳油 1 500 倍液、松脂合剂 7 倍～10 倍液或 95％机油乳剂 100 倍～150 倍液等喷洒枝叶和果实。

附 录 A
（资料性附录）
腰果主要病害及发生特点

病害名称及病原菌	发生特点
腰果流胶病 *Lasiodiplodia theobromae*（Pat.）	腰果流胶病主要为害腰果的树干。在世界各个腰果种植区均有发生,特别是在巴西、东南亚国家和我国腰果种植区发病严重 腰果流胶病多发生在老龄树,在幼龄和壮年树也可发生,一般在发病几个月后才能发现症状。受害植株,除了叶片黄化和脱落外,树干渗出树脂是最明显的症状。被流胶病侵染的组织呈黑色且破裂,伤口深度可达木质部。腰果流胶病造成的为害包括减少植株水分和营养的传输,减少光合作用,致使枝叶枯萎,在导致产量降低的同时,最终也导致植株死亡。在有利于腰果流胶病发生的环境条件下,腰果植株种植一年后即可表现出症状,第二年开始可造成严重破坏
腰果花枝回枯病 *Lasiodiplodia theobromae*（Pat.）	腰果花枝回枯病主要为害腰果的花枝,造成花枝、幼嫩坚果和果梨干枯 该病致病菌在腰果树的病死花序、枝条、僵果等组织内残存和越冬。当腰果树开花时期,在这些组织上产生的病菌孢子,随风、水传播,侵入花序,在花枝组织内蔓延。以后又侵染幼嫩坚果,并向下蔓延到嫩梢和小枝条,引起枝条回枯。该病开始表现为一部分的花和花瓣萎蔫,接着是小花序梗陆续回枯,由顶端开始向下为害至主花枝,一般在发病 6 周内表现症状。染病花枝变成褐色,所有花序萎蔫,不能稔实。纵剖主花梗可见到髓部变褐色,蔓延到嫩梢和小枝后,使染病嫩梢和小枝髓部变褐色和干枯。受害的幼嫩坚果和果梨变成黑色,最后干枯形成僵果,僵果可挂在病死花枝上经久不落。该病适宜发生温度为 25℃~30℃,腰果树在开花期间经常在花序上取食蜜汁的昆虫常在花枝上造成伤口,成为诱发此病的重要因子
腰果炭疽病 *Colletotrichum gloeosporioides*（Penz.）	腰果炭疽病为害腰果的叶片、嫩枝、花序、幼果和果梨 该病病原菌在腰果树上残存病枝、病叶组织内越冬,成为主要侵染来源。在雨季或腰果树开花期,病菌残留组织或土壤中产生的病菌孢子,随风、水传播,侵入枝叶、果梨和坚果组织中。在高湿条件下这些病组织上常产生大量分生孢子,孢子由风雨和昆虫传播,从寄主伤口、皮孔或气孔侵入。腰果树的所有幼嫩部分均可受炭疽病的侵染。在高湿条件下,染病嫩叶先在叶缘处产生红褐色、不规则形病斑,重病嫩叶皱缩、脱落。染病嫩梢初期产生红褐色、闪光的水渍状病斑,继之在病部溢出树脂。病斑纵向辐射状扩展,最终导致嫩梢干枯。在干枯嫩梢下方的枝条上又萌发新梢,重复染病新梢又可枯死,结果常形成鹿角状的枝条。花序染病变黑、枯萎和脱落。坚果和果梨染病常导致果腐,形成同心轮纹状。在雨季,炭疽病特别容易严重发生,可完全毁坏新抽出的枝梢,并会持续地毁坏抽出的嫩枝和嫩叶,受害严重的腰果植株的全株嫩枝干枯和嫩叶脱落,表现类似火烧的症状
腰果叶疫病 *Pestalotia paeoniae* Serv.	腰果叶役病主要为害腰果叶片 初侵染源来自腰果园病叶。表现症状为在叶的表面产生一种小的褐色圆斑,此小斑多数先在叶尖发生,以后小斑逐渐扩大和聚合,由叶尖向下扩展到叶面积一半以上。叶片两面均有分生孢子堆呈现

表 A.1（续）

病害名称及病原菌	发生特点
腰果猝倒病 *Fusarium* sp. *Pythium* sp. *Phytophthora palmivora* Butler *Cylindrocladium scoparium* Morgan *Selerotium rolfsii* Sacc. *Pythium ultimum* Trow.	腰果猝倒病主要为害腰果幼苗，排水不良的苗圃或袋装育苗的腰果幼苗极易感染该病 该病病原菌在腰果苗圃以卵孢子或菌丝在土壤中及病残体上越冬，并可在土壤中长期存活。主要靠雨水、喷淋而传播，带菌的有机肥和农具也能传病。病菌在土温15℃～16℃时繁殖最快，适宜发病地温为10℃。当腰果苗圃温度低、湿度大时利于发病。光照不足，腰果幼苗播种过密也容易诱发该病。该病造成腰果幼苗生长停滞并逐渐凋萎，根茎部位出现环茎水渍状带，有时根系完全腐烂，最后导致植株倒伏
腰果烟煤病 *Chaetothyrium* spp. *Capnodium* spp. *Meliola* spp.	腰果烟煤病主要为害的腰果植株叶片、枝梢和果实 该病在腰果叶片、枝梢和果实的表面，初生一薄层暗褐色或稍带灰色的霉层，后期于霉层上散生黑色小粒点或刚毛状突起物。烟煤病产生的霉层遮盖叶面，阻碍光合作用，并分泌毒素使植物组织中毒，受害严重时，腰果叶片卷缩褪绿或脱落。腰果烟煤病绝大多数的烟煤病均伴随蚧类、粉虱和蚜虫等的害虫活动而消长、传播与流行。蚧类、粉虱和蚜虫等的害虫的存在是烟煤病发生的先决条件。凡栽培管理不良或荫蔽、潮湿的腰果园，均有利于此类病害的发生
腰果藻斑病 *Cephaleuros virescens* Kunze	腰果藻斑病主要为害腰果成熟叶和老叶，在叶片正面和背面均能发生，发生在叶片正面较多 病原菌以菌丝体在病部组织上越冬。当温、湿度适宜时病原菌游动孢子萌发借风雨传播。发病初期，叶片表面先出现针头大小的淡黄褐色圆点，小圆点逐渐向四周作放射状扩展，成圆形或不规则形稍隆起的毛状斑，表面呈纤维状纹理，边缘缺刻。随着病斑的扩展、老化，呈灰绿色或橙黄色，后期病斑色泽较深，但边缘保持绿色。发病严重时，成熟叶和老叶可布满病斑，影响植株光合作用，树势早衰。一般在温暖、高温的条件下或在雨季，此病侵害蔓延迅速。植株的枝叶密集荫蔽、通风透光差、土壤脊薄、地势低洼、管理水平低等的果园，此病发生为害较为严重

附 录 B

（资料性附录）

腰果主要害虫及发生特点

害虫名称	发生特点
茶角盲蝽 *Helopeltis theivora* Waterhouse	茶角盲蝽主要在腰果嫩梢期、初花初果期为害。以成、若虫刺吸腰果嫩梢、嫩叶、花枝和正在发育的坚果及果梨，直接造成腰果园减产失收 茶角盲蝽1年发生12代。若虫对腰果的为害随着龄期的增加而增大，成虫对腰果的为害远大于若虫。茶角盲蝽1代需时26 d～52 d。在腰果梢期、花期、坐果期及幼果期虫口数量较大。雌虫卵产于花枝、叶柄表皮组织下，少数亦产于果托里，连续产卵天数最长的达22 d，每头雌虫产卵52粒～242粒，在冬季照常产卵繁殖。初孵若虫有群集性，成、若虫喜荫蔽，可昼夜不断地对腰果进行为害，吸取组织汁液。嫩梢和花枝被害后呈现多角形水渍状斑、幼果及果梨被害后呈现圆形下凹水渍斑，这些水渍状斑经24 h后变成黑色，最后呈现干枯。雌成虫于嫩梢、花枝上产卵，致使此部分组织遭受破坏最后呈现干枯
腰果云翅斑螟 *Nephopteryx* sp.	腰果云翅斑螟主要在腰果果期为害，以幼虫蛀食正在发育的腰果坚果、果梨以及成熟的果梨，致使其腐烂、干枯 腰果云翅斑螟1年发生约9代，在海南1代需时30 d～34 d。成虫交尾后第2天即开始产卵，卵产于坚果果腹、果蒂、果柄上，花萼萼片背面及花枝脱落处，最高产卵量达125粒。当产于坚果上的卵当孵化幼虫后立即蛀害，而产于其他部位的卵孵出幼虫后转移至坚果或果梨进行蛀害。蛀孔入口呈圆形，洞口布满呈条状或堆状的排泄物，被蛀害的坚果的果肉或种仁可被蛀食一空，剩下果壳最后呈干枯状，生长发育较久的坚果果仁被蛀害后呈扭曲状，果梨被蛀害后引起腐烂。老熟幼虫随落果或夜间悬丝直接下地，在离地表约1 cm深的土中吐丝结缀土粒作茧并脱去旧皮在其内化蛹
腰果天牛类 脊胸天牛 *Rhytidodera bowringii* White 咖啡胖天牛 *Plocaederus obesus* Gahan	脊胸天牛以幼虫蛀害腰果枝条，造成枝条枯死或折断，使腰果植株生势减弱，严重时可导致植株死亡 脊胸天牛在我国华南地区年发生1代，跨年完成，部分两年1代，以幼虫越冬。成虫发生时间因地区略有差异。成虫产卵于枝条及枝条断裂或树缝隙中，卵散产，大多一处1粒，也有多达6粒～8粒黏结成块，卵期约10 d。幼虫孵化后大多从枝条末梢的端部侵入，被害枝条上每隔一定距离有一排粪孔。幼龄时排粪孔小而密，随着虫龄增长，排粪孔渐大而距离逐渐增加。幼虫期260 d～310 d。蛹期30 d～50 d。成虫羽化后在蛹室中滞留一段时间（10 d～30 d），而后拓宽排粪孔爬出。通常在夜间活动，有趋光性。白天藏匿于浓密的枝叶丛中。每雌虫一生产卵6粒～25粒，成虫寿命13 d～36 d 咖啡胖天牛以幼虫钻蛀腰果树干引起树干干枯，甚至全植株死亡。在中国海南省1年发生1代，跨年完成。成虫于5月中旬飞出茧室交尾及产卵，卵多产在离地1 m以内的树皮缝隙处，幼虫孵出后先在皮下及边材部分为害，然后蛀入心材，孔道纵横交错，老熟幼虫能分泌碳酸钙类物质在树皮下隧道内较宽处结成扁椭圆形坚实的茧壳，蛹在茧内。若、成虫在10月羽化则当年化茧，否则则在茧内越冬至初春才破茧而出，直至5月才往外飞出。成虫大多在4月～7月羽化

表 B.1（续）

害虫名称	发生特点
腰果细蛾 *Acrocercops syngramma* Meyrick	腰果细蛾主要在腰果嫩梢期为害,以幼虫取食腰果嫩叶叶肉 幼虫大部分时间在叶片造成的"水泡"里活动。卵产在嫩叶上。老熟幼虫在土壤中化蛹。有时也在叶片上化蛹,一般是在下表皮中脉附近。雌成虫产卵于嫩叶上表皮,幼虫孵出后立即往下钻蛀咬食叶肉,使被害嫩叶出现曲折弯曲的为害纹。幼虫继续潜食叶肉,为害纹逐渐扩大,外观呈灰白色水泡状。待被害叶片成熟后,水泡状被害处破裂出现一个大洞。最后整片叶只剩一层角质层膜,白色水泡状变为黑褐色,叶片枯萎脱落。一般每片叶有 2 个～8 个水泡为害斑,有多头幼虫为害。幼虫期为 9 d～15 d,蛹期 7 d～9 d,整个生活史需 20 d～25 d
腰果蓟马类 红带蓟马 *Selenothrips rubrocinctus*(Giard) 茶黄蓟马 *Scirtothrips dorsalis* Hood	红带蓟马主要在腰果叶片成熟期为害,以成虫、若虫锉吸腰果叶片汁液。年发生约 10 代,在我国海南主要发生为害期是 3 月～6 月。其成虫、若虫最初主要在腰果叶片背面为害,被害处渐变黄褐色,嫩叶被害时会使叶片卷曲畸形。成、若虫还排出红色液体状物于叶片上,待干涸后呈锈褐色或黑色亮斑,影响光合作用,严重时整株树叶片黄化脱落 茶黄蓟马主要在腰果嫩梢期为害,以成虫、若虫在新梢上锉吸嫩叶汁液。年发生 10 代～11 代,田间世代重叠现象严重,在我国海南主要发生为害期在 10 月～12 月。受害叶片背面主脉两侧出现两条至数条纵列的凹陷的红褐色条状疤痕,相应的叶正面出现浅色的条痕状隆起,叶色暗淡变脆。虫口密度大,严重为害时,整张叶片变褐色,叶背布满小褐点,嫩叶变小甚至枯焦脱落,影响树势。卵期 5 d～8 d,若虫期 5 d～8 d,蛹期 5 d～8 d,成虫寿命 7 d～25 d。5 月～10 月完成 1 个世代需 11 d～21 d。成虫较活跃,受惊后会弹跳飞起。成虫无趋光性,但对色板有趋向性,尤对绿色的趋性较强。每雌产卵 5 粒～98 粒,一般为 35 粒～62 粒
腰果蚜虫类 棉蚜 *Aphis gossypii* Glover 橘二叉蚜 *Toxoptera aurantii*(Boyer de Fonsco-lombe) 杧果蚜 *Toxoptera odinae*(van der Goot)	棉蚜主要在腰果嫩梢期为害,以成虫、若虫吸食腰果嫩叶背面、嫩梢或幼嫩果梨和坚果的汁液。受害腰果叶片表面有蚜虫排泄的蜜露,易诱发霉菌滋生。在我国海南 1 年发生约 30 代。有翅棉蚜对黄色有趋性。棉蚜发生适温 17.6℃～24℃,相对湿度低于 70% 橘二叉蚜主要在腰果嫩梢期为害,以成虫、若虫吸食腰果嫩梢、嫩叶、花蕾和花的汁液。受害叶叶背有许多灰褐色蜕皮壳,严重时叶片卷曲硬化、皱缩,新梢枯死,幼果和花蕾脱落。并诱发烟煤病,使枝叶表面覆盖黑色霉层,影响光合作用。1 年发生 20 多代。在我国海南腰果植区于 9 月～12 月发生,主要在腰果嫩叶背面为害 杧果蚜成、若虫成群为害花及嫩梢,致使花皱缩及嫩梢干枯。为害嫩果及果梨时,在被害处出现疤痕。在我国海南每年 2 月～3 月间大多为无翅蚜,3 月底至 4 月初大量发生有翅蚜,4 月～5 月有翅蚜和无翅蚜均可发生,繁殖最适温度为 16℃～24℃
腰果象甲类 食芽象甲 *Scythropus yasumatsui* Kono et Morim-oto 绿鳞象甲 *Hypomeces squamosus* Fabricius	食芽象甲主要在腰果嫩梢期为害,以成虫取食为害腰果的嫩芽、嫩叶,严重发生时可将腰果嫩芽全部吃光。受害幼嫩叶呈现半圆形或锯齿状缺刻,被害腰果植株大量消耗树体营养,推迟开花结果,严重影响产量。在我国海南 1 年 1 代。成虫始见于 7 月下旬,9 月为为害高峰期,1 月上旬为发生末期。成虫有很强的假死性,受惊时则从树上坠落于地面。雌虫产卵 40 粒～100 粒。雌成虫的寿命为 33 d～65 d,雄成虫的寿命为 25 d～49 d。卵常成堆分布于腰果枝痕裂缝内、腰果树嫩芽间或叶面上。幼虫在表土层内作蛹室化蛹 绿鳞象甲以成虫为害腰果树叶片和嫩芽,致使受害叶片呈缺刻状,为害严重时可吃光腰果植株全部叶片和嫩芽,降低树势。1 年发生 1 代。成虫具假死性,受惊即下落。雌成虫在土中产卵,卵多产于疏松肥沃的土中

表 B.1（续）

害虫名称	发生特点
腰果蓑蛾类 茶蓑蛾 *Clania minuscula* Butler 大蓑蛾 *Clania variegata* Snellen	茶蓑蛾以幼虫在护囊中咬食腰果叶片、嫩梢或剥食枝干。1 年发生 3 代。雄蛾寿命 2 d～3 d，雌蛾寿命 12 d～15 d。幼虫共 6 龄～7 龄。每雌虫平均产卵 676 粒，多的可达 2 000 粒～3 000 粒。雄虫活跃，有趋光性。茶蓑蛾耐饥力强，幼虫发生比较集中，常数百头聚集在一起，形成为害中心。幼虫向光，借风力传播，向附近果园扩散 　　大蓑蛾以幼虫在护囊中咬食腰果叶片、嫩梢或剥食枝干。1 年发生 2 代。雌蛹 13 d～20 d，雄蛹 20 d～33 d。雄蛾寿命为 2 d～9 d，雌成虫寿命为 13 d～26 d。雌成虫将卵产在护囊内，每雌产卵 2 063 粒～6 000 粒。卵期 17 d～21 d。幼虫共 5 龄。初孵幼虫有群居习性，耐饥力强。雌蛾夜晚活跃，趋光性强
腰果介壳虫类 糠片盾蚧 *Parlataria pergandii* Comstock 牡蛎盾蚧 *Paralepidosaphes tubulorum* (Ferris) 椰圆蚧 *Aspidiotus destructor* Signoret 红蜡蚧 *Ceroplastes rubens* Maskell	糠片盾蚧为害腰果的枝、叶和果实，喜吸附在腰果叶片主脉附近，叶背叶面均有发生。为害严重时叶落枝枯，影响树势和产量。1 年发生 2 代～3 代，以若虫、雌成虫群集吸汁为害。发生严重时植株皮层表面有如敷满了一层糠皮，易使花、枝、叶发黄枯萎，能诱发烟煤病 　　牡蛎盾蚧以雌成虫和若虫附着在腰果枝叶表面吸食汁液，致芽叶瘦小，严重时造成植株枝枯落叶或全株死亡。每雌产卵 40 粒～60 粒。初孵若虫十分活泼，孵化后 24 h 即可到达新梢、叶片或枝条上固定，荫蔽处尤多，叶面雄虫较雌虫多 　　椰圆蚧以雌成虫及若虫附着在腰果叶片背面吸食组织汁液，被害叶正面呈现黄色褪绿不规则斑，严重发生时叶片发黄。年发生 7 代～12 代。雌虫产卵约 100 粒。卵产在雌成虫体周围的介壳上，7 d～8 d 内孵化 　　红蜡蚧在腰果园中多聚集在腰果枝梢上吸取汁液，叶片及果梗上亦有发生。腰果枝梢受害后，抽梢量减少，枯枝增多，诱发烟煤病，影响植株的光合作用。年发生 1 代。卵期 1 d～2 d。雄成虫寿命 20～48 h。雌成虫繁殖力强，一般固着于枝叶上，雄虫多发生在叶柄、叶背沿主脉处

附加说明：

本标准按照 GB/T 1.1—2009 给出的规则起草。

本标准由中华人民共和国农业部农垦局提出。

本标准由农业部热带作物及制品标准化技术委员会归口。

本标准起草单位：中国热带农业科学院热带作物品种资源研究所。

本标准主要起草人：张中润、梁李宏、黄伟坚、王金辉、黄海杰。

中华人民共和国农业行业标准

香草兰病虫害防治技术规范

Technical criterion for vanilla pest control

NY/T 2048—2011

---

1 范围

本标准规定了香草兰(*Vanilla planifolia* Andr)主要病虫害防治原则、防治措施及推荐使用药剂。本标准适用于香草兰主要病虫害的防治。

2 规范性引用文件

下列文件对于本文件的应用是必不可少的。凡是注日期的引用文件,仅注日期的版本适用于本文件。凡是不注日期的引用文件,其最新版本(包括所有的修改单)适用于本文件。

GB 4285　农药安全使用标准

GB/T 8321(所有部分)　农药合理使用准则

NY/T 362　香荚兰种苗

NY/T 968　香荚兰栽培技术规程

3 主要病虫害及其发生危害特点

3.1　香草兰主要病害有香草兰疫病、根(茎)腐病、细菌性软腐病、白绢病、炭疽病,其发生特点参见附录A。

3.2　香草兰主要害虫有可可盲蝽、拟小黄卷蛾、双弓黄毒蛾,及其发生特点参见附录B。

4 主要病虫害防治原则

应遵循"预防为主,综合防治"的植保方针,从种植园整个生态系统出发,针对香草兰大田生产过程中主要病虫害种类的发生特点及防治要求,综合考虑影响病虫害发生、为害的各种因素,以农业防治为基础,加强区域性植物检疫,协调应用物理防治和化学防治等措施对病虫害进行安全、有效的控制。

4.1 植物检疫

培育无病虫种苗。应从无病虫区或病虫区中的无病虫香草兰选取优良插条苗,在苗圃培育无病虫种苗。种苗质量应符合NY/T 362的规定。

4.2 农业防治

4.2.1　建园时修筑灌溉排水系统,香草兰起垄种植,保证雨季田间不积水,旱季可灌溉。

4.2.2　加强施肥、覆盖物、除草、引蔓、修剪等田间管理,使植株长势良好,提高抗性,并创造不利于病虫害发生发展的环境。田间管理严格按照NY/T 968的规定。

4.2.3　加强田间巡查监测,掌握病虫害发生动态,根据病虫害为害程度,及时采取控制措施。

4.2.4 搞好田间卫生。及时清除病株或地面的病叶、病蔓、病果荚,集中园外烧毁或深埋。修剪或采摘病叶、病蔓后,要在当天喷施农药保护,防止病菌从伤口侵入。

4.3 化学防治

本标准推荐使用药剂防治应参照 GB 4285 和 GB/T 8321 中的有关规定,严格掌握使用浓度、使用剂量、使用次数、施药方法和安全间隔期。应进行药剂的合理轮换使用。

5 防治措施

5.1 香草兰疫病

5.1.1 农业防治

5.1.1.1 加强栽培管理。种好防护林,做好香草兰园的修剪、理蔓和田间清洁等日常管理工作,防止茎蔓过度重叠堆积和大量嫩蔓横陈地表;修好浇灌排水沟,排水沟要畅通,做到雨后不积水,起垄种植,做到垄顶不积水,防止疫霉菌侵染香草兰茎蔓、根系。

5.1.1.2 及时清除感病部位。选晴天剪除病蔓、病叶和染病果荚并涂药保护切口。清除病株的地方,其病株四周土壤施生石灰或淋药消毒,以减少侵染来源,防止病害蔓延。清除的病组织晒干后集中烧毁。

5.1.2 化学防治

每年授粉后至幼果期、夏秋季抽梢期,须加强田间巡查,一旦发现嫩梢、幼果荚发病,应及早剪除并及时喷施农药。遇到连续降雨等有利于发病的气候条件,应抢晴及时喷药防治。特别对低部位(离地40 cm 以内)的茎蔓更要喷药保护,种植带地表亦应喷施杀菌剂,最大限度地减少梢腐、果荚腐、茎蔓腐的发生。可选用 25%甲霜灵可湿性粉剂或 50%烯酰吗啉可湿性粉剂或 25%甲霜·霜霉可湿性粉剂或69%烯酰吗啉·锰锌可湿性粉剂或 72%甲霜灵·锰锌可湿性粉剂 500 倍～800 倍液或 40%乙磷铝可湿性粉剂 200 倍液或 64%杀毒矾可湿性粉剂 500 倍液等药剂喷施植株茎蔓、叶片和果荚及四周土壤。每星期喷药 1 次,连喷 2 次～3 次。以上药剂需轮换使用。

5.2 香草兰根(茎)腐病

5.2.1 农业防治

5.2.1.1 严格选用无病种苗。应从健康蔓上剪取插条苗,在苗圃培育无病种苗,直接割苗种植时,用50%多菌灵或 70%乙磷铝锰锌可湿性粉剂 800 倍液浸苗 1 min。

5.2.1.2 加强田间管理,施腐熟的基肥,不偏施氮肥;及时适度灌溉,雨后及时排除田间积水;控制土壤含水量,保持园内通风透光,保持适度荫蔽,严格控制单株结荚量;田间劳作时尽量避免人为造成植株伤口。

5.2.2 化学防治

5.2.2.1 选择干旱季节或雨季晴天及时清除重病茎蔓、叶片、果荚并于当天涂药或喷施农药保护切口。根系初染病时,用50%多菌灵可湿性粉剂 800 倍液或 70%甲基托布津可湿性粉剂 1 000 倍液或粉锈宁可湿性粉剂 500 倍液淋灌病株及四周土壤每月 1 次,连续喷药 2 次～3 次。

5.2.2.2 茎蔓、叶片或果荚初染病时,及时用小刀切除感病部分,后用多菌灵粉剂涂擦伤口处,同时用50%多菌灵可湿性粉剂 1 000 倍液或 70%甲基托布津可湿性粉剂 1 000 倍～1 500 倍液喷施周围的茎蔓、叶片或果荚。

5.3 香草兰细菌性软腐病

5.3.1 农业防治

5.3.1.1 加强田间管理,多施有机肥,提高植株抗病力;田间管理过程中尽量减少机械损伤,避免人为造成伤口。

5.3.1.2 选高温干旱季节(3月~5月),每隔4 d摘病叶、剪病蔓1次并于当天喷施农药保护。

5.3.1.3 严禁管理人员在雨天或早晨有露水时在香草兰园内操作;雨季经常检查(晴天方可进行),发现病叶、病蔓及时剪除并于当天喷药保护;有台风预报,应在台风前做好检查防病工作。

5.3.1.4 此病发生时,发现害虫为害应及时治虫(方法见害虫防治),防止害虫传播病菌。

5.3.2 化学防治

雨季到来之前全面喷施0.5%~1.0%波尔多液1次;将病蔓、病叶处理后及时喷施500万单位农用链霉素可湿性粉剂800倍~1 000倍液或47%春雷氧氯铜可湿性粉剂800倍液或77%氢氧化铜可湿性粉剂500倍~800倍液或64%杀毒矾可湿性粉剂500倍液保护。每周检查和喷药1次,连续喷2次~3次,全株均喷湿,冠幅下的地面也喷药,以喷湿地面为度。连续数日降雨后或台风后,抢晴天轮换喷施以上农药。

5.4 香草兰白绢病

5.4.1 农业防治

5.4.1.1 种植前土壤应充分暴晒,并用恶霉灵进行消毒处理。

5.4.1.2 禁止使用未腐熟的堆肥、椰糠等地面覆盖物和未经充分堆沤的垃圾土。

5.4.1.3 重点做好香草兰入土和贴近地面茎蔓以及种植带面感病杂草指示病区的防治。

5.4.2 化学防治

加强田间巡查,发现病株要及时清除病茎蔓、病叶、病果荚和病根,集中清出园外深埋或烧毁,并于当天喷药保护,可选用40%菌核净可湿性粉剂1 000倍液或50%腐霉利可湿性粉剂1 000倍液或70%恶霉灵可湿性粉剂2 000倍液或70%甲基托布津可湿性粉剂1 000倍液喷施植株及地面土壤、覆盖物。病株周围的病土选用1%波尔多液或70%恶霉灵可湿性粉剂500倍液进行消毒。

5.5 香草兰炭疽病

5.5.1 农业防治

加强田间管理,施足基肥,避免过度光照,保持通风透气,雨后及时排除积水,田间操作尽量避免人为造成伤口,提高植株抗病能力。

5.5.2 化学防治

选晴天及时清除病蔓、病叶、病果荚及地面病残组织于种植园外待晒干后烧毁,并于当天喷施农药保护。选用50%甲基托布津可湿性粉剂1 000倍或50%多菌灵可湿性粉剂800倍液或75%百菌清可湿性粉剂800倍液或40%灭病威可湿性粉剂800倍液或0.5%~1.0%波尔多液等喷洒植株进行防治。每隔7 d~10 d喷1次,连喷2次~3次。

5.6 可可盲蝽

5.6.1 农业防治

加强田间管理,及时清除园中杂草和周边寄主植物,减少盲蝽的繁殖孳生场所。

5.6.2 化学防治

重点抓好每年3月~5月香草兰开花期和虫口密度较大时喷药保护。喷药时间选在早上9时前或下午4点后,选用20%氰戊菊酯乳油6 000倍液或1.8%阿维菌素乳油5 000倍液或50%杀螟松乳油1 500倍液或50%马拉硫磷乳油1 500倍液喷施嫩梢、花芽及幼果荚。每隔7 d~10 d喷药1次,连喷2次~3次。

5.7 香草兰拟小黄卷蛾

5.7.1 农业防治

加强栽培管理和田间巡查,发现被害嫩梢应及时处理。不要在香草兰种植园四周栽种甘薯、铁刀木、变叶木等寄主植物,杜绝害虫从这些寄主植物传到香草兰园。

5.7.2 生物防治

注意保护和充分利用小茧蜂、蜘蛛等天敌,尽量少施药,保护好田园生态系统,为天敌创造一个良好的生存环境。

5.7.3 化学防治

每年的9月中旬和12月中旬,发现虫口数量较多时,为迅速控制虫口的发展,可喷施农药防治。选用40%毒死蜱乳油1 000倍~2 000倍液或1.8%阿维菌素乳油1 000倍~2 000倍液喷洒嫩梢、花及幼果荚,每隔7 d~10 d喷药1次,连喷2次~3次。1月下旬或2月上旬,根据虫口发生数量,可再进行1次防治。

5.8 双弓黄毒蛾

5.8.1 农业防治

5.8.1.1 冬季修剪老枝蔓时,寻找越冬蛹,集中杀死;或产卵盛期铲除卵堆;成虫盛期利用诱捕灯大量捕杀成虫;并结合田间管理人工捕杀幼虫。

5.8.1.2 加强栽培管理和田间巡查,发现被害嫩梢应及时处理。注意保护和充分利用天敌,尽量少施药,保护好田园生态系统,为天敌创造一个良好的生存环境。

5.8.2 化学防治

在幼虫盛期(6月~7月)用2.5%高效氯氟氰菊酯乳油1 000倍液喷雾。尽量在幼虫还没有分散开时喷施。

附　录　A

（资料性附录）

香草兰主要病害及其发生特点

主要病害名称	发生特点
香草兰疫病	由烟草疫霉（寄生疫霉）*Phytophthora nicotianae*（*P. parasitica*）侵染引起。茎蔓、叶片、果荚均能发病，以嫩梢、嫩叶、幼果荚和低部位（离地 40 cm 以内）的蔓、梢、花序和果荚更易发病。在田间多数从嫩梢开始感病。发病初期嫩梢尖出现水渍状病斑，后病斑渐扩至下面第二至三节，呈黑褐色软腐，病梢下垂，有的叶片呈水泡状内含浅褐色液体，并有黑褐色液体渗出。湿度大时，在病部可看到白色棉絮状菌丝。花和果荚发病初期出现不同程度的黑褐色病斑，随病情扩展，病部腐烂，后期感病的叶片、果荚脱落，茎蔓枯死，造成严重减产 主要在高温多雨季节发生流行，分布广，传播快，容易酿成流行。在云南西双版纳，每年 7 月～8 月份高温多雨时期，露地栽培的香草兰疫病发生普遍。在海南植区，该病一年有两个发病高峰期，即 4 月下旬至 6 月上旬和 9 月中旬至 11 月上旬发病较严重
香草兰镰刀菌根（茎）腐病	由尖镰孢菌香草兰专化型（*Fusarium oxysporium* f. sp. *vanillae*）侵染引起。病菌主要为害香草兰的地下根和气生根，使根部变褐色腐烂。根被破坏，蔓和叶随之变软，变黄绿色，而后萎蔫。香草兰植株最终会因为根系的破坏而死亡。病菌也引起蔓腐，患病部位以上的蔓停止生长，最后萎蔫致死。在潮湿条件下，病部出现橘红色黏状物，即病原菌的分生孢子团 该病周年发生，随着种植时间延长，病情会越来越严重。侵染来源是土壤、带菌种苗、病株残余以及未腐熟的土杂肥。病菌依靠风雨、流水、农事操作和昆虫等传播。通过有病的插条苗进行远距离传播。病菌主要从伤口侵入根部，也可直接侵入根梢。病害的发生发展与管理水平及周围的环境有关。管理精细，在土表或根圈施有机肥、落叶或锯末等覆盖，营养充足，干旱及时进行灌溉，植株长势旺盛的，病情较轻；反之，管理粗放，在地表、根圈没有施用有机肥的，结荚过多，营养缺乏，根系少，干旱不及时浇灌，植株长势弱的，病情较重
香草兰细菌性软腐病	由胡萝卜果胶菌胡萝卜亚种（*Pectobacterium carotovora* subsp. *carotovora* Waldeee）侵染引起。主要为害香草兰嫩梢、茎蔓和叶片。叶片受侵染的部位初时呈水渍状，随后水渍状病痕扩展迅速，叶肉组织浸离，软腐塌萎，病痕的边缘出现褐色线纹。在潮湿情况下病部渗出乳白色细菌溢脓。在干燥情况下，腐烂的病叶呈干茄状 该病在海南省各植区周年都有发生。每年 4 月～10 月发病较重，11 月至翌年 3 月发病较轻。多雨、高湿是病害发生发展的重要因素，而台风雨是病害流行的主导因素。带菌种苗、病株、病残体、株下表层土壤以及其他寄主植物是本病的侵染来源。病原菌可从伤口侵入寄主。风雨、农事操作以及在植株上取食或爬行的昆虫和软体动物是本病菌的传播媒介
香草兰白绢病（小核菌根、茎腐病）	由齐整小菌核菌（*Sclerotium rolfsii* Sacc.）侵染引起。病菌以菌核或菌丝在土壤中或病残体上度过干旱等不良环境。当土壤湿度大时，与地面覆盖物接触的香草兰根、茎、叶和荚便受到病菌浸染而发病。发病初期在土壤表面的茎蔓出现水渍状淡褐色软腐，后逐渐变为深褐色并腐烂。土壤湿度大时可见白色绢丝状菌丝覆盖病部和四周地面，后产生大量小菌核。菌核球形、扁球形或不规则形，初为白色，后渐变为黄色、黄褐色至黑褐色。一片叶上可形成菌核 50 粒～80 粒，多时可达 100 粒以上。在发病初期，病部以上部分均正常，但到后期已逐渐萎蔫，最后枯死 地面覆盖物丰厚的潮湿环境下易发病。特别是在雨季，雨水多，湿度大，温度高，病害易流行。在苗圃中，由于植株密植，湿度较大，白绢病较易发生且发病严重，造成种苗大量死亡。病菌在田间借流水、灌溉水、雨水溅射、施肥或昆虫传播蔓延
香草兰炭疽病	由盘长孢状刺盘孢（*Colletotrichum gloeosporioides* Penz.）侵染引起。叶片发病初期病部出现点状黑褐色或棕色水渍状小斑点，逐渐扩展形成近圆形或不规则形的下陷大病斑，病斑边缘不明显，高温高湿条件下，病斑上出病粉红色黏状物（病原菌分生孢子团）。当感病组织呈干缩状时，病斑中央变为灰褐色或灰白色，呈薄膜状，其上散生大量小黑点，病斑边缘仍留有一条狭窄的深褐色环带。该病最终导致香草兰叶片、茎蔓、果荚局部干枯坏死，严重的可导致整条蔓死亡 本病周年均可发生，在 4 月～9 月高温高湿季节发生较严重。病菌借风雨、露水或昆虫传播，从伤口或自然孔口侵入寄主。种植园密植、荫蔽度大、失管荒芜、田间积水、缺肥、通风不良、高湿闷热等最易发生此病

附　录　B

（资料性附录）

香草兰主要害虫及其发生特点

主要害虫名称	发生特点
可可盲蝽 *Helopeltis fasciaticollis* Poouys	可可盲蝽为害香草兰的嫩叶、嫩梢、花、幼果荚及气生根。以成、若虫刺吸香草兰幼嫩组织的汁液，致使被害后的嫩叶、嫩梢及幼果荚凋萎、皱缩、干枯。中后期被害部位表面呈现黑褐色斑块，由于失水最后产生硬疤，严重影响香草兰植株的生长和产量。该虫不为害老化的叶片和茎蔓 可可盲蝽在海南1年发生10代～12代，全年均可发育繁殖，世代重叠，无越冬现象。该虫寄主范围广，在兴隆地区的主要寄主植物有30多种。该虫的发生与温湿度、荫蔽度和栽培管理关系密切。每年4月～5月和9月～10月为发生高峰期。温度20℃～30℃、湿度80％以上最适宜该虫生长繁殖。栽培管理不当、园中杂草不及时清除、周围防护林种植过密、寄主范围多的种植园虫口密度大，为害较重
香草兰拟小黄卷蛾 *Adoxophys cyrtosema* Meyrick	香草兰拟小黄卷蛾主要为害香草兰嫩梢、嫩叶和花苞。在田间，低龄幼虫钻入香草兰生长点与其未展开的叶片间为害；高龄幼虫则在嫩梢结网为害。1个嫩梢仅1头虫为害，1头幼虫一般可为害3个～5个嫩梢。经幼虫取食过的嫩梢和花苞一般不能正常生长，有些甚至枯死。该虫还可携带传播软腐病，更加剧了为害的严重性 该虫的发生与温湿度、降雨量有密切的关系，在一年中危害分为4个阶段：第1阶段为6月上旬至7月下旬。此阶段虫口数量呈下降趋势；第2阶段为8月。此阶段看不到幼虫，处于越夏阶段；第3阶段为9月上旬至12月上旬。幼虫经越夏后数量开始上升，并在10月中旬和11月中旬各达到1次高峰，11月下旬虫口密度开始下降；第4阶段为12月中旬至翌年5月下旬。虫口密度再次回升，并在翌年的1月上旬、2月中旬、4月中旬和5月下旬，各出现1次高峰。因此，防治该虫的重点，应放在第3阶段和第4阶段
双弓黄毒蛾 *Euproctis diploxutha* collenette	双弓黄毒蛾是西双版纳香草兰种植园的主要害虫之一。幼虫咬食香草兰的嫩叶、嫩梢、气生根及腋芽，使香草兰推迟投产。被害香草兰，虫口平均8.04头/株，最多达25头/株 该虫在云南西双版纳香草兰种植园每年发生2代，以幼蛹越冬。越冬蛹于翌年2月开始羽化，2月上旬开始见蛾，成虫盛发期在5月～6月，幼虫盛发期在6月～7月。幼虫一、二龄群居，多栖息在水泥柱、香草兰藤蔓上；食量不大，咬食成缺刻状。卵堆多产在水泥柱和叶背面。成虫雄多雌少，雌雄比1：5。白天多栖息在地面杂草上，少量在遮阳网和香草兰上。蛹多在水泥柱孔洞中和地面覆盖物中越冬

附加说明：

本标准按照GB/T 1.1—2009给出的规则起草。

本标准由中华人民共和国农业部农垦局提出。

本标准由农业部热带作物及制品标准化技术委员会归口。

本标准起草单位：中国热带农业科学院香料饮料研究所。

本标准主要起草人：刘爱勤、谭乐和、桑利伟、孙世伟、苟亚锋。

中华人民共和国农业行业标准

香蕉、番石榴、胡椒、菠萝线虫防治技术规范

Technical specification for control of nematodes on
banana，guava，pepper，pineapple

NY/T 2049—2011

---

1 范围

本标准规定了香蕉 *Musa paradisiaca* Linn.、番石榴 *Psidium guajava* L.、胡椒 *Piper nigrum* Linn. 与菠萝 *Ananas comosus*(L.)Merr. 线虫的防治原则、措施和方法。

本标准适用于香蕉根结线虫(南方根结线虫 *Meloidogyne incognita* Chitwood、花生根结线虫 *M. arenaria* Chitwood、爪哇根结线虫 *M. javanica* Treub、高弓根结线虫 *M. acrita* Chitwood、巨大根结线虫 *M. megadora* Whitehead)、番石榴根结线虫(南方根结线虫 *Meloidogyne incognita* Chitwood、湛江根结线虫 *M. zhanjiangensis* Liao、番禺根结线虫 *M. panyuensis* Liao)、胡椒根结线虫(南方根结线虫 *Meloidogyne incognita* Chitwood、花生根结线虫 *M. arenaria* Chitwood)与菠萝根结线虫(南方根结线虫 *Miloidogyne incognita* Chitwood、爪哇根结线虫 *M. javanica* Treub)的防治。

2 规范性引用文件

下列文件对于本文件的应用是必不可少的。凡是注日期的引用文件，仅注日期的版本适用于本文件。凡是不注日期的引用文件，其最新版本(包括所有的修改单)适用于本文件。

GB 4285 农药安全使用标准

GB/T 8321(所有部分) 农药合理作用准则

3 防治技术

3.1 防治原则

贯彻"预防为主，综合防治"的植保方针，以改善作物种植园生态环境为方向。通过作物线虫调查方法，确定线虫防治区域，在防治中以农业防治为基础、协调生物防治及物理防治措施，配合化学防治，适当使用高效、低毒、低残留和低污染的药剂控制作物线虫的为害。

本标准推荐的杀线虫剂是经我国药剂管理部门登记允许在香蕉、番石榴、胡椒、菠萝上使用的。当新的有效农药出现或者新的管理规定出台时，以最新的规定为准。

香蕉、番石榴、胡椒、菠萝线虫的种类及形态特征参见附录 A 和附录 B。

3.2 热带作物线虫防治

3.2.1 香蕉线虫防治措施

3.2.1.1 农业防治

培育无病种苗，采用香蕉组培苗工厂生产的幼苗，选用无病土、或阳光消毒土、或经杀线虫剂处理的土壤培育香蕉袋装苗。

田园管理，香蕉种植前，及时清除田间杂草和染病寄主植物，减少线虫的发生；提早 30 d～60 d 翻耕

中华人民共和国农业部 2011-09-01 发布   2011-12-01 实施

晒土,消毒土壤。植前施足有机肥,生长中后期注意追肥。

轮作及混种驱线虫植物,与水稻、甘蔗、玉米等作物轮作;种植万寿菊、紫花苜蓿等驱线虫植物,可以有效地减少线虫的发生。

种植抗病品种,因地制宜地种植抗线虫病能力强的香蕉品种。

灌溉淹水,在香蕉种植前利用水漫浸染病土壤 7 d~14 d 可杀死土壤中大部分线虫。

3.2.1.2 生物防治

生防制剂的应用,可用淡紫拟青霉、厚孢轮枝菌、穿刺芽孢杆菌、巴氏芽孢杆菌等真菌或细菌生物防治制剂防治病害。

3.2.1.3 化学防治

对发生线虫病香蕉园,用 10% 硫线磷颗粒剂根际土壤处理,用量 40 g/株,在香蕉根际拨开表土 3 cm,撒施,盖土;或 10% 噻唑磷颗粒剂植前土壤处理,用量 30 g/株,混匀土壤和基肥后种植香蕉;或 10% 噻唑磷颗粒剂根际土壤处理,用量 30 g/株,撒施蕉头周围,覆土;或 1.5% 菌线威可湿性粉剂根际土壤处理,4 000 倍液灌根(约 1 kg/株);或 1.8% 阿维菌素乳油根际土壤处理,用 1.8% 阿维菌素乳油 2 000 倍液+40% 辛硫磷乳油 1 000 倍液灌根。

3.2.2 番石榴线虫防治措施

3.2.2.1 农业防治

培育无病种苗,选定无线虫发生区,培育番石榴无病苗木。

果园选择,番石榴种植地应选择冬季无严寒如霜冻的水田,或未种过橘柑或种植过橘柑未发现线虫并能充分灌溉的坡地,如选用染病地块种植,需提前 30 d~60 d 翻耕晒土,并实施土壤消毒。

生态调控,幼年果园种植抗病植物作为间作物,如大蒜、大葱、洋葱、辣椒、生姜、甘蓝等;成年果园尽量多草少耕,保持果园的生物多样性,种植对线虫有拮抗作用的植物如猪屎豆、万寿菊等。

施肥管理,增施有机肥(如茶籽麸粉、猪粪、鸡粪、绿肥和各种农作物秸秆等)和磷钾肥,改善土壤结构,增加土壤保肥,保水能力,促进作物根系生长,增强抗病能力。

果园管理,挖除严重染病植株,彻底清除病根残体并集中销毁,对种植穴进行杀线虫药剂土壤处理。灌溉淹水,在番石榴种植前水漫浸染病土壤 7 d~14 d。

3.2.2.2 化学防治

对发生线虫病果园,用 1.8% 阿维菌素乳油处理,用量 10.2 kg/hm² 配水 200 kg,开沟15 cm~20 cm,淋施;或 3% 辛硫磷颗粒剂处理,45 kg/hm²~75 kg/hm²,撒施于树冠下土壤内,覆土;或 10% 噻唑磷颗粒剂处理,30 g/株~50 g/株,撒施于树冠下土壤内,覆土;或 98%~100% 棉隆微粒剂病树处理,50 g/株~70 g/株,撒施于树冠下土壤内,覆土。

3.2.3 胡椒线虫防治措施

3.2.3.1 农业防治

种植抗病品种,选用具有抗线虫病的胡椒优良品种。

选择园地,选用无线虫发生地块作为胡椒苗培育基地和胡椒种植地,选用无病胡椒苗。

园地建设,开垦胡椒园需深耕晒土,在干旱季节深耕土壤 40 cm 以上,反复翻晒;如靠近水源可引水浸田 2 个月,排干水后整理土地种植胡椒。胡椒园应有良好的排水和灌溉系统,避免胡椒浸水,干旱季节应及时灌水,最好采用喷灌。

施肥管理,对幼龄胡椒实行厚覆盖,施含氮较多的水肥为主,配合有机肥和少量化肥,适当施用磷肥和钾肥,幼龄胡椒施有机肥应结合深翻扩穴。

3.2.3.2 化学防治

对发生线虫病胡椒园,用 10% 噻唑磷颗粒剂植前土壤处理,用量 11.25 kg/hm²~15.00 kg/hm²,对成药土施于植穴中;或 5% 丁硫克威颗粒剂植前土壤处理,45.0 kg/hm² 对成药土施于植穴中;或

1.5%菌线威可湿性粉剂病株处理,4 000倍液灌根(约1 kg/株);或1.8%阿维菌素乳油2 000倍液+40%辛硫磷乳油1 000倍液病株灌根处理。

3.2.4 菠萝线虫防治措施

3.2.4.1 农业防治

选用无病种苗,在无线虫病发生地区采购种苗。

园地建设,避免在染病地块开垦种植菠萝,若在染病土地建设菠萝园,则需要反复深耕晒土,尽量杀灭线虫,或种植前用药剂进行土壤消毒。

施肥管理,根据菠萝生理特性种植时施足基肥及微量元素肥,生长期多施氮肥及钾肥。在发病菠萝园可增施牛粪等有机肥料,促发新根,增强长势。

灌溉淹水,在菠萝种植前利用水漫浸染病土壤7 d~14 d。

3.2.4.2 化学防治

对发生线虫病菠萝园,用24%杀线威水剂植前土壤处理,用量4.6 kg/hm^2~9.35 kg/hm^2,喷施;对于病株,用24%杀线威水剂,用量1.2 kg/hm^2~4.6 kg/hm^2,滴灌。

附 录 A

（资料性附录）

香蕉、番石榴、胡椒、菠萝根结线虫种类

作物	学　名	中文名称
香蕉	*Meloidogyne incognita* Chitwood	南方根结线虫
	M. arenaria Chitwood	花生根结线虫
	M. javanica Treub	爪哇根结线虫
	M. acrita Chitwood	高弓根结线虫
	M. megadora Whitehead	巨大根结线虫
番石榴	*Meloidogyne incognita* Chitwood	南方根结线虫
	M. zhanjiangensis Liao	湛江根结线虫
	M. panyuensis Liao	番禺根结线虫
胡椒	*Meloidogyne incognita* Chitwood	南方根结线虫
	M. arenaria Chitwood	花生根结线虫
菠萝	*Miloidogyne incognita* Chitwood	南方根结线虫
	M. javanica Treub	爪哇根结线虫

附 录 B
（资料性附录）
香蕉、番石榴、胡椒、菠萝根结线虫形态特征

B.1 南方根结线虫 *Meloidogyne incognita* Chitwood，1949

雌虫　会阴花纹背弓明显，有涡，无侧线，肛门饰纹竖直，有横纹伸向阴门。
雄虫　头区有 3 条左右环纹，口针基球圆。

B.2 花生根结线虫 *Meloidogyne arenaria*（Neal，1889）Chitwood，1949

雌虫　会阴花纹背弓低圆，侧区处稍呈锯齿的背线形成背状突起，侧线不明显，背线和腹线在侧区处交叉相遇，一些线纹分叉、短，并且不规则。有些会阴花纹的线纹可能向侧面延伸形成 1 个～2 个翼。有些种群的会阴花纹发生变化。雌虫口针粗壮，基杆末端加粗逐渐并入口针基球。
雄虫　花生根结线虫雄虫的头寇低，向后倾斜，几乎与头区等宽。头区光滑或有 1 条～2 条不完整环纹。口针基杆通常圆柱形，接近基球处常加宽，基球彼此间不缢缩，向后倾斜，与基杆相连无明显界线。

B.3 北方根结线虫 *Meloidogyne hapla* Chitwood，1949

雌虫　会阴花纹为近圆的六角形，肛门后有平行的宽纹，在侧面有时有不明显的肩状突起，但无连续的侧线。肛门后无涡，有时在右或左侧形成翼状结构。
雄虫　头冠圆，比头区窄，口针基球圆形。

B.4 爪哇根结线虫 *Meloidogyne javanica*（Treub，1885）Chitwood，1949

雌虫　会阴花纹相当简单，侧区明显。有两条明显侧线，向前延伸到颈部。尾端形成小涡，在侧面有横纹伸向阴门。
雄虫　头区有条环纹，头冠宽平。

B.5 巨大根结线虫 *Meloidogyne megadora* Whitehead，1968

雌虫　体梨形，有相当长的颈，一些标本中虫体后端具突起。头冠后有 3 个环。口针通常向背面弯，基部球的前缘通常向后倾斜。排泄孔与口针基部相对，在头后 8 环～30 环处。会阴花纹线弱，通常光滑，但常折断。背弓非常低。侧尾腺口离尾端相当近；尾端相当尖；侧线通常看不到，但在花纹的后端可由短、粗的线纹显示出来。在一些花纹中，尾涡略与其他部位分开。
雄虫　尾纯圆，末端无纹。具头冠，头区不缢缩或略有缢缩，侧面观头平截、低平，头冠后头区具缢陷（即分为 2 个环）。口针粗壮，基部球高大于宽，外缘纵向和横向具沟。排泄孔位于后食道腺的前端，半月体位于排泄孔前 0 环～9 环处。精巢通常单。侧尾腺口通常位于泄殖腔后。侧区有 4 条侧线，外侧带网格化，有时在精巢后 4 条～6 条侧线持续很短距离。

B.6 湛江根结线虫 *Meloidogyne zhanjiangensis* Liao

雌虫　虫体球形至梨形，颈区明显；头区缢缩，头帽清晰，唇盘稍高于中唇；口针清晰，基部球粗大，从杆状部基部开始向后弯曲，排泄孔位于中食道球附近；会阴花纹近卵圆形，有时近方形，背弓低至中

132

高,线纹细,平滑至波浪状,尾尖区环纹不规则,细碎,背、腹线纹在侧区稍有相交现象;腹区环纹较平缓和细密,会阴花纹形态变化较大。

雄虫　虫体线形,虫体前端较细,后端较粗,虫体较小型;体表环纹细小,头部稍缢缩;口针直,圆锥体部尖,杆状部与基部球分界清楚;中食道球卵圆形,瓣膜清楚;背食道腺开口位于口针基部球下;交合刺细,稍弯向腹面。

B.7　番禺根结线虫 *Meloidogyne panyuensis* Liao

雌虫　虫体球形至梨形,有一明显的颈部;虫体大小变异大;头部和颈部界限不明显,头部骨骼不发达;头区有不完整的环纹;颈部环纹清晰,虫体后部环纹不明显;口针纤细,基部球清晰可见;会阴花纹近圆形至卵圆形,线纹平滑,背腹线纹通常连贯,但尾尖区环纹不规则,靠近两侧花纹多为纵纹,较粗,不连接;肛阴区无线纹。

雄虫　虫体较粗大,线形,两端渐细;头部稍微缢缩,头骨骼发达,具有较大的唇盘;体表环纹粗,唇区无环纹;口针强大,顶端尖,口针圆锥体部、杆状部和3个基部球界限明显;食道前体部管状,中食道球大,椭圆形;食道腺覆盖肠的前端;尾部稍微向腹部弯曲,端部钝圆。

附加说明:

本标准按照 GB/T 1.1—2009 给出的规则起草。

本标准由中华人民共和国农业部提出。

本标准由农业部热带作物及制品标准化技术委员会归口。

本标准起草单位:中国热带农业科学院环境与植物保护研究所。

本标准主要起草人:陈泽坦、钟义海、陈伟、徐雪莲。

中华人民共和国农业行业标准

木薯淀粉初加工机械 安全技术要求

Machinery for primary processing of cassava starch—
Technical means for ensuring safety

NY/T 2091—2011

1 范围

本标准规定了木薯淀粉初加工机械的有关术语和定义,以及在设计、制造、安装、维护和使用操作等方面的安全技术要求。

本标准适用于以鲜木薯和木薯干片为加工原料的木薯淀粉初加工机械,其他薯类淀粉初加工机械可参照使用。

2 规范性引用文件

下列文件对于本文件的应用是必不可少的。凡是注日期的引用文件,仅注日期的版本适用于本文件。凡是不注日期的引用文件,其最新版本(包括所有的修改单)适用于本文件。

GB/T 699 优质碳素结构钢

GB 4053.2 固定式钢梯及平台安全要求 第2部分 钢斜梯

GB 4053.3 固定式钢梯及平台安全要求 第3部分 工业防护栏杆及钢平台

GB 5226.1 机械安全 机械电气设备 第1部分:通用技术条件

GB/T 8196 机械安全 防护装置 固定式和活动式防护装置设计与制造一般要求

GB/T 9969.1 工业产品使用说明书 总则

GB 12265.1—1997 机械安全 防止上肢触及危险区的安全距离

GB 12265.2 机械安全 防止下肢触及危险区的安全距离

GB/T 15706.1 机械安全 基本概念与设计通则 第1部分:基本术语和方法

GB/T 15706.2 机械安全 基本概念与设计通则 第2部分:技术原则

GB 16754 机械安全 急停 设计原则

GB 16798 食品机械安全卫生

GB 18209.1—2000 机械安全 指示、标志和操作 第1部分:关于视觉、听觉和触觉信号的要求

GB 18209.2 机械安全 指示、标志和操作 第2部分:标志要求

3 术语和定义

GB/T 15706.1 界定的以及下列术语和定义适用于本文件。

3.1

木薯淀粉初加工机械 machinery for primary processing of cassava starch

将鲜木薯或木薯干片加工成淀粉的工艺过程中,使用的输送机、洗薯机、碎解机、离心筛、干粉筛选机等设备的总称。

3.2

洗薯机 cassava washer

清除木薯外表皮沾带的泥沙等杂质及大部分表皮的设备。

3.3

碎解机 cassava crusher

将清洗干净的木薯粉碎成薯浆的设备。

3.4

离心筛 screen centrifuge

通过离心作用使木薯浆和渣分离的设备。

3.5

干粉筛选机 dry powder screening machine

通过筛网将干粉的粉头及其他大颗粒杂物与成品粉分离的设备。

3.6

安全标志 safety sign

用以表达特定安全信息的标志,由图形符号、安全色、几何形状(边框)或文字构成。

3.7

安全距离 safety distance

防护结构距危险区的最小距离。

4 危险一览表

设备在运输、安装、使用及维修维护中可能出现的危险现象见表1。

表 1 主要危险一览表

序 号	危 险 种 类	序 号	危 险 种 类
1	引入或卷入	8	忽略电气防护
2	刮伤、扎伤或碰撞	9	安装错误
3	滑倒、绊倒、从工作台或梯子上摔落	10	违规操作
4	外露运动件无防护装置	11	漏电
5	起动、停机装置或安全装置失灵	12	噪声的危害
6	机器失去稳定性、倾倒	13	振动的危害
7	机械零部件或物料抛射	14	粉尘的危害

5 设计、制造要求

5.1 基本要求

5.1.1 设备的设计、制造应符合使用安全性和可靠性的要求。

5.1.2 设备可触及的外表面不应有锐棱、尖角和毛刺,不应有易伤人的开口和凸出部分。

5.1.3 操作装置应设计在设备明显位置,使用应安全可靠、方便敏捷。

5.1.4 连接件和紧固件应拆装安全、方便。

5.1.5 设备应符合吊装和运输的要求,质量较大或重心偏移的设备和零部件应设计合理的吊装位置。

5.1.6 设备空载噪声,碎解机应不大于 91 dB(A),其余设备应不大于 85 dB(A)。

5.1.7 设备出厂前应进行空载试验,在额定转速下连续运行时间应不少于 2 h,并应满足下列要求:

——运转平稳,无明显的振动、冲击和异常声响;

——调整装置灵活可靠,连接件和紧固件无松动现象;

——安全保护装置灵敏、可靠;

——减速箱及其他润滑部位无渗漏油现象;

——轴承温升符合相应产品标准的要求。

5.2 零部件质量

5.2.1 各零部件应有足够的强度、刚度、稳定性和安全系数。经热处理后,不应有裂纹和其他影响强度的缺陷。

5.2.2 与加工物料直接接触的零部件,应采用符合 GB 16798 中规定的无毒、无味、耐酸等不影响淀粉安全卫生质量的材料制造。

5.2.3 设备主轴的材料力学性能应不低于 GB/T 699 中规定的 45 号钢的要求。

5.2.4 碎解机转子应进行静平衡试验;离心筛筛蓝应进行动平衡试验,并符合相应产品标准规定的精度等级要求。

5.2.5 碎解机和离心筛等设备的主轴在初加工后应进行探伤检查,不应有裂纹等缺陷。

5.2.6 碎解机和离心筛的主轴应经调质处理,表面硬度应符合产品标准的要求。

5.2.7 已加工的零部件表面不应有锈蚀、碰伤、划痕等影响零件强度的缺陷。

5.3 安全防护

5.3.1 外露的带传动、链传动、齿轮传动及轴系等运动部件应有防护装置,防护装置应符合 GB/T 8196 的规定。

5.3.2 外露转动件端面应涂红色。

5.3.3 设备运行时有可能发生移位、松脱或抛射的零部件,应设置紧固或防松装置。

5.3.4 采用安全距离进行防护时,安全距离应符合 GB 12265.1 和 GB 12265.2 的要求。

5.3.5 操作位置应对人员没有危险,并有充分的安全操作空间。

5.3.6 高于地面 1.2 m 及以上的洗薯机等设备,应设置工作平台、通道和防护栏,防护栏和钢平台应符合 GB 4053.3 的要求。工作平台和通道应有防滑措施。

5.3.7 工作平台钢梯的设计、安装应符合 GB 4053.2 的要求。

5.3.8 碎解机、离心筛应根据需要配备辅助工作台,并留有适当的操作和调整位置。

5.4 调节和控制装置

5.4.1 调节机构、控制装置应操作安全可靠、灵活方便。

5.4.2 控制装置的设计应满足在动力中断后,只有通过手动才能重新启动的要求,启动应安全、快捷。

5.4.3 控制装置的配置和标记应明显可见、易识别,手动控制的设计应符合 GB/T 15706.2 中的有关要求。

5.4.4 停机装置应操作可靠、方便,停机操作件应为红色,并与其他操作件和背景有明显色差。

5.4.5 对转速较高的设备,在操作位置应设置急停装置,急停装置应符合 GB 16754 的要求。

5.5 电气装置

5.5.1 电气装置应安全可靠,并符合 GB 5226.1 的有关要求。外购的电气装置应有产品合格证,并符合相应标准的要求。

5.5.2 每台设备均应设置总电源开关,电源开关应能锁紧在"关闭"位置。

5.5.3 电机启动按钮应有防止意外启动的功能。

5.5.4 设备应有可靠的接地保护装置,接地电阻应符合 NY/T 737 的要求。

5.5.5 设备应有短路、过载和失压保护装置。

5.5.6 电气装置应安装牢固,线路连接良好;导线接头应有防止松脱的装置,需防震的电器及保护装置应有减振措施。

5.5.7 电器线路及护管应紧固可靠,不应有损伤和压扁等缺陷,与相对运动零件不应产生摩擦。

5.5.8 电机、电气元件的选择和安装应符合防水、防粉尘、防腐蚀等特定要求。

5.5.9 操作开关处应有注明用途的文字或符号。

5.6 装配质量

5.6.1 所有零部件均应符合质量要求,外购件、协作件应有合格证书。

5.6.2 碎解机锤片在装配前应按产品标准要求进行质量分组。

5.6.3 碎解机和离心筛顶盖开合应灵活可靠,与主体接合应牢固、密封。

5.6.4 离心筛筛网应平贴筛兰内壁,压网盆应将筛网紧固。

5.6.5 碎解机和干粉筛选机的筛网应张紧平整、牢固可靠。

5.7 安全标志和使用说明书

5.7.1 在易产生危险的地方,应设置安全标志或涂安全色。安全标志应符合 GB 18209.2 的规定。

5.7.2 电气装置的安全标志应符合相应电气标准的规定。

5.7.3 在高速旋转件附近明显部位,应用箭头、文字标明其转向、最高转速等信息。

5.7.4 应随机提供使用说明书,使用说明书的编写应符合 GB/T 9969.1 的规定。

5.7.5 除包括产品基本信息外,使用说明书还应包括安全注意事项、禁用信息以及对安全装置、调节控制装置与安全标志的详细说明等内容。

6 安装、维护和使用操作要求

6.1 安装和维护

6.1.1 设备安装应由专业人员按产品使用说明书和设计要求进行。

6.1.2 设备安装的基础应能承受相应的载荷,表面平整,碎解机、离心筛的安装基础应有减振措施。

6.1.3 对于重心偏移较大的重型设备或零部件,应采取防倾翻措施。

6.1.4 设备安装或大修后应进行试运行,并符合 5.1.7 的要求。

6.1.5 对设备进行维护、保养、清洁,应先切断电源,并采取有效的警示措施,以避免因误操作而发生安全事故。

6.1.6 对急停装置、安全防护装置应进行定期检查。

6.1.7 安全标志、操作指示若有缺损,应及时补充或更换。

6.1.8 对碎解机转子、离心筛筛蓝等高速旋转件应定期检查。需更换零部件时,应由专业维修人员或在其指导下进行。

6.1.9 对输送带、洗薯机应定期清洁,以免铁块、螺丝头等杂物混入物料中。

6.2 使用操作

6.2.1 使用单位应根据产品使用说明书和相关规定,编写操作规程和注意事项,以便于操作者使用。

6.2.2 新设备使用前,应对操作人员进行培训。操作者应尽可能了解设备的结构、工作原理和安全注意事项,操作时应严格执行操作规程和相关规定。

6.2.3 设备运行前应按要求做好设备的调整、保养和紧固件的检查工作。

6.2.4 开机后应使设备空运行 3 min～5 min,确定无异常后再进行负载工作。

6.2.5 输送机的木薯堆重应符合相关要求。

6.2.6 洗薯机在运行中不应用棍子、铁线等物件去疏通物料。

6.2.7 设备出现故障时,应立即停机,待设备完全停止后再进行故障排除。

6.2.8 不应随意改变规定的使用条件以及输送机输送速度和设备主轴转速等技术状态,不应随意进行可能影响设备安全性能的改装。

6.2.9 工作场地应宽敞、通风,有足够的退避空间,有可靠的灭火装置。

附加说明:

本标准第 5、第 6 章为强制性条款,其他为推荐性条款。

本标准按照 GB/T 1.1—2009 给出的规则起草。

本标准由中华人民共和国农业部农垦局提出。

本标准由农业部热带作物及制品标准化技术委员会归口。

本标准起草单位:中国热带农业科学院农业机械研究所、广西农垦集团有限责任公司、南宁市明阳机械制造有限公司。

本标准主要起草人:王金丽、黄晖、黄兑武、王忠恩。

中华人民共和国农业行业标准

天然橡胶初加工机械 螺杆破碎机

Machinery for primary processing of natural
rubber—Screw crusher

NY/T 2092—2011

1 范围

本标准规定了天然橡胶初加工机械螺杆破碎机的产品型号规格、主要技术参数、技术要求、试验方法、检验规则及标志、包装、运输和贮存等要求。

本标准适用于天然橡胶初加工机械螺杆破碎机的设计制造及质量检验。

2 规范性引用文件

下列文件对于本文件的应用是必不可少的。凡是注日期的引用文件,仅注日期的版本适用于本文件。凡是不注日期的引用文件,其最新版本(包括所有的修改单)适用于本文件。

GB/T 699 优质碳素结构钢

GB/T 1800.2 产品几何技术规范(GPS)极限与配合 第2部分:标准公差等级和孔、轴极限偏差表

GB/T 1804—2000 一般公差 未注公差的线性和角度尺寸的公差

GB/T 2828.1 计数抽样检验程序 第1部分:按接受质量限(AQL)检索的逐批检验抽样计划

GB 5226.1 机械电气安全 机械电气设备 第1部分:通用技术条件

GB 8196 机械安全 防护装置 固定式和活动式防护装置设计与制造一般要求

GB/T 11352 一般工程用铸造碳钢件

JB/T 9832.2 农林拖拉机及机具漆膜附着力性能测定法 压切法

NY/T 408 天然橡胶初加工机械 产品质量分等

NY/T 409—2000 天然橡胶初加工机械 通用技术条件

3 产品型号规格及主要技术参数

3.1 型号规格的编制方法

产品型号规格的编制方法应符合 NY/T 409 的规定。

3.2 型号规格表示方法

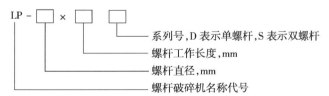

示例:

LP-450×1 200 S表示双螺杆破碎机,其螺杆直径为450 mm,螺杆工作长度为1 200 mm。

3.3 主要技术参数

产品的主要技术参数见表1。

表1 产品主要技术参数

项　目	技　术　参　数
螺杆直径,mm	300,400,450,500
螺杆工作长度,mm	500,600,800,1 000,1 200,1 400
螺距,mm	150,170,190,210,230,250
功率,kW	55,75,90,110
主轴转速,r/min	36,48,60,70,80
生产率,t/h	1,2,3,4,6
切刀数量,个	2,3,4
切刀间隙,mm	1.0~2.0

4 技术要求

4.1 整机要求

4.1.1 应按经批准的图样和技术文件制造。

4.1.2 图样上未注线性尺寸和角度公差应符合 GB/T 1804—2000 中 C 级公差等级的规定。

4.1.3 整机装配完工后运行 3 h 以上,空载时轴承温升应不超过 30℃;负载时最高温升应不超过 35℃。整机运行过程中,减速器等各密封部位不应有渗漏现象,减速器油温应不超过 60℃。

4.1.4 整机运行应平稳,不应有异常声响。调整机构应灵活可靠,紧固件无松动。

4.1.5 空载噪声应不大于 80 dB(A)。

4.1.6 加工出的胶块应符合生产工艺的要求。

4.1.7 使用可靠性应不小于 95%。

4.2 主要零部件

4.2.1 螺轴

4.2.1.1 螺轴材料的力学性能应不低于 GB/T 699 中 45 号钢的要求,并应进行调质处理。

4.2.1.2 轴承位配合公差应按 GB/T 1800.2 中 k6 的规定。

4.2.1.3 轴承位配合表面粗糙度为 $\overset{3.2}{\triangledown}$ 。

4.2.2 螺套

4.2.2.1 螺套采用力学性能不低于 GB/T 11352 中规定的 ZG 310~570 材料制造。

4.2.2.2 轴套配合公差带应按 GB/T 1800.2 中 M7 中的规定。

4.2.3 切刀

4.2.3.1 切刀沿圆周方向均匀分布。

4.2.3.2 切刀材料的力学性能应不低于 GB/T 699 中 45 号钢的要求。

4.2.3.3 切刀硬度为 40 HRC~50 HRC。

4.3 装配

4.3.1 装配质量应按 NY/T 409—2000 中 5.6 的规定。

4.3.2 安装后,螺轴的轴向窜动应不大于 0.25 mm。

4.3.3 切刀与筛板的间隙应均匀,最大与最小间隙差应小于 0.5 mm。

4.3.4 两 V 带轮轴线的平行度应不大于两轮中心距的 1%；两 V 带轮对应面的偏移量应不大于两轮中心距 0.5%。

4.4 外观和涂漆

4.4.1 外观表面应平整,不应有图样未规定的凹凸和损伤。

4.4.2 铸件表面不应有飞边、毛刺等。

4.4.3 焊接件外观表面不应有焊瘤、金属飞溅物等缺陷。焊缝表面应均匀,不应有裂纹。

4.4.4 漆层外观色泽应均匀、平整光滑;不应有露底、严重的流痕和麻点;明显的起泡起皱应不多于 3 处。

4.4.5 漆层的漆膜附着力应符合 JB/T 9832.2 中 2 级 3 处的规定。

4.5 安全防护

4.5.1 外露 V 带轮、飞轮等转动部件应装固定式防护罩,防护罩应符合 GB 8196 的规定。

4.5.2 外购的电器装置质量应按 GB 5226.1 的规定,并应有安全合格证。

4.5.3 电气设备应有可靠的接地保护装置,接地电阻应不大于 10 Ω。

4.5.4 机械可触及的零部件不应有会引起损伤的锐边、尖角和粗糙的表面等。

4.5.5 螺杆破碎机应设有过载保护装置。

5 试验方法

5.1 空载试验

5.1.1 总装配检验合格后应进行空载试验。

5.1.2 机器连续运行应不小于 3 h。

5.1.3 空载试验项目和要求见表 2。

表 2 空载试验项目和要求

试 验 项 目	要 求
运行情况	符合 4.1.4 的规定
切刀与工作腔的间隙	符合 4.3.3 的规定
电气装置	工作正常
轴承温升	符合 4.1.3 的规定
噪声	符合 4.1.5 的规定

5.2 负载试验

5.2.1 负载试验应在空载试验合格后进行。

5.2.2 负载试验时,连续工作应不少于 2 h。

5.2.3 负载试验项目和要求见表 3。

表 3 负载试验项目和要求

试 验 项 目	要 求
运行情况	符合 4.1.4 的规定
电气装置	工作正常并符合 4.5.3 的规定
轴承温升	≤35℃
生产率	符合表 1 中的规定
工作质量	符合 4.1.6 的规定

5.3 试验方法

生产率、噪声、尺寸公差、形位公差、硬度和使用可靠性等应按 NY/T 408—2000 中第 4 章的相关规定进行测定;漆膜附着力应按 JB/T 9832.2 的规定进行测定。

6 检验规则

6.1 出厂检验

6.1.1 每台螺杆破碎机应经检验合格,取得合格证后方可出厂。

6.1.2 出厂检验项目及要求:
——外观和涂漆应符合 4.4 的规定;
——装配应符合 4.3 的规定;
——安全防护应符合 4.5 的规定;
——空载试验应符合 5.1 的规定。

6.1.3 用户有要求时,可进行负载试验。负载试验应按 5.2 的规定。

6.2 型式检验

6.2.1 有下列情况之一时,应进行型式检验:
——新产品生产或产品转厂生产;
——正式生产后,结构、材料、工艺等有较大改变,可能影响产品性能;
——正常生产时,定期或周期性抽查检验;
——产品长期停产后恢复生产;
——出厂检验发现产品质量显著下降;
——质量监督机构提出型式检验要求;
——合同规定。

6.2.2 型式检验应符合第 4 章和表 1 的要求。抽样按 GB/T 2828.1 规定的正常检查一次抽样方案。

6.2.3 样本一般应是 6 个月内生产的产品。抽样检查批量应不少于 3 台,样本为 2 台。

6.2.4 整机抽样地点在生产企业的成品库或销售部门;零部件在半成品库或装配线上以检验合格的零部件中抽取。

6.2.5 检验项目、不合格分类和判定规则见表 4。

6.2.6 零部件的检验项目为 4.2 中规定的相应零部件的所有项目。只有所有项目都合格时,该零部件才合格。

7 标志、包装、运输和贮存

产品的标志、包装、运输和贮存应符合 NY/T 409—2000 第 8 章的规定。

表 4 型式检验项目、不合格分类和判定规则

不合格分类	检验项目	样本数	项目数	检查水平	样本大小字码	AQL	Ac	Re
A	1. 生产率 2. 使用可靠性 3. 安全防护 4. 工作质量		4			6.5	0	1
B	1. 噪声 2. 切刀硬度 3. 轴承温升和减速器油温 4. 轴承位轴颈尺寸 5. 轴颈表面粗糙度	2	5	S-1	A	25	1	2

表 4（续）

不合格分类	检验项目	样本数	项目数	检查水平	样本大小字码	AQL	Ac	Re
C	1. V带轮的偏移量 2. 切刀间隙 3. 整机外观 4. 漆层外观 5. 漆膜附着力 6. 标志和技术文件	2	6	S-1	A	40	2	3

注：AQL 为合格质量水平，Ac 为合格判定数，Re 为不合格判定数。评定时，采用逐项检验考核。A、B、C 各类的不合格总数小于或等于 Ac 为合格，大于或等于 Re 为不合格。A、B、C 各类均合格时，该批产品为合格品，否则为不合格品。

附加说明：

本标准是天然橡胶初加工机械相关标准之一。该相关标准的其他标准是：

——NY 228—1994　标准橡胶打包机技术条件；

——NY 232.1—1994　制胶设备基础件　辊筒；

——NY 232.2—1994　制胶设备基础件　筛网；

——NY 232.3—1994　制胶设备基础件　锤片；

——NY/T 262—2003　天然橡胶初加工机械　绉片机；

——NY/T 263—2003　天然橡胶初加工机械　锤磨机；

——NY/T 338—1998　天然橡胶初加工机械　五合一压片机；

——NY/T 339—1998　天然橡胶初加工机械　手摇压片机；

——NY/T 340—1998　天然橡胶初加工机械　洗涤机；

——NY/T 381—1999　天然橡胶初加工机械　压薄机；

——NY/T 408—2000　天然橡胶初加工机械产品质量分等；

——NY/T 409—2000　天然橡胶初加工机械　通用技术条件；

——NY/T 460—2010　天然橡胶初加工机械　干燥车；

——NY/T 461—2010　天然橡胶初加工机械　推进器；

——NY/T 462—2001　天然橡胶初加工机械　燃油炉；

——NY/T 926—2004　天然橡胶初加工机械　撕粒机；

——NY/T 927—2004　天然橡胶初加工机械　碎胶机；

——NY/T 1557—2007　天然橡胶初加工机械　干搅机；

——NY/T 1558—2007　天然橡胶初加工机械　干燥设备。

本标准按照 GB/T 1.1—2009 给出的规则起草。

本标准由中华人民共和国农业部农垦局提出。

本标准由农业部热带作物及制品标准化技术委员会归口。

本标准起草单位：中国热带农业科学院农产品加工研究所。

本标准主要起草人：朱德明、钱建英、陆衡湘、邓维用、陈成海、静玮。

中华人民共和国农业行业标准

天然橡胶初加工机械　打包机

Machinery for primary processing of
natural rubber—Baler

NY/T 228—2012
代替 NY 228—1994

1　范围

本标准规定了天然橡胶初加工机械打包机的产品型号规格、主要技术参数、技术要求、试验方法、检验规则及标志、包装、运输和贮存等要求。

本标准适用于天然橡胶初加工机械打包机(以下简称打包机)的设计制造及质量检验。

2　规范性引用文件

下列文件对于本文件的应用是必不可少的。凡是注日期的引用文件,仅注日期的版本适用于本文件。凡是不注日期的引用文件,其最新版本(包括所有的修改单)适用于本文件。

GB/T 700　优质碳素结构钢

GB/T 1800.2　产品几何技术规范(GPS)极限与配合　第 2 部分:标准公差等级和孔、轴极限偏差表

GB/T 1804　一般公差　未注公差的线性和角度尺寸的公差

GB/T 2828.1　计数抽样检验程序　第 1 部分:按接受质量限(AQL)检索的逐批检验抽样计划

GB 5226.1　机械电气安全　机械电气设备　第 1 部分:通用技术条件

GB/T 8082—2008　天然生胶标准橡胶包装、标志、贮存和运输

GB 8196　机械安全　防护装置　固定式和活动式防护装置设计与制造一般要求

GB/T 14039—2002　液压传动　油液固体颗粒污染等级代号

JB/T 9832.2　农林拖拉机及机具漆膜附着力性能测定法　压切法

NY/T 408—2000　天然橡胶初加工机械　产品质量分等

NY/T 409—2000　天然橡胶初加工机械　通用技术条件

3　产品型号规格及主要技术参数

3.1　型号规格的编制方法

产品型号规格编制方法应符合 NY/T 409 的规定。

3.2　型号规格表示方法

示例:

YDB—100—4Z 表示液压打包机,其打包油缸作用力为 1 000 kN,4 柱型。

3.3 主要技术参数

产品的主要技术参数见表1。

表 1 产品主要技术参数

项 目	技 术 参 数			
型号	YDB—100—L	YDB—120—4Z	YDB—150—K	YDB—150—4Z
生产率,kg干胶/h	2 000	2 000	3 000	3 000
打包油缸额定作用力,kN	600,1 000,1 200,1 500			
打包油缸最大行程,mm	320,380,550,660			
顶包(箱)油缸最大行程,mm	620,640,950,1 000			
打包箱内腔尺寸(长×宽×高),mm	670×330×450,680×340×450			
功率,kW	11,15,18.5,20			

4 技术要求

4.1 基本要求

4.1.1 应按经批准的图样和技术文件制造。

4.1.2 图样上未注尺寸和角度公差应符合 GB/T 1804 中 C 公差等级的规定。

4.1.3 打包机出厂前须进行空载、负载和超载荷试验。

4.1.4 液压系统中油液的清洁度不得低于 GB/T 14039 中的 20/17 级。

4.1.5 液压系统工作油温不应高于 65℃。

4.1.6 负载试验,泵、阀、油缸活塞运行平稳,电气、液压元件应准确可靠,液压系统无渗漏现象,打包箱内任一方向的变形量不应超过 0.5 mm。

4.1.7 超载试验,液压系统应无异常声音和明显的渗漏现象,机架和其他承受压力的零件不应抖动及变形。

4.1.8 整机运行平稳可靠,不应有异常声响。调整机构应灵活可靠,紧固件无松动。

4.1.9 空载噪声应不大于 75 dB(A)。

4.1.10 打包质量应符合 GB/T 8082—2008 中 3.1 的要求。

4.1.11 打包机使用可靠性应不小于 95%。

4.2 主要零部件

4.2.1 打包箱内壁应光滑平整,应用机械性能不低于 GB/T 700 规定的 Q235 钢制造。

4.2.2 打包箱横截面的对角线长度公差小于或等于 3 mm。

4.2.3 油路管道及其配件的规格和尺寸应符合有关标准的规定,安装前应清洗干净。

4.2.4 油路管道布置应整齐、牢固、合理。

4.2.5 油箱应具有高、低油位指示。

4.2.6 油泵和液压元件直接安装在油箱上时,应有防止产生振动和噪声的措施。

4.3 装配质量

4.3.1 零件部应经检查合格清洁后进行装配。

4.3.2 打包油缸轴线与立柱导轨的平行度应不大于 0.02%。

4.3.3 打包压头行程下限与打包箱底内平面间距为 140 mm～160 mm。

4.3.4 上下横梁平行度应不大于 0.1%。

4.3.5 打包箱内腔与压头周边的对称度应不大于 3 mm。

4.3.6 打包箱活动底板与箱内腔的最大间隙不应超过 1 mm,底板上下活动应自如,不应有卡滞现象。

4.3.7 电气线路铺设应整齐、美观、可靠。

4.4 外观质量

4.4.1 外观表面应平整。

4.4.2 铸件表面不应有飞边、毛刺等。

4.4.3 焊接件外观表面不应有焊瘤、金属飞溅物等缺陷。焊缝表面应均匀,无裂纹。

4.4.4 漆层外观色泽应均匀、平整光滑;不应有露底、严重的流痕和麻点;明显的起泡、起皱应不多于3处。

4.4.5 漆膜附着力应符合 JB/T 9832.2 中 2 级 3 处的规定。

4.5 安全防护

4.5.1 外露转动部件应装固定式防护罩,防护罩应符合 GB 8196 的规定。

4.5.2 电器装置应符合 GB 5226.1 的规定。

4.5.3 电器装置应有可靠的接地保护,接地电阻应不大于 10 Ω。

4.5.4 零部件不应有锐边和尖角。

4.5.5 应设有过载保护装置。

5 试验方法

5.1 空载试验

5.1.1 空载试验应在总装配检验合格后应进行。

5.1.2 机器连续运行应不小于 1 h。

5.1.3 空载试验项目和要求见表2。

表 2 空载试验项目和要求

试验项目	要　　求
运行情况	符合4.1.8的规定
打包压头行程下限与打包箱底内平面间距	符合4.3.3的规定
电器装置	工作正常
打包箱内腔与压头周边的对称度	符合4.3.5的规定
噪声	符合4.1.9的规定

5.2 负载试验

5.2.1 负载试验应在空载试验合格后进行。

5.2.2 负载试验连续工作应不少于 1 h,额定负载试验连续工作应不少于 2 h。

5.2.3 负载试验项目和要求见表3。

表 3 负载试验项目和要求

试验项目	要　　求
运行情况	符合4.1.6和4.1.8的规定
电器装置	工作正常,并符合4.3.7、4.5.2和4.5.3的规定
打包箱变形量	符合4.1.6的规定
液压系统油温	符合4.1.5的规定
工作质量[a]	符合4.1.10的规定
生产率[b]	符合表1的规定
[a,b] 工作质量和生产率仅在额定负载下测定。	

5.3 超载试验

5.3.1 超载试验应在负载试验合格后进行。

5.3.2 超载试验项目和要求见表4。

表4 超载试验项目和要求

试验项目	要 求
运行情况	符合4.1.5～4.1.9的规定
液压系统工作情况	符合4.1.7的规定

5.4 测定方法

5.4.1 负载试验

按单位压力为10 MPa、20 MPa、32 MPa的压力梯度进行,在每一压力梯度下保压5 min。

5.4.2 打包箱变形量测定

在包装箱内装入规定量冷标准橡胶进行压块,当打包油缸达到额定作用力,保压10 min后取出胶块,对内腔表面的几何尺寸进行测量。

5.4.3 超载试验

以油路额定工作压力的1.25倍进行超载试验,保压5 min。

5.4.4 生产率、噪声、尺寸公差、形位公差、硬度和使用可靠性等应按NY/T 408—2000中第4章的相关规定进行测定。漆膜附着力应按JB/T 9832.2的规定进行测定。

6 检验规则

6.1 出厂检验

6.1.1 出厂检验实行全检,取得合格证后方可出厂。

6.1.2 出厂检验项目及要求:
——外观和涂漆应符合4.4的规定;
——装配应符合4.3的规定;
——安全防护应符合4.5的规定;
——空载试验应符合5.1的规定。

6.1.3 用户有要求时,可进行负载试验。负载试验应按5.2的规定执行。

6.2 型式检验

6.2.1 有下列情况之一时,应进行型式检验:
——新产品生产或产品转厂生产;
——正式生产后,结构、材料、工艺等有较大改变,可能影响产品性能;
——正常生产时,定期或周期性抽查检验;
——产品长期停产后恢复生产;
——出厂检验发现产品质量显著下降;
——质量监督机构提出型式检验要求;
——合同规定。

6.2.2 型式检验实行抽检。抽样按GB/T 2828.1规定的正常检查一次抽样方案。

6.2.3 样本一般应是12个月内生产的产品。抽样检查批量应不少于3台,样本为2台。

6.2.4 整机抽样地点在生产企业的成品库或销售部门;零部件在半成品库或装配线上以检验合格的零部件中抽取。

6.2.5 检验项目、不合格分类和判定规则见表5。

表5 型式检验项目、不合格分类和判定规则

不合格分类	检验项目	样本数	项目数	检查水平	样本大小字码	AQL	Ac	Re
A	1. 生产率 2. 使用可靠性 3. 安全防护 4. 打包机		4			6.5	0	1
B	1. 噪声 2. 压头行程下限 3. 打包箱内腔与压头周边的对称度 4. 超载试验	2	5	S-I	A	25	1	2
C	1. 打包箱横截面的对角线长度公差 2. 整机外观 3. 漆层外观 4. 漆膜附着力 5. 标志和技术文件		6			40	2	3
注:AQL为合格质量水平,Ac为合格判定数,Re为不合格判定数。评定时,采用逐项检验考核。A、B、C各类的不合格总数小于或等于Ac为合格,大于或等于Re为不合格。A、B、C各类均合格时,该批产品为合格品,否则为不合格品。								

7 标志、包装、运输和贮存

产品的标志、包装、运输和贮存应符合 NY/T 409—2000 中第8章的规定。

附加说明:

本标准按照 GB/T 1.1—2009 给出的规则起草。

本标准代替 NY 228—1994《标准橡胶打包机技术条件》。

本标准与 NY 228—1994 相比,主要技术内容变化如下:

——名称改为《天然橡胶初加工机械 打包机》;

——前言部分增加了天然橡胶初加工机械系列标准;

——主要技术参数做了部分修改(见3.3);

——增加液压系统油液的清洁度要求(见4.1.4);

——增加图样上未注尺寸、角度公差和打包质量要求(见4.1.2和4.1.10);

——删除了连续称量打包机的四个打包箱和称量箱的不对称度要求(见4.3,1994年版的2.7.9);

——增加试验方法和检验规则(见第5章和第6章)。

本标准是天然橡胶初加工机械系列标准之一。该系列标准的其他标准是:

——NY/T 262—2003 天然橡胶初加工机械 绉片机;

——NY/T 263—2003 天然橡胶初加工机械 锤磨机;

——NY/T 338—1998 天然橡胶初加工机械 五合一压片机;

——NY/T 339—1998 天然橡胶初加工机械 手摇压片机;

——NY/T 340—1998 天然橡胶初加工机械 洗涤机;

——NY/T 381—1999 天然橡胶初加工机械 压薄机;

——NY/T 408—2000 天然橡胶初加工机械产品质量分等;

——NY/T 409—2000　天然橡胶初加工机械　通用技术条件；

——NY/T 460—2010　天然橡胶初加工机械　干燥车；

——NY/T 461—2010　天然橡胶初加工机械　推进器；

——NY/T 462—2001　天然橡胶初加工机械　燃油炉；

——NY/T 926—2004　天然橡胶初加工机械　撕粒机；

——NY/T 927—2004　天然橡胶初加工机械　碎胶机；

——NY/T 1557—2007　天然橡胶初加工机械　干搅机；

——NY/T 1558—2007　天然橡胶初加工机械　干燥设备。

本标准由中华人民共和国农业部农垦局提出。

本标准由农业部热带作物及制品标准化技术委员会归口。

本标准起草单位：中国热带农业科学院农产品加工研究所。

本标准主要起草人：朱德明、钱建英、陆衡湘、邓维用、陈成海、静玮。

本标准所代替标准的历次版本发布情况为：

——NY 228—1994。

中华人民共和国农业行业标准

剑麻加工机械 纤维压水机

Machinery for sisal hemp processing—
Pressing water machine of fiber

NY/T 261—2012

代替 NY/T 261—1994

1 范围

本标准规定了剑麻纤维压水机的术语和定义、型号规格和基本性能参数、技术要求、试验方法、检验规则、包装、贮存及运输。

本标准适用于剑麻纤维加工中一次性完成纤维脱胶、压水的机械。

2 规范性引用文件

下列文件对于本文件的应用是必不可少的。凡是注日期的引用文件,仅注日期的版本适用于本文件。凡是不注日期的引用文件,其最新版本(包括所有的修改单)适用于本文件。

GB/T 531.1 硫化橡胶或热塑性橡胶 压入硬度试验方法 第1部分:邵氏硬度计法(邵尔硬度)

GB/T 699 优质碳素结构钢

GB/T 1184 形状和位置公差 未注公差值

GB/T 1800.2 产品几何技术规范(GPS)极限与配合 第2部分:标准公差等级和孔、轴极限偏差表

GB/T 2828.1 计数抽样检验程序 第1部分:按接收质量限(AQL)检索的逐批检验抽样计划

GB/T 3177 产品几何技术规范(GPS)光滑工件尺寸的检验

GB/T 3768 声学 声压法测定噪声源 声功率级 反射面上方采用包络测量表面的简易法

GB/T 8196 机械安全 防护装置 固定式和活动式防护装置设计与制造一般要求

GB/T 9439 灰铸铁件

GB/T 15032—2008 制绳机械设备通用技术条件

JB/T 9832.2 农林拖拉机及机具 漆膜附着力性能测定法 压切法

NY/T 243 剑麻纤维制品回潮率的测定 蒸馏法

NY/T 1036 热带作物机械 术语

NY 1874—2010 制绳机械设备安全技术要求

3 术语和定义

NY/T 1036 界定的以及下列术语和定义适用于本文件。

3.1

压辊列数 the number of press roller pairs
由上下紧挨安装的一对压辊(辊筒)组合为一列,压水机中压辊组合的数量为列数。

4 型号规格和主要技术参数

4.1 型号规格编制方法

压水机的型号规格由机器代号、压辊列数组成。

示例：

Y3 表示压辊列数为 3 的剑麻纤维压水机。

4.2 主要技术参数

主要产品技术参数见表 1。

表 1 主要技术参数

型号	加压方式	辊筒直径/长度 mm	输送速度 m/s	辊筒线速度 m/s	功率 kW	生产率 t/h	压水后纤维含水率 %
Y3	弹簧加压	300/1 100	0.167	0.184	5.5×3	≥0.8	≤50
Y2	弹簧加压	300/1 100	0.167	0.184	5.5×2	≥0.8	≤60

5 技术要求

5.1 基本要求

5.1.1 压水机应符合本标准的要求,并按规定程序批准的图样和技术文件制造。

5.1.2 经压水机压水后的纤维应保持整齐不乱。

5.1.3 机器运转应平稳,无明显的振动和异常声响。

5.1.4 加压装置和调节应方便可靠。

5.1.5 机器运转时,各轴承的温度不应有骤升现象。空载运转时,温升不应超过 30℃;负载运转时,温升不应超过 35℃。

5.1.6 减速箱不应有渗漏现象。负载运行时的油温应不大于 60℃。

5.1.7 空载噪声应不大于 85 dB(A)。

5.1.8 使用可靠性≥94%。

5.2 主要零部件

5.2.1 包胶辊

5.2.1.1 胶辊表面硬度应不小于邵氏 A 型硬度 80 度,并有耐酸性能。

5.2.1.2 胶辊外圆柱面应平整,圆度公差等级应不小于 GB/T 1184 中的 10 级。内方孔直角处圆角半径为 4 mm～6 mm。

5.2.1.3 下压辊和胶辊内圈应采用力学性能不低于 GB/T 9439 中规定的 HT200 灰铸铁材料制造。

5.2.1.4 压辊轴材料的力学性能应不低于 GB/T 699 中 45 号钢的要求,并应进行调质处理。

5.2.1.5 压辊轴承位轴径尺寸公差应符合 GB/T 1800.2 中 k7 的要求。

5.2.1.6 轴承座孔尺寸公差应符合 GB/T 1800.2 中 M7 的要求。

5.2.2 铸件

铸件质量应符合 GB/T 15032—2008 中 5.5 的规定。

5.2.3 焊接件

焊接件质量应符合 GB/T 15032—2008 中 5.6 的规定。

5.3 装配

5.3.1 所有零件、部件均应符合相应的技术要求。外购件、协作件应有合格证书,并符合相关标准要求。

5.3.2 转动部件应运转灵活、平稳、无阻滞现象。

5.3.3 润滑系统应畅通,保证各润滑部位得到良好润滑。

5.3.4 上压辊胶套组装后,胶套之间不应有间隙,外圆柱面应平整。

5.3.5 两链轮齿宽对称面的偏移量不大于两链轮中心的 0.2%,链条松边下垂度为两链轮中心距的 1%～5%。

5.3.6 两 V 带轮轴线的平行度应不大于两轮中心距的 1%;两带轮轮宽对应面的偏移量应不大于两轮中心距的 0.5%。

5.4 外观和涂漆

5.4.1 机器表面不应有图样未规定的明显凸起、凹陷、粗糙不平和其他损伤等缺陷。

5.4.2 外露的焊缝应修平,表面应平滑。

5.4.3 零、部件结合面的边缘应平整,相互错位量应不大于 3 mm。

5.4.4 机器的涂层应采用喷漆方法。油漆表面色泽应均匀,不应有露底、起泡和起皱。铸件不加工的内表面涂防锈底漆。

5.4.5 漆膜附着力应符合 JB/T 9832.2 中 2 级 3 处及以上的规定。

5.5 安全防护

5.5.1 外露的皮带轮、链轮、传动轴等应有防护装置,并应符合 GB/T 8196 的规定。

5.5.2 机器外露转动零件端面应涂深红色,以示注意。

5.5.3 电气装置应符合 NY 1874—2010 中 5.4 的要求。

5.6 标志和技术文件

5.6.1 标牌应固定在产品的显著位置,内容应包括产品名称、商标、产品型号及规格、制造厂名、出厂编号以及出厂日期等。

5.6.2 产品提供的技术文件应包括产品使用说明书、检验合格证、装箱单及附件清单等。

6 试验方法

6.1 空载试验

6.1.1 空载试验应在装配合格后进行。

6.1.2 在连续运转时间不少于 2 h 后,按表 2 进行检查。

表 2 空载试验项目和方法

序号	试验项目	要求	试验方法	仪　器
1	机器运转	5.1.3	感官	—
2	加压装置	5.1.4	感官	—

3	轴承温升	5.1.5	测定空载运行前、后的温度,计算温升	分度值不大于1℃的测温仪
4	减速箱密封	5.1.6	目测	—
5	噪声	5.1.7	GB/T 3768 的规定	Ⅱ型及Ⅱ型以上声级计

6.2 负载试验

6.2.1 设备的安装应符合说明书的要求。

6.2.2 负载试验应按要求检查和调试,在空载试验合格后进行。试验连续运转时间应不小于 2 h。

6.2.3 试验项目和方法应符合表 3 的要求。

表 3 负载试验项目和方法

序号	试验项目	要 求	试验方法	仪 器
1	机器运转	5.1.3	感官	—
2	加压装置	5.1.4	感官	—
3	轴承温升	5.1.5	测定运行前、后的温度	分度值不大于1℃的测温仪
4	减速箱密封	5.1.6	目测	—
5	减速箱的油温	5.1.6	试验结束时测定	分度值不大于1℃的测温仪
6	生产率	4.2 的表 1	GB/T 15032—2008 的 6.3.1	秒表和台秤
7	压水后纤维质量	5.1.2	目测	—
8	纤维含水率	4.2 的表 1	NY/T 243 的规定	—

6.3 其他试验

6.3.1 使用可靠性测定应按 GB/T 15032—2008 中 6.3.2 的规定。

6.3.2 胶辊硬度测定应按 GB/T 531.1 的规定。

6.3.3 尺寸公差的测定应按 GB/T 3177 的规定。

6.3.4 漆膜附着力的测定应按 JB/T 9832.2 的规定。

7 检验规则

7.1 出厂检验

7.1.1 出厂产品应实行全检。每一产品应有制造企业签发的"检验合格证"。

7.1.2 出厂检验项目及要求:
——装配质量应符合 5.3 的规定;
——外观和涂漆质量应符合 5.4 的规定;
——安全防护应符合 5.5.1 和 5.5.2 的规定;
——空载试验应符合 6.1 的规定。

7.1.3 客户有要求时可做负载试验。负载试验应符合 6.2 的要求。

7.2 型式检验

7.2.1 在下列情况时,应进行型式检验:
——新产品生产或产品转厂生产;
——正式生产后,结构、材料、工艺等有较大改变,可能影响产品性能;
——正常生产时,定期或周期性抽查检验;
——产品长期停产后恢复生产;

——出厂检验发现与上次型式检验有较大差异；

——质量监督机构提出型式检验要求。

7.2.2 型式检验应采用随机抽样方法检验。抽样方法按 GB/T 2828.1 中正常检查一次抽样方案确定。

7.2.3 样本的生产时间应不超过 12 个月，批量应不少于 3 台。

7.2.4 整机样本应在成品库或销售部门抽取；零部件应在半成品库或装配线上已检验合格的零部件中抽取，也可在样机上拆取。

7.2.5 型式检验项目、不合格分类见表 4。

表 4 型式检验项目、不合格分类

不合格分类	检验项目	样本数	项目数	检查水平	样本大小字码	AQL	Ac	Re
A	1. 生产率 2. 压水后纤维质量 3. 安全防护 4. 使用可靠性ᵃ		4			6.5	0	1
B	1. 噪声 2. 压辊轴承位轴径 3. 轴承温升 4. 油箱油温及渗漏油 5. 辊胶间隙	2	5	S-I	A	25	1	2
C	1. 链轮装配质量 2. 漆膜附着力 3. 油漆外观 4. 外观质量 5. 标志和技术文件		5			40	2	3
注：AQL 为合格质量水平，Ac 为合格判定数，Re 为不合格判定数。								
ᵃ 监督性检验可以不做使用可靠性检查。								

7.2.6 判定规则：评定时采用逐项检验考核，A、B、C 各类的不合格总数小于等于 Ac 为合格，大于等于 Re 为不合格。A、B、C 各类均合格时，判该批产品为合格品，否则为不合格品。

8 包装、贮存及运输

8.1 产品包装前机件和随机工具外露的加工面应涂防锈剂，主要零件的加工面应包防潮纸。

8.2 产品的包装箱内应铺防水材料。包装箱应适应运输装卸的要求。

8.3 产品可整机装箱，也可分解装箱。产品的零件、部件、工具和备件应固定在箱内。

8.4 产品应贮存在仓库内，有防水、防潮、防锈措施。

8.5 包装箱的外壁应注明制造厂的名称，产品的型号及规格、名称，包装箱外形尺寸、净重、毛重等。

8.6 包装箱内应附有产品的技术文件，并用塑料袋封好固定在包装箱内。

附加说明：

本标准按照 GB/T 1.1—2009 给出的规则起草。

本标准代替 NY/T 261—1994《剑麻纤维压水机》。

本标准与 NY/T 261—1994 相比,主要变化如下:

——增加了"术语和定义"(见 3.1);

——修改了主要技术参数的内容(见 4.2,1994 年版的 3.3);

——增加了机械的使用可靠性要求(见 5.1.8);

——增加了对包胶辊材料和公差的要求(见 5.2.1.2~5.2.1.5);

——修改铸件和焊接件质量为引用 GB/T 15032 中的相关要求(见 5.2.2~5.2.3,1994 年版的 4.7~4.8);

——增加了漆膜附着力(见 5.4.5);

——增加了对电气装置的要求(见 5.5.3);

——修改了空载试验项目(见 6.1.2,1994 年版的 6.1.2);

——修改了负载试验项目(见 6.2.3,1994 年版的 6.2.1);

——增加了使用可靠性、胶辊硬度、尺寸公差和漆膜附着力的测定方法(见 6.3);

——增加了型式检验内容和判定规则(见 7.2.5~7.2.6)。

本标准由中华人民共和国农业部农垦局提出。

本标准由农业部热带作物及制品标准化技术委员会归口。

本标准起草单位:中国热带农业科学院农业机械研究所。

本标准主要起草人:王金丽、黄晖、张文强、邓怡国、刘智强。

本标准所代替标准的历次版本发布情况为:

——NY/T 261—1994。

中华人民共和国农业行业标准

天然橡胶初加工机械 五合一压片机

Machinery for primary processing of natural
rubber—Five in one roll mill

NY/T 338—2012

代替 NY/T 338—1998

---

1 范围

本标准规定了天然橡胶初加工机械五合一压片机的术语和定义、型号规格和主要技术参数、技术要求、试验方法、检验规则及标志、包装、运输与贮存要求。

本标准适用于天然橡胶初加工机械五合一压片机。天然橡胶初加工机械四合一压片机也可参照使用。

2 规范性引用文件

下列文件对于本文件的应用是必不可少的。凡是注日期的引用文件,仅注日期的版本适用于本文件。凡是不注日期的引用文件,其最新版本(包括所有的修改单)适用于本文件。

GB/T 230.1 金属洛氏硬度试验 第1部分 试验方法(A、B、C、D、E、F、G、H、K、N、T标尺)

GB/T 231.1 金属布氏硬度试验 第1部分:试验方法

GB/T 699 优质碳素结构钢

GB/T 1031 产品几何技术规范(GPS)表面结构 轮廓法表面粗糙度参数及其数值

GB/T 1184 形状和位置公差 未注公差值

GB/T 1348 球墨铸铁件

GB/T 1800.2 产品几何技术规范(GPS)极限与配合 第2部分:标准公差等级和孔、轴极限偏差表

GB/T 1958 产品几何量技术规范(GPS)形状和位置公差 检测规定

GB/T 2828.1 计数抽样检验程序 第1部分:按接收质量限(AQL)检索的逐批检验抽样计划

GB/T 3177 产品几何技术规范(GPS)光滑工件尺寸的检验

GB/T 3768 声学 声压法测定噪声源声功率级 反射面上方采用包络测量表面的简易法

GB/T 5226.1 机械电气安全 机械电气设备 第1部分:通用技术条件

GB/T 8196 机械安全 防护装置 固定式和活动式防护装置设计与制造一般要求

GB/T 9439 灰铸铁件

GB/T 10095.1 渐开线圆柱齿轮精度 第1部分:齿轮同侧齿面偏差的定义和允许值

GB 10396 农林拖拉机和机械、草坪和园艺动力机械 安全标志和危险图形 总则

GB/T 10610 产品几何技术规范(GPS)表面结构 轮廓法 评定表面结构的规则和方法

JB/T 9832.2 农林拖拉机及机具 漆膜附着力性能测定法 压切法

NY/T 408—2000 天然橡胶初加工机械产品质量分等

NY/T 409—2000 天然橡胶初加工机械通用技术条件

NY/T 1036—2006　热带作物机械　术语

3　术语和定义

下列术语和定义适用于本文件。

3.1

压片　sheeting

将胶乳凝块滚压、脱水、压薄成胶片的工艺。

［NY/T 1036—2006,定义2.1.4］

3.2

五合一压片机　five in one roll mill

滚压装置由五对辊筒组成的压片机。

［NY/T 1036—2006,定义2.2.11］

4　型号规格和主要技术参数

4.1　型号规格表示方法

产品型号规格编制应符合 NY/T 409—2000 中4.1的规定,由机名代号和主要参数等组成,表示如下:

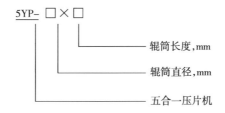

示例:

5YP-150×650 表示五合一压片机,辊筒直径为 150 mm,辊筒长度为 650 mm。

4.2　型号规格和主要技术参数

产品型号规格和主要技术参数见表1。

表 1　型号规格和主要技术参数

项　　目		型号规格		
		5YP-150×650	5YP-150×700	5YP-180×845
辊筒数量		5	5	5
辊筒外形尺寸(直径×长度),mm		150×650	150×700	180×845
辊筒花纹	第1~4对	36头梅花形	36头梅花形	第1对~第3对:正16棱柱形;第4对光辊
	第5对	35头方牙螺丝形	35头方牙螺丝形	31头方牙螺纹形
辊筒转速,r/min	第1对	108	79	70
	第2对	121	88	79
	第3对	137	100	91
	第4对	171	125	107
	第5对	137	100	98
辊筒间隙,mm	第1对	4.5~5.0	2.5~3.0	2.5~3.0
	第2对	2.5~3.0	1.5~2.0	1.5~2.0
	第3对	1.5~2.0	1.0~1.5	1.0~1.5
	第4对	0.5~0.7	0.25~0.5	0.25~0.5
	第5对	0.1~0.2	0~0.05	0~0.05

表 1 （续）

项 目	型号规格		
	5YP‐150×650	5YP‐150×700	5YP‐180×845
辊压凝块最大尺寸(厚度×宽度),mm	35×280	35×280	35×400
辊压后胶片厚度,mm	2.5～3.5	2.5～3.5	2.5～3.5
生产率,kg/h(干胶)	600	400	600
电动机功率,kW	3.0	3.0	4.0

5 技术要求

5.1 一般要求

5.1.1 应按批准的图样和技术文件制造。

5.1.2 运转应平稳,不应有异响;滑动、转动部位应运转灵活、平稳、无阻滞现象。

5.1.3 使用可靠性应不小于95%。

5.1.4 空载噪声应不大于85 dB(A)。

5.1.5 运转时各轴承的温度不应有骤升现象,空载时轴承温升应不大于30℃,负载时轴承温升应不大于40℃;减速箱不应有渗漏现象,润滑油的最高温度应不高于70℃。

5.2 主要零部件

5.2.1 辊筒

5.2.1.1 辊筒体应采用力学性能不低于GB/T 9439规定的HT200材料制造,不应有裂纹,外表面的砂眼、气孔直径和深度均不大于1.5 mm,数量不应多于4个,间距应不小于50 mm。

5.2.1.2 辊筒工作表面硬度应不低于150 HB。

5.2.1.3 辊筒轴应采用力学性能不低于GB/T 699规定的45号钢制造,轴承轴颈直径公差应符合GB/T 1800.2中js7的规定,表面粗糙度不低于GB/T 1031中的Ra 3.2的规定;同轴度应符合GB/T 1184中8级精度的规定。

5.2.2 轴承座

5.2.2.1 应采用力学性能不低于GB/T 9439规定的HT150材料制造,内孔尺寸公差应符合GB/T 1800.2中J7的规定。

5.2.2.2 不应有裂纹、砂眼、气孔等缺陷。

5.2.3 齿轮

5.2.3.1 应采用力学性能不低于GB/T 1348规定的QT 450—10材料制造,齿面硬度应不低于200 HB。

5.2.3.2 加工精度应不低于GB/T 10095.1规定的9级精度。

5.2.4 动刀和定刀

5.2.4.1 应采用力学性能不低于GB/T 699规定的45号钢制造。

5.2.4.2 动刀和定刀的接头装配应平整,其平面度不大于0.20 mm。

5.2.4.3 动刀和定刀的刀刃表面硬度应为50 HRC～60 HRC。

5.3 装配

5.3.1 所有零部件应检验合格;外购件、协作件应有合格证明文件并经检验合格后方可进行装配。

5.3.2 动刀与定刀的间隙应为0.02 mm～0.15 mm。

5.4 外观和涂漆

5.4.1 表面不应有明显的凸起、凹陷、粗糙不平和损伤等缺陷。

5.4.2 涂层采用喷漆方法,色泽应均匀,平整光滑。

5.4.3 漆层的漆膜附着力应符合 JB/T 9832.2 中 2 级 3 处的规定。

5.5 铸锻件

铸锻件质量应符合 NY/T 409—2000 中 5.3 的规定。

5.6 焊接件

焊接件质量应符合 NY/T 409—2000 中 5.4 的规定。

5.7 安全防护

5.7.1 在醒目部位固定安全警示标志,安全警示标志应符合 GB 10396 的规定。

5.7.2 产品使用说明书的内容应有安全操作注意事项和维护保养方面的要求。

5.7.3 外露转动部件应有安全防护装置,并符合 GB/T 8196 的规定。

5.7.4 应有可靠的接地保护装置,接地电阻应不大于 10 Ω。

5.7.5 电气设备应符合 GB/T 5226.1 的规定,并有合格证。

6 试验方法

6.1 空载试验

6.1.1 试验应在总装检验合格后进行。

6.1.2 连续运转时间应不少于 2 h。

6.1.3 试验项目、方法和要求见表 2。

表 2 空载试验项目、方法和要求

序号	试验项目	测定方法	标准要求
1	工作平稳性及异响	感官	符合 5.1.2 的规定
2	轴承温升、减速箱油温及渗漏油情况	测温仪器、目测	符合 5.1.5 的规定
3	噪声	按 GB/T 3768 的规定	符合 5.1.4 的规定

6.2 负载试验

6.2.1 试验应在空载试验合格后进行。

6.2.2 连续运转时间应不少于 2 h。

6.2.3 试验项目、方法和要求见表 3。

表 3 负载试验项目、方法和要求

序号	试验项目	测定方法	标准要求
1	工作平稳性及异响	感官	符合 5.1.2 的规定
2	轴承温升、减速箱油温及渗漏油情况	测温仪器、目测	符合 5.1.5 的规定
3	安全警示标志	目测	符合 5.7.1 的规定
4	接地电阻	接地电阻测试仪器	符合 5.7.4 的规定
5	压片质量	测量压片厚度	符合 4.2 的规定
6	生产率	按 NY/T 408 的规定	符合 4.2 的规定

6.3 其他指标测定方法

6.3.1 材料力学性能应按 GB/T 9439、GB/T 699、GB/T 1348 规定的方法测定。

6.3.2 使用可靠性应按 NY/T 408—2000 中 4.3 规定的方法测定。

6.3.3 洛氏硬度应按 GB/T 230.1 规定的方法测定。

6.3.4 布氏硬度应按 GB/T 231.1 规定的方法测定。

6.3.5 尺寸公差应按 GB/T 3177 规定的方法测定。

6.3.6 形位公差应按 GB/T 1958 规定的方法测定。

6.3.7 表面粗糙度参数应按 GB/T 10610 规定的方法测定。

6.3.8 漆膜附着力应按 JB/T 9832.2 规定的方法测定。

7 检验规则

7.1 出厂检验

7.1.1 出厂检验应实行全检,产品需经制造厂质检部门检验合格并签发"产品合格证"后才能出厂。

7.1.2 出厂检验项目及要求:
——外观和涂漆质量应符合 5.4 的规定;
——装配质量应符合 5.3 的规定;
——安全防护应符合 5.7 的规定;
——空载试验应符合 6.1 的规定。

7.1.3 用户有要求时,应进行负载试验,负载试验应符合 6.2 的规定。

7.2 型式检验

7.2.1 有下列情况之一时,应进行型式检验:
——新产品生产或产品转厂生产;
——正式生产后,结构、材料、工艺等有较大改变,可能影响产品性能;
——正常生产时,定期或周期性抽查检验;
——产品长期停产后恢复生产;
——出厂检验发现与本标准有较大差异;
——质量监督机构提出进行型式检验要求。

7.2.2 型式检验应采用随机抽样,抽样方法按 GB/T 2828.1 中正常检查一次抽样方案确定。

7.2.3 样本应在 12 个月内生产的产品中随机抽取。抽样检查批量应不少于 3 台,样本大小为 2 台,应在生产企业成品库或销售部门抽取,零部件在零部件成品库或装配线上已检验合格的零部件中抽取,也可在样机上拆取。

7.2.4 型式检验项目、不合格分类见表 4。

表 4 型式检验项目、不合格分类

不合格分类	检验项目	样本数	项目数	检查水平	样本大小字码	AQL	Ac	Re
A	1. 生产率及压片质量 2. 安全防护及安全警示标志 3. 使用可靠性	2	3	S-I	A	6.5	0	1
B	1. 空载噪声 2. 辊筒、齿轮、动刀和定刀硬度 3. 轴承温升、油温和渗漏油 4. 辊筒质量和间隙 5. 轴承与孔、轴配合精度	2	5	S-I	A	25	1	2
C	1. 定刀与动刀间隙 2. 调节工作可靠性 3. 漆膜附着力 4. 外观质量 5. 标志和技术文件		5			40	2	3

注:AQL 为合格质量水平,Ac 为合格判定数,Re 为不合格判定数。

160

7.2.5 判定规则:评定时采用逐项检验考核,A、B、C 各类的不合格总数小于等于 Ac 为合格,大于等于 Re 为不合格。A、B、C 各类均合格时,该批产品为合格品,否则为不合格品。

8 标志、包装、运输和贮存

按 NY/T 409—2000 中第 8 章的规定。

附加说明:

本标准按照 GB/T 1.1—2009 给出的规则起草。

本标准代替 NY/T 338—1998《天然橡胶初加工机械 五合一压片机》。

本标准与 NY/T 338—1998 相比,主要变化如下:

——增加和删除了部分引用标准;

——增加了术语和定义;

——增加了"5YP‐180×845"型号规格;

——对技术要求重新进行了分类、修改和补充;

——增加了接地电阻等指标;

——增加了安全警示标志和产品使用说明书中应有安全操作注意事项和维护保养方面的安全内容等规定;

——增加了材料力学性能、使用可靠性、硬度、尺寸公差、形位公差、漆膜附着力等指标测定方法;

——修改了型式检验项目,增加了安全警示标志、压片质量、辊筒、齿轮、动刀的硬度等指标;

——增加了产品运输和贮存要求。

本标准由农业部农垦局提出。

本标准由农业部热带作物及制品标准化技术委员会归口。

本标准起草单位:中国热带农业科学院农业机械研究所、农业部热带作物机械质量监督检验测试中心、云南省热带作物机械厂。

本标准主要起草人:李明、王金丽、严森、卢敬铭、郑勇。

本标准所代替标准的历次版本发布情况为:

——NY/T 338—1998。

中华人民共和国农业行业标准

剑麻加工机械　制绳机

Machinery for sisal hemp processing
—Rope layer

NY/T 341—2012
代替 NY/T 341—1998

1 范围

本标准规定了剑麻加工机械制绳机的术语和定义、型号规格和主要技术参数、技术要求、试验方法、检验规则及标志、包装、运输与贮存要求。

本标准适用于剑麻制绳机，也适用于其他纤维制绳机。

2 规范性引用文件

下列文件对于本文件的应用是必不可少的。凡是注日期的引用文件，仅注日期的版本适用于本文件。凡是不注日期的引用文件，其最新版本(包括所有的修改单)适用于本文件。

GB/T 230.1　金属洛氏硬度试验　第1部分:试验方法(A、B、C、D、E、F、G、H、K、N、T标尺)

GB/T 1184　形状和位置公差　未注公差值

GB/T 1800.2　产品几何技术规范(GPS)极限与配合　第2部分:标准公差等级和孔、轴极限偏差表

GB/T 1958　产品几何量技术规范(GPS)形状和位置公差　检测规定

GB/T 2828.1　计数抽样检验程序　第1部分:按接收质量限(AQL)检索的逐批检验抽样计划

GB/T 3177　产品几何技术规范(GPS)光滑工件尺寸的检验

GB/T 3768　声学　声压法测定噪声源声功率级　反射面上方采用包络测量表面的简易法

GB/T 5226.1　机械电气安全　机械电气设备　第1部分:通用技术条件

GB/T 8196　机械安全　防护装置　固定式和活动式防护装置设计与制造一般要求

GB/T 10089　圆柱蜗杆、蜗轮精度

GB 10396　农林拖拉机和机械、草坪和园艺动力机械　安全标志和危险图形　总则

GB/T 15029　剑麻白棕绳

GB/T 15032—2008　制绳机械设备通用技术条件

GB/Z 18620.2—2008　圆柱齿轮检验实施规范　第2部分:径向综合偏差、径向跳动、齿厚和侧隙的检验

JB/T 9832.2　农林拖拉机及机具　漆膜附着力性能测定法　压切法

NY/T 407—2000　剑麻加工机械产品质量分等

NY/T 1036—2006　热带作物机械　术语

3 术语和定义

下列术语和定义适用于本文件。

3.1

加捻　twisting

使麻条、纱条、股条或绳索沿轴向作同一方向回转的操作。

[NY/T 1036—2006,定义3.1.3]

3.2

捻度 twist

纱条、股条或绳索沿轴向单位长度的捻回数。

[NY/T 1036—2006,定义3.1.5]

3.3

正捻 S twist

S型 S twist

纱条、股条或绳索的倾斜方向与字母"S"的中部相一致的捻向。

[NY/T 1036—2006,定义3.1.8]

3.4

反捻 Z twist

Z型 Z twist

纱条、股条或绳索的倾斜方向与字母"Z"的中部相一致的捻向。

[NY/T 1036—2006,定义3.1.9]

3.5

制绳机 rope laying machine

将数根一定规格的股条以股条相反的捻向加捻成绳索或将一定规格、相同数量的Z捻与S捻股条按照一定规则编织成绳索的机械。

[NY/T 1036—2006,定义3.2.15]

3.6

恒锭制绳机 stationary spindle rope layer

在加捻过程中,股饼架(摇篮)不随机器主轴转动的制绳机。

[NY/T 1036—2006,定义3.2.18]

3.7

转锭制绳机 rotary spindle rope laying machine

在加捻过程中,股饼架除绕自身轴心线旋转外,还跟随框架轮绕机器主轴转动的制绳机。

[NY/T 1036—2006,定义3.1.19]

4 型号规格和主要技术参数

4.1 型号规格的编制方法

产品型号规格的编制应符合 GB/T 15032—2008 中 4.1 的规定。

4.2 型号规格表示方法

示例:

3SH5 表示 5 号 3 股恒锭制绳机,3 为股数,5 为绳径代号,其绳径范围为 6 mm~14 mm。

4.3 绳径代号及范围

绳径代号及范围如表1。

表1 绳径代号及范围

代 号	7	6	5	4	3	2	1
绳径范围,mm	3～5	4～10	6～14	14～22	24～32	34～46	48～64

4.4 型号规格和主要技术参数

型号规格和主要技术参数见表2。

表2 型号规格和主要技术参数

类别	名 称	型 号	绳径范围 mm	主轴转速 r/min	电动机功率 kW	生产率 kg/h
恒锭	7号3股恒锭制绳机	3SH7	3～5	840	3.0	4～18
	7号4股恒锭制绳机	4SH7	3～5	840	3.0	3～15
	6号3股恒锭制绳机	3SH6	4～10	650	3.0	6～34
	6号4股恒锭制绳机	4SH6	4～10	650	4.0	4～32
	5号3股恒锭制绳机	3SH5	6～14	500	5.5	21～87
	5号4股恒锭制绳机	4SH5	6～14	500	5.5	19～78
	4号3股恒锭制绳机	3SH4	14～22	350	7.5	60～230
	4号4股恒锭制绳机	4SH4	14～22	350	7.5	54～210
	3号3股恒锭制绳机	3SH3	24～32	200	11.0	200～460
转锭	5号3股转锭制绳机	3SZ5	6～14	180	3.0	10～47
	5号4股转锭制绳机	4SZ5	6～14	180	3.0	9.5～42
	4号3股转锭制绳机	3SZ4	14～22	150	4.0	32～120
	4号4股转锭制绳机	4SZ4	14～22	150	4.0	28～100
	3号3股转锭制绳机	3SZ3	24～32	100	5.5	90～210
	3号4股转锭制绳机	4SZ3	24～32	100	5.5	80～180
	2号3股转锭制绳机	3SZ2	34～46	90	5.5	180～410
	2号4股转锭制绳机	4SZ2	34～46	90	5.5	170～390
	1号3股转锭制绳机	3SZ1	48～64	60	11.0	300～700
	1号6股转锭制绳机	6SZ1	48～64	60	11.0	230～610

5 技术要求

5.1 基本要求

5.1.1 应按批准的图样和技术文件制造。

5.1.2 运转应平稳,不应有异常撞击声;滑动、转动部位应运转灵活、平稳、无阻滞现象。

5.1.3 使用可靠性应不小于95%。

5.1.4 空载噪声应不大于87 dB(A)。

5.1.5 应具有制造正反捻向、多种捻度绳索的性能。

5.1.6 应设有绳索长度显示装置,转速200 r/min以上的制绳机应具有性能可靠的制动装置。

5.1.7 离合器分离与结合应灵敏可靠。

5.1.8 阻尼装置应灵敏可靠,调节方便。

5.1.9 股饼装卸和卷绕绳装置应便于操作,安全可靠。

5.1.10 运转时,各轴承的温度不应有骤升现象;空载时,轴承温升应不大于30℃;负载时,轴承温升应不大于 40℃。减速箱不应有渗漏现象。润滑油的最高温度应不大于 65℃。

5.1.11 排绳装置应具有排列整齐的性能。

5.1.12 制绳质量应符合 GB/T 15029 的规定。

5.2 主要零部件

5.2.1 主轴、半轴的轴承轴颈直径公差应符合 GB/T 1800.2 中 k6 的规定,各轴颈同轴度应符合 GB/T 1184 中 7 级精度的规定。

5.2.2 轴承座内孔尺寸公差应符合 GB/T 1800.2 中 M6 的规定,轴承内孔中心线与底面的平行度应符合 GB/T 1184 中 9 级的规定。

5.2.3 齿轮齿面硬度:转速低于 1 000 r/min 的应为 24 HRC～28 HRC,转速高于 1 000 r/min 的应为 40 HRC～50 HRC。

5.2.4 撑杆直线度应符合 GB/T 1184 中 8 级的规定,撑杆长度偏差应符合 GB/T 1800.2 中 js7 的规定。

5.3 装配

5.3.1 外购件、协作件应有合格证,所有零部件应检验合格。

5.3.2 齿轮接触斑点,沿齿高方向应不小于 30%,沿齿宽方向应不小于 40%。

5.3.3 齿轮副最小侧隙应符合 GB/Z 18620.2—2008 中附录 A 的规定。

5.3.4 蜗轮副侧隙应符合 GB/T 10089 中 8 级的规定。

5.3.5 齿轮副轴向错位应不大于 1.5 mm。

5.3.6 制动法兰径向圆跳动公差应符合 GB/T 1184.2 中 9 级的规定。

5.4 外观和涂漆

5.4.1 表面不应有明显的凸起、凹陷、粗糙不平和损伤等缺陷。

5.4.2 涂层采用喷漆方法,色泽应均匀,平整光滑。

5.4.3 漆膜附着力应符合 JB/T 9832.2 中 2 级 3 处的规定。

5.5 铸件

铸件应按 GB/T 15032—2008 中 5.5 的规定。

5.6 焊接件

焊接件应按 GB/T 15032—2008 中 5.6 的规定。

5.7 安全防护

5.7.1 在醒目部位固定安全警示标志,安全警示标志应符合 GB 10396 的要求。

5.7.2 产品使用说明书中应有安全操作注意事项和维护保养方面的安全内容。

5.7.3 外露转动部件应装有安全防护装置,且应符合 GB/T 8196 的规定。

5.7.4 应有可靠的接地保护装置,接地电阻应不大于 10 Ω。

5.7.5 电气设备应符合 GB/T 5226.1 的规定。

5.7.6 机器切断电源后,制动装置的制动时间应小于 10 s。

6 试验方法

6.1 空载试验

6.1.1 试验应在总装检验合格后进行。

6.1.2 连续运转时间应不少于 2 h。

6.1.3 试验项目、方法和要求见表 3。

表 3 空载试验项目、方法和要求

序号	试验项目	测定方法	标准要求
1	工作平稳性及声响	感官	符合 5.1.2 的规定
2	离合器工作可靠性	目测	符合 5.1.7 的规定
3	轴承温升、减速箱油温及渗漏油情况	测温仪器、目测	符合 5.1.10 的规定
4	制动装置工作可靠性	测定切断电源后制动时间	符合 5.7.6 的规定
5	空载噪声	按 GB/T 3768 的规定	符合 5.1.4 的规定

6.2 负载试验

6.2.1 试验应在空载试验合格后进行。

6.2.2 连续运转时间应不少于 2 h。

6.2.3 试验项目、方法和要求见表 4。

表 4 负载试验项目、方法和要求

序号	试验项目	测定方法	标准要求
1	工作平稳性及声响	感官	符合 5.1.2 的规定
2	离合器工作可靠性	目测	符合 5.1.7 的规定
3	轴承温升、减速箱油温及渗漏油情况	测温仪器、目测	符合 5.1.10 的规定
4	制动装置工作可靠性	测定切断电源后制动时间	符合 5.7.6 的规定
5	阻尼、股饼装卸和卷绕绳等装置工作可靠性	目测	符合 5.1.8 和 5.1.9 的规定
6	安全警示标志	目测	符合 5.7.1 的规定
7	接地电阻	接地电阻测试仪器	符合 5.7.4 的规定
8	制绳质量	按 GB/T 15029 的规定	符合 GB/T 15029 和 4.4 的规定
9	生产率	按 NY/T 407—2000 的规定	符合 4.4 的规定

6.3 其他指标测定方法

6.3.1 使用可靠性的测定应按 NY/T 407—2000 中 4.3 规定的方法执行。

6.3.2 洛氏硬度的测定应按 GB/T 230.1 规定的方法执行。

6.3.3 尺寸公差的测定应按 GB/T 3177 规定的方法执行。

6.3.4 形位公差的测定应按 GB/T 1958 规定的方法执行。

6.3.5 漆膜附着力的测定应按 JB/T 9832.2 规定的方法执行。

7 检验规则

7.1 出厂检验

7.1.1 出厂检验应实行全检,产品均需经制造厂质检部门检验合格,并签发"产品合格证"后才能出厂。

7.1.2 出厂检验项目及要求:
　　——外观和涂漆质量应符合 5.4 的规定;
　　——装配质量应符合 5.3 的规定;
　　——安全防护应符合 5.7 的规定;
　　——空载试验应符合 6.1 的规定。

7.1.3 用户有要求时,可进行负载试验,负载试验应符合 6.2 的规定。

7.2 型式检验

7.2.1 有下列情况之一时,应进行型式检验:
　　——新产品生产或产品转厂生产;

——正式生产后,结构、材料、工艺等有较大改变,可能影响产品性能;

——正常生产时,定期或周期性抽查检验;

——产品长期停产后恢复生产;

——出厂检验发现与上次型式检验有较大差异;

——质量监督机构提出进行型式检验要求。

7.2.2 型式检验应采用随机抽样,抽样方法按 GB/T 2828.1 中正常检查一次抽样方案确定。

7.2.3 样本应在 24 个月内生产的产品中随机抽取。抽样检查批量应不少于 3 台,样本大小为 2 台。应在生产企业成品库或销售部门抽取,零部件在零部件成品库或装配线上已检验合格的零部件中抽取,也可在样机上拆取。

7.2.4 型式检验项目、不合格分类见表 5。

表 5 型式检验项目、不合格分类

不合格分类	检验项目	样本数	项目数	检查水平	样本大小字码	AQL	Ac	Re
A	1. 生产率及制绳质量 2. 安全防护及安全警示标志 3. 使用可靠性		3			6.5	0	1
B	1. 空载噪声 2. 齿轮齿面硬度 3. 轴承温升、油温和渗漏油 4. 齿轮副最小侧隙、接触斑点和轴向错位	2	4	S-Ⅰ	A	25	1	2
C	1. 轴承与孔、轴配合精度 2. 撑杆质量 3. 漆膜附着力 4. 外观质量 5. 标志和技术文件		5			40	2	3
注:AQL 为合格质量水平,Ac 为合格判定数,Re 为不合格判定数。								

7.2.5 判定规则:评定时,采用逐项检验考核。A、B、C 各类的不合格总数小于等于 Ac 为合格,大于等于 Re 为不合格。A、B、C 各类均合格时,该批产品为合格品,否则为不合格品。

8 标志、包装、运输和贮存

应符合 GB/T 15032—2008 中第 8 章的规定。

————————————

附加说明:

本标准按照 GB/T 1.1—2009 给出的规则起草。

本标准代替 NY/T 341—1998《剑麻加工机械 制绳机》。

本标准与 NY/T 341—1998 相比,主要变化如下:

——增加和删除了部分引用标准(见第 2 章,1998 版第 2 章);

——增加与修改了部分术语和定义(见第 3 章,1998 版第 2 章);

——对技术要求重新进行了分类、修改和补充(见第 5 章,1998 版第 5 章);

——增加了使用可靠性、接地电阻等指标(见 5.1.3 和 5.7.4);

——增加了安全警示标志和产品使用说明书中应有安全操作注意事项和维护保养方面的安全内容

等规定(见 5.7.1 和 5.7.2);

——增加了生产率、使用可靠性、尺寸公差、形位公差、硬度等指标具体测定方法(见 6.3);

——修改了型式检验项目,主要是增加了安全警示标志、使用可靠性、撑杆质量等指标,取消零部件结合表面尺寸等检验项目(见 7.2.5,1998 版 7.2.3);

——增加了对产品运输和贮存的要求(见第 8 章)。

本标准由中华人民共和国农业部农垦局提出。

本标准由农业部热带作物及制品标准化技术委员会归口。

本标准起草单位:中国热带农业科学院农业机械研究所、农业部热带作物机械质量监督检验测试中心、广东省湛江农垦第二机械厂。

本标准主要起草人:李明、王金丽、黄贵国、郑勇、卢敬铭。

本标准所代替标准的历次版本发布情况为:

——NY/T 341—1998。

中华人民共和国农业行业标准

剑麻加工机械 纺纱机

Machinery for sisal hemp processing—
Spinning machine

NY/T 342—2012

代替 NY/T 342—1998

1 范围

本标准规定了剑麻加工机械纺纱机的术语和定义、型号规格和主要技术参数、技术要求、试验方法、检验规则、标志、包装、运输与贮存要求。

本标准适用于将麻条进行牵伸加捻形成纱条的纺纱机。

2 规范性引用文件

下列文件对于本文件的应用是必不可少的。凡是注日期的引用文件，仅注日期的版本适用于本文件。凡是不注日期的引用文件，其最新版本（包括所有的修改单）适用于本文件。

GB/T 1184 形状和位置公差 未注公差值

GB/T 1800.2 产品几何技术规范（GPS）极限与配合 第2部分：标准公差等级和孔、轴极限偏差表

GB/T 2828.1 计数抽样检验程序 第1部分：按接收质量限（AQL）检索的逐批检验抽样计划

GB/T 3768 声学 声压法测定噪声源声功率级 反射面上方采用包络测量表面的简易法

GB/T 10089 圆柱蜗杆、蜗轮精度

GB/T 15032—2008 制绳机械设备通用技术条件

GB/T 18620.2—2008 圆柱齿轮 检验实施规范 第2部分：径向综合偏差、径向跳动、齿厚和侧隙的检验

JB/T 9050.2 圆柱齿轮减速器接触斑点测定方法

NY/T 247 剑麻纱线细度均匀度的测定 片段长度称重法

NY/T 255 剑麻纱

NY/T 457 农用剑麻纱

NY/T 1036 热带作物机械 术语

3 术语和定义

GB/T 15032—2008 和 NY/T 1036 界定的以及下列术语和定义适用于本文件。

3.1

牵伸 draging

纤维束在长度方向上相互间产生滑移拉长变细。

［GB/T 15032—2008，定义3.2］

3.2

中华人民共和国农业部 2012-12-07 发布　　　　　　　　　　　　　　　2013-03-01 实施

牵伸倍数 **dragging multiple**

纤维束牵伸后与牵伸前的长度之比。

[NY/T 1036—2006,定义 3.1.2]

4 型号规格和主要技术参数

4.1 型号规格表示方法

产品型号规格编制应符合 GB/T 15032—2008 的规定,由机名代号、结构特性和主参数等组成,表示如下:

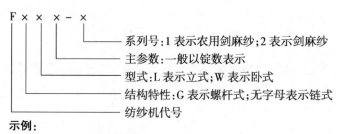

F × × × - ×
系列号:1 表示农用剑麻纱;2 表示剑麻纱
主参数:一般以锭数表示
型式:L 表示立式;W 表示卧式
结构特性:G 表示螺杆式;无字母表示链式
纺纱机代号

示例:

FGL16-1 表示纺制农用剑麻纱的 16 锭螺杆结构立式纺纱机。

4.2 型号规格和主要技术参数

产品型号规格和主要技术参数见表 1。

表 1 型号规格和主要技术参数

类别	名称	型号	纱条规格		牵伸倍数	纱饼尺寸 mm	锭翼转速 r/min	电机功率 kW	生产率 kg/h
			单位质量长度 m/kg	线密度 ktex					
卧式	单锭纺纱机	FW1	150～300	6.67～3.33	—	φ260×240	540	0.55	1.4～3.0
	双锭纺纱机	FW2	150～300 400～600	6.67～3.33 2.50～1.25	5.7	φ200×270	1 200	3.0	8～13 2～4
立式	8 锭纺纱机	FL8	150～300	6.67～3.33	5.7～8.0	φ200×270	1 500	8.1	32～48
	12 锭纺纱机	FGL12-1	150～300	6.67～3.33	5.7～8.0	φ200×270	1 500	11.6	40～60
	12 锭纺纱机	FGL12-2	400～800	2.50～1.25	8.0	φ90×198	2 000	5.1	15～20
	16 锭纺纱机	FL16	150～300	2.50～1.25	7.8～11.0	φ185×270	1 800	14.2	20～70
	16 锭纺纱机	FGL16-1	150～300	6.67～3.33	6.0～8.0	φ200×270	1 500	15.2	50～70
	16 锭纺纱机	FGL16-2	400～800	2.50～1.25	6.0～8.0	φ125×210	2 000	8.1	20～27
	24 锭纺纱机	FL24	200～330 330～800	5.26～3.22 3.22～1.25	9.4～19.1	φ175×290 φ125×240	1 200 2 200	17.2 13.2	40～65 30～40
	36 锭纺纱机	FGL36	100～350	10.0～2.86	6.0～8.0	φ200×270	≥2 000	30.2	120～170
	48 锭纺纱机	FGL48	400～1 000	2.50～1.0	8.0～16.0	φ125×270	≥2 500	30.2	50～85

5 技术要求

5.1 一般要求

5.1.1 应按经批准的图样及技术文件制造。

5.1.2 纺制的农用剑麻纱和剑麻纱应分别符合 NY/T 457 和 NY/T 255 的要求。

5.1.3 阻尼装置应灵敏可靠,调节方便。

5.1.4 空载噪声应不大于 87 dB(A)。

5.1.5 使用可靠性应不小于 90%。

5.1.6 运行时间应不少于 2 h,空载时滑动轴承温升应不大于 30℃,滚动轴承温升应不大于 40℃;负载时滑动轴承温升应不大于 35℃,滚动轴承温升应不大于 45℃。

5.1.7 运行过程中,减速器等各密封部位不应有渗漏现象,减速箱油温应不高于 60℃。

5.1.8 锭翼转速 1 500 r/min 以上的纺纱机应配备变频装置。

5.1.9 铸锻件质量和焊接件质量应符合 GB/T 15032—2008 的有关规定。

5.1.10 纱条不匀率不大于 8%。

5.2 主要零部件

5.2.1 罗拉轴和锭翼轴

轴颈尺寸公差应符合 GB/T 1800.2 中 k6 的规定,同轴度应符合 GB/T 1184 中 7 级的规定。

5.2.2 双头凸轮

工作表面硬度应为 40 HRC~50 HRC。

5.2.3 针板轨道

硬度应为 24 HRC~28 HRC。

5.2.4 减速箱

5.2.4.1 蜗轮副精度应不低于 GB/T 10089 中 8C 的规定。

5.2.4.2 齿轮副最小侧隙应符合 GB/T 18620.2—2008 中附录 A 的要求。

5.2.5 前法兰和后法兰

轴颈尺寸公差均应符合 GB/T 1800.2 中 k7 的规定。

5.2.6 撑杆

两撑杆长度偏差应不大于 0.05 mm。

5.2.7 齿轮

齿面硬度:齿轮转速不高于 1 000 r/min 的为 24 HRC~28 HRC;齿轮转速高于 1 000 r/min 的为 40 HRC~50 HRC。

5.3 外观和涂漆

外观和涂漆质量应分别符合 GB/T 15032—2008 中 5.3 和 5.4 的规定。

5.4 装配

5.4.1 应符合 GB/T 15032—2008 中 5.8 的规定。

5.4.2 梳针应排列整齐,不松动,不应有锈蚀、断头、钩头等现象。其高低差应不大于 2 mm,相邻梳针顶部间距偏差应不大于 2 mm。

5.4.3 排线装置在运行过程中应无卡滞现象。

5.4.4 锭盘径向圆跳动量应符合 GB/T 1184 中 8 级的规定。

5.4.5 总装后,前法兰和后法兰的径向跳动量均应不大于 0.12 mm。

5.5 安全防护

应符合 GB/T 15032—2008 中 5.2 的规定。

6 试验方法

6.1 空载试验

6.1.1 空载试验应在总装检验合格后进行。

6.1.2 在额定转速下连续运转时间应不少于 2 h。

6.1.3 空载试验项目、方法和要求见表 2。

表 2 空载试验项目、方法和要求

试验项目	试验方法	标准要求
工作平稳性及异响	感观	符合 GB/T 15032—2008 中 5.8.3 的规定
排线装置运行情况	目测	符合 5.4.3 的规定
空载噪声	按 GB/T 3768 规定	符合 5.1.4 的规定
轴承温升	测温仪器测量	符合 5.1.6 的规定
减速箱渗漏油和油温	目测、测温仪器测量	符合 5.1.7 的规定

6.2 负载试验

6.2.1 负载试验应在空载试验合格后进行。

6.2.2 在额定转速及满负荷条件下,连续运转时间不少于 2 h。

6.2.3 负载试验项目、方法和要求见表 3。

表 3 负载试验项目、方法和要求

试验项目	试验方法	标准要求
工作平稳性及异响	感观	符合 GB/T 15032—2008 中 5.8.3 的规定
排线装置运行情况	目测	符合 5.4.3 的规定
阻尼装置工作情况	感观	符合 5.1.3 的规定
轴承温升	测温仪器测量	符合 5.1.6 的规定
减速箱渗漏油和油温	目测、测温仪器测量	符合 5.1.7 的规定
生产率	按 GB/T 15032—2008 中 6.3.1 的规定	符合 4.2 中表 1 的规定
纺纱质量	按 NY/T 457 和 NY/T 255 及有关标准测定	符合 4.2 中表 1 的规定

6.3 其他试验

6.3.1 生产率、使用可靠性、尺寸公差、形位公差、硬度和漆膜附着力应按 GB/T 15032—2008 中 6.3 规定的方法测定。

6.3.2 齿轮副接触斑点和侧隙应分别按 JB/T 9050.2 和 GB/T 18620.2 规定的方法测定;蜗杆副接触斑点和侧隙应按 GB/T 10089 规定的方法测定。

6.3.3 纱条不均率应按 NY/T 247 规定的方法测定。

7 检验规则

7.1 出厂检验

7.1.1 出厂检验实行全检,取得合格证后方可出厂。

7.1.2 出厂检验项目及要求：

  ——外观和涂漆应符合 5.3 的规定；

  ——装配应符合 5.4 的规定；

  ——安全防护应符合 5.5 的规定；

  ——空载试验应符合 6.1 的规定。

7.1.3 用户有要求时，可进行负载试验，负载试验应符合 6.2 的规定。

7.2 型式检验

7.2.1 有下列情况之一时，应进行型式检验：

  ——新产品生产或产品转厂生产；

  ——正式生产后，结构、材料、工艺等有较大改变，可能影响产品性能；

  ——正常生产时，定期或周期性抽查检验；

  ——产品长期停产后恢复生产；

  ——出厂检验结果与上次型式检验有较大差异；

  ——质量监督机构提出进行型式检验要求。

7.2.2 型式检验应采用随机抽样，抽样方法按 GB/T 2828.1 中正常检查一次抽样方案确定。

7.2.3 样本应在 12 个月内生产的产品中随机抽取。抽样检查批量应不少于 3 台，样本大小为 2 台。

7.2.4 样本应在生产企业成品库或销售部门抽取，零部件在零部件成品库或装配线上已检验合格的零部件中抽取。

7.2.5 型式检验项目、不合格分类见表 4。

表 4　检验项目、不合格分类

不合格分类	检验项目	样本数	项目数	检查水平	样本大小字码	AQL	Ac	Re
A	1. 生产率和纱条不匀率 2. 使用可靠性 3. 安全防护	2	3	S-Ⅰ	A	6.5	0	1
B	1. 双头凸轮工作表面、针板轨道和齿轮齿面硬度 2. 噪声 3. 轴承温升、油温和渗漏油 4. 前、后法兰的径向跳动量和其轴颈尺寸偏差 5. 排线装置运行情况		5			25	1	2
C	1. 两撑杆长度偏差 2. 蜗轮副侧隙精度 3. 外观和涂漆 4. 漆膜附着力 5. 标志和技术文件		5			40	2	3
注：AQL 为合格质量水平，Ac 为合格判定数，Re 为不合格判定数。								

7.2.6 判定规则

  评定时采用逐项检验考核，A、B、C 各类的不合格总数小于等于 Ac 为合格，大于等于 Re 为不合格。A、B、C 各类均合格时，该批产品为合格品，否则为不合格品。

8 标志、包装、运输及贮存

  按 GB/T 15032—2008 中第 8 章的规定。

附加说明：

本标准按照 GB/T 1.1—2009 给出的规则起草。

本标准代替 NY/T 342—1998《剑麻加工机械 纺纱机》。

本标准与 NY/T 342—1998 相比，主要变化如下：

——增加了型号规格 FL16 和 FL24；

——修改了 FGL36 和 FGL48 产品的主要技术参数；

——增加了阻尼装置、前法兰、后法兰与撑杆的技术要求；

——增加了使用可靠性指标；

——修改了空载和负载试验内容；

——增加了生产率、使用可靠性、尺寸公差、形位公差、硬度、齿轮副和蜗杆副的接触斑点和侧隙、漆膜附着力和纱条不均匀率等指标的试验方法；

——修改了出厂检验内容；

——修改了型式检验要求和判定规则；

——标志和包装按 GB/T 15032—2008 中第 8 章的规定。

本标准由农业部农垦局提出。

本标准由农业部热带作物及制品标准化技术委员会归口。

本标准起草单位：中国热带农业科学院农业机械研究所、广东省湛江农垦第二机械厂。

本标准主要起草人：欧忠庆、张劲、陈进平、张文强。

本标准所代替标准的历次版本发布情况为：

——NY/T 342—1998。

中华人民共和国农业行业标准

椰子 种果和种苗

Coconut—Seednuts and seedlings

NY/T 353—2012
代替 NY/T 353—1999

---

1 范围

本标准规定了椰子(*Cocos nucifera* L.)种果和种苗的定义、要求、试验方法、检测规则和包装、标识、贮存、运输等。

本标准适用于海南高种、文椰 2 号、文椰 3 号、文椰 78F₁ 椰子品种种果和种苗的质量检测,也可作为其他椰子品种种果和种苗质量检测参考。

2 规范性引用文件

下列文件对于本文件的应用是必不可少的。凡是注日期的引用文件,仅注日期的版本适用于本文件。凡是不注日期的引用文件,其最新版本(包括所有的修改单)适用于本文件。

NY/T 490 椰子果

NY/T 1810 椰子 种质资源描述规范

3 术语和定义

下列术语和定义适用于本文件。

3.1

种果 seednut

生长发育充分成熟,且外果皮已完全变褐的果实。

3.2

种果围径 seednut equatorial circumference

种果最大横切面的周长。

3.3

果形 fruit shape

果实的外观形状。

3.4

圆形果 round fruit

近似圆形的果实。

3.5

椭圆形果 elliptical fruit

近似椭圆形的果实。

3.6

响水 watering sound

摇动椰子果时果内椰子水与果内壁碰撞发出的声音。

3.7

椰苗 coconut seedling

用椰子种果育成的实生苗。

3.8

羽裂叶 split leaf

羽状和燕尾状深裂叶。

3.9

苗围径 girth of seedling stem

种苗基部的周长。

3.10

苗高 seedling height

种苗的自然高度。

3.11

果肩压痕 press trace around fruit pedicel

种果果蒂周围形成的凹痕。

4 要求

4.1 基本要求

4.1.1 种果基本要求

种果母树特征与附录 G 品种描述一致，果实充分成熟，果皮完全变褐，果实摇动有清脆响水声，且外果皮光滑不皱或不皱。

4.1.2 种苗基本要求

种苗纯度在 95%（杂交种 90%）以上，植株生长正常，苗龄在 7 个月～11 个月之间，总叶片数在 6 片～11 片之间，根系发达，茎叶无明显机械性损伤，整株无严重病虫危害。

4.2 分级指标

4.2.1 种果分级指标

种果质量应符合表 1 的规定。

表 1 椰子种果质量指标

品种	等级	果肩压痕 个	围径 cm	果重 kg
海南高种	一	≥1	＞55	＞1.3
	二	0	50～55	1.0～1.3
文椰 2 号	一	≥1	＞45	＞1.0
	二	0	40～45	0.7～1.0
文椰 3 号	一	≥1	＞45	＞1.0
	二	0	40～45	0.7～1.0
文椰 78F_1	一	≥1	＞45	＞1.0
	二	0	40～45	0.7～1.0

4.2.2 种苗分级指标

种苗质量应符合表 2 的规定。

表 2 椰子种苗质量指标

品种	等级	苗围径 cm	苗高 cm	羽裂叶数 片
海南高种	一	11～16	121～160	5～8
	二	8～10	110～120	3～4
文椰 2 号	一	9～14	81～100	4～7
	二	7～8	70～80	2～3
文椰 3 号	一	9～14	81～100	4～7
	二	7～8	70～80	2～3
文椰 78F₁	一	11～14	121～160	5～8
	二	8～10	110～120	3～4

5 试验方法

5.1 种果围径检测方法

用软尺测量种果横向最大周长,计算平均值。单位为厘米(cm),精确到 1 cm。

5.2 果重检测方法

用台秤称量种果重量,计算平均值。单位为千克(kg),精确到 0.1 kg。

5.3 苗围径检测方法

用软尺测量离种果发芽处 5 cm 处的种苗围径,计算平均值。单位为厘米(cm),精确到 1 cm。

5.4 苗高检测方法

用直尺测量种果发芽处到叶片最顶端的垂直高度,计算平均值。单位为厘米(cm),精确到 1 cm。

5.5 种苗纯度检测方法

按种果发芽后实生苗的"叶柄颜色"等特征,对被检验的种苗逐株进行鉴定,按式(1)计算种苗纯度,结果以平均值表示,精确到 1%。

$$S = \frac{P}{P + P'} \times 100 \cdots\cdots\cdots\cdots\cdots\cdots\cdots\cdots\cdots\cdots\cdots\cdots\cdots \quad (1)$$

式中:

S ——品种纯度,单位为百分率(%);

P ——本品种的苗木株数,单位为株;

P' ——异品种的苗木株数,单位为株。

5.6 种果质量检验方法

5.6.1 椰果质量检测:种果采收后 15 d～30 d 内按质量指标进行检测,检测后附椰子种果质量检测记录(参见附录 A)。

5.6.2 检测结果符合椰子种果质量标准要求可签发等级合格证书。

5.6.3 出售种果应附椰子种果质量检验合格证书(参见附录 B)和椰子种果标签(参见附录 C)。

5.7 椰苗质量检验方法

5.7.1 椰苗质量检测:检测椰苗质量后附上椰子种苗质量检测记录(参见附录 D)

5.7.2 检测结果符合椰子种苗质量标准要求可签发等级合格证书。

5.7.3 出圃种苗应附椰子种苗质量检验合格证书(参见附录 E)和椰子种苗标签(参见附录 F)。

6 检测规则

6.1 组批

凡同品种、同等级、同一批种果或种苗可作为一个检测批次。检测限于种果或种苗装运地或繁育地进行。

6.2 抽样

采用随机抽样法。种果或种苗基数超过 100 株时,抽样率按表 3 执行。11 个(株)～100 个(株)时检测 10 个(株),低于 11 个(株)时全部检测。

表 3 椰子种果或种苗检测抽样率

种果(个)或种苗(株)	抽样率,%
>10 000	4
>5 000～10 000	6
>1 000～5 000	8
>100～1 000	10

6.3 判定规则

6.3.1 一级种果(苗)判定

同一批检验的一级种果(苗)中,允许有 5%的种果(苗)低于一级种果(苗)标准,但应达到二级种果(苗)标准。

6.3.2 二级种果(苗)判定

同一批检验的二级种果(苗)中,允许有 5%的种果(苗)低于二级种果(苗)标准。

6.4 复检规则

如果对检验结果产生异议,可再抽样复检一次,复检结果为最终结果。

7 包装、标识、贮存和运输

7.1 包装

种果用编织袋等包装,也可散装。种苗散装。

7.2 标识

种果每一包附有一个标签,标签模型参见附录 C;不同品种及不同批次的种苗附上标签,标签模型参见附录 F。

7.3 贮存

椰子种果贮存在干燥、阴凉地方,时间不宜超过 30 d;

椰子种苗应存放在阴凉处,散开,并适当淋水,时间不超 2 d～3 d。

7.4 运输

采用散装运输,种苗适当淋水。

附　录　A
（资料性附录）
椰子种果质量检测记录

品　　种：_____　　　　　　　　　　　No：_____

受检单位：_____　　　　　　　　　　　购果单位：_____

种果个数：_____　　　　　　　　　　　抽检个数：_____

种果号	果肩压痕 个	果围径 cm	果重 kg	初评级别

审核人（签字）：　　　　　校核人（签字）：　　　　　检测人（签字）：　　　　　检测日期：　　年　月　日

附　录　B

（资料性附录）

椰子种果检验合格证书

受检单位			产地	
品种名称			数量	
等级	一级：	个	二级：	个
检验结果	果肩压痕 个		果肩压痕 个	
	果围 cm		果围 cm	
	果重 kg		果重 kg	
注	本证书一式三份，受检单位、购果单位、检验单位各执一份。			

审核人（签字）：　　　　　　　　校核人（签字）：　　　　　　　　检验人（签字）：

检验单位（盖章）：　　　　　　　　　　　　　　签证日期：　年　月　日

附 录 C
（资料性附录）
椰子种果标签

C.1 椰子种果标签正面见图 C.1。

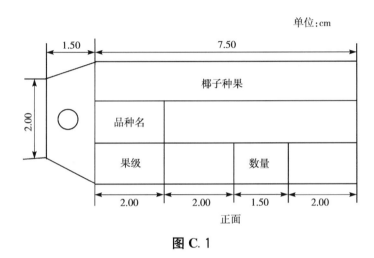

图 C.1

C.2 椰子种果标签反面见图 C.2。

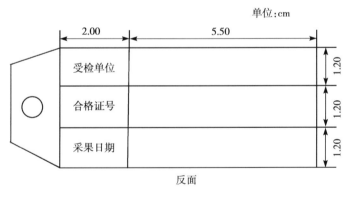

图 C.2

注：标签用材为厚度约 0.3 mm 的白色聚乙烯塑料薄片或 150 g 的牛皮纸。

附 录 D
（资料性附录）
椰子种苗质量检测记录

品　　种：_____　　　　　　　　　　　　　　　　No：_____

受检单位：_____　　　　　　　　　　　　　购苗单位：_____

出圃株数：_____　　　　　　　　　　　　　抽检株数：_____

样株号	苗围径 cm	羽裂叶数 片	苗高 cm	初评级别

审核人(签字)：　　　　　校核人(签字)：　　　　　检测人(签字)：　　　　　检测日期：　　年　月　日

附　录　E

（资料性附录）

椰子种苗检验合格证书

受检单位			产地		
品种名称			数量		
等级	一级：	株		二级：	株
检验结果	苗围径 cm			苗围径 cm	
	苗高 cm			苗高 cm	
	羽裂叶数 片			羽裂叶数 片	
注	本证书一式三份,受检单位(培育单位)、购果单位、检验单位各执一份。				

审核人（签字）：　　　　　　　　　　校核人（签字）：　　　　　　　　检验人（签字）：

检验单位（盖章）：　　　　　　　　　　　　　　　　　签证日期：　年　月　日

附 录 F
（资料性附录）
椰子种苗标签

F.1 椰子种苗标签正面见图 F.1。

椰子种苗标签见图 F.1   单位：cm

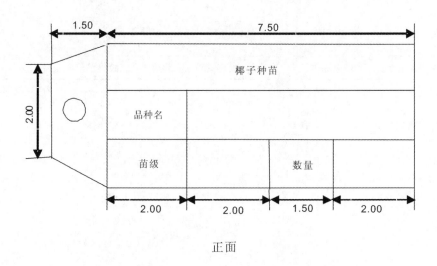

正面

图 F.1

F.2 椰子种苗标签反面见图 F.2。

单位：cm

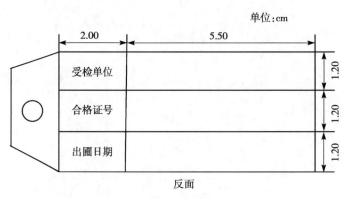

反面

图 F.2

注：标签用材为厚度约 0.3 mm 的白色聚乙烯塑料薄片或 150 g 的牛皮纸。

附 录 G
（资料性附录）
椰子主要栽培品种特征

G.1 海南高种(Hainan Tall)

植株高大,抗风、抗寒能力强,是海南当家椰子品种,具有 2 000 多年的种植历史。如今在我国南部其他省(自治区)也有少量种植,适应性较好;果实较大,果重 1.0 kg～4.0 kg,圆形和近圆形,适于生产加工各种椰子产品。但该椰子品种非生产期长,植后 7 年～8 年才开始结果,单株结果量相对较少;同时,由于树冠较大,单位面积种植株数也较少。

G.2 文椰 2 号(Wenye No.2)

植株矮小,非生产期短,植后 3 年～4 年就开始结果,结果较多,树冠较小,单位面积种植株数多,嫩果、花苞和叶柄等呈黄色或黄绿色,适宜生产鲜果和作园林绿化。但果较小,果重 0.5 kg～1.3 kg,长圆形和椭圆形;同时,由于是近 50 年内引进培育的新品种,适应性较差,抗风、抗寒能力较弱。

G.3 文椰 3 号(Wenye No.3)

植株矮小,非生产期短,植后 3 年～4 年就开始结果,结果较多,树冠较小,单位面积种植株数多,嫩果、花苞和叶柄等呈红色或橙红色,适宜生产鲜果和作园林绿化。但果较小,果重 0.5 kg～1.3 kg,长圆形和椭圆形;同时,由于是近 50 年内引进培育的新品种,适应性较差,抗风、抗寒能力较弱。

G.4 文椰 78F₁(WY78F₁)

系近 30 年来由海南高种椰子与矮种椰子杂交第一代(F_1),具有父母本某些优良性状,主要表现在树干较粗壮、生长快、结果早,植后 4 年～5 年开始结果、果实较大,果重 1.2 kg～2.5 kg,产量高,果实圆形和椭圆形两种,抗风、耐寒性较好。但嫩果、花苞和叶柄等呈色不一致,植株生长也不整齐。

附加说明：

本标准按照 GB/T 1.1—2009 给出的规则起草。

本标准是对 NY/T 353—1999《椰子 种果和种苗》的修订。修订时对原标准作了技术性修改,与 NY/T 353—1999 相比,主要技术内容变化如下：

——删除"马来西亚黄果矮种"和"马哇(Mawa)"(见 1999 年版的第 1 章)；

——增加"文椰 2 号"、"文椰 3 号"和"文椰 78F₁"(见第 1 章)；

——删除引用标准"GB 11767—1989 茶树种子和苗木"(见 1999 年版的第 2 章)；

——增加引用标准"NY/T 490 椰子果"和"NY/T 1810 椰子 种质资源描述规范"(见第 2 章)；

——删除"大圆果"、"中圆果"、"小圆果"和"白化苗"的定义(见 1999 年版的第 3 章)；

——增加"果形"、"圆形果"、"椭圆形果"和"响水"的定义(见第 3 章)；

——删除表 1 椰子种果质量"发芽率"和"种果纯度"两项指标(见 1999 年版的第 4 章)；

——增加"种苗纯度检测方法"(见第 5 章)；

——删除"种果纯度"和"发芽率"两项检测方法(见1999年版的第6章);

——修改种果质量检测中相关内容,并增加附录A～附录C(见附录A～附录C);

——修改椰苗质量检测附录为D～附录F,并增加"叶柄颜色"作为种苗纯度评价标准(见第5章);

——删除"椰苗检测抽样按GB 11767进行"(见1999年版的第6章);

——删除椰子种苗质量检验证书"砧木"与"接穗"两项(见1999年版的附录B);

——增加附录G"椰子主要栽培品种特征";

本标准由中华人民共和国农业部农垦局提出。

本标准由农业部热带作物及制品标准化技术委员会归口。

本标准起草单位:中国热带农业科学院椰子研究所,国家重要热带作物工程技术研究中心。

本标准主要起草人:唐龙祥、赵松林、陈良秋、李艳、杨伟波、冯美利、王萍、牛聪、秦呈迎、程文静。

本标准所代替标准的历次版本发布情况为:

——NY/T 353—1999。

中华人民共和国农业行业标准

天然橡胶初加工机械 压薄机

Machinery for primary processing of
natural rubber—Crusher

NY/T 381—2012
代替 NY/T 381—1999

1 范围

本标准规定了天然橡胶初加工机械压薄机的产品型号规格、主要技术参数、技术要求、试验方法、检验规则及标志、包装、运输和贮存等要求。

本标准适用于天然橡胶初加工机械压薄机的设计制造及质量检验。

2 规范性引用文件

下列文件对于本文件的应用是必不可少的。凡是注日期的引用文件,仅注日期的版本适用于本文件。凡是不注日期的引用文件,其最新版本(包括所有的修改单)适用于本文件。

GB/T 230.1 金属材料 洛氏硬度试验 第1部分:试验方法(A、B、C、D、E、F、G、H、K、N、T标尺)

GB/T 699 优质碳素结构钢

GB/T 700 碳素结构钢

GB/T 1031 产品几何技术规范(GPS)表面结构 轮廓法 表面粗糙度参数及其数值

GB/T 1184 形状和位置公差 未注公差值

GB/T 1800.2 产品几何技术规范(GPS)极限与配合 第2部分:标准公差等级和孔、轴极限偏差表

GB/T 1801 产品几何技术规范(GPS)极限与配合 公差带和配合的选择

GB/T 1804—2000 一般公差 未注公差的线性和角度尺寸的公差

GB/T 2828.1 计数抽样检验程序 第1部分:按接受质量限(AQL)检索的逐批检验抽样计划

GB 5226.1 机械电气安全 机械电气设备 第1部分:通用技术条件

GB 8196 机械安全 防护装置 固定式和活动式防护装置设计与制造一般要求

GB/T 9439 灰铸铁件

GB/T 10095.1—2008 圆柱齿轮 精度制 第1部分:轮齿同侧齿面偏差

GB/T 11352 一般工程用铸造碳钢件

JB/T 9832.2 农林拖拉机及机具漆膜附着力性能测定法 压切法

NY/T 408—2000 天然橡胶初加工机械 产品质量分等

NY/T 409—2000 天然橡胶初加工机械 通用技术条件

3 产品型号规格及主要技术参数

3.1 型号规格的编制方法

产品型号规格的编制方法应符合 NY/T 409 的规定。

中华人民共和国农业部 2012-06-06 发布 2012-09-01 实施

3.2 型号规格表示方法

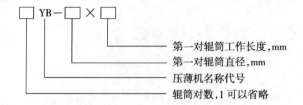

示例:

2YB—520×600 表示两对辊筒压薄机,其第一对辊筒直径为 520 mm,第一对辊筒工作长度为 600 mm。

3.3 主要技术参数

主要技术参数见表1。

表1 主要技术参数

项 目	技 术 参 数		
型 号	YB—450×650	2YB—500×500	2YB—520×600
生产率,kg/h(干胶)	1 800	2 500	4 000
第一对辊筒直径,mm	390~530		
第一对辊筒长度,mm	400~600		
第二对辊筒直径,mm	340~400		
第二对辊筒长度,mm	500~730		
第一对辊筒上辊转速,r/min	4~7		
第二对辊筒上辊转速,r/min	9~15.6		
第一对辊筒速比(上辊/下辊)	1.0~1.15		
第二对辊筒速比(上辊/下辊)	1.05~1.15		
输送带输送速度,m/s	0.14~0.25		
机器电动位移速度,m/s	0.12~0.35		
驱动辊筒电动机功率,kW	7.5~11		
机器位移电动机功率,kW	1.5		

4 技术要求

4.1 基本要求

4.1.1 应按经批准的图样和技术文件制造。

4.1.2 图样上未注线性尺寸和角度公差应符合 GB/T 1804—2000 中 C 级公差等级的规定。

4.1.3 空载时轴承温升应不超过 30℃;负载时温升应不超过 35℃。减速器不应有渗漏现象,负载运行时油温应不超过 60℃。

4.1.4 整机运行应平稳,不应有异常声响。调整机构应灵活可靠,紧固件无松动。

4.1.5 空载噪声应不大于 85 dB(A)。

4.1.6 加工出的胶块应符合生产工艺的要求。

4.1.7 使用可靠性应不小于 95%。

4.2 主要零部件

4.2.1 辊筒

4.2.1.1 辊筒体应用机械性能不低于 GB/T 700 规定的 Q235 钢或不低于 GB/T 9439 规定的 HT200 的灰铸铁制造,并应经时效处理。

4.2.1.2 辊筒两端轴应用机械性能不低于 GB/T 699 规定的 45 号钢的材料制造。

4.2.1.3 辊筒外圆表面不应有裂纹、缩松,不应有直径和深度大于 3 mm 的气孔、砂眼,小于 3 mm 的气孔、砂眼不应超过 5 个,其间距不应小于 40 mm。

4.2.1.4 轴承位轴颈尺寸公差应符合 GB/T 1800.2 中 k6 的规定。

4.2.1.5 轴承位和辊筒外圆的表面粗糙度分别不低于 GB/T 1031 中的 Ra 3.2 和 Ra 6.3。

4.2.1.6 辊筒两轴肩的端面间距的尺寸偏差应符合 GB/T 1800.2 中 h10 的规定。

4.2.2 轴承座

4.2.2.1 轴承座应用机械性能不低于 GB/T 9493 中 HT200 的灰铸铁制造,并经时效处理。

4.2.2.2 轴承座直径、厚度和宽度的尺寸偏差应分别符合 GB/T 1801 中 H 7、r 8 和 f 8 的规定。

4.2.2.3 轴承座滑动工作面粗糙度应不低于 GB/T 1031 中 Ra 6.3 的规定。

4.2.3 左右机架

4.2.3.1 机架应用机械性能不低于 GB/T 9439 中 HT150 的灰铸铁材料制造,并经时效处理。

4.2.3.2 垂直底座的左右机架平面间距尺寸的偏差应符合 GB/T 1800.2 中 e 9 的规定。

4.2.3.3 机架的轴承座工作面的表面粗糙度应不低于 GB/T 1031 中 Ra 6.3 的规定。

4.2.4 齿轮副

4.2.4.1 驱动小齿轮应采用机械性能不低于 GB/T 699 中 45 号钢的材料制造,其他齿轮应采用机械性能不低于 GB/T 11352 中 ZG310～570 材料制造。

4.2.4.2 驱动小齿轮齿面硬度不低于 GB/T 230.1 中 38 HRC 的规定。

4.2.4.3 齿轮精度应符合 GB/T 10095.1—2008 中 9 级精度的规定。

4.2.4.4 齿轮齿面粗糙度应不大于 GB/T 1031 中 Ra 6.3 的规定。

4.3 装配质量

4.3.1 零部件应经检验合格后才能进行装配。

4.3.2 零件在装配前应清洁,不应有毛刺、飞边、切削、焊渣,装配过程中零件不应磕碰、划伤。

4.3.3 第一对辊筒间隙差 0.5 mm～1.5 mm,第二对辊筒间隙差 0.5 mm～0.8 mm。

4.3.4 两 V 带轮轴线平行度应不大于两轮中心距的 1.0%;两 V 带轮对应面的偏移量应不大于两轮中心距的 0.5%。

4.4 外观和涂漆

4.4.1 外观表面应平整。

4.4.2 铸件表面不应有飞边、毛刺等。

4.4.3 焊接件外观表面不应有焊瘤、金属飞溅物等缺陷。焊缝表面应均匀,无裂纹。

4.4.4 漆层外观色泽应均匀、平整光滑;不应有露底、严重的流痕和麻点;明显的起泡、起皱应不多于 3 处。

4.4.5 漆膜附着力应符合 JB/T 9832.2 中 2 级 3 处的规定。

4.5 安全防护

4.5.1 外露 V 带轮、链轮等转动部件应装固定式防护罩,防护罩应符合 GB 8196 的规定。

4.5.2 电器装置应符合 GB 5226.1 的规定。

4.5.3 电器设备应有可靠的接地保护,接地电阻应不大于 10 Ω。

4.5.4 零部件不应有锐边和尖角。

4.5.5 应设有过载保护装置。

5 试验方法

5.1 空载试验

5.1.1 总装配检验合格后应进行空载试验。

5.1.2 机器连续运行应不小于 2 h。

5.1.3 空载试验项目和要求见表 2。

表 2 空载试验项目和要求

试 验 项 目	要 求
运行情况	符合 4.1.4 的规定
第一对辊筒间隙差、第二对辊筒间隙差	符合 4.3.3 的规定
电器装置	工作正常并符合 4.5.3 的规定
轴承温升	符合 4.1.3 的规定
噪声	符合 4.1.5 的规定

5.2 负载试验

5.2.1 负载试验应在空载试验合格后进行,负载试验时的原料应符合工艺要求。

5.2.2 负载试验时连续工作应不少于 2 h。

5.2.3 负载试验项目和要求见表 3。

表 3 负载试验项目和要求

试 验 项 目	要 求
运行情况	符合 4.1.4 的规定
电器装置	工作正常并符合 4.5.3 的规定
减速器油温	符合 4.1.3 的规定
生产率	符合表 1 中的规定
工作质量	符合 4.1.6 的规定

5.3 测定方法

生产率、噪声、尺寸公差、形位公差、硬度和使用可靠性等应按 NY/T 408—2000 中第 4 章的相关规定进行测定,漆膜附着力应按 JB/T 9832.2 的规定进行测定。

6 检验规则

6.1 出厂检验

6.1.1 出厂检验实行全检,取得合格证后方可出厂。

6.1.2 出厂检验项目及要求:
——外观和涂漆应符合 4.4 的规定;
——装配应符合 4.3 的规定;
——安全防护应符合 4.5 的规定;
——空载试验应符合 5.1 的规定。

6.1.3 用户有要求时,可进行负载试验,负载试验应按 5.2 的规定。

6.2 型式检验

6.2.1 有下列情况之一时,应进行型式检验:

    ——新产品生产或产品转厂生产;

    ——正式生产后,结构、材料、工艺等有较大改变,可能影响产品性能;

    ——正常生产时,定期或周期性抽查检验;

    ——产品长期停产后恢复生产;

    ——出厂检验发现产品质量显著下降;

    ——质量监督机构提出型式检验要求;

    ——合同规定。

6.2.2 型式检验实行抽检。抽样按 GB/T 2828.1 规定的正常检查一次抽样方案。

6.2.3 样本一般应是 12 个月内生产的产品。抽样检查批量应不少于 3 台,样本为 2 台。

6.2.4 整机抽样地点在生产企业的成品库或销售部门;零部件在半成品库或装配线上以检验合格的零部件中抽取。

6.2.5 检验项目、不合格分类和判定规则见表 4。

表 4　型式检验项目、不合格分类和判定规则

不合格分类	检验项目	样本数	项目数	检查水平	样本大小字码	AQL	Ac	Re
A	1. 生产率 2. 使用可靠性 3. 安全防护 4. 工作质量		4			6.5	0	1
B	1. 噪声 2. 驱动小齿轮齿面硬度 3. 轴承温升和减速器油温 4. 轴承位轴颈尺寸公差 5. 轴承位轴颈表面粗糙度	2	5	S-I	A	25	1	2
C	1. V 带轮的偏移量 2. 第一对辊筒间隙差、第二对辊筒间隙差 3. 整机外观 4. 漆层外观 5. 漆膜附着力 6. 标志和技术文件		6			40	2	3

注:AQL 为合格质量水平,Ac 为合格判定数,Re 为不合格判定数。评定时采用逐项检验考核,A、B、C 各类的不合格总数小于或等于 Ac 为合格,大于或等于 Re 为不合格。A、B、C 各类均合格时,该批产品为合格品,否则为不合格品。

7　标志、包装、运输和贮存

产品的标志、包装、运输和贮存应符合 NY/T 409—2000 中第 8 章的规定。

附加说明:

本标准按照 GB/T 1.1—2009 给出的规则起草。

本标准代替 NY/T 381—1999《天然橡胶初加工机械　压薄机》。

本标准与 NY/T 381—1999 相比,主要技术内容变化如下:

    ——前言部分增加了天然橡胶初加工机械系列标准(见前言);

——扩大了压薄机主要技术参数范围(见3.3);

——增加了基本要求(见4.1);

——删除了主要零部件(辊筒、轴承座和左右机架);

——增加了装配质量要求(见4.3);

——增加了外观和涂漆要求(见4.4);

——增加了安全防护要求、试验方法和检验规则(见4.5和第5章与第6章)。

本标准是天然橡胶初加工机械系列标准之一。该系列标准的其他标准是:

——NY 228—1994 标准橡胶打包机技术条件;

——NY/T 262—2003 天然橡胶初加工机械 绉片机;

——NY/T 263—2003 天然橡胶初加工机械 锤磨机;

——NY/T 338—1998 天然橡胶初加工机械 五合一压片机;

——NY/T 339—1998 天然橡胶初加工机械 手摇压片机;

——NY/T 340—1998 天然橡胶初加工机械 洗涤机;

——NY/T 408—2000 天然橡胶初加工机械产品质量分等;

——NY/T 409—2000 天然橡胶初加工机械 通用技术条件;

——NY/T 460—2010 天然橡胶初加工机械 干燥车;

——NY/T 461—2010 天然橡胶初加工机械 推进器;

——NY/T 462—2001 天然橡胶初加工机械 燃油炉;

——NY/T 926—2004 天然橡胶初加工机械 撕粒机;

——NY/T 927—2004 天然橡胶初加工机械 碎胶机;

——NY/T 1557—2007 天然橡胶初加工机械 干搅机;

——NY/T 1558—2007 天然橡胶初加工机械 干燥设备。

本标准由中华人民共和国农业部农垦局提出。

本标准由农业部热带作物及制品标准化技术委员会归口。

本标准起草单位:中国热带农业科学院农产品加工研究所。

本标准主要起草人:朱德明、钱建英、陆衡湘、邓维用、陈成海、静玮。

本标准所代替标准的历次版本发布情况为:

——NY/T 381—1999。

中华人民共和国农业行业标准

芒果 嫁接苗

Mango—Grafting

NY/T 590—2012
代替 NY/T 590—2002

---

1 范围

本标准规定了芒果（*Mangifera indica* L.）嫁接苗相关的术语和定义、要求、试验方法、检测规则、包装、标识、运输和贮存。

本标准适用于台农 1 号（Tainoung No.1）、白象牙（Nang Klang Wun）、贵妃（Guifei）、金煌（Chiin Huang）、桂热 82（Guire No.82）、凯特（Keitt）品种嫁接苗的质量检测，也可作为其他芒果品种嫁接苗检测参考。

2 规范性引用文件

下列文件对于本文件的应用是必不可少的。凡是注日期的引用文件，仅注日期的版本适用于本文件。凡是不注日期的引用文件，其最新版本（包括所有的修改单）适用于本文件。

GB 9847　苹果苗木
GB 15569　农业植物调运检疫规程
中华人民共和国国务院　植物检疫条例
中华人民共和国农业部　植物检疫条例实施细则（农业部分）

3 术语和定义

下列术语和定义适用于本文件。

3.1

嫁接苗　grafting
特定的砧木和接穗组合而成的接合苗。

3.2

新梢　shoot
接穗上新抽生的树梢。

4 要求

4.1 基本要求

植株生长正常，茎、枝无破皮或断裂；新梢叶片成熟稳定，叶片完整、叶色正常，富有光泽，无叶枯病和回枯病；嫁接口愈合良好，无肿瘤或缚带绞缢现象；无严重穿根现象；袋装苗应土团完整，育苗袋不严重破损；无检疫性病虫害。

4.2 分级指标

嫁接苗分级应符合表 1 的规定。

表 1　芒果嫁接苗分级指标

项　目	等　级	
	一级	二级
砧木茎粗,cm	≥1.00	≥0.70
新梢数,次	≥3	2
新梢茎粗,cm	≥0.60	≥0.50
新梢长度,cm	≥30	≥20
嫁接口高度,cm	≥10,≤40	
品种纯度,%	≥98.0	

5　检验方法

5.1　纯度检验

将嫁接苗按附录 A 逐株用目测法检验,根据其品种的主要特征,确定本品种的种苗数。纯度按式(1)计算。

$$X = \frac{A}{B} \times 100 \cdots\cdots\cdots\cdots\cdots\cdots\cdots\cdots\cdots\cdots\cdots\cdots\cdots\cdots\cdots\cdots\cdots（1）$$

式中:

X ——品种纯度,单位为百分率(%),保留一位小数;

A ——样品中鉴定品种株数,单位为株;

B ——抽样总株数,单位为株。

5.2　外观检验

植株外观采用目测法检验。

5.3　疫情检验

按《植物检疫条例》、《植物检疫条例实施细则(农业部分)》和 GB 15569 的有关规定执行。

5.4　分级检验

5.4.1　砧木茎粗

用游标卡尺测量嫁接口下方 1 cm 处的最大直径(精确至±0.01 cm),保留两位小数。

5.4.2　新梢数

用肉眼观察接穗抽生新梢的次数。

5.4.3　新梢茎粗

用游标卡尺测量嫁接口以上 5 cm 处最粗新梢的最大直径(精确至±0.01 cm),保留两位小数。

5.4.4　新梢长度

用钢卷尺测量嫁接口最粗新梢基部至新梢顶芽间的距离(精确至±1 cm),保留整数。

5.4.5　嫁接口高度

用钢卷尺测量从土面至嫁接口基部的距离(精确至±1 cm),保留整数。

将检测结果记入芒果嫁接苗质量检测记录表。参见附录 B 中的表 B.1。

6　检测规则

6.1　组批

凡同品种、同等级、同一批种苗可作为一个检测批次。检测限于种苗装运地或繁育地进行。

6.2 抽样

按 GB 9847 中有关抽样的规定进行,采用随机抽样法。

6.3 判定规则

6.3.1 一级苗判定

同一批检验的一级嫁接苗中,允许有 5% 的嫁接苗低于一级苗标准,但应达到二级苗标准。

6.3.2 二级苗判定

同一批检验的二级嫁接苗中,允许有 5% 的嫁接苗低于二级苗标准。

6.4 复检规则

如果对检验结果产生异议,可再抽样复检一次,复检结果为最终结果。

7 包装、标签、运输和贮存

7.1 包装

育苗袋完整的嫁接苗,不需要进行包装;如育苗袋轻微破损,有穿根现象的应剪除根系,再用塑料袋进行单株包装,包装应方便、牢固。新梢未稳定的,应剪除嫩枝、嫩叶。

7.2 标识

嫁接苗销售或调运时必须附有质量检验证书和标签。推荐的检验证书参见附录 C,推荐的标签参见附录 D。

7.3 运输

嫁接苗应按不同品种、不同级别装运;应小心轻放,防止土团松散;防止日晒、雨淋,并适当保湿和通风透气。

7.4 贮存

嫁接苗运到目的地后应尽快种植,如短时间内不能种植的,应置于荫棚或阴凉处,保持土团湿润。

附　录　A
（资料性附录）
芒果主要栽培品种特征

A.1　台农1号（Tainoung No.1）

枝梢紧凑，幼嫩枝条及嫩叶古铜色；叶片椭圆披针形，叶尖渐尖，叶缘呈大波浪状，叶形指数4.1；树势健旺，树冠呈圆头形；果实3月～6月成熟，宽卵形，单果重150 g～300 g，大的可达400 g，着果率和成果率均较高，高产。成熟后果皮黄色，向阳面有时呈粉红色，果皮光滑，皮孔白色，并有分散的花纹。果肉多汁，味甜或浓甜，具芒果芳香，肉质腻滑，纤维少至极少，品质优良。该品种具有树势中等，植株较矮化，适应性强，抗炭疽病，果实外观好，果皮较厚，耐贮运的特点。

A.2　白象牙（Nang Klang wun）

枝条粗壮、直立、较稀疏，幼嫩枝条砖红色，木栓化后为浅褐色至暗褐色；叶片大而较厚，叶形指数3.8～4.0，通常叶面较平，叶尖渐尖，椭圆披针形，嫩叶砖红色至浅红色，刚老熟的叶片中脉呈红色；树势壮旺，树冠呈圆头型；果实5月～6月成熟，象牙形，单果重多在350 g～400 g，高产。成熟后果皮浅黄色或黄色，较光滑，果实外观好。果肉浅黄色或乳黄色，肉嫩汁多，味香甜，结构细密，纤维极少，品质优良。该品种具有生长势较强，中熟品种，果皮厚耐贮运，货架寿命长，但采前落果严重的特点。

A.3　贵妃（Gui Fei）

幼嫩枝梢砖红色；叶片大、长而厚，叶面平直，长椭圆披针形至长卵状椭圆披针形，叶形指数约4.0，叶基圆钝，叶尖急尖，嫩叶砖红色，老叶浓绿至墨绿色；树势较开张，树冠呈伞形；果实4月～6月成熟，长卵形，通常单果重400 g～800 g，丰产稳产。成熟时果皮底色黄色，向阳面（或果肩）常呈玫瑰色，果面光洁、果粉多，表皮无任何斑点，挂果成串，颜色粉红靓丽，娇艳可人。果肉厚，橙黄色，纤维少，果肉细滑，多汁，肉质较致密，风味品质上等。该品种具有生长势较强，果实外观美，综合商品性好的特点，是优质的鲜食品种。

A.4　金煌（Chiin Hwang）

幼嫩枝梢砖红色，枝条长，直立、粗壮，叶片大、长而厚，叶面平直，长椭圆披针形至长卵状椭圆披针形，叶形指数约4.0，叶基圆钝，叶尖急尖、嫩叶砖红色，老叶浓绿到墨绿色；树冠为开张的圆头形；果实4月～7月成熟，长卵形，通常单果重约500 g，大者可达1.0 kg～1.5 kg，丰产、稳产。果皮光滑，成熟时果皮深黄色至橙黄色，采收前果皮绿到黄绿色，向阳面（或果肩）常呈淡红色。果肉组织细密，质地腻滑，无纤维感，果汁少，品质上等。该品种生长势强，具有早结果、中熟，可食率高，较抗炭疽病，对低温阴雨适应性较强的特点。

A.5　桂热芒82号（Guiremang No.82）

幼嫩枝梢古铜色，枝条健壮、开张；叶片长圆状披针形，叶基楔形，叶尖渐尖。嫩叶古铜色，老叶深绿色；树势中等，树姿开张，树冠卵圆形，中矮；花序中大，圆锥形。花轴紫红色，花蕾黄绿色，开放小花花瓣由乳白色转紫红色，彩腺黄色，两性花比率20.6%，开花期3月中下旬至4月中下旬，成熟期7月下旬至8月上旬。平均单果质量217 g，香蕉形，果皮深绿色，果粉明显。后熟时果皮淡绿色，细滑、光亮。果肉橙黄色,肉质细滑多汁,纤维极少,味甜蜜、芳香,可食率73%,含可溶性固形物21.1%。核扁薄,长椭圆形,单胚。鲜食品质极好。该品种优质,高产稳产,抗白粉病。

A.6 凯特(Keitt)

幼嫩枝梢浅红色,枝条长,节间较长,分枝少;叶片较大且平,长圆披针形,叶尖急尖,叶缘微波浪状,有时反向下翘,叶形指数3.8~4.0。嫩叶淡绿色,老叶深绿色;树冠扁球形;果实4月~5月成熟,果实卵形,单果重800 g~1 300 g,丰产,稳产。果皮较光滑,密布小斑点。采收前果皮暗紫色,向阳面盖色粉红,成熟后底色黄绿,盖色鲜红。果肉黄色至橙黄色,组织致密,纤维极少,果肉味甜,芳香,质地腻滑,品质优良。

附　录　B
（资料性附录）
芒果嫁接苗质量检测记录表

品　　种：_____　　　　　　　　　　　No：_____

育苗单位：_____　　　　　　　　　购苗单位：_____

出圃株数：_____　　　　　　　　　抽检株数：_____

样株号	砧木茎粗 cm	新梢数 次	新梢茎粗 cm	新梢长度 cm	嫁接口高度 cm	初评级别

审核人(签字)：　　　　　校核人(签字)：　　　　　检测人(签字)：　　　　　检测日期：　　年　月　日

附　录　C
（资料性附录）
芒果嫁接苗质量检验证书

No：_____

育苗单位		购苗单位	
出圃株数		品种名称	
品种纯度,%			
检验结果	一级：　　　株；二级：　　　株。		
检验意见			
证书签发日期		证书有效期	
检验单位			
注:本证一式三份,育苗单位、购苗单位、检验单位各一份。			

审核人(签字)：　　　　　　　　　　　校核人(签字)：　　　　　　　　　　检测人(签字)：

附　录　D
（规范性附录）
芒果嫁接苗标签

D.1 芒果嫁接苗标签见图 D.1（单位：cm）。

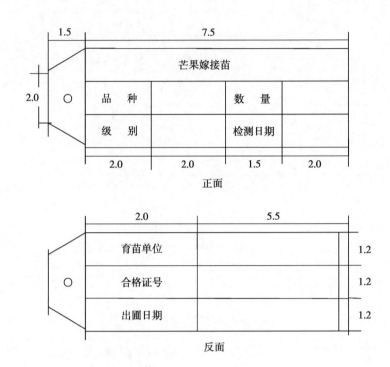

正面

反面

注：标签用 150 g 的牛皮纸。标签孔用金属包边。

图 D.1　芒果嫁接苗标签

附加说明：

本标准按照 GB/T 1.1—2009 给出的规则起草。

本标准代替 NY 590—2002《芒果　嫁接苗》，与 NY 590—2002 相比，主要变化如下：

——强制性标准修改为推荐性标准；

——删去部分术语；

——删去叶片数指标，增加嫁接口高度指标；

——修改了一、二级种苗指标；

——修改补充了种苗质量判定规则；

——修改、补充了芒果主要栽培品种特征。

本标准由农业部热带作物及制品标准化技术委员会提出并归口。

本标准起草单位：中国热带农业科学院热带作物品种资源研究所、农业部热带作物种子种苗质量监督检验测试中心。

本标准主要起草人:张如莲、王琴飞、洪彩香、龙开意、李莉萍、高玲。

本标准所代替标准的历次版本发布情况为:

——NY 590—2002。

中华人民共和国农业行业标准

天然生胶 子午线轮胎橡胶加工规程

Raw natural rubber—Radial tire rubber—
Technical rules for processing

NY/T 735—2012
NY/T 735—2003

---

1 范围

本标准规定了天然生胶 子午线轮胎橡胶生产过程中的加工工艺及技术要求。

本标准适用于以鲜胶乳、胶园凝胶及胶片为原料生产子午线轮胎橡胶。

2 规范性引用文件

下列文件对于本文件的应用是必不可少的。凡是注日期的引用文件,仅注日期的版本适用于本文件。凡是不注日期的引用文件,其最新版本(包括所有的修改单)适用于本文件。

GB/T 601—2002 化学试剂 标准滴定溶液的制备

NY/T 459 天然生胶 子午线轮胎橡胶

NY/T 1038 天然生胶初加工原料 凝胶 验收方法

3 原料的收集

3.1 鲜胶乳的收集

3.1.1 流程

鲜胶乳 → 测定干胶含量 → 过滤 → 称量 → 存放

3.1.2 基本要求

3.1.2.1 收胶站开始收胶时,应预先在收胶池内加入一定量的氨水。收胶完毕,按鲜胶乳实际数量补加氨水。氨含量应控制在0.05%(质量分数)以内。如条件允许,应尽量不加氨或少加氨。在收胶站或林段凝固的鲜胶乳应尽量不加氨。

3.1.2.2 收胶时,应严格检查鲜胶乳的质量。先捞除鲜胶乳中的凝块和杂物,然后用孔径355 μm(40目)不锈钢筛网过滤,过滤后称重并放入贮胶池中。

3.2 胶园凝胶和胶片的收集

3.2.1 胶园凝胶应及时从林段收回,送收胶站分类放置。

3.2.2 收集到的胶园凝胶宜及时送往加工厂。

3.2.3 因特殊情况不能及时送往加工厂的胶园凝胶,必须置于阴凉处停放,防止太阳暴晒而氧化变质。氧化变质的胶园凝胶不宜用来生产子午线轮胎橡胶。

3.2.4 在收胶站的凝胶团应及时送往加工厂。

3.2.5 胶片应按不同的干湿度进行分类,除去杂物后送往工厂加工。不能及时加工的胶片,应置于阴凉、干燥处存放。

4 子午线轮胎橡胶的加工工艺流程及设备

4.1 方法一

鲜胶乳 → 过滤 → 混合 → 微生物凝固 → 熟化 → 压薄 → 压绉 → 造粒 → 装料 → 干燥 → 称量 → 压包 → 复称 → 包装、标志 → 子午线轮胎橡胶

取样 → 检验 → 定级

4.2 方法二

胶园凝胶或胶片 → 浸泡 → 二级破碎洗涤 → 多级压绉、造粒、漂洗、混合 → 装料 → 干燥 → 称量 → 压包 → 复称 → 包装、标志 → 子午线轮胎橡胶

取样 → 检验 → 定级

4.3 方法三

胶园凝胶或胶片 → 浸泡 → 二级破碎洗涤 → 一次压绉、造粒、漂洗 → 二次压绉、造粒 → 漂洗混合 → 三次压绉、造粒 → 混合 → 装料 → 干燥 → 称量 → 压包 → 复称 → 包装、标志 → 子午线轮胎橡胶

取样 → 检验 → 定级

鲜胶乳 → 过滤 → 混合 → 微生物凝固 → 熟化 → 压薄 → 压绉 → 造粒

4.4 设备

鲜胶乳收集池、微生物凝固液培养罐（池）、酸池、凝固槽、过渡槽、压薄机、乳清回收池、耐酸泵、凝胶料贮存间、输送带、破碎机、振动清洗装置、清洗池、清洗搅拌器、斗升机、双螺杆切胶机（破碎机）、绉片机、造粒设备、胶粒泵、振动下料筛、干燥车、渡车、推进器、干燥设备、打包机、产品检验设备及贮存仓库。

5 生产操作及质量控制要求

5.1 生产操作要求

5.1.1 鲜胶乳的处理

5.1.1.1 进厂的鲜胶乳应经离心过滤器或用孔径 $355~\mu m$(40 目)不锈钢筛网过滤,除去泥沙等杂质。

5.1.1.2 经过过滤的鲜胶乳流入混合池混合,应搅拌均匀。取搅拌均匀的胶乳按附录 A 的方法测定(也可用微波法测定)干胶含量,然后加入清水或乳清将胶乳稀释。要求凝固浓度一般不低于 22%(质量分数)。在不影响后续工序的前提下,宜尽量采用原鲜胶乳浓度凝固。

5.1.2 凝固

5.1.2.1 鲜胶乳可在林段或收胶站进行原浓度自然凝固或微生物凝固。

5.1.2.2 鲜胶乳在工厂进行微生物凝固时,宜提前一天制备微生物凝固液。其方法是,在第一次制备微生物凝固液时,将糖蜜配制成 5%(质量分数)的溶液,再加 0.5%(质量分数)的活性干菌种搅拌均匀;在第二次及以后制备的微生物凝固液则采用含有菌种的清洁乳清,加入 5%(质量分数)糖蜜搅拌均匀即可。微生凝固液用量为胶乳量的 1/10 左右。

5.1.2.3 凝固熟化时间一般为 16 h~24 h。

5.1.2.4 完成凝固操作后,应及时将混合池、流胶槽、其他用具及场地清洗干净。

5.1.3 胶园凝胶和胶片的处理

5.1.3.1 胶园凝胶和胶片进厂后，按种类分开贮放，并清除胶园凝胶中的石块、金属碎屑、塑料袋、树皮、木屑等杂物。泥胶、胶线等胶料不应用于生产子午线轮胎橡胶。

5.1.3.2 经除杂处理的胶园凝胶和胶片放入浸泡池浸泡，使其软化。

5.1.4 湿胶料的压绉、混合和造粒

5.1.4.1 投料前，应认真检查和调试好各种设备，以保证所有设备处于良好状态。

5.1.4.2 采用4.1生产时，调节好绉片机组与造粒机的同步配合，造粒后湿胶粒的含水量不应超过35%（质量分数，干基）。

5.1.4.3 采用4.2生产时，混合胶料经两次破碎及两次混合洗涤后，再进行绉片机组多次混合压绉、造粒、漂洗的循环工序。根据漂洗池水质情况及时更换洗涤用水。

5.1.4.4 采用4.3生产时，混合胶料按5.1.4.3处理，并在3#绉片机组将鲜胶乳凝胶绉片或胶粒与胶园凝胶绉片或胶粒按3∶1比例掺和（以干胶计）。掺和过程应控制每批产品的一致。

5.1.4.5 采用4.2、4.3生产时，最后一次造粒前的绉片厚度不应超过6 mm。造粒后，湿胶粒含水量不应超过40%（质量分数，干基）。

5.1.4.6 生产过程中应经常检查绉片机组辊筒辊距。一般情况下，1#绉片机辊筒辊距为0.1 mm左右，2#绉片机和3#绉片机辊筒辊距应根据同步生产的原则调节。

5.1.4.7 装载湿胶粒的干燥车在每次使用前，应认真清除残留胶粒、杂物，并用水冲洗干净。

5.1.4.8 造粒完毕，应继续用清水冲洗干净设备，然后停机，并清洗场地。对散落地面的胶粒，应清洗干净后一并装入待干燥的胶粒中。

5.1.5 干燥

5.1.5.1 干燥温度及时间控制：干燥房或洞道式干燥柜的进口热风温度不应超过120℃，干燥时间不应超过4 h；浅层连续干燥机的进口热风温度不应超过125℃，干燥时间不应超过3 h。

5.1.5.2 干透的胶粒要及时移出干燥柜，抽风冷却至胶粒的温度在60℃以下。

5.2 质量控制要求

5.2.1 原料及半成品检验

5.2.1.1 鲜胶乳凝固前氨含量（测定方法见附录B）应控制在0.05%（质量分数）以内。

5.2.1.2 胶园凝胶含胶量不应少于40%（质量分数，测定方法按NY/T 1038的规定执行），杂质含量太高的胶园凝胶不宜用于生产子午线轮胎橡胶。

5.2.1.3 生产企业应根据所生产子午线橡胶的规格，制定内控指标，做好杂质含量的控制。

5.2.2 门尼黏度的调控

生产过程中应根据产品质量指标或用户要求采取如下调控措施：
——调整鲜胶乳微生物凝固凝块与胶园凝胶掺和比例；
——调整微生物的凝固辅料；
——化学增黏或恒黏。

采用化学增黏或恒黏的措施一般用盐酸氨基脲或苯胺作橡胶门尼黏度的调节剂，盐酸氨基脲或苯胺的用量应控制在质量分数为0.03%～0.05%。可以在胶乳凝固前配成2.5%（质量分数）的溶液加入。

5.3 成品检验

5.3.1 质量指标

按NY/T 459的规定执行。

5.3.2 抽样

按 NY/T 459 的规定执行。

5.3.3 检验

按 NY/T 459 规定的检验方法进行。

6 包装、标志、贮存和运输

按 NY/T 459 的规定执行。

附　录　A

（规范性附录）

鲜胶乳干胶含量的测定—快速测定法

A.1　原理

鲜胶乳干胶含量的测定—快速测定法是将试样置于铝盘加热，使鲜胶乳的水分和挥发物逸出；然后，通过计算加热前后试样的质量变化，再乘以比例常数 0.93 来快速测定鲜胶乳的干胶含量。

A.2　试剂

A.2.1　仅使用确认的分析纯试剂。

A.2.2　蒸馏水或纯度与之相等的水。

A.2.3　醋酸：配制成质量分数为 5％的溶液使用。

A.3　仪器

A.3.1　普通的实验室仪器。

A.3.2　内径约为 7 cm 的铝盘。

A.4　操作程序

将内径约为 7 cm 的铝盘洗净、烘干，并将其称重，精确至 0.01 g。往铝盘中倒入 2.0 g±0.5 g 的鲜胶乳，精确至 0.01 g。加入 5％（质量分数）的醋酸溶液 3 滴，转动铝盘，使试样与醋酸溶液混合均匀。将铝盘置于酒精灯或电炉的石棉网上加热，同时用平头玻璃棒按压以助干燥，直至试样呈黄色透明为止（注意控制温度，防止烧焦胶膜）。用镊子将铝盘取下，冷却 5 min，然后小心将铝盘中的所有胶膜卷取剥离。将剥下的胶膜称重，精确至 0.01 g。

A.5　结果表示

用式（A.1）计算鲜胶乳的干胶含量，以质量分数表示。

$$DRC = \frac{m_1}{m_0} \times 0.93 \times 100 \quad\cdots\cdots\cdots\cdots\cdots\cdots\cdots\cdots\cdots\cdots\cdots \text{（A.1）}$$

式中：

DRC ——鲜胶乳的干胶含量，单位为百分率（％）；

m_0 ——试样的质量，单位为克（g）；

m_1 ——干燥后的质量，单位为克（g）。

进行双份测定，双份测定结果之差不应大于质量分数 0.5％，然后取算术平均值，计算结果精确到 0.01。

附 录 B
（规范性附录）
鲜胶乳氨含量的测定

B.1 原理

利用酸碱中和反应原理,可测定鲜胶乳中氨的含量。氨与盐酸的反应式如下:

$$NH_3 \cdot H_2O + HCl = NH_4Cl + H_2O$$

B.2 试剂

仅使用确认的分析纯试剂,蒸馏水或纯度与之相等的水。

B.2.1 盐酸标准溶液

B.2.1.1 盐酸标准贮备溶液,$c(HCl) = 0.1\ mol/L$

按 GB/T 601—2002 中 4.2 制备。

B.2.1.2 盐酸标准溶液,$c(HCl) = 0.02\ mol/L$

用 50 mL 移液管吸取 50.00 mL $c(HCl) = 0.1\ mol/L$ 的盐酸标准贮备溶液(B.2.1.1)放于 250 mL 容量瓶中,用蒸馏水稀释至刻度,摇匀。

B.2.2 1‰(g/L)的甲基红乙醇指示溶液

称取 0.1 g 甲基红,溶于 100 mL 体积分数为 95% 乙醇的滴瓶中,摇匀即可。

B.3 仪器

普通的实验室仪器。

B.4 操作程序

用 1 mL 的吸管准确吸取 1 mL 鲜胶乳(用滤纸把吸管口外的胶乳擦干净)放入已装有约 50 mL 蒸馏水的锥形瓶中,吸管中黏附着的胶乳用蒸馏水洗入锥形瓶。然后,加入 2 滴～3 滴 1‰(g/L)甲基红乙醇指示溶液(B.2.2),用 0.02mol/L 盐酸标准溶液(B.2.1.2)进行滴定。当颜色由淡黄变成粉红色时即为终点,记下消耗盐酸标准溶液的毫升数。

B.5 结果表示

以 100 mL 胶乳中含氨(NH_3)的克数表示胶乳的氨含量,按式(B.1)计算。

$$A = \frac{1.7cV}{V_0} \quad\text{··}\quad (B.1)$$

式中:

A ——氨含量,单位为克(g);

c ——盐酸标准溶液的摩尔浓度,单位为摩尔每升(mol/L);

V ——消耗盐酸标准溶液的量,单位为毫升(mL);

V_0——胶乳样品的量,单位为毫升(mL)。

进行双份测定,双份测定结果之差不应大于质量分数 0.5%,然后取算术平均值,计算结果精确到 0.01。

附加说明：

本标准按 GB/T 1.1—2009 给出的规则起草。

本标准代替 NY/T 735—2003《天然生胶 子午线轮胎橡胶生产工艺规程》。

本标准与 NY/T 735—2003 的主要差异如下：

——标准名称改为《天然生胶 子午线轮胎橡胶加工规程》；

——增加了引用标准：NY/T 1038 天然生胶初加工原料 凝胶 验收方法；

——第 4 章的标题改为："子午线轮胎橡胶的加工工艺流程及设备"，并增加："4.4 设备"；

——5.1.1.1 中不锈钢过滤筛的孔径由"250 μm(60 目)"改为"355 μm(40 目)"；

——5.1.3 中的内容改为 5.1.3.1，增设"5.1.3.2 条'经除杂处理的胶园凝胶和胶片，放入浸泡池浸泡，使其软化'"；

——5.1.2.2 的内容改为："鲜胶乳在工厂进行微生物凝固时，宜提前一天制备微生物凝固液。其方法是，在第一次制备微生物凝固液时，将糖蜜配制成 5%(质量分数)的溶液，再加 0.5%(质量分数)的活性干菌种搅拌均匀；在第二次及以后制备的微生物凝固液则采用含有菌种的清洁循环乳清，加入 5%(质量分数)糖蜜搅拌均匀即可。微生凝固剂用量为胶乳量的 1/10 左右。"

——5.2.1.1 中的"0.03%"改为"0.05%"；

——5.2.1.2 中的"50%"改为"40%"；

——5.2.2 中的内容增加了"化学增黏或恒黏"；

——5.3.2 中的"按附录 D 的规定进行"改为"按 NY/T 459 的规定执行"；

——删去了附录 C；

——删去了附录 D；

——标准中的部分章条作了一些编辑性修改。

本标准由中华人民共和国农业部提出。

本标准由农业部热带作物及制品标准化技术委员会归口。

本标准由中国热带农业科学院农产品加工研究所负责起草，海南农垦总局、云南农垦总局参加起草。

本标准主要起草人：张北龙、邓维用、林泽川、缪桂兰、黄红海、袁瑞全。

本标准所代替标准的历次版本发布情况为：

——NY/T 735—2003。

中华人民共和国农业行业标准

苦 丁 茶

Kudingcha

NY/T 864—2012

代替 NY/T 864—2004

1 范围

本标准规定了冬青科冬青属苦丁茶冬青（*Ilex kudingcha* C.J.Tseng）、冬青科冬青属大叶冬青（*Ilex latifolia* Thunb.）苦丁茶的术语和定义、要求、试验方法、检测规则、标识、包装、运输和贮存。

本标准适用于采用冬青科冬青属苦丁茶冬青、冬青科冬青属大叶冬青芽、叶为原料制成的苦丁茶。

2 规范性引用文件

下列文件对于本文件的应用是必不可少的。凡是注日期的引用文件，仅注日期的版本适用于本文件。凡是不注日期的引用文件，其最新版本（包括所有的修改单）适用于本文件。

GB/T 191 包装储运图示标志

GB 2762 食品中污染物限量

GB 2763 食品中农药最大残留限量

GB 7718 食品安全国家标准 预包装食品标签通则

GB/T 8302 茶 取样

GB/T 8304 茶 水分测定

GB/T 8305 茶 水浸出物的测定

GB/T 8306 茶 总灰分测定

GB/T 8307 茶 水溶性灰分和水不溶性灰分测定

GB/T 8308 茶 酸不溶性灰分测定

GB/T 8310 茶 粗纤维测定

GB/T 8311 茶 粉末和碎茶含量测定

GB 11680 食品包装用原纸卫生标准

GB/T 14487 茶叶感官审评术语

GB/T 23776 茶叶感官审评方法

JJF 1070 定量包装商品净含量计量检验规则

国家质量监督检验检疫总局令第75号 定量包装商品计量监督管理办法

3 术语和定义

GB/T 14487界定的以及下列术语和定义适用于本文件。

3.1

匀净 neat

匀齐而洁净,不含梗朴及其他夹杂物。

3.2

花杂　mixed

叶色不一,形状不一或多梗、朴等茶类夹杂物。

3.3

苦回甘　sweet after bitter

入口即有苦味,回味略有甜感。

3.4

清澈　clear

清净、透明、光亮。

4　要求

4.1　感官指标

感官指标应符合表1的规定。

表 1　感官指标

级别		特级	一级	二级
特征		具有苦丁茶的自然特征、无劣变		
气味		无异味		
夹杂物		洁净,不应含有非苦丁茶类夹杂物		
外形		重实、乌润、匀净、无花杂	肥壮、乌润、匀净、无花杂	褐黑、较匀净、少量花杂、稍有嫩茎
品质	气味	清香	清香	较清香
	滋味	鲜爽、苦回甘	鲜爽、苦回甘	较鲜爽、苦回甘
	汤色	清澈	清澈	较清澈
	叶底	一芽不多于五叶,长度为 4 cm～6 cm 之间;柔嫩	一芽不多于七叶,长度为 5 cm～8 cm 之间;柔嫩	一芽不多于九叶及同等嫩度对夹叶,长度为 6 cm～10 cm;较柔嫩
注:炒青茶外形色泽呈淡绿色。				

4.2　理化指标

理化指标应符合表2的规定。

表 2　理化指标

单位为百分率

序号	项目	指标		
		特级	一级	二级
1	水分	≤7.0		≤8.0
2	总灰分	≤7.0		≤8.0
3	水浸出物	≥36.0		≥35.0
4	粗纤维	≤12.0		≤14.0
5	水溶性灰分占总灰分	≥50.0		≥48.0
6	酸不溶性灰分	≤1.0		
7	粉末	≤2.0		

4.3　卫生指标

4.3.1　污染物限量

应符合 GB 2762 的规定。

4.3.2 农药残留限量

应符合 GB 2763 的规定。

4.3.3 不添加任何添加剂。

4.4 净含量负偏差

应符合国家质量监督检验检疫总局令第 75 号的规定。

5 试验方法

5.1 取样

按 GB/T 8302 的规定执行。

5.2 感官指标

按 GB/T 23776 的规定执行。

5.3 理化指标

5.3.1 水分

按 GB/T 8304 的规定执行。

5.3.2 总灰分

按 GB/T 8306 的规定执行。

5.3.3 水浸出物

按 GB/T 8305 的规定执行。

5.3.4 粗纤维

按 GB/T 8310 的规定执行。

5.3.5 水溶性灰分

按 GB/T 8307 的规定执行。

5.3.6 酸不溶性灰分

按 GB/T 8308 的规定执行。

5.3.7 粉末含量

按 GB/T 8311 的规定执行。

5.4 卫生指标

5.4.1 污染物

按 GB 2762 的规定执行。

5.4.2 农药残留

按 GB 2763 的规定执行。

5.5 净含量负偏差检验

按 JJF 1070 的规定执行。

5.6 包装标签检验

按 GB 7718 的规定执行。

6 检验规则

6.1 组批

同一产地、同一生产日期、同一原料、同一等级苦丁茶产品为一批次。

6.2 抽样方法

按 GB/T 8302 的规定执行。

6.3 交收(出厂)检验

6.3.1 每批产品交收(出厂)前,应进行检验,检验合格并附有合格证的产品方可交收。

6.3.2 交收(出厂)检验内容为感官、水分、粉末、净含量负偏差、包装、标志和标签。

6.4 型式检验

6.4.1 型式检验是对产品质量进行全面考核,有下列情形之一者应进行型式检验。

 a) 新产品试制或原料、工艺、设备有较大改变时;

 b) 因人为或自然因素使生产环境发生较大变化;

 c) 前后两次抽样检验结果差异较大;

 d) 有关行政主管部门提出型式检验要求;

 e) 当长期停产后,恢复生产时。

6.4.2 型式检验项目,应按第4章规定的全部技术指标要求进行检验。

6.5 判定规则

6.5.1 经检验符合本标准要求的产品,按第4章等级要求定为相应等级。

6.5.2 感官要求的分级指标或理化指标有一项不符合标识规定级别要求的产品,则判该批产品为不合格。

6.5.3 感官要求中气味、夹杂物及卫生指标有一项不符合要求的产品,则判该批产品为不合格。

6.6 复验

对检验结果有争议时,应对保留样进行复检或在同批产品中重新按GB/T 8302的规定加倍取样,对不合格项目进行复检,以一次复检为限,结果以复检为准。

7 标识

7.1 标志

包装储运图示标志应符合GB/T 191的规定。

7.2 标签

应符合GB 7718的规定。

8 包装

8.1 包装材料应干燥、清洁、无异味,不影响苦丁茶品质,便于装卸、仓储和运输。

8.2 接触茶叶的内包装材料应符合GB 11680的规定。

9 运输和贮存

9.1 运输工具应清洁、干燥、无异味、无污染;运输时应防潮、防雨、防暴晒;装卸时轻放轻卸,严禁与有毒、有害、有异味、易污染的物品混装混运。

9.2 应贮于清洁、干燥、阴凉、避光、无异气味的专用仓库中,仓库周围应无异味污染,防高温、防光照、防氧化,密封贮存,严禁与有毒、有害、有异味、易污染的物品混放。

附加说明:

本标准按照GB/T 1.1—2009给出的规则起草。

本标准代替NY/T 864—2004《苦丁茶》。与NY/T 864—2004相比,主要技术内容变化如下:

——删除了原标准第 4 章"表 1 感官指标"和"表 2 理化指标"中的"三级";

——修改了原标准第 4 章"表 1 感官指标"中叶底的叶片数及长度。

本标准由农业部农垦局提出。

本标准由农业部热带作物及制品标准化技术委员会归口。

本标准起草单位:中国热带农业科学院分析测试中心、中国热带农业科学院香料饮料研究所。

本标准主要起草人:谢德芳、叶海辉、朱红英、郑雪虹、潘永波、张学强。

本标准所代替标准的历次版本发布情况为:

——NY/T 864—2004。

中华人民共和国农业行业标准

食用木薯淀粉

Edible cassava starch

NY/T 875—2012

代替 NY/T 875—2004

1 范围

本标准规定了食用木薯淀粉的要求、试验方法、检验规则、标签、标志、包装、运输和贮存。

本标准适用于以木薯为原料制成的可食用淀粉。

2 规范性引用文件

下列文件对于本文件的应用是必不可少的。凡是注日期的引用文件，仅注日期的版本适用于本文件。凡是不注日期的引用文件，其最新版本（包括所有的修改单）适用于本文件。

GB/T 191 包装储运图示标志

GB 2760 食品安全国家标准 食品添加剂使用标准

GB 2762 食品中污染物限量

GB 5009.12 食品安全国家标准 食品中铅的测定

GB/T 5009.34 食品中亚硫酸盐的测定

GB/T 5009.36 粮食卫生标准的分析方法

GB 7718 预包装食品标签通用标准

GB/T 8884—2007 马铃薯淀粉

GB/T 12087 淀粉水分测定 烘箱法

GB/T 22427.1 淀粉灰分测定

GB/T 22427.3 淀粉总脂肪测定

GB/T 22427.4 淀粉斑点测定

GB/T 22427.5 淀粉细度测定

GB/T 22427.6 淀粉白度测定

GB/T 22427.7 淀粉粘度测定

GB/T 22427.10 淀粉及其衍生物氮含量测定

GB/T 22427.13 淀粉及其衍生物二氧化硫含量的测定

3 要求

3.1 感官要求

应符合表1的规定。

表 1　感官要求

项　　目	指　　标		
	优级	一级	合格
色泽	白色粉末,具有光泽	白色粉末	白色或微带浅黄色阴影的粉末
气味	具有木薯淀粉固有的特殊气味,无异味		

3.2　理化指标

应符合表 2 的规定。

表 2　理化指标

项　　目	指　　标		
	优级	一级	合格
水分,%	≤13.5	≤14.0	≤14.5
灰分(干基),%	≤0.20	≤0.30	≤0.40
蛋白质(干基),%	≤0.25	≤0.30	≤0.40
脂肪(干基),%	≤0.20		
pH	5.0~8.0		
斑点,个/cm²	≤3.0	≤6.0	≤8.0
细度,150 μm 筛通过率质量分数,%	≥99.8	≥99.5	≥99.0
白度(457 nm),%	≥90.0	≥88.0	≥84.0
黏度,6%淀粉(干物质计)700 cmg/BU	≥600		
黏度(25℃),恩氏度	≥1.60		
注:两种黏度选择一种使用,5 年后恩氏度作废。			

3.3　卫生指标

铅应符合 GB 2762 的规定,二氧化硫应符合 GB 2760 的规定,氢氰酸≤10 mg/kg。

4　试验方法

4.1　感官

4.1.1　色泽

在明暗适度的光线下,用肉眼观察样品的颜色,然后在较强烈光线下观察其光泽。

4.1.2　气味

取淀粉样品 20 g,放入 100 mL 磨口瓶中,加入 50 ℃的温水 50 mL,加盖,振摇 30 s,倾出上清液,嗅其气味。

4.2　理化指标

4.2.1　水分

按照 GB/T 12087 的规定执行。

4.2.2　灰分

按照 GB/T 22427.1 的规定执行。

4.2.3　蛋白质

按照 GB/T 22427.10 的规定执行。

4.2.4　脂肪

按照 GB/T 22427.3 的规定执行。

4.2.5　pH

按照 GB/T 8884—2007 附录 A 的规定执行。

4.2.6 斑点

按照 GB/T 22427.4 的规定执行。

4.2.7 细度

按照 GB/T 22427.5 的规定执行。

4.2.8 白度

按照 GB/T 22427.6 的规定执行。

4.2.9 黏度

按照 GB/T 22427.7 的规定执行。

4.3 卫生指标

4.3.1 铅

按照 GB 5009.12 的规定执行。

4.3.2 二氧化硫

按照 GB/T 22427.13 或 GB/T 5009.34 的规定执行。

4.3.3 氢氰酸

按照 GB/T 5009.36 的规定执行。

5 检验规则

5.1 批

同一生产线,同一生产班次的产品为一批。

5.2 抽样

每一批次抽样方案按式(1)计算:

$$n = \sqrt{N/2} \quad\cdots\cdots\cdots\cdots\cdots\cdots\cdots\cdots\cdots\cdots\cdots\cdots (1)$$

式中:

n ——抽取的包装单位数,单位为袋;

N ——批量的总包装单位数,单位为袋。

5.3 出厂检验

5.3.1 每批产品出厂前应由生产厂的技术检验部门按本标准检验合格,签发合格证,方可出厂。

5.3.2 出厂检验项目包括感官要求、理化指标。

5.4 型式检验

5.4.1 型式检验的项目应包括本标准规定的全部项目。

5.4.2 出现下列情况之一时,应进行型式检验。

    a) 新产品定型鉴定时;

    b) 原材料、设备或工艺有较大改变,可能影响产品质量时;

    c) 停产半年以上,重新开始生产时;

    d) 一定周期内进行一次检验;

    e) 出厂检验结果与上次型式检验有较大差异时;

    f) 国家质量监督机构或主管部门提出型式检验要求时。

5.5 判定及复验规则

5.5.1 出厂检验项目全部符合本标准规定,判为相应的等级品。出厂检验项目中有 1 项不符合本标准规定,可以加倍随机抽样进行该项目的复检,复检后仍不符合本标准要求,则判该批产品为不合格产品。

5.5.2 型式检验项目全部符合本标准规定,判为合格品;型式检验项目不超过两项(含两项)不符合本标准,可以加倍抽样复检,复检后仍有 1 项不符合本标准规定,判该产品为不合格产品。

6 标签、标志、包装、运输、贮存

6.1 标签

预包装产品应按 GB 7718 的规定执行,明确标出淀粉产品标准的等级代号。

6.2 标志

应符合 GB/T 191 规定的要求。

6.3 包装

同一规格的包装要求应大小一致,包装材料干燥、清洁、牢固,符合食品的卫生要求,包装应严密结实、防潮防湿、防污染。

6.4 运输

运输设备应清洁卫生,无异味;运输过程要保持干燥、清洁,不得与有毒、有害、有腐蚀性物品混装、混运,避免日晒和雨淋。装卸时应轻拿轻放,严禁直接钩扎包装袋。

6.5 贮存

产品应贮存在阴凉、干燥、清洁、卫生的场所,不得与有毒、有害、有异味、易挥发、易腐蚀的物品同贮。

附加说明:

本标准按照 GB/T 1.1—2009 给出的规则起草。

本标准代替 NY/T 875—2004《食用木薯淀粉》。

本标准与 NY/T 875—2004 相比主要变化如下:

——删掉基本要求;

——将二级品改为合格品;

——增加蛋白质、脂肪、黏度等 3 项指标;

——水分修订为:优级品≤13.5%,一级品≤14.0%,合格品≤14.5%;

——白度修订为:优级品≥90%,一级品≤88.0%,合格品≤84.0%;

——为综合体现酸碱度,将原有"酸度"删除,改用国际通用的"pH";

——卫生指标均引用参照相关国家食品安全标准。

本标准由中华人民共和国农业部农垦局提出。

本标准由农业部热带作物及制品标准化技术委员会归口。

本标准起草单位:中国热带农业科学院分析测试中心、中国淀粉工业协会木薯淀粉专业委员会、海南洋浦椰岛淀粉工业有限公司、广西农垦明阳生化集团股份有限公司、广西荟力淀粉有限公司等。

本标准主要起草人:尹桂豪、李建国、彭宝生、文玉萍、江俊、陈雪华。

本标准所代替标准的历次版本发布情况为:

——NY/T 875—2004。

中华人民共和国农业行业标准

浓缩天然胶乳　氨保存离心胶乳加工技术规程

Natural rubber concentrate—Technical code for processing
of centrifuged ammonia-preserved latex

NY/T 924—2012
代替 NY/T 924—2004

1 范围

本标准规定了离心法氨保存浓缩天然胶乳生产的基本工艺、技术要求和生产设备及设施。

本标准适用于以鲜胶乳为原料采用离心法生产的氨保存的浓缩天然胶乳；不适用于以鲜胶乳为原料采用膏化法生产的氨保存的浓缩天然胶乳。

2 规范性引用文件

下列文件对本文件的应用是必不可少的。凡是注日期的引用文件，仅注明日期的版本适用于本文件。凡是不注日期的引用文件，其最新版本（包括所有的修改单）适用于本文件。

GB/T 601—2002　化学试剂　标准滴定溶液的制备

GB/T 8289—2008　浓缩天然胶乳　氨保存离心或膏化胶乳规格

GB/T 8290　浓缩天然胶乳　取样

GB/T 8291　浓缩天然胶乳　凝块含量的测定

GB/T 8292　浓缩天然胶乳　挥发脂肪酸值的测定

GB/T 8293　浓缩天然胶乳　残渣含量的测定

GB/T 8294　浓缩天然胶乳　硼酸含量的测定

GB/T 8295　天然胶乳　铜含量的测定

GB/T 8296　天然胶乳　锰含量的测定

GB/T 8297　浓缩天然胶乳　氢氧化钾值（KOH）的测定

GB/T 8298　浓缩天然胶乳　总固体含量的测定

GB/T 8299　浓缩天然胶乳　干胶含量的测定

GB/T 8300　浓缩天然胶乳　碱度的测定

GB/T 8301　浓缩天然胶乳　机械稳定度的测定

NY/T 1389　天然胶乳　游离钙镁含量的测定

3 加工工艺流程及设备

3.1 加工工艺流程

离心法浓缩天然胶乳加工工艺流程如图1所示。

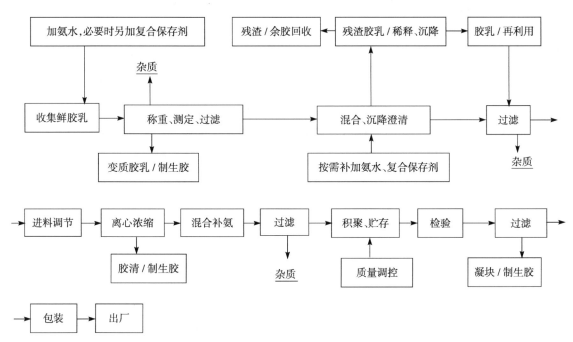

注:制备复合保存剂 TT/ZnO 分散体的推荐配方:促进剂 TT(二硫化四甲基秋兰姆)15.0 份、ZnO(氧化锌)15.0 份、分散剂 NF(亚甲基二萘磺酸钠)1.0 份、NaOH(氢氧化钠)0.1 份、H_2O(软水)68.9 份、合计 100.0 份。

图 1　离心法浓缩天然胶乳加工工艺流程

3.2 设备

胶乳运输罐、胶乳过滤筛/网、胶乳输送装置(抽胶泵或胶乳压送罐与空气压缩机)、胶乳过滤缓冲池、胶乳澄清池、胶乳进料调节池、调节池浮子及滤网、胶乳输送管道、胶乳离心分离机及备用转鼓、转鼓拆架、洗碟盘、浓缩胶乳与胶清管道、中控池、积聚罐/池、搅拌机、贮氨罐/瓶、加氨管道及计量仪表等。

4 加工操作要求及质量控制

4.1 鲜胶乳的收集、保存和运输

4.1.1 鲜胶乳的收集

鲜胶乳通常由割胶工从橡胶园收集,再送到收胶站或直接送到加工厂。

割胶工要做好树身、胶刀、胶杯、胶舌、胶刮和胶桶的清洁。

4.1.2 鲜胶乳的保存和运输

鲜胶乳通常以割胶工携带的浓度为 10% 的氨水作保存剂。从橡胶园收集的鲜胶乳通常氨含量应在 0.1% 左右(按鲜胶乳计),并应及时运至收胶站。必要时,可另加适量的复合保存剂(如 TT/ZnO)。鲜胶乳不应放在阳光下暴晒,以免变质。

胶乳运到收胶站后,应采用孔径为 355 μm(40 目)的不锈钢筛网过滤,除去树皮、杂质和凝块;然后,按附录 A 规定的方法测定鲜胶乳的干胶含量(也可用微波法测定),同时登记、称重;混合后再进行补加氨,按附录 B 规定的方法测定氨含量。氨含量应控制在 0.20%～0.35%,必要时可补加复合保存剂,如 0.02% TT/ZnO(按鲜胶乳计);补氨后要充分搅拌均匀并盖好,减少氨挥发。最后,装入胶乳运输桶/罐内运往工厂,当天的鲜胶乳应当天运至工厂加工、处理。

胶池、胶桶、管道、运输车及胶罐等工具与设施应及时用清水清洗,以备次日使用。胶池应每天收胶前用氨水严格消毒,运输罐至少每周用氨水消毒一次。

4.2 鲜胶乳的处理

由割胶工或收胶站送来的鲜胶乳经过混合及过滤,进一步除去杂质和凝块[可采用孔径为 355 μm

(40 目)不锈钢筛或合适的冲孔网],然后流入澄清沉降池,澄清沉降时间不应少于 4 h。

澄清沉降池内的鲜胶乳应按附录 A 或微波法测定干胶含量、按附录 B 规定的方法测定氨含量,参照 GB/T 8292 规定的方法测定鲜胶乳的挥发脂肪酸值。

鲜胶乳在这一工序中的质量控制指标一般为:

氨含量:0.20%~0.35%　　　　　TT/ZnO 含量(对胶乳重):0.02%

干胶含量:≥22%　　　　　　　挥发脂肪酸值:≤0.10

必要时,还应按 NY/T 1389 规定的方法测定鲜胶乳的游离钙镁含量。当鲜胶乳的游离钙镁含量大于 15 mmol/kg 时,应采取措施使之降低至 15 mmol/kg 以下。为此,可在鲜胶乳中加入适量可溶性磷酸盐溶液(如 20%磷酸氢二铵水溶液),并让其静置反应 4 h 以上,除去沉淀物后再进行离心加工。

加工完毕后,所有用具、设施等应彻底清洗干净,供下次使用,并且每周至少用氨水消毒一次。

4.3 离心浓缩、质量控制与要求

4.3.1 离心浓缩

经处理澄清后的鲜胶乳,应采用 250 μm(60 目)筛网过滤,通过管道引入调节池,再从调节池通过管道引至离心机进行离心分离。经离心分离出来的浓缩胶乳和胶清分别经管道引至中控池(或积聚罐)和胶清收集池。

根据鲜胶乳的处理量和浓缩胶乳的浓度要求选择调节管和调节螺丝。通常可采用较大的调节管与较短的调节螺丝配合或较小的调节管和较长的调节螺丝配合。

每台离心机的连续加工运转时间通常不应超过 4 h。如鲜胶乳的杂质含量高,稳定性较差,运转 2 h~3 h 就应停机拆洗,以保证产品的质量。

离心机停机后,应按离心机的拆洗方法及时将离心机的转鼓、碟片拆洗干净,再按装合要求装好。不应将不同转鼓各部件对调装错,同一转鼓的部件也应按顺序装全装妥,以免影响转鼓的动平衡,保证安全运转及分离效果。

4.3.2 质量控制与要求

经离心浓缩的胶乳直接引至积聚罐/池或进入中控池混合,并测定氨含量及补氨后引至积聚罐/池。在正常生产中,每罐/池应检验 3 次~4 次,即在浓缩胶乳装至 1/3 罐/池、1/2 罐/池、2/3 罐/池及满罐/池时,都应搅拌均匀,按 GB/T 8298、GB/T 8299、GB/T 8300 和 GB/T 8292 规定的方法测定总固体含量、干胶含量、氨含量和挥发脂肪酸值。其质量要求一般控制为:干胶含量 60.7%~61.2%;总固体含量(最大)63.0%;凝块含量(质量分数)≤0.03%;氨含量(最小)0.65%(高氨)、0.35%(中氨)和 0.20%(低氨);挥发脂肪酸值(最大)≤0.05(高氨),以便贸易时使其质量符合 GB/T 8289—2008 中表 1 的要求(其中,凝块含量的限值为 0.03%,挥发脂肪酸值的限值为 0.08),否则应及时采取补救措施。

4.4 积聚、检验

4.4.1 积聚

离心浓缩胶乳经过混合补氨后输送到积聚罐/池(输送装置应保持干净,积聚罐/池在使用前应用浓氨水消毒一次),并补加液氨,使氨保存的浓缩胶乳的氨含量达到 GB/T 8289 的要求后进行积聚。浓缩胶乳一般规定在积聚罐/池内贮存 15 d 以上。如机械稳定度达不到要求,可适当加入浓度为 10%的月桂酸铵溶液提高其机械稳定性。通常月桂酸铵用量应不超过 0.05%(按浓缩胶乳计)。

对积聚罐/池中的浓缩胶乳应进行除泡,以减少凝块含量和结皮现象;积聚罐/池应保持密封;应定期取样检查浓缩胶乳,注意质量变化,及时调整质量指标和补足氨含量;按防止上层结皮的需要,每隔 7 d 至少应搅拌一次。

4.4.2 检验

每罐/池浓缩胶乳作为一批产品,每批浓缩胶乳都应搅拌均匀,按 GB/T 8290 规定的方法取样,按 GB/T 8300、GB/T 8298、GB/T 8299 和 GB/T 8292、GB/T 8301 规定的方法测定氨含量、总固体含

量、干胶含量、挥发脂肪酸值和机械稳定度；必要时，还应按 GB/T 8297、GB/T 8293、GB/T 8295、GB/T 8296 和 GB/T 8291 规定的方法测定浓缩胶乳的氢氧化钾值以及残渣、铜、锰和凝块含量。包装前，浓缩胶乳的各项质量指标必须达到 GB/T 8289—2008 中表 1 的要求才能出厂。

5 包装、标志、贮存和运输

5.1 包装

采用容量为 205 L 的全新胶乳专用包装桶或胶乳专用集装箱包装，也可用罐车装。包装容器必须清洗干净（必要时，应用氨水消毒一次）。包装前，积聚罐/池内的浓缩胶乳应搅拌均匀；包装时，应小心操作，避免污染。浓缩胶乳应采用孔径为 710 μm（20 目）不锈钢筛网过滤，不应带入任何杂物，并注意防止胶乳溢出容器外。外溢胶乳应收集重新加工。

5.2 标志

采用容量为 205 L 的钢桶时，每个包装上应标志注明下列项目：
——产品名称、执行标准、商标；
——产品产地；
——生产企业名称、详细地址、邮政编码及电话；
——批号；
——净含量、毛重；
——生产日期；
——生产国（对出口产品）；
——到岸港/城镇（对出口产品）。
采用专用集装箱或罐车包装时，车箱/罐体外应做标志，并提供书面文件。

5.3 贮存和运输

在积聚罐中贮存的浓缩胶乳按 4.4.1 的规定贮存；包装后的浓缩胶乳应保持在 2℃～35℃ 的温度中贮存，注意防晒并经常检查。如产品用钢桶包装，搬运时应轻放慢滚，避免碰撞。

待运和运输途中应保持在 2℃～35℃ 的范围，有遮盖，避免暴晒。

附 录 A

（规范性附录）

鲜胶乳干胶含量的测定—快速测定法

A.1 原理

鲜胶乳干胶含量的测定—快速测定法是将试样置于铝盘加热，使鲜胶乳的水分和挥发物逸出，然后通过计算加热前后试样的质量变化，再乘以比例常数 0.93 来快速测定鲜胶乳的干胶含量。

A.2 试剂

A.2.1 仅使用确认的分析纯试剂。

A.2.2 蒸馏水或纯度与之相等的水。

A.2.3 醋酸：配制成质量分数为 5% 的溶液使用。

A.3 仪器

A.3.1 普通的实验室仪器。

A.3.2 内径约为 7 cm 的铝盘。

A.4 操作程序

将内径约为 7 cm 的铝盘洗净、烘干，并将其称重，精确至 0.01 g。往铝盘中倒入 (2.0 ± 0.5) g 的鲜胶乳，精确至 0.01 g，加入 5%（质量分数）的醋酸溶液 3 滴，转动铝盘使试样与醋酸溶液混合均匀。将铝盘置于酒精灯或电炉的石棉网上加热，同时用平头玻璃棒按压以助干燥，直至试样呈黄色透明为止（注意控制温度，防止烧焦胶膜）。用镊子将铝盘取下，冷却 5 min，然后小心将铝盘中的所有胶膜卷取剥离。将剥下的胶膜称重，精确至 0.01 g。

A.5 结果表示

用式（A.1）计算鲜胶乳的干胶含量（DRC），单位为质量分数（%）。

$$DRC = \frac{m_1}{m_0} \times 0.93 \times 100 \qquad\cdots\cdots\cdots\cdots\cdots\cdots\cdots\cdots\cdots\cdots\cdots\cdots\cdots \text{（A.1）}$$

式中：

m_0——试样的质量，单位为克（g）；

m_1——干燥后的质量，单位为克（g）。

进行双份测定，双份测定结果之差不应大于质量分数 0.5%，然后取算术平均值，计算结果精确到 0.01。

附　录　B

（规范性附录）

鲜胶乳氨含量的测定

B.1　原理

利用酸碱中和反应原理，可测定鲜胶乳中氨的含量。氨与盐酸的反应式如下：

$$NH_3 \cdot H_2O + HCl = NH_4Cl + H_2O$$

B.2　试剂

仅使用确认的分析纯试剂，蒸馏水或纯度与之相等的水。

B.2.1　盐酸标准溶液

B.2.1.1　盐酸标准贮备溶液，$c(HCl) = 0.1 \, mol/L$

按 GB/T 601—2002 中 4.2 的要求制备。

B.2.1.2　盐酸标准溶液，$c(HCl) = 0.02 \, mol/L$

用 50 mL 移液管吸取 50.00 mL $c(HCl) = 0.1 \, mol/L$ 的盐酸标准贮备溶液（B.2.1.1）放于 250 mL 容量瓶中，用蒸馏水稀释至刻度，摇匀。

B.2.2　1‰(g/L)的甲基红乙醇指示溶液

称取 0.1 g 甲基红，溶于 100 mL 体积分数为 95% 乙醇的滴瓶中，摇匀即可。

B.3　仪器

普通的实验室仪器。

B.4　操作程序

用 1 mL 的吸管准确吸取 1 mL 鲜胶乳（用滤纸把吸管口外的胶乳擦干净）放入已装有约 50 mL 蒸馏水的锥形瓶中，吸管中黏附的胶乳用蒸馏水洗入锥形瓶。然后，加入 2 滴～3 滴 1‰(g/L)甲基红乙醇指示溶液（B.2.2），用 0.02 mol/L 盐酸标准溶液（B.2.1.2）进行滴定，当颜色由淡黄变成粉红色时即为终点，记下消耗盐酸标准溶液的毫升数。

B.5　结果表示

以 100 mL 胶乳中含氨(NH₃)的克数表示胶乳的氨含量，按式（B.1）计算。

$$氨含量 = \frac{1.7cV}{V_0} \quad\quad\quad\quad\quad\quad\quad\quad (B.1)$$

式中：

c ——盐酸标准溶液的摩尔浓度，单位为摩尔每升(mol/L)；

V ——消耗盐酸标准溶液的量，单位为毫升(mL)；

V_0 ——胶乳样品的量，单位为毫升(mL)。

进行双份测定，双份测定结果之差不应大于质量分数 0.5%，然后取算术平均值，计算结果精确到 0.01。

附加说明：

本标准按照 GB/T 1.1—2009 给出的规则起草。

本标准代替 NY/T 924—2004《浓缩天然胶乳　氨保存离心胶乳生产工艺规程》。

本标准与 NY/T 924—2004 相比，主要变化如下：

——将标准名称由《浓缩天然胶乳　氨保存离心胶乳生产工艺规程》改为《浓缩天然胶乳　氨保存离心胶乳加工规程》；

——对规范性引用文件的说明作了修改，并增加了"NY/T 1389 天然胶乳　游离钙镁含量的测定"；相应地在附录中删去了"附录 C"；

——根据 GB/T 8289—2008《浓缩天然胶乳　氨保存离心或膏化胶乳　规格》要求，将高氨保存的浓缩天然胶乳凝块含量（质量分数）的限值由 0.05% 改为 0.03%，挥发脂肪酸值的限值由 0.1 改为 0.08（见 4.3.2）；

——加工流程的第一个环节（"收集鲜胶乳"）中，除了必须加氨以外，还增加了"必要时另加复合保存剂"（见 3.1）；

——加工流程中，在"离心浓缩"工序与"积聚"工序之间，增加"混合补氨"环节（见 3.1）；

——作了编辑性的修改。

本标准由中华人民共和国农业部提出。

本标准由农业部热带作物及制品标准化技术委员会归口。

本标准起草单位：中国热带农业科学院农产品加工研究所、广东省广垦橡胶集团有限公司、海南农垦中心测试站、云南天然橡胶产业股份有限公司。

本标准主要起草人：陈鹰、彭海方、黄红海、谭杰、缪桂兰、吕明哲、杨春亮。

本标准所代替标准的历次版本发布情况为：

——NY/T 924—2004。

中华人民共和国农业行业标准

香蕉象甲监测技术规程

The monitoring technical specification for banana borer

NY/T 2160—2012

1　范围

本标准规定了香蕉根颈象甲（*Cosmopolites sordidus* Germar）监测相关的术语和定义、主要的监测方法等。

本标准适用于香蕉种植地香蕉根颈象甲的发生和种群动态的监测。

2　术语和定义

下列术语和定义适用于本文件。

2.1

监测　monitoring

适时调查了解一定区域、一定时间内害虫的发生发展动态，包括种群数量、分布区域和发生危害以及成灾情况，为趋势预报和防治提供基础数据的生产活动。

2.2

引诱剂　attractant

由昆虫产生或人工合成的对特定昆虫有行为引诱作用的活性物质。

2.3

诱芯　lure

含有昆虫引诱剂的载体。

2.4

诱捕器　trap

用于诱捕昆虫的装置。

3　香蕉象甲的形态特征、生物学特性、发生及危害特点

参见附录 A、附录 B。

4　香蕉根颈象甲监测技术

4.1　监测原理

性信息素是由生物个体专门腺体分泌释放以引诱同种异性个体，达到提高两性个体繁殖效率而趋向的一种信息化合物。根据昆虫对性信息素具有趋性的生物学特性，人工合成对香蕉根颈象甲雄虫具有特异吸引的性信息素 cosmolure，并制成性信息素缓释剂。将性信息素缓释剂置于诱捕器中，性信息素即可源源不断释放到周围空间，从而吸引香蕉根颈象甲雄虫进入诱捕器。根据诱捕到的成虫数量，即

可了解不同时间、空间的香蕉根颈象甲种群数量。

4.2　诱捕器的构造

诱捕器由遮雨盖、集虫盒、斜道等构成,并与诱芯配合使用。遮雨盖、集虫盒由耐用的聚乙烯制成,诱捕器的结构图及相关参数见附录C。

4.3　诱芯活性成分

香蕉根颈象甲的诱芯中的活性成分是 Cosmolure,是一种合成的香蕉根颈象甲雌性信息素,能够引诱香蕉根颈象甲雄虫,其主要成分见附录D。诱剂由具缓释功能的塑料包裹密封,以控制信息素的释放速率,每包诱剂重约 90 mg,正常情况下每天的释放量约为 3 mg。

4.4　诱捕器的安放

在监测点内按平均 0.2 hm² 的香蕉种植面积设 1 个诱捕器的密度进行安放,相邻诱捕器之间的距离约为 75 m。将诱捕器置于香蕉植株之间平坦的空地上,使四个斜道外侧边缘与地面良好接触。将诱芯挂在中部支撑板的中心,在集虫盒中加入清水,水面高度以集虫盒高度的 2/3 为宜,并放入少量洗衣粉。

4.5　诱捕器管理和数据记录

注意检查诱捕器集虫盒水面高度,清除其中的杂物。诱芯每 30 d 更换一次。每 10 d 收集一次诱捕到的象甲,记录虫口数量,记录表格见表1。

表 1　象甲诱捕结果记录表

香蕉品种	生长时期	诱捕虫数(头)				
		Ⅰ	Ⅱ	Ⅲ	Ⅳ	Ⅴ
调查地点(地貌):						
调查日期:						
调查人:						

4.6　发生程度划分标准

香蕉根颈象甲的发生程度可用诱虫量表示,分级标准见表2。

表 2　根颈象甲发生程度分级标准

指标/级别	轻	中偏轻	中等	中偏重	重
每月诱虫量 头/诱捕器	≤4	>4,≤25	>25,≤50	>50,≤80	>80

附 录 A

（资料性附录）

香蕉象甲的形态特征、发生及危害特点

A.1 香蕉象甲的形态特征见表 A.1。

表 A.1

项目			香蕉根颈象甲 （*Cosmopolites sordidus* Germar）	香蕉假茎象甲 （*Odoiporus longicollis* Olivier）
形态特征	成虫	体型体色	体长圆筒形，新生成虫是浅红棕色，然后才变成黑色，体形则略小	体窄菱形，红褐色
		大小	体长 9.5 mm～11.5 mm，宽 3.8 mm～4.5 mm	体长 9.8 mm～13.2 mm，宽 3.8 mm～5 mm
		头	头半圆形，额窄，有小窝	头小，半圆形，额窄，有小窝
		眼	眼扁平，不突出于头的轮廓	眼大，不突出于头的轮廓
		喙	喙圆柱形，短于前胸，末端内藏咀嚼式口器，基部有横溢，近基部较粗	喙略弯，稍侧扁，短于前胸，基部 1/4 较粗。向前缩窄，背面光滑，有些个体端部背面密布细小颗粒
		触角	触角着生于喙基部 1/3 处，触角膝状，柄节长于索节之和；索节 6 节，棒节愈合，端部 1/3 密覆茸毛，顶端凸圆	触角着生于喙基部，触角沟坑状，柄节略长于索节之和；索节 6 节，棒节愈合，侧扁，端部 1/2 密生短茸毛，顶端为弧形隆脊
		前胸	前胸长大于宽，略呈圆筒形，近端部缢缩；背面密布圆形刻点，仅中纵线中段留有光滑无刻点的直带纹	前胸长大于宽，基部最宽，两侧略平行，近端部向前缩窄，有缢缩，基部略凸圆。被面扁平，两侧和前、后缘散布圆形刻点，顶区光滑，有些个体在中线两侧有两行略呈窄菱形不整齐的刻点
		小盾片	小盾片略呈圆形	小盾片盾形
		鞘翅	鞘翅肩部最宽，向后渐缩窄，鞘翅端部近圆形；鞘翅有纵沟 9 条，行纹窄于行间，奇数行间略宽略隆，行间散布圆形刻点。臀板外露，密布短茸毛	鞘翅肩部最宽，向后缩窄，鞘翅端近平截；鞘翅圆形刻点排列成行纹，行间略隆。臀板外露，密布刻点和刚毛
		腹板	前胸腹板基节间突很窄，在基节之间有横沟；腹板后区宽，不特别向后突起	前胸腹板后区较短，基部向后略突出；后胸前侧片较窄，中间略收缩，端于腹板 1 相邻接
		足	足腿节棒状；胫节侧偏，刻点排成纵列，背隆线明显，内端角有钩，前足胫节外端角有 1 小齿；跗节短，足的第三跗节不扩展成扇形；爪分离	足短，腿节棒状；胫节内端角有钩，端部有齿；足的第三节扩展如扇形；爪分离
		其他	触角、跗节深褐色。 后胸前侧片基部较宽，端部窄，于腹板 1 相邻接	触角、跗节红褐色。 后胸腹板基部中间有"八"形细沟 前胸背板两侧各有 1 条前窄后宽的纵纹；鞘翅缝和鞘翅端部边缘以及头、触角、体腹面大部分为黑色
	卵		乳白色，长椭圆形，表面光滑，长 1.8 mm～2.2 mm，厚 0.6 mm～0.8 mm	乳黄色，长椭圆形，表面光滑，长 2.4 mm～2.6 mm，厚 1.0 mm～1.2 mm
	幼虫		幼虫乳白色，肉质身体，肥大，无足，长约 12 mm，头壳深红褐色，最后的两个腹节盘状，从侧面看像是被砍断，第八腹节有一个大的加长气孔，而其他腹节的气孔很小难以观察得到，腹末斜面之上下沿各具褐色刚毛 4 对	淡黄白色，肥大，无足，头壳红褐色，后缘圆形，高龄幼虫较瘦。低龄幼虫分布在假茎中下段的中心部位，高龄幼虫则多分布在假茎中上及外层叶鞘

表 A.1（续）

项目		香蕉根颈象甲 （*Cosmopolites sordidus* Germar）	香蕉假茎象甲 （*Odoiporus longicollis* Olivier）
形态特征	蛹	通常在靠近根茎的表面化蛹，成熟幼虫用嚼细的蕉茎纤维将隧道两端封闭，不结茧。蛹由乳白渐变乳黄至黄褐色，长11 mm～13 mm。头基部具6对赤褐色刚毛，长短各3对；喙有许多横向凹陷的不规则边缘；前胸背板有12条同色刚毛，每2条并立，分生于前胸背板前缘、前缘角侧面、背板中央及后角近侧方处；腹部末端背面具2个瘤突	幼虫老熟时，迁移到较外层叶鞘内咬食叶鞘纤维，在蛀道内作一个密实的茧，在里面化蛹。离蛹，长约16 mm。初乳白色，后变黄褐而略带红色。前胸背板前缘、腹背1～6节中间和腹末均有数个疣突

A.2 香蕉象甲的发生特点见表 A.2。

表 A.2

	香蕉根颈象甲 （*Cosmopolites sordidus* Germar）	香蕉假茎象甲 （*Odoiporus longicollis* Olivier）
发生特点	香蕉根颈象甲在华南地区1年发生4代左右，海南4代～5代，贵州5代，少数6代，世代重叠严重，常同时可见各个虫态。在广东自3月初至10月底之间发生数量较多。在华南地区每代历期夏季30 d～45 d，冬季82 d～127 d。夏季卵期5 d～9 d，幼虫期20 d～30 d，蛹期5 d～7 d，但越冬代幼虫则需90 d～100 d，羽化27 d～41 d才开始产卵。成虫喜隐蔽，藏匿于受害假茎最外1、2层干枯或腐烂的叶鞘下或者靠近球茎的地面，有群聚性	在广西南部每年发生5代，世代重叠。3月～6月幼虫发生数量较多，5月～6月为害最重。卵期6 d～15 d，幼虫期35 d～44 d，蛹期18 d～21 d。成虫畏光，具假死性，常群聚于蕉茎叶鞘内侧或腐烂的叶鞘组织内的孔隙中，每格1粒～2粒。幼虫孵化后先在外层叶鞘取食，渐向植株上部中心钻蛀，有的可蛀食到果穗部分，造成纵横不定的隧道，但一般不蛀食球茎。老熟后在外层叶鞘内咬碎纤维，并吐胶质将其缀成一个结实的茧，然后居于茧内化蛹

A.3 香蕉象甲的危害特点见表 A.3。

表 A.3

	香蕉根颈象甲 （*Cosmopolites sordidus* Germar）	香蕉假茎象甲 （*Odoiporus longicollis* Olivier）
危害特点	成虫交尾后产卵于假茎叶鞘组织内的小空格中，每格1粒，产卵处叶鞘表面通常可见微小的伤痕并呈水渍状、后变褐色的斑点，表面有少量胶质物溢出。或者产卵于球茎或球茎表层的土中。幼虫孵化后蛀食假茎成纵横交错蛀道，以植株近地面至地下部的茎或根蛀害较严重。幼虫在香蕉植株近地的茎基部和球茎内挖掘和取食为害，造成茎基部和球茎出现纵横交错的隧道。幼株受害，植株矮缩，地上部得不到充足的养分，生长发育受阻，叶片抽生缓慢、抗病能力差，易感染花叶心腐病、束顶病，叶片变黄、枯萎，直至全株死亡。成株受害，长势减弱，叶片早衰卷缩变色，不能抽穗或穗小，蕉果尚未成熟饱满即失去青叶，长出的蕉果小、瘦、无商品价值，严重被害植株的球茎变黑腐烂或抽不出蕾，遇到大风蕉株易倒伏	为害初期叶鞘表层常流出少量无色透明胶质黏液；中期可见到明显的蛀食孔，蛀食孔外口有大量黄褐色透明胶质；晚期在假茎上蛀食，蛀食孔呈蜂窝状纵横交错，大部分叶鞘腐烂变黑。植株被害后，生长不良，叶片发黄变小，逐渐枯萎下垂，结果少，严重者不能抽蕾，已挂果植株果指短小不饱满，果穗不下弯或断折，蕉园抗风力大大减弱，未成熟即倒伏，通常造成极大损失

228

附　录　B
（资料性附录）
香蕉根颈象甲成虫与假茎象甲成虫的主要形态差异

B.1　香蕉根颈象甲前胸背板密布圆形刻点，足的第三跗节不扩展成扇形。见图 B.1。

图 B.1

B.2　香蕉假茎象甲前胸背板顶区光滑，足的第三跗节扩展如扇形。见图 B.2。

图 B.2

附 录 C
（规范性附录）
香蕉根颈象甲诱捕器及相关参数

C.1 香蕉根颈象甲诱捕器构件图见图C.1。

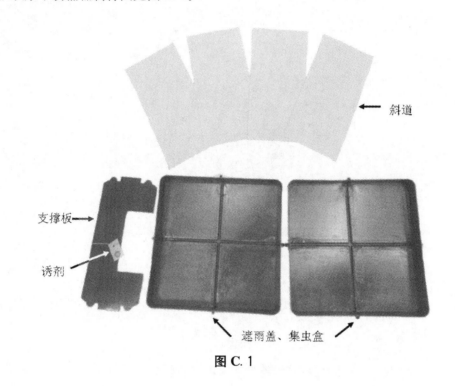

图C.1

C.2 香蕉根颈象甲诱捕器组合图见图C.2。

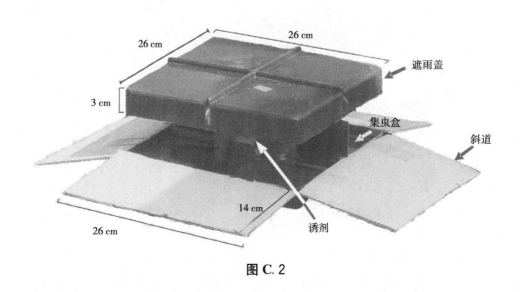

图C.2

附 录 D

（规范性附录）

香蕉根颈象甲(*Cosmopolites sordidus* Germar)引诱剂成分

D. 1 **(1S,3R,5R,7S)- 1 - Ethyl - 3,5,7 - trimethyl - 2,8 - dioxabicyclo[3.2.1]octane**

C₁₁H₂₀O₂

(1S,3R,5R,7S)- 1 -乙基- 3,5,7 -三甲基- 2,8 -二氧杂二环[3.2.1]辛烷

D. 2 **(1S,3R,5R,7R)- 1 - Ethyl - 3,5,7 - trimethyl - 2,8 - dioxabicyclo[3.2.1]octane**

C₁₁H₂₀O₂

(1S,3R,5R,7R)- 1 -乙基- 3,5,7 -三甲基- 2,8 -二氧杂二环[3.2.1]辛烷

参 考 文 献

[1]Reddy G V,Cruz Z T,Guerrero A. Development of an efficient pheromone-based trapping method for the banana root borer *Cosmopolites sordidus*[J]. J Chem Ecol,2009,35(1):111‐117.

[2]Tinzaara W,Dicke M,van Huis A,van Loon J J A,Gold C S. Different bioassays for investigating orientation responses of the banana weevil,*Cosmopolites sordidus*,show additive effects of host plant volatiles and a synthetic male produced aggregation pheromone[J]. Entomologia experimentalis et applicata,2003,106(3):169‐175.

[3]Rhino B,Dorel M,Tixier P,Risède J M. Effect of fallows on population dynamics of *Cosmopolites sordidus*:toward integrated management of banana fields with pheromone mass trapping[J]. Agricultural and Forest Entomology,2010,12(2):195‐202.

[4]Jayaraman S,Ndiege I O,Oehlschlager A C,Gonzalez L M,Alpizar D,Falles M,Budenberg W J,Ahuya P. Synthesis,analysis,and field activity of sordidin,a male-produced aggregation pheromone of the banana weevil,*Cosmopolites sordidus*[J]. Journal of chemical ecology,1997,23(4):1145‐1161.

[5]Lundhaug K,Skatteb L,Aasen A J. Synthesis of (1S,3R,5R,7S)-Sordidin,the Main Component of the Aggregation Pheromone of the Banana Weevil *Cosmopolites sordidus*[J]. Synlett,2009,2009(1):100‐102.

[6]Mori K,Nakayama T,Takikawa H. Synthesis and absolute configuration of sordidin,the male-produced aggregation pheromone of the banana weevil,*Cosmopolites sordidus*[J]. Tetrahedron letters,1996,37(21):3741‐3744.

[7]Cerda H,Mori K,Nakayama T,Jaffe K. A synergistic aggregation pheromone component in the banana weevil *Cosmopolites sordidus* Germar 1824 (Coleoptera:Curculionidae)[J]. Acta cient venez,1998,49(3):201‐203.

[8]Cabrera A,Cerda R,Sánchez,P,Jaffé K. Study of the aggegation pheromone of the banana weevil *Cosmopolites Sordidus* Germar 1824(Coleoptera:Curculionidae). Techniques in Plant-Insect Interactions and Biopesticides,Proceedings of an IFS Workshop in Chemical Ecology,H. Niemeyer(ed.),Stockholm,1996,175‐177.

[9]Yadav J,Reddy K B,Prasad A,Rehman H U. Stereoselective synthesis of (+)-sordidin,the male-produced aggregation pheromone of the banana weevil *Cosmopolites sordidus*[J]. Tetrahedron,2008,64(9):2063‐2070.

[10]Tinzaara W,Tushemereirwe W,Kashaija I,Frison E,Gold C,Karamura E,Sikora R. The potential of using pheromone traps for the control of the banana weevil *Cosmopolites sordidus* Germar in Uganda. Proceedings of a workshop on banana IPM in Nelspruit,South Africa,1999,23‐28.

[11]Reddy G V P,Cruz Z T,Naz F,Muniappan R. A Pheromone-Based Trapping System for Monitoring the Population of *Cosmopolites sordidus* (Germar)(Coleoptera:Curculionidae)[J]. Journal of Plant Protection Research,2008,48(4):515‐527.

[12]Beauhaire J,Ducrot P H,Malosse C,RochatIsaiah O. Identification and synthesis of sordidin,a male pheromone emitted by *Cosmopolites sordidus*[J]. Tetrahedron letters,1995,36(7):1043‐1046.

[13]Tinzaara W,Gold C,Dicke M,Ragama P. Factors influencing pheromone trap effectiveness in attracting the banana weevil,*Cosmopolites sordidus*[J]. Chemical ecology and integrated management of the banana weevil Cosmopolites sordidus in Uganda,2003,49:67.

[14]Budenberg W J,Ndiege I O,Karago F W. Evidence for volatile male-produced pheromone in banana weevil *Cosmopolites sordidus*[J]. Journal of chemical ecology,1993,19(9):1905‐1916.

[15]Tinzaara W,Gold C,Dicke M,van Huis A,Ragama P. The effect of mulching on banana weevil,*Cosmopolites sordidus*,movement relative to pheromone-baited traps[J]. Chemical ecology and integrated management of the banana weevil Cosmopolites sordidus in Uganda,2003,49:83.

[16]周明强,雷朝云. 香蕉象甲的发生危害情况调查及防治[J]. 植物保护,1992(3):58‐60.

[17]黄河征. 香蕉象甲的习性与防治[J]. 广西农业科学,1990(6):35‐36.

[18]罗禄恰,罗黔超,姚旭,刘泽林. 贵州的香蕉象甲及其生物学特性[J]. 昆虫知识,1985(6):265‐267.

[19]黄河征. 对香蕉象甲成虫活动的观察[J]. 植物保护,1990(5):32.

附加说明:

本标准按照 GB/T 1.1—2009 给出的规则起草。

本标准由中华人民共和国农业部提出。

本标准由农业部热带作物及制品标准化技术委员会归口。

本标准起草单位:中国热带农业科学院环境与植物保护研究所。

本标准主要起草人:刘奎、邱海燕、谢艺贤、符悦冠、卢辉。

中华人民共和国农业行业标准

椰子主要病虫害防治技术规程

Technical criterion for coconut pest control

NY/T 2161—2012

1 范围

本标准规定了椰子主要病虫害的防治原则、措施及推荐使用药剂。

本标准适用于我国椰子主要病虫害的防治。

2 规范性引用文件

下列文件对于本文件的应用是必不可少的。凡是注日期的引用文件，仅注日期的版本适用于本文件。凡是不注日期的引用文件，其最新版本（包括所有的修改单）适用于本文件。

GB 4285 农药安全使用标准

GB/T 8321（所有部分） 农药合理使用准则

GB 15569 农业植物调运检疫规程

NY/T 353 椰子 种果和种苗

DB46/T 12 椰子栽培技术规程

3 推荐使用药剂的说明

本标准推荐选用的杀菌/杀虫剂是参照我国农药管理部门登记允许在果树上使用的。不应使用国家严格禁止在果树上使用的和未登记的农药。当新的有效农药出现或者新的管理规定出台时，以最新的规定为准。

4 椰子主要病虫害及防治

4.1 主要病虫害及其发生为害特点

参见附录 A 和附录 B。

4.2 主要病虫害防治原则

贯彻"预防为主，综合防治"的植保方针。重点防治对椰子生产具有重大经济影响的病虫害，针对重要病虫害发生为害特点，有选择地使用农业防治、检疫、生物防治、物理防治、化学防治等一项或多项防治措施。

4.2.1 选择抗病虫能力强的优良品种，并严格选择健康苗木，苗木质量应符合 NY/T 353 的规定。

4.2.2 加强田间监测，掌握病虫害发生动态，及时采取相应防治措施。

4.2.3 加强栽培管理，提高植株抗性，创造不利于病虫害滋生和有利于各类天敌繁衍的环境条件。栽培管理应符合 DB/T 12 的规定。

4.2.4 采用化学防治措施时，要充分考虑病虫害的抗药性问题，注意药剂的合理轮换使用，不应高频率长期使用同一种药剂。

4.2.5 使用药剂防治时应符合 GB 4285 和 GB/T 8321 的规定,严格掌握使用浓度或剂量、使用次数、施药方法和安全间隔期。

4.2.6 应选用对天敌、环境与产品影响小的低毒、低残留无公害药剂,鼓励选用诱虫灯、色板、防虫网、寄生性天敌等绿色防控手段。

4.3 主要病虫害的防治

4.3.1 椰子芽腐病(*Phytophthora palmivora* Butler)

4.3.1.1 防治措施

4.3.1.1.1 加强栽培管理。合理施用氮磷钾肥,避免偏施氮肥,增施有机肥和复合微生物肥。搞好椰园的排灌系统,避免积水。在早春使用药剂 1 次,减少初侵染源。在病害流行期喷药保护病区周围的椰树,每 7 d～10 d 喷药 1 次,以预防芽腐病发生。

4.3.1.1.2 搞好椰园清洁。经常巡查,及时清除枯枝、残叶、残果,并集中烧毁或深埋,减少初侵染源。

4.3.1.2 推荐使用的主要杀菌剂及方法见附录 C。

4.3.2 椰子泻血病[*Ceratocystis paradoxa* (Dade) Mereau]

4.3.2.1 防治措施

4.3.2.1.1 加强栽培管理。科学施用有机肥和化学肥料。避免在树干上造成机械损伤。干旱时注意浇水,雨季做好排水工作。

4.3.2.1.2 刮除病组织,并集中烧毁,对处理过的伤口涂药保护。

4.3.2.2 推荐使用的主要杀菌剂及方法见附录 C。

4.3.3 椰子灰斑病[*Pestalotiopsis palmarum* (Cook) Steyaert]

4.3.3.1 防治措施

4.3.3.1.1 加强栽培管理。育苗期避免密度过大,给予适当荫蔽。种植密度应符合 DB/T 12 的规定。加强椰园抚育管理,改善排水条件。不宜偏施氮肥,宜增施钾肥。

4.3.3.1.2 搞好椰园清洁。经常巡查,清除病残老叶并集中烧毁,减少初侵染源。

4.3.3.1.3 在苗圃和幼龄椰园发病初期及时喷药进行防治。

4.3.3.2 推荐使用的主要杀菌剂及方法见附录 C。

4.3.4 椰子煤污病[*Capnodium citri* Berk. Et Desm;*Meliola butleri* Syd. ;*Chaetothyrium spinigerum* (Holm) Yamam]

4.3.4.1 防治措施

4.3.4.1.1 加强田间管理。植株种植不要过密,清除杂草,改善椰园通风透光条件,增强树势,以减轻发病程度。

4.3.4.1.2 及时防治与病害发生有关的黑刺粉虱、介壳虫等害虫。

4.3.4.2 推荐使用的主要杀菌剂及方法见附录 C。

4.3.5 椰子炭疽病(*Colletotrichum* sp.)

4.3.5.1 防治措施

4.3.5.1.1 加强栽培管理。保持椰园清洁,及时清除枯枝落叶,剪除病叶,并集中烧毁。田间巡查发现病情,应及时施药防治。

4.3.5.1.2 控制湿度。及时排除积水,减少雨天的湿度。降低种植密度,保持空气流通。

4.3.5.2 推荐使用的主要杀菌剂及方法见附录 C。

4.3.6 椰子平脐蠕孢叶斑病[*Bipolaris incurvata* (Ch. Bernard) Alcorn]

4.3.6.1 防治措施

4.3.6.1.1 加强栽培管理。提高土壤肥力,苗期增施钾、磷肥。降低种植密度,确保苗期阳光照射充足,减少露水在叶片上的滞留,减少水珠溅射,降低树冠湿度。做好排水系统,防止积水。

4.3.6.1.2 清洁椰园,将枯死和严重感病的叶片集中烧毁,减少初侵染源。

4.3.6.2 推荐使用的防治药剂及方法见附录C。

4.3.7 椰心叶甲(*Brontispa longissima* Gestro)

4.3.7.1 加强检疫

检疫措施应符合 GB 15569 的规定。对于来自疫区而检疫未发现椰心叶甲各虫态的苗木,可准予在网室内试种一段时间,并加强后续监管、监测。试种期间严格与其他棕榈植物隔离。

4.3.7.2 生物防治

应用天敌寄生蜂椰甲截脉姬小蜂 *Asecodes hispinarum* Boucek、椰心叶甲啮小蜂 *Tetrastichus brontispae* Ferriere 防治椰心叶甲。放蜂时,将椰甲截脉姬小蜂、椰心叶甲啮小蜂按 3:1 的比例,蜂虫比10:1,每公顷 15 000 头释放到椰心叶甲发生区,每月释放 1 次,连续释放 4 次~6 次。

4.3.7.3 化学防治

在未展开的心叶部位悬挂药包,每 3 个月挂 1 次。危害严重的地段可选用 4.5%高效氯氰菊酯微乳1 000 倍液,或 30%敌百虫乳油 500~1 000 倍液喷施心部,喷至药液下滴为止,分上半年和下半年两个阶段各喷药 1 次。

放蜂与挂药包不能同时进行,打药 20 d 内不可放蜂;挂包 3 个月后,才可放蜂。

4.3.8 红棕象甲(*Rhynchophorus ferrugineus* Olivier)

4.3.8.1 加强检疫

检疫措施应符合 GB 15569 的规定。

4.3.8.2 田间管理

发现树干受伤时,可用沥青涂封伤口或用泥浆涂抹,以防成虫产卵;受害致死的树应及时砍伐并集中烧毁;及时清理掉落的树叶,并集中烧毁。

4.3.8.3 生物防治

在红棕象甲发生区每公顷悬挂红棕象甲诱捕器 1 个~2 个,每个诱捕器内悬挂聚集信息素诱芯 1个,如同时添加乙酸乙酯 10 mL 作为协同增效剂,防治效果更佳。

4.3.8.4 化学防治

主要使用注射药液进行防治。发现树干流胶时,可向叶柄基部和树干内注射的药剂有 80%敌敌畏乳油 1 000 倍液,或 30%三唑磷乳油 500 倍液,或 4.5%高效氯氰菊酯微乳 1 000 倍液,或 3%啶虫脒微乳剂 1 000 倍液,或 40%毒死蜱乳油 1 500 倍液,或 2%阿维菌素乳油 1 500 倍液喷淋,也可用棉花蘸敌敌畏原药塞入虫孔,并用塑料膜密封熏蒸 1 周,连续 3 次~5 次即有效。或在植株叶腋处填放 5%的敌敌畏原药与沙子的拌和物,在伤口和裂缝处涂抹煤焦油,在树干上打孔,放入 2.1 g 磷化钙等。

4.3.9 二疣犀甲(*Oryctes rhinoceros* Linn.)

4.3.9.1 田间管理

保持椰园清洁,及时清除残枝落叶、落果,并集中烧毁。

4.3.9.2 生物防治

在二疣犀甲发生区每公顷悬挂 30 个~45 个二疣犀甲诱捕器,每个诱捕器内悬挂 1 个聚集信息素诱芯。

4.3.9.3 化学防治

在椰林郁闭度较高时,将 5%辛硫磷颗粒剂混泥沙,重量比 1:20 混好后,撒施到幼苗心叶,每株50 g。

附　录　A
（资料性附录）
椰子主要病害及发生特点

病害名称	发生特点
椰子芽腐病 （*Phytophthora palmivo-ra* Butler）	椰子树整个生长期都可以发生此病，但幼龄期发生较为严重。早期症状表现为心叶旁边1片～2片嫩叶发黄，随后心叶变为黄绿色，心叶基部迅速腐烂，很容易就可以从树冠上拔出来。传染到老叶时，整个叶片布满凹陷的斑点。斑点边缘不规则，水渍状。发生严重时整个树冠腐烂，数月之后整株树枯萎死亡 　　该病原菌好水性强，喜凉爽气温，每年2～5月是常发季节，在雨天或相对湿度90%以上，温度在20℃～25℃之间，病原菌开始萌发和传播，雨季末期和台风雨后，此病为害最为严重。5月以后，由于温度升高，该病的危害明显减弱。干旱季节不利该病发生
椰子泻血病 ［*Ceratocystis paradoxa* (Dade) Mereau］	该病害症状出现在树干茎部。初期茎部出现细小变色的凹陷斑点，病斑扩大后可汇合，会在树干上形成大小不一的裂缝，小裂缝连成大裂缝。随着病情的发展，茎干内纤维素开始解体，变腐烂，从裂缝处流出红褐色的黏稠液体。干后呈黑色，裂缝组织腐烂。严重时叶片变小，继而树冠凋萎，叶片脱落，整株死亡 　　该病害一般在3月～5月发生，一般是从伤口侵入为害，春季久雨初晴的环境是该病发生、流行盛期
椰子灰斑病 ［*Pestalotiopsis palma-rum* (Cook) Steyaert］	该病大多数发生在较老的下层叶片或外轮叶片上，嫩叶很少发病。最初在小叶上出现黄色小斑，外围有灰色条带，这些斑点最后汇合在一起形成大的病斑，病斑中央逐渐变成灰白色，灰色条带变成黑色，外围有黄色晕圈。重病时整张叶片干枯萎缩，似火烧状。在褐色病斑上散生有黑色、圆形、椭圆形或不规则的小黑点 　　此病周年均有发生。高湿条件有利侵染。育苗时过度拥挤此病蔓延迅速
椰子煤污病 ［*Capnodium citri* Berk. Et Desm *Meliola butleri* Syd. *Chaetothyrium spini-gerum* (Holm) Yamam］	椰子煤污病主要危害叶片，被害部分覆盖一层黑色煤炱状物。因病原菌种类不同，引起症状各有差异，如煤炱属的煤炱为黑色薄纸状，易撕下或自然脱落；刺盾炱属的霉盾似锅底灰，若用手指擦拭，叶色仍为绿色；小煤炱属的霉层呈辐射状小霉斑，分散于叶面及叶背，由于菌丝产生吸孢，能紧附于寄主表面，故不宜脱落。煤污病严重时，浓黑色的霉层盖满全树的成叶及枝干，阻碍叶片的光合作用，抑制生长，病叶变黄萎，提早落叶，降低观赏价值和产量 　　病原菌大部分种类以蚜虫、蚧虫和粉虱等昆虫的分泌物为营养，因此这些昆虫的存在是本病发生的先决条件，并随这些昆虫的活动程度而消长；但小煤炱属引起的煤污病与昆虫关系不大，因它是一种纯寄生菌。煤污病主要在高温、潮湿的气候条件下蔓延危害，病原菌孢子借风雨传播，也可随昆虫传播。在栽培管理粗放和荫蔽、潮湿的椰园中常造成严重为害
椰子炭疽病（*Colletotri-chum* sp.）	初期出现小的、水渍状、墨绿色，1 mm～2 mm宽的斑点。病斑扩大成圆形，病斑中央由棕褐色转为浅褐色，边缘水渍状，随着病斑的扩展，病斑中心由浅褐色转为乳白色，一些病斑边缘呈黑色。多数圆形病斑宽3 mm～7 mm，随着病斑连接在一起，坏死面积增大。展开的嫩叶上病斑扩大 　　嫩叶容易感病，老叶比较抗病。叶片老化后，病斑扩展速度减慢。但是如果湿度足够大，新孢子继续产生，形成比较大的、边缘黑色，周围有大量黑色小点的大斑。在老叶上，病斑不再扩展，叶片大部分被数百个病斑覆盖，整个叶片表面黄化坏死，单个斑点也会发生黄化 　　叶柄和叶鞘也会被侵染。典型病斑长5 mm～10 mm，褐色到灰白色，边缘褐色到黑色 　　叶片和叶鞘上的老病斑上产生炭疽菌孢子，这些孢子通过雨水溅射传播到健康植株上。叶片保持湿润12 h以上，孢子就会萌发产生附着胞，附着胞使孢子牢牢吸附于叶片上，然后产生侵染菌丝，侵染菌丝穿透叶片表面，完成病原菌在叶片上的定殖，叶片出现褐色坏死或是叶斑。孢子也可通过风传播。苗圃工人清除病植物等人事操作或昆虫等也可传播。盘、罐、标签等也会带有病原菌孢子

表 A.1（续）

病害名称	发生特点
椰子平脐蠕孢叶斑病 *Bipolaris incurvata* (Ch. Bernard) Alcorn	发病初期叶片上出现细小的水渍状病斑,萎黄色至绿褐色,最后扩展成圆形至椭圆形的病斑,病斑大小 2 mm～10 mm,或更大一些,病斑呈褐色、红褐色或黑褐色到黑色,病斑周围可能会有褪绿色晕圈。一些棕榈植物上会有凹陷的眼斑。发病严重时病斑接连在一起形成大的病斑,叶片干枯碎裂 种植密度过大、过度荫蔽、土壤贫瘠发病重,偏施氮肥会加重发病,叶片上有露珠也可加重发病。病原菌孢子随风传播

附　录　B

（资料性附录）

椰子主要害虫及发生特点

害虫名称	形态特征及为害特征
椰心叶甲 （ *Brontispa longissima* Gestro）	形态特征:成虫体扁平狭长,雄虫比雌虫略小。体长 8 mm～10 mm,宽约 2 mm。头部红黑色,头顶背面平伸出近方形板块,两侧略平行,宽稍大于长。触角粗线状,11 节,黄褐色,顶端 4 节色深,有绒毛,柄节长 2 倍于宽。触角间突超过柄节的 1/2,由基部向端部渐尖,不平截,沿角间突向后有浅褐色纵沟。前胸背板黄褐色,略呈方形,长宽相当。具有不规则的粗刻点。前缘向前稍突出,两侧缘中部略内凹,后缘平直。前侧角圆,向外扩展,后侧角具一小齿。中央有一大的黑斑。鞘翅两侧基部平行,后渐宽,中后部最宽,往端部收窄,末端稍平截。中前部有 8 列刻点,中后部 10 列,刻点整齐。鞘翅颜色因分布地不同而有所不同,有时全为红黄色(印度尼西亚的爪哇),有时全为蓝黑色(所罗门群岛)。足红黄色,粗短,跗节 4 节。雌虫腹部第 5 节可见腹板为椭圆形,产卵期为不封闭的半圆形小环;雄虫为尖椭圆形,生殖器为褐色约 3 mm 长。卵长 1.5 mm,宽 1.0 mm。椭圆形,两端宽圆。卵壳表面有细网纹,褐色。幼虫幼虫 3 龄～6 龄。白色至乳白色。幼虫的龄期可从尾突的长短来分别:1 龄平均为 0.13 mm,2 龄 0.20 mm,3 龄 0.29 mm,4 龄 0.37 mm,5 龄 0.45 mm。蛹体浅黄至深黄色,长约 10.0 mm,宽 2.5 mm,与幼虫相似,头部具 1 个突起,腹部第 2 节～7 节背面具 8 个小刺突,分别排成两横列,第 8 腹节刺突仅有 2 个靠近基缘。腹末具 1 对钳状尾突 　　为害特征:成虫和幼虫主要为害未展开的椰子树幼嫩心叶。在折叠的叶片内沿叶脉平行取食叶表皮,在叶上留下与叶脉平行、褐色至灰褐色的狭长条纹。随着叶片长大。窄条取食痕也扩大形成不规则大型条块,并且褐化、坏死。在比较严重的情况下,椰叶皱缩、枯萎、破烂,甚至大面积折落,留下部分叶脉骨架。叶片正面和背面均被取食为害
红棕象甲 （ *Rhynchophorus ferrugineus* Olivier）	形态特征:成虫体长 30 mm～35 mm,宽 12 mm 左右,身体红褐色,光亮或暗。头部前端延伸成喙,雄虫的喙粗短且直,喙背有一丛毛;雌虫喙较细长且弯曲,喙和头部的长度约为体长的 1/3。前胸前缘细小,向后缘逐渐宽大,略呈椭圆形;背上有 6 个小黑斑排列两行,前排 3 个,两侧的较小,中间的一个较大;后排 3 个较大。鞘翅较腹部短,腹末外露。身体腹面黑红相间,各足基节和转节黑色,各足腿节末端和胫节末端黑色,各足跗节黑褐色。触角柄节和索节黑褐色,棒节红褐色。卵乳白色,长椭圆形,表面光滑。老熟幼虫体长 40 mm～45 mm,黄白色,头暗红褐色,体肥胖,纺锤形,胸足退化。蛹长 35 mm 左右,初化蛹乳白色,后逐渐变褐色。茧长 50 mm～95 mm,呈长椭圆形,由树干纤维构成 　　为害特征:红棕象甲成虫和幼虫都能为害,尤以幼虫所造成的损失为大,幼虫钻进树干内取食茎杆疏导组织,致使树干成空壳,树势逐渐衰弱,易受风折。危害生长点时,可使植株死亡。椰子成林时间较长,一旦死亡,损失较大 　　红棕象甲对 3 年～15 年生的椰子树危害较重,较少危害 30 年～50 年生的老树。成虫喜产卵于植株幼嫩组织伤口上。侵害幼树时,通常都是成虫在幼树树干或位于地表根部的受害部位如伤痕、裂口或裂缝产卵,幼虫孵化后侵入树体。侵害老树时一般都是从树冠受害部位侵入,而不会从树干的受伤部位侵入。早期危害很难被察觉,后期被害树与健康树有明显差异。初为害时,新抽的叶片残缺不全,用耳朵或医用听诊器贴近受害树茎杆,能听到幼虫在茎内"沙沙"的蛀食声;为害后期,中心叶片干枯,被害树的叶子减少,被害叶的基部枯死,倒披下来;移开枯死的叶柄,能看到红棕象甲结的茧,剥开表皮可看到幼虫钻蛀的坑道。受害严重的植株,新叶枯萎,生长点死亡,只剩下数片老叶,此时植株难以挽救。有的树干甚至被蛀食中空,只剩下空壳。如果红棕象甲从树冠侵入,新叶将全部枯死

表 B. 1（续）

害虫名称	形态特征及为害特征
二疣犀甲 （*Oryctes rhinoceros* Linn.）	形态特征：成虫的雄虫个体较大，体长 33.2 mm～45.9 mm，前胸宽 14.0 mm～18.7 mm。雌虫一般较雄虫小，体 38.0 mm～43.0 mm，前胸宽 15.0 mm～18.0 mm。雌、雄体表均为黑褐色，光滑，有光泽；腹面稍带棕褐色，有光泽。头小，背面中央有一长 3.5 mm～7.5 mm 微向后弯的角状突，雄虫突起长于雌虫突起，头部腹面被褐色短毛，唇基前缘分两叉，端部向上反转。前胸背板大，自前缘向中央形成 1 大而圆形的凹区。凹区四周高起，后缘中部向前方凸出两个疣状突起。鞘翅密布不规则的粗刻点，并有 3 条平滑的隆起线，在线的会合处较宽而且光滑。前足胫节有 4 个外齿和 1 个端刺。雄虫腹部腹面各节近后缘疏生褐色短毛列，末节近于新月形。雌虫腹部腹面被较密的褐色毛，末节略呈三角形，背板密生褐色毛。卵椭圆形，初产时乳白色，大小为 3.5 mm×2.0 mm；后期膨大为 4.0 mm×3.5 mm，颜色变为乳黄色，卵壳坚韧，有弹性。幼虫蛴螬型。共分 3 龄。末龄幼虫体长 45 mm～70 mm，头宽 9.5 mm～12 mm，胸宽 17.5 mm～21.5 mm。头部赤褐色，密生粗大刻点，体淡黄色。触角短小有毛，第 3 节下端突出，末端有 17 个～18 个泡状感觉器。前胸气门较腹部气门大，胸部背面有较长的刚毛。腹部各节密生短刺毛，肛门作"一"字形开口，无刚毛列。蛹体长 45 mm～50 mm，前胸宽 18 mm～20 mm，腹部宽 21 mm～25 mm，全体赤褐色。头部具有角状突起，雌蛹突起长度不及宽度的 2 倍，而雄蛹则达 3 倍以上。后翅端伸出鞘翅外方，达腹部第 5 节后缘。气门长椭圆形，开口大，尾节末端密生微毛。雄蛹臀节腹面有瘤状突起，雌虫则较为平坦。 　　为害特征：二疣犀甲以成虫为害椰子树未展开的心叶、生长点或树干，咬坏心叶和叶柄，深达 5 cm～30 cm，食其汁液，留下撕碎的残渣碎屑于洞外；心叶尚未抽出便被危害时，抽出展开后叶端被折断而呈扇形，或叶片中间呈波纹状缺刻，受害较多时树冠变小而凌乱，影响植株生长和产量；生长点受害多致整株死亡；树干（幼嫩部分）受害留下孔洞为其他病虫害侵入提供条件。一株椰树若被 3 头～4 头成虫钻蛀心叶，破坏生长点，便可致整株死亡

附　录　C

（规范性附录）

椰子主要病害推荐使用的防治药剂及方法

病害名称	推荐使用的防治药剂及方法
椰子芽腐病（*Phytophthora palmivora* Butler）	选用1%波尔多液，或58%甲霜锰锌可湿性粉剂600倍液或40%乙磷铝可湿性粉剂200倍～300倍液，或50%嘧菌酯悬浮剂3 000倍～4 000倍液，或250 g/L双炔酰菌胺悬浮剂1 000倍～1 500倍液，或50%烯酰吗啉可湿性粉剂1 000倍液，或72.2%普力克水剂，或64%杀毒矾可湿性粉剂500倍液等药剂喷施植株心叶及幼嫩部分。每隔7 d～10 d喷药1次，连喷2次～3次
椰子泻血病［*Ceratocystis paradoxa*（Dade）Mereau］	选用750 g/L十三吗啉乳油2 000倍液灌根。每隔7 d～10 d施药1次，连施2次～3次 选用300 g/L苯甲·丙环唑乳油225 mL/hm²～375 mL/hm²，或5%多菌灵可湿性粉剂800倍液，或50%咪鲜胺锰盐可湿性粉剂1 000倍～2 000倍液，或50%异菌脲可湿性粉剂1 000倍～2 000倍液，或80%代森锰锌可湿性粉剂600倍～1 000倍液等药剂，苗期灌心，成龄树喷洒树干。每隔7 d～10 d施药1次，连施2次～3次
椰子灰斑病［*Pestalotiopsis palmarum*（Cook）Steyaert］	选用50%克菌丹可湿性粉剂500倍液，或50%王铜可湿性粉剂500倍液，或1%波尔多液，或70%甲基托布津可湿性粉剂500倍～800倍液，或80%代森锰锌可湿性粉剂500倍～800倍液，或50%异菌脲可湿性粉剂500倍～800倍液等药剂喷洒叶片。每隔7 d～14 d喷施1次，连续喷施2次～3次
椰子煤污病［*Capnodium citri* Berk. Et Desm；*Meliola butleri* Syd.；*Chaetothyrium spinigerum*（Holm）Yamam］	选用70%百菌清可湿性粉剂700倍液，或25%丙环唑可湿性粉剂2 000倍～2 500倍液，或50%多菌灵可湿性粉剂500倍液，或50%代森铵水溶液500倍～800倍液，或50%灭菌丹可湿性粉剂400倍液等药剂进行防治 选用10%吡虫啉可湿性粉剂3 000倍液、或80%敌敌畏1 500倍液、或50%辛硫磷乳油1 000倍液、或50%马拉硫磷1 500倍液、或50%敌敌畏1 000倍液、或2.5%溴氰菊酯3 000倍液等控制黑刺粉虱、介壳虫等害虫 每隔7 d～10 d喷药1次，连续喷施2次～3次
椰子炭疽病（*Colletotrichum* sp.）	选用50%咪鲜胺锰盐可湿性粉剂1 000倍液，或80%代森锰锌可湿性粉剂800倍液，或50%退菌特可湿性粉剂500倍液，或50%多菌灵可湿性粉剂600倍～800倍液，或70%丙森锌可湿性粉剂600倍～800倍液，或78%代森锰锌·波尔多液可湿性粉剂500倍～600倍液，或25%嘧菌酯悬浮剂2 000倍液，或75%百菌清可湿性粉剂500倍～600倍液，或50%甲基托布津可湿性粉剂1 000倍液等药剂进行叶片喷雾。每隔7 d～10 d喷药1次，连续喷3次～4次
椰子平脐蠕孢叶斑病［*Bipolaris incurvata*（Ch. Bernard）Alcorn］	选用50%多菌灵可湿性粉剂500倍液，或50%硫菌灵胶悬剂600倍～700倍液，或25%三唑酮可湿性粉剂1 000倍液，或50%嘧菌酯悬浮剂3 000倍～5 000倍液，或70%代森锰锌可湿性粉剂500倍液，或50%福美双可湿性粉剂500倍液，或25%丙环唑乳油2 000倍～4 000倍液等药剂喷洒叶片。每隔7 d～10 d喷药1次，连续喷施2次～3次

附加说明：

本标准按照GB/T 1.1—2009给出的规则起草。

本标准由中华人民共和国农业部提出。

本标准由农业部热带作物及制品标准化技术委员会归口。

本标准起草单位：中国热带农业科学院椰子研究所。

本标准主要起草人：覃伟权、余凤玉、阎伟、朱辉、吕朝军、李朝绪、牛晓庆、韩超文。

中华人民共和国农业行业标准

主要热带作物品种 AFLP 分子鉴定技术规程

Guideline for identifying main tropical crops varieties with
AFLP molecular markers

NY/T 2174—2012

1　范围

本标准规定了主要热带作物品种 AFLP 分子鉴定的术语和定义、试剂和材料、仪器和设备、鉴定步骤、结果计算和鉴定规则。

本标准适用于橡胶（*Heava brasiliensis* Muell-Arg）、芒果（*Mangifera indica* Linn.）、荔枝（*Litchi chinensis* Sonn.）、龙眼（*Dimocarpus longana* Lour.）、香蕉（*Musa nana* Lour.）、木薯（*Manihot esculenta* Crants）、柱花草（*Stylosanthes* SW.）的品种 AFLP 分子鉴定；也可作为其他热带作物品种 AFLP 分子鉴定参考。

2　规范性引用文件

下列文件对于本文件的应用是必不可少的。凡是注日期的引用文件，仅注日期的版本适用于本文件。凡是不注日期的引用文件，其最新版本（包括所有的修改单）适用于本文件。

GB/T 6682　分析实验室用水规格和试验方法

3　术语和定义

下列术语和定义适用于本文件。

3.1

遗传相似性　genetic similarity

供检品种与真实品种间在 DNA 分子遗传上的一致性程度，用遗传相似系数表示。

4　原理

根据不同热带作物品种基因组 DNA 存在差异，基因组 DNA 经限制性内切酶双酶切后分别连上特定的接头，再进行预扩增和选择性扩增；由于选择性碱基的种类、数目和顺序决定了扩增片段的特殊性，只有那些限制性位点侧翼的核苷酸与引物的选择性碱基相匹配的限制性片段才可以被扩增；扩增产物经聚丙烯酰胺凝胶电泳分离，然后根据凝胶上 DNA 指纹的有无来鉴定品种间的差异。

5　试剂与材料

除非另有说明外，在分析中仅使用确认为分析纯试剂。水为 GB/T 6682 规定的无菌双蒸水或纯度与之相当的水。

5.1　样品 DNA 提取试剂

5.1.1　三羟甲基氨基甲烷[Tris，$NH_2C(CH_2OH)_3$，CAS：77 - 86 - 1]。

中华人民共和国农业部 2012 - 06 - 06 发布　　　　　　　　　　　　2012 - 09 - 01 实施

5.1.2 氯化氢(HCl,CAS:7647-01-0)。

5.1.3 乙二胺四乙酸二钠(EDTA-Na$_2$·2H$_2$O,C$_{10}$H$_{14}$N$_2$Na$_2$O$_8$·2H$_2$O,CAS:6381-92-6)。

5.1.4 氢氧化钠(NaOH,CAS:1310-73-2)。

5.1.5 氯仿(CHCl,CAS:67-66-3)。

5.1.6 异戊醇(C$_5$H$_{12}$O,CAS:123-51-3)。

5.1.7 十六烷基三甲基溴化铵[CTAB,C$_{16}$H$_{33}$(CH$_3$)$_3$NBr,CAS:57-09-0]。

5.1.8 氯化钠(NaCl,CAS:7647-14-5)。

5.1.9 β-巯基乙醇(β-Mercaptoethanol,C$_2$H$_6$OS,CAS:60-24-2)。

5.1.10 苯酚(C$_6$H$_6$O,CAS:108-95-2)。

5.1.11 异丙醇(C$_3$H$_8$O,CAS:67-63-0)。

5.1.12 醋酸钠(CH$_3$COONa,CAS:127-09-3)。

5.1.13 乙酸(C$_2$H$_4$O$_2$,CAS:64-19-7)。

5.1.14 1 mol/L Tris-HCl(pH8.0):在80 mL无菌双蒸水中溶解12.11 g Tris(5.1.1)加入4.2 mL浓HCl(5.1.2)调节pH至8.0(溶液冷至室温后,最后调定pH),用无菌双蒸水定容至100 mL。

5.1.15 0.5 mol/L EDTA(pH8.0):在80 mL无菌双蒸水中加入18.61 g乙二胺四乙酸二钠(5.1.3),在磁力搅拌器上剧烈搅拌,用氢氧化钠(5.1.4)调节溶液的pH至8.0(约需2 g氢氧化钠)然后用无菌双蒸水定容至100 mL。

5.1.16 氯仿:异戊醇(24:1):先加960 mL氯仿(5.1.5),再加40 mL异戊醇(5.1.6),混合均匀,保存在棕色玻璃瓶中,4℃保存。

5.1.17 CTAB提取缓冲液:称取4 g CTAB(5.1.7)和16.364 g NaCl(5.1.8),量取1 mol/L Tris-HCl(5.1.14)20 mL和0.5 mol/L EDTA(5.1.15)8 mL,先用70 mL无菌双蒸水溶解,再定容至200 mL灭菌、冷却后,加入0.2% β-巯基乙醇(5.1.9)400 μL和氯仿:异戊醇(5.1.16)100 mL,摇匀即可。

5.1.18 苯酚:氯仿:异戊醇(25:24:1):将饱和苯酚(5.1.10)与等体积的氯仿:异戊醇(24:1)(5.1.16)混合均匀,保存在棕色玻璃瓶中,4℃保存。

5.1.19 1×TE缓冲液:量取1 mol/L Tris-HCl缓冲液(5.1.14)5 mL和0.5 mol/L EDTA(5.1.15)1 mL溶液于500 mL烧杯中,向烧杯中加入400 mL无菌双蒸水均匀混合,用无菌双蒸水定容至500 mL后,高温高压灭菌。室温保存。

5.1.20 50×TAE电泳缓冲液:称取242 g Tris碱(5.1.1),量取57.1 mL乙酸(5.1.13),量取100 mL 0.5 mol/L EDTA(5.1.15),用无菌双蒸水定容至1 L。

5.1.21 1×TAE电泳缓冲液:取50×TAE电泳缓冲液(5.1.20)20 mL,用无菌双蒸水定容至1 L。

5.1.22 琼脂糖,电泳级。

5.1.23 0.8%琼脂糖:称取0.8 g琼脂糖到三角瓶中,加入1×TAE电泳缓冲液(5.1.21)100 mL,加热至完全溶解。

5.2 生化试剂

5.2.1 RNA酶。

5.2.2 限制性内切酶 *Eco*RI。

5.2.3 限制性内切酶 *Mse*I。

5.2.4 *Mse*I接头序列:5'-GACGATGAGTCCTGAG-3',3'-TACTCAGGACTCAT-5';*Eco*RI接头序列:5'-CTCGTAGACTGCGTACC-3',3'-CATCTGACGCATGGTTAA-5'。

5.2.5 T4 DNA连接酶。

5.2.6　引物：预扩增引物，选择性扩增引物（参见附录 A）。

5.2.7　*Taq* DNA 聚合酶。

5.2.8　脱氧核苷三磷酸（dNTPs）。

5.2.9　DL2000：DNA 标准分子量。

5.2.10　小分子量 pUC19 DNA/*Msp*I：DNA 标准分子量。

5.2.11　10×PCR 反应缓冲液：500 mmol/L KCl，100 mmol/L Tris·Cl，在 25℃下，pH9.0，1.0% Triton X-100。

5.3　点样及制胶试剂

5.3.1　甲酰胺（CH_3NO，CAS：75-12-7）。

5.3.2　二甲苯苯胺（$C_{25}H_{27}N_2NAO_6S_2$，CAS：2650-17-1）。

5.3.3　溴酚蓝（$C_{19}H_{10}Br_4O_5S$，CAS：115-39-9）。

5.3.4　硼酸（H_3BO_3，CAS：10043-35-3）。

5.3.5　丙烯酰胺（$CH_2=CHCONH_2$，CAS：79-06-1）。

5.3.6　双丙烯酰胺（N，N'-亚甲基双丙烯酰胺，$C_7H_{10}N_2O_2$，CAS：110-26-9）。

5.3.7　过硫酸铵[$(NH_4)_2S_2O_8$，CAS：7727-54-0]。

5.3.8　尿素[$CO(NH_2)_2$，CAS：57-13-6]，超级纯。

5.3.9　N，N，N'，N'-四甲基乙二胺[TEMED，$(CH_3)_2NCH_2CH_2N(CH_3)_2$，CAS：51-67-2]。

5.3.10　2×AFLP 上样缓冲液：取 980 μL 甲酰胺（5.3.1），2 μL 0.5 mol/L EDTA（5.1.15），0.1 μL 二甲苯苯胺（5.3.2），0.1 mg 溴酚蓝（5.3.3），用无菌双蒸水定容至 1 mL。

5.3.11　10×TBE：称取 108 g Tris 碱（5.1.1）和 55 g 硼酸（5.3.4），加入 0.5 mol/L EDTA（pH8.0）40 mL，用无菌双蒸水定容至 1 L。

5.3.12　40% 丙烯酰胺：分别称取丙烯酰胺（5.3.5）76 g 和双丙烯酰胺（5.3.6）4.0 g，加 150 mL 无菌双蒸水，37℃溶解后，定容至 200 mL。

5.3.13　10% 过硫酸铵：1 g 过硫酸铵（5.3.7），加无菌双蒸水定容至 10 mL，4℃条件下避光保存。

5.3.14　6% 聚丙烯酰胺凝胶：称取 42 g 尿素（5.3.8），加入 30 mL 无菌双蒸水，加热溶解并置于冰浴中，加入 11 mL 的 10×TBE（5.3.11），15 mL 的 40% 丙烯酰胺（5.3.12），1.33 mL 的 10% 过硫酸铵（5.3.13）混匀后用无菌双蒸水定容至 100 mL。该溶液在 4℃条件下，可保存数周。

5.4　处理玻璃板试剂

5.4.1　反硅烷化试剂。

5.4.2　亲和硅烷。

5.4.3　无水乙醇（C_2H_6O，CAS：64-17-5）。

5.5　银染试剂

5.5.1　甲醇（CH_3OH，CAS：67-56-1）。

5.5.2　硝酸银（$AgNO_3$，CAS：7761-88-8）。

5.5.3　甲醛（CH_2O，CAS：50-00-0）。

5.5.4　碳酸钠（Na_2CO_3，CAS：497-19-8）。

5.5.5　硫代硫酸钠（$Na_2S_2O_3$，CAS：7772-98-7）。

5.5.6　固定溶液：量取 200 mL 甲醇（5.4.1）和 100 mL 乙酸（5.1.13），用无菌双蒸水定容至 1 L。

5.5.7　染色液：1 g 硝酸银（5.5.2），37% 甲醛（5.5.3）1.5 mL，用无菌双蒸水定容至 1 L。

5.5.8　显影液：称取 60 g 碳酸钠（5.5.4），溶解于 2 L 无菌双蒸水，使用前加入 37% 甲醛 3.0 mL，10 g/

L 硫代硫酸钠(5.5.5)溶液 400 μL。

6 仪器和设备

6.1 梯度 PCR 扩增仪。

6.2 紫外分光光度计。

6.3 多功能电泳仪。

6.4 DNA 序列分析电泳槽。

6.5 高速冷冻离心机。

6.6 移液枪。

6.7 高压灭菌锅。

7 鉴定步骤

7.1 样品 DNA 提取

采集 0.4 g~0.5 g 新鲜嫩叶,在液氮中研磨成细粉末。将研磨后的细粉末转至 2 mL 的离心管中。加入 600 μL 65℃预热的 CTAB 提取缓冲液(5.1.17),混匀。在 65℃水浴中温育 1 h~2 h。分别用 600 μL 的酚:氯仿:异戊醇(5.1.18)和氯仿:异戊醇(5.1.16)抽提。离心收集上清液到无菌的离心管中。用等体积的异丙醇(5.1.11)和 1/10 体积的 3 mol/L 醋酸钠(pH 5.2)(5.1.12)沉淀 DNA。离心收集 DNA,并在室温下晾干。用 70%的酒精洗盐。加入 100 μL TE 缓冲液(5.1.19),完全溶解 DNA。加入 10 μL RNA 酶(10 μg/μL)(5.2.1),并于 37℃水浴中温育 1 h。用紫外分光光度度计(6.2)测定 DNA 的浓度。在 0.8%的琼脂糖胶(5.1.23)上电泳,检测 DNA 的质量。DNA 保存在—20℃冰箱。

7.2 AFLP 反应

鉴定所涉及的接头和引物参见附录 A。

7.2.1 模板 DNA 的双酶切

每个 DNA 样品按照 12 μL 的 DNA(25 ng/μL)、0.5 μL 的 EcoRI(20 U/μL)(5.2.2)、0.5 μL 的 MseI(10 U/μL)(5.2.3)、2.5 μL 的 10×EcoRI 酶切缓冲液、9.5 μL 的无菌双蒸水组分混合,总体积为 25 μL。进行 EcoRI 和 MseI 的双酶切,37℃保温酶切 2 h,70℃保温 15 min 以终止反应,冰上放置,短暂离心收集于管底并保存在—20℃冰箱。

7.2.2 DNA 片段和接头的连接

酶切完全后的 DNA 片段与 EcoRI 和 MseI 接头(5.2.4)进行连接反应,并按 10 μL 的 DNA 双酶切反应液、5 μL 的 EcoRI 接头(10 μmol/L)、5 μL 的 MseI 接头(10 μmol/L)、2.5 μL 的 10×连接缓冲液、1 μL 的 T4 DNA 连接酶(5.2.5)、1.5 μL 的无菌双蒸水组分混合,每个样品反应的总体积为 25 μL。于 16℃条件下过夜(15 h)连接。取连接产物 10 μL,按 1:5 的比例用 1×TE 缓冲液(5.1.19)稀释后用于预扩增反应。其余连接反应液保存在—20℃冰箱。

7.2.3 AFLP 预扩增反应

按 2.5 μL 的 1:5 稀释的连接反应液、1 μL 的预扩增引物 E(100 ng/μL)、1 μL 的预扩增引物 M(100 ng/μL)、0.2 μL 的 Taq DNA 聚合酶(5.2.7)(5 U/μL)、4 μL 的氯化镁(25 mmol/L)、2.5 μL 的 10×PCR 反应缓冲液(5.2.11)、2 μL 的 dNTPs(5.2.8)(2.5 mmol/L)、11.8 μL 的无菌双蒸水组分混合,反应体积为 25 μL。反应条件:94℃预变性 5 min;94℃变性 30 s,56℃退火 60 s,72℃延伸 60 s,共 25 个循环。预扩增反应后,取 5 μL 预扩增产物进行 0.8%的琼脂糖(5.1.23)电泳,检测预扩增效果。另取 3 μL 反应产物按 1:50 比例用 1×TE 缓冲液(5.1.19)稀释作为选择性扩增反应模板。其余产物保存在—20℃冰箱。

7.2.4 AFLP 选择性扩增反应

取经 1∶50 比例稀释的预扩增产物 5 μL 作为选择性扩增的 DNA 模板,加入 1 μL 的选择性引物 (5.2.6)E(100 ng/μL)、1 μL 的选择性引物 M(100 ng/μL)、2 μL 的 dNTPs(5.2.8)(2.5 mmol/L)、 0.3 μL 的 *Taq*DNA 聚合酶(5.2.7)(5 U/μL)、1.5 μL 的氯化镁(25 mmol/L)、2.0 μL 的 10×PCR 反应 缓冲液、7.2 μL 的无菌双蒸水组分混合,反应体积为 20 μL。采用梯度 PCR 方法,其反应条件为:起始 反应温度 94℃ 变性 60 s,68℃ 退火 30 s,72℃ 延伸 60 s;以后每个循环中的退火温度逐次降低 1℃,经 13 个循环后降至 56℃,其余条件不变,再进行 23 个循环。

7.2.5 AFLP 选择性扩增反应产物电泳

7.2.5.1 玻璃板处理

用 0.1 mol/L 的氢氧化钠(5.1.4)处理玻璃板 1 h,并清洗,然后自来水冲洗。用洗洁剂清洗,然后 分别用自来水和无离子水冲洗干净。玻璃板放置 50℃ 条件下烘干。用无水乙醇去除玻璃板上所有可 见的污斑,并晾干。在带耳的玻璃板一面用反硅烷化试剂(5.4.1)处理(用擦镜纸涂),并晾干(必要时在 一小角作记号)。在另一板玻璃板的一面用亲和硅烷(5.4.2)处理,方法同上。干后,用去离子水冲洗, 再用无水乙醇(5.4.3)处理。将经亲和硅烷处理的玻璃板面向上,在两边放上边条,然后将带耳的经反 硅烷化试剂处理的玻璃板面向下叠好,再用医用宽胶带将玻璃板的两边和底端封好,并夹上夹子。

7.2.5.2 制胶

取 60 mL 的 6% 聚丙烯酰胺凝胶(5.3.14)于 200 mL 烧杯中,加入 800 μL 的 10% 过硫酸铵 (5.3.13),40 μL 的二甲苯苯胺(5.3.2),迅速混匀。将玻璃板倾斜成 15°,并把溶液从玻璃板的一边灌 入,直至灌满,并插入梳子(注:对于尖头梳子,先以平端插入 0.5 cm 左右)。让胶聚合 2.5 h,聚合后,用 无离子水清洗玻璃板。

7.2.5.3 样品处理

取 3 μL AFLP 选择性产物与等体积的 2×AFLP 上样缓冲液(5.3.10)混合后,95℃ 条件变性 5 min,并迅速放置冰上冷却。小分子量 pUC19 DNA/*Msp*I(5.2.10)也做同样处理。

7.2.5.4 电泳

预电泳:使用 DNA 序列分析电泳槽和多功能电泳仪,以 1 500 V、50 W(上槽 800 mL 1×TBE,下槽 1 000 mL 1×TBE)电泳 30 min～40 min。待温度达 55℃ 时断电,开始点样。先用枪头冲洗点样孔,并 开始点样。电泳:电压 1 500 V,功率 50 W 条件下电泳 2 h,直到前沿染料至玻璃板末端 1 cm～1.5 cm 为止。电泳结束后 15 min,从电泳槽上拆下玻璃板,并用无离子水将玻璃板擦干净。

7.2.5.5 银染

固定:将带胶的玻璃板(胶面向上)放在 2 L 的固定溶液(5.5.6)中固定 20 min。洗涤:分别用 2 L 的无离子水洗涤带胶的玻璃板 3 次,每次 5 min。染色:将带胶的玻璃板(胶面向上)在 2 L 染色液 (5.5.7)中,充分振荡 45 min。用超纯水洗胶 9 s。显影:在 2 L 的显影液(5.5.8)中,充分振荡,直至所 有带出现。在固定液中终止显影,并在无离子水中漂洗。室温条件下,将玻璃板垂直放置过夜,晾干后, 进行图像扫描并记录数据,读带范围为 50 bp～330 bp。

8 结果计算

8.1 数据记录

根据 AFLP 选择性扩增产物范围的主条带有或无分别赋值,有带的记为 1,无带的记为 0。

8.2 遗传相似系数计算

供检品种与真实品种间遗传相似系数按式(1)计算。

$$Gs = \frac{2N_{xy}}{N_x + N_y} \quad \cdots\cdots\cdots\cdots\cdots\cdots\cdots\cdots\cdots\cdots\cdots\cdots \quad (1)$$

式中:

Gs ——为供检品种与真实品种间的遗传相似系数；

N_x ——真实品种 x 的总条带数；

N_y ——供检品种 y 的总条带数；

N_{xy} ——代表两个品种共有的条带数。

9 鉴定规则

遗传相似系数为 0.99～1，供检品种是真实品种；遗传相似系数小于 0.99，供检品种不是真实品种。

附 录 A

（资料性附录）

热带作物品种 DNA 分子鉴定所用接头和引物

热带作物品种	限制性内切酶	接头	预扩增引物对	选择性扩增引物对
橡胶	EcoRI/MseI	EcoRI/MseI 接头	EcoRI - A/MseI - C	E - AG/M - CAA E - TG/M - CTG
芒果	EcoRI/MseI	EcoRI/MseI 接头	EcoRI - A/MseI - C	E - ACA/M - CAT E - ACT/M - CTT
荔枝	EcoRI/MseI	EcoRI/MseI 接头	EcoRI - A/MseI - C	E - AAC/M - CTG E - ACC/M - CAT
龙眼	EcoRI/MseI	EcoRI/MseI 接头	EcoRI - A/MseI - C	E - ACT/M - CTT
香蕉	EcoRI/MseI	EcoRI/MseI 接头	EcoRI - A/MseI - C	E - ACC/M - CAT E - ACC/M - CAG
木薯	EcoRI/MseI	EcoRI/MseI 接头	EcoRI - A/MseI - C	E - ACT/M - CAT E - ACA/M - CAA E - AGG/M - CTT
柱花草	EcoRI/MseI	EcoRI/MseI 接头	EcoRI - 0/MseI - 0	E - ACC/M - CTC

附加说明：

本标准按照 GB/T 1.1—2009 给出的规则起草。

本标准由中华人民共和国农业部农垦局提出。

本标准由农业部热带作物及制品标准化技术委员会归口。

本标准起草单位：中国热带农业科学院热带作物品种资源研究所、中国热带农业科学院热带生物技术研究所、中国热带农业科学院南亚热带作物研究所、中国热带农业科学院橡胶研究所。

本标准主要起草人：邹冬梅、蒋昌顺、吴坤鑫、雷新涛、曾霞。

中华人民共和国农业行业标准

天然生胶 胶清橡胶加工技术规程

Raw natural rubber—Skim rubber—
Technical rules for processing

NY/T 2185—2012

1 范围

本标准规定了胶清橡胶生产过程中的基本工艺及技术要求。

本标准适用于以天然鲜胶乳离心浓缩过程中分离出来的胶清为原料生产胶清橡胶。

2 规范性引用文件

下列文件对于本文件的应用是必不可少的。凡是注日期的引用文件，仅注日期的版本适用于本文件。凡是不注日期的引用文件，其最新版本（包括所有的修改单）适用于本文件。

GB/T 3510　未硫化胶　塑性的测定　快速塑性计法

GB/T 3517　天然生胶　塑性保持率（PRI）的测定

GB/T 4498　橡胶　灰分的测定

GB/T 8082　天然生胶　标准橡胶包装、标志、贮存和运输

GB/T 8086　天然生胶　杂质含量的测定

GB/T 8088　天然生胶和天然胶乳　氮含量的测定

GB/T 8300　浓缩天然胶乳　碱度的测定

GB/T 24131　生橡胶　挥发分含量的测定

NY/T 229—2009　天然生胶　胶清橡胶

3 生产工艺流程及生产设备

3.1 生产工艺流程

胶清 → 收集 → 除氨 → 加酸凝固 → 压薄 → 压绉 → 绉片停放 → 造粒 → 干燥 → 称量 →

压包 → 金属检测 → 包装、标志 → 胶清橡胶

取样 ⟶ 检验定级

3.2 生产设备

胶清收集池、除氨设备、配酸池、凝固槽、过渡池、压薄机、绉片机、造粒机、输送机、胶粒泵、干燥车、干燥设备、金属检测仪和打包机。

4 生产工艺控制及技术要求

4.1 胶清收集

离心机分离出来的胶清应通过流槽或管道统一收集。收集容器应保持清洁、干净,防止外来杂质。

4.2 除氨的基本要求

4.2.1 胶清在凝固前,应进行除氨处理,使氨含量降至0.1%以下。

4.2.2 除氨可使用自然通风、机械鼓风或离心雾化的方法,建议机械鼓风和离心雾化2种方法并用。

4.2.3 氨含量按GB/T 8300的规定进行检测。

4.3 凝固

4.3.1 胶清可采用硫酸凝固,或硫酸与乙酸、硫酸与甲酸混合凝固。

4.3.2 凝固用硫酸的浓度应稀释至10%～15%(质量分数),乙酸或甲酸的浓度应稀释至15%～20%(质量分数)。用酸量应根据季节、气候、氨含量的变化进行适当调整。可使用溴甲酚绿或甲基红等指示剂控制,也可使用pH计或pH试纸控制。

4.4 压薄、压绉、造粒

4.4.1 压薄、压绉、造粒前应认真检查和调试好各种设备,保证所有设备处于良好状态。

4.4.2 设备运转正常后,调节好设备的喷水量,将与凝块接触的机器部位冲洗干净,然后进料压薄、压绉和造粒。

4.4.3 凝块应熟化12 h以上,压薄前应踩压或滚压凝块。压薄、压绉后,如绉片过软,可适当延长停放时间,便于绉片自然脱水,有利于提高胶粒硬度。

4.4.4 经压薄机脱水后的凝块厚度不应超过40 mm,经绉片机压绉后的绉片厚度不应超过6 mm,经造粒机造出的胶粒应均匀。如用泵输送胶粒,可在水中加入适量的隔离剂,以防胶粒结团。

4.4.5 干燥车每次使用前应用清水冲洗,已干燥过的残留胶粒及杂物应清除干净。

4.4.6 造粒完毕,应继续用水冲洗设备2 min～3 min,然后停机清洗场地。对散落地面的胶粒,清洗干净后装入干燥车。

4.5 干燥

4.5.1 湿胶料应滴水20 min以上,然后进入干燥柜进行干燥。

4.5.2 干燥柜的进风口热风温度不应超过115℃,干燥时间不应超过4.5 h。

4.5.3 设备停止供热后,应继续抽风20 min以上,使干燥柜的进风口温度降至90℃以下。

4.5.4 干燥后的胶清橡胶应及时冷却,冷却后胶清橡胶的温度不应超过60℃。

4.5.5 干燥工段应建立干燥时间、干燥温度、出胶情况、进出车号等生产记录,以利于干燥情况的监控和产品质量追溯。

4.6 称量

按NY/T 229—2009规定的胶包净含量进行称量,也可按用户要求进行称量。

4.7 压包与金属检测

4.7.1 干燥后的胶清橡胶应及时压包及包装,以防受潮而导致橡胶变质。

4.7.2 压包前应检查胶清胶块是否存在夹生胶。夹生胶过多时,不应压包,应重新处理。

4.7.3 压包后的胶清胶块应通过金属检测仪检测,发现有金属物质应及时除去。

5 产品质量控制

5.1 组批、抽样及样品制备

按NY/T 229—2009中5.2的规定进行产品的组批、抽样及样品制备。

5.2 检验

按GB/T 3510、GB/T 3517、GB/T 4498、GB/T 24131、GB/T 8086、GB/T 8088的规定进行样品

检验。

5.3 定级

按 NY/T 229 的规定进行产品定级。

6 包装、标志

按 NY/T 229 规定的方法进行包装和标志。

附加说明：

本标准按照 GB/T 1.1—2009 给出的规则起草。

本标准由中华人民共和国农业部提出。

本标准由农业部热带作物及制品标准化技术委员会归口。

本标准由中国热带农业科学院农产品加工研究所负责起草、广东省广垦橡胶集团有限公司参加起草。

本标准主要起草人:邓维用、张北龙、彭海方、陆衡湘、陈成海。

中华人民共和国农业行业标准

热带作物品种资源抗病虫性鉴定技术规程
香蕉叶斑病、香蕉枯萎病和香蕉根结线虫病

Evaluation technical code of tropical crop germplasm for
resistance to pests—Banana sigatoka, banana fusarium wilt
and banana root knot nematode disease

NY/T 2248—2012

1 范围

本标准规定了香蕉（*Musa. spp.*）品种资源对叶斑病、枯萎病和根结线虫病的抗性鉴定方法和评价标准。

本标准适用于香蕉品种资源对叶斑病、枯萎病和根结线虫病（参见附录 A）的抗性鉴定和评价。

2 规范性引用文件

下列文件对于本文件的应用是必不可少的。凡是注日期的引用文件，仅注日期的版本适用于本文件。凡是不注日期的引用文件，其最新版本（包括所有的修改单）适用于本文件。

NY/T 5022 无公害食品 香蕉生产技术规程

3 术语和定义

下列术语和定义适用于本文件。

3.1

抗病性 disease resistance

植物体所具有的能够减轻或克服病原体致病作用的可遗传的性状。

3.2

抗病性鉴定 screening for disease resistance

通过适宜技术方法鉴别植物对其特定侵染性病害的抵抗水平。

3.3

抗性评价 evaluation for resistance

根据采用的技术标准判别寄主对特定病虫害反应程度和抵抗水平的描述。

3.4

致病性 pathogenicity

病原物侵染寄主植物引起发病的能力。

3.5

病情级别 disease rating scale

定量植物个体或群体发病程度的数值化描述。

3.6

病情指数 disease index

以发病率和病害严重度相结合，用一个数值表示发病的程度。

3.7

分离物　isolate

采用人工方法分离获得的病原体的纯培养物。

3.8

培养基　medium

自然或人工配制的、可以使病原体在其上生长的基质。

3.9

接种体　inoculum

用于接种以引起病害的病原体或病原体的一部分。

3.10

人工接种　artificial inoculation

在适宜条件下，通过人工操作将接种体接于植物体适当部位。

3.11

对照品种　control germplasm

为检验试验的可靠性，在品种鉴定时附加的感病品种。

3.12

田间鉴定　field identification

将参鉴品种种植于鉴定圃，通过满足发病条件的方式鉴定参鉴品种对病害的抗性水平。

3.13

人工接种鉴定　artificial inoculation for identification

用人工繁殖的病原物，仿照自然情况，创造发病条件，按一定量接种，根据接种对象抗性表现和发病程度确定参鉴品种抗性强弱的鉴定方法。

4　接种体的制备

4.1　香蕉叶斑病接种体的制备

4.1.1　病原菌的分离

采用常规组织分离法从发病香蕉植株叶片的病斑上分离病原菌，单孢分离后经形态学和（或）分子生物学技术鉴定，经致病性测定后选择致病力强的菌株在4℃条件下保存备用。

4.1.2　病原菌的培养

将病原菌接种于V8培养基平板（直径9 cm）上，22℃、持续光照下培养10 d～14 d。用无菌水将培养基表面孢子洗下，孢子悬浮液用两层纱布过滤，显微镜下用血球计数板计数滤液中的孢子数，用无菌水调至浓度为 1×10^4 个/mL 的孢子悬浮液，即配即用。

4.2　香蕉枯萎病接种体的制备

4.2.1　病原菌的分离

采用常规组织分离法从发病香蕉植株的病根或假茎上分离病原菌，单孢分离后经形态学和（或）分子生物学技术鉴定，经致病性测定后选择致病力强的菌株在4℃条件下保存备用。

4.2.2　病原菌的培养

将病原菌接种于PDA培养基平板（直径9 cm）上，28℃、黑暗条件下培养8 d～10 d。用无菌水将培养基表面孢子洗下，孢子悬浮液用两层纱布过滤，显微镜下用血球计数板计数滤液中的孢子数，用无菌水调至浓度为 2×10^6 个/mL 的接种浓度，即配即用。

4.3　香蕉根结线虫病接种体的制备

从人工接种根结线虫的番茄根系中挑取卵块，置于孵化筛中。将孵化筛放入培养皿，加入适量无菌水作为卵的孵化液,室温孵化 10 d,每 2 d 更换并收集一次孵化液。解剖镜下计数孵化液中的线虫数(二龄幼虫),并用无菌水配制浓度为 40 条/mL 的线虫悬浮液,供接种。

5 鉴定方法

5.1 香蕉叶斑病

5.1.1 田间鉴定

5.1.1.1 鉴定圃的选择

选择前作香蕉叶斑病株发病率在 60%以上,病残体没有清理,且土壤肥力一致,发病比较均匀的蕉园。

5.1.1.2 参鉴品种种植

采用无病苗圃育成 6 叶龄~8 叶龄的香蕉假植组培苗为试验材料;春植。

香蕉假植组培苗的定植规格和技术按 NY/T 5022 的有关规定执行。采用完全随机区组设计,4 次重复,每份品种每小区种植 8 株。每 10 份参鉴品种设 1 份已知感病品种作为对照,当参鉴品种少于 10份时设 1 份已知感病品种对照。

5.1.1.3 鉴定圃管理

按 NY/T 5022 的有关规定执行。参鉴品种在全生育期内不使用杀菌剂和杀线虫剂,杀虫剂的使用根据鉴定圃内虫害发生种类和程度而定。

5.1.1.4 病情调查

在收获期逐株调查,观察每片叶上的病斑情况,按表 B.1 的标准进行分级,按表 B.2 的格式进行记录。

5.1.1.5 抗性评价

根据田间调查结果,按式(1)计算每份品种每个重复的病情指数(DI),所得结果保留小数点后一位。按表 B.3 的标准评价香蕉品种对叶斑病的抗性,所得结果按表 B.4 的格式填写。

$$DI = \frac{\sum(A \times B)}{C \times D} \times 100 \quad\cdots\cdots\cdots\cdots\cdots\cdots\cdots\cdots\cdots\cdots\cdots\cdots (1)$$

式中:

DI——病情指数;

A——各病级叶片数;

B——相应病级数值;

C——调查的总叶片数;

D——最高病害级数。

5.1.2 人工接种鉴定

人工接种鉴定在温室中进行。将晒干碎塘泥和河沙按 2∶1 体积比混合均匀,然后于 121℃下高压灭菌 2 h,装在直径 30 cm 的塑料盆或陶瓷盆中。在每年的 6 月~7 月种植香蕉苗,每盆种植 6 叶龄~8叶龄的蕉苗 1 株,每份品种 4 次重复,每个重复 8 株。按 5.1.1.2 中的方法选择种植材料,按 4.1 中的方法制备接种体。待香蕉植株长到 1 m 高时,于傍晚进行接种。接种时在孢子悬浮液中加入 0.01%的吐温 80,用弥雾喷雾器(雾滴的体积中值直径 50 μm~100 μm)在所有完全展开叶片的背面进行均匀喷雾,地面喷水保湿处理 3 d 后,正常肥水管理,接种后第 60 d 观察发病情况,按表 B.1 的病情分级标准及表 B.5 的格式记录每个植株每片叶的病级。根据调查结果,按式(1)计算每份品种的平均病情指数(DI),按表 B.3 的标准评价香蕉品种对叶斑病的抗性,所得结果按表 B.4 的格式填写。

5.2 香蕉枯萎病

5.2.1 田间鉴定

5.2.1.1 鉴定圃的选择

选择前作香蕉枯萎病株发病率在50%以上,土壤肥力一致,发病较均匀,有明确病菌生理小种的蕉园;整地时用牛或机耕耙混匀土壤。

5.2.1.2 参鉴品种种植

参照5.1.1.2的要求进行。

5.2.1.3 鉴定圃管理

参照5.1.1.3的要求进行。

5.2.1.4 病情调查

待定植植株在田间生长30 d后,逐月进行植株病情观察。当植株出现典型性黄叶、裂茎等外部症状及切开球茎发现有褐黑病斑的内部症状为发病株,至收获时统计发病株数。发病率(R)按式(2)计算。按表B.6的标准评价其抗性,所得结果按表B.4的格式填写。

$$R = \frac{P_i}{P} \times 100 \cdots\cdots\cdots\cdots\cdots\cdots\cdots\cdots\cdots\cdots\cdots (2)$$

式中:

R——发病率,单位为百分率(%);

P_i——发病株数;

P——调查的总植株数。

5.2.2 人工接种鉴定

按5.1.2中的方法种植香蕉苗,种植时间为每年的6月~7月。按4.2中的方法制备接种体。香蕉苗种植7 d后,用小刀将植株根际各方位的泥切4刀,把根切断切伤,取上述接种液淋于蕉苗根部,50 mL/株,正常肥水管理。接种后第30 d观察发病情况,按表B.7的标准进行病情分级并按表B.8的格式进行记录。根据调查结果,按式(3)计算每份品种每个重复的病情指数(DI),所得结果保留小数点后一位。按表B.9的标准评价香蕉品种对枯萎病的抗性水平,所得结果按表B.4的格式填写。

$$DI = \frac{\sum (E \times F)}{G \times H} \times 100 \cdots\cdots\cdots\cdots\cdots\cdots\cdots (3)$$

式中:

DI——病情指数;

E——各病级植株数;

F——相应病级数值;

G——调查的总植株数;

H——最高病害级数。

5.3 香蕉根结线虫病

5.3.1 田间鉴定

5.3.1.1 田间鉴定圃的选择

选择前作香蕉根结线虫病株发病率在80%以上,土壤肥力一致,发病较均匀,有明确的线虫种的蕉园;整地时用牛或机耕耙混匀土壤。

5.3.1.2 参鉴品种种植

参照5.1.1.2的要求进行。

5.3.1.3 鉴定圃田间管理

参照5.1.1.3的要求进行。

5.3.1.4 病情调查

在植株栽种120 d后进行田间调查,用农事工具将每份品种每个重复的每个植株的根取出,观察根组织上的发病情况,按表 B.10 的标准进行病情分级并按表 B.11 的格式进行记录。根据田间调查结果,按式(3)计算每份品种每个小区的病情指数(DI),按表 B.12 的标准评价香蕉品种对根结线虫病的抗性,所得结果按表 B.4 的格式填写。

5.3.2 人工接种鉴定

按 5.2.2 中的方法和时间种植香蕉植株,按 4.3 中的方法制备接种体。香蕉苗种植 7 d 后,在离假茎基部 5 cm 处用直径 2 cm 的棍棒插入土中 10 cm～15 cm 深,拔出后加入 50 mL 线虫悬浮液并覆土,正常肥水管理。接种后第 60 d 观察发病情况,按表 B.10 的标准进行病情分级并按表 B.11 的格式进行记录。根据调查结果,按式(3)计算每个重复的病情指数(DI),按表 B.12 的标准评价香蕉品种对根结线虫病的抗性水平,所得结果按表 B.4 的格式填写。

6 接种后与鉴定后材料的处理

人工接种后剩余的孢子液、线虫悬浮液、鉴定后的病株及病土集中到一容器中作灭菌处理,同时应将田间鉴定后的病株焚烧并深埋。

7 抗性鉴定有效性判别

当设置的感病对照材料达到其相应感病程度,该批次鉴定视为有效。

8 重复鉴定

鉴定品种若初次鉴定表现为高抗或抗病,翌年应进行重复鉴定。

9 抗性终评

同一年间田间及人工接种鉴定结果不一致时,以记载的抗性水平低的为准。

进行重复鉴定后,以记载的抗性水平低的评价结果作为鉴定品种的最终评价结果,并按表 B.13 的格式填写。

附 录 A

(资料性附录)

香蕉叶斑病、香蕉枯萎病和香蕉根结线虫病简介

A.1 香蕉叶斑病

引起香蕉叶斑病的病原菌有多种,其中斐济球腔菌 *Mycosphaerella fijiensis*、香蕉生球腔菌 *M. musicola* 和芭蕉球腔菌 *M. eumusae* 为主要病原菌。

M. fijiensis 侵染后形成黑色条状病斑,*M. musicola* 形成黄色条状病斑,而 *M. eumusae* 侵染后在叶片上形成枯斑(也叫 Septoria 叶斑病),其中黑条叶斑病和枯斑叶斑病能造成大面积的落叶。这 3 种病原菌通常只能依靠孢子在局部地区传播,该病的长距离传播主要是带病香蕉组织(被侵染的吸芽、病叶等)所造成的。

国外研究者已经确定对叶斑病感病的品种有 Pisang Berlin。

A.2 香蕉枯萎病

香蕉枯萎病由尖孢镰刀菌古巴专化型[*Fusarium oxysporum* f. sp *cubense*(E. F. Simth)Snyder et Hansen(FOC)]引起。目前发现该病原菌有 4 个生理小种,我国以 1 号和 4 号小种为主,其中 4 号小种是我国检疫对象。

植株发病后,叶片变黄,随后萎蔫、下垂,心叶很迟或不能抽出、畸形。假茎近地面处常出现或长或短的纵裂缝。根茎内的髓部和皮层薄壁组织间出现黄色或红棕色的斑点,维管束常形成坏死,球茎内出现褐黑色的斑点。整个植株最终枯死。该病为土传病害,初侵染来源为带病吸芽或幼苗,长距离传播主要是带病香蕉组织或病土所造成。

我国研究者已经确认,对于香蕉枯萎病菌 1 号小种来说,Gros Michel、Ney pooven、Bita-2 等品种是高感的;对香蕉枯萎病菌 4 号小种而言,Pome、Veinte cohol、漳州 8 号、辐- 1A 等品种是高感的。

A.3 香蕉根结线虫病

香蕉根结线虫病由根结属的南方根结线虫(*Meloidogyne incongnita*)、花生根结线虫(*Meloidogyne arenaria*)、爪哇根结线虫(*Meloidogyne javanica*)等多种线虫引起,我国以南方根结线虫为主。

线虫主要危害根部,在细根上形成大小不一的根瘤(即根结),粗根末端膨大呈鼓槌状或长弯曲状,须根少,黑褐色,严重时根表皮腐烂。该病为土传病害,初侵染来源主要为病土或病残体,在田间可通过水流传播,依靠病苗或带病吸芽可进行远距离传播。

我国研究者发现,根结线虫病高感品种有巴西蕉、威廉斯-Y、粉蕉和红蕉等。

附 录 B

（规范性附录）

各病害分级、抗性评价标准及记录表格

各病害分级、抗性评价及调查结果记录见表 B.1～表 B.13。

表 B.1 香蕉叶斑病分级标准

病 级	分级标准
0 级	无病
1 级	病斑面积占整个叶片面积的 5% 以下
3 级	病斑面积占整个叶片面积的 6%～15%
5 级	病斑面积占整个叶片面积的 16%～25%
7 级	病斑面积占整个叶片面积的 26%～50%
9 级	病斑面积占整个叶片面积的 50% 以上

表 B.2 香蕉品种＿＿＿＿＿第＿＿株对叶斑病抗性评价的调查结果（第＿＿重复）

叶片次序	1	2	3	4	5	6	7	8	9	10
收获期病级										

表 B.3 香蕉品种对叶斑病抗性评价标准

抗病级别	高抗（HR）	抗（R）	中抗（MR）	感（S）	高感（S）
病情指数（DI）	$DI<10.0$	$10.0{\leqslant}DI<20.0$	$20.0{\leqslant}DI<40.0$	$40.0{\leqslant}DI<60.0$	$DI{\geqslant}60.0$

表 B.4 ＿＿＿＿＿年香蕉品种对＿＿＿＿＿病（病原＿＿＿＿＿）的抗性鉴定结果

试验地点							
调查机构和人员							
种植时间及最终评价时间							
鉴定方法							
试验地经度			试验地纬度			试验地海拔	
序号	品种名称	病情指数					抗性评价
		重复 1	重复 2	重复 3	重复 4	平均值	

鉴定技术负责人（签字）：

表 B.5 香蕉品种_____第____株对叶斑病抗性评价的调查结果(第__重复)

叶片次序	1	2	3	4	5	6	7	8	9	10
第 60 d 病级										

表 B.6 香蕉品种对枯萎病的抗性评价标准(田间鉴定)

抗病级别	高抗(HR)	抗(R)	中抗(MR)	感(S)	高感(S)
株发病率,%	$R<10.0$	$10.0{\leqslant}R<20.0$	$20.0{\leqslant}R<40.0$	$40.0{\leqslant}R<60.0$	$R{\geqslant}60.0$

表 B.7 香蕉枯萎病分级标准

病级	分级标准
0 级	叶片正常,解剖球茎,假茎组织白色,未见变褐,根多白
1 级	下部叶 1 叶~2 叶片出现小面积黄色斑块,占叶面积的 1/2 以下,或球茎组织变褐占球茎面积的 1/4 以下,假茎组织未见变褐,根有的变褐
3 级	老叶片出现大面积黄色斑块,占叶面积的 1/2 以上,叶片出现萎蔫,或球茎组织变褐占球茎面积的 1/4~1/2,假茎组织未见变褐,根有的变褐
5 级	叶片黄化萎蔫、死亡,球茎组织变褐占球茎面积的 1/2 左右,假茎组织上部未见变褐,而下部出现浅褐色斑点状或褐色线条状病变,根变黑褐色,植株出现轻度萎蔫
7 级	植株出现轻度萎蔫、枯死,球茎组织 1/2 以上至全部面积变褐或腐烂,假茎上、下部出现褐色条状病变,基部易折断、萎蔫或腐烂,根黑褐色或出现烂根

表 B.8 香蕉品种_____对枯萎病抗性评价的调查结果(人工接种鉴定)

重复1	植株次序	1	2	3	4	5	6	7	8
	病级								
重复2	植株次序	1	2	3	4	5	6	7	8
	病级								
重复3	植株次序	1	2	3	4	5	6	7	8
	病级								
重复4	植株次序	1	2	3	4	5	6	7	8
	病级								

表 B.9 香蕉品种对枯萎病的抗性评价标准(人工接种鉴定)

抗病级别	高抗(HR)	抗(R)	中抗(MR)	感(S)	高感(S)
病情指数(DI)	$DI<10.0$	$10.0{\leqslant}DI<20.0$	$20.0{\leqslant}DI<30.0$	$30.0{\leqslant}DI<40.0$	$DI{\geqslant}40.0$

表 B.10 香蕉根结线虫病分级标准

病级	分级标准	病级	分级标准
0 级	无根结	5 级	有根结根数占整个根系的 26%~50%
1 级	有根结根数占整个根系的 5%以下	7 级	有根结根数占整个根系的 51%~75%
3 级	有根结根数占整个根系的 5%~25%	9 级	有根结根数占整个根系的 75%以上

表 B. 11　香蕉品种_____对根结线虫病抗性评价调查结果

重复1	植株次序	1	2	3	4	5	6	7	8
	病级								
重复2	植株次序	1	2	3	4	5	6	7	8
	病级								
重复3	植株次序	1	2	3	4	5	6	7	8
	病级								
重复4	植株次序	1	2	3	4	5	6	7	8
	病级								

表 B. 12　香蕉品种对根结线虫抗性评价标准

抗病级别	高抗(HR)	抗(R)	中抗(MR)	感(S)	高感(S)
病情指数(DI)	$DI<20.0$	$20.0 \leqslant DI < 40.0$	$40.0 \leqslant DI < 60.0$	$60.0 \leqslant DI < 80.0$	$DI \geqslant 80.0$

表 B. 13　香蕉品种对_____病(病原_____)的抗性终评结果

序号	品种名称	抗性评价		抗性终评
		___年 (鉴定方法___)	___年 (鉴定方法___)	

附加说明：

本标准按照 GB/T 1.1—2009 给出的规则起草。

本标准由农业部农垦局提出。

本标准由农业部热带作物及制品标准化技术委员会归口。

本标准起草单位：中国热带农业科学院环境与植物保护研究所。

本标准主要起草人：谢艺贤、时涛、刘先宝、黄贵修、杨腊英。

中华人民共和国农业行业标准

菠萝凋萎病病原分子检测技术规范

Technical specification of molecular detection for
pathogen of pineapple mealybug wilt pathogen

NY/T 2249—2012

1 范围

本标准规定了菠萝凋萎病病原(包括菠萝凋萎伴随病毒和菠萝杆状病毒)的分子检测方法。

本标准适用于菠萝种苗及大田植株中菠萝凋萎伴随病毒和菠萝杆状病毒的定性检测。

2 规范性引用文件

下列文件对于本文件的应用是必不可少的。凡是注日期的引用文件,仅注日期的版本适用于本文件。凡是不注日期的引用文件,其最新版本(包括所有的修改单)适用于本文件。

SN/T 1193 基因检验实验室技术要求

3 术语和定义

下列术语和定义适用于本文件。

3.1

菠萝凋萎病病原 pathogen of pineapple mealybug wilt(PMW)

包括菠萝凋萎伴随病毒(*Pineapple mealybug wilt-associated virus*,PMWaV)和菠萝杆状病毒(*Pineapple bacilliform virus*,PBCoV),其中菠萝凋萎伴随病毒包括菠萝凋萎伴随病毒1号(PMWaV-1),菠萝凋萎伴随病毒2号(PMWaV-2)和菠萝凋萎伴随病毒3号(PMWaV-3)。该病害病原的分类地位、寄主范围、危害症状及地理分布参见A.1~A.4。

3.2

热休克蛋白-70 heat shock protein 70,HSP-70

分子量约为70 ku的一类热休克蛋白,是分子伴侣的主要成分,对蛋白的跨膜转运及特定构象的维持等起着重要作用,是进化序列保守的蛋白之一。

3.3

聚合酶链式反应 polymerase chain reaction,PCR

模板基因序列先经高温变性成为单链,在DNA聚合酶作用和适宜的反应条件下,根据模板序列设计的两条引物分别与模板DNA两条链上相应的一段互补序列发生退火而互相结合,接着在DNA聚合酶的作用下以四种脱氧核糖核酸(dNTP)为底物,使引物得以延伸,然后不断重复变性、退火和延伸这一循环,使欲扩增的基因片段以几何倍数扩增。

3.4

逆转录聚合酶链式反应 reverse-transcription polymerase chain reaction,RT-PCR

RT-PCR是先利用依赖于RNA的DNA聚合酶,将待测RNA逆转录为DNA;再以逆转录后的一

中华人民共和国农业部 2012-12-07发布　　2013-03-01实施

段 DNA 作为模板,以模板 DNA 两端序列互补的一对特异性寡核苷酸序列作为引物,在四种脱氧核糖核苷三磷酸存在下,利用依赖于 DNA 的 DNA 聚合酶的催化作用。经过数十次变性、退火和延伸的反应循环,使模板上介于两个引物之间的 DNA 片段得到特异性的技术扩增,再通过电泳等手段检测到被特异性扩增的片段。

3.5

tRNA^{met} 结合区

tRNA^{met} 是携带延长肽链上甲硫氨酸的 tRNA,它负责识别延伸中 AUG 密码子。tRNA^{met} 结合区为基因间隔区,该结合区为所有杆状病毒(*Badnavirus*)所共有。

4 原理

根据 PMWaV-1、PMWaV-2、PMWaV-3 的 HSP-70 特有碱基序列设计特异性引物进行 RT-PCR 扩增,依据是否分别扩增获得预期的 590 bp、611 bp 和 499 bp 的 DNA 片段,判断样品中是否携带菠萝凋萎伴随病毒;根据 PBCoV 的 tRNA^{met} 结合区特有碱基序列设计特异性引物进行 PCR 扩增,依据是否扩增获得预期 973 bp 的 DNA 片段,判断样品中是否携带菠萝杆状病毒。

5 仪器设备、用具和试剂

按 B.1 和 B.2 的规定执行。

6 取样

以田间菠萝大苗植株或冠芽较嫩叶片或菠萝组培苗叶片作为检测样品,取样量为 1.0 g～5.0 g,实验室检测用样量为 0.1 g。

7 检测方法

7.1 PMWaV 的 RT-PCR 检测

7.1.1 检测样品总 RNA 提取

参照附录 B 的方法提取检测样品和对照样品的总 RNA,设超纯水作为空白对照,进行 RT-PCR 扩增。

7.1.2 引物序列

表 1 引物序列

引物	引物序列	正反义	扩增片段长度	检测病毒
PMWaV-1 F	5′-CGCACAAACTTCAAGCAATC-3′	正义	590 bp	PMWaV-1
PMWaV-1 R	5′-ACAGGAAGGACAACACTCAC-3′	反义		
PMWaV-2 F	5′-CCATCCACCAATTTTACTAC-3′	正义	611 bp	PMWaV-2
PMWaV-2 R	5′-CATACGAACTAGACTCATACG-3′	反义		
PMWaV-3 F	5′-ATTGATGGATGTGTATCG-3′	正义	499 bp	PMWaV-3
PMWaV-3 R	5′-AGTTCACTGTAGATTTCGGA-3′	反义		

7.1.3 RT-PCR 扩增反应

RT-PCR 反应体系:苜蓿花叶病毒(AMV)反转录酶反应缓冲液 12.5 μL,分别加入 10 μmol/L 的引物 PMWaV-1 F、PMWaV-1 R、PMWaV-2 F、PMWaV-2 R 与 PMWaV-3 F、PMWaV-3 R 各 1.5 μL,RNA 1 μL,AMV 反转录酶混合液 1 μL,加无 RNA 酶的超纯水至 25 μL。

RT-PCR 反应条件:50℃反转录 30 min;94℃反应 2 min 灭活反转录酶,94℃ 30 s,不同温度退火

（检测 PMWaV-1 退火温度为 60℃，PMWaV-2 和 PMWaV-3 退火温度为 55℃）1 min，72℃延伸 1 min，30 个循环；最后 72℃延伸 7 min。取出 PCR 反应管，对反应产物进行电泳检测或 4℃条件下保存，存放时间不超过 24 h。

7.2 PBCoV 的 PCR 检测

7.2.1 引物序列

PBCoV-F:5′-AGAAAAGAGAATGAACAAAC-3′

PBCoV-R:5′-AGTGATAAAGGGTCAAATAA-3′

PCR 片段长度为 973 bp。

7.2.2 PCR 扩增

反应体系：10×PCR 缓冲液（Mg^{2+} Plus）2.5 μL，Taq DNA 聚合酶（5 U/μL）0.25 μL，四种脱氧核糖核苷酸 dNTP（100 nmol/L）0.5 μL，PBCoV-F、PBCoV-R 引物（400 nmol/L）各 1 μL，加超纯水补足 25 μL。

PCR 反应条件：94℃ 2 min；然后进入 35 个循环，94℃ 30 s，52℃ 30 s，72℃ 1 min；最后 72℃延伸 10 min。取出 PCR 反应管，对反应产物进行电泳检测或 4℃条件下保存，存放时间不超过 24 h。

7.3 反应体系中对照的设置

7.3.1 阳性对照样品

以温室培养经菠萝粉蚧传毒接种后，呈现典型症状确定感染菠萝凋萎伴随病毒的菠萝叶片为材料，提取总 RNA，以其为模板合成 cDNA 第一链，作为 PMWaVs 检测体系的阳性对照。

以温室培养经菠萝粉蚧传毒接种后，呈现典型症状确定感染菠萝杆状病毒的菠萝叶片为材料，提取基因组 DNA，作为 PBCoV 检测体系的阳性对照。

7.3.2 阴性对照样品

用脱毒的菠萝组培苗提取的总核酸作为样品阴性对照。

7.3.3 PCR 反应体系阴性对照

用配制反应体系的无菌超纯水代替 DNA 模板，检测试剂是否受到污染。

8 琼脂糖电泳

按 B.8 的规定执行。

9 凝胶成像分析

将电泳后的琼脂糖凝胶置于紫外凝胶成像仪系统观察窗内，根据 DNA 分子量标准估计扩增条带的大小，并拍照保存，参考图 1 和图 2。

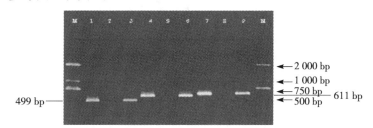

图 1 菠萝凋萎伴随病毒 PCR 检测结果电泳图

注：图中 M 为标准分子量，1～3 分别为 PMWaV-3 样品、阴性对照和 PMWaV-3 阳性对照；4～6 分别为 PMWaV-1 样品、阴性对照和 PMWaV-1 阳性对照；7～9 分别为 PMWaV-2 样品、阴性对照和 PMWaV-2 阳性对照。

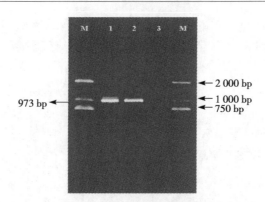

图 2　菠萝杆状病毒 PCR 检测结果电泳图

注:图中 M 为标准分子量,1～3 分别为 PBCoV 样品、PMWaV-3 阳性对照和阴性对照。

10　防污染措施

检测过程中防污染措施按 SN/T 1193 的规定执行。

11　结果判定

11.1　反应体系正常与否的判定

如果阳性对照样品出现目的扩增条带,阴性对照样品和 PCR 反应体系阴性对照不出现目的条带,表明 PCR 反应体系正常。

如果阳性对照样品未出现目的扩增条带,或 PCR 反应体系阴性对照出现目的条带,或阴性对照样品出现目的条带,表明 PCR 反应体系不正常,需更换试剂,重新进行 PCR 检测。具体操作按 7.1.3 和 7.2.2 的规定执行。

11.2　送检样品阴性判定

在 PCR 反应体系正常的条件下,如果待检样品没有出现与阳性对照样品相同大小的目的扩增条带,则需要重新提取待检样品总 RNA 或 DNA,进行 RT-PCR(加入引物 PMWaV-1F、PMWaV-1R,PMWaV-2F、PMWaV-2R 与 PMWaV-3F、PMWaV-3R)或 PCR 检测(加入引物 PBCoV-F、PBCoV-R),具体操作按 7.1.3 和 7.2.2 的规定执行,如果待检样品仍未出现与阳性对照相同大小的目的扩增条带,该待测样品可判为阴性,即待检样品未携带菠萝凋萎伴随病毒(PMWaV)或菠萝杆状病毒(PBCoV)。

如果第二次检测待检样品出现与阳性对照样品相同大小的目的扩增条带,则初步判定为阳性,按 11.3 的程序检验。

11.3　送检样品阳性判定

如果待检样品的 PCR 扩增产物出现与阳性对照相同大小的目的扩增条带,该样品初步判为阳性;将提取的总核酸分别进行 RT-PCR(加入引物 PMWaV-1F、PMWaV-1R,PMWaV-2F、PMWaV-2R 与 PMWaV-3F、PMWaV-3R)或 PCR 检测(加入引物 PBCoV-F、PBCoV-R),如果仍出现与阳性对照样品相同大小的目的扩增条带,即可判定待检样品携带菠萝凋萎伴随病毒(PMWaV)或菠萝杆状病毒(PBCoV)。

如果第二次检测待检样品未出现与阳性对照相同大小的目的扩增条带,则重做一次 PCR 再次验证,以此次结果为最终判定依据。

11.4　结果记录

完整的实验记录包括:样品的来源、种类、时间、地点、植株生长状况,检测时间、地点、方法和结果等,并有经手人和实验室检测人员的亲笔签名。PCR 检测电泳结果图片须妥善保存备查。

12 样品保存及销毁

经检测确定携带 PMWaV 或 PBCoV 的阳性样品经液氮干燥后,于−70℃以下保存30 d以备复核,同时将已知感染病毒的菠萝植株种植在温室保存,以备试验用。保存的样品必须做好登记和标记工作。

保存期过后的样品及用具应进行灭活处理。

附　录　A
（资料性附录）
菠萝凋萎病病原背景资料

A.1　分类地位

A.1.1　菠萝凋萎伴随病毒

属长线病毒科（*Closteroviridae*）葡萄卷叶病毒属（*Ampelovirus*），学名为 *Pineapple mealybug wilt associated virus*。

已发现和报道的菠萝凋萎病毒有 5 种，已定名种为：菠萝凋萎病毒 1 号（*Pineapple mealybug wilt-associated virus 1*，PMWaV-1），菠萝凋萎病毒 2 号（PMWaV-2）和菠萝凋萎病毒 3 号（PMWaVs-3）；未定名种为：菠萝凋萎病毒 4 号（PMWaV-4）和菠萝凋萎病毒 5 号（PMWaV-5）。我国已分离鉴定出引起菠萝凋萎病的 3 种致病病毒，分别为 PMWaV-1、MWaV-2、PMWaV-3。

A.1.2　菠萝杆状病毒

菠萝杆状病毒（*Pineapple bacilliform virus*，PBCoV），属花椰菜花叶病毒科（*Caulimoviridae*），杆状 DNA 病毒属（*Badnavirus*）。

A.2　寄主范围

A.2.1　菠萝凋萎伴随病毒

菠萝凋萎病毒在自然界主要侵染菠萝（*Ananas comosus*），也有报道表明该病毒还可侵染菠萝大田杂草如须芒草（*Andropogon insularis*）、丝毛雀稗（*Paspalum urvillei*）。

A.2.2　菠萝杆状病毒

PBCoV 在自然界主要侵染菠萝（*Ananas comosus*）。

A.3　引起病害的症状

A.3.1　菠萝凋萎伴随病毒

田间菠萝发病初期的症状通常是叶片逐渐褪绿转黄，由黄变紫红色，中期整株叶片变紫红色，后期中下层老叶叶缘变灰白色枯死，叶片边缘向下反卷，叶尖纵卷，严重时整株凋萎死亡；病株显著矮小，果实小，早熟。生长旺盛或已坐果的菠萝植株比生长势衰弱的植株发病更早，症状表现更明显。菠萝受病毒侵染后到表现症状一般需要 2 个月～5 个月，通常在高温干旱、土壤缺水的时症状表现更加典型和明显（图 A.1）。

A.3.2　菠萝杆状病毒

染病菠萝中 PMWaVs 的存在比较普遍，PBCoV 是除 PMWaVs 外侵染菠萝的一种主要病毒，其与菠萝凋萎病虽未呈现明显的相关性，但在凋萎病隐症植株以及显症菠萝上均能检测到 PBCoV。

A.4　分布地区

A.4.1　菠萝凋萎伴随病毒

1910 年在美国的夏威夷首次报道菠萝凋萎病（PMW），至今该病害已在世界各菠萝种植区传播流行。

亚洲：中国（广东、广西、海南、台湾）、印度、印度尼西亚、马来西亚、菲律宾、斯里兰卡。

图 A.1　菠萝凋萎病的症状

非洲:毛里求斯、南非。

美洲:危地马拉、牙买加、波多黎各、美国(佛罗里达、夏威夷)、巴西、秘鲁、哥斯达黎加、圭亚那、洪都拉斯、古巴。

大洋洲:澳大利亚。

欧洲:西班牙。

A.4.2　菠萝杆状病毒

中国、澳大利亚、美国(夏威夷)。

A.5　传播途径

A.5.1　菠萝凋萎伴随病毒

主要以菠萝粉蚧包括菠萝洁白粉蚧(*Dysmicoccus brevipes*)和新菠萝灰粉蚧(*D. neobrevipes*)为媒介进行传播。不能机械接种进行传播。通过带毒的芽苗和植株组织远距离传播。

A.5.2　菠萝杆状病毒

主要通过带毒的种苗寄主植物扩散传播,自然界中由菠萝洁白粉蚧(*Dysmicoccus brevipes*)和新菠萝灰粉蚧(*D. neobrevipes*)以半持久方式进行传播。菠萝杆状病毒不能通过机械接种进行传播。

A.6　病毒形态及基因组

A.6.1　菠萝凋萎伴随病毒

菠萝凋萎病毒的粒子为弯曲的长线形,长度为 1 000 nm～2 200 nm,直径约 12 nm。正向单链 RNA 分子,大小为 16.9 kb～19.5 kb,外壳蛋白(CP)亚基分子量为 35 ku～39 ku。PMWaV‐1 基因长度为 13.1 kb,包含 7 个 ORFs,有无尾部结构尚不清楚。

在 RNA 聚合酶(RNA-dependent RNA polymerase,RdRp)和 p6 ORFs 之间缺少一个基因间区,CP 大小仅为 28.1 ku,并且缺失一个编码 CPd 的开放阅读框(ORF)。PMWaV‐2 具有典型的长线病毒科(Closteroviridae)单链 RNA 丝状病毒的基因组结构。PMWaV‐2 基因组 3′末端 14 861 nt 区域包含 10 个 ORFs,ORF1a 编码一个蛋白酶类蛋白酶(Papain-like proteinase,PRO)、一个甲基转移酶(Methyltransferase,MTR)和一个解旋酶(Helicase,HEL),ORF1b 编码一个依赖于 RNA 的 RdRp,ORF2 编码一个疏水蛋白,ORF3 编码一个热击蛋白 70(Heatshock protein,HSP70),ORF4、ORF 7、ORF 8、ORF 9 分别编码一个 46 ku、20 ku、22 ku 和 6 ku 的蛋白质,ORF5 编码一个 34 ku 的 CP 蛋白,ORF6 编码一个 CP 差异蛋白,3′末端还有一个非编码区。

A.6.2　菠萝杆状病毒

病毒粒子为菌杆状,两端圆滑,侧边平行,无包薄膜,大小为(25～30) nm×(60～900) nm,多数为

30 nm×130 nm。基因组为单分子开环状双链 DNA,大小为 7.5 kb～8 kb。

单分体基因组含有 3 个 ORF,前两个 ORF 编码 2 个小蛋白,ORF3 编码一个大的多聚蛋白。ORF3 上有 3 个高度保守的序列,分别编码天冬氨酸蛋白酶(Aspartic protease,AP)、逆转录酶(Reverse transcriptase,RT)和 RNA 酶 H(Ribonuclease H,RNase H);另外还有 3 个较保守的序列,分别是运动蛋白编码区(Movement protein domain,MP)、富含半胱氨酸的锌指状的 RNA 结合区(Cysteine-rich zinc finger-like RNA-binding region,RB)、第二个富含半胱氨酸编码区(Second cystein-rich region,2nd CR)。

附　录　B
（规范性附录）
RT-PCR 和 PCR 检测设备、试剂与方法

B.1　设备

PCR 扩增仪、电泳仪、水平电泳槽、稳压器、高速冷冻离心机、凝胶成像分析系统、振荡器、超低温冰箱、恒温水浴锅、电子分析天平(感量为 10 mg)、pH 计、磁力搅拌器、微波炉、高压灭菌锅、烘箱、超净工作台等。

微量可调移液器（量程分别为 0.1 μL～2 μL,1 μL～10 μL,10 μL～100 μL,20 μL～200 μL,100 μL～1 000 μL）、配套吸头、刀片、PCR 管、离心管、研钵等。

B.2　试剂

三羟甲基氨基甲烷(Tris)、硼酸、氯化钠(NaCl)、十二烷基磺酸钠(SDS)、乙二胺四乙酸二钠(EDTA)、醋酸钾(KAc)、醋酸钠(NaAc·3H_2O)、无水乙醇、曲拉通(TritonX‐100)、β‐巯基乙醇、盐酸(HCl)、冰醋酸(HAc)、氢氧化钠(NaOH)、溴化乙锭等。

B.3　试剂的配制

B.3.1　核酸抽提缓冲液

称取 12.1 g Tris,18.61 g EDTA 和 29.22 g NaCl 放置于合适的容器中,加超纯水定容至 1 L,灭菌冷却至室温,再加入 2 mL β-巯基乙醇,室温保存备用。

B.3.2　5 mol/L KAc 溶液

称取 49.07 g KAc 放置于合适的容器中,用去离子水定容至 100 mL,室温保存备用。

B.3.3　10% SDS 溶液

称取 10 g SDS 溶于约 80 mL 去离子水中,68℃加热溶解,用浓盐酸调节 pH 至 7.2,去离子水定容至 100 mL,室温保存备用。

B.3.4　3 mol/L NaAc 溶液

称取 40.8 g NaAc·3H_2O 溶于约 40 mL 去离子水中,用冰醋酸调节 pH 至 5.2,去离子水定容至 100 mL,室温保存备用。

B.3.5　0.5 mol/L EDTA

称取 186.13 g EDTA 溶于 800 mL 去离子水中,用氢氧化钠(NaOH)调 pH 至 8.0,去离子水定容至 1 L,室温保存备用。

B.3.6　1 mol/L Tris-HCl(pH 8.0)

称取 121.1 g Tris 溶解于 800 mL 超纯水中,用盐酸(HCl)调 pH 至 8.0,加超纯水定容至 1 000 mL。灭菌后在 4℃下保存备用。

B.3.7　10 mol/L NaOH

在 160 mL 超纯水中加入 80.0 g NaOH,溶解后再加超纯水定容至 200 mL。

B.3.8　1 mol/L EDTA-Na_2(pH 8.0)

称取 372.2 g 乙二铵四乙酸二钠(EDTA-Na_2),加入 70 mL 超纯水中,再加入适量 NaOH 溶液(B.3.8),加热至完全溶解后,冷却至室温,再用 NaOH 溶液(B.3.8)调 pH 至 8.0,加超纯水定容至 100

mL。灭菌后在 4℃下保存备用。

B.3.9 1.2 mol/L NaCl

称取 70.2 g NaCl,溶解于 800 mL 超纯水中,加超纯水定容至 1 000 mL,灭菌后室温保存备用。

B.3.10 TE 缓冲液(pH 8.0)

分别量取 10 mL Tris-HCl(B.3.7)和 1 mL EDTA-Na$_2$(B.3.9),加超纯水定容至 1 000 mL。灭菌后在 4℃下保存备用。

B.3.11 加样缓冲液

称取 250.0 mg 溴酚蓝,加 10 mL 超纯水,在室温下溶解 12 h;称取 250.0 mg 二甲基苯腈蓝,加 10 mL 超纯水溶解;称取 50.0 g 蔗糖,加 30 mL 超纯水溶解。混合以上 3 种溶液,加超纯水定容至 100 mL,在 4℃下保存备用。

B.3.12 50×TAE 电泳缓冲液(pH 8.0)

称取 242.2 g Tris,先用 500 mL 超纯水加热搅拌溶解后,加入 100 mL EDTA-Na$_2$(B.3.9),用冰乙酸调 pH 至 8.0,然后加超纯水定容至 1 000 mL。使用时用超纯水稀释成 1×TAE。

B.3.13 PCR 反应试剂

10×PCR 缓冲液(Mg^{2+} Plus)、dNTP(各 2.5 mmol/L)、Taq 聚合酶(5 U/μL)、特异性引物对(20 μmol/L)。

B.3.14 其他试剂

Tris 饱和酚(pH≥7.8)、氯仿、异戊醇、异丙醇、70%乙醇、DNA 分子量标准和核酸染料。

B.3.15 说明

本标准所用试剂均为分析纯。除另有说明,用于 RNA 提取和反应的试剂均用无 RNA 酶的水配制及用无 RNA 酶的容器分装,耗材(如离心管)均经过无 RNA 酶处理。同时以上所有试剂均须高温高压灭菌处理 121℃,1.1 kg/cm^2,20 min。室温保存备用。

B.4 检测样品总 RNA 提取

a) 取 n 个 1.5 mL 去 RNA 酶的离心管,其中 n 为待检样品数、一管阳性对照及一管阴性对照之和,对每个管进行编号标记;

b) 剪取病叶基部白色组织约 100 mg,液氮中迅速研磨成粉,转移至相应编号的 1.5 mL 离心管中,每管加入 1 mL 核酸抽提和 38 μL 和 20 μL 巯基乙醇,匀浆;

c) 将匀浆液剧烈震荡混匀,常温下孵育 5 min~10 min 以使核蛋白分解完全;

d) 4℃ 1 529×g 离心 10 min,小心取上清液转入新的离心管中;

e) 加入等体积 Tris 饱和酚(pH≥7.8):氯仿:异戊醇(25:24:1)加入 200 μL 氯仿,充分混匀;

f) 4℃ 1 529×g 离心 10 min,样品溶液分为三层:下层有机相、中层和上层为无色水相,将水相转移至新的离心管中;

g) 加入等体积氯仿:异戊醇(24:1),混匀,4℃ 1 529×g 离心 10 min,取上清液于另一新离心管;

h) 加入 0.6 倍体积异丙醇沉淀核酸,4℃ 1 529×g 离心 10 min,弃上清液;

i) 用 75%乙醇悬浮沉淀,4℃ 1 529×g 离心 10 min,弃上清液,重复该步骤一遍;

j) 沉淀置于无菌操作台水平风吹 5 min,尽量除去乙醇;

k) 用 50 μL~100 μL 无 RNA 酶灭菌水溶解 RNA 沉淀;

l) 取 6 μL RNA 溶液于 1.5%琼脂糖凝胶电泳检测。剩余 RNA 液于-70℃保存备用。

B.5 检测样品总 DNA 提取

剪取检测样品 100 mg,加入少许石英砂和液氮,快速研磨成浆状;转入 1.50 mL 离心管中,加入 1

mL 提取缓冲液和 20 μL 巯基乙醇,混匀,70℃ 水浴 30 min;加入 500 μL 氯仿-异戊醇(24∶1),充分摇匀,1 529×g 离心 10 min,取上清液;氯仿-异戊醇溶液再抽提一次,取上清,加入等体积的异丙醇,上下颠倒离心管混匀,静置于−20℃ 2 h 以上,离心后倒掉上清,沉淀,室温干燥;溶于 200 μL 的 TE 缓冲液,−20℃保存备用。

采用 RNA 与 DNA 提取试剂盒的,操作步骤参照产品说明书。

健康香蕉组培苗基因组 DNA 按同样的方法制备与保存。

B.6 凝胶制备

用 TAE 配制 1.0% 琼脂糖凝胶(电泳级)在微波炉中熔化混匀,冷却至 55℃ 左右。加入溴化乙锭或其他核酸染料(0.5 μg/mL),混匀,倒入制胶平台上,插上样品梳。待凝胶凝固后,轻轻拔出梳子,将带凝胶的胶板置于电泳槽中,使样品孔位于电场负极,加入足够量的 1×TAE(缓冲液没过凝胶表面约 1 mm)。

B.7 加样

在第一个加样孔中加入 5 μL DNA 标准分子量,分别取 2 μL 加样缓冲液与 5 μL PCR 的反应产物混匀,加入后面的加样品孔中。

B.8 电泳

通电源电泳,电压 5 V/cm,电泳 30 min 后,停止电泳。将整个胶置于凝胶成像分析系统上观察,并拍照。

附加说明:

本标准按照 GB/T 1.1—2009 给出的规则起草。

本标准由农业部农垦局提出。

本标准由农业部热带作物及制品标准化技术委员会归口。

本标准起草单位:中国热带农业科学院环境与植物保护研究所。

本标准主要起草人:黄俊生、王国芬、彭军、杨腊英、梁昌聪、刘磊。

中华人民共和国农业行业标准

橡胶树棒孢霉落叶病监测技术规程

Technical specification for monitoring Corynespora
leaf fall disease of rubber tree

NY/T 2250—2012

1 范围

本标准规定了橡胶树棒孢霉落叶病监测网点的建设、管理及监测方法。

本标准适用于橡胶树种植区棒孢霉落叶病的调查和监测。

2 术语和定义

下列术语和定义适合于本文件。

2.1

橡胶树棒孢霉落叶病 **Corynespora leaf fall disease of rubber tree**

由多主棒孢(*Corynespora cassiicola* Ber. & Curt.)侵染引起的真菌病害。

2.2

监测 **monitoring**

通过一定的技术手段掌握某种有害生物的发生区域、发生时期及发生数量等。

2.3

立地条件 **site condition**

影响植物生长发育的地形、地貌、土壤和气候等自然环境因子的综合。

3 监测网点建设与管理

3.1 监测网点的建设原则

3.1.1 监测范围应基本覆盖我国橡胶主产区。

3.1.2 监测点所处位置的生态环境和栽培品种应具有区域代表性。

3.1.3 以橡胶树作为监测的寄主对象,包括苗圃和大田胶园,监测品种应是对棒孢霉落叶病感病的品种。

3.1.4 充分利用现有的橡胶树其他有害生物监测点及监测网络资源。

3.2 监测点建设

3.2.1 固定监测点

在各橡胶树种植区内,根据立地条件、品种类型、橡胶树棒孢霉落叶病的发生史和区域种植规模等有代表性地选择植胶单位作为固定监测点。每个监测点设立 3 个以上观测点。

3.2.2 随机监测点

在固定监测点所属植胶单位,对立地条件和品种类型复杂、种植规模小的地块,每季度随机抽取 1

个观察树位和 1 个苗圃作为随机监测点。

3.2.3 监测点的任务与维护

监测点应配备专业技术人员不少于 2 名,负责监测数据的收集、汇总和定期逐级上报。若固定监测点内的树木已砍伐更新,应及时设置新的固定监测点。

4 症状辨别与病情统计

4.1 症状辨别及分级

参照附录 A 和附录 B 对橡胶树棒孢霉落叶病的症状进行辨别。病害为害程度分级见表 1。

表 1 橡胶树棒孢霉落叶病病害程度分级

级 别	描 述
0	叶面无病斑
1	病斑面积占叶面积的≤1/8
3	1/8<病斑面积占叶面积≤1/4
5	1/4<病斑面积占叶面积≤1/2
7	1/2<病斑面积占叶面积≤3/4
9	病斑面积占叶面积>3/4

4.2 发病率

发病率按式(1)计算:

$$发病率 = \frac{发病株数}{调查总株数} \times 100\% \quad\quad\quad\quad (1)$$

4.3 病情指数

病情指数(DI)按式(2)计算:

$$DI = \frac{\sum (T \times R)}{S \times M} \times 100 \quad\quad\quad\quad (2)$$

式中:

T——各病级叶片数;

R——相应病级数值;

S——观察的总数;

M——最高病害级数。

5 监测方法

5.1 固定监测点监测

5.1.1 监测频次及内容

4 月～11 月每 10 d 应观测 1 次,12 月至翌年 3 月应每月观测 1 次;观测内容包括橡胶树物候、病害程度调查及气象数据的收集。

5.1.2 监测方法

5.1.2.1 大田胶园

观测点选择品种、长势、生长环境有代表性的 3 个观察树位,收集棒孢霉落叶病的病情信息数据。10 株观察树位胶树,逐一编号。在定植园的每株监测株树冠中部的东、南、西、北 4 个方向各取一枝条上的 5 片叶片,用肉眼检查棒孢霉落叶病的发生情况和估计病斑总面积,统计发病程度、病情指数和落叶情况。原始数据按附录 C 填写。

5.1.2.2 苗圃

观测点选择品种、长势、生长环境有代表性的 3 个苗圃进行观测,按 5 点取样法随机选取 40 株苗圃植株作为监测株。在苗圃的每株监测株上随机选取 5 片叶片,调查统计方法同 5.1.2.1。

5.2 随机监测点监测

5.2.1 监测频次及内容

每季度应观测 1 次。观测内容包括橡胶树物候、病害程度调查及气象数据的收集。原始数据按附录 C 填写。

5.2.2 监测方法

5.2.2.1 大田胶园

方法同 5.1.2.1。

5.2.2.2 苗圃

方法同 5.1.2.2。

5.3 普查

5.3.1 普查频次及内容

以监测点以外的橡胶树种植区作为对象,每个植胶单位为一个点,每年 4 月和 9 月应分别调查 1 次;内容包括发病率、病情指数、品种、树龄、物候、施用药剂、剂量及时间和立地条件。原始数据按附录 C 填写。

5.3.2 普查方法

5.3.2.1 大田胶园

方法同 5.1.2.1。

5.3.2.2 苗圃

方法同 5.1.2.2。

5.4 疫情信息的保存

监测信息数据应做好保存,保存期 10 年以上。

附　录　A
（资料性附录）
橡胶树棒孢霉落叶病的症状识别

　　棒孢霉落叶病发病高峰期在4月～9月，橡胶树幼苗、开割树上的嫩叶和老叶均能被感染，受害叶片上产生的症状随叶龄、品种的不同而有所变化。叶面上形成浅褐色近圆形（少数呈现不规则形）坏死病斑，直径1 mm～8 mm，病斑中心纸质、边缘深褐色，外围有一黄色晕圈[图A.1a)]。受害老叶病斑较大，病斑中心纸质、有些出现"炮弹状"穿孔，周围的叶组织黄红色或褐红色，严重时叶片脱落。叶片受害严重叶尖出现皱缩回枯[图A.1b)]。受害叶片除了能产生坏死病斑和萎蔫脱落外，染病叶片上，病菌产生的毒素往往沿叶脉扩展而出现失绿和典型的"鱼骨状"病痕[图A.1c)]。感病嫩枝和叶柄，通常出现浅褐色长条形病斑；叶柄或叶片基部感病，则枝条上几乎所有的叶片都会干枯且迅速凋落。植株受害后出现反复落叶，甚至整株枯死的现象。橡胶树棒孢霉落叶病主要症状见图A.1。

a)　　　　　　b)　　　　　　c)

图A.1　橡胶树棒孢霉落叶病的田间主要症状

附 录 B

（资料性附录）

橡胶树棒孢霉落叶病叶片分级标准

橡胶树棒孢霉落叶病叶片分级标准见图 B.1～图 B.3。

图 B.1 橡胶树棒孢霉落叶病的圆斑症状危害叶片等级

图 B.2 橡胶树棒孢霉落叶病叶缘回枯症状的危害叶片等级

图 B.3 橡胶树棒孢霉落叶病叶脉褐化症状的危害叶片等级

附 录 C

（规范性附录）

橡胶树棒孢霉落叶病病情登记表

C.1 橡胶树棒孢霉落叶病苗圃疫情监测记录见表 C.1。

表 C.1 橡胶树棒孢霉落叶病苗圃疫情监测记录表

省份： 监测点： 观测点： 监测类型： 立地条件：

海拔： 品种： 树龄： 物候：

植株编号	调查叶片	级别	植株编号	调查叶片	级别
1	1		6	1	
	2			2	
	3			3	
	4			4	
	5			5	
2	1		7	1	
	2			2	
	3			3	
	4			4	
	5			5	
3	1		8	1	
	2			2	
	3			3	
	4			4	
	5			5	
4	1		9	1	
	2			2	
	3			3	
	4			4	
	5			5	
5	1		……	1	
	2			2	
	3			3	
	4			4	
	5			5	
发病率					
病情指数					

调查人： 调查时间： 年 月 日

C.2 橡胶树棒孢霉落叶病大田胶园疫情监测记录见表 C.2。

表 C.2 橡胶树棒孢霉落叶病大田胶园疫情监测记录表

省份：　　　　监测点：　　　观测点：　　　　监测类型：　　　立地条件：

海拔：　　　　品种：　　　　树龄：　　　　物候：

植株编号	调查叶片	级别	植株编号	调查叶片	级别
1	1			1	
	2			2	
	3			3	
	4			4	
	5			5	
	6			6	
	7			7	
	8			8	
	9			9	
	10		……	10	
	11			11	
	12			12	
	13			13	
	14			14	
	15			15	
	16			16	
	17			17	
	18			18	
	19			19	
	20			20	
发病率					
病情指数					

调查人：　　　　调查时间：　　　年　月　日

C.3 橡胶树棒孢霉落叶病疫情监测统计见表 C.3。

表 C.3 橡胶树棒孢霉落叶病疫情监测统计表

省份：　　　　　　监测类型：

监测点	观测点	发病率,%	病情指数	落叶情况
……	……			
	……			
	……			

C.4 气象数据登记见表 C.4。

表 C.4 气象数据登记表

监测点：

序号	时间	最高温度,℃	最低温度,℃	日均温度,℃	空气相对湿度,RH	光照时数,h	降雨量,mm

C.5 橡胶树棒孢霉落叶病发生情况普查记录见表 C.5。

表 C.5 橡胶树棒孢霉落叶病发生情况普查记录表

普查点：　　品种：　　树龄：
立地条件：　　海拔：

调查总株数	
发病率,%	
病情指数	
落叶情况	
物候	
发生面积	
施用药剂、剂量、次数、时间	
备注	

C.6 橡胶树棒孢霉落叶病发生情况普查统计见表 C.6。

表 C.6 橡胶树棒孢霉落叶病发生情况普查统计表

序号	省份	普查点	发生面积,亩	取样株数,株	发病率,%	病情指数	落叶情况

附加说明：

本标准按照 GB/T 1.1—2009 给出的规则起草。

本标准由农业部农垦局提出。

本标准由农业部热带作物及制品标准化技术委员会归口。

本标准起草单位:中国热带农业科学院环境与植物保护研究所。

本标准主要起草人:黄贵修、刘先宝、蔡吉苗、林春花、时涛、李博勋、李超萍、王树明。

中华人民共和国农业行业标准

香蕉花叶心腐病和束顶病病原分子检测技术规范

Technical specification molecular detection for pathogen
of banana mosaic and heart rot disease and bunchy top disease

NY/T 2251—2012

1 范围

本标准规定了香蕉花叶心腐病和束顶病病原的分子检测方法。

本标准适用于香蕉组培培养物、种苗及大田植株上的花叶心腐病和束顶病病原的定性检测。

2 规范性引用文件

下列文件对于本文件的应用是必不可少的。凡是注日期的引用文件，仅注日期的版本适用于本文件。凡是不注日期的引用文件，其最新版本(包括所有的修改单)适用于本文件。

SN/T 1193 基因检验实验室技术要求

3 术语和定义

下列术语和定义适用于本文件。

3.1

黄瓜花叶病毒香蕉株系 cucumber mosaic virus, CMV

引起香蕉花叶心腐病的病原物。该病毒的分类地位、寄主范围、地理分布及其为害症状参见附录 A。

3.2

香蕉束顶病毒 banana bunchy top virus, BBTV

引起香蕉束顶病的病原物。该病毒的分类地位、寄主范围、地理分布及其为害症状参见附录 A。

3.3

外壳蛋白基因 coat protein gene, CP gene

编码病毒外壳蛋白的基因。

3.4

复制酶基因 replicase gene

编码病毒复制酶的基因。

3.5

聚合酶链式反应 polymerase chain reaction, PCR

模板基因序列先经高温变性成为单链，在 DNA 聚合酶作用和适宜的反应条件下，根据模板序列设计的两条引物分别与模板 DNA 两条链上相应的一段互补序列发生退火而互相结合，接着在 DNA 聚合酶的作用下以四种脱氧核糖核酸(dNTP)为底物，使引物得以延伸，然后不断重复变性、退火和延伸这一循环，使欲扩增的基因片段以几何倍数扩增。

3.6

逆转录聚合酶链式反应　reverse transcription-polymerase chain reaction,RT-PCR

RT-PCR 是先利用依赖于 RNA 的 DNA 聚合酶,将待测 RNA 逆转录为 cDNA;再以逆转录后的一段 DNA 作为模板,以模板 DNA 两端序列互补的一对特异性寡核苷酸序列作为引物,在四种脱氧核糖核苷三磷酸存在下,利用依赖于 DNA 的 DNA 聚合酶的催化作用。经过数十次变性、退火和延伸的反应循环,使模板上介于两个引物之间的 DNA 片段得到特异性的技术扩增,再通过电泳等手段检测到被特异性扩增的片段。

3.7

多重 PCR　multiplex PCR

又称多重引物 PCR 或复合 PCR,它是在同一 PCR 反应体系里加上 2 对以上引物,同时扩增出多条核酸片段的 PCR 反应,其反应原理、反应试剂和操作过程与一般 PCR 相同。

4　原理

根据黄瓜花叶病毒香蕉株系外壳蛋白基因的特有碱基序列设计特异性引物(扩增片段 557 bp),进行 RT-PCR 扩增。依据是否扩增获得预期 557 bp 的 DNA 片段,判断样品中是否携带黄瓜花叶病毒香蕉株系。

根据香蕉束顶病毒复制酶基因特有碱基序列设计特异性引物(扩增片段 748 bp),进行 PCR 扩增。依据是否扩增获得预期 748 bp 的 DNA 片段,判断样品中是否携带束顶病毒。

5　仪器设备及试剂

见 B.1 和 B.2。

6　取样

6.1　田间香蕉植株

按附录 A 描述的症状仔细检查田间香蕉植株和吸芽,取顶叶下第三片叶的中脉,取样量为 5.0 g～10.0 g,实验室检测用样量为 0.1 g。

6.2　香蕉组培培养物、种苗

取香蕉球茎部位,取样量为 1.0 g～5.0 g,实验室检测用样量为 0.1 g。

7　CMV 香蕉株系和 BBTV 多重 PCR 检测

7.1　总核酸提取

见 B.4.1。

7.2　多重 PCR 反应

7.2.1　cDNA 第一链合成反应

在 0.5 mL PCR 薄壁管中,加入总核酸 2 μL,无 RNA 酶超纯水 3.5 μL,在管中加 CMV primer 2 (10 μmol/L)1 μL,轻轻混匀、离心,70℃保温 5 min 后立即冰浴至少 1 min。然后严格按照顺序依次加入下列试剂的混合物:10×PCR 缓冲液(Mg^{2+} Plus)1 μL,RNA 酶抑制剂(40 U/μL)0.5 μL,dNTP(10 mmol/L)1 μL,二硫苏糖醇(DTT,0.1 mol/L)0.5 μL,轻轻混匀,离心,42℃孵育 2 min ～5 min;加入高效 RNA 逆转录酶(200 U/μL)0.5 μL,反应终体积为 10 μL,在 55℃水浴中孵育 60 min;于 70℃加热 15 min 以终止反应。合成的 cDNA 放置在－20℃保存备用。

7.2.2　PCR 反应

在 PCR 薄壁管中分别加入以下试剂后进行 PCR 反应:10 μL cDNA 第一链合成产物,10×PCR 缓冲液(Mg^{2+} Plus)4 μL,dNTP 混合物(10 mmol/L)4 μL,特异性引物(20 μmol/L,序列见表 1)各 0.25

μL，Taq DNA 聚合酶(5 U/μL)0.2 μL，无菌超纯水 5.8 μL，总反应体积为 25 μL。

表 1 引物序列

引 物	引物序列	正反义	扩增片段
BBTV primer 1	5'- ATGTGG TATGCTGGATGTTC - 3'	正义	748 bp
BBTV primer 2	5'- GGTTCATATTTCCCGCTTTGA - 3'	反义	
CMV primer 1	5'- CACCCAACCTTTGTGGGTAG - 3'	正义	557 bp
CMV primer 2	5'- CAACACTGCCAACTCAGCTC - 3'	反义	

反应条件:94℃预变性 3 min;然后进行 35 个循环:94℃变性 35 s,60℃退火 30 s,72℃延伸 45 s;最后 72℃延伸 7 min。取出 PCR 反应管,对反应产物进行电泳检测或 4℃条件下保存,存放时间不超过 24 h。

7.3 反应体系中对照的设置

7.3.1 样品阳性对照

用温室栽培经过汁液摩擦接种且症状典型确定感染 CMV 的香蕉植株 RNA,并经 7.2.1 合成的 cDNA 第一链作为 CMV 香蕉株系检测体系的阳性对照。

用温室栽培通过蚜虫传毒接种且症状典型确定感染 BBTV 的香蕉植株基因组 DNA 作为 BBTV 检测体系的阳性对照。

7.3.2 样品阴性对照

用经过脱毒的健康香蕉组培苗提取的总核酸作为样品阴性对照。

7.3.3 PCR 反应体系阴性对照

用配制反应体系的无菌超纯水代替 DNA 模板,检测试剂是否受到污染。

7.4 PCR 产物凝胶电泳检测

琼脂糖凝胶的制备及其电泳见 B.4.2 和 B.4.3。

7.5 凝胶成像分析

将整块琼脂糖凝胶置于紫外凝胶成像仪系统观察窗内,根据 DNA 分子量标准估计扩增条带的大小,并拍照保存,参考图见图 1。

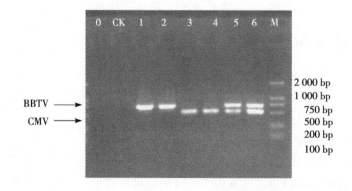

说明:

0 ——PCR 反应体系阴性对照;

CK ——样品阴性对照;

M ——DL 2 000 标准分子量;

1~2——PCR 体系中仅存在 BBTV 模板的扩增结果;

3~4——PCR 体系中仅存在 CMV 香蕉株系模板的扩增结果;

5~6——PCR 体系中同时存在 BBTV、CMV 香蕉株系模板的扩增结果。

图 1 CMV 香蕉株系和 BBTV 的多重 PCR 检测结果电泳图

7.6 防污染措施

检测过程中防污染措施按照 SN/T 1193 中的规定执行。

8 结果判定

按表 2、表 3 判定结果。

表 2　CMV 香蕉株系 RT-PCR 检测结果判定

判定条件					结果判定
RT-PCR 产物在 557 bp 处是否有条带出现（见图 1）					
序号	PCR 反应体系阴性对照	样品阴性对照	样品阳性对照扩增片段大小	检测样品扩增片段大小	检测样品是否含 CMV 香蕉株系
			557 bp	557 bp	557 bp
1	否	否	是	是	用温室栽培经过汁液摩擦接种后，香蕉花叶心腐病症状典型，确定感染 CMV 香蕉株系，反之则无 CMV 香蕉株系
2	否	否	是	否	检测样品不含 CMV 香蕉株系
3	是	是/否	是/否	是/否	检测结果无效，将实验中的所有试剂更换，并重新提取检测样品的总核酸，进行多重 PCR 检测
4	是/否	是	是/否	是/否	
5	是/否	是/否	否	是/否	

表 3　BBTV PCR 检测结果判定

判定条件					结果判定
PCR 产物在 748 bp 处是否有条带出现（见图 1）					
序号	PCR 反应体系阴性对照	样品阴性对照	样品阳性对照扩增片段大小	检测样品扩增片段大小	检测样品是否含 BBTV
			748 bp	748 bp	748 bp
1	否	否	是	是	温室栽培通过蚜虫传毒接种后，香蕉束顶病毒症状典型，确定感染 BBTV，反之则无 BBTV
2	否	否	是	否	检测样品不含 BBTV
3	是	是/否	是/否	是/否	检测结果无效，将实验中的所有试剂更换，并重新提取检测样品的总核酸，进行多重 PCR 检测
4	是/否	是	是/否	是/否	
5	是/否	是/否	否	是/否	

9 结果记录

完整的实验记录包括：样品的来源、种类、时间、地点和植株生长状况，检测时间、地点、方法和结果等，并有经手人和实验室检测人员的亲笔签名。PCR 检测电泳结果图片须妥善保存备查。

10 样品保存及销毁

经检测确定携带 CMV 或 BBTV 的阳性样品经液氮干燥后，于－70℃以下保存 30 d 以备复核，同时将已知感染病毒的香蕉植株种植在温室保存，以备试验用。保存的样品必须做好登记和标记工作。

保存期过后的样品及用具应进行灭活处理。

附 录 A

（资料性附录）

香蕉花叶心腐病、香蕉束顶病病原的背景资料

A.1 学名

A.1.1 香蕉花叶心腐病病原

黄瓜花叶病毒香蕉株系，学名：*Cucumber mosaic virus*，缩写：CMV。

A.1.2 香蕉束顶病病原

香蕉束顶病毒，学名：*Banana bunchy top virus*，缩写：BBTV。

A.2 分类地位

A.2.1 CMV

雀麦花叶病毒科（Bromoviridae），黄瓜花叶病毒属（*Cucumovirus*）。

A.2.2 BBTV

矮缩病毒科（Nanaviridae），香蕉束顶病毒属（*Babuvirus*）。

A.3 形态特征

A.3.1 香蕉花叶心腐病病原

病毒粒子为等轴对称的二十面体，无包膜，直径约 29 nm。

A.3.2 香蕉束顶病病原

病毒粒体球状，直径约 18 nm。

A.4 基因组

A.4.1 香蕉花叶心腐病病原

三分体球形＋ssRNA，RNA 1 长 3 357 nt，RNA2 长 3 050 nt，RNA 3 长 2 216 nt，RNA 4 为 RNA 3 的亚基因组 RNA，长 1 000 nt。

A.4.2 香蕉束顶病病原

该病毒的基因组至少由 6 个组分所组成；每个组分是单链环状 DNA（ssDNA），并包装在一个病毒粒体内；6 个组分的 ssDNA 长度均为 1 018 bp～1 111 bp；6 个组分中有 5 个含有单个大的开放阅读框，其中组分 1 编码复制酶，组分 3 编码外壳蛋白，组分 4 编码运动蛋白，其他 3 个组分不清。

A.5 寄主范围

A.5.1 香蕉花叶心腐病病原

除侵染香蕉（*Musa* spp.）外，还可侵染大蕉（*Musa* spp.）以及葫芦科（Cucurbitaceae）和茄科（Solanaceae）多种作物和多种杂草。

A.5.2 香蕉束顶病病原

在自然界主要侵染香蕉（*Musa* spp.）。

A.6 地理分布

A.6.1 香蕉花叶心腐病

世界各香蕉种植区均有分布。

A.6.2 香蕉束顶病

世界各香蕉种植区均有分布。

A.7 危害症状

A.7.1 香蕉花叶心腐病

同一植株上通常是花叶和心腐症状同时存在,但有时也仅见花叶或心腐症状。植株早期感病,蕉株矮缩,甚至死亡;成株期感病生长衰弱,能抽蕾,但不能结成有经济价值的蕉果,为害极大。花叶症状为典型花叶斑驳状,叶片呈褪绿黄色条纹,尤以近顶部片叶最明显,叶脉微肿凸。心腐症状表现为假茎内侧初现黄褐色水渍状小点,后扩大并联合成黑褐色坏死条纹或坏死斑块,病株根、茎横剖面亦呈黑褐色坏死斑点或斑块(参见图 A.1)。

图 A.1 香蕉花叶心腐病症状

A.7.2 香蕉束顶病

主要症状表现为植株矮化,新生中叶片窄、短、直、硬,病叶质脆呈束状,在叶柄及茎秆上常见深色条纹,俗称"黑筋"。老化叶片叶缘退绿黄化,中脉周围浓绿(参见图 A.2)。

图 A.2 香蕉束顶病症状

A.8 传播途径

A.8.1 香蕉花叶心腐病

蕉园中自然传毒媒介主要是蚜虫,病株和带病的种苗调运是远距离传播的途径。摩擦接种病株汁液也可近距离传播。

A.8.2 香蕉束顶病

通过香蕉交脉蚜(*Pentalonia nigronervosa*)以半持久性方式传播,带病毒的吸芽和种苗调运是远距离传播的途径。摩擦接种病株汁液不能传播。

附 录 B

（规范性附录）

RT-PCR 和 PCR 检测所需仪器、试剂与方法

B.1 仪器设备

PCR 扩增仪、台式冷冻离心机、振荡仪、冰箱（2℃～8℃和－20℃两种）、超低温冰箱、恒温水浴锅、电子分析天平（感量为 0.1 mg）、pH 计、电泳系统、凝胶成像系统、微量可调移液器（量程分别为 0.1 μL～2 μL，1 μL～10 μL，10 μL～100 μL，20 μL～200 μL，100 μL～1 000 μL）一套及配套吸头、离心管、刀片、PCR 管、研钵等。

B.2 试剂

三羟甲基氨基甲烷（Tris）、硼酸、氯化钠（NaCl）、十二烷基磺酸钠（SDS）、乙二胺四乙酸二钠（EDTA）、醋酸钾（KAc）、醋酸钠（NaAc·3H$_2$O）、无水乙醇、曲拉通（Triton X-100）、β-巯基乙醇、盐酸（HCl）、冰醋酸（HAc）、氢氧化钠（NaOH）、焦碳酸二乙酯（DEPC）、二硫苏糖醇（DTT）等。

B.3 试剂的配制

B.3.1 核酸抽提缓冲液

称取 12.1 g Tris，18.6 g EDTA 和 29.2 g NaCl 放置于合适的容器中，加超纯水定容至 1 000 mL，灭菌冷却至室温，再加入 2 mL β-巯基乙醇，室温保存备用。

B.3.2 5 mol/L KAc 溶液

称取 49.1 g KAc 放置于合适的容器中，用去离子水定容至 100 mL，室温保存备用。

B.3.3 10% SDS 溶液

称取 10 g SDS 溶于约 80 mL 去离子水中，68℃加热溶解，用 HCl 调节 pH 至 7.2，去离子水定容至 100 mL，室温保存备用。

B.3.4 3 mol/L NaAc 溶液

称取 40.8 g NaAc·3H$_2$O 溶于约 40 mL 去离子水中，用 HAc 调节 pH 至 5.2，去离子水定容至 100 mL，室温保存备用。

B.3.5 0.5 mol/L EDTA

称取 186.1 g EDTA 溶于 800 mL 去离子水中，用 NaOH 调 pH 到 8.0，去离子水定容至 1 000 mL，室温保存备用。

B.3.6 1 mol/L Tris-HCl(pH 8.0)

称取 121.1 g Tris 溶解于 800 mL 超纯水中，用 HCl 调 pH 至 8.0，加超纯水定容至 1 000 mL。灭菌后在 4℃下保存备用。

B.3.7 10 mol/L NaOH

在 160 mL 超纯水中加入 80.0 g NaOH，溶解后再加超纯水定容至 200 mL。

B.3.8 1 mol/L EDTA-Na$_2$(pH 8.0)

称取 372.2 g EDTA-Na$_2$，加入 70 mL 超纯水中，再加入适量 NaOH 溶液（B.3.7），加热至完全溶解后，冷却至室温，再用 NaOH 溶液（B.3.7）调 pH 至 8.0，加超纯水定容至 100 mL。灭菌后在 4℃下保存备用。

B.3.9　1.2 mol/L NaCl

称取 70.2 g NaCl,溶解于 800 mL 超纯水中,加超纯水定容至 1 000 mL,灭菌后室温保存备用。

B.3.10　TE 缓冲液(pH 8.0)

分别量取 10 mL Tris-HCl(B.3.6)和 1 mL EDTA-Na₂(B.3.8),加超纯水定容至 1 000 mL。灭菌后在 4℃下保存备用。

B.3.11　加样缓冲液

称取 250.0 mg 溴酚蓝,加 10 mL 超纯水,在室温下溶解 12 h;称取 250.0 mg 二甲基苯腈蓝,加 10 mL 超纯水溶解;称取 50.0 g 蔗糖,加 30 mL 超纯水溶解。混合以上 3 种溶液,加超纯水定容至 100 mL,在 4℃下保存备用。

B.3.12　50×TAE 电泳缓冲液(pH 8.0)

称取 242.2 g Tris,先用 500 mL 超纯水加热搅拌溶解后,加入 100 mL EDTA-Na₂(B.3.8),用 HAc 调 pH 至 8.0,然后加超纯水定容至 1 000 mL。使用时用超纯水稀释成 1×TAE。

B.3.13　PCR 反应试剂

10×PCR 缓冲液(Mg^{2+} Plus)、四种脱氧核糖核酸(dNTP,各 2.5 mmol/L)、Taq 聚合酶(5 U/μL)、特异性引物对(20 μmol/L)。

B.3.14　其他试剂

氯仿、异戊醇、异丙醇、70% 乙醇、DNA 分子量标准、核酸染料。

B.3.15　说明

本标准所用试剂均为分析纯。除另有说明,用于 RNA 提取和反应的试剂均用无 RNA 酶的水配制及用无 RNA 酶的容器分装,耗材(如离心管)均经过无 RNA 酶处理。同时以上所有试剂均须高温高压灭菌处理(121℃,1.1 kg/cm²)20 min。

B.4　方法

B.4.1　总核酸提取

在灭菌的 1.5 mL 离心管中加入被检样品、样品阳性对照、样品阴性对照,并按一定顺序编号;每管加入 0.1 g 检测样品,加液氮后用干净的研棒研磨,然后加抽提缓冲液 1.5 mL,充分混匀(不能过于强烈,以免产生乳化层,也可以用手颠倒混匀),按每 750 μL 抽提缓冲液入 100 μL 的比例加入 10% SDS,65℃水浴 20 min～30 min,吸液时注意更换吸头以避免交叉污染;加入 500 μL 5 mol/L KAc,静置冰上 20 min 后,15 000×g 离心 15 min;取各管中的上清液 400 μL 转移至相应的 2.0 mL 离心管中,加入 0.1 倍体积 NaAc、3 倍体积的无水乙醇颠倒混匀,−20℃放置至少 2 h 以上;4℃、15 000×g 离心 15 min(离心管开口保持朝离心机转轴方向放置),小心倒去上清,倒置于吸水纸上,吸干余液;加入 200 μL 70% 乙醇,颠倒洗涤;于 4℃、15 000×g 离心 10 min,小心倒去上清,倒置于吸水纸上,尽量吸干余液;900×g 离心 10 s(离心管开口保持朝离心机转轴方向放置),将上清液全部倒掉,室温干燥 3 min;加入 20 μL 无 RNA 酶超纯水,轻轻混匀,溶解管壁上的沉淀,400×g 离心 5 s,冰上保存备用。

提取的总核酸必须在 2 h 内进行 PCR 检测,若需长期保存须放置−70℃冰箱。

采用 RNA 与 DNA 提取试剂盒的,操作步骤参照产品说明书。

健康香蕉组培苗基因组 DNA 按同样的方法制备与保存。

B.4.2　凝胶制备

用 1×TAE 工作液配制 1.0% 琼脂糖凝胶,在微波炉中溶化混匀,冷却至 60℃左右;加入核酸染料,混匀,倒入胶槽,插上样品梳;待凝胶凝固后,拔出固定在凝胶中的样品梳,将带凝胶的胶板置于电泳槽中,使样品孔位于电场负极,向电泳槽中加入 1×TAE 电泳缓冲液(缓冲液越过凝胶表面即可)。

B.4.3　加样与电泳

取 1 μL 加样缓冲液与 5 μL PCR 反应产物，混匀，然后分别将其和 DNA 分子量标准加入到电泳槽的负极样品孔中；接通电源，电泳电压为 5 V/cm，当加样缓冲液中的溴酚蓝迁移到凝胶 1/2 位置，切断电源，停止电泳。

————————

附加说明：

本标准按照 GB/T 1.1—2009 给出的规则起草。

本标准由农业部农垦局提出。

本标准由农业部热带作物及制品标准化技术委员会归口。

本标准起草单位：中国热带农业科学院环境与植物保护研究所。

本标准主要起草人：黄俊生、彭军、杨腊英、王国芬、梁昌聪、郭立佳、刘磊。

中华人民共和国农业行业标准

槟榔黄化病病原物分子检测技术规范

Molecular detection for pathogen of arecanut yellow leaf disease

NY/T 2252—2012

1 范围

本标准规定了槟榔黄化病病原物的检测方法。

本标准适用于槟榔植株中黄化病病原物的定性检测。

2 术语和定义

下列术语和定义适用于本文件。

2.1

植原体 phytoplasma

寄生于植物韧皮部筛管和介体昆虫体内的,具有三层单位膜结构的无细胞壁的原核生物,一般引起植物叶片黄化和发育畸形等症状。

2.2

槟榔黄化病 arecanut yellow leaf disease

由植原体引起的一种槟榔病害,该病害病原菌的分类地位、寄主范围、危害症状及地理分布见D.1~D.4。

2.3

聚合酶链式反应 polymerase chain reaction,PCR

模板基因序列先经高温变性成为单链,在DNA聚合酶作用和适宜的反应条件下,根据模板序列设计的两条引物分别与模板DNA两条链上相应的一段互补序列发生退火而互相结合,接着在DNA聚合酶的作用下以四种脱氧核糖核酸(dNTP)为底物,使引物得以延伸,然后不断重复变性、退火和延伸这一循环,使欲扩增的基因片段以几何倍数扩增。

2.4

巢式聚合酶链式反应 nested PCR,巢式PCR

利用两套PCR引物对(巢式引物)进行两轮PCR扩增反应,首先用一对外引物进行第一轮PCR扩增,然后再使用第一对引物扩增的DNA序列内部的一对内引物再次扩增。

3 原理

利用植原体通用引物R16mF2/R16mR1和R16F2n/R16R2,对待检样品进行巢式PCR扩增,依据扩增的片段序列的限制性片段长度多态性(restriction fragment length polymorphism,RFLP)图谱是否与槟榔黄化植原体核糖体DNA(16S rDNA)序列的RFLP图谱一致,判断样品中是否存在槟榔黄化植原体。

4 巢式 PCR 检测所用仪器,试剂和方法

见附录 A。

5 巢式 PCR 检测

5.1 田间取样

根据附录 D.3 和 D.4 的描述,初步确定槟榔植株是否为槟榔黄化病疑似病株。田间取疑似槟榔植株及未表现症状的植株嫩叶约 200 g,放入自封袋中,送实验室检测。

5.2 槟榔植株叶片总 DNA 提取

取相应样品叶脉 0.5 g,加入适量液氮研磨呈粉状,再加入 1 mL DNA 提取缓冲液充分研磨,然后加入 80 μL 10%十二烷基肌氨酸钠(NLS),混匀,55℃温育 1 h～2 h,4℃ 4 300×g 离心 10 min,取上清液;加入 2/3 上清液体积异丙醇,轻轻混匀,—20℃保持 30 min,4℃ 7 700×g 离心 15 min,弃上清;加入 600 μL TE 缓冲液、30 μL 10%十二烷基硫酸钠(SDS)和 3 μL 蛋白酶 K(20 mg/mL),轻轻彻底悬浮沉淀,37℃温育 30 min～60 min;加 100 μL 5 mol/L NaCl 混匀,再加入 84 μL 十六烷基三甲基溴化铵/氯化钠(CTAB/NaCl)溶液混匀,65℃温育 10 min;加入等体积氯仿:异戊醇(24:1)混匀,4℃ 4 300×g 离心 5 min,重复直至无中间白色层;取上清液,加入等体积苯酚:氯仿:异戊醇(25:24:1),混匀,4℃ 4 300×g 离心 5 min;取上清液,加入 2/3 体积异丙醇,混匀,—20℃保持 30 min,4℃ 17 000×g 离心 10 min,弃上清液;加入 500 μL 70%乙醇洗涤,4℃ 17 000×g 离心 10 min,洗涤两次;取沉淀,加入 50 μL TE 缓冲液混匀溶解。加入 5 μL RNA 酶 A(RNaseA,10 mg/mL),37℃ 静置 30 min,除去 RNA,—20℃保存备用。

5.3 引物序列

引物采用植原体 16S rDNA 通用引物 R16mF2/R16mR1 和 R16F2n/R16R2,引物序列见表 1。

表 1 巢式 PCR 检测的引物序列

引物名称	引物序列 5′-3′
R16mF2	CATGCAAGTCGAACGGA
R16mR1	CTTAACCCCAATCATCGAC
R16F2n	ACGACTGCTAAGACTGG
R16R2	GCGGTGTGTACAAACCCCG

5.4 PCR 反应

待检样品检测反应均需同时以槟榔黄化植原体 16S rDNA 质粒(碱基序列参见附录 D.8)作为阳性对照,未见症状的槟榔植株种子的胚组织提取的 DNA 作为阴性对照,无菌双蒸水作为空白对照。

PCR 反应体系见表 2。

表 2 PCR 反应体系

组　　分	加样量,μL
10×PCR 缓冲液	2.0
25 mmol/L 氯化镁	2.5
10 mmol/L dNTPs	2.5
10 μmol/L 上游引物	1.0
10 μmol/L 下游引物	1.0
Taq DNA 聚合酶(5 U/μL)	0.2
模板 DNA	1.0
补无菌双蒸水至	25

PCR反应条件为:94℃,预变性2 min;94℃变性1 min;45℃退火45 s～60 s,72℃延伸1 min;共进行30个循环,最后72℃延伸10 min。

以R16mF2/R16mR1作为第一引物对,R16F2n/R16R2作为第二引物对,进行巢式PCR扩增,直接PCR以6.2中提取的总DNA为模板,巢式PCR以直接PCR产物稀释50倍后的样品为模板。PCR反应体系和反应条件与直接PCR扩增相同。

5.5 PCR产物凝胶电泳检测

5.5.1 凝胶制备

见A.3.1。

5.5.2 加样与电泳

见A.3.2。

5.6 RFLP图谱分析

将第二轮PCR产物进行序列测定,利用植原体分类鉴定的在线工具-iPhyClassifier(http://plant-pathology. ba. ars. usda. gov/cgi-bin/resource/iphyclassifier. cgi)对测序结果进行RFLP图谱分析。

5.7 结果判定

巢式PCR检测结果判定见表3。

表3 巢式PCR检测结果判定

判定条件						结果判定
第二轮PCR产物在1.2 kb处是否有条带出现(见图C.1)					检测样品序列的RFLP图谱分析结果与槟榔黄化病植原体标准图谱(见图C.2)是否一致	
序号	空白对照	阴性对照	阳性对照	检测样品		
1	否	否	是	是	是	检测样品含槟榔黄化病植原体
2	否	否	是	是	否	将检测样品参照附录B,用透射电子显微镜观察法进行检测,若观察到植原体病原,则表示该样品含槟榔黄化植原体;反之则不含
3	否	否	是	否	否	检测样品不含黄化病植原体
4	是/否	是/否	否	是/否	是/否	检测结果无效,将实验中的所有试剂更换,并重新提取检测样品的DNA,进行巢式PCR检测
5	是/否	是	是/否	是/否	是/否	
6	是	是/否	是/否	是/否	是/否	

5.8 样品保存及销毁

经检测确定携带槟榔黄化植原体的阳性样品,应对样品置－20℃以下保存30 d以备复核,保存的样品做好标记和登记工作。

保存30 d后的样品应进行灭活处理。

附　录　A

（规范性附录）

巢式 PCR 检测所用仪器、试剂和方法

A.1　仪器

台式高速冷冻离心机,凝胶成像系统,PCR 仪,水平电泳装置等。

A.2　试剂

A.2.1　1 mol/L Tris-HCl 缓冲液(pH 8.0)

称量 121.1 g 三羟甲基氨基甲烷(Tris)置于 1 L 烧杯中,加入约 800 mL 的超纯水,充分搅拌溶解,用盐酸(HCl)调节 pH 至 8.0,将溶液定容至 1 L,高温高压 (121℃,1.1 kg/cm²)20 min,室温保存。

A.2.2　0.5 mol/L EDTA-Na₂

称取 186.1 g 乙二胺四乙酸二钠 EDTA-Na₂,置于 1 L 烧杯中,加入约 800 mL 的去离子水,充分搅拌,用氢氧化钠(NaOH)调节 pH 至 8.0,加去离子水将溶液定容至 1 L,高温高压灭菌(121℃,1.1 kg/cm²)20 min,室温保存。

A.2.3　DNA 抽提缓冲液

分别量取 10 mL 1 mol/L Tris-HCl(A.2.1)和 20 mL 0.5 mol/L EDTA(A.2.2),置于 100 mL 烧杯中,充分混匀,再加入 1.461 g NaCl,充分搅拌,用超纯水将溶液定容至 100 mL,高温高压灭菌(121℃,1.1 kg/cm²)20 min,室温保存。使用前每毫升提取缓冲液中加入 5 μL 蛋白酶 K 溶液(20 mg/mL)。

A.2.4　CTAB/NaCl 溶液

称取 4.1 g NaCl 置于 100 mL 烧杯中,加入约 80 mL 的超纯水,充分搅拌,然后缓慢加入 10 g CTAB,同时加热并搅拌,用超纯水将溶液定容至 100 mL,高温高压灭菌(121℃,1.1 kg/cm²)20 min,室温保存。

A.2.5　TE 缓冲液(pH 8.0)

保存于室温或 4℃冰箱中。量取 1 mL 1 mol/L Tris·Cl(A.2.1)和 200 μL 0.5 mol/L EDTA(A.2.2),依次加入 100 mL 烧杯中,向烧杯中加入约 80 mL 的去离子水,均匀混合,将溶液定容至 100 mL 后,高温高压灭菌(121℃,1.1 kg/cm²)20 min,4℃或室温保存备用。

A.2.6　TAE 电泳缓冲液(50×)(pH 8.0)

称取 242.2 g Tris,先用 500 mL 超纯水加热搅拌溶解后,加入 100 mL 0.5 mol/L EDTA·Na₂ (A.2.2),用冰乙酸调 pH 至 8.0,然后加超纯水定容至 1 L。室温保存,使用时用超纯水稀释成 1× TAE。

A.2.7　PCR 反应试剂

10×PCR 缓冲液 TP (2.5 mmol/L)、Taq 聚合酶(5 U/μL)、特异性引物对(10 μmol/L)。

A.2.8　其他试剂

Tris 饱和酚(pH≥7.8)、氯仿、异戊醇、异丙醇、70 %乙醇、DNA 分子量标准、核酸染料等。

A.3　方法

A.3.1　凝胶制备

用 1×TAE 工作液配制 1.0%琼脂糖凝胶,在微波炉中溶化混匀,冷却至 60℃左右;加入核酸染料,混匀,倒入胶槽,插上样品梳;待凝胶凝固后,拔出固定在凝胶中的样品梳,将带凝胶的胶板置于电泳槽中,使样品孔位于电场负极,向电泳槽中加入 1×TAE 电泳缓冲液(缓冲液越过凝胶表面即可)。

A.3.2 加样与电泳

取 1 μL 加样缓冲液与 5 μL PCR 反应产物,混匀,然后分别将其和 DNA 分子量标准加入到电泳槽的负极样品孔中;接通电源,电泳电压为 5 V/cm,当加样缓冲液中的溴酚蓝迁移到凝胶 1/2 位置,切断电源,停止电泳。

附　录　B

（规范性附录）

透射电子显微镜观察诊断试剂配制及方法

B.1 透射电子显微镜观察诊断试剂配制

B.1.1 2%锇酸储备液

将0.5 g或1.0 g装四氧化锇安瓿瓶充分洗净，放入棕色试剂瓶中，在排毒柜内把安瓿瓶敲破，即刻加入双蒸馏水，配制成2%水溶液，盖上盖子，溶解1 d或更长时间。此液常作为储备液，于4℃密封保存。

B.1.2 0.2 mol/L磷酸盐缓冲液(PBS,pH为7.4)

0.2 mol/L磷酸盐缓冲液的配制方法见表B.1。

表 B.1 0.2 mol/L磷酸盐缓冲液配制方法

$Na_2HPO_4 \cdot 2H_2O$	2.884 g
$NaH_2PO_4 \cdot 2H_2O$	0.593 g
双蒸水	100 mL

B.1.3 1%锇酸固定溶液

取2%锇酸水溶液12.5 mL和0.2 mol/L磷酸盐缓冲液(pH为7.4)12.5 mL别加入烧杯中，混匀，即为1%锇酸固定液，4℃保存备用。

B.1.4 环氧树脂

将环氧树脂(Epon812) 5.0 mL倒入烧杯中，置80℃温箱融化，然后加入顺丁烯二酸酐(DDSA)2.0 g，充分搅拌，待熔化呈透明，至室温，再加入邻苯二甲酸二丁酯(DBP)1.75 mL，仔细搅拌，然后慢慢逐滴加入二乙基苯胺(DMP‐30)0.4 mL，边加边搅拌，至包埋剂呈红棕色。

B.1.5 聚乙烯醇缩甲醛(Formvar)膜

将Formvar膜溶于三氯甲烷，配成0.2%～3%溶液，存于冰箱备用。制膜时取一块干净玻璃片插入溶液中，取出倾斜待三氯甲烷挥发，用镊子沿玻璃边划痕，再将玻璃倾斜浸入蒸馏水中，薄膜即从玻璃上脱落下来漂浮于水面，取干净的铜网摆上，压紧，再用一块滤纸覆盖其上，捞起后置于培养皿干燥备用。

B.1.6 乙酸双氧铀染色液

乙酸双氧铀2 g加50%乙醇100 mL，充分搅拌10 min，静置1 d～2 d，使未溶解部分自然沉淀，取上清液使用。溶液呈鲜黄色，若变淡表示失效。溶液宜用棕色瓶避光保存。

B.1.7 柠檬酸铅染色液

将硝酸铅1.33 g，柠檬酸三钠1.76 g和双蒸水依次加到50 mL容量瓶中，用力振荡30 min，使溶液呈乳白色，加入1 mol/L NaOH 8 mL，溶液变透明，再加双蒸水定容50 mL，4℃冰箱保存备用。

B.2 透射电子显微镜观察诊断

对采集的植物样品制备超薄切片，通过电镜观察植原体形态。

B.2.1 取材

选取待检槟榔植株未展开的剑状合生嫩叶或未开放的花序,用刀片将嫩叶中脉或花序切成整齐的细条,切成 1 mm× 1 mm×3 mm 的长条。取健康槟榔嫩叶作对照。

B.2.2 固定

采用戊二醛-锇酸双固定法。样品在2.5%戊二醛进行前固定2 h后,PBS(0.2 mol/L pH 7.4)清洗3次。然后用1%锇酸后固定2 h,PBS清洗3次。

B.2.3 脱水

采用乙醇和丙酮系列梯度脱水。30%乙醇/15 min→50%乙醇/15 min→70%乙醇/15 min→80%乙醇/15 min→90%乙醇/15 min→100%乙醇/15 min。样品可在70%乙醇中停留12 h。

B.2.4 渗透

脱水后的组织块在丙酮/树脂(1:1)中渗透3 d,再在全树脂中渗透1 d。

B.2.5 包埋

用环氧树脂做包埋剂。将组织块放在胶囊中央,滴入包埋剂。依次于37℃下静置24 h,45℃下静置24 h,60℃下静置24 h。

B.2.6 切片

在超薄切片机上将固化的组织块作切片。选择好的切片,将切片用二甲苯蒸发展开,用载有Formvar膜的铜网捞起,置培养皿内干燥、保存。

B.2.7 切片染色

采用乙酸双氧铀和柠檬酸铅双染色。取染色蜡盘数个,将乙酸双氧铀染液滴入蜡盘中。取带切片的铜网,插入染色滴中,染20 min ~ 30 min,然后取出铜网,蒸馏水洗去多余的染色液,滤纸吸干。将铜网再放入另一蜡盘,滴入柠檬酸铅染液,使铜网翻扣在染色液滴上,染20 min ~ 30 min,再用0.1 mol/L氢氧化钠漂洗干净,滤纸吸干。

B.2.8 透射电子显微镜观察

如果在透射电子显微镜下观察到的图像与C.3和D.5的描述是一致的,说明有黄化病病原物,反之,则不带病原物。

附 录 C

（规范性附录）

槟榔黄化病植原体巢式 PCR 电泳图，16S rDNA 序列 RFLP 图谱和电镜观察图

C.1 槟榔黄化病植原体巢式 PCR 电泳图见图 C.1。

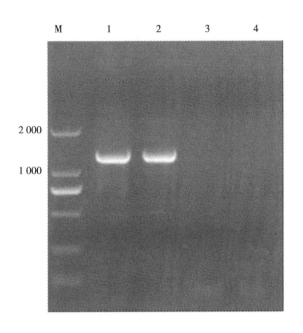

说明：

M——DNA 分子量标准。

1 ——槟榔植株嫩叶中黄化病植原体；　　　　　　　3——健康槟榔样品；

2 ——槟榔黄化病植原体 16S rDNA 质粒；　　　　　4——空白对照。

图 C.1　槟榔黄化病植原体巢式 PCR 电泳图

C.2 槟榔黄化植原体核糖体 16S rDNA 序列 RFLP 图谱见图 C.2。

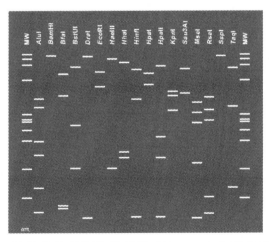

图 C.2　槟榔黄化植原体核糖体 16S rDNA 序列 RFLP 图谱

C.3 槟榔黄化病植原体电镜观察图见图 C.3。

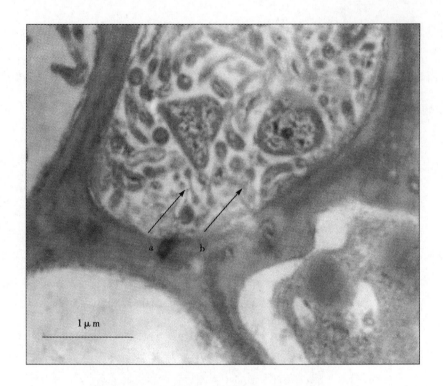

说明：

a——哑铃形植原体；

b——圆形植原体。

图 C.3　槟榔黄化病植原体电镜观察图

附 录 D

（资料性附录）

槟榔黄化病植原体背景资料

D.1 槟榔黄化病植原体

学名：Arecanut yellow leaf phytoplasma，AYLP

分类地位：原核生物界（Prokaryiotes）；细菌域（Bacteria）；硬壁菌门（Firmicutes）；柔膜菌纲（Mollicutes）；无胆甾原体目（Acholeplasmatales）；无胆甾原体科（Acholeplasmataceae）；植原体暂定属（Phytoplasma）。

D.2 寄主范围

槟榔。

D.3 危害症状

发病初期，植株下部倒数第2张至第4张羽状叶片外缘1/4开始出现黄化，抽生的花穗较正常植株短小，无法正常展开，结果量大大减少，常常提前脱落。感病植株叶片黄化症状逐年加重，干旱季节黄化症状更为突出，整株叶片无法正常舒展生长，常伴有真菌引起的叶斑及梢枯；病叶叶鞘基部刚形成的小花苞水渍状败坏，严重时呈暗黑色，花苞基部有浅褐色夹心；感病后期病株根茎部坏死腐烂，感病植株常在顶部叶片变黄一年后枯死，大部分感病株开始表现黄化症状后5年至7年枯顶死亡。

D.4 地理分布

国外：印度（喀拉拉邦、奎隆等地）。

国内：海南（屯昌、琼海、万宁、陵水、琼中、三亚、乐东、定安和保亭等市县）。

D.5 植原体形态特征

槟榔黄化病植原体形态为圆形、椭圆形等多种形态，菌体内有较丰富的纤维状体（即DNA）、细胞核区及较薄的质膜，没有细胞壁，其大小为180 nm～550 nm，单位膜的厚度为9 nm～13 nm。

D.6 传播途径

染病种苗的调运是该病害远距离传播的主要途径。田间可能通过昆虫介体传播。

D.7 槟榔黄化植原体16S rDNA序列

槟榔黄化病植原体16S rDNA序列（GenBank登录号为FJ694685）见图D.1。

```
   1 acgactgcta agactggata ggagacaaga aggcatcttc ttgtttttaa aagacctagc
  61 aataggtatg cttagggagg agcttgcgtc acattagtta gttggtgggg taaaggccta
 121 ccaagactat gatgtgtagc cgggctggga ggttgaacgg ccacattggg actgagacac
 181 ggcccaaact cctacgggag gcagcagtag ggaattttcg gcaatggagg aaactctgac
 241 cgagcaacgc cgcgtgaacg atgaagtatt tcggtacgta aagttctttt attagggaag
 301 aataaatgat ggaaaaatca ttctgacggt acctaatgaa taagcccgg ctaactatgt
 361 gccagcagcc gcggtaatac atagggggca agcgttatcc ggaattattg ggcgtaaagg
 421 gtgcgtaggc ggttaaataa gtttatggtc taagtgcaat gctcaacatt gtgatgctat
 481 aaaaactgtt tagctagagt aagatagagg caagtggaat tccatgtgta gtggtaaaat
 541 gcgtaaatat atggaggaac accagtagcg aaggcggctt gctgggtctt tactgacgct
 601 gaggcacgaa agcgtgggga gcaaacagga ttagataccc tggtagtcca cgccgtaaac
 661 gatgagtact aaacgttggg taaaaccagt gttgaagtta acacattaag tactccgcct
 721 gagtagtacg tacgcaagta tgaaacttaa aggaattgac gggactccgc acaagcggtg
 781 gatcatgttg tttaattcga aggtacccga aaaacctcac caggtcttga catgcttctg
 841 caaagctgta gaaacacagt ggaggttatc agttgcacag gtggtgcatg gttgtcgtca
 901 gctcgtgtcg tgagatgttg ggttaagtcc cgcaacgagc gcaaccctta ttgttagtta
 961 ccagcacgta atggtgggga ctttagcaag actgccagtg ataaattgga ggaaggtggg
1021 gacgacgtca aatcatcatg cccccttatga cctgggctac aaacgtgata caatggctgt
1081 tacaaagggt agctgaagcg caagtttttg gcaaatctca aaaaaacagt ctcagttcgg
1141 attgaagtct gcaactcgac ttcatgaagt tggaatcgct agtaatcgcg aatcagcatg
1201 tcgcggtgaa tacgttcgcg gggtttgtac acaccgc
```

图 D.1 槟榔黄化病植原体 16S rDNA 序列

附加说明：

本标准按照 GB/T 1.1—2009 给出的规则起草。

本标准由农业部农垦局提出。

本标准由农业部热带作物及制品标准化委员会归口。

本标准起草单位：中国热带农业科学院环境与植物保护研究所。

本标准主要起草人：罗大全、车海彦、温衍生、徐雪莲。

中华人民共和国农业行业标准

菠萝组培苗生产技术规程

Technical specification for tissue culture of pineapple seedlings

NY/T 2253—2012

1 范围

本标准规定了菠萝[*Ananas comosus*(L.)Merr.]组培育苗过程中的培养基制备程序、组织培养程序、炼苗和移栽程序。

本标准适用于菠萝组培苗的生产。

2 规范性引用文件

下列文件对于本文件的应用是必不可少的。凡是注日期的引用文件,仅注日期的版本适用于本文件。凡是不注日期的引用文件,其最新版本(包括所有的修改单)适用于本文件。

GB/T 6682 分析实验室用水规格和试验方法

LY/T 1882 林木组织培养育苗技术规程

3 术语和定义

LY/T 1882 界定的术语和定义适用于本文件。

4 培养基制备程序

4.1 培养基母液配制及保存

4.1.1 母液配制

母液配制所用蒸馏水应符合 GB/T 6682 的规定,各种母液配制所用试剂参见附录 A、配制方法见附录 B。

4.1.2 母液保存

在培养基母液的容器上应贴上标签,标注名称、浓度、配制日期、有效期和配制人。铁盐及植物生长素母液应在棕色容器中避光保存。各种母液应置于 0℃~4℃保存,保存期不超过 60 d。发现标签不明或母液中有沉淀或浑浊现象应停止使用。

4.2 培养基配制、灭菌及保存

4.2.1 培养基配方

4.2.1.1 诱导培养基配方

基本培养基(MS)＋6-苄氨基嘌呤(6-BA)1 mg/L～3 mg/L＋萘乙酸(NAA)0.1 mg/L～0.3 mg/L。

4.2.1.2 继代培养基配方

基本培养基(MS)＋6-苄氨基嘌呤(6-BA)1 mg/L～3 mg/L。

中华人民共和国农业部 2012-12-07 发布 2013-03-01 实施

4.2.1.3 生根培养基配方

1/2 基本培养基(1/2MS)+6-苄氨基嘌呤(6-BA)1 mg/L+萘乙酸(NAA)0.1 mg/L～0.5 mg/L+吲哚乙酸(IAA)0.1 mg/L～1 mg/L。

4.2.2 培养基配制

4.2.2.1 琼脂和蔗糖溶液配制

用感量0.1 g天平分别称取琼脂5.0 g～8.0 g和蔗糖30.0 g。先用蒸馏水700 mL加热、搅拌溶解琼脂,然后加入蔗糖继续搅拌溶解。

4.2.2.2 诱导培养基配制

按附录B吸取母液加入到4.2.2.1,依次加入20 mL(B.1)、10 mL(B.2)、1 mL(B.3)、20 mL(B.4)、1 mL(B.5)、1 mL～3 mL(B.6)、0.1 mL～1 mL(B.8),再加蒸馏水定容至1 000 mL,用0.1 mol/L盐酸(HCl)或0.1 mol/L的氢氧化钠(NaOH)调节pH至5.8。

4.2.2.3 继代培养基配制

按附录B吸取母液加入到4.2.2.1,依次加入20 mL(B.1)、10 mL(B.2)、1 mL(B.3)、20 mL(B.4)、1 mL(B.5)、1 mL～3 mL(B.6),再加蒸馏水定容至1 000 mL,用0.1 mol/L的盐酸(HCl)或0.1 mol/L的氢氧化钠(NaOH)调节pH至5.8。

4.2.2.4 生根培养基配制

按附录B吸取母液加入到4.2.2.1,依次加入20 mL(B.1)、10 mL(B.2)、1 mL(B.3)、20 mL(B.4)、1 mL(B.5)、1 mL(B.6)、0.1 mL～1 mL(B.7)、0.1 mL～0.5 mL(B.8),再加蒸馏水定容至1 000 mL,用0.1 mol/L的盐酸(HCl)或0.1 mol/L的氢氧化钠(NaOH)调节pH至5.8。

4.2.2.5 分装

用250 mL的培养瓶,每瓶分装33 mL～40 mL。

4.2.2.6 封口

盖好瓶盖或用封口膜封口。

4.2.3 培养基灭菌

培养基配制后应在12 h内完成灭菌程序。采用高压蒸汽灭菌,在压力0.105 MPa、温度121℃条件下按表1所需时间灭菌。

表1 培养基高压蒸汽灭菌所需时间

培养容积 mL	灭菌时间 min
20～50	≥15
75～150	≥20
250～500	≥25
1 000	≥30
1 500	≥35
2 000	≥40

4.2.4 培养基保存

灭菌后的培养基应注明培养基编号及配制日期,并应在15 d内使用。培养基在保存过程中注意防尘、避光,避免污染。

5 菠萝组织培养程序

5.1 外植体选择

选择健康、无病虫害的顶芽或者吸芽、托芽、腋芽等作为外植体。

5.2 外植体消毒

自来水冲洗外植体,选择表2所列消毒剂之一消毒,再用无菌水冲洗4次~6次。

表2 外植体消毒剂、使用浓度和浸泡时间

消毒剂名称	使用浓度 %	浸泡时间 min
乙醇(C_2H_5OH)	70~75	0.2~2
次氯酸钠(NaClO)	2~10	5~30
过氧化氢(H_2O_2)	10~12	5~15
次氯酸钙[$Ca(ClO)_2$]	9~10	5~30

5.3 接种方法

5.3.1 在接种前,用75%酒精对工作人员的手部、腕部和接种用的手术刀、镊子消毒。再用电热灭菌器或酒精灯对手术刀、镊子灭菌,温度控制在150℃~250℃、灭菌30 s以上。

5.3.2 把诱导培养基瓶放进超净工作台内,将已消毒好的每个外植体分切成2块~3块,然后接种在装有诱导培养基的培养瓶中。

5.3.3 培养室在以下条件下进行培养:

    a) 温度设定为(28±2)℃;

    b) 光照强度在1 400 lx,光周期为每日光照12 h~16 h;

    c) 黑暗12 h~8 h;

    d) 培养45 d左右可以诱导出小芽。

5.4 继代培养

5.4.1 把诱导出小芽的培养瓶放置在无菌操作台内,取出瓶内小苗于无菌碟子上分苗,每块分切成3个~4个小芽,每瓶放3块~5块,在继代培养的培养基内培养。

5.4.2 每个继代培养时间为30 d~50 d,连续继代繁殖应控制在10代以内。培养条件与5.3.3相同。

5.5 生根培养

按5.4.1方法,把经过继代培养的小苗切成单株,每瓶放置10个单株在生根培养基内培养30 d~50 d。培养条件按5.3.3要求。

6 炼苗

当生根苗生长到5片叶~7片叶、叶长5 cm~8 cm,根长1 cm~2 cm时,在炼苗棚内炼苗。在自然漫射光和25℃~32℃的条件下炼苗7 d~15 d,之后打开瓶口炼苗3 d~5 d,炼苗期间应注意防雨水。

7 移栽

7.1 移栽基质及消毒

选用泥炭土:珍珠岩:沙子按3:1:1比例搅拌均匀,在栽种前应用50%多菌灵1 500倍液进行封闭消毒1 d。

7.2 洗苗分级

取出生根苗,用清水洗净生根苗表面的培养基,分级待移栽。

7.3 消毒处理

把洗净的生根苗用 70％甲基托布津 1 000 倍液浸泡消毒 8 min～10 min。

7.4 移栽苗床

把洗净、消毒、晾干水分的生根苗移栽至消毒培养基质的苗床上。种植密度株距 5 cm～10 cm,行距 15 cm～30 cm。种植后淋水定根。

7.5 幼苗管理

7.5.1 病害防治

移栽后 3 d～5 d,用 70％甲基托布津 1 000 倍液和 45％施保克 800 倍液交替喷雾 1 次,以后每隔 7 d～10 d 交替喷雾 2 次～3 次。

7.5.2 水肥管理

组培苗移栽 15 d,根据小苗长势,逐渐降低湿度,减少喷水次数,使小苗适应外部环境。组培苗移植后 20 d～30 d,施用 $N：P_2O_5：K_2O$ 为 15：15：15 的复合肥配制成 1％浓度溶液,每隔 7 d～10 d 喷淋 1 次。移栽 40 d 以后,用尿素稀释 100 倍喷淋。

附 录 A
(资料性附录)
菠萝组培常用化学试剂、药品一览表

菠萝组培常用化学试剂、药品见表 A.1。

表 A.1 菠萝组培常用化学试剂、药品一览表

品名	分子式或英文名	级别	包装
硝酸铵	NH_4NO_3	AR	500 g/瓶
硝酸钾	KNO_3	AR	500 g/瓶
无水氯化钙	$CaCl_2 \cdot 2H_2O$	AR	500 g/瓶
硫酸镁	$MgSO_4 \cdot 7H_2O$	AR	500 g/瓶
磷酸二氢钾	KH_2PO_4	AR	500 g/瓶
氯化钾	KCl	AR	500 g/瓶
硫酸钠	Na_2SO_4	AR	500 g/瓶
硫酸亚铁	$FeSO_4 \cdot 7H_2O$	AR	500 g/瓶
乙二胺四乙酸二钠	Na_2-EDTA	AR	500 g/瓶
硫酸锰	$MnSO_4 \cdot 4H_2O$	AR	500 g/瓶
硫酸锌	$ZnSO_4 \cdot 7H_2O$	AR	500 g/瓶
硼酸	H_3BO_3	AR	500 g/瓶
碘化钾	KI	AR	500 g/瓶
钼酸钠	$Na_2MoO_4 \cdot 2H_2O$	AR	500 g/瓶
硫酸铜	$CuSO_4 \cdot 5H_2O$	AR	500 g/瓶
氯化钴	$CoCl_2 \cdot 6H_2O$	AR	100g/瓶
甘氨酸	Glycine	BR 99.5%	100 g/瓶
盐酸硫胺素 HCl(维生素 B_1)	Thiamine. HCl	BR 99%	100 g/瓶
盐酸吡哆醇(维生素 B_6)	Pyridoxin. HCl	BR 99%	25 g/瓶
烟酸	Nicotinic acid(vit B_5)	BR 99.5%	100 g/瓶
肌醇	Myo-inositol	BR 99.5%	500 g/瓶
蔗糖	Sucrose	AR	500 g/瓶
6-苄氨基嘌呤(6-BA)	6-Benzylaminopurine	BR	10 g/瓶
萘乙酸(NAA)	1-Naphthylacetic acid	BR	10 g/瓶
吲哚乙酸(IAA)	3-Indoleacetic acid	BR	10 g/瓶
乙醇(酒精)	Ethanol	CP 95%	500 mL/瓶
次氯酸钠溶液	Antiformin	CP	500 mL/瓶
升汞(氯化汞)	$HgCl_2$	AR	250 mL/瓶
洗洁精		中性	
活性炭(AC)	Activated Carbon	AR	1 000 g/瓶
盐酸	HCl	AR	500 mL/瓶
氢氧化钠	NaOH	AR	500 g/瓶

附 录 B
（规范性附录）
菠萝组培苗培养基母液配制方法

B.1 大量元素母液 1

用感量 0.1 g 天平称取硝酸钾（KNO_3）190.0 g、硝酸铵（NH_4NO_3）165.0 g、硫酸镁（$MgSO_4$）37.0 g、磷酸二氢钾（KH_2PO_4）17.0 g，将上述 4 种试剂分别用 300 mL 蒸馏水充分溶解，按上述次序依次混合，定容至 2 000 mL。

B.2 大量元素母液 2

用感量 0.1 g 天平称取无水氯化钙（$CaCl_2$）33.2 g，用 500 mL 蒸馏水充分溶解，定容至 1 000 mL。

B.3 微量元素母液

用感量 0.001 g 天平称取硫酸锰（$MnSO_4 \cdot 4H_2O$）22.300 g、硫酸锌（$ZnSO_4 \cdot 7H_2O$）8.600 g、硼酸（H_3BO_3）6.200 g、碘化钾（KI）0.830 g、钼酸钠（$Na_2MoO_4 \cdot 2H_2O$）0.250 g、硫酸铜（$CuSO_4 \cdot 5H_2O$）0.025 g、氯化钴（$CoCl_2 \cdot 6H_2O$）0.025 g，用 500 mL 蒸馏水充分溶解定容至 1 000 mL。

B.4 铁盐母液

用感量 0.01 g 天平称取硫酸亚铁（$FeSO_4 \cdot 7H_2O$）5.56 g、用 300 mL 蒸馏水加热至 80℃充分溶解定容至 1 000 mL。

B.5 有机成分母液

用感量 0.01 g 天平称取肌醇 100 g，盐酸吡哆醇（VB_6）0.5 g，盐酸硫胺素（VB_1）0.1 g，甘氨酸 2 g，烟酸 0.5 g，将上述药品分别用 100 mL 蒸馏水充分溶解后混合，定容至 1 000 mL。

B.6 6-苄氨基嘌呤(6-BA)溶液配制

用感量 0.01 g 天平称取 6-苄氨基嘌呤(6-BA)1.00 g，用 95％以上的乙醇 5 mL～10 mL 充分溶解后，用蒸馏水各定容至 1 000 mL。配好后贴好标签，置于 2℃～6℃冰箱保存，保质期 2 个月。

B.7 吲哚乙酸(IAA)溶液配制

用感量 0.01 g 天平称取吲哚乙酸(IAA)1.00 g，用 95％以上的乙醇 5 mL～10 mL 充分溶解后，在用蒸馏水各定容至 1 000 mL。配好后贴好标签，置于 2℃～6℃冰箱保存，保质期 2 个月。

B.8 萘乙酸(NAA)溶液配制

用感量 0.01 g 天平称取萘乙酸(NAA)1.00 g，用 95％以上的乙醇 5 mL～10 mL 充分溶解后，在用蒸馏水各定容至 1 000 mL。配好后贴好标签，置于 2℃～6℃冰箱保存，保质期 2 个月。

附加说明：

本标准按照 GB/T 1.1—2009 给出的规则起草。

本标准由农业部农垦局提出。

本标准由农业部热带作物及制品标准化技术委员会归口。

本标准起草单位：中国热带农业科学院南亚热带作物研究所。

本标准主要起草人：昝丽梅、赵艳龙、詹儒林、郑良永、张秀梅、吴维军、张家云。

中华人民共和国农业行业标准

甘蔗生产良好农业规范

Good agricultural practice for sugarcan

NY/T 2254—2012

1 范围

本标准规定了甘蔗种植过程中良好农业规范的基本要求。

本标准适用于甘蔗种植过程的质量安全管理。

2 规范性引用文件

下列文件对于本文件的应用是必不可少的。凡是注日期的引用文件,仅注日期的版本适用于本文件。凡是不注日期的引用文件,其最新版本(包括所有的修改单)适用于本文件。

GB 3095 环境空气质量标准

GB 5084 农田灌溉水质标准

GB/T 10498 糖料甘蔗

GB/T 10499 糖料甘蔗检验方法

GB/T 19566 旱地糖料甘蔗高产栽培技术规程

NY/T 1787 糖料甘蔗生产技术

NY/T 1796 甘蔗种苗

3 术语和定义

GB/T 20014.1 界定的以及下列术语和定义适用于本文件。

3.1

安全间隔期 safety interval

从最后一次施药到甘蔗收获时允许的间隔天数。

3.2

投入品 producer goods

甘蔗生产过程中需要使用的如种苗、薄膜、肥料、农药等物品。

4 组织管理

4.1 应有统一的或相对统一的组织形式,管理和协调甘蔗生产良好操作规范的实施。可采用但不限于以下几种组织形式:

——企业或农场;

——专业合作组织;

——公司加农户;

——种蔗大户。

4.2 实施单位应建立与生产规模相适应的组织管理措施,并有专人负责。有指导生产的技术人员及质量安全管理人员。

4.3 规模较大的企业或产业化联合体应有相应的组织框架,包含生产、质检、质量管理等部门。

4.4 有具备相应专业知识的技术指导人员,负责技术操作规程的制定、技术指导、培训等工作,可从农技推广部门聘请。

4.5 有熟知甘蔗生产相关知识的质量安全管理人员,负责投入品的管理和使用,应由本单位人员担当。

4.6 重要岗位人员应进行专业理论和业务知识培训。

5 质量安全管理

5.1 产前

建立农业生产资料档案,包括种苗、化肥和农药的种类、规格、数量、有效成分、生产商、供应商、供应商资质、经营许可证、营业执照、产品登记号或临时登记证号、生产批准文号或生产许可证号、产品合格证、生产批次号和购买时间。生产资料档案记录表参见附录A。

5.2 产中

5.2.1 实施单位应建立质量安全管理规定和可追溯系统,来保证各项操作的有序实施。

5.2.2 有文件规定的各个生产环节的操作规程,包括适用于管理人员的质量管理文件和生产者的作业指导书。

5.2.3 在施肥、施药前应对生产者进行必要的培训,规范生产人员的操作行为;甘蔗生产常用的农药施用方法参见附录B。

5.3 产后

5.3.1 收获后应进行抽检,具体抽样方法和检测方法按GB/T 10498、GB/T 10499的规定执行。

5.3.2 记录销售时间、销售重量、销售对象等信息。

5.3.3 及时清理蔗田,做好宿根管理,或者做好下茬的轮作准备。

5.4 可追溯性

5.4.1 对生产和销售过程建立可追溯机制;生产单位和供应商应提供农药残留检测报告,若超过我国标准的最高残留限量,应及时采取补救措施。

5.4.2 建立生产过程资料档案。

5.4.2.1 蔗区产地基本档案,包括:

——产地分布图。标明基地大小、位置和编号;

——产地环境情况。包括土壤、水质、大气、基地周围作物种植情况;

——产地前作情况。

5.4.2.2 生产过程档案,包括:

——组织机构图及相关部门(如果有)、人员的职责和权限;

——人员培训规定及记录;

——产品溯源管理办法;

——生产过程所实施的各项措施,各种相关表格参见附录C。

6 种植技术规范

6.1 产地环境

甘蔗生产应选择在地势较平坦或坡度较小蔗区,土壤、水源、空气无污染,应远离污染源如化工、电镀、水泥、工矿企业、医院以及废渣、废物、废料堆放区等场所。

6.2 气候及土壤条件

甘蔗生产所需的气候与土壤条件应符合 GB/T 19566 的规定。

6.3 空气环境

蔗田生产环境空气质量应符合 GB 3095 的规定。

6.4 蔗田灌溉水

甘蔗生产灌溉水质应符合 GB 5084 的规定。

6.5 品种

选用通过国家鉴定或地方审定、认定,适应当地环境条件和满足制糖工艺要求的高产高糖宿根性强的优良品种。甘蔗种苗应符合 NY/T 1796 的要求。

6.6 种植制度及模式

6.6.1 种植制度

种植制度应有利于提高土壤肥力,提高资源利用率和单位面积产量,提高经济效益,减少病虫鼠草害,保障甘蔗质量安全,保护生态环境,促进甘蔗生产的可持续发展。

6.6.2 种植模式

6.6.2.1 间套作主要模式

甘蔗+早熟黄豆、甘蔗+早熟花生、甘蔗+早熟绿豆、甘蔗+早熟西瓜、甘蔗+早熟绿肥、甘蔗+早熟马铃薯等。

6.6.2.2 轮作主要模式

1 年新植 2 年宿根+1 年其他作物;4 年甘蔗+1 年其他作物。

6.7 生产技术规范

6.7.1 生产管理技术

甘蔗生产种植、管理的各环节按照 GB/T 19566 和 NY/T 1787 的规定执行。

6.7.2 灌溉

6.7.2.1 灌溉用水应符合 GB 5084 的要求。当灌溉水源情况发生明显改变时,应进行风险评估。

6.7.2.2 依据当地气象条件,制定灌溉计划。采用节水灌溉的方式。

6.7.2.3 应记录灌溉用水的日期和灌溉量等。

7 收获

7.1 收获原则

先砍宿根蔗,后砍冬植蔗,最后砍春植蔗;先砍早、中熟品种,后砍晚熟品种。

7.2 收获质量

人工砍收规格应符合 GB/T 10498 的要求;机械收获含杂率应≤7%,总损失率≤4%。

7.3 储存运输

收获后甘蔗应放置干燥、清洁的场所,人工收获 48 h、机械收获 24 h 内运抵糖厂。

附 录 A

（资料性附录）

生产资料档案记录表

生产资料档案记录见表 A.1。

表 A.1 生产资料档案记录表

编号：

生产资料名称		种 类	
规格		生产批次号	
数量		有效成分	
采购时间		采购人	
生产商		供应商	
名称		名称	
地址		地址	
电话/传真		电话/传真	
产品登记号或临时登记证号		资质证书	
生产批准文号或生产许可证号		经营许可证	
产品合格证		营业执照	

记录人： 负责人：

年 月 日 年 月 日

附 录 B
（资料性附录）
甘蔗生产常用化学农药及施用方法

甘蔗生产常用化学农药及施用方法见表 B.1。

表 B.1 甘蔗生产常用化学农药及施用方法

农药名称	剂型	防治对象	使用浓度或使用量	施用方法	安全间隔期,d
多菌灵	50%可湿性粉	凤梨病	500 倍液	浸种 3 min	—
甲基托布津	70%可湿性粉	凤梨病	500 倍液	浸种 5 min	—
苯莱特	50%可湿性粉	黑穗病、梢腐病	1 000 倍液	发病初期喷雾	30
甲基硫菌灵	70%可湿性粉	凤梨病、梢腐病	500 倍液	浸种 5 min	—
丁硫克百威	5%颗粒剂	蔗螟、蔗龟	3.75 kg	苗期撒施后盖土	30
杀螟丹	50%可湿性粉	螟虫(卵)	100 g～125 g 加水 50 kg	螟卵孵化盛期喷施	21
杀螟硫磷	50%乳油	螟虫(卵)	25 g～50 g 加水 50 kg	螟卵孵化盛期喷施	21
敌百虫	90%结晶体	绵蚜、蓟马、蔗螟	1 000 倍液	绵蚜、蓟马初发期或螟卵孵化盛期喷施	7
乐果	50%乳油	绵蚜、蓟马	1 000 倍液	绵蚜、蓟马初发期喷施	60
敌敌畏	80%乳油	绵蚜、蓟马	1 000 倍液	绵蚜、蓟马初发期喷施	60
吡虫啉	10%可湿性粉剂	绵蚜	10 g～20 g 加水 50 kg	绵蚜初发期喷施	10
抗蚜威	50%可湿性粉剂	绵蚜	20 g～30 g 加水 50 kg	绵蚜初发期喷施	30
毒死蜱	10%颗粒剂、40.7%乳油	蔗龟、绵蚜	防蔗龟 10%颗粒剂 120 g～150 g;防绵蚜 40.7%乳油 100 mL～120 mL 加水 50 kg	下种期拌细沙沟施或绵蚜初发期喷施	60
辛硫磷	5%粒剂	蔗龟及其他地下害虫	4 kg～5 kg	下种期沟施	—
莠去津	38%胶悬剂	杂草	250 mL～300 mL 加水 50 kg	芽前或早期芽后土壤处理	
敌草隆	25%可湿性粉剂	杂草	250 g～300 g 加水 50 kg	芽前或早期芽后土壤处理	
甲草胺	48%乳油	杂草	200 mL～250 mL 加水 50 kg	芽前土壤处理	
乙草胺	50%乳油	杂草	100 mL～150 mL 加水 50 kg	芽前土壤处理	
莠灭净	80%可湿性粉剂	杂草	100 g～150 g 加水 50 kg	芽前或 3 叶～5 叶期土壤处理	
克无踪	20%水剂	杂草	200 mL～300 mL 加水 50 kg	甘蔗生长中后期,杂草生长盛期,叶面定向喷洒	
草甘膦	10%水剂	杂草	750 mL～1 000 mL 加水 50 kg	甘蔗生长中后期,杂草生长盛期,叶面定向喷洒	

附 录 C
（资料性附录）
环境及生产相关表格

C.1 田块土壤检测记录见表 C.1。

表 C.1 田块土壤检测记录

生产基地名称		检验依据	
检测单位		检测日期	
参数	标准值	实测值	符合标准情况
土壤质地			
pH			
有机质,%			
全氮,g/kg			
碱解氮,mg/kg			
速效磷,mg/kg			
速效钾,mg/kg			
铬,mg/kg			
汞,mg/kg			
铅,mg/kg			
镉,mg/kg			
砷,mg/kg			

记录人：　　　　　　　　　　　　　　　　　负责人：
　年　月　日　　　　　　　　　　　　　　　　年　月　日

C.2 灌溉用水检测记录见表C.2。

表C.2 灌溉用水检测记录

生产基地名称		检验依据	
检测单位		检测日期	
参数	标准值	实测值	符合标准情况
pH			
铬,mg/L			
汞,mg/L			
铅,mg/L			
镉,mg/L			
砷,mg/L			
氟化物,mg/L			
氯化物,mg/L			
氰化物,mg/L			

记录人：　　　　　　　　　　　　　　　负责人：
　年　月　日　　　　　　　　　　　　　　年　月　日

C.3 生产记录见表C.3。

表 C.3 生产记录表

基地名称				品种名称	
地块编号				生产者	
操作事件	日期	使用投入品名称	使用浓度 （配比）	使用量	完成情况

记录人：   负责人：
　年　月　日　　　　　　　　　　　　　　　　　　　　　　　　　　　　　　　　年　月　日

————————

附加说明：

本标准按照 GB/T 1.1—2009 给出的规则起草。

本标准由农业部农垦局提出。

本标准由农业部热带作物及制品标准化技术委员会归口。

本标准起草单位：中国热带农业科学院南亚热带作物研究所、农业部甘蔗品质监督检验中心（南宁）、广西壮族自治区农业科学院甘蔗研究所。

本标准主要起草人：苏俊波、雷新涛、莫磊兴、方锋学、梁俊、刘洋、杨荣仲、王维赞、王天顺、罗炼芳。

中华人民共和国农业行业标准

香蕉穿孔线虫香蕉小种和柑橘小种检测技术规程

Technical code for detection of banana burrowing
nematode, banana race and citrus race

NY/T 2255—2012

1 范围

本标准规定了香蕉穿孔线虫[*Radopholus similis*(Cobb,1893)Thorne,1949]香蕉小种和柑橘小种的检测方法。

本标准适用于植物及其繁殖材料、土壤和栽培介质中的香蕉穿孔线虫香蕉小种和柑橘小种的检测。

2 规范性引用文件

下列文件对于本文件的应用是必不可少的。凡是注日期的引用文件,仅注日期的版本适用于本文件。凡是不注日期的引用文件,其最新版本(包括所有的修改单)适用于本文件。

NY/T 1485 香蕉穿孔线虫检疫检验与鉴定技术规范

3 原理

香蕉穿孔线虫是植物根系的迁移性内寄生线虫,其传播途径有植物繁殖材料、土壤和栽培介质。该线虫有香蕉小种和柑橘小种,前者不能侵染柑橘,后者可侵染柑橘。以线虫形态学及其在柑橘上的致病性和繁殖率差异,可将其鉴别为香蕉小种或柑橘小种。

4 用具、仪器及药品

4.1 用具

铲、枝剪、砍刀、塑料袋、标签、漏斗(直径 10 cm~14 cm)、乳胶管、止水夹、浅筛盘、网筛(100目、500目)、培养皿、面巾纸、纱布、漏斗架、玻璃丝、线虫挑针、干燥器、打孔器(直径 1.5 cm)、花盆、计数器等。

4.2 仪器

解剖镜、光学显微镜、恒温水浴箱、电热板、灭菌锅、搅拌器等。

4.3 药品

福尔马林、三乙醇胺、中性树胶、甘油、苯酚、乳酸、石蜡、乙醇、苦味酸、氯化钙、指甲油、硫酸链霉素、次氯酸钠等。

5 现场检验及取样

现场检验及取样参见 NY/T 1485 相应的试验方法。

6 线虫的分离和标本制作

根据样品类型,按 NY/T 1485 提供的方法分离线虫和制作标本。

7 种的鉴定

在显微镜下对线虫标本的形态特征进行观察、测量和记述,参见 NY/T 1485 香蕉穿孔线虫形态特征记述,鉴定到种。

8 小种鉴别

8.1 线虫的扩繁

8.1.1 胡萝卜愈伤组织的制备

选取新鲜健康的胡萝卜,75%乙醇消毒处理后,去皮并切成厚度 1 cm 左右、直径 4 cm 左右的圆块,放在灭菌的培养皿中,用封口膜封口后置于 25℃恒温箱中黑暗培养 14 d 左右,待长出愈伤组织后即可接种香蕉穿孔线虫。

8.1.2 线虫的接种培养

将分离获得的香蕉穿孔线虫置于 0.5%的硫酸链霉素中消毒 2 h,然后用灭菌水冲洗 2 次~3 次,每次 10 min。在胡萝卜愈伤组织上挖取 1 个三角形的小孔,用移液管吸取已消毒的线虫,接种到小孔中,封口膜封口后在 25℃下黑暗培养 45 d,获得大量纯化的线虫备用。

8.2 在柑橘上的致病性测定

8.2.1 柑橘苗的准备及接种

用自来水冲洗柑橘苗(株高 20 cm~30 cm)根部,冲洗液过 100 目和 500 目的组合筛网,收集 500 目上的滤渣,在解剖镜和显微镜下镜检,确认柑橘根际中没有线虫。再将柑橘苗的根部放在 0.5%次氯酸钠中消毒 30 min,用自来水冲洗 3 次后,种到直径 23 cm 的花盆中(每盆种 1 株柑橘苗)。花盆中的栽培介质为沙土:炭土:有机土=1:1:2(121℃,灭菌 2 h)。柑橘苗种植 14 d 后,接种待测线虫,每盆 2 000条,至少接种 30 盆,并设未接种线虫的植株为空白对照。接种时先用玻璃棒在苗基部周围插 3 个~5 个小孔,注入线虫悬浮液,介质覆盖。接种后常规管理。

8.2.2 线虫致病性及繁殖率检测

8.2.2.1 接种 150 d 后,取出柑橘苗,观察柑橘根部是否有变红、变黑、爆裂、腐烂、空腔和隧道等症状,并记录和拍照。

8.2.2.2 用水冲洗根系,冲洗液过 100 目和 500 目的组合筛网,收集 500 目筛上的截留物于烧杯中,定容之后,用移液管吸取 1 mL 于培养皿中,在解剖镜下进行线虫计数,重复 3 次求出平均值,并计算出定容液中的线虫数量。

8.2.2.3 土壤或栽培介质中的线虫用浅盘贝曼漏斗法分离,按 8.2.2.2 统计线虫数量。

8.2.2.4 将待分离的柑橘根切成 0.5 cm 左右的小段,放到玻璃瓶(5 cm×13 cm)中,加入水浸没根,在 25℃的培养箱中黑暗培养 7 d,然后将根组织置于搅拌器中,打碎根,将悬浮液过 100 目和 500 目的组合筛网,按 8.2.2.2 统计线虫数量。

8.2.2.5 每盆线虫总量按式(1)计算,并将调查结果填入表 A.1。

$$N = N_1 + N_2 + N_3 \quad \cdots\cdots\cdots\cdots\cdots\cdots\cdots\cdots\cdots\cdots (1)$$

式中:

N ——每盆线虫总量,单位为条;

N_1 ——根表冲洗液线虫数量,单位为条;

N_2 ——土壤或栽培介质中线虫数量,单位为条;

N_3——根内线虫数量,单位为条。

8.2.2.6 线虫繁殖率按式(2)计算,并将结果填入表 A.1。

$$Rf = N/N_0 \quad\cdots\cdots (2)$$

式中:

Rf——线虫繁殖率;

N——每盆线虫总量,单位为条;

N_0——接种线虫数量,单位为条。

9 结果判定

以雌、雄虫的形态特征为依据,符合 NY/T 1485 中记述的香蕉穿孔线虫形态特征,且按 8.2.2 试验结果出现明显症状(根部变红、变黑、爆裂、腐烂、空腔和隧道)和 $Rf>1$,则可确定为香蕉穿孔线虫柑橘小种;如果不出现明显症状,且 $Rf\leqslant1$,可确定为香蕉穿孔线虫香蕉小种。

附 录 A
（资料性附录）
香蕉穿孔线虫致病性调查记录表

香蕉穿孔线虫致病性调查记录见表A.1。

表A.1 香蕉穿孔线虫致病性调查记录表

试验单位			地址及邮编					
负责人			联系电话					
调查日期			试验地点					
植株编号	症状特征		线虫数量,条				Rf	备注
			N_1	N_2	N_3	N		

附加说明：

本标准按照GB/T 1.1—2009给出的规则起草。

本标准由农业部农垦局提出。

本标准由农业部热带作物及制品标准化技术委员会归口。

本标准起草单位：中国热带农业科学院环境与植物保护研究所、海南大学环境与植物保护学院。

本标准主要起草人：郑服丛、鄢小宁、丁晓帆、贺春萍。

中华人民共和国农业行业标准

热带水果非疫区及非疫生产点建设规范

Rule for establishment of pest free area and pest free
site for tropical fruit production

NY/T 2256—2012

---

1 范围

本标准规定了热带水果非疫区及非疫生产点建立、保持、撤销和恢复的要求和程序。

本标准适用于我国热带水果非疫区及非疫生产点的建设。

2 规范性引用文件

下列文件对于本文件的应用是必不可少的。凡是注日期的引用文件,仅注日期的版本适用于本文件。凡是不注日期的引用文件,其最新版本(包括所有的修改单)适用于本文件。

ISPM No.5 国际植物检疫措施标准,植物检疫术语表(International Standards for Phytosanitary Measures, Glossary of Phytosanitary Terms)

3 术语和定义

ISPM No.5 界定的以及下列术语和定义适用于本文件。

3.1

无疫作物 pest free crop

在非疫区、非疫产地或非疫生产点中,以出口作物产品为主要目的而种植的热带果树。

3.2

无疫产品 pest free product

无疫作物生产出的热带水果。

3.3

地区 area

官方划定的一个省的全部或部分,或若干省的全部或部分。

3.4

官方防治 official control

实施和应用强制性植物检疫法规和程序,根除或封锁检疫性靶标生物或非检疫性限定靶标生物的防治措施。

3.5

非疫区 pest free area

科学证据表明靶标生物没有发生并且官方能适时保持此状况的地区。

3.6

产地 place of production

生产或耕作的基本单元,包括耕地及其设施。

3.7

非疫产地 **pest free place of production**

经科学证明没有发生靶标生物,并且官方能在一定时期内保持此状况的产地。

3.8

非疫生产点 **pest free site**

经科学证明没有发生靶标生物,并且官方能在一定时期内保持此状况的生产点。

3.9

缓冲区 **buffer zone**

为植物检疫目的正式界定以尽可能减少靶标生物传入界定区和从界定区扩散的可能性,需酌情采取植物检疫或其他控制措施的一个地区周围或毗邻的地区。该地区应能够最大限度限制靶标生物从发生区传出或传入非疫区或非疫生产点。

3.10

低度发生区 **area of low pest prevalence**

靶标生物零星发生的、并已经对该靶标生物采取有效监测、防治或铲除的地区。

3.11

定界调查 **delimiting survey**

为确定某地区靶标生物的分布边界而进行的调查。

3.12

发生调查 **detection survey**

在非疫区、非疫产地、非疫生产点和缓冲区内,为确定靶标生物是否存在而进行的调查。

3.13

无疫状态 **target pest free status**

在非疫区、非疫产地或非疫生产点保持无靶标生物的状态。

4 非疫产地或非疫生产点的建立

4.1 无疫作物的要求

4.1.1 符合我国热带水果优势区域布局。

4.1.2 我国已经有一定的种植规模,或者有进一步扩大种植规模的潜力。

4.1.3 无疫产品出口量比较大或有出口潜力,但因进口国(或地区)的检疫要求而出口受限。

4.2 靶标生物的要求

4.2.1 我国热区发生过的。

4.2.2 进口国关注的。

4.2.3 具有监测手段的。

4.2.4 主要通过植物材料和(或)其鲜果传播的。

4.3 非疫区或非疫生产点的要求

4.3.1 远离靶标生物发生区。

4.3.2 有官方确认的明确界线。

4.3.3 周边地区的靶标生物不符合低度发生区定义的,应建立缓冲区。缓冲区内靶标生物在其他寄主上是低度发生的。

4.4 非疫区或非疫生产点生产者的要求

4.4.1 有国家植物保护机构认为足以防止靶标生物进入产地或生产点的能力。

4.4.2 有保持无疫状态的管理、技术和操作能力。

4.4.3 在必要时,具备在缓冲区采取适当植物检疫措施的能力。

4.5 非疫区或非疫生产点的建立程序

4.5.1 在国家植物保护机构指导下建立非疫区和非疫生产点。

4.5.2 建设前的准备。

4.5.2.1 由国家植物保护机构授权的技术机构查阅、整理文献资料,调研收集数据。必要时由技术机构组织开展科学试验。

4.5.2.2 技术机构根据第4章的要求,对拟建设的非疫区或非疫生产点进行论证,提交建设的可行性研究报告。

4.5.2.3 国家植物保护机构组织专家组审定可行性研究报告。

4.5.2.4 国家植物保护机构根据专家组意见进行审批。

4.5.3 定界调查

在拟建设的非疫区或非疫生产点内对靶标生物进行调查,根据调查结果划定非疫区或非疫生产点的边界和缓冲区。调查方法和检测手段根据靶标生物的生物学特性、发生危害规律确定。

5 非疫区或非疫生产点的保持

5.1 非疫区或非疫生产点的保持工作在国家植物保护机构指导下进行。

新建立的非疫区或非疫生产点三个收获期的产品均为无疫产品,可确认为无疫状态。

5.2 靶标生物的调查

5.2.1 调查工作由国家植物保护机构的工作人员或经该部门授权的人员负责。

5.2.2 根据靶标生物的生物学特性、发生危害规律确定其调查时间、频率、方法和检测方式。

5.3 靶标生物的防控

5.3.1 使用无疫的繁殖材料。

5.3.2 采用抗性强的品种。

5.3.3 清除非疫区无疫作物以外的其他寄主。

5.3.4 在缓冲区与非疫区或非疫生产点之间新设或增加物理屏障。

5.3.5 对耕作设备、机械或土壤进行有效消毒。

5.3.6 铲除靶标生物的传播媒介。

5.3.7 针对靶标生物的其他防治措施。

6 非疫区或非疫生产点的撤销和恢复

6.1 非疫区或非疫生产点的撤销和恢复工作在国家植物保护机构指导下进行。

6.2 调查发现非疫区或非疫生产点内存在靶标生物的,撤销其无疫状态。

6.3 撤销无疫状态后,经防控措施处理后再进行调查,未发现靶标生物存在的,可恢复其无疫状态。

6.4 调查发现非疫区或非疫生产点内存在靶标生物,采取防控措施后再进行调查,仍在该区域内发现靶标生物的,撤销非疫区或非疫生产点的资格。

7 非疫区或非疫生产点的档案管理

7.1 非疫区或非疫生产点的建立、保持、撤销和恢复各个环节,都必须有详细的记录,并规范存档。

7.2 国家植物保护机构对非疫区或非疫生产点的档案实行定期检查和系统评价。

———————

附加说明：

本标准按照 GB/T 1.1—2009 给出的规则起草。

本标准由农业部农垦局提出。

本标准由农业部热带作物及制品标准化技术委员会归口。

本标准起草单位：中国热带农业科学院环境与植物保护研究所、海南大学环境与植物保护学院。

本标准主要起草人：郑服丛、贺春萍、郑肖兰、吴伟怀、梁艳琼、李锐。

中华人民共和国农业行业标准

芒果细菌性黑斑病原菌分子检测技术规范

Molecular detection for pathogen of mango bacterial black spot disease

NY/T 2257—2012

1 范围

本标准规定了芒果细菌性黑斑病原菌[*Xanthomonas campestris* pv. *mangiferaeindicae*（Patel，Moniz & Kulkami）Robbs，Ribeiro & Kimura]分子检测方法。

本标准适用于芒果树叶片、枝条、果柄和果实上细菌性黑斑病原菌的定性检测。

2 规范性引用文件

下列文件对于本文件的应用是必不可少的。凡是注日期的引用文件，仅注日期的版本适用于本文件。凡是不注日期的引用文件，其最新版本（包括所有的修改单）适用于本文件。

SN/T 1193 基因分析检测实验室技术要求

3 术语和定义

下列术语和定义适用于本文件。

3.1

芒果细菌性黑斑病 mango bacterial black spot disease

又称芒果细菌性角斑病，由甘蓝黑腐黄单胞杆菌芒果致病变种[*Xanthomonas campestris* pv. *mangiferaeindicae*（Patel，Moniz & Kulkami）Robbs，Ribeiro & Kimura]引起的一种为害芒果的检疫性细菌病害。该病害病原菌的分类地位、寄主范围、地理分布及其为害症状参见 A.4、A.6、A.7 和 A.8。

3.2

致病性基因 *HrpB* pathogenicity gene *HrpB*

HrpB 基因存在于革兰氏阴性植物病原细菌中，决定病原细菌对寄主植物的致病性和诱导非寄主及抗病植物产生过敏性反应。

3.3

聚合酶链式反应 polymerase chain reaction，PCR

模板基因序列先经高温变性成为单链，在 DNA 聚合酶作用和适宜的反应条件下，根据模板序列设计的两条引物分别与模板 DNA 两条链上相应的一段互补序列发生退火而互相结合，接着在 DNA 聚合酶的作用下以四种脱氧核糖核酸（dNTP）为底物，使引物得以延伸，然后不断重复变性、退火和延伸这一循环，使欲扩增的基因片段以几何倍数扩增。

4 原理

根据芒果细菌性黑斑病原菌过敏性反应和致病性基因 *HrpB* 序列特有碱基信息设计特异性引物，

对待检样品进行 PCR 扩增。依据是否扩增获得预期 321 bp 的 DNA 片段,判断样品中是否携带芒果细菌性黑斑病原菌。

5 仪器设备及试剂

见 B. 1、B. 2。

6 取样

按附录 A 描述的症状仔细检查芒果树叶片、枝条、果柄和果实,发现芒果细菌性黑斑病疑似症状,即取叶片、枝条、果柄或果实 200 g 以上,装入牛皮纸袋中,送实验室检测。

7 PCR 检测

7.1 PCR 反应模板制备

见 B. 4. 1。

7.2 PCR 反应

在 PCR 薄壁管中分别加入以下试剂(25 μL 体系)后进行 PCR 反应:1 μL 基因组 DNA,10×PCR 缓冲液(Mg²⁺ Plus)2.5 μL,脱氧核糖核苷酸(dNTP)混合物 2 μL,特异性引物(见表1)各 0.5 μL,*Taq* 酶 0.2 μL,灭菌超纯水 18.3 μL。

表 1 PCR 反应的引物序列及扩增产物

引物名称	引物序列	预期扩增产物
XcmHF	5′- GGT GGT CGA ACT CGT CGG CAT - 3′	321 bp
XcmHR	5′- GCC TGC GCC TGG ATC GGT AT - 3′	

反应条件:95℃预变性 3 min,后 30 个循环为 95℃变性 30 s 至 60 s;58℃退火 45 s 至 60 s;72℃延伸 1 min;最后 72℃延伸 5 min。取出 PCR 反应管,对反应产物进行电泳检测或 4℃条件下保存,存放时间不超过 24 h。

7.3 反应体系中对照的设置

7.3.1 阳性对照

用芒果细菌性黑斑病原菌基因组 DNA 作为模板。

7.3.2 样品对照

用健康芒果种胚组织提取的基因组 DNA 作为模板。

7.3.3 PCR 反应体系对照

用配制反应体系的无菌超纯水代替 DNA 模板,检测试剂是否受到污染。

7.4 PCR 产物凝胶电泳检测

7.4.1 凝胶制备

见 B. 4. 2。

7.4.2 加样与电泳

见 B. 4. 3。

7.5 凝胶成像分析

将整块琼脂糖凝胶置于紫外凝胶成像仪系统观察窗内,根据 DNA 分子量标准估计扩增条带的大小,并拍照保存,参见图 1。

7.6 防污染措施

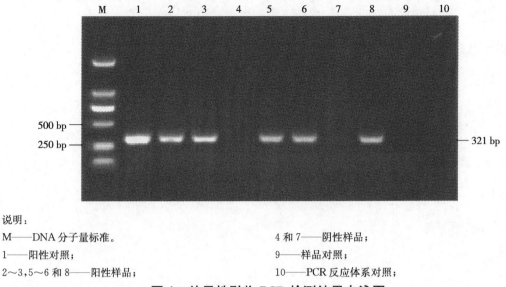

说明：

M——DNA 分子量标准。

1——阳性对照；

2~3,5~6 和 8——阳性样品；

4 和 7——阴性样品；

9——样品对照；

10——PCR 反应体系对照；

图 1　特异性引物 PCR 检测结果电泳图

检测过程中防污染措施按照 SN/T 1193 中的规定执行。

8　结果判定

8.1　PCR 反应体系正常与否判定

如果样品对照或 PCR 反应体系对照出现目的条带，或阳性对照未出现目的扩增条带，表明 PCR 反应体系工作不正常，样品检测结果不能作为结果判定的依据，需重新准备 PCR 试剂和阳性对照，并重新进行样品的 PCR 检测，具体操作按照 7.2~7.6 的规定执行。

如果阳性对照出现目的扩增条带，而样品对照和 PCR 反应体系对照均不出现该条带，表明 PCR 反应体系正常，样品 PCR 检测结果可以作为结果判定的依据。

8.2　待检样品阳性或阴性结果判定

在 PCR 反应体系正常的条件下，如果待检样品未出现与阳性对照相同大小的目的扩增条带，则需要重新提取待检样品基因组 DNA，进行 PCR 检测，具体操作按照 7.1~7.6 的规定执行，如果待检样品仍未出现与阳性对照相同大小的目的扩增条带，则判定该样品阴性，即待检样品未携带芒果细菌性黑斑病原菌。

在 PCR 反应体系正常的条件下，如果待检样品出现与阳性对照相同大小的目的扩增条带，则初步判断该样品为阳性。对初步判断为阳性的原始样品应用甘蓝黑腐黄单胞杆菌选择性培养基（SX 培养基）对病原菌进行分离纯化，对纯化的疑似病原细菌进行 PCR 检测，具体操作按照 7.1~7.6 的规定执行。如果出现与阳性对照相同大小的目的扩增条带，则最终判定该样品为阳性，即待检样品携带芒果细菌性黑斑病原菌。否则，最终判定该样品为阴性，即待检样品不携带芒果细菌性黑斑病原菌。

9　样品保存及销毁

经检测确定携带芒果细菌性黑斑病原菌的阳性样品经液氮干燥后，于－70℃以下保存 30 d 以备复核；同时，用灭菌甘油保存分离菌株（甘油终浓度为 20%），于－70℃以下保存 30 d，保存的样品必须做好登记和标记工作。

保存期过后的样品及用具应进行灭活处理。

附　录　A
（资料性附录）
芒果细菌性黑斑病原菌的背景资料

A.1　学名

Xanthomonas campestris pv. *mangiferaeindicae*（Patel，Moniz & Kulkarni 1948）Robbs，Ribiero & Kimura 1974。

A.2　异名

Xanthomonas citri pv. *mangiferaeindicae*。

A.3　中文名

甘蓝黑腐黄单胞杆菌芒果致病变种。

A.4　分类地位

细菌域（Domain Bacteria），普罗斯特细菌门（Proteobacteria），普罗斯特细菌纲（Gammapproteobacteria），黄单胞杆菌目（Xanthomonadales），黄单胞杆菌科（Xanthomonadaceae），黄单胞杆菌属（*Xanthomonas*）。

A.5　形态特征

该菌在营养琼脂（NA）培养基上菌落圆形，乳白色，隆起，表面光滑，大小 1.0 mm～1.5 mm；菌体短杆状，大小（0.9～1.6）μm×（0.3～0.6）μm，革兰氏染色阴性，单根极生鞭毛。

A.6　寄主范围

自然寄主为芒果（*Mangifera indica*）、腰果（*Anacardium occidentale*）、巴西胡椒（*Schinus terebinthifolius*）和槟榔青（*Spondias pinnata*）等漆树科（Anacardiaceae）植物；人工接种寄主有野芒果（*Mangifera* sp.）和紫葳科（Bignoniaceae）植物等。

A.7　地理分布

亚洲：印度、巴基斯坦、马来西亚、日本和中国。
非洲：南非、苏丹、埃及、马拉维、刚果、莫桑比克、索马里和摩洛哥。
大洋洲：澳大利亚。
北美洲：多米尼加。
南美洲：巴西、巴拉圭、法属圭亚那。

A.8　危害症状

叶：感病叶片最初在近中脉和侧脉处产生水渍状小点，逐渐变成黑褐色，病斑扩大后边缘受叶脉限制，呈多角形或不规则形，有时多个病斑融合成较大病斑，病斑表面隆起，周围常有黄晕（见图 A.1）。
枝条和果柄：感病枝条和果柄发病形成黑褐色不规则形病斑，有时病斑呈纵向开裂，伴有黑褐色胶状黏液渗出（见图 A.2）。

果实:大部分感病果实上的病斑初为红褐色小点,扩大后成黑褐色,病部常有菌脓溢出,后期病斑表面隆起,溃疡开裂(见图 A.3)。

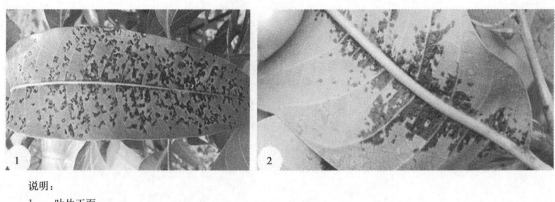

说明:
1——叶片正面;
2——叶片反面。

图 A.1　芒果叶片症状

图 A.2　芒果枝条症状

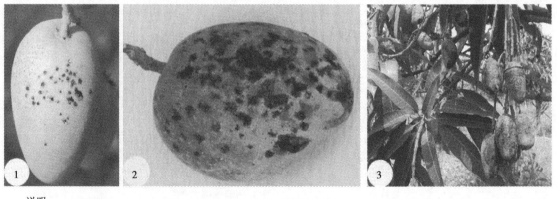

说明:
1 和 2——绿熟果;
3 ——未成熟果。

图 A.3　芒果果实症状

A.9　传播途径

病原菌主要借风雨、流水和接触传播。远距离传播途径主要是带菌苗木、接穗和果实等的调运。

附 录 B
（规范性附录）
PCR 检测所需仪器、试剂、培养基与方法

B.1 仪器

高速冷冻离心机(最大离心力 25 000×g)、PCR 扩增仪、电泳仪、紫外凝胶成像仪等。

B.2 试剂

B.2.1 1 mol/L Tris-HCl(pH 8.0)

称取 121.1 g 三羟甲基氨基甲烷(Tris)溶解于 800 mL 超纯水中,溶解后用盐酸(HCl)调 pH 至 8.0,加超纯水定容至 1 000 mL。高温灭菌(121℃)20 min,4℃或室温保存备用。

B.2.2 10 mol/L NaOH

称取 80.0 g 氢氧化钠(NaOH)溶解于 160 mL 超纯水中,溶解后再加超纯水定容至 200 mL。

B.2.3 1 mol/L EDTA-Na$_2$(pH 8.0)

称取 372.2 g 乙二铵四乙酸二钠(EDTA-Na$_2$),加入 70 mL 超纯水中,再加入适量 NaOH 溶液(B.2.2),加热至完全溶解后,冷却至室温,再用 NaOH 溶液(B.2.2)调 pH 至 8.0,加超纯水定容至 100 mL。分装后高温灭菌(121℃)20 min,4℃或室温保存备用。

B.2.4 CTAB 提取液(pH 8.0)

称取 81.9 g 氯化钠(NaCl)溶解于 800 mL 超纯水中,缓慢加入 20 g 十六烷基三甲基溴化铵(CTAB),加热并搅拌,充分溶解后加入 100 mL Tris-HCl(B.2.1),4 mL EDTA-Na$_2$(B.2.3),加超纯水定容至 1 000 mL,分装后高温灭菌(121℃)20 min,室温保存备用,研磨植物材料之前加 β-巯基乙醇至 2%。

B.2.5 CTAB 沉淀液

称取 2.34 g NaCl 溶解于 800 mL 超纯水中,缓慢加入 50 g CTAB,加热并搅拌,充分溶解后加超纯水定容至 1 000 mL,分装后高温灭菌(121℃)20 min,室温保存备用。

B.2.6 1.2 mol/L NaCl

称取 70.2 g NaCl 溶解于 800 mL 超纯水中,加超纯水定容至 1 000 mL,分装后高温灭菌(121℃)20 min,4℃或室温保存备用。

B.2.7 TE 缓冲液(pH 8.0)

分别量取 10 mL Tris-HCl(B.2.1)和 1 mL EDTA-Na$_2$(B.2.3),加超纯水定容至 1 000 mL。分装后高温灭菌(121℃)20 min,4℃或室温保存备用。

B.2.8 10% SDS(pH 7.2)

称取 10 g 电泳级十二烷基硫酸钠(SDS)溶解于 90 mL 超纯水中,加热至 68℃助溶,加入几滴浓盐酸调节溶液的 pH 至 7.2,加超纯水定容至 100 mL,分装备用。

B.2.9 20 mg/mL 蛋白酶 K

在 1 mL 超纯水中加入 20 mg 蛋白酶 K,37℃水浴 1 h,分装成单次使用的小份,贮存于−20℃。

B.2.10 CTAB/NaCl 溶液

称取 4.1 g NaCl 溶解于 80 mL 超纯水中,缓慢加入 10 g CTAB,同时加热并搅拌,充分溶解并冷却

至室温后,加超纯水定容至 100 mL,室温保存备用。

B.2.11 加样缓冲液

称取 250.0 mg 溴酚蓝,加 10 mL 超纯水,在室温下溶解 12 h;称取 250.0 mg 二甲基苯腈蓝溶解于 10 mL 超纯水中;称取 50.0 g 蔗糖溶解于 30 mL 超纯水中。混合以上 3 种溶液,加超纯水定容至 100 mL,4℃保存备用。

B.2.12 50×TAE 电泳缓冲液(pH 8.0)

称取 242.2 g Tris,先用 500 mL 超纯水加热搅拌溶解后,加入 100 mL EDTA-Na₂(B.2.3),用冰乙酸调 pH 至 8.0,然后加超纯水定容至 1 000 mL。室温保存备用,使用时用超纯水稀释成 1×TAE。

B.2.13 PCR 反应试剂

10×PCR 缓冲液(Mg²⁺ Plus)、dNTP 混合物(2.5 mmol/L)、Taq 聚合酶(5 U/μL)、特异性引物对(20 μmol/L)。

B.2.14 其他试剂

Tris 饱和酚(pH≥7.8)、氯仿、异戊醇、异丙醇、70%乙醇、DNA 分子量标准、核酸染料。

B.3 培养基

B.3.1 SX 培养基

在 800 mL 超纯水中加入可溶性淀粉 10 g,牛肉浸膏 1 g,氯化铵 5 g,磷酸二氢钾 2 g,加超纯水定容至 1 000 mL,分装后,每 100 mL 的 SX 培养基中加入 2.2 g 琼胶,高温灭菌(121℃)20 min,4℃保存备用。

B.3.2 NA 培养液(pH 7.0)

在 800 mL 超纯水中加入酵母膏 1 g,牛肉浸膏 3 g,蛋白胨 5 g,葡萄糖 10 g,用 NaOH 溶液(B.2.2)调 pH 至 7.2,加入超纯水定容至 1 000 mL。分装后高温灭菌(121℃)20 min,4℃或室温保存备用。

B.4 方法

B.4.1 PCR 反应模板制备

细菌基因组 DNA 提取:挑取单菌落,接种于 NA 培养液中,28℃,200 r/min 摇床培养 24 h。取 1.5 mL 的培养物于 2 mL 离心管中,离心(8 000×g,2 min);弃上清,往沉淀物加入 567 μL 的 TE 缓冲液,用吸管反复吹打使之重悬,加入 30 μL SDS(10%)和 3 μL 的蛋白酶 K(20 mg/mL),混匀,于 37℃温育 1 h;加入 100 μL 5 mol/L NaCl,充分混匀,再加入 80 μL CTAB/NaCl 溶液,混匀,于 65℃温育 10 min;加入等体积的氯仿:异戊醇(24:1),混匀,离心(8 000×g,5 min);将上清液转入一个新管中,加入等体积 Tris 饱和酚(pH≥7.8):氯仿:异戊醇(25:24:1),混匀,离心(8 000×g,5 min);将上清移入一新离心管,加入 0.6 体积的异丙醇,轻轻混合直到 DNA 沉淀下来,离心(10 000×g,10 min);弃上清,加入 1 mL 70%的乙醇洗涤,离心(10 000×g,15 min),弃上清,重复该步骤一遍,晾干后将 DNA 溶解于 100 μL TE 缓冲液或 100 μL 灭菌超纯水中,置于−20℃保存备用。采用 DNA 提取试剂盒的,操作步骤参照产品说明书。

植物材料基因组 DNA 提取:剪取待检材料病健交界处叶片、枝条或果实组织 1 g,置于研钵中加液氮冷冻后充分研磨成粉,称取 100 mg 置于 1.5 mL 离心管中,加入 250 μL CTAB 抽提液充分混匀后,于 65℃水浴 30 min。离心(14 000×g,10 min);取上清,加入等体积 Tris 饱和酚(pH≥7.8):氯仿:异戊醇(25:24:1),充分混匀,离心(14 000×g,10 min);取上清,加入 2 倍体积 CTAB 沉淀液,室温温育 60 min;离心(14 000×g,10 min),弃上清,用 350 μL NaCl(1.2 mol/L)溶解沉淀,加入等体积氯仿:异戊醇(24:1),混匀;离心(14 000×g,10 min),取上清于另一新离心管,加入 0.6 倍体积异丙醇沉淀核酸;离心(14 000×g,10 min),弃上清,用 75%乙醇悬浮沉淀,离心(14 000×g,10 min),弃上清,重复该步骤一遍,晾干后将 DNA 溶解于 150 μL TE 缓冲液或 150 μL 灭菌超纯水中,置于—20℃保存备用。采用 DNA 提取试剂盒的,操作步骤参照产品说明书。

健康芒果种胚组织基因组 DNA 按同样的方法制备与保存。

B.4.2 凝胶制备

用 1×TAE 工作液配制 1.0%琼脂糖凝胶,在微波炉中溶化混匀,冷却至 60℃左右;加入核酸染料, 混匀,倒入胶槽,插上样品梳;待凝胶凝固后,拔出固定在凝胶中的样品梳,将带凝胶的胶板置于电泳槽 中,使样品孔位于电场负极,向电泳槽中加入 1×TAE 电泳缓冲液(缓冲液越过凝胶表面即可)。

B.4.3 加样与电泳

取 1 μL 加样缓冲液与 5 μL PCR 反应产物,混匀,然后分别将其和 DNA 分子量标准加入到电泳槽 的负极样品孔中;接通电源,电泳电压为 5 V/cm,当加样缓冲液中的溴酚蓝迁移到凝胶 1/2 位置,切断 电源,停止电泳。

附加说明:

本标准按照 GB/T 1.1—2009 给出的规则起草。

本标准由农业部农垦局提出。

本标准由农业部热带作物及制品标准化委员会归口。

本标准起草单位:中国热带农业科学院环境与植物保护研究所。

本标准主要起草人:蒲金基、漆艳香、谢艺贤、张欣、张贺、陆英、张辉强。

中华人民共和国农业行业标准

香蕉黑条叶斑病原菌分子检测技术规范

Molecular detection for pathogen of banana black leaf streak disease

NY/T 2258—2012

1 范围

本标准规定了香蕉黑条叶斑病原菌(*Mycosphaerella fijiensis* Morelet)分子检测方法。

本标准适用于香蕉种苗及大田植株上的黑条叶斑病原菌的定性检测。

2 规范性引用文件

下列文件对于本文件的应用是必不可少的。凡是注日期的引用文件,仅注日期的版本适用于本文件。凡是不注日期的引用文件,其最新版本(包括所有的修改单)适用于本文件。

SN/T 1193 基因分析检测实验室技术要求

3 术语和定义

下列术语和定义适用于本文件。

3.1

香蕉黑条叶斑病 banana black leaf streak disease

由斐济球腔菌(*Mycosphaerella fijiensis* Morelet)引起的一种为害香蕉叶片的检疫性真菌病害。该病害病原菌的分类地位、寄主范围、地理分布及其为害症状见 A.4、A.6、A.7 和 A.8。

3.2

核糖体基因内转录间隔区 ribosomal DNA internal transcribed spacers,rDNA - ITS

真核生物核糖体基因内转录间隔区(rDNA - ITS),通常包括 ITS1、5.8 S 和 ITS2。

3.3

聚合酶链式反应 polymerase chain reaction,PCR

模板基因序列先经高温变性成为单链,在 DNA 聚合酶作用和适宜的反应条件下,根据模板序列设计的两条引物分别与模板 DNA 两条链上相应的一段互补序列发生退火而互相结合,接着在 DNA 聚合酶的作用下以四种脱氧核糖核酸(dNTP)为底物,使引物得以延伸,然后不断重复变性、退火和延伸这一循环,使欲扩增的基因片段以几何倍数扩增。

4 原理

根据香蕉黑条叶斑病原菌核糖体基因内转录间隔区(rDNA - ITS)特有碱基序列设计特异性引物进行 PCR 扩增。依据是否扩增获得预期 1 009 bp 的 DNA 片段,判断样品中是否携带香蕉黑条叶斑病原菌。

5 仪器设备及试剂

见 B.1 和 B.2。

6 取样

按附录 A 描述的症状仔细检查香蕉叶片,发现香蕉黑条叶斑病疑似症状,即取叶片 200 g 以上,装入牛皮纸袋中,送实验室检测。

7 显微观察

从疑似病样病斑上挑取或用透明胶粘取灰色霉状物制成临时玻片进行镜检,观察有无类似斐济球腔菌的分生孢子存在。

8 PCR 检测

8.1 PCR 反应模板制备

见 B.4.1。

8.2 PCR 反应

在 PCR 薄壁管中分别加入以下试剂(25 μL 体系)后进行 PCR 反应:1 μL 基因组 DNA,10×PCR 缓冲液(Mg^{2+} Plus)2.5 μL,脱氧核糖核苷酸(dNTP)混合物 2 μL,特异性引物(见表 1)各 0.5 μL,Taq 酶 0.2 μL,无菌超纯水 18.3 μL。

表 1　PCR 反应的引物及扩增产物

引物名称	引物序列	预期扩增产物
MF137	5′- GGC GCC CCC GGA GGC CGT CTA - 3′	1 009 bp
R635	5′- GGT CCGTGT TTC AAG ACG G - 3′	

反应条件:94℃预变性 3 min;后 30 个循环为 94℃变性 45 s 至 60 s;62℃退火 45 s 至 60 s;72℃延伸 1 min;最后 72℃延伸 5 min。取出 PCR 反应管,对反应产物进行电泳检测或 4℃条件下保存,存放时间不超过 24 h。

8.3 反应体系中对照的设置

8.3.1 阳性对照

用香蕉黑条叶斑病原菌基因组 DNA 作为模板。

8.3.2 样品对照

用健康香蕉组培苗提取的基因组 DNA 作为模板。

8.3.3 PCR 反应体系对照

用配制反应体系的无菌超纯水代替 DNA 模板,检测试剂是否受到污染。

8.4 PCR 产物凝胶电泳检测

8.4.1 凝胶制备

见 B.4.2。

8.4.2 加样与电泳

见 B.4.3。

8.5 凝胶成像分析

将整块琼脂糖凝胶置于紫外凝胶成像仪系统观察窗内,根据 DNA 分子量标准估计扩增条带的大小,并拍照保存,参见图 1。

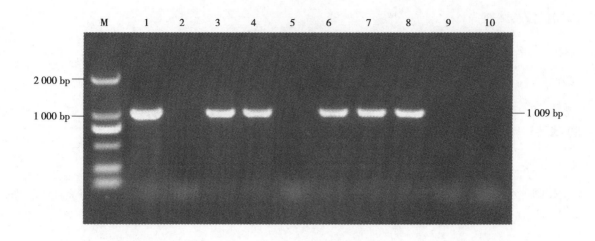

说明：
M——DNA 分子量标准；
1——阳性对照；
3～4 和 6～8——阳性样品；

2 和 5——阴性样品；
9——样品对照；
10——PCR 反应体系对照。

图 1　特异性引物 PCR 检测结果电泳图

8.6　防污染措施

检测过程中防污染措施按照 SN/T 1193 中的规定执行。

9　结果判定

9.1　PCR 反应体系正常与否判定

如果样品对照或 PCR 反应体系对照出现目的条带，或阳性对照未出现目的扩增条带，表明 PCR 反应体系工作不正常，样品检测结果不能作为结果判定的依据，需重新准备 PCR 试剂和阳性对照，并重新进行样品的 PCR 检测，具体操作按照 8.2～8.6 的规定执行。

如果阳性对照出现目的扩增条带，而样品对照和 PCR 反应体系对照均不出现该条带，表明 PCR 反应体系正常，样品 PCR 检测结果可以作为结果判定的依据。

9.2　待检样品阳性或阴性结果判定

在 PCR 反应体系正常的条件下，如果待检样品未出现与阳性对照相同大小的目的扩增条带，则需要重新提取待检样品基因组 DNA，进行 PCR 检测，具体操作按照 8.1～8.6 的规定执行，如果待检样品仍未出现与阳性对照相同大小的目的扩增条带，则判定该样品阴性，即待检样品未携带香蕉黑条叶斑病原菌。

在 PCR 反应体系正常的条件下，如果待检样品出现与阳性对照相同大小的目的扩增条带，则初步判断该样品为阳性。对初步判断为阳性的原始样品用 PDA 培养基进行病原菌的分离培养和镜检，对分离纯化的疑似分离菌株进行 PCR 检测，具体操作按照 8.1～8.6 的规定执行，如果出现与阳性对照相同大小的目的扩增条带，则最终判定该样品为阳性，即待检样品携带香蕉黑条叶斑病原菌。否则，最终判定该样品为阴性，即待检样品不携带香蕉黑条叶斑病原菌。

10　样品保存及销毁

经检测确定携带香蕉黑条叶斑病原菌的阳性样品经液氮干燥后，于－70℃以下保存 30 d 以备复核，同时将分离菌株保存于 PDA 培养基，于 4℃保存 30 d，保存的样品必须做好登记和标记工作。

保存期过后的样品及用具应进行灭活处理。

附　录　A
（资料性附录）
香蕉黑条叶斑病原菌的背景资料

A.1　有性态

学名：*Mycosphaerella fijiensis* Morelet，异名：*Mycosphaerella fijiensis* var.*difformis* J. L. Muler & R. H. Stover。

A.2　无性态

学名：*Pseudocercospora fijiensis*（Morelet）Deithton，异名：*Cercospora fijiensis* Morelet，*Paracercospora fijiensis*（Morelet）Deithton。

A.3　中文名

斐济球腔菌。

A.4　分类地位

子囊菌门（Ascomycota）、座囊菌纲（Dothideomycetes）、煤炱菌目（Capnodiales）、球腔菌科（Mycosphaereaceae）、球腔菌属（*Mycosphaerella*）。

A.5　形态特征

该病原菌无子座，分生孢子梗3根～5根，簇生，无色，短，直立或弯曲，产孢细胞合轴生，顶端孢痕小，直径1 μm～1.5 μm。分生孢子倒棒形，无色，3个～6个隔膜，少数6个～8个，顶端稍尖，基部脐点凹入，孢子大小（30～132）μm×（2.5～5）μm。子囊果（座）深褐色，球形，具乳突状孔口。子囊倒棒状，无侧丝，大小（28.0～34.5）μm×（6.5～8.0）μm，内含子囊孢子8个，双列。子囊孢子浅色，梭形或棍棒状，双胞，隔膜处缢缩，大小（14～20）μm×（4～6）μm。

A.6　寄主范围

自然寄主为香蕉（*Musa* spp.）。

A.7　地理分布

亚洲的马来西亚、新加坡、菲律宾、印度尼西亚、印度和中国。

非洲的科特迪瓦、喀麦隆、加蓬、刚果、赞比亚、坦桑尼亚和布隆迪。

大洋洲的新喀里多尼亚、塔希提岛、巴布亚新几内亚、所罗门群岛、斐济、萨摩亚、汤加、澳大利亚。

美洲的洪都拉斯、圭亚那、瓜德罗普岛、西印度群岛中的向风群岛及美国（夏威夷）。

A.8　危害症状

初期在叶脉间出现长1 mm～2 mm褪绿小斑，后扩展成大小（10～15）mm×（2～5）mm条斑或梭斑，病斑中央呈灰白色，边缘暗褐色，两侧被叶脉限制，外围具黄色晕圈。随着病情扩展，病斑扩大呈纺锤形或椭圆形，形成具有特征性的黑色条纹。田间湿度大时，病斑背面生灰色霉状物，病斑边缘组织呈水渍状,中央很快坏死,病部变干枯、呈浅灰色,病健处具明显的深褐色或黑色界线。多个病斑可汇合连成一片,叶片变黑褐色并迅速枯死,下垂倒挂在假茎上(见图 A.1)。

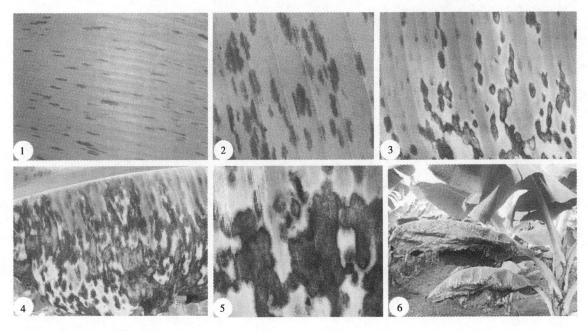

说明:
1 ——病害初期;
2 ——病害中期;
3 ——病害后期;
4～6——病害晚期。

图 A.1 香蕉叶片症状

A.9 传播途径

病原菌主要通过繁殖材料(吸芽苗或球茎)、香蕉叶片、苞片等包装、填充材料以及香蕉果实作远距离传播。分生孢子及子囊孢子主要借助风雨传播。

附　录　B

（规范性附录）

PCR 检测所需仪器、试剂、培养基与方法

B.1　仪器

高速冷冻离心机（最大离心力 25 000×g）、PCR 扩增仪、电泳仪、紫外凝胶成像仪等。

B.2　试剂

B.2.1　1 mol/L Tris‑HCl（pH 8.0）

称取 121.1 g 三羟甲基氨基甲烷（Tris）溶解于 800 mL 超纯水中，用盐酸（HCl）调 pH 至 8.0，加超纯水定容至 1 000 mL。分装后高温灭菌（121℃）20 min，4℃或室温保存备用。

B.2.2　10 mol/L NaOH

称取 80.0 g 氢氧化钠（NaOH）溶解于 160 mL 超纯水中，溶解后再加超纯水定容至 200 mL。

B.2.3　1 mol/L EDTA‑Na₂（pH 8.0）

称取 372.2 g 乙二铵四乙酸二钠（EDTA‑Na₂），溶解于 70 mL 超纯水中，再加入适量 NaOH 溶液（B.2.2），加热至完全溶解后，冷却至室温，再用 NaOH 溶液（B.2.2）调 pH 至 8.0，加超纯水定容至 100 mL。分装后高温灭菌（121℃）20 min，4℃或室温保存备用。

B.2.4　CTAB 提取液（pH 8.0）

称取 81.9 g 氯化钠（NaCl）溶解于 800 mL 超纯水中，缓慢加入 20 g 十六烷基三甲基溴化铵（CTAB），加热并搅拌，充分溶解后加入 100 mL Tris‑HCl（B.2.1），4 mL EDTA‑Na₂（B.2.3），加超纯水定容至 1 000 mL，分装后高温灭菌（121℃）20 min，室温保存，研磨植物材料之前加 β‑巯基乙醇至 2%。

B.2.5　CTAB 沉淀液

称取 2.34 g NaCl 溶解于 800 mL 超纯水中，缓慢加入 50 g CTAB，加热并搅拌，充分溶解后加超纯水定容至 1 000 mL，分装后高温灭菌（121℃）20 min，室温保存备用。

B.2.6　1.2 mol/L NaCl

称取 70.2 g NaCl 溶解于 800 mL 超纯水中，加超纯水定容至 1 000 mL，分装后高温灭菌（121℃）20 min，4℃或室温保存备用。

B.2.7　TE 缓冲液（pH 8.0）

分别量取 10 mL Tris‑HCl（B.2.1）和 1 mL EDTA‑Na₂（B.2.3），加超纯水定容至 1 000 mL。分装后高温灭菌（121℃）20 min，4℃或室温保存备用。

B.2.8　加样缓冲液

称取 250.0 mg 溴酚蓝，加 10 mL 超纯水，在室温下溶解 12 h；称取 250.0 mg 二甲基苯腈蓝溶解于 10 mL 超纯水中；称取 50.0 g 蔗糖溶解于 30 mL 超纯水中。混合以上 3 种溶液，加超纯水定容至 100 mL，4℃保存备用。

B.2.9　50×TAE 电泳缓冲液（pH 8.0）

称取 242.2 g Tris，先用 500 mL 超纯水加热搅拌溶解后，加入 100 mL EDTA‑Na₂（B.2.3），用冰乙酸调 pH 至 8.0，然后加超纯水定容至 1 000 mL。室温保存备用，使用时用超纯水稀释成 1×TAE。

B.2.10　PCR 反应试剂

$10\times$PCR 缓冲液(Mg^{2+} Plus)、dNTP(2.5 mmol/L)、*Taq* 聚合酶(5 U/μL)、特异性引物对(20 μmol/L)。

B.2.11 其他试剂

Tris 饱和酚(pH$\geqslant$7.8)、氯仿、异戊醇、异丙醇、70%乙醇、DNA 分子量标准、核酸染料。

B.3 PDA 培养基

取 200 g 马铃薯,洗净去皮切碎,加超纯水 900 mL 煮沸 0.5 h,纱布过滤,再加 20 g 葡萄糖充分溶解后,加超纯水定容至 1 000 mL,分装后,每 100 mL 培养基中加入 2.2 g 琼胶,高温灭菌(121℃)20 min,4℃或室温保存备用。

B.4 方法

B.4.1 PCR 反应模板制备

植物材料准备:剪取待检材料病健交界处叶片组织 1 g,置于研钵中加液氮冷冻后充分研磨成粉。

菌株菌丝样品准备:将阳性对照菌株及待检分离菌株接种到 PDA 培养基上,28℃培养 10 d,用载玻片刮取培养基表面的菌丝,置于 10 mL 灭菌离心管中,−20℃保存备用。称取 200 mg 菌丝样品,置于研钵中加液氮冷冻后充分研磨成粉。

基因组 DNA 提取:称取 100 mg 干粉置于 1.5 mL 离心管中,加入 250 μL CTAB 抽提液充分混匀后,于 65℃水浴 30 min。离心(14 000$\times$$g$,10 min);取上清,加入等体积 Tris 饱和酚(pH$\geqslant$7.8):氯仿:异戊醇(25:24:1),充分混匀,离心(14 000$\times$$g$,10 min);取上清,加入 2 倍体积 CTAB 沉淀液,室温温育 60 min;离心(14 000$\times$$g$,10 min),弃上清,用 350 μL NaCl(1.2 mol/L)溶解沉淀,加入等体积氯仿:异戊醇(24:1),混匀;离心(14 000$\times$$g$,10 min),取上清于另一新离心管,加入 0.6 倍体积异丙醇沉淀核酸;离心(14 000$\times$$g$,10 min),弃上清,用 75%乙醇悬浮沉淀,离心(14 000$\times$$g$,10 min),弃上清,重复该步骤一遍,晾干后将 DNA 溶解于 150 μL TE 缓冲液或 150 μL 超纯水中,置于−20℃保存备用。采用 DNA 提取试剂盒的,操作步骤参照产品说明书。

健康香蕉组培苗基因组 DNA 按同样的方法制备与保存。

B.4.2 凝胶制备

用 $1\times$TAE 工作液配制 1.0%琼脂糖凝胶,在微波炉中溶化混匀,冷却至 60℃左右;加入核酸染料,混匀,倒入胶槽,插上样品梳;待凝胶凝固后,拔出固定在凝胶中的样品梳,将带凝胶的胶板置于电泳槽中,使样品孔位于电场负极,向电泳槽中加入 $1\times$TAE 电泳缓冲液(缓冲液越过凝胶表面即可)。

B.4.3 加样与电泳

取 1 μL 加样缓冲液与 5 μL PCR 反应产物,混匀,然后分别将其和 DNA 分子量标准加入到电泳槽的负极样品孔中;接通电源,电泳电压为 5 V/cm,当加样缓冲液中的溴酚蓝迁移到凝胶 1/2 位置,切断电源,停止电泳。

附加说明:

本标准按照 GB/T 1.1—2009 给出的规则起草。

本标准由农业部农垦局提出。

本标准由农业部热带作物及制品标准化委员会归口。

本标准起草单位:中国热带农业科学院环境与植物保护研究所。

本标准主要起草人:谢艺贤、漆艳香、张欣、蒲金基、张贺、陆英、张辉强。

中华人民共和国农业行业标准

橡胶树主要病虫害防治技术规范

Technical criterion for rubber tree pests control

NY/T 2259—2012

1 范围

本标准规定了橡胶树主要病虫害及其防治原则、防治措施。

本标准适用于我国橡胶产区橡胶树主要病虫害的防治。

2 规范性引用文件

下列文件对于本文件的应用是必不可少的。凡是注日期的引用文件,仅注日期的版本适用于本文件。凡是不注日期的引用文件,其最新版本(包括所有的修改单)适用于本文件。

GB 4285　农药安全使用标准

GB/T 8321(所有部分)　农药合理使用准则

NY/T 221　橡胶树栽培技术规程

NY/T 1089　橡胶树白粉病测报技术规程

3 橡胶树主要病虫害

3.1 橡胶树主要病害及其发生危害特点参见附录 A。

3.2 橡胶树主要虫害及其发生危害特点参见附录 B。

4 防治原则及要求

贯彻"预防为主、综合防治"的植保方针,以主要病虫害预测预报为指导,综合考虑影响病虫害发生的各种因素,协调应用检疫、农业、物理、生物、化学等防控措施,实现对病虫害有效控制。

4.1 不应从病虫害发生区调出橡胶种子、种苗和活体橡胶树材料,确实需要种质材料交换的,应严格完成检疫程序和建议处理。

4.2 在远离发病虫区的林地开辟苗圃,防止病虫害感染危害;选种抗病虫品种;搞好胶园清洁,及时控制胶园内外杂草和灌木,剪除带病虫枝条和枯枝,集中烧毁;加强胶园肥水管理,按 NY/T 221 的要求执行。

4.3 通过选择对天敌较安全的化学农药,避开自然天敌对农药的敏感时期,以保护天敌;鼓励选用微生物源、植物源和矿物源农药,鼓励使用诱虫灯、色板等无公害措施。

4.4 使用药剂防治时应按 GB 4285 和 GB/T 8321 中的有关规定,严格掌握使用浓度或剂量、使用次数、施药方法。对容易产生抗药性的药剂,必须合理轮换其他药剂。

5 防治措施

5.1 白粉病

5.1.1 农业防治

选用抗病品种 RRIC52 等;加强栽培管理,适当增施有机肥和钾肥,提高橡胶树的抗病和避病能力,减轻病害发生和流行。

5.1.2 化学防治

橡胶树白粉病预测预报按 NY/T 1089 的规定执行。根据预测预报结果进行及时防治。化学防治方法按 NY/T 221 的规定执行。

5.2 炭疽病

5.2.1 农业防治

选用抗病品种保亭 933 等;对历年重病林段和易感病品种,可在橡胶树越冬落叶后到抽芽初期,施用速效肥尿素等,促进橡胶树抽叶迅速而整齐;在病害流行末期,对病树施用速效肥,促进病树迅速恢复生长;注意排除胶园积水;及时清除病株残体,集中烧毁。

5.2.2 化学防治

根据炭疽病的发生流行规律特点,适时安排化学防治。苗圃可选用 80%代森锰锌可湿性粉剂 1 000 倍液喷雾。大田胶园可选用 16%百·咪鲜·酮(百菌清+咪鲜胺+三唑酮)热雾剂 1 500 g/(hm²·次),10%百菌清热雾剂 1 500 g/(hm²·次)。在胶树抽叶率 30%~40%,发病率 2%~3%时,进行第一次施药。7 d 后进行第二次施药,并根据胶树物候、天气、病情等情况,决定是否安排第三次施药。

5.3 棒孢霉落叶病

5.3.1 检疫预防

发病区的橡胶种苗、橡胶树加工产品和土壤不应进入非发病区。对病区病株残体进行处理,并对病情进行严密监测,防止病害的传播与蔓延。

5.3.2 农业防治

选用抗病品种天任 31‐45、南华 1 号等;在无病区建立苗圃,加强苗圃的栽培管理,苗床设计要方便喷药作业,在发病率达 60%的苗圃需全部砍除处理;幼龄胶园,拔除 2 年以下的所有易感病品系的染病植株,处理所有叶片和枝条,对 2 年以上的易感病品种可用耐病或抗病品系重新芽接。

5.3.3 化学防治

化学防治推荐在雨季每 5 d、干旱季节每 7 d~10 d 喷施 1 次杀菌剂,可使用的杀菌剂有 50%苯菌灵可湿性粉剂 500 倍~800 倍液,40%多菌灵可湿性粉剂 800 倍液,或 25%咪鲜胺·多菌灵可湿性粉剂 600 倍~800 倍液。

5.4 根病

5.4.1 农业防治

垦前清除林地中木薯、三角枫等寄主植物;开展新老胶园垦前调查,发现病根树用 2,4‐D 丁酯等毒杀;病苗不应上山定植;橡胶树定植后,每年在新叶开始老化到冬季落叶前至少调查 1 次。发现病株,从病树数起第二和第三株橡胶树之间挖深 1 m、宽 30 cm~40 cm 的隔离沟,洒施生石灰。

5.4.2 化学防治

刨开病树和相邻健康树的树头基部表土,将 75%十三吗啉乳油 30 mL 配制成 100 倍药液均匀淋洒在距树头基部 0.5 m~1 m 范围,待药液被完全吸收后回土,2 个月后再施用 1 次。

5.5 小蠹虫

5.5.1 农业防治

选种抗寒品种 772、GT1 和热研 7‑33‑97 等;风害、寒害后及时清除橡胶树上的枯死枝干,并用沥青涂封伤口;清除胶园周围的野生寄主。

5.5.2 生物防治

保护和利用金小蜂等天敌。选用绿色木霉、绿僵菌等生物制剂。

5.5.3 化学防治

发现小蠹虫蛀洞时,刮除受害处的树皮,露出木质部,用纱布沾取 80％敌敌畏 200 倍～300 倍液或40％杀扑磷 300 倍～600 倍贴于受害处,用塑料薄膜包住,每隔 7 d 施药 1 次,连续施药 2 次～3 次。

5.6 橡副珠蜡蚧

5.6.1 农业防治

不应调运发现有橡副珠蜡蚧为害的芽条和苗木。已发生虫害的开割胶林,应降低割胶强度或者休割。冬季橡胶树落叶期间,应勾除橡胶树上的蚂蚁巢,集中烧毁。

5.6.2 生物防治

保护和利用寄生蜂、瓢虫等介壳虫的天敌。

5.6.3 化学防治

做好初孵若虫高峰期防治。在 3 月初、6 月～7 月和 9 月～10 月繁殖高峰期,于晴天凌晨 2 点～8点间施药。幼龄胶园采用喷雾法进行防治,可用 40％杀扑磷 300 倍～600 倍喷雾,25％高效氯氰菊酯乳油 800 倍～1 000 倍液,或 40％氧化乐果乳油 800 倍液,或 3％啶虫脒 1 000 倍～1 500 倍液,或 3％高渗苯氧威乳油 1 500 倍～2 000 倍液,或 48％毒死蜱 800 倍液喷雾防治。开割胶园防治,可用 15％毒死蜱热雾剂 1 500 g/(hm² · 次)、或 5％噻 · 高氯(高效氯氰菊酯＋噻嗪酮)热雾剂 3 000 g/(hm² · 次),或进行防治。烟雾防治每隔 4 d～5 d 施 1 次药,连续施药 3 次,水剂防治每隔 7 d～10 d 施 1 次药,连续施药2 次～3 次。

5.7 六点始叶螨

5.7.1 农业防治

螨害发生严重的胶园,应降低割胶强度甚至休割。

5.7.2 生物防治

保护利用捕食螨、瓢虫和蚁蛉等天敌。

5.7.3 化学防治

在橡胶树春季新抽第 1 篷叶老化后 1 个月内,当每 100 片叶中螨虫数量达 400 头～800 头时,用15％哒螨灵热雾剂 1 500 g/(hm² · 次)～2 000 g/(hm² · 次)烟熏,或用 10％阿维 · 哒(阿维菌素＋哒螨灵)乳油 2 000 倍液,或 1.8％阿维菌素乳油 2 500 倍～3 000 倍液,25％杀虫脒 500 倍～1 000 倍液。

附　录　A
（资料性附录）
橡胶树主要病害

A.1　白粉病

橡胶树粉孢（*Oidium heveae*）为害。为害嫩叶、嫩芽、嫩梢和花序。发病初期嫩叶的叶面或叶背上出现辐射状的银白色菌丝，呈蜘蛛网状，以后遇高温呈大小不等的浅黄色病斑，其上覆盖一层白粉，即病菌的分生孢子梗和分生孢子，形成大小不一的白粉斑，即新鲜活动斑。嫩叶染病初期若遇高温，病斑上的菌丝生长受到抑制而病斑变为红褐色，呈现红斑症状。当气温适宜时，红斑还可以恢复产生分生孢子，使病斑继续扩大。发病严重时，重病叶布满白粉，皱缩畸形、变黄、脱落。嫩芽和花序染病后，出现一层白粉，病害严重时嫩芽坏死、花蕾全部脱落，只留下花轴。

A.2　炭疽病

胶孢炭疽菌（*Colletotrichum gloeosporioides*）或尖孢炭疽菌（*C. acutatum*）为害。主要发生在古铜色和淡绿色嫩叶上，病斑近圆形或不规则形、暗绿色或褐色，边缘可见黑色坏死线。严重时叶尖和叶缘变黑，扭曲，小叶凋萎脱落。老叶的叶尖和叶缘呈现圆形或不规则形灰褐色至灰白色病斑，其上散生或轮生小黑点。嫩梢、叶柄和叶脉染病后，出现黑色下陷小点或黑色条斑。

A.3　棒孢霉落叶病

多主棒孢（*Corynespora cassiicola*）为害。最典型的症状是叶片的主脉及邻近的侧脉变棕色或黑色的短线状，呈鱼骨状或铁轨状。老叶上呈不规则形或者多角形浅褐色至黑色病斑，外围有晕圈，后期病斑中央组织变成银白色纸质状，边缘深褐色；嫩梢受害，顶端嫩叶有时产生不规则斑点，严重受害时叶片皱缩，干枯脱落，嫩梢表面呈现黑色条纹，树皮爆裂，自上而下回枯；染病幼树会发生多次落叶，树冠光秃，植株生长缓慢。

A.4　根病

A.4.1　红根病

橡胶树灵芝菌（*Ganoderma pseudoferreum*）为害，树冠稀疏，枯枝多，不抽顶芽或抽芽不均匀，叶片变小、变黄和无光泽，有的叶片还卷缩。病根平粘一层泥沙，用水较易洗掉，洗后常见枣红色革质菌膜，有时可见菌膜前端呈白色，后端变为黑红色。病根散发出浓烈的蘑菇味。木材湿腐，松软呈海绵状，皮木间有一层白色到深黄色腐竹状菌膜。高温多雨季节在病树树头侧面的树根上长出无柄的担子果，上表面皱纹，灰褐色、红褐色或黑褐色，下表面光滑，灰白色。

A.4.2　褐根病

木层孔菌（*Phellinus noxius*）为害。树冠稀疏，枯枝多，不抽顶芽或抽芽不均匀，叶片变小、变黄和无光泽，有的叶片还卷缩。病根表面粘泥沙多，凹凸不平，不易洗掉，有铁锈色，疏松绒毛菌丝和薄而脆的黑褐色菌膜。病根散发出蘑菇味。木材干腐，质硬而脆，剖面有蜂窝状褐纹，皮木间有白色绒毛状菌丝体。根颈处有时烂成空洞。子实体半圆形，无柄，上表面黑褐色，下表面灰褐色不平滑。

A.4.3　紫根病

紧密卷担菌（*Helicobasidium compactum*）为害。树冠稀疏，枯枝多，不抽顶芽或抽芽不均匀，叶片变小、变黄、无光泽，有的叶片卷缩。病根不粘泥沙，有密集的深紫色菌索覆盖。已死病根表面有紫黑色小颗粒。无蘑菇味。木材干腐、质脆、易粉碎,木材易与根皮分离。

A.4.4 臭根病

灿球赤壳菌(*Sphaerostille repens*)为害。树冠稀疏,枯枝多,不抽顶芽或抽芽不均匀,叶片变小、变黄和无光泽,有的叶片还卷缩。病根不粘泥沙,无菌丝菌膜。有时出现粉红色孢梗束。木质坚硬,木材易与根皮分离,皮木间有扁而粗的白色至深褐色羽毛状菌索。病根发出粪便臭味。

A.4.5 黑根病

茶灰卧孔菌(*Poria hypobrunnea*)为害。树冠稀疏,枯枝多,不抽顶芽或抽芽不均匀,叶片变小、变黄和无光泽,有的叶片还卷缩。病根粘泥沙,水洗后可见网状菌索,其前端白色,中段红色,后段黑色,洗去泥沙菌索露出白色小点。木材湿腐、松软、无条纹,有时呈白色。有蘑菇味。子实体紧贴病部,为灰褐色至灰白色膜状,长于树干皮层。

A.4.6 白根病

木质硬孔菌(*Rigidoporus lignosus*)为害。树冠稀疏,枯枝多,不抽顶芽或抽芽不均匀,叶片变小、变黄和无光泽,有的叶片还卷缩。病根根状菌索分枝,形成网状,先端白色,扁平,老熟时稍圆,黄色至暗褐色。木质部褐色、白色或淡黄色,坚硬,在湿土中腐烂的根呈果酱状。病根有蘑菇味。子实体无柄,上表面橙黄色,有明显的黄色边缘,下表面橙色、红色或淡褐色。

A.4.7 黑纹根病

炭色焦菌(*Ustulina deusta*)为害。树冠稀疏,枯枝多,不抽顶芽或抽芽不均匀,叶片变小、变黄和无光泽,有的叶片还卷缩。病根不粘泥沙,表面无菌丝菌膜。在树干、树头或暴露的病根常有灰色或黑色炭质子实体。木材干腐,剖面有锯齿状黑纹,有时黑纹闭合成中圆圈。病根无蘑菇味。

附 录 B
（资料性附录）
橡胶树主要虫害

B.1 小蠹虫

小蠹科，小蠹虫（*Platypus secretus*）为害。成虫从橡胶树茎干上受风、寒、病害等而衰弱坏死的组织表皮蛀入木质部。小蠹虫注入木质部后，树皮和木质部表面可见大量近圆形的小蛀孔或泪状流胶，树皮上的新蛀孔有粉末状或挤压成条的木屑状虫粪排出。受害植株茎干蛀空易遭风折，严重的导致整株死亡。

B.2 橡副珠蜡蚧

蜡蚧科，橡副珠蜡蚧（*Parasaissetia nigra*）为害。若虫和成虫都可为害橡胶树。多集中于成龄树枝条、未分枝幼树和苗圃幼苗的主干上刺吸为害，虫口密度大时也扩散到叶片、果实上为害。发生严重时，虫体布满枝（干）及叶表面，刺吸掠夺橡胶树营养，同时诱发煤烟病。橡胶树受害严重时落叶、枯梢，甚至死亡。介壳虫为害造成幼树生长缓慢，开割橡胶树因推迟开割，停割而减产，是目前对橡胶树危害最重的害虫。

B.3 六点始叶螨

叶螨科，六点始叶螨（*Eotetranychus sexmaculatus*）为害。六点始叶螨是海南、云南和粤西地区橡胶树的重要害螨，主要危害橡胶树老叶。以幼螨、若螨和成螨沿橡胶树叶片主脉两侧进行为害，刺吸叶肉组织，使叶片褪绿，呈现黄色斑块，为害严重时造成叶片枯黄脱落，降低胶乳产量。

附加说明：
本标准按照 GB/T 1.1—2009 给出的规则起草。
本标准由农业部农垦局提出。
本标准由农业部热带作物及制品标准化技术委员会归口。
本标准起草单位：中国热带农业科学院环境与植物保护研究所。
本标准主要起草人：黄贵修、林春花、刘先宝、蔡吉苗、周明、蔡志英、邱学俊、李伸、高宏华。

中华人民共和国农业行业标准

龙眼等级规格

Grades and specifications of longan

NY/T 2260—2012

1 范围

本标准规定了龙眼的术语和定义、要求、试验方法、检验规则、标签、标志、包装、运输和贮存。

本标准适用于龙眼鲜果。

2 规范性引用文件

下列文件对于本文件的应用是必不可少的。凡是注日期的引用文件，仅注日期的版本适用于本文件。凡是不注日期的引用文件，其最新版本（包括所有的修改单）适用于本文件。

GB/T 191　食品储运图示标志

GB/T 5737　食品塑料周转箱

GB/T 6543　运输包装用单瓦楞纸箱和双瓦楞纸箱

GB/T 8855　新鲜水果和蔬菜　取样方法

GB 9687　食品包装用聚乙烯成型品卫生标准

NY/T 516　龙眼

JJF 1070　定量包装商品净含量计量检验规则

国家质量监督检验检疫总局第 75 号令　定量包装商品计量监督管理办法

3 术语和定义

NY/T 516 界定的术语和定义适用于本文件。

4 要求

4.1 基本要求

龙眼鲜果应符合下列基本要求：

——果实完整、果形正常；

——果实新鲜，无腐烂、变质；

——果面洁净，基本无病斑、虫伤、可见异物；

——无机械伤；

——无冷害、冻害症状；

——非冷藏果体表面无异常水分；

——无异常气味；

——果实具有适于市场或贮运要求的成熟适度。

4.2 等级

4.2.1 等级划分

在符合基本要求的前提下,龙眼鲜果分为特级、一级和二级。各等级应符合表1的规定。

表 1　龙眼等级

等级	要　求
特级	果实优质,具有品种特征。无异常气味、无缺陷,在不影响产品总体外观、质量、保鲜、包装的条件下,极轻微的表面缺陷除外
一级	果实质量好,具有其品种特征。无异常气味,在不影响产品总体外观、质量、保鲜、包装的条件下,允许有轻微的机械伤等缺陷,但单果体表缺陷总面积不超过 0.3 cm²
二级	果实不符合以上较高等级,但满足规定的基本要求。在保持龙眼质量、保鲜和包装的基本特征的条件下,允许有机械伤等缺陷,但单果体表缺陷总面积不超过 0.4 cm²

4.2.2 等级容许度

按果实数量计:

a）　特级果允许有小于或等于3%的果不符合特级果的要求,但应符合一级果的要求;

b）　一级果允许有小于或等于5%的果不符合一级果的要求,但应符合二级果的要求;

c）　二级果允许有小于或等于8%的果不符合二级果的要求。

4.3 规格

4.3.1 规格划分

龙眼大小规格分级按质量测定,共分3个级别,具体规格见表2。

表 2　龙眼规格

单位为克

规格	大果型品种	中果型品种	小果型品种
大(L)	>15.5	>13.5	>10.0
中(M)	13.5~15.5	11.5~13.5	8.0~10.0
小(S)	<13.5	<11.5	<8.0
注1:大果型品种包括大乌圆、赤壳、水南一号、福眼等。			
注2:中果型品种包括储良、乌龙岭、油潭本、大广眼、双孖木等。			
注3:小果型品种包括石硖、古山二号、东碧、广眼、草铺种等。			
注4:上表未能列入的其他品种可以根据品种特性参照近似品种的有关指标。			

4.3.2 规格容许度

按质量计:

a）　特级龙眼允许有5%的产品不符合该规格要求;

b）　一、二级龙眼允许有10%的产品不符合该规格要求。

4.4 净含量

净含量应符合国家质量监督检验检疫总局第75号令的规定。

5 试验方法

5.1 基本要求和等级规格(除缺陷果)

在正常光线下采用眼观、手捏、口尝等直观的方法对果体表面水分、气味、腐烂变质、成熟度、果肉新鲜度、果形、缺陷果、均匀度、洁净度、异品种和品质风味等项目进行评定,并作记录。在同一果实上兼有两项及其以上不同缺陷者,可只记录其中对品质影响较重的一项。

果实病虫害主要用目测或用 10 倍放大镜(超过 10 倍时,应当在检验报告中说明)检验其外观症状。若发现果实外部有病虫害症状,或外观尚未发现变异而对果实内部有怀疑者,应随机检取样果数个用小刀进行切剖检验,如发现果蒂内部有虫粪或果实有内部病变时,应加倍切剖数量,予以严格检查。

5.2 缺陷果

抽取 1 kg 龙眼样品,用感量 0.1 g 天平分别称量样品果实质量和缺陷果质量,缺陷果占样品果实总质量的百分率计算,当果实外部表现有病虫害症状或对果实内部有怀疑时,应检取样果剖开检验。一个果实同时存在多种缺陷时,仅记录最主要的一种缺陷,结果按式(1)计算。

$$Y = \frac{G_1}{G_2} \times 100 \quad\cdots\cdots\cdots\cdots\cdots\cdots\cdots\cdots\cdots\cdots\cdots\cdots\cdots \quad (1)$$

式中:

Y ——缺陷果质量占样品果实总质量百分率,单位为百分率(%);

G_1——缺陷果的质量,单位为克(g);

G_2——样品果实总质量,单位为克(g)。

计算结果表示到小数点后一位。

5.3 净含量

按 JJF 1070 的规定执行。

6 检验规则

6.1 检验批次

同一生产基地、同一品种、同一成熟度、同一批采收的产品为一个检验批次。

6.2 抽样方法

按 GB/T 8855 的规定执行。

6.3 判定规则

6.3.1 等级判定

整批产品不超过某等级规定的容许度,则判为某等级产品。若超过,则按下一级规定的容许度检验,直到判出等级为止。如果容许度超出"二级果"的范围,则判为等外果。

6.3.2 规格判定

整批产品不超过某规格规定的容许度,则判为某规格产品。若超过,则按下一级规定的容许度检验,直到判出规格为止。

7 标签、标志、包装、运输、贮存

7.1 标签

包装箱(篓)外应标明品名、等级、规格、净重、毛重、产地、采摘和包装的日期、生产者、联系地址、邮政编码、联系电话。标注内容要求字迹清晰、完整、准确、且不易褪色。

7.2 标志

包装、贮运、图示应符合 GB/T 191 的要求。

7.3 包装

7.3.1 纸箱包装材料应符合 GB/T 6543 的规定。

7.3.2 塑料水果筐应符合 GB/T 5737 的规定。

7.3.3 内包装用的聚乙烯塑料薄膜(袋)应符合 GB 9687 的规定。

7.4 运输

7.4.1 运输工具应清洁,有防晒、防雨设施。

7.4.2 运输过程不得与有毒、有害物品混运,应轻装轻卸,严禁挤压。

7.5 贮存

贮存场所应清洁、通风,应有防晒、防雨设施,产品应分等级堆放。不得与有毒、有异味的物品混存。

附加说明:

本标准按照 GB/T 1.1—2009 给出的规则起草。

本标准由农业部农垦局提出。

本标准由农业部热带作物及制品标准化技术委员会归口。

本标准起草单位:中国热带农业科学院南亚热带作物研究所。

本标准主要起草人:杜丽清、郑良永、陈佳瑛、石胜友、李伟才、王一承、谢江辉。

中华人民共和国农业行业标准

木薯淀粉初加工机械　碎解机　质量评价技术规范

Technical specification of quality evaluation for crusher for
cassava starch primary processing machinery

NY/T 2260—2012

1　范围

本标准规定了木薯淀粉初加工机械碎解机的基本要求质量要求、检测方法和检验规则。

本标准适用于以鲜木薯为加工原料的碎解机的质量评定,以木薯干片为加工原料的碎解机可参照执行。

2　规范性引用文件

下列文件对于本文件的应用是必不可少的。凡是注日期的引用文件,仅注日期的版本适用于本文件。凡是不注日期的引用文件,其最新版本(包括所有的修改单)适用于本文件。

GB/T 230.1　金属材料　洛氏硬度试验　第1部分:试验方法(A、B、C、D、E、F、G、H、K、N、T标尺)

GB/T 2828.1　计数抽样检验程序　第1部分:按接收质量限(AQL)检索的逐批检验抽样计划

GB/T 3768　声学　声压法测定噪声源声功率级　反射面上方采用包络测量表面的简易法

GB/T 8196　机械安全　防护装置　固定式和活动式防护装置设计与制造一般要求

GB/T 9239.1　机械振动　恒态(刚性)转子平衡品质要求　第1部分:规范与平衡允差的检验

GB/T 9969　工业产品使用说明书　总则

GB 10396　农林拖拉机和机械、草坪和园艺动力机械　安全标志和危险图形　总则

GB/T 12620　长圆孔、长方孔和圆孔筛板

GB/T 13306　标牌

GB 16798　食品机械安全卫生

JB/T 5673　农林拖拉机及机具涂漆　通用技术条件

JB/T 9832.2　农林拖拉机及机具　漆膜　附着性能测定方法　压切法

NY/T 737—2003　木薯淀粉加工机械通用技术条件

3　术语和定义

下列术语和定义适用于本文件。

3.1

木薯淀粉初加工机械　cassava starch primary processing machinery

将鲜木薯加工成淀粉的工艺过程中,使用的输送机、洗薯机、碎解机、离心筛、干燥设备、干粉筛选机等设备的总称。

3.2

碎解机　crusher

将清洗干净的鲜木薯破碎成薯浆的设备。

注:改写 NY/T 737—2003,定义 3.2。

4 基本要求

4.1 文件资料

质量评价所需文件资料应至少包括:

——产品执行标准或产品制造验收技术条件;

——产品使用说明书。

4.2 主要技术参数核对

对产品进行质量评价时应核对其主要技术参数,其主要内容应符合表 1 的要求。

表 1 产品主要技术参数确认表

型号规格	锤片数,个	筛孔直径,mm（二级碎解）	主轴转速,r/min	转子工作直径,mm	电机功率,kW	外形尺寸,mm	整机质量,kg
SJ-450Ⅰ	63	1.2～1.8	2 900	450	55	2 000×770×1 100	1 700
SJ-450Ⅱ	63	1.2～1.8	2 900	450	55	2 100×780×1 200	1 550
SJ-450Ⅲ	81	1.2～1.8	2 900	450	75	2 500×780×1 200	1 800
SJ-450Ⅳ	90	1.2～1.8	2 900	450	75	2 240×770×1 100	1 850
SJ-450Ⅴ	45	1.2～1.5	2 900	450	22	1 950×740×1 100	1 100
SJ-450Ⅵ	45	1.2～1.5	2 900	450	37	1 950×740×1 200	1 200
SJ-500Ⅰ	81	1.2～1.8	2 900	500	90	2 320×890×1 200	1 800
SJ-500Ⅱ	117	1.2～1.8	2 900	500	110	2 920×900×1 250	2 900
SJ-530Ⅰ	56	1.2～1.4	2 900	530	55	2 400×770×1 200	1 600
SJ-530Ⅱ	56	1.5～1.8	2 900	530	75	2 400×770×1 200	1 800
SJ-930	192	1.6～1.8	1 490	930	132	2 695×1 910×1 520	3 500

5 质量要求

5.1 主要性能要求

产品主要性能要求应符合表 2 的规定。

表 2 产品主要性能要求

序号	项　目	指　标
1	生产率,t/h(鲜薯)	≥企业明示技术要求
2	单位耗电量,kWh/t(鲜薯)	≤企业明示技术要求
3	使用可靠性,%	≥97
4	粉碎细度(二级碎解),mm	≤1.8
5	轴承负载温升,℃	≤35
6	密封部位渗漏液情况	设备不应有水、薯浆外溢或渗漏现象,轴承不应有渗漏油现象

5.2 安全卫生要求

5.2.1 外露运动件应有安全防护装置,防护装置应符合 GB/T 8196 的规定。

5.2.2 在可能影响人员安全的部位,应在明显处设有安全警示标志,标志应符合 GB 10396 的规定。

5.2.3 设备应有醒目的接地标志和接地措施,接地电阻应小于 5 Ω。

5.2.4 设备运行时有可能发生移位、松脱或抛射的零部件,应有紧固或防松装置。

5.2.5 与加工物料接触的零部件不应有锈蚀和腐蚀现象,其制造材料应符合 GB 16798 的规定。

5.3 空载噪声

应不大于 88 dB(A)。

5.4 关键零部件质量

5.4.1 主轴、锤片不应有裂纹和其他影响强度的缺陷。

5.4.2 主轴硬度应为 22 HRC～28 HRC,锤片工作面表面硬度应为 45 HRC～50 HRC。

5.4.3 锤片在装配前应按要求进行质量分组,每组质量差应不大于 10 g。

5.4.4 筛网应无裂纹、损伤等缺陷,孔眼均布,并符合 GB/T 12620 的规定。

5.4.5 联轴器、转子应进行动平衡试验,其平衡品质级别应不低于 GB/T 9239.1 规定的 G 6.3。

5.5 一般要求

5.5.1 设备应运转平稳,无卡滞,无明显振动、冲击和异响等现象。

5.5.2 顶盖开合应灵活可靠,与主体接合应牢固、密封,接合边缘错位量应不大于 3 mm。

5.5.3 筛网应张紧平整、牢固可靠。

5.5.4 设备外表面不应有锈蚀、损伤及制造缺陷,漆层应色泽均匀,平整光滑,不应有露底,明显起泡、起皱不多于 3 处。

5.5.5 表面涂漆质量应符合 JB/T 5673 中普通耐候涂层的规定。

5.5.6 漆层漆膜附着力应符合 JB/T 9832.2 中 Ⅱ 级 3 处的规定。

5.6 使用信息要求

5.6.1 产品使用说明书的编制应符合 GB/T 9969 的规定,除包括产品基本信息外,还应包括安全注意事项、禁用信息以及对安全装置、调节控制装置与安全标志的详细说明等内容。

5.6.2 应在设备明显位置固定产品标牌,标牌应符合 GB/T 13306 的规定。

6 检测方法

6.1 性能试验

6.1.1 生产率

在正常工作情况下,测定单位工作时间内的鲜薯加工量,每台样机测定三个班次,取其平均值,每班次应不少于 6 h。

6.1.2 单位耗电量

在正常工作情况下,测定单位鲜薯加工量的耗电量,每台样机测定三次,取其平均值,每次应不少于 1 h。

6.1.3 使用可靠性

在正常工作情况下,每台样机测定时间应不少于 200 h,取两台的平均值评定。使用可靠性按式(1)计算。

$$K = \frac{\sum T_z}{\sum T_g + \sum T_z} \times 100 \quad\cdots\cdots\cdots\cdots\cdots\cdots\cdots\cdots\cdots (1)$$

式中:

K——使用可靠性,单位为百分率(%);

T_z——班次工作时间,单位为小时(h);

T_g——班次故障排除时间,单位为小时(h)。

6.1.4 粉碎细度

采用筛网孔径评定。

6.1.5 轴承温升

用测温仪分别测量试验开始和结束时轴承座(或外壳)的表面温度,并计算差值。

6.1.6 密封部位渗漏液情况

密封部位渗漏液情况采用目测检查。

6.2 安全卫生

6.2.1 防护装置、安全警示标志、接地标志和接地措施情况采用目测检查。

6.2.2 设备接地电阻采用接地电阻测试仪进行测定。

6.2.3 设备的紧固或防松装置采用感官检查。

6.2.4 与物料接触的零部件锈蚀和腐蚀情况采用目测检查,其材料按 GB 16798 的规定进行检查。

6.3 空载噪声

按 GB/T 3768 的规定进行测定。

6.4 关键零部件质量

6.4.1 主轴、锤片表面缺陷情况采用目测检查。

6.4.2 主轴硬度、锤片工作面表面硬度按 GB/T 230.1 的规定进行测定。

6.4.3 锤片质量分组按相关要求进行测定。

6.4.4 筛网按 GB/T 12620 的规定进行检查。

6.4.5 联轴器、转子的平衡品质级别按 GB/T 9239.1 的规定进行测定。

6.5 一般要求

6.5.1 设备运转情况采用感观检查。

6.5.2 顶盖开合及与主体接合情况采用感观检查,接合边缘错位量采用直尺或卡尺测量。

6.5.3 筛网张紧、牢固情况采用感观检查。

6.5.4 设备外观质量采用目测检查。

6.5.5 表面涂漆质量按 JB/T 5673 的规定进行测定。

6.5.6 漆膜附着力按 JB/T 9832.2 的规定进行测定。

6.6 使用信息

6.6.1 使用说明书按 GB/T 9969 的规定进行检查。

6.6.2 产品标牌按 GB/T 13306 的规定进行检查。

7 检验规则

7.1 抽样方法

7.1.1 抽样应符合 GB/T 2828.1 中正常检查一次抽样方案的规定。

7.1.2 样本应在制造单位近6个月内生产的合格产品中随机抽取,抽样检查批量应不少于3台,样本大小为2台。在销售部门抽样时,不受上述限制。

7.1.3 整机应在生产企业成品库或销售部门抽取,零部件应在零部件成品库或装配线上已检验合格的零部件中抽取,也可在样机上拆取。

7.2 检验项目、不合格分类

检验项目、不合格分类见表3。

表3 检验项目、不合格分类

不合格分类	检验项目	样本数	项目数	检查水平	样本大小字码	AQL	Ac	Re
A	1. 生产率 2. 使用可靠性 3. 安全卫生要求		3			6.5	0	1
B	1. 空载噪声 2. 单位耗电量 3. 轴承负载温升 4. 粉碎细度 5. 主轴硬度 6. 锤片工作面表面硬度	2	6	S-Ⅰ	A	25	1	2
C	1. 运转平稳性及异响 2. 密封部位渗漏情况 3. 表面涂漆质量 4. 外观质量 5. 漆膜附着力 6. 标志、标牌 7. 使用说明书		7			40	2	3

注：AQL 为合格质量水平，Ac 为合格判定数，Re 为不合格判定数。

7.3 判定规则

评定时采用逐项检验考核，A、B、C 各类的不合格项小于或等于 Ac 为合格，大于或等于 Re 为不合格。A、B、C 各类均合格时，该批产品为合格品，否则为不合格品。

附加说明：

本标准按照 GB/T 1.1—2009 给出的规则起草。

本标准由农业部农垦局提出。

本标准由农业部热带作物及制品标准化技术委员会归口。

本标准起草单位：中国热带农业科学院农业机械研究所、农业部热带作物机械质量监督检验测试中心、南宁市明阳机械制造有限公司。

本标准主要起草人：黄晖、王金丽、张园、王忠恩、崔振德。

中华人民共和国农业行业标准

螺旋粉虱防治技术规范

Technical regulation for controlling spiralling whitefly

NY/T 2262—2012

1 范围

本标准规定了螺旋粉虱(*Aleurodicus dispersus* Russell)的鉴别、监测及防治。

本标准适用于我国螺旋粉虱的防治。

2 规范性引用文件

下列文件对于本文件的应用是必不可少的。凡是注日期的引用文件,仅注日期的版本适用于本文件。凡是不注日期的引用文件,其最新版本(包括所有的修改单)适用于本文件。

GB 4285 农药安全使用标准

GB/T 8321(所有部分) 农药合理使用准则

3 推荐使用药剂的说明

本标准推荐的杀虫剂是经我国农药管理部门登记允许在生产上使用的。当新的有效农药出现或者新的管理规定出台时,以最新的规定为准。

4 术语和定义

下列术语和定义适用于本文件。

4.1

非疫区 pest free area

科学证据表明,检疫对象螺旋粉虱没有发生并且官方能适时保持此状况的地区。

4.2

疫点 pest production site

经科学证据表明的有检疫对象螺旋粉虱发生的地点。

4.3

非疫点 pest free production site

科学证据表明,检疫对象螺旋粉虱没有发生,并且官方能适时在一定时期保持此状况的一个限定区域,并被作为一个单独的区域,同非疫区一样进行管理。

4.4

监测 monitoring

指长期、固定、连续不断的观察和调查工作,通过一定的技术手段而摸清螺旋粉虱的分布区域。

4.5

应急防控 emergent control

外来入侵生物侵入一新地区时所采取的包括疫情封锁和扑灭等应急措施。

4.6

综合防治 integrated pest management

根据螺旋粉虱发生蔓延特点及其发生和与之相关的环境关系,本着预防为主的指导思想和安全、有效、经济、简易的原则,协调应用农业的、化学的、生物的、物理的以及其他有效的防治技术,将其种群数量控制在经济损害允许水平之下,并控制其向非疫区扩散。

5 螺旋粉虱的形态特征及发生特点

5.1 鉴别特征

拟蛹蛹壳头胸区亚中央具2对～3对短而细的刚毛,背盘区分布有各种类型的小单孔,亚缘区有8字形和双环形孔排列,亚缘区刚毛位于环列8字形孔内侧,背面具5对复孔,头胸部1对,腹部第3节～6节各1对;管状孔近心形,宽大于长,舌状突相当发达,外露,伸出管状孔后缘,端部具2对刚毛。螺旋粉虱各虫态形态特征参见附录A。

5.2 发生特点

螺旋粉虱发生特点参见附录B。

6 监测

6.1 监测地点的选择

在螺旋粉虱的发生区及周边地区进行监测。按照行政区划,以乡镇、农场为调查单元,监测点包括交通道路沿线绿地、果园菜地、居民点等。

6.2 监测方法

6.2.1 访问调查

在乡镇和农场进行访问调查,询问当地农林技术人员及城镇居民是否有螺旋粉虱的发生。每监测点访问人数不少于10人。

6.2.2 实地调查

采用直接观察法或黄绿色粘板(色彩波长为505 nm)诱捕法进行监测调查。每乡镇或农场至少调查3个不同类型(交通沿线绿地、果园菜地和居民点)的监测点,每个监测点调查不少于3个地块或街区。直接观察调查时每个地块或街区调查的植株不少于30株,采用逐株调查或对角线五点取样调查。采用黄绿板诱捕法监测时,每个地块或街区悬挂规格为15 cm×20 cm的黄绿色粘板10片,间隔10 m左右挂板1个,挂板植株不高于3 m,挂板高度为距地面1.2 m,挂板诱捕持续时间为24 h。监测点的植物(作物)应是印度紫檀、大叶榄仁、美人蕉、紫荆花、一品红、番石榴、番荔枝、番木瓜、木薯、四季豆、辣椒或茄子等螺旋粉虱嗜好寄主。

7 防治

7.1 应急防控

7.1.1 疫情鉴定与确认

在非疫区或非疫点发现螺旋粉虱疑似对象时,当地农业主管部门应按第5章之规定对螺旋粉虱疫情进行初步确认,并在24 h内将标本送至省级外来入侵物种管理机构,由省级外来入侵物种管理机构指定专门科研机构进行鉴定,省级外来入侵物种管理机构根据专家鉴定结果报请农业部外来入侵物种管理办公室进行确认。

7.1.2 疫情报告

确认本地区发现螺旋粉虱后,当地农业行政管理部门应在24 h内向当地同级人民政府和上级农业行政主管部门报告,并组织本地区的疫情普查,按照农业部"农业部外来入侵生物控制预案"进行分级。省级农业行政主管部门应在24 h内将螺旋粉虱疫情向省(自治区)人民政府及农业部报告。

7.1.3 疫情应急反应

各级人民政府按分级管理、分级响应、属地管理的原则,根据螺旋粉虱危害范围及程度,启动相应级别的应急响应。

7.1.4 防控措施

7.1.4.1 检疫

从境外螺旋粉虱发生区输入中国或从国内螺旋粉虱发生区向非疫区调运的植物繁殖材料(苗木、插条、接穗等)及鲜活农林产品等不得带有螺旋粉虱。

从螺旋粉虱发生区输往非疫区的印度紫檀、大叶榄仁、番石榴、番荔枝、番木瓜等寄主植物苗木、果蔬、花卉等鲜活农林产品应经过严格检疫,发现有螺旋粉虱发生与为害的苗木及鲜活农林产品等应禁止其调出或经过检疫处理后方可调出。应在苗木和鲜活农林产品的出口和外调生产基地进行螺旋粉虱监测,一旦发现有螺旋粉虱发生和为害,应进行就地灭除,并对输出苗木和鲜活农林产品进行检疫检查和处理,确保不携带有螺旋粉虱后方可外调。检疫处理及田间疫情灭除可参照7.1.4.2执行。

7.1.4.2 化学防治

选用2.5%溴氰菊酯乳油1 000倍～2 000倍液,或2.5%高效氯氟氰菊酯水乳剂1 000倍～2 000倍液,或10%联苯菊酯乳油2 000倍液,或10%高效氯氰菊酯乳油2 000倍液,或10%啶虫脒乳油1 000倍液,或40%毒死蜱乳油1 000倍液,或52.25%氯氰·毒死蜱乳油1 500倍液,或25%噻嗪酮可湿性粉剂1 000倍液等,进行喷雾防治,虫口密度大、蜡粉多时按制剂量的1%比例在药液中添加有机硅助剂。

施药应于上午9时以后螺旋粉虱成虫活动不活跃时进行,高温季节应避免在中午烈日和高温下施药。施药后7 d～10 d检查虫情,如发现虫口残留,应进行第2次施药,连用2次～3次。注意不同类型药剂轮换使用,在果树、蔬菜等作物上使用时最后一次施药离收获的天数应符合GB 4285和GB/T 8321规定的安全间隔期。

对印度紫檀等施药困难的高大寄主植物,可首次施药后疏剪高端枝条,并根据监测情况进行防治。疏剪的枝条、植株落叶及残茬,应集中就地烧毁。

7.1.4.3 疫情扑灭

对于新的疫点,经论证需要且可能实施扑灭的,应采用7.1.4.1和7.1.4.2之规定实施疫情扑灭。

7.2 综合防治

7.2.1 检疫

参照7.1.4.1执行。

7.2.2 农业防治

7.2.2.1 合理修剪

对印度紫檀、大叶榄仁等植株高大的寄主植物,应先喷药防治后进行疏剪,对疏剪下的枝条和叶片集中就地烧毁。

7.2.2.2 园地清洁

对印度紫檀、大叶榄仁、番石榴、番荔枝等寄主植物的落叶及番木瓜、木薯、豆角、茄子等残茬,应及时清扫、清理并就地集中烧毁或深埋;对果园、菜地、绿化带等林下及居民点的飞扬草、野甘草等低矮杂草寄主,应施药防治后清除并集中烧毁或深埋。

7.2.3 生物防治

7.2.3.1 天敌昆虫的应用

7.2.3.1.1 天敌的保护利用

选择对螺旋粉虱具有很强控制能力的寄生性天敌哥德恩蚜小蜂（*Encarsia guadeloupae*）、捕食性天敌草蛉（叉草蛉 *Dichochrysa* sp. 和丽草蛉 *Chrysopa formosa* 等）和瓢虫（六斑月瓢虫 *Cheilomenes sexmaculata* 和双带盘瓢虫 *Lemnia biplagiata* 等）等，通过人工助迁，将被哥德恩蚜小蜂寄生的螺旋粉虱僵虫及草蛉、瓢虫的蛹等释放到螺旋粉虱密度较高但缺少天敌的区域；或在天敌数量较丰富时减少使用化学药剂或选用啶虫脒微乳剂、噻嗪酮可湿性粉剂等中低毒药剂，或采用内吸性防治药剂进行树体注射施药。

7.2.3.1.2 天敌的扩繁释放

选择哥德恩蚜小蜂，利用盆栽 20 cm～25 cm 高的辣椒、四季豆或一品红等植株扩繁螺旋粉虱，再利用其扩繁哥德恩蚜小蜂，待相同批次的哥德恩蚜小蜂发育至蛹期（螺旋粉虱的拟蛹变黑）时，收集僵虫，将其释放到螺旋粉虱密度较高但缺少天敌的区域。

7.2.3.2 微生物防治

选用螺旋粉虱病原菌蜡蚧轮枝菌（*Verticillium lecani*），将其发酵培养，取其孢子配制成浓度为 1×10^7 个/mL 的孢子悬浮液进行田间喷洒。

7.2.4 化学防治

可选用 7.1.4.2 之推荐的药剂及浓度进行喷雾防治。对植株高大的行道树或绿化树或果树，可选用 10%啶虫脒微乳剂或 30%吡虫啉微乳剂 10 倍～20 倍液进行树体注射防治。在树干距地面 1.0 m 左右高的位置钻孔，形成下斜 45°、直径 1 cm、深 3 cm～5 cm 的注药孔，然后经注药孔注入药剂。施药量根据植株树杆直径大小而定，每厘米直径大小施啶虫脒 0.33 g（有效成分）或吡虫啉 0.60 g（有效成分）。

附 录 A
（资料性附录）
螺旋粉虱形态特征

A.1 卵：长椭圆形，大小约为 0.30 mm×0.11 mm，表面光滑，一端有一柄状物，插入叶片组织主要起固定作用。散产，多覆盖有白色蜡粉，初产时白色透明，随后逐渐发育变为黄色。卵及其覆盖的蜡粉在寄主植物上的排列多呈螺旋状。

A.2 1龄若虫：体椭圆形，扁平，虫体大小约为 0.33 mm×0.15 mm，触角 2 节，足 3 节；初孵若虫虫体透明，扁平状，随虫体发育逐渐变为半透明至淡黄色或黄色，背面稍隆起、体亚缘分泌一窄带状蜡粉。复眼红色，足发达。1龄若虫主要于上午孵化，孵化后转移至叶脉两侧固定取食。

A.3 2龄若虫：椭圆形，扁平，虫体大小约为 0.48 mm×0.26 mm，足、触角退化，分节不明显；初脱皮时虫体透明，扁平状，无蜡粉；随虫体发育逐渐变为半透明至淡黄色或黄色，背面隆起，体背、体侧分泌有少量絮状或丝状蜡粉；2龄后期虫体钝厚，椭圆形，体上蜡粉减少。2龄若虫于叶脉两侧取食（相对固定，各龄若虫在条件不适宜时仍会移动）。

A.4 3龄若虫：椭圆形，扁平，与2龄若虫相似。虫体大小约为 0.67 mm×0.42 mm，足、触角进一步退化，分节不明显；发育中期，体背有少量絮状蜡粉，体周缘长有放射状细腊丝，长约为虫体的一半。

A.5 4龄若虫（拟蛹）：近卵形，虫体大小约为 1.02 mm×0.69 mm，初脱皮时透明，扁平状，无蜡粉，随虫体发育逐渐由半透明转至淡黄色或黄色，背面隆起，且背面具大量向上和向外分泌的白色絮状物，一些呈蓬松絮状，另一些蜡质带状，与体宽相近或长于体宽，足、触角和复眼完全退化；蛹壳头胸区亚中央具 2 对～3 对短而细的刚毛，背盘区分布有各种类型的小单孔，亚缘区有 8 字形和双环形孔排列，亚缘区刚毛位于环列 8 字形孔内侧，背面具 5 对复孔，头胸部 1 对，腹部第 3 节～6 节各 1 对，是螺旋粉虱区别于其他粉虱的主要特征；管状孔近心形，宽大于长，舌状突相当发达，外露，伸出管状孔后缘，端部具 2 对刚毛，两侧具粗厚的毛刷状蜡丝。

A.6 成虫：翅展为 3.50 mm～4.65 mm。雌雄个体均具有多形现象，即前翅有翅斑型和前翅无翅斑型。前翅有翅斑的个体明显较前翅无翅斑的大，雌性体长分别为 1.55 mm～1.75 mm；雄性体长分别为 1.65 mm～2.46 mm。初羽化的成虫浅黄色、近透明，随成虫的发育不断分泌蜡粉。之后在前翅末端有一具金属光泽的斑，但亦有部分个体前翅无斑。成虫腹部两侧具有蜡粉分泌器，初羽化时不分泌蜡粉，随成虫日龄的增加蜡粉分泌量增多。雄性形态与雌性相似，但腹部末端有 1 对铗状交尾握器。

附 录 B
（资料性附录）
螺旋粉虱的发生特点

B.1 寄主

已记载的寄主植物达 90 科 295 属 481 种，在我国台湾记录的寄主种类有 140 多种，在海南记录的寄主种类近 200 种。寄主包括果树、蔬菜、观赏植物、行道树及林木和野生植物。主要寄主如表 B.1。

表 B.1 螺旋粉虱的主要寄主

中文名	拉丁名	中文名	拉丁名	中文名	拉丁名
番荔枝	*Annona squamosa*	芋	*Colocasia esculenta*	扁豆	*Lablab purpureus*
杨桃	*Averrhoa carambola*	椰子	*Cocos nucifera*	番茄	*Lycopersicon eseulentum*
菠萝蜜	*Artocarpus heterophyllus*	爪哇木棉	*Ceiba pentandra*	荔枝	*Litchi chinensis*
红毛榴莲	*Annona muricata*	美人蕉	*Canna indica*	莴苣	*Lactuca sativa*
槟榔	*Areca catechu*	香膏萼距花	*Cuphea balsamona*	厚皮树	*Lannea coromandelica*
蒜	*Allium sativam*	柿	*Diospyros kaki*	凤仙花	*Impatiens balsamina*
韭菜	*Allium tuberosum*	榴莲	*Durio zibethinus*	木薯	*Manihot esculenta*
红桑	*Acalypha wilkesiana*	莲雾	*Syzygium samarangense*	香蕉	*Musa nana*
重阳木	*Bischofia polycarpa*	龙眼	*Dimocarpus longan*	桑	*Morus alba*
番木瓜	*Carica papaya*	猩猩草	*Euphorbia heterophylla*	红毛丹	*Nephelium lappaceum*
紫荆花	*Bauhinia blakeana*	一品红	*Euphorbia pulcherrima*	烟草	*Nicotiana tabacum*
变叶木	*Codiaeum variegatum*	飞扬草	*Euphorbia hirta*	番石榴	*Psidium guajava*
甜橙	*Citrus sinensis*	黄葛榕	*Ficus lacor*	印度紫檀	*Pterocarpus indicus*
柚	*Citrus grandis*	无花果	*Ficus carica*	余甘子	*Phyllanthus emblica*
黄皮	*Clausena lansium*	小叶榕	*Ficus microcarpa*	石榴	*Punica granatum*
木豆	*Cajanus cajan*	大豆	*Glycine max*	油梨	*Persea americana*
辣椒	*Capsicum annuum*	木棉树	*Gossampinus malabarica*	四季豆	*Phaseolus vulgaris*
甜瓜	*Cucumis melo*	桃	*Amygdalus persica*	葛薯	*Pachyrrhizus erosus*
西瓜	*Citrullus lanatus*	番薯	*Ipomoea batatas*	萝卜	*Raphanus sativus*
蓖麻	*Ricinus communis*	野甘草	*Scoparia dulcis*	肖焚天花	*Urena lobata*
月季	*Rosa chinensis*	黄花捻	*Sida acuta*	豇豆	*Vigna unguiculata*
茄	*Solanum melongena*	大叶榄仁	*Terminalia catappa*	可可	*Theobroma cacao*
守宫木	*Sauropus androgynus*	小叶榄仁	*Terminalia mantaly*	姜	*Zingiber officinale*
甘蔗	*Saccharum officinarum*				

B.2 地理分布

亚洲：孟加拉国、文莱、印度（安得拉邦、卡纳塔卡邦、喀拉拉邦、马哈拉施特拉邦、泰米尔那德邦）、印度尼西亚（爪哇岛、苏门答腊岛）、老挝、马来西亚（马来西亚半岛、沙巴州、沙捞越州）、马尔代夫、缅甸、菲律宾、新加坡、斯里兰卡、泰国、越南、中国（台湾、海南）；

非洲:贝宁、喀麦隆、刚果、加纳、尼日利亚、圣多美和普林西比、多哥、毛里求斯、加那利群岛(西班牙领地)、马德拉群岛(葡萄牙领地);

北美洲:美国(佛罗里达);

南美洲:巴西、哥伦比亚、秘鲁、委内瑞拉、厄瓜多尔;

中美洲及加勒比海:巴哈马、巴巴多斯岛、伯利兹、哥斯达黎加、古巴、多米尼克、多米尼加、海地、尼加拉瓜、瓜德罗普、危地马拉、马提尼克岛、巴拿马、波多黎各;

大洋洲及太平洋地区:美属萨摩亚群岛、库克群岛、斐济、密克罗尼西亚、法属波利尼西亚、关岛、基里巴斯、马绍尔群岛、马里亚纳群岛、瑙鲁、新喀里多尼亚群岛、帕劳、所罗门群岛、汤加、托克劳、西萨摩亚、巴布亚新几内亚、澳大利亚(昆士兰、北领地)、夏威夷(美国)。

B.3 生物学特性

螺旋粉虱世代发育经历卵、1龄若虫、2龄若虫、3龄若虫、4龄若虫(拟蛹)及成虫六个阶段。在26℃～31℃下室温条件下完成1个世代仅需23 d～28 d,其中卵期7 d～8 d,1龄若虫、2龄若虫、3龄若虫、4龄若虫(拟蛹)发育历期分别为4 d～7 d,2 d～6 d,3 d～6 d,6 d～10 d。在海南1年可发生8代～9代,世代重叠,无明显越冬虫态。成虫寿命最长可达39 d。螺旋粉虱可进行孤殖生殖和两性生殖。成虫羽化5 h～8 h后即可交配,雌雄个体一生均可发生多次交配。成虫产卵量最高达433粒/雌,孤殖生殖与两性生殖的平均产卵量分别为(42.43±12.71)粒/雌和(61.97±8.29)粒/雌。成虫产卵时,边产卵边移动并分泌蜡粉,典型的产卵轨迹为螺旋状,该虫因此得名。

成虫对黄绿色(近似波长为505 nm)趋性明显。成虫不活跃,羽化当天不飞翔;之后,成虫活动具有明显的规律性。晴天飞翔活动多集中在上午,7:00～9:00为明显的飞翔高峰时段;阴雨天气较少活动,且活动时间较晴天晚且分散;雨天静息不飞翔。

螺旋粉虱寄主范围广泛,但对不同寄主植物有着明显不同的嗜好性,印度紫檀、大叶榄仁、美人蕉、紫荆花、一品红、番石榴、番荔枝、番木瓜、木薯、四季豆、茄子、辣椒和飞扬草等为其嗜好寄主。

螺旋粉虱种群的发生与温度、湿度等环境因子关系密切。24℃～30℃时,种群增长较快,高温和低温不利于其生长发育;阴雨天气不利螺旋粉虱种群的发生,强降雨时各龄虫受雨水直接冲刷,连续降雨可显著降低其种群数量,且高湿条件易使螺旋粉虱染病致死。

B.4 传播途径

成虫通过短距离飞翔迁移,亦可借风或气流漂浮而迁移。远距离传播主要通过寄主植株的调运(如发生地区的种植材料、切花、蔬菜和水果等鲜活产品),也可随交通工具及其他动物进行传播。

附加说明:
本标准按照GB/T 1.1—2009给出的规则起草。
本标准由农业部农垦局提出。
本标准由农业部热带作物及制品标准化技术委员会归口。
本标准起草单位:中国热带农业科学院环境与植物保护研究所。
本标准主要起草人:符悦冠、韩冬银、张方平、牛黎明、马光昌、黄武仁、朱文静。

中华人民共和国农业行业标准

橡胶树栽培学 术语

Rubber tree cultivation science—Terminology

NY/T 2263—2012

1 范围

本标准规定了天然橡胶生产中橡胶树栽培学领域相关的术语和定义。

本标准适用于橡胶树种植业的育种、栽培、管理、科研、教学及其他相关领域。

2 规范性引用文件

下列文件对于本文件的应用是必不可少的。凡是注日期的引用文件,仅注日期的版本适用于本文件。凡是不注日期的引用文件,其最新版本(包括所有的修改单)适用于本文件。

GB/T 14795—2008 天然橡胶 术语

GB/T 17822.2—2009 橡胶树苗木

NY/T 221—2006 橡胶树栽培技术规程

NY/T 607—2002 橡胶树育种技术规程

NY/T 688—2003 橡胶树品种

NY/T 1088—2006 橡胶树割胶技术规程

NY/T 1314—2007 农作物种质资源鉴定技术规程 橡胶树

3 一般术语

3.1 橡胶树生物学性状

3.1.1

三叶橡胶 *hevea* **rubber**;*hevea*

大戟科橡胶树属植物。

3.1.2

巴西橡胶树(又称橡胶树、胶树) *Hevea brasiliensis* **Muell. Arg**;*Hevea brasiliensis* (*Willdex A. Juss*)*Mueller-Argoviensis*;*Hevea*

大戟科(*Euphorbiaceae*)橡胶树属一个种,为高大落叶乔木,简称橡胶树、胶树,是生产天然橡胶的主要植物。其树皮乳汁的加工品天然橡胶是良好的弹性体原料。

3.1.3

天然橡胶 **natural rubber**

一种具高弹性的高分子化合物,用产自橡胶树等产胶植物的次生代谢物经简单加工得到的产品,其主要成分为顺式 1,4-聚异戊二烯,分子量为 $1×10^5～4×10^6$。

注:改写 GB/T 14795—2008 3.3.2 的定义。

中华人民共和国农业部 2012-12-07 发布　　　　　　　　　　　　2013-03-01 实施

3.1.4

橡胶叶 rubber triplet leaves;rubber tree leaf;rubber trifoliolate leaves;rubber trifid leaves;rubber palmately compound leave

三出复叶,由三片小叶(包括小叶柄)、大叶柄、托叶三部分组成,革质、全缘或具有波纹。

3.1.5

叶基 leaf base

小叶的基部,下连小叶柄。

3.1.6

大叶柄 common petiole

支撑三小叶并连接茎的组织。

注:改写 NY/T 1314—2007 定义。

3.1.7

小叶柄 petiolule

支撑小叶并与大叶柄连接的组织。

注:改写 NY/T 1314—2007 定义。

3.1.8

叶脉 leaf vein

叶片中的维管束系统。由居于叶片中间的主脉、从主脉分出的比较规则地分布在主脉两侧的侧脉和分布在侧脉之间的网脉组成。

注:改写 NY/T 1314—2007 定义。

3.1.9

腺点 glandular opaque spot

着生于大、小叶柄结合部位上方的点状物。

注:NY/T 1314—2007 定义。

3.1.10

蜜腺 nectar gland

着生于大叶柄先端上的全部腺点所组成的群体。

注:NY/T 1314—2007 定义。

3.1.11

叶形 leaf shape

小叶和三出复叶的形态。

3.1.12

叶痕 leaf scar

大叶柄脱落后留在茎条或茎干上并可随着茎的生长所形成的痕迹。

3.1.13

叶篷 leaf-umbrella;leaf whorl;leaf storey;leaf flush;storey

由茎或枝条生长点一次连续生长形成的茎、叶和芽3部分组成的一簇枝叶。

注:改写 NY/T 1314—2007 定义。

3.1.14

叶篷形状 leaf-umbrella form

稳定期至老熟期的顶篷叶的叶片空间分布形态。

3.1.15

叶篷距　leaf whorl distance

上一叶篷顶至下一叶篷顶之间距离。

3.1.16

(叶片)物候期　leaf phenophase

顶篷叶生长发育的态势。通常根据顶篷叶中顶芽或大多数叶片所处的生长发育情况分若干个(叶片)物候期。

注:改写 NY/T 1860—2009 3.5 的定义。

3.1.17

萌动期　bud-break stage

顶芽突破芽苞稍刚露出表皮阶段。

3.1.18

伸长期　elongating stage;elongation period

芽快速伸长至其复叶展开前阶段。

3.1.19

展叶期(又称古铜期)　leaf-expansion period;bronze stage

叶柄伸长,小叶逐渐展开,小叶下垂,叶片古铜色阶段。

3.1.20

变色期　coloring phase

叶柄伸长减慢,叶面积逐渐扩大,叶片颜色由黄棕色变棕黄色、黄绿色到淡绿色;叶片下垂,组织特别柔软阶段。

3.1.21

淡绿期　light green period

叶片颜色全为淡绿色,叶片质地柔软、下垂且部分卷曲阶段。

3.1.22

稳定期　stationary phase

新茎和叶片停止生长,叶片绿色、质地较硬、有光泽,且完全展开阶段。

3.1.23

老熟期(又称老化期)　mature period

叶片浓绿、质地厚实、光泽明显、复叶挺直,叶片外形特征明显阶段。

3.1.24

(大)叶芽　leaf bud

着生在叶篷中部的复叶叶腋处的侧芽。

3.1.25

鳞片芽　scale bud

着生在叶篷下部退化叶片叶痕上方的侧芽。

3.1.26

密节芽　close-node bud

着生于叶篷上部较小叶片的叶腋处的腋芽。

3.1.27

针眼芽　eyelet bud

着生在密节芽上方、类似鳞片叶叶痕上方的侧芽。

3.1.28

萌动芽 **sprouting bud;germinated bud;swelling bud**

芽眼已萌发并明显凸起的芽。

3.1.29

蟹眼芽 **crab-eye bud**

芽眼凸起形似螃蟹眼睛的芽。

3.1.30

死芽 **dead bud**

芽眼萌发后回枯的芽。其芽眼尖端干枯或脱落后呈一小圆点。

3.1.31

花芽 **flower bud;blossom bud**

着生在叶腋处,芽点周围有椭圆形环的芽。

3.1.32

假芽 **sham bud;pseudo bud**

木栓化的芽条上外观像芽眼的斑痕。

3.1.33

(橡)胶果 *hevea* **fruit;rubber fruit capsule**

橡胶树的果实,蒴果,三室,瓣裂。

3.1.34

橡胶树种子 **rubber seed;*hevea* seed**

橡胶果的果核,由胚芽、子叶、外胚乳和种壳组成。

3.1.35

种背 **curved side**

橡胶树种子凸起的一侧。

3.1.36

种脐 **frontal depression**

橡胶树种子先端下凹处。

3.1.37

种胸 **cheek**

橡胶树种子种脐两侧。

3.1.38

种腹 **ridge side**

橡胶树种子脐痕所在的扁平面。

3.1.39

外胚乳 **perisperm**

胚珠的珠心发育形成,是种子中储存营养的组织。

3.1.40

干形 **stem form**

树干的空间分布形态。

3.1.41

木瘤 **knag;burr**

橡胶树茎上瘤状突起物。

注:改写 NY/T 607—2002 3.8定义。

3.1.42

条沟　stripe groove

橡胶树茎干上外形规则或不规则的纵向凹槽。

注：改写 NY/T 607—2002 3.9 定义。

3.1.43

次生韧皮部　secondary phloem

维管形成层产生的韧皮部组织。包括筛管、伴胞、薄壁组织和乳管等组分。

3.1.44

输导功能韧皮部　functional phloem

次生韧皮部中分布有输导功能筛管的部分。

3.1.45

乳管（细胞）　laticifer；laticiferous vessel；latex vessel；latex-duck

由一系列内含乳汁的细胞融合形成的网状组织。

3.1.46

乳管口径　laticifer caliber；laticifer aperture；diameter of latex vessels

韧皮部横切面中的乳管口直径。

3.1.47

乳管层　laticifer mantle；latex vessel ring/ mantle；latex vessel cylinder；vessel ring

次生韧皮部中与形成层平行分布的乳管。

3.1.48

乳管列　laticifer ring；latex vessel ring；vessel ring

乳管层在次生韧皮部横切面上乳管切断口的列状排列。

3.1.49

乳管系统　laticiferous system

次生韧皮部中由一系列乳管层所组成的组织体系。

3.1.50

乳管分布层　latex bearing zone

次生韧皮部横切面中乳管列相对集中分布的区域。

3.1.51

乳管走向　laticiferous rout；latex vessels orientation；latex vessels inclination

乳管细胞长轴向在树皮纵剖面中排列的方式。

3.1.52

筛管　sieve vessel；sieve tube；liner

一系列筛管分子通过筛板末端彼此相互连接形成的长管。

3.1.53

射线　ray

径中分布的薄壁细胞群,连通木质部和韧皮部,沿水平方向运输或贮存水分和养分的组织。

3.1.54

韧皮部薄壁组织细胞　parenchymatous cell

分布在次生韧皮部的乳管、筛管和射线周围的纵横相似或细长、呈多面体的薄壁细胞,具有合成、分解和贮藏等生理功能。

3.2　橡胶树农艺学性状

3.2.1

实生苗 seedling;seedling-plant

橡胶树种子长成的苗木。

3.2.2

实生树 seedling tree;seedling

实生苗长成的植株。

3.2.3

芽接苗 budling;budding;oculant

接芽成活的苗木。

3.2.4

芽接树 budding tree;budling tree

芽接苗长成的植株。

3.2.5

幼树 immature（rubber）tree;young tree;sapling

从大田定植后至正常开割前的橡胶树。

3.2.6

开割树（又称割胶树） mature（rubber）tree;rubber tree under tapping;tapped rubber tree

已割胶的橡胶树。

3.2.7

幼龄开割树 young tapping tree

15龄以下的开割树。

3.2.8

中龄开割树 middle age tapping tree

16龄～25龄的开割树。

3.2.9

老龄开割树 old tapping tree

26龄以上的开割树。

3.2.10

残废树 disabled tree;wind-slashed tree;wind-ruined tree

遭强风、低温、干旱等危害且不能正常生长和产胶的橡胶树。

3.2.11

老头树 stunted tree;slow growing tree;old-man-rubber tree

因失管或长势弱等原因所导致生长不良的橡胶树。

3.2.12

炮筒树 barrel rubber tree

因风、寒、旱害导致只剩部分低矮主干且无粗大分枝的橡胶树。

3.2.13

死皮树 dry（rubber）tree

因韧皮部病害等导致割面局部或全部失去正常产排胶能力的橡胶树。

3.2.14

分枝习性 branching habit

橡胶树最低分枝处离地高度、枝条与茎干间夹角、分枝着生处形态、分枝空间分布以及分枝长势等性状。

3.2.15

树型 tree form；tree shape

主干、分枝、树冠构成的树木植株外形。

3.2.16

单干型 cordon tree shaped

有明显的主干且分枝相对少、弱的树型。

3.2.17

多分枝型 pleiotomy tree shaped

主干不明显且分枝部位较低，分枝多、大或分枝级数多的树型。

3.2.18

互生型 alternate tree shaped

有比较明显的主干且其大分枝呈交互生长的树型。

3.2.19

倒扫把型 inverte-broom tree shaped

茎干较高处有多个或多级分枝的树型。

3.2.20

灯刷型 lamp brush tree shaped

未分枝、顶篷叶持续生长或叶篷距不明显，且大叶柄长度差异较小，形似灯刷状的树型。

3.2.21

伞骨型 umbrella-ribs branch

在茎干上较小范围内有多个大小相同或相似分枝的树形。

3.2.22

分枝角 branching angle

一级分枝与主干之间的夹角。

3.2.23

夹心皮 sandwich bark

夹在分枝与主干或分枝与分枝间的树皮。

3.2.24

骨干枝 skeleton branch

构成树冠的主要枝条。一般由一级和二级分枝组成。

3.2.25

霸王枝 dominant branch

长势明显优于其他枝条或茎干的分枝。

3.2.26

下垂枝 descending branch

下垂于树冠下的枝条。

3.2.27

林相 forest form；stand form

一个胶园内橡胶树整齐度外貌。

3.2.28

树围（又称茎围） girth；stem girth；circumference

离地面某一高度处的主干周长。

3.2.29

树围增长量 girth increment

一段时间内树围增加长度。

3.2.30

树围增长率 girth growth-rate

一段时间的树围增长量与原树围的百分比。

3.2.31

圆锥度 conicity

橡胶树茎干 150 cm 与 50 cm 处树围的比值。

3.2.32

象脚 elephant's foot

橡胶芽接树茎干砧穗结合处下方明显大于上方,形如"象脚"的现象。

3.2.33

均匀度 uniformity

同一胶园内橡胶树植株长势的一致性。用植株树围、树高的变异系数表示。

3.2.34

耐旱性 drought hardiness;drought tolerance;drought resistance

橡胶树对干旱环境的忍耐能力。

3.2.35

耐寒性(又称抗寒性) cold tolerance;cold resistance;cold hardiness

橡胶树对低温胁迫的忍耐能力。

3.2.36

抗风性 wind resistance

橡胶树对大风危害的抵抗能力。

3.2.37

树龄 tree-age

从苗木大田定植起按日历计算的时间年龄。

3.2.38

割龄 tapping age

从正式开割起按日历计算的时间年龄。

3.2.39

生物学年龄 biological age

根据橡胶树生长、发育、生产能力等特性将一个橡胶树生产周期划分的阶段。

3.2.40

苗期 seedling age

从种子萌发至苗木出圃时段。

3.2.41

幼树期(又称非生产期) immature period;young tree age

从苗木大田定植至正常开割时段。

3.2.42

初产期 early mature age;young mature rubber;early yielding period

开割后单产快速增长阶段。

3.2.43

旺产期 high yield age;peak yielding period

单产相对稳定在一个较高水平(期间因气候、物候、病害、灾害和割面等存在年度间差异)时段。

3.2.44

降产期 yield decline age

单产呈逐年下降趋势时段。

3.2.45

年周期变化 anual rhythm change;annual cadential variation

随季节变化出现的橡胶树生长周期性变化的现象。分为生长期和相对休眠期(即冬季落叶期)。

3.2.46

季节周期 aspection;seasonal rhythm;seasonal cycle;seasonal periodicity

随季节变化而出现的橡胶树生长节奏。

3.3 胶园环境特性

3.3.1

(胶园)小气候 micro climate;microclimate;local climate

局部地区(的胶园)由于地形、地势、植被结构的不同及人类活动影响而形成的近地层的小范围气候。

3.3.2

三基点温度 cardinal temperatures for rubber growth

橡胶树生长发育的最适、最低、最高温度。

3.3.3

主要限制因子 major limiting factor;major constraint

对橡胶树生长、生产存在严重不良影响的环境因子。

3.3.4

(橡胶树)寒害 chilling injury;cold injury;cold damage

因持续低温、剧烈降温或热量不足等所造成橡胶树生理机能障碍,导致生长、产胶受阻、爆皮流胶甚至树基部溃烂、植株回枯死亡等生理性伤害。

3.3.5

寒害类型 chilling injury type

根据降温性质划分的橡胶树寒害种类。

注:改写 NY/T 221—2006 3.1定义。

3.3.6

平流型寒害 advective chilling injury

平流型降温所致的橡胶树寒害类型。

3.3.7

辐射型寒害 radiative chilling injury

辐射型降温所致的橡胶树寒害类型。

3.3.8

混合型寒害 mixed type of chilling injury

平流型降温和辐射型降温共同影响所致的橡胶树寒害类型。

3.3.9

急发性寒害　acute frost injury

在晴朗弱风的夜晚,气温骤降至0℃以下,翌日白天气温陡升,日较差15℃以上所致的橡胶树寒害。

3.3.10

(橡胶树)风害　wind damage;wind injury;wind burn;wind blast

因风压或(和)风振作用或(和)土壤抗剪力下降等所导致的橡胶树机械损伤,如叶片破损、掉叶落果、枝条折断、茎干断裂以及倾斜、倒伏等。

3.3.11

(橡胶树)旱害　drought injury;dry injury

因橡胶树不能获得满足其生长和产胶需要的水分而出现的萎蔫、停排、落叶、枝干回枯、吸收根死亡等生长、产胶受阻甚至植株回枯死亡等生理性伤害。

3.3.12

宜胶区　rubber suitable area

气候、土壤等自然环境条件能够适宜橡胶树商业化种植的地域。

3.3.13

橡胶树宜林地　land suitable for rubber planting;land fitting to rubber plantation development

气候、土壤、地形等自然环境条件能够满足橡胶树生长和产胶基本需要的地段。

3.3.14

环境类型区　classified environmental regions;macro environemtal regions

以环境条件(气候、土壤和地形等)与橡胶树生长生产综合需求的一致性及差异性为主要依据划分的植胶环境类型。

3.3.15

环境类型中区　classified environmental subregions;meso emvironmental regions

在宜胶区范围内,依主要限制性因子作进一步划分的次生态类型区。

3.3.16

环境类型小区　classified environmental micro regions;micro environmental regions

由于坡向、坡度、坡形、海拔、凹地、峡谷不同部位等地形地势的变化造成气象因子的再分配所形成的环境小区。

3.3.17

寒害类型大区　chilling injury regions

依据不同降温性质的危害规律划分的寒害类型区域。

3.3.18

寒害类型中区　chilling injury sub-regions

以地貌组合、低温状况及已植橡胶树寒害程度为主要指标划分的寒害类型区域。

3.3.19

寒害类型小区　chilling injury sections;chilling injury micro regions

以坡向、坡位、坡度及对寒风的迎背方向,结合坡形、特殊地貌、已植橡胶树寒害程度、小环境避寒优劣程度划分的寒害类型区域。

3.3.20

重风无寒区　high wind prone and few cold damage zone

以低丘陵、平缓低丘陵为主,历年低温等温线在5℃以上,GT1中幼树树冠受害0级,台风多,最大风力12级以上,风害累计断倒率大于30%的区域。

3.3.21

重风轻寒区 high wind prone but low cold susceptible area

以低丘陵、平缓低丘陵为主,历年低温等温线在0℃以上,GT1中幼树树冠受害0级~1级;台风多,最大风力12级以上,风害累计断倒率大于30%的区域。

3.3.22

重风中寒区 high wind prone but moderate cold susceptible area

主要在平缓的台地,历年低温等温线在-1.5℃~0℃,GT1中幼树冠受害1级~2级;台风多,最大风力12级以上,风害累计断倒率大于30%的区域。

3.3.23

中风无寒区 heavy wind and slight cold damage zone

以低丘陵、平缓低丘陵为主,历年低温等温线在5℃以上,GT1中幼树冠受害0级;热带风暴比较多,最大风力9级~11级,12级以上大风出现频率低,风害累计断倒率在11%~30%之间的区域。

3.3.24

中风轻寒区 heavy wind but low cold damage zone

以平缓台地、平缓低丘陵为主,历年低温等温线在0℃以上,GT1中幼树冠受害0级~1级;热带风暴比较多,最大风力9级~11级,12级以上大风出现频率低,风害累计断倒率在11%~30%之间的区域。

3.3.25

中风中寒区 heavy wind and moderate cold susceptible area

以平缓台地、平缓低丘陵为主,历年低温等温线在-1.5℃~0℃,GT1中幼树冠受害1级~2级;热带风暴比较多,最大风力9级~11级,12级以上大风出现频率低,风害累计断倒率在11%~30%之间的区域。

3.3.26

植胶区 rubber planting region;rubber tract

大规模商业化种植橡胶树的区域。

3.3.27

种植规划 planting programming;planting plan

某一区域的橡胶树种植土地利用规划以及种植和经营计划等。

3.3.28

林段 stand;forest stand

橡胶树种植生产的基本作业土地单元。

3.3.29

林段规划 forest stand planning;forest section design

根据当地区域的气候、地形和土壤特点等以及橡胶生产经管要求将土地划分为若干面积相当、形状比较规则的作业土地单元。

3.4 胶园生产特性

3.4.1

橡胶园(又称胶园) rubber plantation;rubber tree plantation

橡胶树种植园的简称。

3.4.2

幼树胶园(又称幼龄胶园;中小苗胶园) immature rubber plantation;yuang tree plantation

定植后至可开割前的或处于非生产期的胶园。

3.4.3

371

成龄胶园　mature rubber plantation

可开割或已开割的胶园。

3.4.4

开割胶园　tapped rubber plantation

已经割胶的胶园。

3.4.5

老胶园　aged rubber plantation

老龄割胶树构成的胶园。

3.4.6

强割胶园　high-intensity tapping plantation; slaughter tapping plantation

采用加长割线、增加割线条数，增大割胶频率和刺激强度等进行割胶的胶园。

3.4.7

更新胶园　replanted rubber plantation

重新种植橡胶树的胶园。

3.4.8

残缺胶园　wind-damaged (cold injured) rubber plantation

因遭严重风、寒、旱害导致橡胶树保存率或可割率较低的胶园。

3.4.9

一代胶园　primary rubber plantation; first generation rubber plantation

第一次建立的胶园。

3.4.10

二代胶园　second generation rubber plantation; first replanting plantation

一代胶园的更新胶园。

3.4.11

三代胶园　tertiary rubber plantation; third generation rubber plantation; second replanting plantation

二代胶园的更新胶园。

3.4.12

丛林式胶园　jungle rubber plantation

混生多种树木的胶园。

3.4.13

国有胶园(又称国营胶园)　state-owned rubber plantation

产权属于中央或地方政府的胶园。

3.4.14

民营胶园　off-state-farm rubber holding; private rubber plantation

产权属于集体或私人的胶园。

3.4.15

大胶园　(rubber) estate

大面积规范化种植经营的大面积胶园。常指植胶公司的胶园。

3.4.16

小胶园(又称个体胶园)　small holding; native holding; private rubber farm; private rubber holding

小规模种植的个体经营的胶园。常指农户或小公司种植经营的面积较小的胶园。

3.4.17

(割胶)树位 tapping task

一个胶工一个工作日应完成的割胶(含胶园抚管)面积或株数的作业区域。

3.4.18

割胶 latex harvesting;tapping;exploitation

泛指收获胶乳的作业;或采用特制的刀具(胶刀)切割橡胶树树皮使胶乳从割口处排出的操作。

3.4.19

可割率 tappable rate

达到割胶标准的株数占总株数的百分率。

3.4.20

胶乳 latex

橡胶树乳管的细胞质,除一般细胞质具有的若干成分外,还含有橡胶粒子、黄色体、弗莱威士林粒子复合体等乳管细胞特有的细胞器。割口收集到的乳状液体还含有其他细胞质和杂质,又俗称胶水。

注:改写 GB/T 14795—2008 3.2 的定义。

3.4.21

(新)鲜胶乳 plantation latex;field latex

未凝固的自然胶乳。

注:改写 GB/T 14795—2008 3.2 的定义。

3.4.22

生胶(又称干胶) dry rubber;rubber

胶乳经凝固、浸泡和干燥后的产品。

注:改写 GB/T 14795—2008 3.2 的定义。

3.4.23

干胶含量(简称干含) dry rubber content;DRC

胶乳中橡胶烃干重的质量分数(%)。

3.4.24

橡胶粒子 rubber particle;rubber globule

乳管中合成和贮存橡胶烃的细胞器,多呈球状,其外层为蛋白质和类脂物组成的膜,内核为橡胶烃,直径在 $0.02\mu m \sim 2\mu m$ 之间,平均直径 $0.1\mu m$,是胶乳的主要成分之一。

注:改写 GB/T 14795—2008 3.2 的定义。

3.4.25

黄色体 lutoid

乳管细胞中分散的溶酶体液泡,内有胞液(即B乳清)。它与橡胶烃合成有关,并能影响胶乳的稳定性,在乳管伤口的封闭中起重要作用,是胶乳的重要成分之一。

注:改写 GB/T 14795—2008 3.3.3.2 的定义。

3.4.26

弗莱威士林粒子(又称FW复合体;FW粒子) Frey-wyssling particle;F-W complex

乳管细胞中特化的质体,呈黄色球状,主要由脂肪和其他类脂物组成,直径比橡胶粒子大,是胶乳的重要成分之一。

注:改写 GB/T 14795—2008 3.3.3.2 的定义。

3.4.27

乳清 serum

胶乳凝固后产生的清液。是胶乳中除橡胶烃以外的其余物质的总称。

注:改写 GB/T 14795—2008 3.3.4 的定义。

3.4.28

B 乳清　B-serum

新鲜胶乳经超速离心后得到的底层部分再经冷冻、融化,和再超速离心得到的上清液。其主要成分是黄色体可溶性的内含物。

注:改写 GB/T 14795—2008 3.3.4.1 定义。

3.4.29

C 乳清　C-serum

新鲜胶乳经超速离心后得到的清液。

注:GB/T 14795—2008 3.3.4.2 定义。

3.4.30

杂胶　scrap rubber

在割胶和运输过程部分胶乳外流、残留且自然凝固而成的橡胶的总称。

3.4.31

非胶组分　non-rubber component;non-rubber constituent;non-rubber content

胶乳或生胶中除橡胶烃以外的成分。

3.4.32

橡胶木　rubber wood;*hevea* wood

橡胶树的木材。

3.4.33

原木　rough timber;log;raw wood

尾径大于等于商业利用尺寸下限的原材。

3.4.34

出材率　lumber recovery

锯出的枋、板材体积占原木的百分率。

3.4.35

枝桠材　forest litter;branch knot wood;lop wood;split-billet wood;brushwood;faggot wood

锯取原木后剩余的部分木材(不包括树头部分)。

3.4.36

材质　wood properties

木材表面的色彩、纹理、光泽度以及比重和硬度等。

3.4.37

应拉木　tension wood

由于生长环境或风力造成树干倾斜弯曲形成的非正常木材。

3.4.38

胶质纤维　gelatinous fibre

次生壁未完全木质化的纤维。

3.4.39

蓝变　blue stain

蓝变菌侵染导致的橡胶木色变。

3.4.40

褐变　brown stain

在制材、防腐和干燥过程中由于酶及内含物氧化使橡胶木发生棕红色或褐色色变。

3.4.41

黑线　dark streak

橡胶木材表面的黑色或褐色条纹。

3.4.42

橡胶木防腐处理　rubber wood preservative treatment

采用化学药剂处理橡胶木，以防止其在加工和使用过程中霉变、腐朽和虫蛀的加工过程。

3.4.43

原木(防腐)处理　raw wood preservative treatment

采用浸水处理和端面药剂处理，以减少或避免原木在堆放期内发生变色的作业。

3.4.44

成材防腐处理　lumber preservative treatment

采用热冷槽浸注和加压浸注法等对已锯出枋、板材处理的作业。

3.4.45

木材干燥　wood drying；wood seasoning；desiccation of wood；seasoning of wood；seasoning of timber；lumber drying

将木材放入干燥设备中进行干燥，使木材含水率达到商品木材要求的作业。

3.4.46

橡胶木锯材　rubber wood lumber

经过制材、防腐和干燥，可直接用于生产木制品的橡胶木材。

3.5　橡胶生理、生物病虫害

3.5.1

橡胶树生理性病害　physiological diseases of *Hevea brasiliensis*

非生物因子引起的阻碍橡胶树正常生长产胶、且不能相互传染的病害。

3.5.2

死皮(病)　cut drying up；panel dryness；tapping panel dryness；TPD

因韧皮部病害等导致割面局部或全部排胶不正常或不排胶的症状。是割面干涸病、褐皮病、茎干韧皮部坏死等的总称。

3.5.3

胶乳原位凝固　in situ bark coagulum

胶乳在乳管中凝固。

3.5.4

割面干涸　tapping panel dryness；TPD

因过度刺激或过度割胶等所致的局部或全部排胶不正常或不排胶的症状。

3.5.5

茎干韧皮部坏死　trunk phloem necrosis；TPN

因韧皮部氰化物积累导致局部或全部韧皮部坏死的症状。

3.5.6

(橡胶树)褐皮病　brown barst

不明原因所致的割线上下皮层局部或全部出现褐斑，排胶量少或不排胶的症状。

3.5.7

日灼伤　sunburn

烈日暴晒所致的叶片、茎干部分组织灼伤。

3.5.8

烫伤　scald

直接接触高温土壤、杂物等所导致的茎、根、叶部分组织灼伤。

3.5.9

橡胶树传染性病害　infectious diseases of *Hevea brasiliensis*

生物因素引起的橡胶树病害。

3.5.10

橡胶树根病　root diseases of *Hevea brasiliensis*

担子菌和子囊菌引起的橡胶树根部病害的总称。

3.5.11

(橡胶树)红根病　*Ganoderma philippii* Bress

灵芝菌引起的橡胶树根部病害。

3.5.12

(橡胶树)褐根病　*Phellinus noxius* (*Corner*) G. H. Cunningham

木层孔菌引起的橡胶树根部病害。

3.5.13

(橡胶树)紫根病　*Helicobasidium compactum* Boedijn；H. Mompa Tanaka；H. Purpareum Pat (不完全阶段为 *Rhizoctonia crocorum*)

紧密卷担菌引起的橡胶树根部病害。

3.5.14

(橡胶树)黑纹根病　*Ustulma deusta*

炭色焦菌引起的橡胶树根部病害。

3.5.15

(橡胶树)臭根病　*Sphaerostilbe repens*

灿球赤壳菌引起的橡胶树根部病害。

3.5.16

(橡胶树)黑根病　*Porai hypobrunnea* Petch

茶灰卧孔菌引起的橡胶树根部病害。

3.5.17

(橡胶树)白根病　*Rigidoporus lignosus* (Klotzsch) Imazski

木质硬孔菌引起的橡胶树根部病害。

注:改写 NY/T 221—2006 10.1.4 定义。

3.5.18

橡胶树白粉病　powder mildew of *Hevea brasiliensis*

粉孢引起的橡胶树叶部病害。

注:改写 NY/T 221—2006 10.1.1 定义。

3.5.19

橡胶树黑团孢叶斑病　leaf spot disease of *Hevea brasiliensis*

黑团孢菌引起的橡胶叶部病害。

3.5.20

橡胶树割面条溃疡病（或溃疡病） tapping panel black stripe of *Hevea brasiliensis*

疫霉菌引起的橡胶树割面病害。

注：改写 NY/T 221—2006 10.1.2 定义。

3.5.21

橡胶树季风性落叶病（或季风性落叶病） monsoon climate leaf fall diseases of *Hevea brasiliensis*

疫霉菌引起的橡胶树叶部病害。

3.5.22

橡胶树棒孢霉落叶病（或棒孢霉落叶病） Ceorynespora leaf fall disease of *Hevea brasiliensis*

多主棒孢引起的流行性棒孢霉落叶病害。

3.5.23

橡胶树南美叶疫病（或南美叶疫病） South Amerrican Leaf Blight of *Hevea brasiliensis*

南美叶疫病菌引起的橡胶树叶部病害。

3.5.24

橡胶树害虫 insect pests of *Hevea brasiliensis*

橡胶树害虫是指危害橡胶树的根、茎干、枝条、叶和花果，并对橡胶生产造成负面影响的昆虫和螨类。

3.5.25

橡胶树主要病虫害 main diseases and insect pests of *Hevea brasiliensis*

在橡胶树上发生数量多、发生面积大、危害性严重的病虫害。

3.5.26

橡胶树次要病虫害 minor diseases and insect pests of *Hevea brasiliensis*

在橡胶树上发生数量较少、发生面积小、危害性较轻，偶尔发生的病虫害。

3.5.27

橡胶树介壳虫危害 harm of scale insect of *Hevea brasiliensis*

粉蚧、蜡蚧等蚧科昆虫取食橡胶树幼茎、枝叶及蚧虫分泌物诱发煤烟病等引起的橡胶生产负面影响。

3.5.28

橡胶树小蠹虫危害 harm of bark beetle of *Hevea brasiliensis*

小蠹虫钻蛀、取食橡胶树茎干或枝条引起的橡胶生产负面影响。危害橡胶树的主要种类为角面长小蠹（*Platyus secvetua* Sampson），小杯长小蠹（*P. lalieutus* Chapuis）；锥尾长小蠹（*P. solidus* Walker）。

3.5.29

橡胶树叶螨危害 harm of pest mite on *Hevea brasiliensis*

害螨取食橡胶树叶片造成叶片褪色、枯黄、落叶等症状，从而导致产量减少。危害的螨类主要为橡胶六点始叶螨（*Eotetranychus sexmaculatus* Riley）。

3.5.30

橡胶树桑寄生 loranthus parasiticus on *Hevea brasiliensis*

寄生于橡胶树上的一种植物，学名为 *Taxillus chinensis*（DC.）Danser。桑寄生种子在橡胶树枝条或树干上萌芽后，长出胚根和胚芽，胚根形成吸盘，然后由吸盘长出吸根，穿入橡胶树皮并侵入木质部，其导管与寄主的导管相连，胚芽长成枝叶。根部还能长出不定枝而呈丛生状。从茎的基部长出匍匐茎，再从匍匐茎长出新吸根，又长出新枝叶，重复蔓生，延续不断为害。

3.5.31

橡胶树病虫害监测 monitor of disease and insect pest on *Hevea brasiliensis*

对某种橡胶树病害或虫害定期进行发生期、发生量、危害程度的调查。

3.5.32

橡胶树白粉病短期预测 short-term forecast of powdery mildew on *Hevea brasiliensis*

主要根据天气要素、橡胶树物候和菌源情况作出未来一至两周之内白粉病发病情况预测,预测结果用于确定防治适期。

3.5.33

橡胶树白粉病中期预测 medium-term forecast of powdery mildew on *Hevea brasiliensis*

根据当时的橡胶树越冬落叶、抽芽和越冬菌量,同时收集气象资料,计算出流行强度值,预测结果主要用作未来一个月至两个月的防治决策和防治准备的依据。

3.5.34

橡胶树白粉病长期预测 long-term forecast of powdery mildew on *Hevea brasiliensis*

亦称为病害趋势预测,一般是根据病害流行的周期性和长期天气预报等资料对未来一年或多年的发病情况作出预测。预测结果指出病害发生的大致趋势,需要以后用中、短期预测加以订正。

3.6 经营管理学特性

3.6.1

国有(橡胶)农场(又称国营农场) state-owned rubber farm

从事经营国有(营)胶园天然橡胶生产的农场。

3.6.2

地方国有(橡胶)农场(又称地方国营农场) local state-owned rubber farm

从事经营地方国有(营)胶园天然橡胶生产的农场。

3.6.3

集体(橡胶)农场 collective rubber farm

从事经营村镇集体胶园天然橡胶生产的农场。

3.6.4

橡胶初加工厂(又称胶厂) rubber mill;rubber plant

加工生产浓缩胶乳或生胶初级制品的工厂。

3.6.5

胶农 rubber farmer;rubber peasant

从事橡胶树种植生产的农民。

3.6.6

小胶园主 small holder

小胶园的拥有者。

3.6.7

植胶公司 estate;rubber estate group

专业从事橡胶树种植经营的企业。

3.6.8

(割)胶工 tapper;latex harvest technisam

实施割胶作业的人员。

注:NY/T 1088—2006 3.6定义。

3.6.9

割胶辅导员 tapping counselor

从事割胶生产技术辅导的人员。

注：NY/T 1088—2006 3.7 定义。

3.6.10

林管工 young tree caretaker；field worker

实施（幼树）胶园抚管工作的人员。

3.6.11

植保员 plant protector

从事橡胶树病虫草害防治（指导）工作的技术人员。

3.6.12

橡胶（树）种植 rubber（tree）growing

橡胶树生产性栽培。

3.6.13

橡胶种植业 rubber growing industry；rubber industry

泛指橡胶树育苗、种植和胶乳初加工生产的行业。

3.6.14

生产期 maturity period；productive phase

从正式开割至更新时段。

3.6.15

（橡胶树）经济寿命 economical life

橡胶树可获得商业利益的割胶生产年限。

3.6.16

（橡胶树）经济产量 economic yield

包括干胶产量和橡胶木产量。一般指干胶产量。

3.6.17

林谱 （rubber）plantation file

记录胶园建设、生产活动、生长生产表现及灾害等情况的档案。

4 育种

4.1 种质资源

4.1.1

魏克汉种质 Wickham germplasm

20 世纪 50 年代以前，以英国人魏克汉（H. A. Wickham）为代表，从巴西采集的橡胶树种子繁衍的后代。

注：NY/T 607—2002 3.1 定义。

4.1.2

新种质 new germplasm

20 世纪 50 年代以后采集的橡胶树种质。

注：改写 NY/T 607—2002 3.2 定义。

4.1.3

种质圃 germplasm nursery

以苗圃形式种植保存橡胶树种质的园地。

注：改写 NY/T 607—2002 3.5 定义。

4.1.4

大田种质圃　field germplasm nursery

以大田形式种植保存和评价橡胶树种质的园地。

注:改写 NY/T 607—2002 3.6定义。

4.1.5

原种增殖圃　bud wood resource nursery

保存和增殖选自推广级、试种级的品种和具有特殊性状的优良无性系的原始芽接树中高产单株芽条的园地。

4.1.6

种质资源　germplasm resources

具有特定遗传物质或基因并能繁殖的生物类型的总称。主要包括栽培品种、人工创造或自然选择的稳定类型、稀有种和近缘野生种。

4.1.7

种质保存　germplasm conservation

利用天然或人工创造的适宜环境条件,保持种质资源的完整性、生活性和繁衍能力的活动。

4.1.8

种质鉴定　germplasm identification;germplasm evaluation

对种质资源的性状表现和遗传基础进行鉴别和评价的过程。

4.2　育种技术

4.2.1

育种目标　breeding objective

针对自然、栽培条件和经济需求确定的拟选育新品种应具备的阶段和长期的生物学和经济学性状上的目标性状。

4.2.2

育种周期　breeding cycle;breeding period

从育种计划实施到育成推广级品种所经历的时间。

4.2.3

优树　plus tree

某些性状明显优于同等立地条件下同种、同龄树的单株。

4.2.4

亲本母树　parent tree

育种过程中作母本的植株。

4.2.5

杂交育种　hybridization;cross breeding

不同种群、不同基因型个体间进行交配,并在其杂种后代中选择目标性状优良的新品种的一种育种技术。

4.2.6

生物技术育种　biotechnique breeding

以现代生命科学理论为基础,采用现代生物工程的手段,按照预先的设计改造生物遗传物质,培育目标性状优异的新品种的一种育种技术。

4.2.7

多倍体育种　polyploid breeding

利用人工诱变或自然变异等,通过细胞染色体组加倍获得多倍体育种材料,从中选育符合人们需要的优良品种的育种技术。

4.2.8

三倍体育种 triploid breeding

采用一二倍体亲本染色体组加倍,再与二倍体亲本杂交;或使非减数配子(2n)与减数配子(1n)结合等方法培育三倍体杂种的育种技术。

4.2.9

单倍体育种 haploid breeding

通过人工诱导或自然产生具有配子染色体组的个体,培育形成纯系的育种方法。

4.2.10

超亲育种 transgressive breeding

在杂交育种中,使不同亲本中控制同一性状的许多基因叠加表达,产生在该性状上超过亲本的后代等选出新品种的方法。

4.2.11

正反交 reciprocal crosses

两个基因型的亲本分别作为父、母本相互杂交的方式。

4.2.12

授粉架 pollination support

可供开展人工授粉操作的支架。

4.2.13

(橡胶树)人工授粉 artificial pollination;hand pollination

通过人工将某一父本的花粉送达某一母本柱头上的过程。

4.2.14

坐果率 fruit setting rate;fruiting rate

人工授粉1个月后授粉枝条上的小果数量占授粉雌花总数的百分率。

注:改写 NY/T 607—2002 3.13 定义。

4.2.15

成果率 fruitage rate

人工授粉2个月后授粉枝条上的果实数量占授粉雌花总数的百分率。

注:改写 NY/T 607—2002 3.14 定义。

4.2.16

采果率 harvested fruit rate

采得的成熟授粉果数量占总授粉雌花总数的百分率。

4.2.17

杂种区 hybrid area

连片种植橡胶树人工杂交后代植株的园地。

注:改写 NY/T 607—2002 2.17 定义。

4.2.18

隔离种子园 isolated seedgarden

四周有宽100 m以上的隔离带,园内按某种排列方式种植已知配合力的亲本无性系,通过自然杂交生产大量种子的胶园。

4.2.19

有性系　seedling family

来源于同一杂交组合的杂交后代植株群体。

注:改写 NY/T 607—2002 3.15 定义。

4.3　无性系选择

4.3.1

无性系　clone

来源于同一优良母树(株)的无性繁殖植株群体。

注:改写 NY/T 607—2002 3.16 定义。

4.3.2

无性系鉴定　identification of clone;evaluation of clone

对无性系生长、产量、胶乳及干胶质量、抗性、副性状和生物学特性生产性表现进行的综合评价。

4.3.3

无性系选择　clone selection

通过无性系鉴定,对参试无性系重演亲本基因型的优劣特性作出评价,留优去劣的过程。

4.3.4

无性系形态鉴定　morphological identification of clone

根据橡胶树叶、茎及种子等外部形态对无性系进行甄别。

4.3.5

无性系母株　ortet

某一无性系的起源母树。

4.3.6

无性系优株　ortet clone

用于繁殖有性系或无性系的优良芽接树单株。

4.3.7

比较常数　comparative constant

优良母树的产量与其周围植株平均产量比的倍数。

4.3.8

绝对产量　absolute yield

每株树每割次生产的干胶(干胶 g/株/割次)。是鉴定母树的第一个产量指标。

4.3.9

相对产量　relative yield

单位割线生产的干胶(干胶 g/cm 割线)。是鉴定母树的第二个产量指标。

4.3.10

累积系数(K)　accumulation coefficient(K)

相对产量与割线处树围的百分比。(K)=相对产量(干胶 g/cm 割线)÷割线处树围(cm)×100。是鉴定母树的第三个产量指标。

4.3.11

基准品种　marker clone;standard variety

法(规)定或公认的在品种比较试验中用作对照的品种。

4.3.12

系比　seedling or clone trial

筛选优良有性系或无性系的对比试验。

4.3.13

苗圃系比 clone trial in nursery

在苗圃中进行的植株个体间或无性系间的苗期性状比较试验。

4.3.14

初级系比区 preliminary clonal trials;orientation clonal trials

采用随机区组设计或分组共同标准种法设计,小区规模较小,比较多个从苗圃系比中优选的杂种植株的无性系间主要农艺性状的比较试验。

4.3.15

高级系比区 advanced clonal trials

采用改良对比法或随机区组设计,小区规模较大,重复次数多并控制边际影响,按生产性胶园要求开展的,比较从初级系比中优选的无性系间主要农艺性状的比较试验。

4.3.16

生产系比区 plot clonal trials

按生产要求建立和管理,小区规模大,同一类型区设有多个试验区,与当地主栽品种为对照,比较试种级以上品种或从国外引进的优良品种主要农艺性状的比较试验。

4.3.17

早期预测 early prediction at nursery stage

在苗期至幼树期对橡胶树杂种个体的未来农艺特性进行评价。

4.3.18

产量早期预测 early yield prediction at nursery stage

在苗期至幼树期对橡胶树杂种的未来产胶潜力进行评价。

4.3.19

产量早期预测法 early yield prediction methods

在苗期至幼树期通过观测比较各种表观性状评价杂种植株未来产胶潜力水平的技术。方法有:刺检法、试割法、叶脉胶法、小叶柄胶法和乳管计数法等。

4.3.20

刺检法 pricking-check methods

用一刀口宽度为 1 cm 的特制小刀,在 1 龄～2 龄苗的茎干上从左上向右下呈 20°～30°刺入树皮直至木质部,收集比较流出的胶乳,预测其产胶能力的方法。

4.3.21

试割法(幼树) young trees test tapping methods; H. M. M. test tapping; Hama-ker-Morris; Mann tapping H. M. M; Hamaker-Morris-Mann tapping

通过对 3 龄～4 龄橡胶杂种幼树连续割胶,与基准品种比较,预测其未来产胶潜力的方法。

4.3.22

叶脉胶法 leaf vein latex prediction method

用 1 龄内苗木的倒数第二篷叶正常复叶的中间小叶,在距主脉 1 cm 处,自叶基向叶尖纵切一刀,以切断后从侧脉及网脉排出胶点的大小来预测其产量潜力的方法。

4.3.23

小叶柄胶法 petiolule latex prediction method

选顶篷叶稳定或顶芽刚萌动的 1 龄苗,取其倒数第二篷叶正常复叶的中间小叶,从小叶柄基部摘断,以其小叶柄断口处排出胶量来预测其产量潜力的方法。

4.3.24

乳管计数法 laticifer counting

用2龄~3龄实生树树皮中的乳管个数、列数与试割产量的关系预测产量潜力的方法。

4.3.25

形态预测法 shape prediction method

用"三茎、三胶和二叶"（即嫩茎、半木栓化茎、木栓化茎；茎干胶、叶脉胶、蜜腺胶；叶脉、叶篷）八项形态指标综合评定无性系优劣的方法。

4.3.26

五字选种法 five characters selection method；five-word selection method

20世纪50、60年代根据科研结果和群众经验总结发展的以"报、看、刺（打）、割、评"为基本程序的我国早期橡胶优良母树选种法。

4.3.27

材积 volume of timber；volum of wood

橡胶树茎干和尾端大于商业利用尺寸下限的枝条的总材积估算量。

4.3.28

副性状 secondary characteristics

除干胶产量、材积量和抗性之外的其余性状的总称。

注：NY/T 688—2003 3.15定义。

4.3.29

耐刺激 stimulation endurance

某一无性系群体在规定的刺激强度和割胶强度条件下，经长期割胶后其死皮停割率不超过对照品种PR107的特性。

注：改写NY/T 607—2002 3.3定义。

4.4 品种

4.4.1

品种 variety

通过一系列的橡胶树选育种程序筛选出来的，达到试种级（遗传性状比较稳定、种性大致相同、主要农艺性状优于或相当于基准品种）及以上的种植材料，包括无性系和有性系。

4.4.2

引种 crop introduction

从外地或国外引进主要农艺性状或某个性状优异的可供直接种植使用或科研使用的芽条、种苗或其他遗传资源材料的活动。

4.4.3

种植材料 planting material

泛指由橡胶树品种、砧穗组合等繁育的种苗等。

4.4.4

商业种植材料 commercial planting material

适于大规模生产、推广应用的种植材料。

4.4.5

芽条（又称茎条） budwood；bud stick；branch budwood

专门培育的适合于芽接用的茎段或枝条。

注：改写NY/T 688—2003 3.16定义。

4.4.6

高产无性系 high-yielding clone

干胶产量高的无性系。

4.4.7

抗性无性系 resistant clone

某一抗逆能力强的无性系。

4.4.8

抗风无性系 wind fast clone

抗风能力强的无性系。

4.4.9

树冠无性系 crown clone

适合作三合树树冠的无性系。

4.4.10

茎干无性系 trunk clone

适合作三合树茎干的无性系。

4.4.11

初生代无性系 primary clone；original clone

从未知亲本实生树群体中选出的优株建立的无性系。

4.4.12

次生代无性系 secondary clone

以初生代无性系为亲本的杂交后代选育出来的无性系。

4.4.13

三生代无性系 tertiary clone

以次生代无性系为亲本的杂交后代选育出来的无性系。

4.4.14

老态无性系 mature-type clone

用生长发育处于老态阶段的接穗繁殖建立的无性系。

4.4.15

幼态无性系 juvenile-type clone

用生长发育处于幼态阶段的接穗繁殖建立的无性系。

4.4.16

幼态芽接树 juvenile-type budding (JT budding)

采用生长发育处于幼态阶段的接穗芽接培育的植株。

4.4.17

老态芽接树 mature-type budding

采用生长发育处于老态阶段的接穗芽接培育成的植株。

4.4.18

抗风高产品种 windfirm and high-yielding clone；windfirm and high-yielding variety

抗风性强的高产品种。

注：NY/T 688—2003 3.4 定义。

4.4.19

高产抗风品种 high-yielding and windfirm clone；high-yielding and windfirm variety

干胶产量高,抗风性与对照种相当的品种。

注:NY/T 688—2003 3.5 定义。

4.4.20

抗寒高产品种 cold-resistant and high-yielding clone;cold-resistant and high-yielding variety

抗寒性强的高产品种。

注:NY/T 688—2003 3.6 定义。

4.4.21

高产抗寒品种 high-yielding and cold-resistant clone;high-yielding and cold-resistant variety

干胶产量高,抗寒性与对照种相当的品种。

注:NY/T 688—2003 3.7 定义。

4.4.22

抗病高产品种 disease-resistant and high-yielding clone;disease-resistant and high-yielding variety

抗病性强的高产品种。

注:NY/T 688—2003 3.8 定义。

4.4.23

针刺采胶品种 puncture tapping clone

不施产量刺激剂,采用针刺采胶能得到高产的品种。

注:改写 NY/T 688—2003 3.9 定义。

4.4.24

胶木兼优品种 latex and timber clone;latex/timber clone

干胶产量高,材积量大的品种。开割前年平均树围增粗≥8.0 cm/a,前 5 割年平均增粗≥2.5 cm/a,材积≥0.2 m³/株。

注:改写 NY/T 688—2003 3.13 定义。

4.4.25

品种推荐 planting material recommendation

向生产者说明(新育成)品种的特性及适用生态区域。

4.4.26

品种环境对口法 enviromax approach

根据环境特点配置适生品种的原则。

4.4.27

品种环境对口种植推荐书 enviromax planting recommendation

天然橡胶生产主管部门根据橡胶树新品种认定情况,向生产者推荐不同生态类型区的优良品种的公告。

4.4.28

试种级 trial-planting

可在生产上少量种植使用的新品种等级。

4.4.29

扩大试种级 enlarged trial-planting

可在生产上小规模种植使用的新品种等级。

4.4.30

推广级 generalized-planting

可在生产上大规模种植使用的新品种等级。

5 育苗

5.1 育苗设施及材料

5.1.1

种子园 (rubber)seed garden

以生产优质种子为主要目的,用特定的橡胶树品种为种植材料,按规定隔离、种植形式要求建立的胶园。

5.1.2

多无性系种子园 polyclone seed garden;multi-clone seed graden

用若干个品种为种植材料建立的种子园。

5.1.3

单一无性系种子园 mono-clone seedgarden

用一个品种为种植材料建立的种子园。

5.1.4

有性系种子园 seed garden of family seedling

用特定的橡胶树品种组合为种植材料建立的种子园。

注:改写 GB/T 17822.1—2009 2.1 定义。

5.1.5

砧木种子园 rootstock seed garden

用某个或某些组合的橡胶树品种为种植材料建立的种子园。

注:改写 GB/T 17822.1—2009 2.2 定义。

5.1.6

商业种子园 commercial seed garden

主要生产商品种子的种子园。

5.1.7

种子采集区(又称采种区) seed collection area

生产性胶园中全部或部分的种植材料以及其种植形式基本符合砧木种子园要求的胶园或胶园中(间)某一特定区域。

注:改写 GB/T 17822.1—2009 2.3 定义。

5.1.8

种子园档案 seed garden file

记录橡胶树种子园的报批、建设、隔离、品种、栽培以及管理、产量等具体事项。

注:改写 GB/T 17822.1—2009 2.7 定义。

5.1.9

增殖圃 bud wood nursery

专门增殖生产性芽条的苗圃。

注:改写 NY/T 1860—2009 3.2 定义。

5.1.10

地栽苗圃(又称树桩苗圃、地播苗圃、砧木苗圃) ground nursery;rootstock nursery

在地上直接栽种苗木培育树桩苗的苗圃。

注:改写 NY/T 1860—2009 3.3 定义。

5.1.11

袋苗苗圃　polybag nursery

可摆放营养袋培育袋(育、装)苗的苗圃。

注:改写 NY/T 1860—2009 3.4 定义。

5.1.12

(高)截干(苗)圃　high-stump nursery

培育橡胶树(高)截干苗木的苗圃。

5.1.13

沙床　sand bed

用中沙铺设的高度约 15 cm、宽度约 80 cm、长度不等的种子催芽床。

5.1.14

苗床　nursery bed;seedling bed

略高或平于地面,宽 60 cm～100 cm、长度不等的栽种苗木用的地块单元。

5.1.15

荫棚　shading shed

高度约 1 m 或以上、宽度大于苗床、长度不等的栽种苗木遮阴材料的棚子。

5.1.16

育苗棚　sheltered shack

给苗木遮阳、避风、挡雨、保温的棚子。

5.1.17

接穗　scion;scion wood;cion

嫁接在橡胶树砧木(苗)芽片、茎段或由其长成茎叶。

5.1.18

(芽条)增殖株　budwood bush;source bush

用于反复增殖芽条的橡胶树灌丛状植株。

5.1.19

芽条复壮　budwood renovation

恢复芽条的长势。

注:改写 NY/T 221—2006 3.3 定义。

5.1.20

芽条(幼态)复壮　budwood rejuvenation;juvenile form analepsis

恢复芽条的幼态特性。

5.1.21

砧木　rootstock;stock

橡胶芽接树的根砧部分。由橡胶树种子培育的砧木称实生砧(木)。

5.1.22

大砧木苗　large stock seedling

一般指离地 15 cm 处的茎粗大于 2.5 cm 的砧木苗。

5.1.23

小砧木苗　small stock seedling

一般指离地 15 cm 处的茎粗小于 1.3 cm 的砧木苗。

5.1.24

幼砧木苗　young stock seeding

具 2 篷～3 篷叶、离地 5 cm 处的茎粗为 0.6 cm～0.8 cm 的砧木苗。

5.1.25

籽苗　seedling

种子发芽后至其真叶展开之前的砧木苗。

5.1.26

绿色芽条　green budwood

基部的茎粗约 1 cm、茎干表皮未木栓化的芽条。

5.1.27

褐色芽条　brown budwood

基部的茎粗约 2 cm、茎干表皮基本或完全木栓化的芽条。

5.1.28

小芽条　mini-budstick

基部的茎粗 0.5 cm～0.7 cm、茎干表皮未木栓化的芽条。

5.1.29

切片刀　slicing knife

用于芽条上切取芽片等的刀具,刃长约 25 cm、宽约 5 cm、刀身薄刀刃利、有柄。

5.1.30

芽接布　budding cloth

用于清洁芽接位表面的泥土、胶乳等杂物的抹布。

5.1.31

芽接刀　budding knife

用于开芽接口、修切芽片等,刃长约 6 cm、先端尖锐、刀刃锋利、有柄小刀。

5.1.32

芽接箱　budding box

芽接时临时存放芽接刀、芽片、绑带等并可供作砧台或座凳的专用木箱子。

5.1.33

绑带　bandage

富有弹性,宽 1 cm～2.5 cm,长 20 cm～30 cm,用于捆绑和固定芽片的塑料薄膜条带。

5.1.34

接蜡　grafting wax;tree wax

涂封在麻绳、椰子叶捆绑物外面以防止雨水渗入芽接口的液态蜡。

5.1.35

(塑料)营养袋　polybag

下半部有若干排小孔的长方形塑料薄膜袋子。

5.1.36

营养土　polybag (potting) medium

装填于营养袋培养苗木用的基质。

5.2　育苗技术

5.2.1

圃地育苗　ground growing

直接在地上栽种培育苗木的方式。

5.2.2

容器育苗　container growing

在容器(生产上通常用的是装满培养基质的营养袋)中栽种培育苗木的方式。

5.2.3

催芽　pregermination;artificial germination;accelerating germination

将种子播于催芽床等在高温、荫湿条件下促进其萌发的过程。

5.2.4

露龟背　basset turtleback

播种后种背略露出沙床表面的现象。

5.2.5

移床　transplanting

将籽苗从催芽床移出并栽种到苗床或容器中的作业。

5.2.6

装袋　bagging

将营养土装填于营养袋中的作业。

5.2.7

芽接　budgraft;budding

将芽片以皮接方式嫁接在砧木上。

5.2.8

芽接位　budgrafting area

砧木茎干基部上拟芽接或芽接过的部位。

注:改写 NY/T 1860—2009 3.7 定义。

5.2.9

芽接口　budding panel;bud panel(incision)

芽接时剥开腹囊皮后露出的伤口或其愈伤后的疤痕。

注:NY/T 1860—2009 3.8 定义。

5.2.10

三角刀口　triangle budding panel

上小下大呈三角形的芽接口。

5.2.11

腹囊皮　bark flap;bark tongue

芽接时从芽接口一端剥起呈舌形状的树皮。

5.2.12

芽木片　bud with wood

从芽条上切取下来,树皮和薄木片连一起,树皮上有芽眼的切块。

5.2.13

芽片　bud patch

从芽木片剥取下来的或直接从绿色枝条上剥取下来的上有芽眼的树皮片。

注:改写 NY/T 1860—2009 3.6 定义。

5.2.14

芽木　bud-slip

芽木片剥去芽片后的薄木片。

5.2.15

接片 budded patch

已芽接在砧木上的芽片。

5.2.16

接芽 budded bud

接片上的芽（点）。

5.2.17

愈合 concrescence

接片与砧木的形成层间及芽接口外露的间隙完全被愈合组织充实，且砧穗间的输导组织连通。

5.2.18

结合部（又称结合位；结合处） bud union；union zone in budding；stock/scion union

砧木与接穗相连接的部位。

5.2.19

亲合性（又称亲和性） compatibility；affinity

接穗和砧木在内部组织结构上、生理上和遗传上彼此相同或相近，可使彼此互相结合一起生长发育的能力。

5.2.20

芽接标准 buddable size

适合于进行芽接的砧木和接穗的茎干粗度等。

5.2.21

芽接成活 budding success；bud take

接片与芽接口完全愈合。

5.2.22

芽接成活率 budding survival rate；percentage budding success；budding survival percentage

芽接成活株数占芽接总株数的百分率。

5.2.23

芽接工 budder；budding worker

专门实施芽接操作的人员。

5.2.24

可芽接（的） buddable

达到芽接标准的（砧穗材料）。

5.2.25

补片芽接 patch-budding

在砧木树皮割一个特定开口，剥开腹囊皮，放入接穗芽片并绑紧的操作。

5.2.26

离土芽接 budding out of land

将籽苗拔离沙床作为砧木拿在手上进行补片芽接的操作。

5.2.27

包片（腹囊）芽接 wrap budding

保留全部腹囊皮的补片芽接。

注：改写 NY/T 1860—2009 3.10 定义。

5.2.28

开窗芽接　window budding

割去全部腹囊皮的补片芽接。

注:改写 NY/T 221—2006 定义。

5.2.29

半开窗芽接　semi-window budding

割去部分腹囊皮的补片芽接。

注:改写 NY/T 1860—2009 3.12 定义。

5.2.30

褐色(芽片)芽接(又称大苗芽接)　brown budding;brown patch-budding

采用褐色芽片和砧木作芽接材料的补片芽接。

5.2.31

褐色(芽片)芽接育苗法　brown-bud method

先培育较大砧木苗和褐色芽条,然后采用褐色(芽片)芽接技术进行嫁接,成活后锯砧,若干天后起苗出圃,以生产芽接桩为主的育苗方法。

5.2.32

绿色(芽片)芽接　green budding

采用绿色芽片作芽接材料的补片芽接。

5.2.33

绿色(芽片)芽接育苗法　green budding method

先培育较小砧木苗和绿色芽条,采用绿色(芽片)芽接技术进行嫁接,成活后截干留圃或截干后移栽到营养袋再继续培育成2篷~3篷叶芽接苗(袋苗)为主的育苗方法。

5.2.34

小苗芽接　young budding

采用绿色芽片和小砧木苗作芽接材料的补片芽接。

5.2.35

小苗芽接育苗法　young budding method

先培育袋装小砧木苗和绿色芽条,采用小苗芽接技术进行嫁接,成活后切干留圃(袋),并对接穗第一篷嫩叶连续喷施叶面肥等,育成2篷叶小袋苗的育苗方法。

5.2.36

籽苗芽接　mini-seedling budding

采用绿色芽片和籽苗砧木作芽接材料的离土芽接。

注:改写 NY/T 221—2006 3.4 定义。

5.2.37

籽苗芽接育苗技术　mini-seedling budding method

在籽苗移栽时进行籽苗芽接,然后移栽于营养袋中,在芽接成活后打去顶芽、保留真叶,并及时抹除砧木上其他芽,做适当肥水管理,育成2篷~3篷叶小袋苗等的育苗方法。

5.2.38

幼态芽接(又称幼态芽片芽接;茎芽芽接)　juvenile budgraft;juvenile-type graft (JT graft);juvenile graft stem-eye budding;in vitro-plant-eye budding

采用低部位茎干芽,或用幼龄实生苗、试管苗的芽作接穗材料进行的补片芽接。

5.2.39

苗圃芽接　budding in the nursery

对按苗圃育苗要求种植的实生苗为砧木进行的芽接作业。

5.2.40

大田芽接 budded at stake;budding in the field;field budding

对按生产性胶园要求种植的实生苗(或实生幼树)为砧木进行的芽接作业。

5.2.41

树冠芽接 crown budding;double budding

对树冠部的茎干或大枝条为砧木进行的芽接作业。

5.2.42

芽条纯化 discriminate budwood

在增殖圃对茎条逐一进行品种甄别并随即剔除或改造非指定品种茎条的作业。

5.2.43

锯芽条(又称取芽条) bud stick collection;picking bud stick

从增殖圃中采集适用于芽接的茎条的作业。

5.2.44

(芽条)标志 marking bud stick

用刀在芽条基部木质部削切出一小平面并标注该芽条品种等信息。

5.2.45

(芽条)封口 bud stick sealing

将芽条两端切口醮浸于液体石蜡中片刻。

5.2.46

选芽 bud selection

根据芽条上的芽眼外观等挑选适合于芽接的芽眼。

5.2.47

切芽片(又称取芽片;削芽片) cutting bud with wood;whittle bud

从芽条上将选定的芽切成芽木片。

5.2.48

拔芽片 extracting bud patch

从芽条上将选定的芽连同部分树皮一起拔出。

5.2.49

推压法 trundling method

将褐色芽条基端临时固着在地面上,用膝部或大腿与腰侧部靠夹住其上部,一手握住切片刀柄控制刀口方向,使刀柄高,刀尖低,在离选定芽眼的上方 3 cm～5 cm 处下刀;另一手按着刀背均匀用力向下推压,切入芽条约 3 mm 深后使刀刃平行芽条轴向行刀 7 cm～10 cm 长后,将刀退出,在停刀处上方横切一刀,切离出芽木片。

5.2.50

推顶法 bunting method

一手握住芽接刀刀柄控制刀口方向,刀刃近垂直于芽条轴向,从离选定芽眼 3 cm～5 cm 处下刀;另一手握住芽条,同时用拇指推顶芽接刀背,切入芽条约 2 mm 深后转与芽条轴向平行行刀 5 cm～7 cm 长后,将刀退出,在停刀处横切一刀,将芽片切离。

5.2.51

削切法 paring method

一手推芽接刀,另一手拿芽条,像削甘蔗皮一样将芽片切下。

5.2.52

拔取法 extracting method

用芽接刀刀尖在绿色芽条上选定芽眼的四周树皮上刻划一个大小同芽片的长方形刻痕,然后用拇指和食指捏紧叶柄基部,从一侧开始将芽片轻轻拔起。

5.2.53

手撕法 hand stripping method

在选定芽眼两侧的树皮用芽接刀刀尖刻划两条平行线,再在其上下两端各横切一刀,然后用刀尖和拇指夹住一端树皮,将其剥下。

5.2.54

修芽片(又称修片) trimming bud with wood;trimming pieces;retouching

修整芽木片大小。

5.2.55

剥芽片 peeling bud patch

剥掉修片后芽木片的芽木。

5.2.56

搁芽片 pedestaling bud patch

临时存放剥出或拔取出的芽片。

5.2.57

开芽接口 cutting budding panel

在茎干树皮上拟芽接处用芽接刀刻划出一个芽接口刻痕。

5.2.58

剥芽接口 debarking budding panel

将芽接口刻痕内树皮剥开。

5.2.59

割腹囊皮 cutting flap

在腹囊皮基部或中间割断。

5.2.60

放芽片 inserting bud patch

将芽片置于腹囊皮或绑带与芽接口的夹缝中。

5.2.61

捆绑 bandaging

将芽片捆绑固定在芽接口上。

5.2.62

解绑 unwrap

松开捆绑在芽接处的绑带。

注:改写 NY/T 1860—2009 3.16 定义。

5.2.63

锯砧(又称锯干) cut back

锯去芽接口位上方的砧木部分。

注:改写 NY/T 1860—2009 3.17 定义。

5.2.64

截干 cut back

截去茎干末端部分。

注:改写 NY/T 1860—2009 3.17 定义。

5.2.65

锯(截)口 kerf

锯砧或截干后在残桩上留下的断面。

注:改写 NY/T 1860—2009 3.18 定义。

5.2.66

折砧 fracture stem

在芽接口上方将砧木茎干部分折断并将折断部分弯向地面。

5.2.67

(预)断根 root trimming;root cutting

出圃前切断主根。

5.2.68

护芽 bud shielding

使接芽或萌芽免受挤压伤害的处理。

注:改写 NY/T 1860—2009 9.3 定义。

5.2.69

剪(穿袋)根 root nipping

用剪刀等将穿出营养袋的根在弯曲处剪断。

5.2.70

苗木分级 seedling grading;seedling classification

根据苗木的大小、长势等将苗木分开为若干类。

5.2.71

炼苗 seedling (or budling) training

逐渐提高苗木适应大田环境能力的处理。

5.2.72

出圃 nursery-out

育成苗木移出苗圃供定植使用的过程。

5.2.73

(出圃)前处理 pretreatment of nursery-out

在出圃前对苗木作增强大田适应性的处理。

5.2.74

起苗 uproot;lift

将树桩苗从地里挖出或将袋苗从苗床移出。

注:改写 NY/T 1860—2009 3.19 定义。

5.2.75

修根 root pruning

切除过长的或妨碍操作的部分根。

注:改写 NY/T 1860—2009 3.20 定义。

5.2.76

浆根 sliming root;mudding root

将苗木裸根全部蘸浸于泥浆中并使之取出后粘上一层泥。

注：改写 NY/T 1860—2009 3.21 定义。

5.3 苗木种类

5.3.1

定植材料　permanent planting material

可供大田定植使用的橡胶树苗木总称，包括裸根苗和容器苗。

5.3.2

地栽苗（又称地播苗）　ground-growing seedling；seedling

直接在苗圃地上培植的苗木。

5.3.3

砧木（实生）苗　stock seedling

拟作砧木用的实生苗。

5.3.4

裸根苗　bare-rooted stump

出圃时根系裸露的苗木。如芽接桩、高截干等。

5.3.5

树桩（苗）　stump

出圃时仅保留基端部分茎干的裸根苗。

5.3.6

实生树桩（又称实生树桩苗）　seedling stump

未经芽接的出圃时保留茎干高 30 cm～50 cm，主根长 30 cm～40 cm 的树桩苗。

5.3.7

有性系树桩苗　seedling family stump

用某特定亲本组合生产的种子培植并经优选的树桩苗。

注：GB/T 17822.2—2009 3.1 定义。

5.3.8

裸根芽接桩（又称芽接桩；芽接树桩）　bare-root stump budling；budded stump；bud-grafted stock

在茎基部芽接成活，接芽未萌动或已抽芽的树桩苗。接芽已萌发、抽芽的称萌动芽接桩。

注：改写 GB/T 17822.2—2009 3.3 定义。

5.3.9

大芽接桩　large-size budded stump

砧木 1 年～2 年生，离地高 15 cm 处的茎粗在 2.5 cm 以上，芽接褐色芽片的芽接桩。

5.3.10

小芽接桩　small-size budded stump

砧木不足 1 年生，离地高 15 cm 处茎粗约 1.3 cm 的芽接桩。

5.3.11

截干（芽接）苗　stump（budling）

在苗圃里培育成幼树，出圃时只保留基端部分茎干的裸根苗。

5.3.12

低截干　low stump（budling）

茎干长约 40 cm、（离结合线 10 cm 处）茎粗 0.8 cm 以上且已木栓化的截干苗。

5.3.13

高截干（苗）　high stump（budling）

茎干长约 2.5 m、(离地高 100 cm 处)茎围 8 cm 以上且已木栓化的截干苗。

注:改写 GB/T 17822.2—2009 3.7 定义。

5.3.14

三合树苗(又称双重芽接苗)　tree component budling;three-piece budling;double budding

由实生砧木、无性系中间砧和树冠无性系树冠三者组成的高截干(苗)。

5.3.15

袋苗(又称塑料袋苗)　polybag plant;polybag seedling(or budling);bag plant

培育在营养袋中的苗木。包括袋育苗和袋装苗。

5.3.16

大袋苗　large bag seedling

培育在大(规格)营养袋[(36～42) cm×(45～50) cm,平放]、长有 5 篷～6 篷叶的袋苗。

5.3.17

小袋苗　small bag seedling

培育在小(规格)营养袋[(13～20) cm×(33～40) cm,平放]、长有 2 篷～3 篷叶的袋苗。

5.3.18

袋育苗　polybag cultivated plant

在营养袋中完成育苗全程的苗木总称。

5.3.19

有性系袋育苗　polybag seedling family

用某特定亲本组合生产的种子培植的袋育苗。

注:改写 GB/T 17822.2—2009 3.2 定义。

5.3.20

有性系袋装苗　polybaged seedling family

用其特定亲本组合生产的种子培育的树桩苗装袋培育的苗木。

5.3.21

袋育芽接苗　polybag budling;polybag plant

芽接成活至具一至数篷叶接穗的袋育苗。

5.3.22

绿色芽接苗　green budling

采用绿色芽接技术培育的(袋育)芽接苗。

注:改写 GB/T 17822.2—2009 3.5 定义。

5.3.23

小苗芽接苗　young budling;young budding

采用幼砧木苗作小苗芽接所培育的(袋育)芽接苗。

注:改写 GB/T 17822.2—2009 3.5 定义。

5.3.24

籽苗芽接苗(又称籽接苗)　mini-seedling budling

采用籽苗芽接技术培育的(袋育)芽接苗。

注:改写 GB/T 17822.2—2009 3.6 定义。

5.3.25

袋装苗(又称装袋苗)　bagged plant

将树桩苗移植于营养袋中进一步培植成一至数篷叶的苗木总称。

5.3.26

（芽接桩）袋装苗（又称袋装芽接苗） polybaged budling；bagged budling

芽接桩作装袋培植材料的袋装苗。

注：改写 GB/T 17822.2—2009 3.4 定义。

5.4 苗木质量

5.4.1

苗木质量 seedling quality

出圃时对苗木茎粗、叶篷、根长、苗龄和叶篷数量及物候等的指标要求。

5.4.2

（苗木）茎干直径（又称茎粗） stem diameter

苗木茎干某处的直径。

5.4.3

叶篷数 number of leaf umbrella

苗木植株现有叶篷的数量。

5.4.4

苗龄 age of budling；age of seedling

从种子萌发时起至苗木出圃时止的总月数。

以月计，少于 15 d 的略去不计，15 d 以上（含 15 d）的计为一个月。

注：改写 GB/T 17822.2—2009 3.12 定义。

5.4.5

主根长度 taproot length

从根颈处至主根切断口中间处的距离。

注：改写 GB/T 17822.2—2009 3.8 定义。

5.4.6

侧根长度 lateral root length

从侧根着生处至侧根切口的距离。

注：GB/T 17822.2—2009 3.9 定义。

5.4.7

土柱（又称土核、土坨） soil core

附着袋苗根系周围黏结成团的土块。

注：改写 GB/T 17822.2—2009 3.10 定义。

5.4.8

纯度 purity

样品中指定橡胶树品种的个体数占样品总数的百分率。

注：改写 GB/T 17822.2—2009 3.13 定义。

5.4.9

净度 cleanliness

样品中指定橡胶树品种的完好种子粒数占样品种子总粒数的百分率。

注：改写 GB/T 17822.2—2009 3.12 定义。

5.4.10

同一批苗木 a batch of budling；a batch of seedling

在同一苗圃内连续一段时间内出圃的同一种苗木。

连续一段时间的跨度因苗木种类而异,分别是:芽接桩为 2 d;容器苗的为 5 d;高截干的为 1 d。

注:GB/T 17822.2—2009 3.14 定义。

5.4.11

育苗档案 seedling file;budling file

记录培育苗木的地点、时间、材料、方法以及苗木质量和责任人等事项。

注:改写 GB/T 17822.2—2009 3.15 定义。

6 开垦

6.1

胶园开垦 land reclamation;land clearing and preparation

清除原有植被、修筑配套设施和整理土地等开辟胶园的作业。

6.2

全垦 full reclamation;whole reclamation;cleaning of land;clean cultivation;complete clearing

对整个地块进行全面开垦。包括清地(砍岜、小烧岜、清岜)→犁地、整地→定标→修梯田、挖穴→施基肥、回土等作业。

6.3

带垦 strip reclamation;strip clearing

对地块做相隔一定距离的条带状开垦。包括定标→边清地边修梯田边挖穴→施基肥、回土等作业。

6.4

穴垦 point reclamation;point clearing

按既定的株行距对土地作点状开垦。包括定标→边修小平台边挖穴→施基肥、回土等作业。

6.5

机垦 mechanical reclamation;mechanical clearing

采用机械进行清地、整地、挖穴等作业的开垦方式。

6.6

砍岜 clear cut;fleeing;clearing

砍断伐倒拟开垦的树木藤蔓。

6.7

烧岜 burning clearing;burning

清理出有用木材后,其他被砍倒的乔灌木待其大部分树叶干燥但尚未掉落时烧毁。

6.8

清岜 land clearing

烧岜后地上地下残余的树干、树枝和树根等杂物清理出地块。

6.9

烧垦 burning reclamation

砍岜后或干燥季节用烈火燃烧拟开垦地上的植被以清理原有植被,然后再清整地备耕的开垦方式。

6.10

零烧垦 zeroburn

将拟开垦地上的植被砍倒,(清出有用木材后)就地切碎,深埋于地下或堆沤于地块旁边等以清理原有植被,然后再整地备耕的开垦方式。

6.11

小烧岜 light-burn

将大部分被伐倒树木的茎干枝条等移走,余下较小的枝叶分别拢成小堆并点火烧掉的清地方式。

6.12

等高开垦(又称水平开垦)　contour reclamation;contour terracing

沿水平线进行的带垦,如梯田、环山行等。

6.13

定标　picketage

挖穴前按既定的种植形式要求确定植穴的具体位置。

6.14

十字拉线定标　cross picketage;cross lining

采用拉线平移的方法确定植行和植穴位置。

6.15

等高定标　contour(horizontal)picketage;countour lining

利用水平设备确定植行和植穴位置。

6.16

沟埂梯田　gully and dike system

在平缓地上基本沿水平方向挖沟筑埂建成的简易梯田。

注:改写 NY/T 221—2006 2.6 定义。

6.17

等高梯田(又称水平梯田)　contour terrace;bench terrace

在缓坡地上沿水平方向挖高填低建成的梯田。

注:改写 NY/T 221—2006 2.7 定义。

6.18

小梯田(又称小平台)　small terrace;small platform

较陡坡地上沿等高方向修筑的小田块。

6.19

环山行　contour ledge

坡地上依山体大致水平修筑的种植带。

注:改写 NY/T 221—2006 2.8 定义。

6.20

垒基　field ridge construction

用石头或土块堆砌梯田外缘基础的作业。

6.21

反倾斜　inward sloping;slope laterally inwards

环山行或梯田田面倾向梯田内壁。

6.22

(横)土埂　daulk

垂直于环山行的小土埂。

6.23

基行(又称基线)　bascal planting line;basal planting line

定标时拟作为其他植行参照物,根据地块形状和坡面等情况确定的第一行植行。

6.24

植行　planting line;row of plant

由若干株间相邻植株组成的一行橡胶树。

6.25

断行 discontinuous planting line

由于地形、地物等原因中断的植行。

6.26

插行 inserted planting line;intercalation planting line

在行距较大的两植行之间增加的短植行。

6.27

植距 planting distance

种植作物时植株之间的相互间距。

6.28

行距 row spaicing;spacing between rows

相邻两植行之间的间距。

6.29

株距 individual spacing

同一植行的相邻两植株之间的间距。

6.30

植穴 planting hole

种植苗木用的土穴。一般橡胶苗植穴的尺寸为上宽×深×下宽为 80 cm×70 cm×60 cm。

6.31

挖(植)穴 digging planting hole;planting hole digging

以定标点为中心按一定尺寸要求在地上开挖植穴的作业。

6.32

植沟 planting trench

种植苗木用的壕沟。

6.33

回土 filling

将表土等回填到植穴或植沟内的作业。

6.34

防牛沟 cattle barrier ditch;cattle preventing ditch

用于阻止牛羊群等动物进入胶园的壕沟。

6.35

防牛围栏 cattle fence;cattle corral

用于阻止牛、羊等动物进入胶园的围栏。

6.36

天沟(又称截水沟) truncation trench;intercepting ditch;catch drain;intercepting drain

用于将来自胶园上方的地面径流引到胶园外的排水沟。

6.37

泄水沟 outletdrain

用于防止胶园地面径流直接冲击农田的排水沟。

6.38

种植密度 planting density

单位面积胶园种植橡胶树的株数。

注:改写 NY/T 221—2006 7.1.5 定义。

6.39

种植形(方)式 planting pattern;planting system

橡胶树大田种植的植株排列方式。

注:改写 NY/T 221—2006 7.1.5 定义。

6.40

(近)正方形(种植形式) subquadrate planting pattern

株距与行距相当的种植形式。

6.41

街道式 avenue planting;avenue planting system;street planting

株距窄(一般 2.5 m~3.0 m)、行距宽(一般 6 m~10 m)的种植形式。

6.42

篱笆式 hedge planting system

株距较窄(一般 2 m 左右)、行距较宽(一般≥10 m)的种植形式。

6.43

双行篱笆式 twin-row hedge planting system

株距相等、行距一行大一行小相间排列的篱笆式。

6.44

丛式 cluster planting system

株改丛,株行距加大的街道式。

7 防护林

7.1

(胶园)防护林 rubber plantation protection forest; wind shelterbelt network;shelter forest;shelter belt

在胶园周围按防风、防寒、保持水土和改善小环境等功能要求设置、要营造或保留的由抗风(寒)力、适应性强的乔灌木等组成的林带。

7.2

(胶园)防护林网 rubber plantation protection forest net

由不同或相同结构的防护林带组成的网格状防护林体系。

7.3

(防护林)营造原则 shelterbelt forestation principles

防护林带设置所依据的准则。

7.4

(防护林)林带设置 forest belt arrangement

防护林类型和走向的安排。

7.5

原生林带 primary forest belt

在开垦时按防护林设置要求将部分原有树木保留下来的杂木林带。

7.6

山顶块状林 hilltop-block forest

保留或营造在山丘顶部的成片树林。

7.7

沟壑块状林　gully-block forest

保留或营造在沟壑洼地内的成片树林。

7.8

水源林　water conservation forest

主要用于保护区域水源和减少水土流失的成片树林。

7.9

基干林　skeleton shelterbelt

沿着山脊、山梁、公路、河道布设的带宽较宽的林带总称。

7.10

山脊林带　ridge shelterbelt

沿着山脊走向布设的林带。

7.11

纵向林带　down-slope shelterbelt

沿着坡向布设的林带。

7.12

横向林带　horizontal shelterbelt

沿着等高线布设的林带。

7.13

主林带　main shelterbelts

基本上沿与当地主要风向垂直布设的带宽 20 m 或以上的基干林带之一。

7.14

副(次)林带　assistant shelterbelt

基本上沿与主林带垂直布设的带宽 8 m～15 m 的林带。

7.15

林带结构　shelterbelt structure;windbreak structure

林带的树种、树种比例、种植排列方式及间距等,或其成林林带的疏透通风的程度。

7.16

紧密结构林带　closed structure shelterbelt;close-spaced structure shelterbelt;wider-spaced structure shelterbelt;widest-spaced structure shelterbelt

主木、副木和边行下木组成多层次的林带。

7.17

疏透结构林带　permeability structure shelterbelt

主木和副木树种组成的林带。

7.18

透风结构林带　ventilation structure shelterbelt

主木树种组成的林带。

7.19

树种选择　tree species selection

根据林带功能结构关系选择适合构建某种结构的树种。

7.20

树种配置 tree species arrangement

根据林带功能结构关系设置树种种植组合形式。

7.21

主木(又称上木) main crop;main wood;leading trees pecies;over wood;upper growth

林带中的上层树种,多为抗风力强、高大、速生的乔木。

7.22

副木 dominated crop;dominated wood;subsidiary tree species

林带中的中层树种,多为有较强抗风力且较耐阴的乔木。

7.23

下木 undergrowth;underwood

林带中的下层树种,多种在林带边缘,多为耐阴的大灌木。

8 苗木定植

8.1

下基肥 application under

定植前将有机肥等与植穴边表土混匀然后施入植穴中上部位。

8.2

回穴 backfilling;backfill planting hole

用表土等回填满植穴。

8.3

润穴 moistening planting hole;planting hole moistening

定植前对比较干燥的植穴浇入少量水以湿润植穴中的土壤。

8.4

定植 permanent planting

将苗木移栽到大田作永久性种植。

8.5

假植 heeling-in

将苗木呈竖立状大半埋入泥土或沙子中,并作淋水遮阴等临时种植的处理。

8.6

定根水 root-establish watering;fixing rootsystem watering

定植后第一次并且淋透植穴的淋水作业。

8.7

定植成活 planting survival;establishing success

定植后植株能恢复正常抽叶长根的状态。

8.8

定植成活率 planting survival rates;survival ratio after planting;establishing success

定植后一段时间内定植成活株数占总定植株数的百分率。

8.9

定植成功 planting success

定植后高截干能在离地高 1.5 m 上形成新树冠的状态。

8.10

定植成功率 planting success rate (of high stumped budding)

定植后一段时间内定植成功植株数占总定植株数的百分率。

注:改写 NY/T 221—2006 2.10 定义。

8.11

(植后)遮阳　shade

用树枝或其他材料插在新植苗木旁边以为其遮光挡风等。

8.12

抗旱定植　combat-drought permanent planting;combat-drought planting and establishing

采用保湿、降温、挡风等措施进行苗木定植和植后管护等的作业。

8.13

围洞定植法　Weidong permanent planting method;crater-shaped planting and establishing method; molehill planting method

苗木定植并淋足定根水后,以苗木茎干为中心插一个直径约 15 cm 的小木棍一圈,用废纸片等围在木棍圈外侧,或用"抗旱栏"将苗木套在中间,再向纸片或"抗旱栏"外侧培土,直至木圈顶部,形成一个中空的土包。此后一般不再淋水。

8.14

深种技术　deep planting technique

将苗木的全部砧木和部分接穗种于地面下的定植方法。

8.15

高接深种技术　high budding and deep planting technique

提高芽接位芽接并将砧木茎干全部种于地面下的定植方法。

8.16

补换植　replacement and supply planting

用品种相同、个体略大的苗木替换不成活或生长不良的植株。

8.17

胶头盖草　basal mulching

在植株根盘上铺盖一定厚度的植物稿杆材料。

9　树身管理

9.1

修枝整形　pruning and shapping

按树型设计从幼树期起对橡胶树主干和分枝进行修剪等生长调控的作业。

注:改写 NY/T 221—2006 9.6 定义。

9.2

抹芽　debudding

将砧木上和接穗上未来割面范围内的萌芽从其基部将其抹除。

注:改写 NY/T 221—2006 2.11 定义。

9.3

护芽保苗　bud shielding and seedling protecting

植后一段时间内保护新植苗木的作业。

9.4

打顶(又称截顶)　topping;truncating;cutting back

将顶篷叶的大叶芽以上部分截掉。

9.5

摘顶　snapping top-bud

将萌发、未萌发的顶芽从其基部摘除。

9.6

包叶　leave wrapping

用顶篷叶的数片叶子将顶芽包住（以抑制顶芽萌发）。

9.7

刻伤　incising wound

在拟诱导分枝处的上方用刀将树皮全周或近全周割断。

9.8

诱导分枝　branch inducement

采用打顶、摘顶、包叶或刻伤等措施诱导侧芽萌发形成分枝。

9.9

短截　cutting back；short-cutting

截去枝条末端部分枝叶以控制该枝条生长（势）的操作。

9.10

疏枝　shoot thinning；thinning out of branches

在分枝处将重叠枝和丛生枝等截断。

9.11

预伤　pre-injure；pre-injuring operation

在发生大风危害前对茎干或大分枝的拟断折处作局部伤害处理。

10　胶园间作

10.1

（大）行间　rowmiddle；between the lines

胶园中（行距较大的）两植行之间的土地及空间。

10.2

荫蔽度　shading intensity

常指橡胶树行间的相对光照量。

10.3

间作　intercropping

主作物行间种植经营其他作物的土地利用方式。

10.4

胶园间作　rubber plantation intercropping

橡胶园行间种植经营其他作物的土地利用方式。

10.5

间种　interplanting

橡胶园行间种植其他作物的作业。

10.6

间作物　intercrops

间种在橡胶树行间的作物。

10.7

高杆（间作）作物　tall intercrops

植株茎干较高（如甘蔗等）或植丛较高（如胡椒等）的（间作）作物。

10.8

高耗地力作物（又称高耗肥作物）　high nutrient demand intercrops；high exhausting crop

可从地理固定或带走大量矿质养分的作物。如薯类作物、砂仁等。

10.9

胶作距　distance between rubber and intercrops

橡胶树植行与间作物植行之间的最近距离。

10.10

胶作互作　rubber/intercrops interaction

橡胶树与间作物之间在空间、养分、水分和化感等方面的互相影响。

10.11

胶茶间作　rubber/Tea intercropping

橡胶园行间间种茶树生产茶叶的土地利用方式。

10.12

胶椒间作　rubber/pepper intercropping

橡胶园行间间种胡椒生产胡椒籽的土地利用方式。

10.13

胶果间作　rubber/fruit intercropping

橡胶园行间间种热带果树生产热带水果的土地利用方式。

10.14

胶蕉间作　rubber/banana intercropping

橡胶园行间种植经营香蕉的土地利用方式。

10.15

胶蔗间作　rubber / suganrcane intercropping

橡胶园行间种植经营甘蔗的土地利用方式。

10.16

胶咖间作　rubber / caffe intercropping

橡胶园行间种植经营咖啡的土地利用方式。

11　胶园抚管与施肥

11.1　土壤类型

11.1.1

砖红壤　latosol

在热带高温高湿、强度淋溶条件下，由富铁铝化作用形成强酸性、高铁铝质氧化物的暗红色土壤。

11.1.2

赤红壤　latosolic red soil

曾称"砖红壤性红壤"。南亚热带高温高湿条件下，土壤富铁铝化作用介于砖红壤与红壤之间的酸性至强酸性红色土壤。

11.1.3

燥红土　dry red soil；savanna red soil

在热带、亚热带高温低湿条件下，形成的相对干性的中性红色土壤。

11.1.4

黄壤　yellow soil

热带、亚热带地区具常湿润水分状况，含多量针铁矿的酸性黄色铁铝质土壤。

11.1.5

铁铝土　ferralsol；ferrallitic soil；ferrallite

具铁铝沉积层的土壤。是我国热带、亚热带湿润地区具有明显脱硅富铝化特征的土壤系列，包括热带的砖红壤、南亚热带的赤红壤、中亚热带的红壤和黄壤等4个土类。

11.1.6

热带铁质土　ferruginous tropical soil；tropical ferruginous soil

热带、亚热带地区土壤中非晶质和晶质氧化铁、氢氧化铁富集作用形成的土壤。

11.1.7

铁质砖红壤　iron laterite edaphoid

玄武岩发育的砖红壤，其富铝化作用最强。

11.1.8

硅铝质砖红壤　silico-aluminous ferrallitic soil

花岗岩发育的砖红壤。

11.1.9

硅铁质砖红壤　silico-ferruginous ferrallitic soil

第四纪红黏土发育的砖红壤。

11.1.10

土壤剖面　soil profile

土壤三维实体的垂直切面，显露出一些一般是平行于地表的层次。

由地表向下直至成土母质的土壤纵切面。由若干层次组成，以其不同的颜色、土壤质地、土壤结构、松紧度以及新生体等而区分。

11.1.11

表土层　surface soil layer；top soil

土壤最上部的层次，在耕作土壤中为耕作层，在自然土壤中常为腐殖质层。

11.1.12

心土层　subsoil layer

介于表土层和底土层之间的土层。

11.1.13

底土层　substratum

土壤剖面下部的土层，或指深厚B沉积层的下部，或指B沉积层与C母质层过渡的层次，或指母质层。

11.1.14

硬磐　hard pan；cambic horizon

由二氧化硅的胶结作用形成的矿质土壤层。

11.2　胶园植被管理

11.2.1

胶园覆盖　rubber plantation mulching

用生物材料等覆盖胶园地面，保护沙土、控制杂草的土壤管理方法。

11.2.2

覆盖作物 cover crops

种植在胶园行间以减少水土流失、控制杂草生长和提供有机肥源以及保护、改善土壤肥力的作物。

注:改写 NY/T 221—2006 2.18 定义。

11.2.3

死覆盖 mulching

覆盖于胶园地表上的植物枝叶、秸秆等材料。

注:改写 NY/T 221—2006 2.19 定义。

11.2.4

活覆盖 living cover

种植并覆盖胶园地表的作物。

注:改写 NY/T 221—2006 2.12 定义。

11.2.5

植胶带 rubber planting strip

种植橡胶树的带状耕作区。

注:改写 NY/T 221—2006 2.12 定义。

11.2.6

萌生带 shrub and ruderal zone

保留并控制自然植被生长的胶园行间地带。

注:改写 NY/T 221—2006 2.14 定义。

11.2.7

控萌 slashing control

将萌生带中的杂草灌木的高度等控制在一定高度范围的作业。

注:改写 NY/T 221—2006 2.16 定义。

11.2.8

恶草 malign grasses

常指大芒、茅草、海芋、鸭跖草等与橡胶树争水、肥力强,不易灭除的杂草总称。

注:NY/T 221—2006 2.20 定义。

11.2.9

冬管 rubber plantation winter upkeep operation

冬季对胶园实施的综合抚管作业。

11.2.10

**三保一护 three-conservation and mulch;soil conservation, water conservation, fertility mainte-
nance and root protection through mulching**

保土、保水、保肥、护根。

11.2.11

扩穴改土 digging ditch around planting hole and improving soil

幼树期在原植穴旁每次一侧挖一定宽、长度的沟,并埋入有机肥等材料的土壤改良作业。

11.2.12

中耕松土 inter-cultivation and mellow loam;tillage;cultivation

冬春季幼龄胶园的除草、松土等的作业。

11.2.13

深沟培肥 deep ditch fertilization;ditch manuring and mulching

一项成龄胶园环山行维护、沟施肥料、土壤改良相结合的作业。

11.3 胶树营养及其诊断

11.3.1

诊断指标 diagnosis index

衡量植物体内养分状况的参比标准。

11.3.2

橡胶树叶片营养诊断指标 foliar nutrient diagnosis index of rubber tree

生长良好、产量正常的橡胶树的叶片养分含量以及元素间的比值。橡胶树叶片营养诊断通用指标 N 2.2%～2.4%,P 0.21%～0.22%,K 0.8%～1.0%,Mg 0.25%～0.45%。

11.3.3

养分临界值 critical value of nutrient

植物正常生长发育所必需的各种养分数量及其比例的下限。

11.3.4

营养诊断 nutrient diagnosis

以植物形态、生理、生化等指标作为根据,判断植物的营养状况。

11.3.5

临界值诊断法 diagnosis method by critical value

以养分临界值作为标准判断植物养分丰缺的诊断方法。

11.3.6

形态诊断法 morphological diagnosis

根据植物外表形态变化判断植物营养状况的方法。

11.3.7

植物化学诊断法 diagnosis method of plant chemistry

应用化学方法测定植物体营养元素的含量,并与参比标准比较,判断植物营养状况的方法。

11.3.8

叶片分析诊断法 diagnosis method of leaf analysis

测定叶片样本中各种养分含量,与参比标准比较,判断植物营养状况的方法。

11.3.9

施肥诊断法 diagnosis method of fertilization

以根外施肥或土壤施肥方式给予拟试营养元素,检验植物是否缺该种元素的方法。

11.3.10

诊断施肥综合法 diagnosis and recommendation integrated system;DRIS

以高产作物群体元素间的比值为参比,用距参比的差异程度衡量作物营养平衡状况的诊断方法。简称"DRIS法"。

11.3.11

叶色诊断法 diagnosis method of foliar color

模拟植物叶色浓淡制成系列色卡等,作为测定叶色的比较标准,并与待测植物叶色比较判断植物营养状况的方法。

11.3.12

植物缺素症 nutrient deficiency symptom in plant;hunger sign in plant

植物因缺乏某种或多种必需营养元素以致不能正常生长发育,从而在外形上表现出一定的异常症状。

11.3.13

小叶症　little-leaf symptom

缺锌而引起叶片变小的症状。

11.3.14

失绿症　chlorosis

植物缺铁、镁等营养元素时，阻碍植物形成叶绿素而出现叶片黄化的症状。

11.3.15

灰白症　white-grey symptom

作物缺铜，除幼叶枯萎和穗发育不良外，叶片往往出现灰白斑块的症状。

11.3.16

元素毒害　element toxicity

植物吸收元素过量，使植物中毒而引起的代谢失调的现象。常见的有铝中毒及铜、锌、锰、铁、钼、硼、氯、砷、镍、铬、镉、铅、汞中毒等。

11.3.17

叶片营养诊断指导施肥　applying fertilizers by ways of leaf nutrient diagnosis and recommendation

以叶片为样本，测定其中各种养分含量，与参比标准比较，判断植物营养状况并提出肥料用量和比例的施肥技术。

11.3.18

橡胶专用肥　rubber-specific fertilizer

按推荐施肥配方要求配制的专用于橡胶树的肥料。

12 割胶

12.1 割面规划

12.1.1

原生皮　virgin bark

（橡胶树茎干上）原生的树皮。

12.1.2

再生皮　renewed bark；renewing bark

割胶后重新生长的树皮。

12.1.3

树皮分层　bark layers

根据割胶感性认识划分的树皮层次。我国胶工根据各层树皮的特点和产胶特征，把树皮自外向内分为粗皮、砂皮、黄皮、水囊皮和形成层等5个层次。

12.1.4

粗皮　corky bark；periderm

即周皮，位于树皮的最外层，由木栓层、木栓形成层和栓内层构成，起保护内部组织的作用，原生皮的栓内层细胞含叶绿体而呈绿色，再生皮的栓内层细胞含花青素而呈红色。

12.1.5

砂皮　hard bark；sandy layer

割胶时手感硬、涩的树皮层。紧挨粗皮内侧，因含有大量的石细胞而成为树皮较硬部分，占树皮总厚度的70%左右，砂皮层的乳管大部分为石细胞所挤裂，产胶能力低。

12.1.6

黄皮 soft bark；yellow layer

割胶时手感软，胶水多，呈浅黄色的树皮层。位于砂皮内侧，略带黄色，石细胞很少或没有，且是乳管分布最密集，排列最整齐，联通最好和产胶机能最旺盛的皮层，是树皮主要产胶的部分。

12.1.7

水囊皮 watery bark；watery layer；productive bark

被割破后排出较多水的树皮层。即有输导功能的韧皮部，含有细嫩乳管和纵向输导有机物质的筛管，位于黄皮内侧，一般厚度不到 1 mm，如割胶过深伤及水囊皮时，会流出清液。

12.1.8

形成层 cambium；cambial layer

茎周分生组织。位于水囊皮和木质部之间，是一层分生能力很强，排列整齐的细胞，向外分生次生韧皮部，向内分生次生木质部。

12.1.9

割面 tapping panel

橡胶树茎干树皮上的割胶操作面。有时也指割过胶的部分树皮。

12.1.10

麻面 pitted surface

凹凸不平的割面。

12.1.11

高割面 high panel

位于第一次开割处上方的割面，英文缩写用字母"H"表示。

12.1.12

低割面 basal panel

位于第一次开割处下方的割面，英文缩写用字母"B"表示。

12.1.13

吊颈皮（又称皮岛） bark island

同侧树皮上，夹在上下割（麻）面之间，高度约 15 cm 的一段树皮。

12.1.14

三角皮 triangle untapped bark

茎干基部，割面下方呈三角形的未割树皮。

12.1.15

垂线（又称水线） side channel

开在割面左右两侧树皮上垂直于地面的浅沟。在割面左侧的称为上垂线，割面右侧的称为下垂线。

12.1.16

割面符号 panel notation

表示某一割面的英文字母等。

12.1.17

割面规划 panel programme

整个生产周期的树皮割胶利用计划。

注：NY/T 1088—2006 6.2 定义。

12.2 产排胶生理

12.2.1

采胶（又称割胶） latex havesting

使用专用工具(如刺针、胶刀)以一定方式刺或割伤橡胶树树皮使胶乳从伤口处排出的操作。有时泛指从橡胶树获取胶乳的生产活动。

12.2.2

排胶 latex flow;outflow of latex

胶乳从新割口或伤口连续溢出的现象。

12.2.3

产胶机理 latex regeration mechanism;mechanism of latex formation

产生胶乳的物质转化过程、能量来源、产胶组织和三者之间的相互关系的原理。

12.2.4

橡胶生物合成 biosynthesis of rubber

在乳管中蔗糖经过一系列的生理生化活动生成聚异戊二烯(橡胶烃)的过程。

12.2.5

胶乳再生 latex regeneration

排胶后乳管中胶乳重新生成。

12.2.6

胶树干物质产胶分配率 patition ratio

橡胶树用合成橡胶的物质占其总生物产量的百分率。其计算式为:年干胶产量×2.5/(地上部分年干重增长量+年干胶产量×2.5)×100%。式中2.5是转换热量系数。

12.2.7

橡胶树产胶类型 latex producing type of rubber tree

根据橡胶树的产胶特性划分的品种类别。

12.2.8

胶乳固形物 latex solid

胶乳除去水分后的固态物体(其中包括橡胶烃和非橡胶物质)。

12.2.9

总固形物含量 total solid content

胶乳中总固形物重量占胶乳总重量的百分率。

12.2.10

膨压 turgor pressure

细胞吸水膨胀对细胞壁产生的压力。

12.2.11

排胶动力 kinetics of latex flow

促使胶乳从割口排出的驱动力。

12.2.12

排胶强度 intensity of latex flow

橡胶树割胶后在单位时间内(每割次、每周期、每年)排出胶乳的量度。

12.2.13

排胶障碍 latex flow barrior

不利于排胶的生理性原因或现象。

12.2.14

排胶影响面 latex flow area;latex drainage area

割胶后,割口四周树皮膨压发生变化的区域。分为排胶区、转移区和恢复平衡区三个区域。阳刀割线影响面主要在割线下方,阴刀割线影响面主要在割线上方。排胶影响面只是相对划分的范围,无明确的界限。

12.2.15

排胶区 flow area

割胶后树皮膨压下降40%以上的区域。

12.2.16

转移区 transfer area

割胶后树皮膨压下降10%~40%的区域。

12.2.17

恢复平衡区 rebuilding balance area

割胶后树皮膨压下降10%以下的区域。

12.2.18

壑区效应 sink effects

因排胶引起的水分和养分向排胶影响面汇流的现象。

12.2.19

(平均)排胶初速度 initial flowing velocity

一次割胶后0 min~5 min内的平均每分钟胶乳产量。

12.2.20

堵塞作用 plugging effect

割口附近局部胶乳凝固致使乳管口堵塞的过程。

12.2.21

堵塞指数 plugging index

割胶时乳管排胶受阻程度。用平均排胶初速度度(mL/min)与排胶总量的比值表示。

12.2.22

稀释作用 dilution reaction

因排胶乳管内水势下降,周围细胞的水分进入乳管,致使胶乳含水量增大的现象。

12.2.23

产胶动态 dynatmics of latex production

胶乳产量及干胶含量等因季节、物候、品种的变化。

12.2.24

产胶动态分析 dynamic analysis of latex production

分析因不同季节、物候、品种所致的胶乳产量、干胶含量的动态变化。

12.2.25

主要生理参数 main physiological parameter

反映胶乳排出和再生能力的重要生理参数。包括堵塞指数、胶乳蔗糖含量、干胶含量、胶乳硫醇含量、黄色体破裂指数、胶乳无机磷含量以及主要酶类活性等。

12.2.26

胶乳生理诊断 latex diagnosis

通过对胶乳主要生理参数测定、分析判定胶乳生理代谢是状态的方法。

12.3 割胶器具

12.3.1

割、收胶工具 tapping and collecting instruments;tools for tapping and collecting latex

用于割胶和收胶的器具。

12.3.2

胶刀　tapping knife

方便于连续切割橡胶树树皮使胶乳顺利排出的特制刀具。主要有推刀和拉刀两种。

12.3.3

推刀　gouge;gouge tapping knife

刀口在前端可向前切割树皮的胶刀。

12.3.4

拉刀　jebong;jebong tapping knife

刀口在内侧可向后切割树皮的胶刀。

12.3.5

收胶桶　collecting bucket

用于收集胶乳的桶状器具。

12.3.6

割胶灯　tapping light

可戴在头上便于割胶时照明的灯具。

12.3.7

胶舌(又称鸭舌)　spout;duck tongue

用于承接、导流胶乳的鸭舌状铁制品。

12.3.8

胶杯　latex cup

用于承接胶乳的杯状器具。

12.3.9

胶(杯)架　cup hanger

用于支撑胶杯的架子。

12.3.10

胶刮　latex scraper

用橡胶或塑料制成的用于刮净胶杯中胶乳的舌状刮器。

12.3.11

胶箩　tapping basket

用于临时存放割胶工具和杂胶的小竹篓。

12.3.12

测皮器　bark gauge

用于测量割胶深度的量器。

12.3.13

磨刀　sharpening

用磨刀石人工打磨胶刀的操作。

12.3.14

刀胸　the chest of tapping knife

胶刀中连接两刀翼的刀脊外侧部分。

12.3.15

凿口　tapping knife blade

胶刀的刀锋。

12.3.16

刀翼　knife wings

胶刀的翼片。

12.3.17

磨刀石　knife stone

磨胶刀的专用石具,分粗石、红石或中石、细石三种。

12.3.18

防雨帽　rain shield;raingarding（RG）

固定在割线上方的帽檐状防雨装置。

12.3.19

防雨裙　rain skirt

固定在割线上方并罩住割面和胶杯的围裙状防雨装置。

12.4　割胶制度

12.4.1

割线　tapping cut

割胶形成的一道斜贯割面,连续、平顺的割口。

注:改写 NY/T 1088—2006 2.12 定义。

12.4.2

割线类型　the type of tapping cut

根据长度划分的割线类别。主要有螺旋割线(用 s 表示),不确定割线(用 C 表示),短割线(小于 1/4 螺旋线大于 5 cm 的割线,用 Sc 表示)和微型割线(小于或等于 5 cm 长的割线,用 Mc 表示)。

12.4.3

割线斜度　the slope of tapping cut

割线与水平线的夹角。

12.4.4

割线长度　length of tapping cut

割线自下刀处到收刀处的长度。

12.4.5

割胶方向　direction of tapping

割胶耗皮的方向,即割胶时切割割线上方或下方(的树皮)。

12.4.6

阳刀割线　cut tapped downward

割口面朝上的割线。若有两条不同方向的割线,书写时在割线符号后边加大写字母"D"表示。

12.4.7

阴刀割线　cut tapped upward

割口面朝下割线。书写时在割线符号后加大写字母"U"表示,如一条 s/4 阴刀割线,用 s/4U 表示,一条 s/4 阳刀割线加上一条 s/4 阴刀割线,用符号 2×s/4DU 表示。

12.4.8

多割线　multiple cuts

同一树干上有一条割线以上。不管这些割线是同一天割或隔刀、隔季节轮换割。书写时,同一种类型割线的,用割线条数"乘"割线符号表示,如 2 条半螺旋割线用 2×s/2 表示;不同类型割线的,则按割胶顺序将相应割线符号逐一列出,割线符号间用加号、分号或逗号隔开。

12.4.9

割次(又称次;刀)　(per)tapping

对一株橡胶树上的割线割胶一次。

12.4.10

周期　periodicty

割制的最小时间单位。

12.4.11

割胶频率　tapping frequence

一个周期内割胶的次数。

注:改写 NY/T 1088—2006 2.14 定义。

12.4.12

现行频率　actual frequence

具体的割胶频率。割次之间的间隔期,以天为单位。割胶频率的符号是以天(d)为时间单位加上间隔的天数组成。表示天的 d 在前,后接间隔期的数字,如 d1 表示每日割,d2 表示隔日割(2 天割 1 次),d5 表示 5 日割(5 天内割 1 次),d0.5 表示 1 日割 2 次,等。

12.4.13

实用频率　practical frequence

一个周期内实际采用的割胶频率。当连续割胶被规定的休息日打破时,在现行频率后加一个分数,该分数表示"实际频率",其分子数目为在一个时期的割胶天数,而这个时期的天数由分母表示。如:

d1 2d/3 表示每天割 1 次,割 2 天后停 1 天。

d2 6d/7 表示每 2 天割 1 次,割 6 天后停 1 天。

12.4.14

割胶强度　tapping intensity

在单位时间内(每割次、每周期、每年)割胶胁迫的量度。即一段时间内所采用的割线条数、形式和长度、割胶频率、割胶期的综合胁迫的程度。

注:改写 NY/T 1088—2006 11 定义。

12.4.15

相对割胶强度　relative tapping intensity

与常规割胶强度的比较胁迫程度。以 s/2d2 作标准为 100%,计算方法:4×割线长度×割胶频率×100,如:

s/2d2＝4×1/2×1/2×100＝100%

s/2d3＝4×1/2×1/3×100＝66.7%

12.4.16

实际割胶强度　actual tapping intensity

实际施行的割胶强度,用百分率表示。其计算方法:4×割线长度×实际割胶天数/一年的天数×100。如:s/2d2 割制,每年实际割胶天数为 120 天,每年总天数为 265 天计,其实际割胶强度为:4×1/2×120/265×100＝71%。

12.4.17

高强度割胶　high tapping intensity

明显大于常规割胶强度的割胶方式。

12.4.18

低强度割胶　low tapping intensity

明显小于常规割胶强度的割胶方式。

12.4.19

低频割胶　low frequency tapping

低于常规割胶频率(d2)的割胶方式。

12.4.20

超低频割胶　superlow frequancy tapping

每周割一次或一次以下的割胶方式。

12.4.21

更新(前)强割　tapping with high intensity in pre-replanting period

在倒树前采用增加割线、增大刺激强度等手段挖掘橡胶树胶乳潜在生产能力的割胶方式。

12.4.22

胶乳增产刺激剂(又称刺激剂)　latex stimulant

外施于橡胶树以增加胶乳产量的化学制剂。

12.4.23

乙烯利　ethephon；ethrel

化合物 2-氯乙基磷酸的商品名,化学名乙烯丰。是目前使用最广泛的刺激剂。

12.4.24

刺激割胶　stimulation tapping

对橡胶树加施增产刺激剂后割胶的采胶方法。

12.4.25

气刺微割　micro-cut tapping with gas stimulation

采用乙烯气体刺激橡胶树后采用短割线割胶的采胶方法。

12.4.26

刺激浓度　concentration of stimulant

刺激剂含有原液或有效成分的比例,以重量百分率或纯度表示。如:

ET10%表示含有 10%的乙烯丰。

ETG99%表示含有 99%的乙烯气体。

12.4.27

刺激剂量　dosage of stimulant；dose of stimulant

每株树每次施用的刺激剂的量,以重量(g)或体积(mL)表示。

12.4.28

刺激强度　stimulating intensity

单位时间内(每割次、每周期、每年)对橡胶树外施化学胁迫的量度。即一段时间内所采用的刺激剂种类、刺激剂型、刺激浓度、刺激剂量、刺激周期、刺激频率的综合胁迫的程度。

注:改写 NY/T 1088—2006 2.11 定义。

12.4.29

刺激阈值(又称刺激启动值)　stimulating threshold value；stimulating start value

获得刺激增产作用的最低刺激剂量。

12.4.30

刺激阈时　stimulating presentation time

取得刺激增产作用所需的最短时间。

12.4.31

施用方法　method of application

橡胶树施用刺激剂的方法。用其英文第一个词的词首字母(大写)和最末单词的词首字母(小写)表示。

12.4.32

割面施用法　panel application;Pa

在紧挨割线的新割面上施用刺激剂的方法。

12.4.33

树皮施用法　bark application;Ba

在割线上方(阴刀割胶)或下方(阳刀割胶)拟近期割去的树皮上施用刺激剂的方法。

12.4.34

胶线刺激法　lace application;La

在没有拔掉胶线的割线上施用刺激剂的方法。

12.4.35

割线施用法　groove application;Ga

在拔去胶线后的割线上施用刺激剂的方法。

12.4.36

刮皮带施用法　tape or band application;Ta

在割线上方(阴刀割胶)或下方(阳刀割胶)沿割线作带状刮皮然后施用刺激剂的方法。多用于针刺采胶和阴刀割胶。

12.4.37

土壤施用　soil application;Sa

在土壤中施用刺激剂的方法。

12.4.38

刺激剂型　type of formulation

以刺激剂载体划分的刺激剂种类,如水剂、乳剂、油剂和糊剂等。

12.4.39

带宽(度)　width of band

涂药带的宽度,以 cm 为单位。

12.4.40

刺激频率　frequence of application

单位时间内实施刺激的次数,以天(d)、周(w)或月(m)为单位,在割胶符号中加上圆括号表示。如:

(m)表示每月刺激 1 次。

(2 w)表示每 2 周刺激 1 次。

(12 d)表示每 12 天刺激 1 次。

12.4.41

年刺激量　number of application per year

一年内实施刺激的次数,以次数为分子,年(y)为分母表示。如:

8/y(m)表示一年共刺激 8 次,每月刺激 1 次。

15/y(12 d)表示一年共刺激 15 次,每 12 天刺激 1 次。

12/y(2 w)表示一年共刺激 12 次,每 2 周刺激 1 次。

12.4.42

割胶制度(又称割制)　tapping system

一定时间内采用的割线条数、形式和长度,割胶频率,割面轮换,化学刺激方法等所构成的割胶生产模式。

12.4.43

割胶符号　tapping notation

分别表示割线形式与长度、割胶频率、割胶周期、转换方式等的一组英文字母、数字和符号。

12.4.44

刺激符号　stimulation notation

分别表示刺激单位(刺激剂的有效成分和浓度),施药单位(施药方法、施药量和涂药宽度),周期单位(施药次数和施药频率)的一组英文字母、数字和符号。

12.4.45

割胶制度符号　tapping system notation

表示割胶制度的一组英文字母、数字和符号,由割胶符号和刺激符号及割面符号共同组成。

12.4.46

割面轮换　panel change

同一树上不同割面或不同割线之间交替割胶的作业方式。

12.4.47

割面轮换割制　change over system

定期进行割面轮换的割胶制度。

12.5　割胶技术

12.5.1

下刀　plunge cut;initial cutting

割胶时进刀操作。

12.5.2

收刀　end cut;final cutting

割胶时出刀操作。

12.5.3

行刀　cutting continuously

从下刀后至收刀前胶刀沿着割线连续行进的操作。

12.5.4

重刀　repeatedly cut

行刀过程重复切割树皮的现象。

12.5.5

顿刀　pausing cut

割胶过程中动作不连贯,行刀停顿的操作。

12.5.6

稳准轻快　tapping steady, precisely, gently and fast

拿刀稳,接刀准,行刀轻,割胶快。

12.5.7

(割胶操作)四配合　tapping operation with four coordination;good hands, feet, eyes and body coordination in tapping operation

割胶时手、脚、眼、身四者协调配合的动作要求。

12.5.8

割胶深度 cutting depth

割胶后割口内侧剩余树皮的厚度,或切口内侧至形成层的距离(cm)。

12.5.9

树皮消耗 bark consumming

可割树皮在割胶时被逐渐割掉。

12.5.10

树皮消耗量 bark consumption

每一次或单位时间内(如 1 个月、1 年)割胶所割去树皮的高度。

注:改写 NY/T 1088—2006 2.22 定义。

12.5.11

深割 deep tapping

割胶深度小于规定指标的割胶行为。

12.5.12

浅割 shallow tapping

割胶深度大于规定指标的割胶行为。

12.5.13

伤树 tapping wound

割胶过深伤及水囊皮或形成层的行为。

12.5.14

伤树(口)率 rate of wounded tree (wounded size)

单位时间内割胶伤树株数(伤口数)占所调查胶树的百分率。

注:改写 NY/T 1088—2006 2.25 定义。

12.5.15

特伤 extremely serious wound

伤口面积为 0.4 cm×1.0 cm 或以上的伤口。

12.5.16

小伤 slightly wound;small wound

伤口面积为 0.25 cm×0.25 cm 或以下的伤口。

12.5.17

大伤 seriously wound;big wound

伤口面积介于(0.25×0.25) cm~(0.4×1.0) cm 之间的伤口。

12.5.18

树皮切片 bark piece

割胶时从割线切割下的树皮薄片。

12.5.19

(割胶)三均匀 three even for tapping technique;eveness in panel, cutting depth and bark shavings

割面均匀、深度均匀、切片均匀。

12.5.20

三看割胶 tapping acording on three statutes;tapping decision on phenology, climate and tree status

看季节物候割胶、看天气割胶、看树的状况割胶。

12.6 割胶生产技术管理

12.6.1

开割标准　stanard for open tapping；standards of tappability

一个林段中达到可开割树围的株数占总株数的比例要求。

注：改写 NY/T 1088—2006 6.1 定义。

12.6.2

开割率　tapping tree percentage

一个林段内开割株数占总株数的百分率。

12.6.3

开割日　opening date

每年度开始割胶的日期。

12.6.4

停割期(又称休割期)　stopage period；stopage date；rest period

每年因低温等原因停止割胶的时期。

注：NY/T 1088—2006 2.20 定义。

12.6.5

割胶期　tapping period

一年中割胶生产期间。泛指从开割之日至停割之日期间。

12.6.6

短期休割或浅割　tapping rest and shallow tapping

割胶期间暂时性停止割胶或浅割。当天上午 9 时林下气温低于 15℃或干胶含量低于规定指标时短期休割；出现死皮树或 1 级～2 级死皮症状时，单株停止涂药，并实行浅割；低温排胶时间过长时浅割。

注：改写 NY/T 1088—2006 8.2 定义。

12.6.7

长流胶　late drippings；late flow

正常排胶时间以后流出的胶乳。

12.6.8

雨冲胶　rain-diluted latex

遇雨而掺入雨水的胶乳。

12.6.9

胶乳保存　latex preservation

使胶乳不凝固、变质的措施。

12.6.10

胶乳保存剂　latex preservative

可使胶乳在一定时间内不凝固变质的制剂。

12.6.11

胶乳早期保存　early perservation of latex

使胶乳排出至初加工前不凝固变质的措施。

12.6.12

株次产量　yield per tree per tapping

一段时间内的平均每株每割次的产量，以 g 为单位。

12.6.13

单位面积产量   yield per unit area

一段时间内的平均单位面积干胶产量,一般以 kg 为单位。

12.6.14

相对增产率   relative yield increment rate

后期比前期增量占前期产量的百分率。计算公式如下:

相对增产率(%)=(后期产量－前期产量)/前期产量×100%

12.6.15

实际增产率   actual yield increment rate

处理区与对照区相对增产率之差。计算公式如下:

实际增产率(%)=处理区相对增产率(%)－对照区相对增产率(%)

12.6.16

净增产率   net yield increment rate

处理区和对照区试后与试前产量之比的比值减去 100%。计算公式如下:

净增产(%)=(试区试后产量/试区试前产量)÷(对照区试后产量/对照区试前产量)×100%－100%

12.6.17

割胶培训   tapper training;induction training

上岗前系统的割胶技术培训及考核。

12.6.18

胶工复训   refresher training

每年开割前对老胶工所进行割胶技术复习培训及考核。

12.6.19

树桩考核   tapping exame on a stump;tapping examining on a trunk segment

采用树桩割胶方式对学员的割胶操作技术水平进行的现场考核。

12.6.20

胶刀评级   tapping knife grading

对胶刀的打磨质量(包括刀口、凿口、刀胸、刀翼和刀身四个方面)进行综合评价定级。

12.6.21

割胶技术检查   checking-up of tapping technique in field

对割胶技术进行的现场检查。

12.6.22

割面涂封   tapping panel coating;tapping panel coating against cold damage

对割面涂抹涂封剂的作业。

13   抗风栽培

13.1

主风向   reigning wind

某一地区出现频率最高的风向。

13.2

主害风向   hurtful prevailing wind direction

某一地区最可能发生严重橡胶树风害的风向。

13.3

风压　wind pressure

风通过树木时在树体前后形成的压力差。

13.4

风振　wind vibration

在脉动风作用下引起地上部分树体的摆动。

13.5

风断　wind broken;wind snapping

受风压或(和)风振作用在茎干或枝条某处断开。

13.6

风折　wind fracture

受风压或(和)风振作用在茎干或枝条某处折裂。

13.7

风裂　wind crack

受风压或(和)风振作用在茎干或枝条某处裂开。

13.8

风斜　wind lean;wind bended

受风压或(和)风振作用等植株茎干出现 10°～20°倾斜或严重弯曲。

13.9

半倒　semi-inverted

受风压或(和)风振作用等植株茎干出现 20°～45°倾斜。

13.10

风倒　wind throw;lodging;toppling;uprooting;prostrating

受风压或(和)风振作用等植株茎干严重倾斜(>45°)至完全倒伏。

13.11

断枝　broken brounch

枝条断折的现象。

13.12

断干　broken trunk

树干断折的现象。

13.13

风害树　wind prone tree

出现风害症状的橡胶树。

13.14

风断树　wind droken tree

(曾)发生严重风断、风折的橡胶树。

13.15

风倒树　lodging tree

风倒后扶起或埋土的橡胶树。

13.16

风害调查　wind damage survey

风害发生后为评估风害损失、确定救灾决策和收集橡胶树风害数据资料等对胶园灾情开展的调查工作。

13.17

风害级别 wind damage grade

对橡胶树风害损伤程度的经验性评估分类。具体分级标准见 NY/T 221—2006。

13.18

倾斜 inclined

主干倾斜＜30°。

13.19

倒伏 lodging;toppled;prostrating

主干倾斜超过 45°。

13.20

断倒株数 number of plants broken and inverted

一次风害 4 级~6 级(含倒伏)风害树株数之和。

13.21

风害率 wind damage rate

风害树株数之和占调查总株数的百分率。

13.22

风害平均级别 average of wind damage grade

各级风害树株数乘以相应级别之和除以调查总株数。

13.23

风害断倒率 severe wind damage rate

一次风害断倒株数占调查总株数的百分率。

13.24

风害累计断倒率 accumulative wind breakage ratio;accumulative wind-damage rate

胶园历次风害 4 级~6 级及倒伏植株的累计数(受害植株不重复计算)占其第一次调查株数的百分率。

注:改写 NY/T 688—2002 3.11 定义。

13.25

风害救灾原则 wind damage rescue principles

对大规模风害胶园和风害树的处理准则。

13.26

扶树 uprighting tree

将风倒树扶起并使其固定在直立状态。

13.27

回截 cutting back

在风害枝条、茎干断、折裂末端最近的未受伤处截断。

13.28

伤口涂封 wound coating and sealing

在伤口表面涂抹沥青合剂等保护性制剂。

13.29

保存率 survival rate

单位面积胶园内现有存活植株数占原定植株数的百分率。

注:改写 NY/T 688—2003 3.10 定义。

13.30

有效存树率（又称存树率） efficiency standing ratio

单位面积胶园内现有正常植株数（含恢复正常的树）占原定植株数的百分率。

13.31

（风害树）报废处理 abandon proposal of wind ruined trees;abandon treatment of wind damage tree

对经评估无产胶价值的风害树进行申报（国有资产）、强割、倒树等处理。

14 抗寒栽培

14.1

寒害树 cold-injured rubber tree

出现寒害症状的橡胶树。

14.2

（橡胶树）寒害症状 cold injury symptoms of rubber

橡胶树因低温影响引起的外观和功能上的异常变化,主要表现为叶片失绿、幼嫩组织水渍状、爆皮流胶、枝干回枯等。

14.3

挂白叶 hanging white leaf

低温后原正常叶片变白色、扭曲和硬脆,且数周内不脱落的寒害症状。

14.4

水渍状 water stain shaped;seepage symptom

低温后枝和茎幼嫩组织或器官、新割面等出现深绿色至黑色的浸润状斑块的寒害症状。

14.5

肿块 mass;tumor;swelling

低温后树皮上局部、不规则的隆起。

14.6

爆皮流胶 bark burst;bark splitting and bleeding;bleeding;cracking of bark

肿块顶部等破裂并流出大量胶乳。

注:改写 NY/T 607—2002 13 定义。

14.7

皮下凝胶 subcutaneous coagulum;subcurticular coagulum

在肿块破裂处及肿块内侧薄片状或丝条状等的凝胶块。

14.8

冒黑水 blackish exudate;emit black water

低温后从茎干上水渍状斑块中渗出黑色、恶臭的液体的寒害症状。

14.9

回枯 dieback;withered;shriveled

低温后从茎干或枝稍末端向茎干或枝条基部逐渐干枯的现象。

14.10

干皮 bark crack;desiccative bark

低温后树皮外层干枯,皲裂,且在一段时间后会自动脱落。

14.11

烂脚 collar rot;elephant foot rot

辐射降温后在橡胶树根颈部或茎干基部出现的肿块、皮内凝胶、爆皮流胶和树皮溃烂等现象。

注:改写 NY/T 221—2006 2.21 定义。

14.12

砧木寒害 rootstock cold injury

低温后在根砧部分出现水渍状斑块、爆皮流胶、皮下凝胶、冒黑水和坏死等寒害症状。

14.13

寒害调查 cold injury survey

寒害天气过程结束后和寒害症状稳定后为评价寒害损失、确定救灾决策和收集灾害数据资料等开展的胶园灾情调查。

14.14

寒害级别 cold injury grade

对橡胶树寒害受伤程度的经验性评估分类。具体分级见 NY/T 221—2006 附录 C。

14.15

寒害率 cold injury rate

寒害树株数之和占调查总株数的百分率。

14.16

寒害平均级别 average of cold injury grade

各级寒害树株数乘以相应级别之和除以调查总株数。

14.17

4 级～6 级寒害率 severe cold injury rate

4 级～6 级寒害树株数之和占调查总株数的百分率。

14.18

寒害救灾原则 cold injury rescue principles

对大规模寒害胶园、寒害树的处理准则。

14.19

寒害处理 aftercare of clod injured trees;cold injury treatment

对寒害树树体进行回截、伤口涂封等的处理。

注:改写 NY/T 221—2006 8.12.2 定义。

14.20

沥青合剂 asphalt solvent blend

一类用于涂抹伤口防止虫蛀、腐烂的涂封剂。

14.21

次生灾害 secondary disasters

伴随寒害、风害和旱害或随其后发生的大规模病虫害等灾害。

15 胶园更新

15.1

胶园更新 rubber plantation replanting;rubber plantation rejuvenation

对老化、残缺或低产胶园进行倒树、重建的过程。

15.2

更新标准 replanting standard

评估是否需要更新的胶园潜在生产能力预期值。

注:改写 NY/T 221—2006 11.1 定义。

15.3

更新计划　replanting plan

更新胶园的强割、育苗、倒树、整地和种植等的作业计划。

15.4

橡胶材积调查　rubber timber survey

更新前对拟更新胶园的橡胶木材积量的评估作业。

15.5

倒树　tree felling

用人工或机械将橡胶树伐倒。

15.6

林下更新　undergrowth replanting

先在拟更新胶园原行间种植橡胶苗或作带状更新,在一段时间后再毒杀或砍伐老橡胶树的更新方式。

15.7

全垦更新　whole reclamation replanting;clean replanting

对老胶园进行全垦的更新方式。

15.8

机械更新　mechanical replanting

倒树、清地和整地等以机械作业为主的更新作业方式。

15.9

人工更新　manpower replanting;manual replanting

倒树、清地和整地等以人工作业为主的更新作业方式。

注:改写 NY/T 221—2006 11.4.2 定义。

15.10

树桩毒杀　stump poisoning

采用杀树剂涂抹在橡胶树残桩上以促进其腐烂的作业。

参 考 文 献

[1] GB/T 14795—2008　天然橡胶　术语
[2] GB/T 17822.1—2009　橡胶树种子
[3] GB/T 17822.2—2009　橡胶树苗木
[4] NY/T 221—2006　橡胶树栽培技术规程
[5] NY/T 607—2002　橡胶树育种技术规程
[6] NY/T 688—2003　橡胶树品种
[7] NY/T 1314—2007　农作物种质资源鉴定技术规程　橡胶树
[8] NY/T 1860—2009　橡胶树育苗技术规程

索　引
汉语拼音索引

D

H

J

<h2 style="text-align:center">K</h2>

Z

英文对应词索引

A

B

C

F

G

H

I

J

K

M

N

O

P

R

S

T

U

V

W

Y

Z

附加说明：

本标准按照 GB/T 1.1—2009 给出的规则起草。

本标准由农业部农垦局提出。

本标准由农业部热带作物及制品标准化技术委员会归口。

本标准主要起草单位：中国热带农业科学院橡胶研究所、中国热带农业科学院环境与植物保护研究所、中国热带农业科学院信息研究所。

本标准主要起草人员：林位夫、魏小弟、林钊沐、李维国、符悦冠、莫业勇、杨连珍、周立军、周珺、曾宪海。

中华人民共和国农业行业标准

木薯淀粉初加工机械　离心筛
质量评价技术规范

Technical specification of quality evaluation for centrifugal
screen forcassava starch primary processing machinery

NY/T 2264—2012

1　范围

本标准规定了木薯淀粉初加工机械离心筛的基本要求、质量要求、检测方法和检验规则。

本标准适用于木薯淀粉初加工机械离心筛(以下简称离心筛)的质量评定。

2　规范性引用文件

下列文件对于本文件的应用是必不可少的。凡是注日期的引用文件,仅注日期的版本适用于本文件。凡是不注日期的引用文件,其最新版本(包括所有的修改单)适用于本文件。

GB/T 228.1　金属材料　拉伸试验　第1部分:室温试验方法

GB/T 230.1　金属洛氏硬度试验　第1部分:试验方法(A、B、C、D、E、F、G、H、K、N、T标尺)

GB/T 699　优质碳素结构钢

GB/T 977　灰铸铁机械性能试验方法

GB/T 1184　形状和位置公差　未注公差值

GB/T 1958　产品几何量技术规范(GPS)形状和位置公差　检测规定

GB/T 2828.1　计数抽样检验程序　第1部分:按接收质量限(AQL)检索的逐批检验抽样计划

GB/T 3768　声学　声压法测定噪声源声功率级　反射面上方采用包络测量表面的简易法

GB/T 4706.1　家用和类似用途电器的安全　第1部分:通用要求

GB/T 5009.9　食品中淀粉的测定

GB/T 5226.1　机械安全　机械电气设备　第1部分:通用技术条件

GB/T 8196　机械设备防护罩安全要求

GB/T 9239.1　机械振动　恒态(刚性)转子平衡品质要求　第1部分:规范与平衡允差的检验

GB/T 9439　灰铸铁件

GB/T 9969　工业产品使用说明书　总则

GB/T 13306　标牌

GB 16798　食品机械安全卫生

JB/T 5673—1991　农林拖拉机及机具涂漆　通用技术条件

JB/T 9832.2　农林拖拉机及机具　漆膜附着性能测定方法　压切法

3　基本要求

3.1　文件资料

离心筛质量评价所需的文件资料应包括:

——产品执行的标准或产品制造验收技术条件；

——产品使用说明书。

3.2 主要技术参数核对

对产品进行质量评价时应核对其主要技术参数，其主要内容应符合表1的要求。

表 1 产品主要技术参数确认表

型　号	DS‐700L	DS‐800L	DS‐1100	DS‐1300
外形尺寸(长×宽×高)，mm	1 770×1 200×1 200	1 930×1 300×1 260	2 300×1 750×1 650	2 650×1 900×1 800
整机质量，kg	1 100	1 300	2 000	2 500
筛兰大端直径，mm	700	800	1 100	1 300
筛兰锥角，°	50～52	50～52	60	60
筛兰转速，r/min	1 100	960	900	850
电机功率，kW	7.5	11	22	37
电机转速，r/min	1 440	1 460	1 470	1 480
生产率，m³/h(薯浆)	20	30	55	80

4 质量要求

4.1 主要性能要求

产品主要性能要求应符合表2的规定。

表 2 产品主要性能要求

序号	项　目		指　标
1	生产率，m³/h(薯浆)		表1
2	单位耗电量，kWh/m³(薯浆)		企业明示的技术要求
3	薯渣含粉率(干基)，%	第一级	≤46
		第二级	≤39
		第三级	≤36
4	薯渣含水率，%		≤82
5	轴承温升，℃		≤45
6	使用可靠性，%		≥97

4.2 安全卫生要求

4.2.1 V带传动装置应有防护罩，防护罩应符合 GB/T 8196 的规定。

4.2.2 各连接件、紧固件不应有松动现象。

4.2.3 设备的绝缘电阻应不小于 2 MΩ，接地电阻应小于 5 Ω。

4.2.4 与物料接触的零部件材料应符合 GB 16798 的规定，不应有锈蚀和腐蚀现象。

4.2.5 顶盖应设安全警示标志。

4.2.6 操作开关应注明用途的文字符号。

4.3 空载噪声

应不大于 85 dB(A)。

4.4 关键零部件质量

4.4.1 主轴应采用力学性能不低于 GB/T 699 中规定的 45 号钢制造。

4.4.2 主轴硬度应为 22 HRC~28 HRC。

4.4.3 筛兰应进行动平衡校验,其许用不平衡量的确定按 GB/T 9239.1 规定的 G6.3 级。

4.4.4 轴承座应采用力学性能不低于 GB/T 9439 中规定的 HT 200 制造。

4.4.5 轴承座两轴承位孔的同轴度应不低于 GB/T 1184 中 6 级精度的要求。

4.5 一般要求

4.5.1 各部位运转平稳,不应有异响。

4.5.2 各密封部位不应有渗漏现象。

4.5.3 筛网应可靠紧固,无起皱、凸起现象。

4.5.4 外筒体与底座的错位量应不大于 3 mm。

4.5.5 顶盖应操作灵活,密封可靠。

4.5.6 表面涂漆质量应符合 JB/T 5673 中普通耐候涂层的规定。

4.5.7 涂层漆膜附着力应符合 JB/T 9832.2 中 Ⅱ 级 3 处的规定。

4.6 使用信息要求

4.6.1 产品使用说明书的编制应符合 GB/T 9969 的规定,除包括产品基本信息外,还应包括安全注意事项、禁用信息以及对安全装置、调节控制装置与安全标志的详细说明等内容。

4.6.2 应在设备明显位置固定产品标牌,标牌应符合 GB/T 13306 的规定。

5 检测方法

5.1 性能试验

5.1.1 生产率

采用容积法测定单位时间内加工的薯浆量。测定三次,取平均值。生产率以式(1)计算。

$$E = \frac{V_a}{T} \quad\cdots\cdots\cdots\cdots\cdots\cdots\cdots\cdots\cdots\cdots\cdots\cdots (1)$$

式中:

E ——生产率,单位为立方米每小时(m^3/h);

V_a ——薯浆加工量,单位为立方米(m^3);

T ——工作时间,单位为小时(h)。

5.1.2 单位耗电量

在正常工作情况下,测定单位薯浆的耗电量,每台样机测定三次,取其平均值,每次应不少于 1 h。

5.1.3 薯渣含粉率

按 GB/T 5009.9 规定的方法测定。

5.1.4 薯渣含水率

在出渣口取样 3 份,每份不少于 50 g,采用烘箱法分别测定含水率,取平均值。

5.1.5 轴承温升

用测温仪分别测量试验开始和结束时轴承座(或外壳)的表面温度,并计算差值。

5.1.6 使用可靠性

在正常工作情况下,每台样机测定时间应不少于 200 h,取两台的平均值评定。使用可靠性以式(2)计算。

$$K = \frac{\sum T_z}{\sum T_g + \sum T_z} \times 100 \quad\cdots\cdots\cdots\cdots\cdots\cdots\cdots (2)$$

式中：

K ——使用可靠性，单位为百分率（%）；

T_z——班次工作时间，单位为小时（h）；

T_g——班次故障排除时间，单位为小时（h）。

5.2 安全卫生

5.2.1 防护装置、安全警示标志、接地标志和接地措施情况采用目测检查。

5.2.2 设备的紧固或防松装置采用感官检查。

5.2.3 绝缘电阻、接地电阻的检测分别按 GB/T 5226.1、GB/T 4706.1 的规定进行。

5.2.4 与物料接触的零部件材料按 GB 16798 的规定进行检查,锈蚀和腐蚀情况采用目测检查。

5.3 空载噪声

按 GB/T 3768 的规定进行测定。

5.4 关键零部件

5.4.1 主轴材料力学性能检测按 GB/T 228.1 规定的方法进行。

5.4.2 主轴硬度的测试按 GB/T 230.1 规定的方法进行。

5.4.3 筛兰在动平衡机上进行筛兰不平衡量的测定。其不平衡量的确定和测定方法按 GB/T 9239.1 的规定进行。

5.4.4 轴承座材料力学性能按 GB/T 977 的规定进行。

5.4.5 轴承座轴承位孔同轴度测量按 GB/T 1958 的规定进行。

5.5 一般要求

5.5.1 运转平稳性及异响分别采用目测和听觉检查。

5.5.2 密封处渗漏、筛网的紧固和平整情况采用感官检查。

5.5.3 外筒体与底座的错位量用直尺测量检查。

5.5.4 顶盖操作情况采用感官检查,密封性采用目测检查。

5.5.5 涂漆外观目测、漆膜附着力应按 JB/T 9832.2 的规定进行。

5.6 使用信息

5.6.1 使用说明书按 GB/T 9969 的规定进行检查。

5.6.2 产品标牌按 GB/T 13306 的规定进行检查。

6 检验规则

6.1 抽样方法

6.1.1 抽样应符合 GB/T 2828.1 中正常检查一次抽样方案的规定。

6.1.2 样本应在制造单位近 6 个月内生产的合格产品中随机抽取,抽样检查批量应不少于 3 台,样本大小为 2 台。在销售部门抽样时,不受上述限制。

6.1.3 整机应在生产企业成品库或销售部门抽取,零部件应在零部件成品库或装配线上已检验合格的零部件中抽取,也可在样机上拆取。

6.2 检验项目、不合格分类

检验项目、不合格分类见表 3。

表3 检验项目、不合格分类

不合格分类	检验项目	样本数	项目数	检查水平	样本大小字码	AQL	Ac	Re
A	1. 生产率 2. 使用可靠性 3. 安全卫生要求	2	3	S-I	A	6.5	0	1
B	1. 空载噪声 2. 单位耗电量 3. 轴承负载温升 4. 主轴硬度 5. 筛兰质量 6. 薯＋渣含粉率和含水率		6			25	1	2
C	1. 运转平稳性及异响 2. 密封部位渗漏情况 3. 表面涂漆质量 4. 外观质量 5. 漆膜附着力 6. 标志、标牌 7. 使用说明书	2	7	S-I	A	40	2	3

注:AQL 为合格质量水平,Ac 为合格判定数,Re 为不合格判定数。

6.3 判定规则

评定时采用逐项检验考核,A、B、C 各类的不合格项小于或等于 Ac 为合格,大于或等于 Re 为不合格。A、B、C 各类均合格时,该批产品为合格品,否则为不合格品。

附加说明:

本标准按照 GB/T 1.1—2009 给出的规则起草。

本标准由农业部农垦局提出。

本标准由农业部热带作物及制品标准化技术委员会归口。

本标准起草单位:中国热带农业科学院农业机械研究所、南宁市明阳机械制造有限公司。

本标准主要起草人:张劲、欧忠庆、陈进平、李明福、王忠恩。

中华人民共和国农业行业标准

香蕉纤维清洁脱胶技术规范

Technical specification for banana raw fiber
pollution-free degumming

NY/T 2265—2012

1 范围

本标准规定了香蕉纤维原料清洁脱胶的术语和定义、工艺流程和工艺要求。

本标准适用于香蕉纤维原料的脱胶。

2 规范性引用文件

下列文件对于本文件的应用是必不可少的。凡是注日期的引用文件,仅注日期的版本适用于本文件。凡是不注日期的引用文件,其最新版本(包括所有的修改单)适用于本文件。

GB/T 6682 分析实验室用水规格和试验方法

3 术语和定义

下列术语和定义适用于本文件。

3.1

香蕉纤维原料 banana raw fiber

采用机械、手工等方式从香蕉茎秆和叶片中剥离得到的粗纤维,供给清洁脱胶工艺段的加工原料。

3.2

香蕉纤维精干麻 banana refined fiber

采用适当方法部分除去香蕉纤维原料中非纤维素物质而获得的纤维素纤维。

3.3

香蕉纤维原料清洁脱胶 banana raw fiber pollution-free degumming

以微生物、酶、汽爆等方法为主,辅以少许化学处理,除去部分非纤维素物质而获得精干麻的加工过程。清洁脱胶工艺分为生物法和汽爆法两种。

3.4

香蕉纤维原料生物法脱胶 banana raw fiber bio-degumming

将活化态菌种直接接种到香蕉纤维原料上,在适宜生长条件下,利用原料中非纤维素物质为培养基进行发酵,通过产生大量复合酶系催化降解非纤维素物质而获得香蕉纤维精干麻的加工过程。

3.5

香蕉纤维原料汽爆法脱胶 banana raw fiber degumming with steam explosion

将未经化学处理或少量化学处理的纤维原料置于汽爆罐中,在一定的温度和压强下短时间处理后,瞬间释放,使纤维原料中的非纤维素物质降解获得香蕉纤维精干麻的加工过程。

中华人民共和国农业部 2012-12-07 发布　　　　　　　　　　　　　　　　2013-03-01 实施

3.6

精炼 refining

采用稀碱液蒸煮,进一步降解脱胶后残余的非纤维素类物质的加工工序。

3.7

拷麻 beating

采用机械捶打富含水分的香蕉纤维精干麻,并适度翻动,除去部分附着于香蕉纤维精干麻中非纤维素物质的加工工序。

3.8

给油 grease-feeding

将脱胶后的香蕉纤维精干麻浸泡于乳化油中,使纤维表面附着油脂膜的加工工序。

4 工艺流程

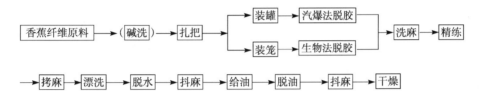

5 工艺要求

5.1 原料要求

5.1.1 含杂率

香蕉纤维原料含杂率≤3.5%。

5.1.2 霉变情况

原料不应有霉变,霉变的原料应采用太阳光暴晒等措施处理至无霉变气味,方可用于后续清洁脱胶工艺。

5.1.3 酸碱度

浴比＝1∶10时,将原料置于符合GB/T 6682规定的三级水中浸泡30 min后,浸泡液的pH控制在5.0～8.5范围内。

5.1.4 金属离子

浴比＝1∶10时,将原料置于符合GB/T 6682规定的三级水中浸泡30 min后,浸泡液二价及以上金属离子总量控制在100 μmol/L以下。

5.1.5 杀菌剂

原料不应含有杀菌剂。为防止霉变采用杀菌剂处理的原料,应置于通风、干燥条件下存放至该杀菌剂半衰期之后,方可作为清洁脱胶工艺原料。

5.2 原料脱胶前处理

5.2.1 扎把

解捆、抖松、剔除病斑和霉变的原料,扎成0.4 kg～0.7 kg的麻把。

5.2.2 装笼

生物法脱胶工艺中,宜采用悬挂式圆柱形麻笼,将麻把近似对折后均匀悬挂于麻笼中。

5.2.3 装罐

汽爆法脱胶工艺中,将麻把直接装入汽爆罐体内。

5.3 清洁脱胶

5.3.1 生物法脱胶

5.3.1.1 菌种采用经活化的枯草芽孢杆菌(B. subtilis)IBMRU 菌株，菌悬液终浓度在 $6×10^7$ cfu/mL 以上。按料液比 1：20～1：30 的比例投料，脱胶锅内水温控制在(28±1)℃。

5.3.1.2 将麻笼浸泡于 5.3.1.1 中的脱胶锅内，浸泡时间 20 min～30 min，浸泡温度(28±2)℃，净化压缩空气流量(V)对发酵物(V)比例为 0.5：1～1.0：1，发酵时间 30 h～60 h，然后直接用蒸汽加热至 80℃～90℃终止发酵，再通入压缩空气排出废液。

5.3.1.3 如采用其他菌种，所需的压力、时间、温度等可参照上述要求适当调整。

5.3.2 汽爆法脱胶

装有香蕉纤维原料的汽爆罐压力 1.2 MPa～2.0 MPa，处理 1 min～15 min，瞬间释放，通过水洗可使纤维相互分离。

5.4 原料脱胶后处理

5.4.1 洗麻

经脱胶的纤维原料置于洗麻池中，用热水循环洗涤两次、每次循环洗涤时间 15 min～25 min、水温控制在 65℃～85℃，排出废液。用冷水循环洗涤两次，每次循环洗涤时间 5 min～10 min。

5.4.2 拷麻

采用圆盘式拷麻机，敲击麻把 2 圈～3 圈。

5.4.3 漂洗

将拷麻后的纤维原料，用含有 1.1%～1.3% Na_2SiO_3、2.1%～2.3% NaOH 和 2.1%～2.49% H_2O_2 漂洗液，在 55℃～62℃、料液比 1：14～1：18 条件下，浸泡处理 2 h～3 h 后，洗涤至中性。

5.4.4 脱水

采用脱水机对处理后的原料进行脱水，含水率控制在 55% 以下。

5.4.5 抖麻

采用抖麻机抖松。

5.4.6 给油

采用锅炉用软水、浴比 1：8、乳化油 1.0%～1.5%，在温度 80℃～90℃条件下，抖松后给油 1.0 h～2.0 h。

5.4.7 脱油水

采用脱水机对处理原料脱油水，含水率控制在 50% 以下。

5.4.8 干燥

采用烘干机干燥原料，温度 80℃～110℃、时间 14 min～20 min。亦可晒干或阴干。

附加说明：
本标准按照 GB/T 1.1—2009 给出的规则起草。
本标准由农业部农垦局提出。
本标准由农业部热带作物及制品标准化技术委员会归口。
本标准起草单位：中国热带农业科学院海口实验站。
本标准主要起草人：曾会才、盛占武、郭刚、郑丽丽、高锦合、金志强、马蔚红、蔡胜忠、明建鸿。

中华人民共和国农业行业标准

天然橡胶初加工机械通用技术条件

General technic requirements for machinery for primary
processing of matural rubber

NY/T 409—2013
代替 NY/T 409—2000

1 范围

本标准规定了天然橡胶初加工机械的术语和定义、产品型号的编制方法、技术要求、试验方法、检验
规则、标志、包装、运输和贮存等通用技术要求。

本标准适用于以鲜乳胶或杂胶为原料加工成标准胶、烟片胶和其他胶片的天然橡胶初加工
机械。

本标准不适用于浓缩胶乳分离机。

2 规范性引用文件

下列文件对于本文件的应用是必不可少的。凡是注日期的引用文件,仅注日期的版本适用于本文
件。凡是不注日期的引用文件,其最新版本(包括所有的修改单)适用于本文件。

GB/T 191 包装储运图示标志

GB/T 230.1 金属材料 洛氏硬度试验 第1部分:试验方法(A、B、C、D、E、F、G、H、K、N、T
标尺)

GB/T 231.1 金属材料 布氏硬度试验 第1部分:试验方法

GB/T 984 堆焊焊条

GB/T 985.1 气焊、焊条电弧焊、气体保护焊和高能束焊的推荐坡口

GB/T 985.2 埋弧焊的推荐坡口

GB/T 1031 产品几何技术规范(GPS) 表面结构 轮廓法 表面粗糙度参数及其数值

GB/T 1243 传动用短节距精密滚子链、套筒链、附件和链轮

GB/T 1804—2000 一般公差 未注公差的线性和角度尺寸的公差

GB/T 1958 产品几何量技术规范(GPS) 形状和位置公差 检测规定

GB/T 2828.1 计数抽样检验程序 第1部分:按接收质量限(AQL)检索的逐批检验抽样计划

GB/T 3177 光滑工件尺寸的检验

GB/T 3768 声学声压法测定噪声源声功率级反射面上方采用包络测量表面的简易法

GB/T 4140 输送用平顶链和链轮

GB/T 5117 碳钢焊条

GB/T 5118 低合金钢焊条

GB 5226.1 机械安全 机械电气设备 第1部分:通用技术条件

GB/T 5269 传动与输送用双节距精密滚子链、附件和链轮

GB/T 5667—2008 农业机械 生产试验方法

中华人民共和国农业部 2013-05-20 发布

2013-08-01 实施

GB/T 6388　运输包装收发货标志

GB/T 6414　铸件　尺寸公差与机械加工余量

GB/T 7935　液压元件　通用技术条件

GB/T 8196　机械安全　防护装置　固定式和活动式防护装置设计与制造一般要求

GB/T 9239.1　机械振动　恒态(刚性)转子平衡品质要求　第1部分:规范与平衡允差的检验

GB/T 10610　产品几何技术规范(GPS)　表面结构　轮廓法　评定表面结构的规则和方法

GB/T 10089　圆柱蜗杆、蜗轮精度

GB/T 10095.1　渐开线圆柱齿轮精度　第1部分:轮齿同侧齿面偏差的定义和允许值

GB/T 10095.2　渐开线圆柱齿轮精度　第2部分:径向综合偏差与径向跳动的定义和允许值

GB/T 13306　标牌

GB/T 13924　渐开线圆柱齿轮精度　检验细则

GB/T 14957　熔化焊用钢丝

JB/T 9832.2　农林拖拉机及机具漆膜附着性能测定方法　压切法

JB/T 5994　装配通用技术要求

NY/T 408　天然橡胶初加工机械产品质量分等

NY/T 1036　热带作物机械　术语

3　术语和定义

NY/T 1036—2006界定的以及下列术语和定义适用于本文件。

3.1

可用度(使用有效度)　availability

在规定条件下及规定时间内,产品能工作时间对能工作时间与不能工作时间之和的比。

注:改写GB/T 5667—2008,定义2.12。

4　产品型号的编制方法

4.1　产品型号由机名代号、主要参数、结构代号和系列号组成,组合式机组在机名代号前用阿拉伯数字表示组合式机组中主要工作部件数量。

机名代号用产品名称中有特征意义的汉语拼音第一个大写字母表示;主要参数用产品主要工作部件尺寸或主要性能指标的阿拉伯数字表示,如液压打包机的主油缸压力、绉片机、压薄机、洗涤机等的辊筒直径、长度;结构代号用表示结构特征的汉语拼音字头的大写字母表示;系列号用A,B,C等大写英文字母表示。主要机名和结构形式的代号见表1和表2。

表1　主要机名和代号

机械名称	五合一压片机	抽胶泵	锤磨机	干搅机	干燥设备
机名代号	5YP	CJB	CM	GJ	GZ
机械名称	干燥车	冷胶机	螺杆破碎机	切胶机	燃油炉
机名代号	GZC	LJ	LP	QJ	RYL
机械名称	碎胶机	撕粒机	手摇压片机	推进器	洗涤机
机名代号	SJ	SL	SY	TJQ	XD
机械名称	压薄机	液压打包机	振动筛	绉片机	—
机名代号	YB	YDB	ZDS	ZP	—

表 2 主要结构形式和代号

结构形式	钢架结构	框架式	连续式	螺杆式	链条单点式	链条双点式	土建结构
结构代号	G	K	L	LG	LTD	LTS	T
结构形式	无风斗	有风斗	柱式	电热	燃煤	燃气	燃油
结构代号	W	Y	Z	D	M	Q	Y

4.2 产品型号表示方法

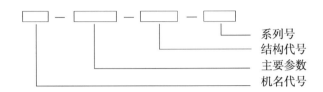

系列号
结构代号
主要参数
机名代号

示例1:ZP-300×600 表示绉片机,其辊筒直径为 300 mm,长度为 600 mm。

示例2:XD-250×800-A 表示洗涤机,其辊筒直径为 250 mm,长度为 800 mm,系列号为 A。

示例3:YDB-1 000-K 表示液压打包机,主油缸作用力为 1 000 kN,框架式。

示例4:5YP-150×650 表示五合一压片机,其辊筒直径为 150 mm,长度为 650 mm。

5 技术要求

5.1 一般要求

5.1.1 天然橡胶初加工机械应符合天然橡胶初加工工艺的要求,结构合理,外形美观,操作安全,维修方便。

5.1.2 产品应按照经规定程序批准的图样及技术文件制造。

5.1.3 工作质量、生产率、能源消耗量指标应符合各单机标准的要求。

5.1.4 整机的空载噪声应不大于 85 dB(A)[干搅机应不大于 90 dB(A)],液压打包机应不大于 78 dB(A)。其中辊筒式天然橡胶初加工机械应符合如下要求:

    a) 主轴转速不高于 1 000 r/min 应不大于 80 dB(A);

    b) 主轴转速高于 1 000 r/min 应不大于 85 dB(A)。

5.1.5 产品的可用度应不小于 90%。

5.1.6 配套动力和控制装置及有关附件、用于安装调整的特殊工具应由制造厂随机提供,并应符合相关产品标准要求。

5.1.7 整机运转应平稳,不应有明显的振动、冲击和异响;调整装置应灵敏可靠;电气装置应安全可靠。

5.1.8 轴承的最高温度和温升应不超过表 3 的规定。减速箱润滑油的最高温度应不超过 65℃。

表 3 轴承的最高温度和温升

单位为摄氏度

轴承种类	空载时		负载时	
	最高温度	温升	最高温度	温升
滑动轴承	60	30	70	35
滚动轴承	70	40	85	45

5.1.9 减速箱、液压系统及其他润滑部位不应有渗漏油现象。

5.1.10 防水密封装置应良好,不应有进水或漏水现象。

5.2 外观质量

5.2.1 外观表面不应有图样未规定的凸起、凹陷和其他损伤。

5.2.2 零、部件结合面的边缘应平整,其错位量和门、盖与胶机结合缝隙不应超过表4的规定。

表4 结合面错位量和门、盖与结合面缝隙

单位为毫米

结合面尺寸	零部件结合面错位量	门、盖与结合面缝隙
≤500	≤2	≤1
>500	≤3	≤2

5.2.3 外露的焊缝应平整均匀。

5.2.4 埋头螺钉不应突出零件表面,其头部与沉孔之间不应有明显的偏心,固定销应突出零件表面,螺栓尾端应突出螺母,突出部分略大于倒角值。外露轴端应突出于包容件的端面,突出值约为倒角值。内孔表面与壳体凸缘间的壁厚应均匀对称,其凸缘壁厚之差应不大于实际最大壁厚的25%。

5.2.5 应有指示润滑、操纵、安全等标牌或标志,并符合有关标准的规定。

5.2.6 金属手轮轮缘和操纵手柄应进行防锈处理,要求表面光亮。

5.2.7 电器线路及软线管应排列整齐,不应有伤痕和压扁等缺陷。

5.3 涂漆质量

5.3.1 表面漆层应色泽均匀、平整光滑,不应有露底、严重的流痕和麻点。明显的起泡、起皱应不多于3处。不加工的铸件表面应涂防锈底漆。

5.3.2 漆层的漆膜附着力应符合JB/T 9832.2中2级3处的要求。

5.4 铸锻件质量

5.4.1 铸、锻件材料应符合各单机标准的要求。

5.4.2 铸件的表面应平整,不应有飞边、毛刺、浇口和冒口,表面上的型砂和黏结物应清理干净。贮水或贮油的铸件不应有漏水或漏油现象。

5.4.3 铸件不应有裂纹。铸件工作表面和主要受力面上不允许存在缩松、夹渣、冷隔、缩孔、气孔和黏砂以及其他降低铸件结构强度或影响切削加工的铸造缺陷。对修补后不影响使用质量和外观的铸造缺陷,允许按有关标准修补。

5.4.4 铸件尺寸公差与机械加工余量应符合GB/T 6414的规定。

5.4.5 铸造的泵件、阀体和缸筒不应有气孔、缩孔和砂眼等降低耐压强度的铸造缺陷,在规定的压力下试验,不应有漏油、漏水或漏气现象。

5.4.6 锻件不应有裂纹、夹层、折叠、锻伤、结疤、夹渣等缺陷。对低碳钢锻件的非重要部位的局部缺陷允许修补。

5.5 焊接件

5.5.1 焊接所用的焊条应符合GB/T 5117和GB/T 5118的规定,堆焊焊条应符合GB/T 984的规定,焊丝应符合GB/T 14957的规定。

5.5.2 焊接件的焊缝坡口形式和尺寸应符合GB/T 985.1和GB/T 985.2的规定。

5.5.3 焊接部件的外观表面不应有焊瘤、金属飞溅物和引弧痕迹,边棱、尖角处应光滑。

5.5.4 焊接焊缝表面应呈均匀的细鳞状,不应有裂纹(包括母材)、夹渣、气孔、焊缝间断、弧坑。

5.5.5 常压容器焊接完成后,应按有关规定进行盛水试验或焊缝煤油渗漏试验。

5.5.6 零件焊接后的热处理应按图样或工艺文件规定进行。

5.6 加工质量

5.6.1 加工后的零件应符合图样和有关标准的要求。

5.6.2 零件应按工序检查验收,在前道工序检验合格后,方可转入下道工序制作。

5.6.3 零件已加工表面上,不应有锈蚀、毛刺、碰伤、划痕等降低零件强度、寿命及影响外观的缺陷。

5.6.4 热处理后的零件不应有裂纹和影响强度、耐久性能的其他缺陷。热处理后的零件在精加工时,不应有烧伤变形或产生退火现象。硬度应符合相关产品标准的要求。

5.6.5 零件刻度部分的刻线、数字和标记应准确、均匀和清晰。

5.6.6 除有特殊要求外,机械加工后的零件不允许有尖棱、尖角和毛刺。

5.6.7 零件的未注公差值、倒角高度和倒圆半径,应符合 GB/T 1804—2000 第 5 章的规定,并在图样等技术文件中按照 GB/T 1804—2000 第 6 章的规定标注。

5.6.8 渐开线圆柱齿轮的精度等级应不低于 GB/T 10095.1、GB/T 10095.2 规定的 9 级要求,齿面粗糙度应不低于 GB/T 1031 的规定 Ra6.3,齿面硬度应符合相关产品标准的要求。

5.6.9 传动用滚子链链轮应符合 GB/T 1243 的规定,输送链链轮应符合 GB/T 4140、GB/T 5269 的规定。

5.6.10 与轴承相配的轴、孔公差带应符合相关产品的标准。与轴承的配合表面,轴颈、外壳孔、轴肩和外壳孔肩端面的表面粗糙度 Ra 值应不超过表 5 的规定。

表 5 轴承的配合表面,轴颈、外壳孔、轴肩和外壳孔肩端面的表面粗糙度 Ra 值

单位为微米

配合表面	轴颈	外壳孔	轴肩和外壳孔肩端面
Ra 值	3.2	3.2	6.3

5.7 装配质量

5.7.1 应按图样要求进行装配。装配用零件、部件(包括外购件)应经检验合格,外购件、协作件应有合格证书。

5.7.2 装配前应对各种零件清洗干净,不应有毛刺、切屑、油污、锈斑等脏物。各种零部件的装配应符合 JB/T 5994 的有关规定。

5.7.3 装配后,滑动、转动部位应运转灵活、平衡,无阻滞现象。

5.7.4 两 V 带轮轴线的平行度应不大于两轮中心距的 1‰,两带轮轮宽对称面的偏移量应不大于两轮中心距的 0.5‰。

5.7.5 齿轮副侧隙和接触斑点应符合 GB/T 10095.1 的规定,精度等级应不低于 9 级;蜗杆蜗轮副的侧隙和接触斑点应符合 GB/T 10089 的规定,精度等级应不低于 8 级。

5.7.6 液压系统的装配应符合 GB/T 7935 的规定。

5.7.7 转速较高、转动惯量较大的部件应按相应产品标准进行静平衡试验或动平衡,并符合 GB/T 9239.1 的有关规定。

5.8 电气装置

5.8.1 电气装置在正常使用时应安全可靠,即使出现可能的人为疏忽,也要确保对人员和周围环境的安全。应在产品使用说明书中说明电气装置的工作原理、使用方法、保养及维修等,并附有电气原理图。

5.8.2 产品上的电动机、电热元件、开关电器、控制电器、熔断器、显示仪表及导线等电气元器件,应符合相关的国家标准规定的安全要求。

5.8.3 电气装置应有短路、过载和失压保护装置。

5.8.4 成套组合设备应有集中控制装置,装置中应装设紧急停车开关。

5.8.5 电气装置应可靠地用绝缘体与带电部件隔开,应有永久可靠的保护接地。接地电阻值应不超过10 Ω。接地端子应用⏚符号标明。

5.8.6 标识各操作件、调节装置均应给出明确标志或模拟简图。当不能明确表示电气装置的工作状态时,应设有明显的灯光指示。电气装置中的指示灯和按钮的颜色应符合 GB/T 5226.1 的规定。

5.8.7 电气装置中的标志和符号应清晰易读并持久耐用。

5.9 安全防护

5.9.1 重量较大的零件、部件应便于吊运和安装。

5.9.2 设备运转中易松脱的零件、部件应有防松装置。往复运动的零件应有限位的保险装置。

5.9.3 对易造成伤害事故的外露旋转零件应设有防护装置。防护装置应符合 GB/T 8196 的要求。

5.9.4 在易发生危险的部位应设有安全标志或涂有安全色。在外露转动零件端面应涂红色。

6 试验方法

6.1 空载试验

6.1.1 总装配检验合格后才能进行空载试验。

6.1.2 在额定转速下连续运转时间应不少于 2 h。

6.1.3 空载试验项目和方法见表6。

表 6 空载试验

序号	试验项目	要求	试验方法
1	噪声	5.1.4	按 GB/T 3768 的规定执行
2	工作平稳性及声响	5.1.7	感官
3	减速箱润滑油温度,轴承温度和温升	5.1.8 或产品标准要求	用测温仪测试
4	减速箱、液压系统渗漏油	5.1.9	目测
5	电气装置	5.8.3、5.8.7	感官、目测
6	安全防护	5.9.3	目测

6.2 负载试验

6.2.1 用户或有关部门有要求时可进行负载试验。

6.2.2 负载试验应在空载试验合格后方能进行。

6.2.3 试验前的安装调试应符合有关技术文件的要求。

6.2.4 在规定的工作转速和满负载条件下,连续工作时间应不少于 2 h。

6.2.5 负载试验项目和方法见表7。

表 7 负载试验

序号	试验项目	要求	试验方法
1	工作平稳性及声响	5.1.7	感官
2	安全防护	5.9	目测
3	接地电阻	5.8.5	用接地电阻测试仪测试
4	减速箱、液压系统渗漏油	5.1.9	目测
5	减速箱润滑油、液压油温度,轴承温度和温升	5.1.8 或产品标准要求	用测温仪测试
6	生产率	产品标准要求	按 NY/T 408 的规定
7	工作质量	产品标准要求	按加工工艺要求
8	能源消耗量	产品标准要求	按 GB/T 5667—2008 中 6.2 的规定

6.3 其他试验方法

6.3.1 生产率测定

在额定转速及满负载条件下,测定三次班次小时生产率,每次不小于 2 h,取三次测定的算术平均值,结果精确到"1 kg/h"。班次时间包括纯工作时间、工艺时间和故障时间。按式(1)计算。

$$E_b = \frac{\sum Q_b}{\sum T_b} \quad\cdots\cdots\cdots\cdots\cdots\cdots\cdots\cdots\cdots\cdots\cdots\cdots\cdots\cdots\cdots\cdots \text{(1)}$$

式中:

E_b——班次小时生产率,单位为千克每小时(kg/h);

Q_b——测定期间班次生产量,单位为千克(kg);

T_b——测定期间班次时间,单位为小时(h)。

6.3.2 能源消耗量测定

在生产率测定的同时进行,测定三次,取三次测定的算术平均值,结果精确到"0.1 kg/t"或"0.1 (kW·h)/t"。按式(2)计算。

$$G_n = \frac{\sum G_{nz}}{\sum Q_b} \quad\cdots\cdots\cdots\cdots\cdots\cdots\cdots\cdots\cdots\cdots\cdots\cdots\cdots\cdots\cdots\cdots \text{(2)}$$

式中:

G_n——单位产量的能源消耗量,单位为千瓦小时每吨或千克每吨[(kW·h)/t、kg/t];

G_{nz}——测定期间班次能源消耗量,单位为千瓦小时或千克(kW·h、kg)。

6.3.3 噪声测定

噪声的测定应按 GB/T 3768 的规定执行。

6.3.4 可用度测定

在正常生产和使用条件下考核不小于 200 h,同一机型不少于 2 台,可在不同地区测定,取所测台数的算术平均值,并按式(3)计算。

$$K = \frac{\sum T_z}{\sum T_z + \sum T_g} \times 100 \quad\cdots\cdots\cdots\cdots\cdots\cdots\cdots\cdots\cdots\cdots\cdots\cdots\cdots \text{(3)}$$

式中:

K——可用度,单位为百分率(%);

T_z——生产考核期间班次工作时间,单位为小时(h);

T_g——生产考核期间班次的故障时间,单位为小时(h)。

6.3.5 尺寸公差

尺寸公差的测定应按 GB/T 3177 规定的方法执行。

6.3.6 形位公差

形位公差的测定应按 GB/T 1958 规定的方法执行。

6.3.7 硬度测定

洛氏硬度的测定应按 GB/T 230.1 规定的方法执行,布氏硬度测定应按 GB/T 231.1 规定的方法执行。

6.3.8 表面粗糙度测定

表面粗糙度的测定应按 GB/T 10610 规定的方法执行。

6.3.9 齿轮副、蜗轮蜗杆副侧隙和接触斑点测定

渐开线圆柱齿轮侧隙和接触斑点应按 GB/T 13924 规定的方法执行,蜗轮蜗杆副侧隙和接触斑点

应按 GB/T 10089 规定的方法执行。

6.3.10 漆膜附着力测定

漆膜附着力测定应按 JB/T 9832.2 规定的方法执行。

7 检验规则

7.1 出厂检验

7.1.1 出厂产品均应实行全检,经检验合格并签发"产品合格证"后才能出厂。

7.1.2 出厂检验项目及要求:

——外观质量应符合 5.2 的要求;

——装配质量应符合 5.7 的要求;

——安全防护应符合 5.9 的要求;

——空载试验应符合 6.1 的要求。

7.2 型式检验

7.2.1 有下列情况之一时应进行型式检验:

——新产品的试制定型鉴定;

——产品的结构、材料、工艺有较大的改变,可能影响产品性能时;

——正常生产时,定期或周期性抽查检验;

——产品长期停产后恢复生产;

——国家质量监督机构提出进行型式检验要求。

7.2.2 型式检验实行抽样检验,按 GB/T 2828.1 的规定采用正常检查一次抽样方案。

7.2.3 抽样检查批量应不少于 3 台(件),从中随机抽取样本 2 台(件)。

7.2.4 样本应是 12 个月内生产的产品,整机应在生产企业成品库或销售部门抽取,零部件在半成品库或装配线上经检验合格的零部件中抽取。

7.2.5 型式检验的项目、不合格分类见表 8。

表 8 型式检验项目、不合格分类

不合格分类	检验项目	样本数	项目数	检查水平	样本大小字码	AQL	Ac	Re
A	生产率		4			6.5	0	1
	工作质量							
	可用度[a]							
	安全防护							
B	噪声	2	5	S-I	A	25	1	2
	轴承位配合公差和形位公差							
	主要工作部件或齿轮硬度							
	齿轮副、蜗杆蜗轮副侧隙、接触斑点							
	轴承温度及温升、减速箱油温							
C	调整装置灵敏可靠性		6			40	2	3
	减速箱、液压系统渗漏油							
	零部件结合尺寸							
	涂漆外观和漆膜附着力							
	整机外观							
	标志和技术文件							
注:AQL 为合格质量水平,Ac 为合格判定数,Re 为不合格判定数。								
[a] 监督性检验可以不做可用度检查。								

7.2.6 判定规则

评定时采用逐项检验考核,A、B、C 各类的不合格总数小于等于 Ac 为合格,大于等于 Re 为不合格。A、B、C 各类均合格时,该批产品为合格品,否则为不合格品。

8 标志、包装、运输和贮存

8.1 标志

8.1.1 每台产品都应有标牌,且应固定在明显部位。

8.1.2 标牌应符合 GB/T 13306 的规定。内容应包括:

——产品名称和型号;

——产品技术规格和出厂编号;

——产品主要技术参数和执行的标准;

——商标和制造厂名称;

——制造或出厂日期。

8.2 包装

8.2.1 包装前对机件和工具的外露加工面应涂防锈剂,对主要零件的加工面应包防潮纸,在正常运输和保管情况下,防锈的有效期自出厂之日起应不少于 6 个月。

8.2.2 包装箱内应铺防水材料,零部件和随机的备件、工具应固定在箱内。

8.2.3 根据产品的体积、质量大小,可整体装箱,也可分部件包装,但应保证其在运输过程中不受损坏。

8.2.4 包装箱应符合运输和装卸的要求,裸装件、捆装件必要时应有起吊装置,产品的收发货标志按 GB/T 6388 规定执行。产品的储运标志按 GB/T 191 规定执行。

8.2.5 每台产品应提供下列文件:

——产品使用说明书;

——产品合格证;

——装箱单(包括附件和随机工具清单)。

8.3 运输

8.3.1 产品运输应符合铁路、公路、水路运输和机械化装载的规定。对特殊要求的产品,应明确其运输要求。

8.3.2 当产品运输途中需要中转时,宜存放在库房内。当露天存放时,应防水遮盖,同时下面用方木垫高,垫高高度应保证通风、防潮和装卸要求。

8.3.3 对运输距离较近,可用汽车运输的产品或用户有要求时,也可裸运,但应有防雨和防碰撞措施。

8.4 贮存

8.4.1 产品和零部件应贮存在室内,库房应通风干燥,并注意防潮,不应与酸碱等有腐蚀性的物品存放在一起。

8.4.2 在室外临时存放时,应防水遮盖。

附加说明:

本标准按照 GB/T 1.1—2009 给出的规则起草。

本标准代替 NY/T 409—2000《天然橡胶初加工机械通用技术条件》。

本标准与 NY/T 409—2000 相比,主要变化如下:

——删除了部分术语和定义,引用了 NY/T 1036 标准(见 2000 年版的 3.1～3.12);

——将使用可靠性名称修改为可用度并修改了其定义(见 3.1,2000 年版的 3.13);

——增加了对生产率、能源消耗量等指标的要求(见 5.1.3);

——修订了铸锻件质量要求(见 5.4,2000 年版的 5.3);

——修订了加工质量要求(见 5.6,2000 年版的 5.5);

——修订了装配质量(见 5.7,2000 年版的 5.6);

——增加了电气装置要求(见 5.8);

——修订了安全防护(见 5.9,2000 年版的 5.7);

——增加了生产率、能源消耗量、尺寸公差、形位公差、硬度等指标的试验方法(见 6.3);

——增加了运输和贮存要求(见 8.3、8.4);

——修订了检验规则(见 7,2000 年版的 7);

——删除了附录 A(资料性附录)(见 2000 年版的附录 A)。

本标准由中华人民共和国农业部提出。

本标准由农业部热带作物及制品标准化技术委员会归口。

本标准起草单位:中国热带农业科学院农业机械研究所。

本标准主要起草人:王金丽、邓怡国、李明、陈进平、刘智强。

本标准所代替标准的历次版本发布情况为:

——GB 8091—1987、NY 38—1987、NY/T 409—2000。

中华人民共和国农业行业标准

天然生胶　技术分级橡胶全乳胶(SCR WF)
生产技术规程

Raw natural rubber—Technical code for production of
technically specified rubber from whole field latex (SCR WF)

NY/T 925—2013
代替 NY/T 925—2004

1 范围

本标准规定了天然生胶　技术分级橡胶全乳胶(SCR WF)生产工艺、设备及质量控制。

本标准适用于新鲜天然胶乳制造技术分级橡胶的生产工艺,不适用于用各种凝胶或胶片制造技术
分级橡胶的生产工艺。

2 规范性引用文件

下列文件对于本文件的应用是必不可少的。凡是注日期的引用文件,仅注日期的版本适用于本文
件。凡是不注日期的引用文件,其最新版本(包括所有的修改单)适用于本文件。

GB/T 601—2002　化学试剂　标准滴定溶液的制备

GB/T 3510　未硫化胶　塑性的测定　快速塑性计法

GB/T 3517　天然生胶　塑性保持率(PRI)的测定

GB/T 4498　橡胶　灰分的测定

GB/T 8081　天然生胶　技术分级橡胶(TSR)规格导则

GB/T 8082　天然生胶　标准橡胶包装、标志、贮存和运输

GB/T 8086　天然生胶　杂质含量的测定

GB/T 8088　天然生胶和天然胶乳　氮含量的测定

GB/T 24131　生橡胶　挥发分含量的测定

NY/T 734—2003　天然生胶　通用标准橡胶生产工艺规程

3 生产工艺流程及生产设备

3.1 生产工艺流程

鲜胶乳→ 称量、检查 → 净化(离心沉降或过滤) → 混合 → 稀释 → 净化(自然沉降) → 加酸凝固

→ 压薄脱水 → 压绉脱水 → 造粒 → 滴水 → 干燥 → 称量 → 压包 → 金属检测 → 包装、标志 →产品

　　　　　　　　　　　　　　　　　　　　　　　　　　↓　　　　　　　　↑

　　　　　　　　　　　　　　　　　　　取样 → 检验 → 定级

3.2 生产设备

胶乳运输罐、胶乳过滤筛、胶乳收集池、离心沉降器、胶乳混合池、酸池、并流加酸装置、胶乳凝固槽、
压薄机、凝块池、绉片机、锤磨机(或撕粒机)、输送带(或胶粒泵及震动下料筛)、干燥车、渡车(或转盘)、
推进器、干燥柜、供热设备(包括燃油炉或煤热风炉或电炉、燃油器、风机、供热管、压力式温度计等)、打

包机、金属检测仪、切包机。

4 生产工艺控制及技术要求

4.1 胶乳的收集

4.1.1 胶乳收集的工艺流程

鲜胶乳→ 加氨保存 → 过滤去除凝块及杂质 → 称量 → 混合、补氨保存 → 运往制胶厂

4.1.2 胶乳收集的基本要求

4.1.2.1 所有与胶乳接触的用具、容器应保持清洁。每次使用后应立即用水冲洗干净,定期用质量分数约 15% 的氨水消毒。

4.1.2.2 用氨作鲜胶乳的早期保存剂,氨液配成质量分数 5%～10% 的浓度,由胶工在胶园收集时加一部分氨。收完胶时,鲜胶乳应补加氨至要求的氨含量。视气候及保存时间长短,鲜胶乳氨含量一般控制在 0.05%(按胶乳计)以内,特殊情况也不应超过 0.10%(按胶乳计)。

4.1.2.3 用公称孔径为 355 μm(40 目)的不锈钢筛网过滤,去除鲜胶乳中的凝块杂物,过滤时不应敲打或用手搓擦筛网。

4.1.2.4 收胶站发运胶乳时,发运单位应填写胶乳的数量、质量、发运时间等有关情况。

4.2 鲜胶乳的净化、混合、稀释、沉降

4.2.1 严格检查进厂鲜胶乳质量及数量,做好进厂验收记录。

4.2.2 进厂鲜胶乳应经离心沉降或采用公称孔径为 355 μm(40 目)的不锈钢筛网过滤,除去泥沙等杂质。离心沉降器、筛网在使用中应定期清洗,以保证过滤效果。过滤过程中,若发现离心沉降器或筛网过滤效果不理想,应及时清洗或更换。

4.2.3 净化后的鲜胶乳流入混合池达到一定的数量时,搅拌均匀后用微波仪或按附录 A 测定干胶含量,按附录 B 测定氨含量。对于开割初期(一般半个月)的鲜胶乳,控制稀释后胶乳的干胶含量质量分数在 30% 以内。开割初期以后的鲜胶乳,按原浓度凝固。

4.2.4 稀释后的胶乳应在混合池中至少静置 5 min,以使微细的泥沙沉淀池底,然后放入凝固槽中。

4.2.5 混合池底部的胶乳应另行处理。

4.3 凝固

4.3.1 总用酸量为凝固酸与中和酸之和,酸用量以纯酸计算。采用乙酸作凝固剂时,适宜用酸量为干胶质量的 0.60%～0.70%;采用甲酸时,适宜用量为干胶质量的 0.30%～0.50%。中和酸用量应根据胶乳氨含量确定。用 pH 控制用酸量时,pH 应在 4.6～5.0 范围内。

4.3.2 凝固稀酸的浓度应根据"并流加酸"凝固方法中对应酸水池的大小和高度而决定。采用人工加酸搅拌凝固的方法,将乙酸配成质量分数 5% 的浓度或者甲酸配成质量分数 3% 的浓度。并流加酸凝固时,严格控制酸、乳流速比例一致;人工加酸凝固时,必须搅拌均匀,避免局部酸过多或过少而影响凝固质量。

4.3.3 完成凝固操作后,应及时将混合池、流胶槽及其他用具、场地清洗干净。

4.3.4 建立凝固工段胶乳情况(氨含量、干胶含量、胶乳质量等)及凝固情况(稀释浓度、适宜用酸量、凝固时间等)原始记录,以利于对凝固工序的质量监控,也利于为干燥工序质量控制提供技术参数。

4.4 压薄、压绉、造粒

4.4.1 凝块应熟化 8 h 以上方可造粒,压薄前往凝固槽放入清水或循环乳清将凝块浮起。

4.4.2 压薄、压绉、造粒前,应认真检查和调试好各种设备,保证所用设备处于良好状态。

4.4.3 设备运转正常后,调节设备的喷水量,在冲洗干净与凝块接触的机器部位后,开始进料压薄、压

绉、造粒。经压薄机脱水后的凝块厚度不应超过 60 mm,经绉片机压绉后的绉片厚度不应超过 6 mm,经造粒机造出的胶粒大小应均匀,不应有较大的片状胶块。

4.4.4 装载湿胶料的干燥车每次使用前,应淋水冲洗,已干燥过的残留胶粒及杂物应清除干净。

4.4.5 湿胶料装入干燥车时,应疏松、均匀,避免挤压成团,装胶应平整一致。

4.4.6 造粒完毕,应继续用水冲洗设备,然后停机清洗场地。对散落地面的胶粒,清洗干净后装入干燥车干燥。

4.5 干燥

4.5.1 湿胶料应放置滴水 10 min 以上,随后推入干燥设备进行干燥。

4.5.2 干燥过程应随时注意燃料的燃烧情况,调节好燃料与空气比例,以求燃料燃烧完全。

4.5.3 应严格控制干燥温度和时间,使用洞道式深层干燥的进口热风温度不应超过 125℃,干燥时间不应超过 5 h;使用洞道式浅层干燥的进口热风温度不应超过 125℃,干燥时间不应超过 4 h。

4.5.4 停止供热后,使用砖砌炉膛的燃炉,继续抽风 20 min;使用不锈钢制圆筒式燃炉,继续抽风至干燥柜进口温度 70℃ 以下;以保证产品质量及炉膛使用寿命。

4.5.5 经常检查干燥设备上的密封胶皮,破损及密封性能不好的胶皮应及时更换,以防密封不好引起严重漏风而影响干燥效果。

4.5.6 干燥后的橡胶应及时冷却,冷却后的橡胶内部温度不应超过 60℃。

4.5.7 干燥工段应建立干燥时间、温度、出胶情况、进出车号等生产记录,以利于干燥情况的监控。

4.6 压包

4.6.1 压包前应进行外观检查,若发现夹生、发黏等胶块,应另行处理。

4.6.2 已压好的胶块应通过金属检测仪检测。

5 产品质量控制

5.1 组批、抽样及样品制备

按 NY/T 734—2003 附录 E 中的规定进行产品的组批、抽样及样品制备。

5.2 检验

按 GB/T 3510、GB/T 3517、GB/T 4498、GB/T 8086、GB/T 8088、GB/T 24131 的规定进行样品检验。

5.3 定级

按 GB/T 8081 的规定进行产品定级。

6 包装、标志

按 GB/T 8082 的规定进行产品的包装、标志。包装也可按用户要求进行。

附 录 A

（规范性附录）

鲜胶乳干胶的含量测定方法——快速测定法

A.1 原理

鲜胶乳干胶的含量测定方法——快速测定法是将试样置于铝盘加热，使鲜胶乳的水分和挥发物逸出，然后通过计算加热前后试样的质量变化，再乘以胶乳干总比来快速测定鲜胶乳的干胶含量。

A.1.1 总则

仅使用确认的分析纯试剂，蒸馏水或纯度与之相等的水。

A.1.2 醋酸

配制成质量分数为5%的溶液使用。

A.2 仪器

A.2.1 普通的实验室仪器。

A.2.2 内径约为7 cm的铝盘。

A.3 操作程序

将内径约为7 cm的铝盘洗净、烘干，并将其称重，精确至0.01 g。往铝盘中倒入(2.0±0.5)g的鲜胶乳，精确至0.01 g，加入5%（质量分数）的醋酸溶液3滴，转动铝盘使试样与醋酸溶液混合均匀。将铝盘置于酒精灯或电炉的石棉网上加热，同时用平头玻璃棒按压以助干燥，直至试样呈黄色透明为止（注意控制温度，防止烧焦胶膜）。用镊子将铝盘取下，冷却5 min，然后小心将铝盘中的所有胶膜卷取剥离。将剥下的胶膜称重，精确至0.01 g。

A.4 结果的表示

用式(A.1)计算鲜胶乳的干胶含量(DRC)，以质量分数（%）表示。

$$DRC = \frac{m_1}{m_0} \times G \times 100 \quad\cdots\cdots\cdots\cdots\cdots\cdots\cdots\cdots\cdots\cdots\cdots \text{(A.1)}$$

式中：

m_1——干燥后的质量，单位为克(g)；

m_0——试样的质量，单位为克(g)；

G ——胶乳干总比，一般采用0.93。也可根据生产实际测定的结果。

进行双份测定，双份测定结果之差不应大于质量分数0.5%，然后取算术平均值，计算结果精确到0.01。

附　录　B
（规范性附录）
鲜胶乳氨含量的测定

B.1　原理

利用酸碱中和反应原理,可测定鲜胶乳中氨的含量。氨与盐酸的反应式如下:

$$NH_3 \cdot H_2O + HCl \Longrightarrow NH_4Cl + H_2O$$

B.2　试剂

B.2.1　总则

仅使用确认的分析纯试剂,蒸馏水或纯度与之相等的水。

B.2.2　盐酸标准溶液

B.2.2.1　盐酸标准贮备溶液,$c(HCl)=0.1\ mol/L$

按 GB/T 601—2002 的 4.2 制备。

B.2.2.2　盐酸标准溶液,$c(HCl)=0.02\ mol/L$

用 50 mL 移液管吸取 50.00 mL $c(HCl)=0.1\ mol/L$ 的盐酸标准贮备溶液(B.2.1.1)放于 250 mL 容量瓶中,用蒸馏水稀释至刻度,摇匀。

B.2.3　0.1%(g/L)的甲基红乙醇指示溶液

称取 0.1 g 甲基红,溶于 100 mL 体积分数为 95%乙醇的滴瓶中,摇匀即可。

B.3　仪器

普通的实验室仪器。

B.4　操作程序

用 1 mL 的吸管准确吸取 1 mL 鲜胶乳(用滤纸把吸管口外的胶乳擦干净)放入已装有约 50 mL 蒸馏水的锥形瓶中,吸管中黏附着的胶乳用蒸馏水洗入锥形瓶。然后加入 2 滴~3 滴 0.1%(g/L)甲基红乙醇指示溶液(B.2.3),用 0.02 mol/L 盐酸标准溶液(B.2.2.2)进行滴定,当颜色由淡黄变成粉红色时即为终点,记下消耗盐酸标准溶液的毫升数。

B.5　结果的表示

以 100 mL 胶乳中含氨(NH_3)的克数表示胶乳的氨含量(A),单位为质量分数(%),按式(B.1)计算。

$$A = \frac{1.7cV}{V_0} \quad \cdots\cdots\cdots\cdots\cdots\cdots\cdots\cdots\cdots\cdots\cdots\cdots\cdots\cdots \text{(B.1)}$$

式中:

c　——盐酸标准溶液的摩尔浓度,单位为摩尔每升(mol/L);

V　——消耗盐酸标准溶液的量,单位为毫升(mL);

V_0　——胶乳样品的量,单位为毫升(mL)。

进行双份测定,双份测定结果之差不应大于质量分数 0.5%,然后取算术平均值,计算结果精确到 0.01。

附加说明：

本标准按照 GB/T 1.1—2009 给出的规则起草。

本标准代替 NY/T 925—2004《天然生胶　胶乳标准橡胶(SCR5)生产工艺规程》，与 NY/T 925—2004 相比，除编辑性修改外主要技术变化如下：

——将标准名称由《天然生胶　胶乳标准橡胶(SCR5)生产工艺规程》改为《天然生胶　技术分级橡胶全乳胶(SCR WF)生产技术规程》；

——第 2 章"规范性引用文件"中，用 GB/T 24131《生橡胶　挥发分含量的测定》代替已被废止的 GB/T 6737《生橡胶　挥发分含量的测定》；

——在生产工艺流程中增加了打包后经金属检测环节(见 3.1 和 4.6.2)；

——对鲜胶乳的稀释要求做了修改，规定除了开割初期的鲜胶乳凝固前稀释之外，其他的鲜胶乳均按原浓度凝固(见 4.2.3,2004 年版的 4.2.3)。

本标准由中华人民共和国农业部提出。

本标准由农业部热带作物及制品标准化技术委员会归口。

本标准主要起草单位：中国热带农业科学院农产品加工研究所、海南天然橡胶产业集团股份有限公司、云南省农垦总局。

本标准主要起草人：卢光、邓维用、黄红海、袁瑞全、陈旭国、王永周。

本标准所代替标准的历次版本发布情况为：

——NY/T 925—2004。

中华人民共和国农业行业标准

胡椒栽培技术规程

Technical regulations for pepper cultivation

NY/T 969—2013
代替 NY/T 969—2006

1 范围

本标准规定了胡椒(*Piper nigrum* L.)栽培的术语和定义、园地选择与规划、垦地、定植、幼龄植株管理、结果植株管理、灾害处理、主要病虫害防治和采收等技术要求。

本标准适用于热引 1 号胡椒(*Piper nigrum* L. cv. Reyin No. 1)的生产。

2 规范性引用文件

下列文件对于本文件的应用是必不可少的。凡是注日期的引用文件,仅注日期的版本适用于本文件。凡是不注日期的引用文件,其最新版本(包括所有的修改单)适用于本文件。

GB 4285 农药安全使用标准

GB/T 8321(所有部分) 农药合理使用准则

NY/T 360 胡椒 插条苗

NY/T 394 绿色食品 肥料使用准则

NY/T 1276 农药安全使用规范 总则

3 术语和定义

下列术语和定义适用于本文件。

3.1

支柱 pillar

生产上供胡椒藤蔓攀援的支撑物,一般为圆形或方形。无生命的支柱称为"死支柱",一般由水泥、石头制作而成;有生命的支柱称为"活支柱",一般为活的木本植物。

3.2

主蔓 main bine

胡椒的茎也叫蔓,人工选留、攀援于支柱上的蔓即为主蔓。

3.3

胡椒头 main bine base of pepper

由定植时的主蔓膨大发育而成的部分。

3.4

封顶 capping

人工选留的主蔓生长超过"死支柱"顶端 60 cm 后,将其向支柱顶部中心靠拢,并按顺序交叉绑好,保留支柱顶端约 30 cm,剪除剩余部分的过程。

中华人民共和国农业部 2013 - 09 - 10 发布

2014 - 01 - 01 实施

3.5

送嫁枝　dowry branch

位于植株基部、由种苗带来的两个分枝。

3.6

幼龄植株　uncapped plant

未封顶形成圆柱形树冠之前的植株(一般指定植后3年内的植株)。

3.7

结果植株　capped plant

封顶后的植株。

4　园地选择与规划

4.1　园地选择

4.1.1　气温

以年均温21℃～26℃、日最低温>3℃且基本无霜为宜。

4.1.2　水源

选择较接近水源、水量充足且方便灌溉的地方,不宜选用低洼地或地下水位较高的地方,最高水位距地表1 m以上。

4.1.3　地形

一般选择坡度10°以下的缓坡地种植胡椒,以3°～5°为宜;10°以上的坡地应等高梯田种植胡椒。

4.1.4　土壤

应选择土层深厚、土质肥沃、结构良好、易于排水、pH 5.0～7.0的沙壤土至中壤土。

4.2　园地规划

4.2.1　园区面积

胡椒不宜集中连片种植,每个园区面积以0.2 hm²～0.3 hm²为宜。

4.2.2　防护林

台风、寒害多发区的胡椒园四周应设置防护林,林带距胡椒边行植株4.5 m以上,株行距约1 m×1.5 m。主林带位于高处与主风向垂直,植树5行～7行;副林带与主林带垂直,植树3行～5行。宜采用适合当地生长的高、中、矮树种混种,距胡椒园较近的林带边行可植较矮的油茶、黄皮和竹柏等树种,距胡椒园较远的林带可植较高的木麻黄、台湾相思、小叶桉和火力楠等树种。

4.2.3　道路系统

道路系统由干道和小道互相连通组成。干道设在防护林带的一旁或中间,宽3 m～4 m,外与公路相通,内与小道相通;小道设在园区四周、防护林带的内侧,宽1 m～1.5 m。

4.2.4　排水系统

每个园块内排水系统由环园大沟、园内纵沟和垄沟或梯田内壁小沟互相连通组成。环园大沟一般距防护林约2 m,距胡椒边行植株约1.7 m,沟宽60 cm～80 cm,深80 cm～100 cm;园内每隔12株～15株胡椒开1条纵沟,沟宽约50 cm、深约60 cm。每个园块的排水系统应独立设置,园块之间的排水系统应尽量互不连接,如若连接必须通过开大沟的方式进行连接。

4.2.5　水肥池

一般每0.2 hm²～0.3 hm²胡椒园应修建1个直径3 m、深1.2 m的圆形水肥池,中间隔开成2个池,分别用于蓄水和沤肥。

5 垦地

5.1 开垦

应清理园区内除留作防护林以外的植物;在定植前3个~4个月深耕全垦,深度50 cm左右,并清除树根、杂草、石头等杂物。

5.2 修建梯田和起垄

5.2.1 修建梯田

5°以下的缓坡地宜修建大梯田,面宽5 m~6 m,双行起垄种植,垄高20 cm~30 cm,垄间宽30 cm~35 cm;5°~10°的坡地宜修建小梯田,面宽2.5 m~3 m,向内稍倾斜,并在内侧开一条排水沟,深15 cm,宽20 cm,单行种植;10°以上的坡地宜修建环山行,面宽1.8 m~2 m,向内稍倾斜,并在内侧开一条排水沟,深15 cm,宽20 cm,单行种植。

5.2.2 起垄

平地种植胡椒应起垄,垄面呈龟背形,垄高约20 cm,以后逐年加高到30 cm~40 cm。

5.3 施基肥

定植前2个月内挖穴,穴规格为长80 cm、宽80 cm、深70 cm~80 cm。挖穴时,应将表土、底土分开放置,清除树根、石头等杂物,曝晒20 d~30 d后回土。回土时先将表土回至穴的1/3,然后将充分腐熟、干净、细碎、混匀的有机肥15 kg~25 kg(过磷酸钙0.25 kg~0.5 kg一起堆沤)与土充分混匀回穴踏紧,再继续填入表土,做成比地面高约20 cm的土堆,以备定植。

5.4 竖支柱

5.4.1 支柱规格

一般采用石支柱和水泥支柱,石支柱宜做成方形,规格为柱头12 cm×12 cm~14 cm、柱尾10 cm×12 cm,周身均匀;水泥支柱宜做成圆形,规格为头径不小于12 cm、尾径不小于10 cm。

5.4.2 支柱竖立

定植前2个月内,在植穴外侧约10 cm处,竖立支柱。台风多发地区,支柱地上部长度≥2.2 m时,埋入地下深度约80 cm;支柱地上部长度<2.2 m时,埋入地下深度约70 cm。非台风地区支柱埋入地下深度约70 cm。

6 定植

6.1 种苗规格

以生长健壮、无病虫害、树龄1年~3年的优良植株作为母树,割取健壮主蔓做种苗,具体按NY/T 360的规定执行。

6.2 定植时间

每年春季(3月~4月)或秋季(9月~10月)定植。春季干旱缺水地区在秋季定植为宜,春季温度较低地区在初夏定植较好。定植应在晴天下午或阴天进行,雨后土壤湿度过大不宜定植。

6.3 定植规格

平地或缓坡地,支柱地上部长度约1.5 m,株行距以1.8 m×2 m为宜;支柱地上部长度大于1.5 m、小于2 m,株行距以2 m×2.3 m为宜;支柱地上部长度2 m~2.2 m,株行距以2 m×2.5 m为宜。土壤肥沃、坡度大的地方,支柱地上部长度2.2 m以上,株行距以2.2 m×(2.5~3) m为宜。

6.4 定植方法

定植方向应与梯田走向一致,胡椒头不宜朝西;在距支柱约20 cm处挖一"V"形小穴,宽30 cm,深40 cm,使靠近支柱的坡面形成约45°斜面,并压实;一般采用双苗定植,两条种苗对着支柱呈"八"字形放置。定植时每条种苗上端2个节露出垄面,根系紧贴斜面,分布均匀,自然伸展,随即盖土压紧,在种苗两侧施腐熟的有机肥 5 kg,回土,淋足定根水,在植株周围插上荫蔽物,荫蔽度 80%～90%。

7 幼龄植株管理

7.1 定植后淋水

定植后连续淋水 3 d,之后每隔 1 d～2 d 淋水 1 次,保持土壤湿润,成活后淋水次数可逐渐减少。

7.2 查苗补苗

定植后 20 d 检查种苗成活情况,发现死株应及时补种。

7.3 施肥管理

7.3.1 施肥原则

应贯彻勤施、薄施、干旱和生长旺季多施水肥的原则。

7.3.2 水肥沤制

水肥由人畜粪、人畜尿、饼肥、绿叶、过磷酸钙和水一起沤至腐熟(搅拌不起气泡),沤制时水肥池上方需适当遮盖。一般用量如下:

1 龄胡椒 1 000 kg 水加入牛粪约 150 kg、饼肥约 5 kg、过磷酸钙约 10 kg、绿肥约 150 kg;

2 龄胡椒 1 000 kg 水加入牛粪约 200 kg、饼肥约 10 kg、过磷酸钙约 15 kg、绿肥约 150 kg;

3 龄胡椒 1 000 kg 水加入牛粪约 250 kg、饼肥约 15 kg、过磷酸钙约 20 kg、绿肥约 150 kg。

7.3.3 施用量及方法

正常生长期 10 d～15 d 施水肥 1 次,1 龄、2 龄和 3 龄胡椒每次每株施用量分别为 2 kg～3 kg、4 kg～5 kg 和 6 kg～8 kg。在植株两侧树冠外和胡椒头外沿轮流沟施,肥沟距树冠叶缘 10 cm～20 cm,沟长 60 cm～70 cm、宽 15 cm～20 cm、深 5 cm～10 cm。

7.4 深翻扩穴

种植 1 年后,春季或秋季结合施有机肥,在植株正面及两侧分 3 次进行,应在 3 年内完成。第 1 次在植株正面挖穴,穴内壁距胡椒头 40 cm～60 cm,穴长约 80 cm、宽 40 cm～50 cm、深 70 cm～80 cm,每穴施腐熟、干净、细碎、混匀的牛粪堆肥 30 kg 左右(或羊粪堆肥 20 kg 左右),过磷酸钙 0.25 kg～0.5 kg(与有机肥堆沤),施肥时混土均匀;第 2、第 3 次分别在植株两侧挖穴,方法和施肥量与第 1 次相同。

7.5 除草

一般 1 个～2 个月除草 1 次,保持园内清洁。但易发生水土流失地段或高温干旱季节,应保留行间或梯田埂上的矮生杂草。

7.6 松土

分深松土和浅松土。浅松土在雨后结合施肥进行,深度约 10 cm;深松土每年 1 次,在 3 月～4 月或 11 月～12 月进行,先在树冠周围浅松,逐渐往树冠外围及行间深松,深度约 20 cm。

7.7 覆盖

干旱地区或保肥保水能力差的土壤,应在旱季松土后用椰糠或稻草等覆盖,但当胡椒瘟病发生时不宜覆盖。

7.8 绑蔓

新蔓抽出 3 个～4 个节时开始绑蔓,以后每隔 10 d 左右绑 1 次。一般在上午露水干后或下午进行。绑蔓时将分布均匀的主蔓绑于支柱上,调整分枝使其自然伸展,每 2 个节绑 1 道,做种苗的主蔓应每节都绑。未木栓化的主蔓用柔软的塑料绳或麻绳绑,木栓化的主蔓用尼龙绳绑。

7.9 摘花

应及时摘除抽生的花穗。

7.10 修剪整形

7.10.1 剪蔓

应在 3 月～4 月和 9 月～10 月进行,不宜在高温干旱、低温干旱季节和雨天易发生瘟病时剪蔓。

a) 第 1 次剪蔓:定植后 6 个～8 个月、植株大部分高度约 1.2 m 时进行。在距地面约 20 cm 分生有 2 条结果枝的上方空节处剪蔓,如分生的结果枝较高,则应进行压蔓。新蔓长出后,每条蔓切口下选留 1 条～2 条健壮的新蔓,剪除地下蔓。

b) 第 2、第 3、第 4、第 5 次剪蔓:在选留新蔓长高 1 m 以上时进行。在新主蔓上分生的 2 条～3 条分枝上方空节处剪蔓,每次剪蔓后都要选留高度基本一致、生长健壮的新蔓 6 条～8 条绑好,并及时剪除多余的纤弱蔓。

c) 封顶剪蔓:最后 1 次剪蔓后,待新蔓生长超过支柱 30 cm 时在空节处剪蔓,在支柱顶端交叉并用尼龙绳绑好,在近支柱顶端处用铝芯胶线绑牢。

7.10.2 修芽

剪蔓后植株往往大量萌芽,抽出新蔓。应按留强去弱的原则,留 6 条～8 条粗壮、高度基本一致的主蔓,及时切除多余的芽和蔓。

7.10.3 剪除送嫁枝

降水量较大地区,可在第 2 次剪蔓后,新长出的枝叶能荫蔽胡椒头时剪除送嫁枝;干旱地区或保肥保水能力差的土壤种植胡椒,可保留送嫁枝。

8 结果植株管理

8.1 摘花

除主花期外其余季节抽生的花穗都应及时摘除。

8.2 摘叶

为提高产量,每隔 2 年～3 年对生势旺盛、老叶多的植株进行合理摘叶。一般在主花期前 1 个月进行,长果枝(4 个～7 个节的果枝)留顶端 2 片～3 片叶,短果枝(1 个～3 个节的果枝)留顶端 1 片～2 片叶。

8.3 修徒长蔓

应及时剪除树冠内部抽出的徒长蔓。

8.4 修顶芽

每年从植株封顶处抽出大量蔓芽,长期生长会影响产量,应及时剪除。

8.5 换绑加固

应用较粗的尼龙绳将主蔓绑在支柱上,每隔 40 cm 绑一道,每道绳子绕两圈,松紧适度,打活结,并在每年台风或季节性阵风来临前 1 个月检查,将绑绳位置向上或向下移动 10 cm～15 cm,及时更换损坏的绑绳。

8.6 灌溉

连续干旱,应在上午、傍晚或夜间土温不高时进行。可采用喷灌、沟灌或滴灌。灌溉不宜过度,保持土壤湿润即可。沟灌时,水位不宜超过垄高的 2/3。

8.7 排水

雨季来临之前,应疏通排水沟,填平凹地,维修梯田。大雨过后应及时检查,排除园中积水。

8.8 松土

每年立冬和施攻花肥时各进行一次全园松土,先在树冠周围浅松,逐渐往树冠外围深松,深度 15 cm～20 cm。松土时要将土块打碎,并维修梯田和垄。

8.9 覆盖

同 7.7。

8.10 培土

降水量较大、水土流失严重地区和胡椒瘟病易发区,暴雨后或每年冬、春季应对胡椒头进行培土,每次每株培肥沃新土 50 kg～75 kg。先将冠幅内枯枝落叶扫除干净,浅松土,然后把表土均匀地培在胡椒头周围,使其呈馒头型,高出畦面约 30 cm。

8.11 施肥

8.11.1 肥料种类

以有机肥为主,无机肥为辅,施用标准按照 NY/T 394 的规定执行。

常用的有机肥有:牛、羊等畜禽粪便,以及畜粪尿、鲜鱼肥、豆饼和绿肥等。畜粪尿、饼肥一般沤制成水肥;畜粪、鲜鱼肥一般与表土或塘泥沤制成干肥;常用的无机肥有:尿素、过磷酸钙、硫酸钾、钙镁磷肥和复合肥等。

禁止使用含有重金属和有害物质的城市生活垃圾、工业垃圾、污泥和医院的粪便垃圾;不使用未经国家有关部门批准登记的商品肥料产品。

8.11.2 有机肥沤制方法

a) 干肥:牛粪 30 kg 左右或羊粪 20 kg 左右,与过磷酸钙 0.25 kg～0.5 kg 及表土一起堆沤,牛粪或羊粪与表土的比例为 5∶5 或 6∶4,达到腐熟、干净、细碎、混匀后才能施用。

b) 水肥:按照 7.3.2 中 3 龄胡椒的水肥沤制方法执行。

8.11.3 施肥方法

a) 第 1 次:重施攻花肥

干肥:主花期前 3 个月的下旬,每株施干肥 15 kg。在植株行间和株间(离胡椒头正面远些)穴施,肥穴长 80 cm～100 cm,宽 30 cm～40 cm,深 30 cm～40 cm。挖穴后,先将表土回至穴的 1/3,然后将干肥与土充分混匀回穴压紧,再继续回土至略高出地面。

水肥和无机肥:主花期前 1 个月的下旬,雨下透土,植株中部枝条侧芽萌动时,每株施水肥 10 kg～20 kg,高氮型复合肥 0.4 kg～0.5 kg。在植株两旁半月形沟施,或在植株两旁和后面"马蹄"形环沟施。沟距树冠叶缘 10 cm 左右,深 10 cm～15 cm。开沟后,先施水肥,水肥干后施无机肥,然后覆土。植株生势较弱时施肥量可适当减少。

b) 第 2 次:施辅助攻花肥

第 1 次施肥后 1 个月,每株施水肥 10 kg,高钾型复合肥 0.3 kg～0.4 kg。在第 1 次施肥的肥沟对面半月形浅沟施,距树冠叶缘 10 cm 左右,深 10 cm～15 cm。开沟后,先施水肥,水肥干后施无机肥,然后覆土。

c) 第 3 次:施养果保果肥

第 2 次施肥后 1 个半月、幼果如绿豆般大小时,每株施水肥 10 kg,饼肥 0.25 kg(沤水肥),高钾型复合肥 0.3 kg～0.4 kg。半月形浅沟施肥,肥沟距树冠叶缘 10 cm 左右,深 10 cm～15 cm。先施水肥,水肥干后施无机肥,然后覆土。

d) 第 4 次:施养果养树肥

主花期在春季和秋季的地区,在第 3 次施肥后 4 个月,每株施水肥 10 kg,高氮型复合肥 0.2 kg～0.3 kg。在植株后面、两侧和四株之间轮流沟施。开沟后,先施水肥,水肥干后施无机肥,然后覆土并覆盖。

主花期在夏季的地区,在 11 月,每株施水肥 10 kg,高钾型复合肥 0.25 kg,火烧土 10 kg～15 kg。在植株后面、两侧和四株之间轮流沟施。开沟后,先施水肥,水肥干后施无机肥,然后覆土并覆盖。

9 灾害处理

9.1 肥害

9.1.1 水肥、化肥引起的肥害

先挖开肥沟,用水冲洗,肥沟干后回新土压实。

9.1.2 干肥引起的肥害

a) 清除肥料:挖开肥穴,清除肥料,用水冲洗肥穴。

b) 切除烂根:切除受害根系,用1:2:100的波尔多液喷洒切口。

c) 填新土:待肥穴干后,填进新土,并培高胡椒头的土,多埋进2节~3节主蔓。

d) 加强管理:根据地下部腐烂情况,适当采摘叶片、花穗和果穗。

9.2 水害

9.2.1 加深排水沟

加深园区大小排水沟,降低地下水位。

9.2.2 剪除烂根

晴天土壤温度适宜时,将受害严重植株距胡椒头50 cm处的土壤挖开,仔细检查地下蔓和下层根系,切除腐烂的蔓、根。切口用波尔多液涂封,干后填进新的表土并踏紧,并培高胡椒头的土,多埋进2节~3节主蔓。

9.2.3 适当修剪

根据地下部分的切除程度,适当修枝,摘除部分叶、花、果,并进行荫蔽,加强管理。

9.3 寒害

9.3.1 清除园区枯枝落叶

受寒后,应在晴天土壤干燥后,及时清理枯枝落叶。

9.3.2 修剪受害枝蔓

天气回暖后,应及时剪除受害枝蔓。

9.3.3 施肥

结果植株应在天气回暖后及时施保果壮果肥,每株可施氯化钾0.15 kg,复合肥0.15 kg~0.2 kg;幼龄植株应在天气回暖后及时施水肥和复合肥(每株0.05 kg~0.1 kg)。

9.3.4 挖除死株并及时补种

寒害致死的植株,应在土壤干燥后及时挖除,并彻底清除根、枝、蔓和叶等杂物,土壤曝晒3个月后再补种。

9.4 风害

9.4.1 支柱被风吹斜的胡椒:及时扶正支柱,将土填实,淋25%的甲霜灵可湿性粉剂500倍液5 kg。

9.4.2 封顶处脱离支柱或主蔓脱离支柱的胡椒:剪除受损主蔓或枝条,用尼龙绳重新绑好。

9.4.3 支柱断倒的胡椒。

a) 支柱接近地面断倒:支柱接近地面断倒后,若大部分主蔓完好,先解开绑绳(顶端的绑绳保留),将主蔓剥离断柱,挖出断柱,换上新柱,再用支架将主蔓扶起,移动靠近新支柱,用尼龙绳将主蔓绑到新支柱上,淋25%的甲霜灵可湿性粉剂500倍液5 kg;若大部分主蔓受损,抢救不成可放弃,并清除,准备补种。

b) 支柱中间断倒:部分主蔓受损,可在受损位置(以主蔓受损最低的位置为标准)将主蔓剪掉,挖出断柱,换上新柱,将保留的下段主蔓绑到新柱上,淋25%甲霜灵可湿性粉剂500倍液5 kg。

10 主要病害防治

10.1 防治原则

应遵循"预防为主、综合防治"的植保方针,以农业防治为基础,科学使用化学防治,按照 GB 4285、GB/T 8321 和 NY/T 1276 的规定执行。

10.2 防治

10.2.1 胡椒瘟病

10.2.1.1 农业措施

a) 做好园区规划和基本建设。同 4.1.2、4.2.1、4.2.4 和 5.2。

b) 培育和选用无病壮苗。

c) 加强抚育管理。除草、松土和施肥时不要损伤胡椒头和根;剪除送嫁枝,适当修剪贴近地面的枝叶;做好田间清洁卫生,及时清除并烧毁枯枝落叶和病死植株的根、蔓;培土,同 8.10;不要偏施氮肥。

d) 做好病情调查和病区隔离工作。病害流行季节,特别是在暴雨后,专人负责调查病害发生情况。重点检查已进入结果期,靠近水沟、水库和人行道,地势低的胡椒园。发现病害,应及时采用药物防治,并立即封锁病区,禁止随便进入,不要翻动土壤和挖根调查,控制排水系统及管理人员的田间操作等,尽量减少病菌通过水流和人为进行传播。

10.2.1.2 化学防治

a) 检查做标记:暴雨过后应及时检查有无病叶出现,并对发现病叶的植株做好标记。检查时应穿平跟水靴并遵循 1 人检查 1 个椒园的原则,以防止人为带土传播病菌。

b) 采病叶:病叶少的胡椒园,在露水干后采去病叶(病花、果穗),再喷药保护。病叶太多或天气不好,可先喷药 1 次,再采病叶。病叶采摘后集中在园外低处烧毁。

c) 叶片喷药:病叶采摘后,用 68% 精甲霜·锰锌、25% 甲霜·霜霉威或 50% 烯酰吗啉 500 倍液整株喷药,或对离最高病叶 50 cm 以下的所有叶片喷药。喷药时喷头向上,并由下而上喷以确保叶片正反面都喷湿,以有药液滴下为好。

d) 胡椒头淋药:发病初期在中心病区(即病株的四个方向各 2 株胡椒)的胡椒树冠下淋 68% 精甲霜·锰锌或 25% 甲霜·霜霉威 250 倍液,每株 5 kg/次～7.5 kg/次。

e) 土壤消毒:淋药后,用 1% 硫酸铜,或 68% 精甲霜·锰锌、或 25% 甲霜·霜霉威、或 50% 烯酰吗啉 500 倍液对中心病区的土壤进行消毒。雨天湿度大时亦可用 1:10 粉状硫酸铜和沙土混合,均匀撒在冠幅内及株间土壤上。

f) 再检查:上述步骤完成后 5 d～7 d,再次检查发病园区有无新的病叶(重点检查已做标记的病株),若病害尚未消除,则重复上述步骤,直到未发现新的病叶为止。

g) 病死株处理:晴天及时挖除病死株,清除残枝蔓根集中园外低处烧毁。病死株植穴用火烧或暴晒至少半年才能补种。

10.2.2 胡椒细菌性叶斑病

a) 雨季到来前将园内感病叶片全部摘除并集中烧毁,选用 1% 波尔多液、或 77% 可杀得可湿性粉剂 500 倍液、或 72% 农用硫酸链霉素可溶性粉剂 2 000 倍液喷洒病株及其邻近植株,7 d～10 d 喷 1 次,持续 3 次～5 次。

b) 病叶过多、人工摘除困难的植株,可喷施 1% 硫酸铜液促使叶片脱落,再喷 72% 农用硫酸链霉素可溶性粉剂 2 000 倍液保护伤口。流行期喷 1% 波尔多液或 72% 农用硫酸链霉素可溶性粉剂 2 000 倍液,10 d～14 d 喷 1 次,持续 2 次～3 次。

10.2.3 胡椒花叶病

a) 喷药:喷 1% 波尔多液,每次喷药前要摘除病叶,隔 7 d～10 d 喷一次,连续喷数次;或用 40% 乙磷铝(疫霉灵)可湿性粉剂喷雾。

b) 病株处理:新蔓抽生期,喷植病灵 1 000 倍液防病;幼龄植株发病,叶面喷病毒必克 1 000 倍液,同时可喷10%吡虫啉可湿性粉剂4 000～6 000倍液防治传毒昆虫;感病较轻的植株,从病部下1个～2个节处剪掉,加强水肥管理,促进恢复;苗期感病严重的植株,应及时挖掉烧毁、补种。

10.2.4 胡椒根结线虫病

选用10%噻唑膦颗粒剂5.5 kg/株～7.5 kg/株或0.5%阿维菌素颗粒剂10 kg/株～12.5 kg/株,沿植株冠幅下缘挖环形施药沟,沟宽15 cm～20 cm,深15 cm,药剂均匀撒施于沟内,施药后回土。每隔60 d施药1次,连施2次～3次。

11 采收

11.1 采收时间

主花期为春季的采收期为当年12月至翌年1月;主花期为夏季的采收期为翌年3月～4月;主花期为秋季的采收期为翌年5月～7月。整个采收期采果5次～6次,每隔7 d～10 d采收1次,主花期前1个半月应将所有果实采摘完毕。

11.2 采收标准

采收前期,每穗果实中有2粒～4粒果变红时,即可采摘整穗果实;采收后期,胡椒果穗上大部分果实变黄时,即可采摘整穗果实。

附加说明:

本标准按照GB/T 1.1—2009给出的规则起草。

本标准代替NY/T 969—2006《胡椒栽培技术规程》,与NY/T 969—2006相比主要技术变化如下:

——在范围中增加了"灾害处理",删除了"加工",将"开垦与定植"改为"垦地"和"定植",将标准正文由9章增加到11章(见第1章,2006版的第1章);

——增加了规范性引用标准:NY/T 394《绿色食品 肥料使用准则》和NY/T 1276《农药安全使用规范 总则》(见第2章);

——删除了术语和定义中"黑胡椒"和"白胡椒",增加了"支柱"、"主蔓"、"胡椒头"、"封顶"、"送嫁枝"、"幼龄植株"和"结果植株"(见第3章,2006版的第3章);

——将园地选择的技术内容概括为"气温"、"水源"和"土壤",并增加了"地形"(见4.1,2006版的4.1);

——在垦地"修建梯田"中细化了5°以上坡度修建梯田的技术规定,增加了"起垄",删除了"插上临时支柱"的技术内容,增加了"竖支柱"(见第5章,2006版的第5章);

——修改了幼龄植株施肥管理的表述,增加了水肥沤制方法(见7.3,2006版的6.3);

——增加了不同气候条件下幼龄植株覆盖和剪除送嫁枝技术(见7.7、7.10);

——增加了结果植株摘叶技术(见8.2);

——增加了结果植株有机肥沤制方法和腐熟标准(见8.11);

——删除了结果植株微生物肥料的描述,修改了结果植株施肥时间描述(见8.11,2006版的7.10);

——增加了灾害处理(见第9章);

——修改了主要病虫害防治技术,更新了农药种类及使用方法(见第10章,2006版的第8章);

——删除了白胡椒和黑胡椒加工工艺(见第11章,2006版的9.2)。

本标准由中华人民共和国农业部提出。

本标准由农业部热带作物及制品标准化技术委员会归口。

本标准起草单位：中国热带农业科学院香料饮料研究所。

本标准主要起草人：杨建峰、鱼欢、邬华松、郑维全、孙世伟、祖超、李志刚、谭乐和。

本标准所代替标准的历次版本发布情况为：

——NY/T 969—2006。

中华人民共和国农业行业标准

浓缩天然胶乳初加工原料 鲜胶乳

Material for primary processing of natural rubber latex
concentrate—Fresh rubber latex

NY/T 1219—2013
代替 NY/T 1219—2006

1 范围

本标准规定了从巴西三叶橡胶树采集且未经加工的鲜胶乳的术语、定义、质量要求与试验方法、检验规则以及包装、贮存和运输等。

本标准适用于加工氨保存离心或膏化浓缩天然胶乳的鲜胶乳。

2 规范性引用文件

下列文件对于本文件的应用是必不可少的。凡是注日期的引用文件,仅注日期的版本适用于本文件。凡是不注日期的引用文件,其最新版本(包括所有的修改单)适用于本文件。

GB/T 601—2002 化学试剂 标准滴定溶液的制备

GB/T 8292 浓缩天然胶乳 挥发脂肪酸值的测定

GB/T 8299 浓缩天然胶乳 干胶含量的测定

3 术语和定义

下列术语和定义适用于本文件。

3.1

天然胶乳 natural rubber latex

从巴西三叶橡胶树采集的胶乳。

3.2

浓缩天然胶乳 natural rubber latex concentrate

经过浓缩加工、干胶含量质量分数最小值为 60.0% 的天然胶乳。

3.3

鲜胶乳 fresh rubber latex

又称田间胶乳。从巴西三叶橡胶树采集加氨保存且未经加工的鲜胶乳。

3.4

干胶含量 dry rubber content

胶乳凝固后所含干橡胶占胶乳的质量分数。

3.5

氨含量 ammonia content

胶乳含氨的质量分数。

3.6

挥发脂肪酸值　volatile fatty acid number

中和含有 100 g 总固体的胶乳中的挥发脂肪酸所需的氢氧化钾的克数。

4　质量要求与试验方法

浓缩天然胶乳初加工原料鲜胶乳的质量要求与试验方法应符合表 1 的规定。

表 1　浓缩天然胶乳初加工原料鲜胶乳的质量要求

项目	限值	试验方法
干胶含量(最小),%(质量分数)	22.0	GB/T 8299
氨含量(最小),按胶乳计,%(质量分数)	0.20	附录 A
挥发脂肪酸值(VFA)(最大)	0.10	GB/T 8292
注:经双方协商,干胶含量也可用其他方法测定。		

5　检验规则

5.1　交收规则

交收检验由收胶站/胶厂技术检验人员用公称孔径为 355 μm(40 目)筛网对鲜胶乳进行严格过滤,除去树皮、杂物和凝块后,测定干胶含量、氨含量和挥发脂肪酸值,应符合表 1 的要求,方可交收。

5.2　组批规则和抽样方法

5.2.1　组批规则

交收检验以槽/车一个检验批次。

5.2.2　抽样方法

按供需双方认可的方法进行。

5.3　判定规则和复验规则

检验结果中只要有一项不符合表 1 的要求,则判该批鲜胶乳为不合格;如有争议,可加倍抽样复验一次,如仍不合格,则判该批鲜胶乳为不合格。

6　包装、贮存和运输

6.1　包装

鲜胶乳应使用干净的容器或胶乳专用集装箱包装,也可用罐车装运。

6.2　贮存和运输

贮存、待运和运输途中应有遮盖,避免暴晒。

附 录 A
（规范性附录）
鲜胶乳氨含量的测定

A.1 原理

利用酸碱中和反应原理，可测定鲜胶乳中氨的含量。氨与盐酸的反应式如下：

$$NH_3 \cdot H_2O + HCl \Longrightarrow NH_4Cl + H_2O$$

A.2 试剂

A.2.1 总则

仅使用确认的分析纯试剂，蒸馏水或纯度与之相等的水。

A.2.2 盐酸标准溶液

A.2.2.1 盐酸标准贮备溶液，$c(HCl) = 0.1\ mol/L$

按 GB/T 601—2002 的 4.2 制备。

A.2.2.2 盐酸标准溶液，$c(HCl) = 0.02\ mol/L$

用 50 mL 移液管吸取 50.00 mL $c(HCl) = 0.1\ mol/L$ 的盐酸标准贮备溶液（B.2.2.1）放于 250 mL 容量瓶中，用蒸馏水稀释至刻度，摇匀。

A.2.3 0.1%(g/L)的甲基红乙醇指示溶液

称取 0.1 g 甲基红，溶于 100 mL 体积分数为 95% 乙醇的滴瓶中，摇匀即可。

A.3 仪器

普通的实验室仪器。

A.4 操作程序

用 1 mL 的吸管准确吸取 1 mL 鲜胶乳（用滤纸把吸管口外的胶乳擦干净）放入已装有约 50 mL 蒸馏水的锥形瓶中，吸管中黏附着的胶乳用蒸馏水洗入锥形瓶。然后加入 2 滴～3 滴 0.1%(g/L)甲基红乙醇指示溶液（A.2.3），用 0.02 mol/L 盐酸标准溶液（A.2.2.2）进行滴定，当颜色由淡黄变成粉红色时即为终点，记下消耗盐酸标准溶液的毫升数。

A.5 结果的表示

以 100 mL 胶乳中含氨(NH_3)的克数表示胶乳的氨含量(A)单位为质量分数(%)，按式(A.1)计算。

$$A = \frac{1.7cV}{V_0} \quad\cdots\cdots\cdots\cdots\cdots\cdots\cdots\cdots\cdots\cdots\cdots\cdots\cdots\cdots\cdots\cdots \quad (A.1)$$

式中：

c ——盐酸标准溶液的摩尔浓度，单位为摩尔每升(mol/L)；

V ——消耗盐酸标准溶液的量，单位为毫升(mL)；

V_0——胶乳样品的量，单位为毫升(mL)。

进行双份测定,双份测定结果之差不应大于 0.5%,然后取算术平均值,结果表示到小数点后两位。

附加说明:

本标准按照 GB/T 1.1—2009 给出的规则起草。

本标准代替 NY/T 1219—2006《浓缩天然胶乳初加工原料 鲜胶乳》,与 NY/T 1219—2006 相比,除编辑性修改外主要技术变化如下:

——第 2 章"规范性引用文件"中,增加了"GB/T 601—2002 化学试剂 标准滴定溶液的制备"(见 2);

——鲜胶乳的氨含量(最小,单位:质量分数)由 0.15 改为 0.20(见表 1);

——删除 2006 年版的附录 A(见 2006 年版的附录 A)。

本标准由中华人民共和国农业部提出。

本标准由农业部热带作物及制品标准化技术委员会归口。

本标准由中国热带农业科学院农产品加工研究所负责起草,广东省广垦橡胶集团有限公司、海南天然橡胶产业集团股份有限公司、云南省农垦总局参加起草。

本标准主要起草人:黄茂芳、黄红海、彭海方、袁瑞全、杨春亮、吕明哲、缪桂兰。

本标准所代替标准的历次版本发布情况为:

——NY/T 1219—2006。

中华人民共和国农业行业标准

热带作物主要病虫害防治技术规程　荔枝

Control technical regulation of tropical crop pest—Litchee

NY/T 1478—2013

代替 NY/T 1478—2007

1　范围

本标准规定了荔枝主要病虫害的防治原则及防治技术措施。

本标准适用于我国荔枝主要病虫害的防治。

2　规范性引用文件

下列文件对于本文件的应用是必不可少的。凡是注日期的引用文件，仅注日期的版本适用于本文件。凡是不注日期的引用文件，其最新版本（包括所有的修改单）适用于本文件。

GB 4285　农药安全使用标准

GB/T 8321(所有部分)　农药合理使用准则

NY/T 5174—2008　无公害食品　荔枝生产技术规程

3　防治对象

3.1　荔枝主要病害病原、症状识别及发生特点参见附录A。

3.2　荔枝主要害虫形态特征及发生为害特点参见附录B。

4　防治原则

贯彻"预防为主，综合防治"的植保方针。根据荔枝主要病虫害的种类和发生为害特点，在做好预测预报的基础上，综合应用农业防治、物理防治、生物防治和化学防治等措施，实现病虫害的安全、高效控制。

4.1　加强管理，提高植株自身抗性。水肥、树体与花果管理按照 NY/T 5174—2008 的 6、7、8 和 9 的要求执行。

4.2　做好果园清洁。结合果园修剪及时剪除植株上严重受害或干枯的枝叶、花（果）穗（枝）和果实，及时清除果园地面的落叶、落果等残体，并集中处理。

4.3　利用诱虫灯或者黄色粘虫板诱杀害虫，有条件的可设置防虫网隔离害虫。

4.4　通过果实套袋等措施防治病虫害。

4.5　使用高效、低毒、低残留农药品种。农药的品种选用、喷药次数、使用方法和安全间隔期必须符合 GB/4285、GB/T 8321 和 NY/T 5174 的要求。

4.6　鼓励生物防治，开展以虫治虫，以菌治虫及利用其他有益生物防治病虫害。

5 防治措施

5.1 荔枝霜疫霉病

5.1.1 农业防治

荔枝采收后要彻底修剪病枝、弱枝和荫枝；及时将落地病果、烂果收集干净，果园外深埋处理。

5.1.2 化学防治

推荐使用农药及其使用方法参见附录C。

5.2 荔枝炭疽病

5.2.1 农业防治

加强栽培管理，增施磷钾肥和有机肥；彻底剪除病枯枝、清扫落叶、落果，集中深埋。

5.2.2 化学防治

推荐使用农药及其使用方法参见附录C。

5.3 荔枝酸腐病

5.3.1 农业防治

加强栽培管理，提高树体抗病力；彻底清除病果与残枝败叶，集中深埋。喷药进行田间消毒，减少侵染源。

5.3.2 化学防治

推荐使用农药及其使用方法参见附录C。

5.4 荔枝叶斑病

5.4.1 农业防治

加强栽培管理，增强树势；做好清园，清除枯枝落叶，集中处理。

5.4.2 化学防治

推荐使用农药及其使用方法参见附录C。

5.5 荔枝溃疡病

5.5.1 农业防治

加强栽培管理。剪除发病枝条，集中深埋；荫蔽树冠，及时疏枝，确保通风透光。

5.5.2 化学防治

推荐使用农药及其使用方法参见附录C。

5.6 荔枝煤烟病

5.6.1 农业防治

改善果园通透性。加强果园巡查，及时防治粉虱、蚜虫、介壳虫和蛾蜡蝉等害虫。

5.6.2 化学防治

推荐使用农药及其使用方法参见附录C。

5.7 荔枝藻斑病

5.7.1 农业防治

加强果园管理，采收后要松土施肥，合理修剪，使果园通风透光，降低果园湿度；及时清除病枝落叶，集中深埋。

5.7.2 化学防治

推荐使用农药及其使用方法参见附录C。

5.8 荔枝蝽

5.8.1 人工捕杀

荔枝蝽产卵盛期组织人员采摘卵块,或在荔枝蝽成虫聚集越冬时捕杀。

5.8.2 化学防治

根据虫害监测及测报,掌握施药关键期。早春越冬成虫开始活动,在尚未大量产卵前,进行第一次喷药。在卵块初孵期进行第二次喷药。推荐使用农药及其使用方法参见附录 D。

5.8.3 生物防治

释放荔枝蝽卵寄生蜂——平腹小蜂(*Anastatus japonicus* Ashmead)防治。每年 3 月～4 月荔枝蝽产卵期,每隔 10 d 释放平腹小蜂 1 次。释放量视树龄大小或荔枝蝽密度而定,一般每株次 300 头～500 头;如虫口密度大,应先喷敌百虫压低虫口 7 d～10 d 后再放蜂。荔枝蝽卵跳小蜂(*Ooencyrtus corbetti* Ferrière)及蜘蛛等捕食性天敌对荔枝蝽的发生有一定的控制作用,注意保护利用。

5.9 荔枝蛀蒂虫

5.9.1 农业防治

加强清园,清扫枯枝落叶并集中深埋,控制冬梢;在虫害发生期,结合果园管理摘取虫茧叶片、受害花穗及幼果,及时清理落果,适当修剪果枝,使果园通风透光。

5.9.2 物理防治

利用诱虫灯诱杀成虫。

5.9.3 化学防治

加强虫情测报工作,分别在成虫产卵前期用化学药剂喷杀成虫,幼虫初孵至盛孵期喷杀幼虫。推荐使用农药及其使用方法参见附录 D。

5.10 荔枝粗胫翠尺蛾

5.10.1 农业防治

深耕消灭地下越冬蛹;清园,剪除虫害枝条。

5.10.2 物理防治

利用诱虫灯诱杀成虫,尤其是越冬成虫。

5.10.3 化学防治

幼虫孵化至 3 龄期使用药剂防治,推荐使用农药及其使用方法参见附录 D。

5.11 卷叶蛾类

5.11.1 农业防治

修剪病虫害枝叶,扫除树盘的地上枯枝落叶,集中处理;结合中耕除草,铲除果园内的杂草;在新梢期、花穗抽发期和幼果期,巡视果园或结合疏花疏果疏梢,人工捕杀幼虫。

5.11.2 物理防治

可利用诱虫灯诱杀成虫。

5.11.3 化学防治

推荐使用农药及其使用方法参见附录 D。

5.12 荔枝褶粉虱

5.12.1 农业防治

加强栽培管理,增强树势,合理修剪,使果园通风透光性好。

5.12.2 化学防治

1 龄～2 龄幼虫盛期施用农药进行防治。推荐使用农药及其使用方法参见附录 D。

5.13 荔枝叶瘿蚊

5.13.1 农业防治

采果后剪除虫枝、过密和荫蔽枝条,使树冠通风透光。

5.13.2 化学防治

推荐使用农药及其使用方法参见附录D。

5.14 角蜡蚧

5.14.1 农业防治

加强果园管理,注意修剪,剪除虫枝,集中烧毁。

5.14.2 化学防治

推荐使用农药及其使用方法参见附录D。

5.15 荔枝瘤瘿螨

5.15.1 农业防治

结合荔枝采后修剪,除去瘿螨为害枝及过密的荫枝、弱枝、病枝,使树冠通风透光。

5.15.2 化学防治

推荐使用农药及其使用方法参见附录D。

5.15.3 生物防治

荔枝园中适当留生藿香蓟等良性杂草,保护利用捕食螨等天敌。

附 录 A

（资料性附录）

荔枝主要病害病原、症状识别及发生特点

荔枝主要病害病原、症状识别及发生特点见表 A.1。

表 A.1 荔枝主要病害病原、症状识别及发生特点

病害名称	病 原	症状识别	发生特点
荔枝霜疫霉病	荔枝霜疫霉菌（*Peronophythora litchi* Chen ex Ko et al.）	荔枝嫩梢、叶片感染霜疫霉病，发病初期呈褐色小斑点，后逐步扩大为黄褐色不规则病斑；老叶受害，多在中脉处断续变黑，沿中脉出现少许褐斑或褐色小斑点；花穗受害，初期见少量花朵或花梗呈淡黄色，后扩展到整个花穗变成褐色，干枯死亡，似火烧状，但花朵不脱落；果实受害，初期表面出现褐色不规则病斑，蔓延后病斑呈黑褐色，果肉腐烂，有酒酸气味，流褐色汁液，湿度大时病部表面着生白色霜状霉。该病常引起大量落果、烂果，严重影响荔枝的商品价值，造成重大经济损失	较高的温度与湿度对该病发生有利，其最适发病温度为 22℃～25℃，久雨不晴天或高温阵雨天利于发病
荔枝炭疽病	为害叶片与果实的病原不同，果实炭疽病病原为胶孢炭疽菌（*Colletotrichum gloeosporioides* Penz.），叶片炭疽病病原为荔枝炭疽菌（*C. litchi* Trag）	叶片受害，病斑多始自叶尖和叶缘，初呈圆形或不规则形的淡褐色小斑，后扩大成为深褐色大斑，斑面云纹明显或不明显，严重时导致叶片干枯、脱落；嫩梢受害，顶部呈萎蔫状，后枯心，病部呈黑褐色，严重时嫩叶枯焦，整条嫩枝枯死；花穗受害，小花及穗柄变褐色干枯，花蕊或花朵脱落，开花坐果受阻；近成熟的果实及采后的果实受害，果面出现黄褐色小点，后变成近圆形或不定形的褐斑，病健分界不清晰，病斑中央产生橙色孢子堆，后期果肉变味腐败 病斑表面橙红色病症是该病区别于荔枝霜疫霉病和酸腐病的主要特征	荔枝炭疽病在 13℃～38℃ 均能发病，最适发病温度为 22℃～29℃，高湿利于发病，特别是连续高温阴雨天气利于病害大发生，但过高温度对其发生有一定的抑制作用
荔枝酸腐病	荔枝酸腐病属复合病害，由荔枝酸腐病菌（*Geotrichum candidum* L. K. ex Pers.）、节卵孢菌（*Oospra* sp.）和白球拟酵母菌［*Torulopsis candida*（Ballerini and Thonon）］复合侵染而成。一般在田间为害成熟的荔枝果实或在采收储运期间易发生	在储运期间，由于病果和健果相互接触而造成病害传染。病原菌主要从伤口侵入，使果皮变褐色，果肉腐烂发出酸臭味。潮湿时病部产生细粉状白色霉层 荔枝酸腐病病部长出白色粉状霉层呈湿棉花状或白色粉状是该病与荔枝炭疽病和荔枝霜疫霉病相区别的主要特征	高温高湿有利于该病害的发生。荔枝蛀蒂虫等害虫为害严重及采收时遭到机械损伤的果实发病严重

表 A.1（续）

病害名称	病　原	症状识别	发生特点
荔枝叶斑病	荔枝叶斑病是由多种病原菌引起，主要有3种，分别为拟盘多毛孢菌[*Pestalotiopsis pauciseta*（Speg.）Stey]、叶点霉（*Phyllosticta dimocarpi* C. Y. Lai et Q. Wang）和壳二孢菌（*Ascochyta* sp.）	拟盘多毛孢菌、叶点霉和壳二孢菌引起的症状类型分别称为灰斑型、白星型和褐斑型，它们的共同症状是叶片上出现黄褐色、褐色或其他颜色的病斑。灰斑型：病斑多从叶尖向叶缘扩展，圆形至椭圆形，赤褐色，后成不规则的大病斑，呈灰白色，上可见针头大小黑色粒点。白星型：叶面小圆形的褐色病斑，扩大后为灰白色，边缘褐色，上有数个黑色小粒点。叶背病斑灰褐色，边缘不明显，周围有时有黄晕。褐斑型：初期产生圆形或不规则形褐色小斑点，扩大后，叶面病斑中央灰白色或淡褐色，边缘褐色。叶背病斑淡褐色，后期病斑上有小黑点。病斑愈合后成大病斑，蔓延至叶基，引起落叶	此病周年发生，但在高温高湿季节为主要发生期。管理不善、低洼、常积水、隐蔽度过大和虫害严重的果园利于发病
荔枝溃疡病	荔枝溃疡病的病原不详，主要在枝干发生，又称粗皮病	发病初期树皮失去光泽，以后患部渐呈皱缩，树皮粗糙龟裂，随着病斑逐渐扩大加深，出现很多突起的瘤状物，在主干，随着龟裂扩大、加深，部分皮层翘起剥落，严重时病害延及木质部，木质部变为褐色；当病斑扩展环绕枝条时，病部以上枝条叶片逐渐变黄枯死，叶片脱落，全株树势衰退，甚至整株枯死。发病时一般先从主干开始，蔓延到主枝，再一次扩展到其他大枝上。一般新生枝条发病较少	一般树体伤口多、果园虫害多、高温多湿季节时病菌容易流行
荔枝煤烟病	荔枝煤烟病的病原真菌有10多种，主要有煤炱菌（*Capnodium* sp.）、小煤炱菌[*Meliola capensis*（Kalchbr et Cooke）Thesis.]和新煤炱菌（*Neocapnodium* sp.）等	为害叶片、枝梢、花穗和果实，初期表现出暗褐色霉斑，继而向四周扩展成绒状的黑色霉层，严重时全被黑色霉状物覆盖，故称煤烟病。煤烟病影响叶片光合作用、枝条生长、花穗发育和果实生长着色，造成树势减弱，挂果率降低，果品商品价值降低	介壳虫、蚜虫、粉虱、蛾蜡蝉等发生严重的果园，常诱发煤烟病的严重发生，这些害虫在植株上取食为害时分泌出"蜜露"，病原菌以这些排泄物为养料生长繁殖从而造成为害。一般在树龄大、荫蔽、栽培管理差的果园发病严重
荔枝藻斑病	荔枝藻斑病是由寄生性绿藻头孢藻（*Cephaleuros virescens* Kunze）引起的病害，主要为害植株中下层枝梢及叶片，在老龄的荔枝树上尤为普遍	发病初期在叶面上产生许多黄褐色针头大小的圆斑，后向四周辐射状扩展，形成圆形或不规则形小斑，后扩大为不规则黑褐色斑点，在病斑上长有灰绿色或黄褐色毛绒状物，边缘不整齐。藻斑病在荔枝幼龄期发生很少	荔枝藻斑病一般在温暖、高湿的条件下或在雨季发生，蔓延迅速。在植株的枝叶密集隐蔽、通风透光差、土壤瘠薄和地势低洼、管理水平低的果园或老龄果园，此病发生为害较严重

附　录　B

（资料性附录）

荔枝主要害虫形态特征及其发生为害特点

荔枝主要害虫形态特征及其发生为害特点见表 B.1。

表 B.1　荔枝主要害虫形态特征及其发生为害特点

害虫名称	形态特征	发生为害特点
荔枝蝽	荔枝蝽［*Tessaratoma papillosa*（Drury）］，又名荔枝椿象，俗称臭屁虫，属半翅目 Hemiptera，荔蝽科 Tessaratomidae 成虫：体长 23 mm～30 mm，体黄褐色至棕褐色，椭圆形，腹面常被白色蜡粉 卵：圆形，聚集成块，每块常具 14 粒卵，初产时多为淡绿色或淡黄色，孵化前变为红色 若虫：共 5 龄，1 龄体型椭圆，体色从初孵化橙红色渐变深蓝至黑色；2 龄体长方形，橙红色；外缘灰黑色；3 龄时翅芽初见；4 龄翅芽明显，伸达第 1 腹节；5 龄翅芽发达，伸达第 3 腹节，出现 1 对单色单眼	荔枝蝽以成、若虫刺吸为害荔枝嫩梢、枝叶、花穗及幼果，被害后嫩梢、枝叶干枯，花穗萎缩，幼果干枯脱落，严重时造成大减产或失收，其分泌的臭液有腐蚀作用，能使花蕊枯死，果皮发黑，严重影响果品质量，并能损伤人的眼睛及皮肤 荔枝蝽 1 年发生 1 代，以性未成熟的成虫在树冠浓密的树上或其他隐蔽场所聚集越冬。翌年春暖时开始活动取食、交尾和产卵，产卵盛期是 3～4 月。每雌平均产 5 个～10 个卵块，每块 14 粒。多产在叶背，少数产在枝梢、树干或果树附近其他场所。初孵若虫有群集性，经 12 h～24 h 后分散取食。成若虫均有假死性，受惊扰时，即射出臭液下坠。6 月间当年羽化的新成虫相继出现，上一年羽化的老成虫陆续死亡。7、8 月后，荔枝园中若虫逐渐少见。大部分羽化为成虫。成虫期 203 d～371 d
荔枝蛀蒂虫	荔枝蛀蒂虫（*Conopomorpha sinensis* Bradley），又名爻纹细蛾，属鳞翅目 Lepidoptera，细蛾科 Gracillariidae 成虫：体长 4 mm～5 mm，体灰黑色、腹部腹面白色。前翅灰黑色、狭长，从后缘中部至外缘的缘毛甚长，并拢于体背时，前翅翅面两度曲折的白色条纹相接呈"爻"字纹，后翅灰黑色，细长如剑 卵：椭圆形，长 0.3 mm～0.4 mm，初产时淡黄色，后转为橙黄色；幼虫圆筒形，乳白色，老熟幼虫中后胸背面各有 2 个肉状突 蛹：初期为淡绿色，后转为黄褐色，近羽化时为灰黑色，头部有一个具三角形突起的破茧器。茧扁平椭圆形，白色透明，多结于叶背	荔枝蛀蒂虫主要以幼虫蛀食为害荔枝幼果和成果，幼果被害造成落果，成果期被害，果蒂与果核之间充满虫粪，影响产量和品质。在花穗、新梢期，也能钻蛀嫩茎和幼叶中脉，被害叶片中脉变褐，花穗干枯 荔枝蛀蒂虫在广东、海南等地 1 年发生 10 代～11 代，世代重叠，主要以幼虫在荔枝冬梢或早熟品种花穗穗轴顶部越冬。越冬成虫羽化交尾后 2 d～5 d 产卵，卵散产，具明显的趋果性和趋嫩性，每雌平均产卵 114 粒左右。幼虫孵出后自卵壳底面直接蛀入果实内，整个取食期间均在蛀道内，虫粪也留在蛀道中。为害荔枝果实的幼虫自第二次生理落果后（即果核从液态转为固态），开始蛀入幼果核内，引致大量落果；为害近成熟的果实时，幼虫在果蒂与果核之间食害，在果蒂与果柄之间充满褐黑色粉末状的虫粪，俗称"粪果"，不堪食用
荔枝粗胫翠尺蛾	荔枝粗胫翠尺蛾（*Thalassodes immissaria* Walker），属鳞翅目，尺蛾科 Geometridae 成虫：体长 11 mm～12 mm，雌成虫翅展 28 mm～32 mm，翅翠绿色，满布白色细纹，前后翅自前缘至后缘具白色波状前中线和后中线各一条，后中线比较明显，前翅前缘棕黄色，触角丝状。雄成虫触角羽毛状 卵：圆鼓形，长约 0.71 mm。初时浅黄色，将孵化时红色 幼虫：初孵幼虫淡黄色，后变为青色，老熟近化蛹前变红褐色。2 龄以后头顶二分叉成两个角状突，臀板末端稍尖略超过臀部 蛹：长约 15 mm，棕灰色至棕黄色，臀棘 4 对，呈倒"U"形排列	荔枝粗胫翠尺蛾主要以幼虫为害嫩梢，尤其是为害挂果梢、秋梢的生长，造成网状孔或缺刻，严重的把整片叶食光，影响正常生长，影响植株的光合作用和营养积累，从而影响花质和坐果，有时也啃食幼果 荔枝粗胫翠尺蛾在海南、广州等地 1 年发生 7 代～8 代，世代重叠。以蛹在树冠内叶间或地面上草丛越冬，少数在树干间隙越冬。成虫白天静伏树冠叶片，清晨及傍晚羽化，有趋光性。卵散产于嫩芽和未完全展开的嫩叶的叶尖上。幼虫以夏、秋梢为害最重。幼虫不善动，静止时平伏于叶缘背面或身体伸直如枝条，幼虫老熟后吐丝缀连相邻的叶片成苞状，并在其中化蛹。化蛹时蛹体腹末端有丝状物与覆盖物黏结在一起。3 月下旬开始出现，完成 1 代需 25 d～36 d。在气温 25℃～28℃时，卵期 3 d～4 d，幼虫期 11 d～17 d，蛹 6 d～8 d，成虫期 5 d～7 d

表 B.1（续）

害虫名称	形态特征	发生为害特点
卷叶蛾类	卷叶蛾类害虫属鳞翅目，卷叶蛾科 Tortricidae。常见的主要有灰白条小卷蛾、三角新小卷蛾和圆角卷蛾等 灰白条小卷蛾[*Dudua aprobola*（Meyrick）] 雌成虫：体长 7 mm～8 mm，翅展 22 mm 左右。头小黑色，触角丝状，灰褐色，复眼圆形黑色，颜面具黑色疏松毛丛；胸背灰黑褐色，腹面灰白色。前翅前缘区黑褐色，有钩纹，其余为灰白色，前缘 2/3 处有近方形黑斑斜纹；后翅前缘基部至端部灰白色，余为灰黑色。臀角宽大突出 雄成虫：体略小，前翅黑色或灰褐色相间，臀角边缘有一束灰黑毛 幼虫：末龄幼虫体长 12 mm～15 mm，前胸背板和 3 对胸足均为黑色，中胸以后各体节为淡黄绿或绿色 蛹：体长 8.3 mm～10 mm，红褐色。羽化前一天腹部第 8 节～第 10 节为橘黄色，其余呈深黑色 三角新小卷蛾（*Olethreutes leucaspis* Meyrick） 成虫：翅展翅展约 15 mm。头黑色，头顶具疏松黑毛。雌雄触角均为丝状，基部较粗，黑褐色，前翅前缘约 2/3 处有一淡黄色三角形斑块。后翅前缘从基角至中部灰白色，其余为灰黑褐色 卵：长椭圆形，正面中央稍拱起，表面有近正六边形的刻纹。初产乳白色，将孵化时呈黄白色 幼虫：初孵体长约 1 mm，老熟幼虫至预蛹期灰褐或黑褐色 圆角卷蛾（*Eboda cellerigera* Meyrick） 成虫：体灰黑色。触角丝状，较短，约为前翅的 1/2。头顶有深灰色毛丛，复眼黑色。前翅呈长椭圆形，基半部和前缘深棕褐色，端半部浅棕褐色，中部有一肾形纹，静止时，左右两翅肾形纹合拢形似"M"。前翅外缘有 6 个～7 个金黄色小圆斑；后翅灰黑色。腹部背面灰黑色，腹面银白色 幼虫：末龄幼虫全体黄绿色。老熟幼虫背中线两侧各有一条红色纵带 蛹：初蛹翅芽青绿色，腹部黄褐色；中后期全体黄褐色 褐带长卷蛾（*Homona coffearia* Nietner） 雌成虫：体长 8 mm～10 mm。体色为黄褐色或暗褐色。头小，下唇须向上翘。前翅暗褐色或黄褐色，后翅淡黄色 卵：椭圆形，呈鱼鳞状排列成卵块，上覆胶质薄膜。初产时淡黄色，渐变深黄至褐色。食叶的幼虫体黄绿色，蛀果的幼虫体白色 幼虫：老熟幼虫体长 20 mm～23 mm 蛹：黄褐色，常化蛹于卷叶中。腹端常具 8 根卷丝臀刺。蛹背面中胸后缘中央向后突出，末端近平截状	卷叶蛾类害虫主要以幼虫取食为害花穗与嫩叶，为害时，幼虫吐丝将几枝小穗梗或将几张小叶缀成"虫苞"，躲在其中危害，但亦有用一片叶纵折成卷筒形而藏身其中，严重时可将花穗和叶片吃光，或以幼虫蛀食果实果核、花穗和嫩梢的髓部，造成幼果大量落果及嫩梢与花穗枯死 灰白条小卷蛾年发生代数不详。成虫夜间羽化，有趋光性，幼虫多在果树抽梢期发生，常将几片小叶缀成较大虫苞，在苞内取食。苞内的幼虫期 19 d～20 d，蛹期 8 d～9 d 三角新小卷蛾该虫年发生 9 代～10 代，世代重叠。成虫夜晚交尾产卵，卵散产于已萌动梢芽的复叶或小叶缝隙间或小叶叶脉间，卵期最短 2 d～5 d；幼虫期都藏匿于叶梢卷叶为害，幼虫期 9 d～41 d；老熟幼虫多在梢老叶片上沿叶边缘作叶苞化蛹，蛹期 7 d～39 d；成虫多于白天羽化，寿命约 16 d 圆角卷蛾该虫在海南全年均可见，5 月发生较多。幼虫受惊扰即跳跃下坠逃逸。老熟幼虫多在叶苞内或花器团中化蛹 褐带长卷蛾该虫在广东年发生 7 代左右，多以幼虫在荔枝卷叶或附近杂草中越冬。1 龄幼虫取食果皮，2 龄～3 龄以后幼虫蛀果为害，使果实脱落；或吐丝将多片叶缀在一起成较大的虫苞，匿藏其中取食嫩芽幼叶，遇惊扰即吐丝下坠逃跑。成虫多于清晨羽化，日间静伏于枝梢上，交尾产卵多在夜间。卵块多产于叶面中脉附近，有时也产于叶背、枝梢上。雌蛾繁殖力强，主要产卵于叶面，每雌平均产卵约 330 粒。幼虫常在卷叶内、老叶间化蛹，部分为害果实的幼虫在果中化蛹

表 B.1（续）

害虫名称	形态特征	发生为害特点
荔枝褶粉虱	荔枝褶粉虱（*Aleurotrachelus* sp.）属同翅目，粉虱科 Aleyrodidae 成虫：体橘红色，薄敷白粉，体长约 0.5 mm，前翅灰黑色，有 9 个不规则白斑，后翅较小，淡灰色。雄虫体较小 卵：长圆形，白色至淡黄色 若虫：初孵若虫淡黄色。老龄若虫近圆形，扁平，背部中央稍隆起，浅黄色至棕黄色。体缘齿突双层，胸部背面两侧有皱折，皿状孔小 蛹：与 3 龄幼虫相似	荔枝褶粉虱主要以若虫为害叶片，叶面出现黄色斑点，会诱发煤烟病，若虫死后还会引起霉菌发生。是近年发生为害的种类且有加重的趋势 荔枝褶粉虱以老熟若虫和蛹在叶背越冬，翌年 3 月左右羽化，为害荔枝春梢，并产卵于叶背。孵化后的幼虫固定在叶背吸汁液，使叶片出现黄色斑点。第 1 代成虫于 5 月出现，为害夏梢，世代重叠。最后一代为害秋梢，并发育成长，成越冬代
荔枝叶瘿蚊	荔枝叶瘿蚊（*Dasineura* sp.）属双翅目，瘿蚊科 Ithonidae 成虫：体纤弱。雌虫体长 1.5 mm～2.1 mm，头小于胸部，足细长，触角念珠状，前翅灰黑色，半透明，腹部暗红色。雄虫体长 1 mm～1.8 mm 卵：椭圆形，无色透明 幼虫：前期近无色透明，老熟时橙红色，前胸腹面有黄褐色 Y 形骨片 蛹：为裸蛹，初期橙色，渐变暗红色，羽化前复眼、触角及翅均为黑色	荔枝叶瘿蚊主要以幼虫为害荔枝嫩叶，初期出现水渍状点痕，随着幼虫的生长，点痕逐渐向叶面、叶背两面突起，形成瘤状虫瘿。严重时一片小叶上可有数十到上百粒虫瘿，可致叶片扭曲，嫩叶干焦。幼虫老熟脱瘿后，虫瘿逐渐干枯，最后呈穿孔状，影响叶片光合作用及营养积累，影响花质及坐果 荔枝叶瘿蚊在海南等地一年发生 7 代，以幼虫在叶片的虫瘿内越冬，翌年 2 月下旬越冬幼虫老熟，从叶片虫瘿内爬出入土化蛹，3 月下旬成虫羽化出土交尾产卵。卵多产于展开的红色嫩叶背面，卵期 1 d，孵化后，幼虫从幼叶背钻入叶肉组织，老熟前，幼虫一直生活在虫瘿内，无转移习性。幼虫入土及成虫羽化出土都要求有较高的空气湿度和土壤含水量，在隐蔽和潮湿的荔枝园发生较多，树冠内膛和下层抽发的新梢受害也较多，春梢受害较重
角蜡蚧	角蜡蚧［*Ceroplastes ceriferus*（Anderson）］，属同翅目，蜡蚧科 Coccidae 成虫：雌成虫椭圆形，赤褐色，分泌白色厚蜡质层覆盖虫体，蜡质层背中部向上隆起几乎为半球形，白色，略带淡红，尾端向后突出成锤状蜡角，蜡角短，顶端钝，后期此蜡角逐渐融消。触角 6 节，其中以第 3 节最长 雄成虫：红褐色，触角 10 节，具翅 1 对，交尾器针状 卵：长椭圆形，初产肉红色，渐变红褐色 若虫：长卵形，红褐色。初孵若虫体长 0.5 mm，腹面平，背面隆起，头部稍宽 蛹：红褐色，长约 1 mm	角蜡蚧以成虫、若虫在寄主新叶、枝条上吸食为害，受害果树生长不良，枝枯叶黄，并诱发煤烟病，严重时整株死亡 角蜡蚧 1 年发生 1 代，以受精雌成虫越冬。翌年 4 月开始产卵，每头雌成虫产卵 1 000 粒以上。卵盛孵期 5 月～6 月。若虫在嫩梢、叶片固定取食，体背及周围不断分泌蜡质，直至背中蜡突明显向前倾斜伸出并略呈弯钩状时，若虫则蜕变为成虫
荔枝瘤瘿螨	荔枝瘤瘿螨［*Aceria litchii*（Keifer）］，又称荔枝毛蜘蛛。属真螨目 Acariformes，瘿螨科 Eriophyidae 雌成螨：体长 0.11 mm～0.14 mm，宽 0.04 mm，厚 0.03 mm，狭长，蠕虫状，初呈淡黄色，后逐渐变为橙黄色。头小，螯肢和须肢各 1 对，足 2 对，大体背腹环数相等，由 55 环～61 环组成，均具有完整的椭圆形微瘤。腹部末端渐细，有长尾 1 对。雄螨难采集到 卵：微小，球形，光滑，淡黄色，半透明 若螨：体似成螨，略小，初孵时体灰白色，后渐变淡黄色，腹部环纹不明显，尾端尖细	荔枝瘤瘿螨以成、若螨吸取荔枝叶片、枝梢、花和果实汁液。叶片被害部位初期出现稀疏的无色透明状绒毛，以后逐渐变为密集的黄褐色至深褐色绒毛，形似"毛毡"状，被害叶片凹凸不平，叶面扭曲畸形。被害枝梢干枯，花序、花穗被害则畸形生长，不能正常开花结果，幼果被害则容易脱落，影响荔枝生产 荔枝瘤瘿螨在广州 1 年可发生 16 代，世代重叠。以成螨在枝冠内膛的晚秋梢或冬梢毛毡中越冬。3 月初开始为害，4 月开始大量繁殖，5 月～6 月是为害盛期。以后各时期嫩梢亦常受害，但冬梢受害较轻 荔枝瘤瘿螨生活在虫瘿绒毛间，平时不甚活动，阳光照射或雨水侵袭之际则较活跃，在绒毛间上下蠕动。产卵在绒毛基部。喜隐蔽，树冠稠密、光照不良的环境，树冠下部和内部虫口密度较大；叶片上则以叶背居多。可借苗木、昆虫、器械和风力等传播蔓延

附　录　C
（资料性附录）
荔枝主要病害推荐使用农药及其使用方法

荔枝主要病害推荐使用农药及其使用方法见表 C.1。

表 C.1　荔枝主要病害推荐使用农药及其使用方法

防治对象	推荐药剂	有效浓度	使用方法
荔枝霜疫霉病	嘧菌酯	150 mg/kg～250 mg/kg	在花蕾发育期喷药消毒预防,始花期再喷一次,坐果后每隔 10 d～15 d 喷药一次预防,直至果实采收安全间隔期前
	啶氧菌酯	125 mg/kg～167 mg/kg	
	吡唑醚菌酯·代森联	300 mg/kg～600 mg/kg	
	精甲霜灵·代森锰锌	680 mg/kg～850 mg/kg	
	氟吗啉·三乙膦酸铝	600 mg/kg～800 mg/kg	
	代森锰锌	1 333 mg/kg～2 000 mg/kg	
	氰霜唑	40 mg/kg～50 mg/kg	
	甲霜灵·代森锰锌	966.7 mg/kg～1 450 mg/kg	
	双炔酰菌胺	125 mg/kg～250 mg/kg	
荔枝炭疽病	苯醚甲环唑	227 mg/kg～278 mg/kg	在春、夏、秋梢叶片转绿期、花穗生长期、挂果期应喷药保护。每隔 7 d～10 d 喷 1 次,连喷 2 次～3 次,大雨后加喷 1 次
	腈菌唑	66.7 mg/kg～100 mg/kg	
	咪鲜胺	208.3 mg/kg～250 mg/kg	
	醚菌酯	125 mg/kg～166.7 mg/kg	
荔枝酸腐病	甲基硫菌灵·百菌清	700 mg/kg～900 mg/kg	结合荔枝霜疫霉病、炭疽病的防治进行药剂喷施
	甲霜灵·百菌清	720 mg/kg～900 mg/kg	
荔枝叶斑病	甲基硫菌灵·百菌清	700 mg/kg～900 mg/kg	重点做好发病初期的防治。对重病园,应在夏秋梢萌动期喷药防治。一般喷药 3 次,间隔 10 d 喷 1 次药
荔枝溃疡病	氧化亚铜	1 283 mg/kg～1 925 mg/kg	每隔 15 d～20 d 涂 1 次,连用涂 3 次或多次涂药直至病状消失
	噻菌铜	285.7 mg/kg～666.7 mg/kg	
	王铜	167 mg/kg～250 mg/kg	
	氢氧化铜	1 283 mg/kg～1 925 mg/kg	喷雾
荔枝煤烟病	醚菌酯	125 mg/kg～166.7 mg/kg	一般喷药 3 次,间隔 10 d 喷 1 次药
	氢氧化铜	1 283 mg/kg～1 925 mg/kg	
	腈菌唑	66.7 mg/kg～100 mg/kg	
荔枝藻斑病	氢氧化铜	1 283 mg/kg～1 925 mg/kg	发病初期,病斑处于灰绿色时及时喷药防治 1 次～2 次

附　录　D

（资料性附录）

荔枝主要虫害推荐使用农药及其使用方法

荔枝主要虫害推荐使用农药及其使用方法见表 D.1。

表 D.1　荔枝主要虫害推荐使用农药及其使用方法

防治对象	推荐使用农药	有效浓度	使用方法
荔枝蝽	敌百虫	600 mg/kg～750 mg/kg	重点抓好早春（3月中下旬至4月初）对越冬成虫及嫩梢和挂果期（3月～5月）对3龄前若虫的防治。在当地越冬成虫恢复活动及卵大量孵化时及时进行挑治或全面防治
	高效氯氰菊酯·三唑磷	86.67 mg/kg～130 mg/kg	
	高效氯氰菊酯	15 mg/kg～20 mg/kg	
	溴氰菊酯	5 mg/kg～8.3 mg/kg	
	高效氯氟氰菊酯	6.25 mg/kg～12.5 mg/kg	
	氯氰菊酯·马拉硫磷	60 mg/kg～150 mg/kg	
荔枝蛀蒂虫	毒死蜱	333.3 mg/kg～500 mg/kg	花期、幼果期、中果期和果实转色期各喷一次药；蛹累计羽化率在40%时喷一次药，隔7 d～10 d再喷一次
	灭幼脲	125 mg/kg～166.7 mg/kg	
	高效氯氰菊酯·三唑磷	86.67 mg/kg～130 mg/kg	
	毒死蜱·氯氰菊酯	261.3 mg/kg～522.5 mg/kg	
	敌百虫	600 mg/kg～750 mg/kg	
荔枝粗胫翠尺蛾	高效氯氰菊酯	15 mg/kg～20 mg/kg	在幼虫幼龄时喷雾防治
	毒死蜱	333.3 mg/kg～500 mg/kg	
	阿维菌素	4.5 mg/kg～6 mg/kg	
卷叶蛾类	毒死蜱	333.3 mg/kg～500 mg/kg	新梢期、花穗抽发期和盛花期前后进行测报，幼虫孵化至3龄期喷药防治
	阿维菌素	4.5 mg/kg～6 mg/kg	
	敌百虫	600 mg/kg～750 mg/kg	
	高氯·辛硫磷	110 mg/kg～147 mg/kg	
荔枝褐粉虱	吡虫·毒死蜱	100 mg/kg～110 mg/kg	在1龄～2龄若虫盛发期喷药防治效果明显
	阿维·啶虫脒	17.6 mg/kg～22 mg/kg	
荔枝叶瘿蚊	敌百虫	600 mg/kg～750 mg/kg	嫩叶展开前后这段时期进行喷药保护，每隔7 d～10 d喷一次，连喷2次～3次
	毒死蜱	333.3 mg/kg～500 mg/kg	
角蜡蚧	毒死蜱	333.3 mg/kg～500 mg/kg	幼蚧初发盛期，尤其是1龄若虫时施药防治。一般7 d～10 d施1次药，连施2次～3次
	高效氯氰菊酯	50 mg/kg	
荔枝瘤瘿螨	高效氯氟氰菊酯	6.25 mg/kg～12.5 mg/kg	重点做好嫩梢期、花蕾期及幼果期的喷药防治
	阿维菌素	4.5 mg/kg～6 mg/kg	
	甲维哒螨灵	77.5 mg/kg～103 mg/kg	

附加说明：

本标准按照 GB/T 1.1—2009 给出的规则起草。

本标准代替 NY/T 1478—2007《荔枝病虫害防治技术规范》，与 NY/T 1478—2007 相比，除编辑性修改外，主要技术变化如下：

——删减补充了荔枝主要病虫害种类；

——增加了推荐使用农药及其使用方法一览表；

——补充完善了使用农药的种类，药剂使用方面更加突出高效低毒，尤其摒弃了近年来已禁止使用的高毒农药品种；

——农药名称统一使用农药登记名称；

——增加了附录A和附录B表格中的小标题。

本标准由农业部农垦局提出。

本标准由农业部热带作物及制品标准化技术委员会归口。

本标准起草单位：中国热带农业科学院环境与植物保护研究所。

本标准主要起草人：赵冬香、符悦冠、王玉洁、张新春、钟义海、高景林。

本标准所代替标准的历次版本发布情况为：

——NY/T 1478—2007。

中华人民共和国农业行业标准

菠萝叶纤维

Pineapple leaf fiber

NY/T 2444—2013

1 范围

本标准规定了菠萝叶纤维的术语和定义、产品代号和标记、技术要求、试验方法、检验规则、标识、包装、运输和贮存。

本标准适用于菠萝叶片初加工的纤维。

2 规范性引用文件

下列文件对于本文件的应用是必不可少的。凡是注日期的引用文件,仅注日期的版本适用于本文件。凡是不注日期的引用文件,其最新版本(包括所有的修改单)适用于本文件。

GB/T 9995 纺织材料含水率和回潮率的测定 烘箱干燥法

GB/T 12411 黄、红麻纤维试验方法

3 术语和定义

下列术语和定义适用于本文件。

3.1

菠萝叶纤维 pineapple leaf fiber

菠萝叶片经加工获取的纤维。

3.2

纤维断裂强力 breaking strength

在规定条件下将纤维试样拉伸断裂时所显示出来的强力值。

3.3

纤维杂质 fiber imputrity

菠萝叶纤维中的青皮、纤维屑及其他混入物。

4 产品代号和标记

4.1 产品代号

菠萝叶纤维分为一等品、二等品两个等级,各等级的代号分别用"1"和"2"表示。

4.2 产品标记

菠萝叶纤维以其品名、本标准号和产品的等级代号进行产品标记。其表示方法如下:

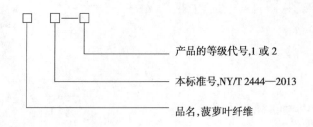

产品的等级代号,1 或 2

本标准号,NY/T 2444—2013

品名,菠萝叶纤维

示例:

执行本标准的菠萝叶纤维,一等品,其标记为:

菠萝叶纤维 NY/T 2444—2013-1。

5 技术要求

5.1 质量要求

质量指标应符合表1的规定。

表 1 菠萝叶纤维的质量指标

项目	指标	
	一等品	二等品
外观	乳白,有光泽	浅黄
含杂率,%	≤3.0	≤5.0
纤维断裂强力,N	≥350	

5.2 回潮率

菠萝叶纤维公定回潮率为13%,实际回潮率应不大于15%。

6 试验方法

6.1 抽样

菠萝叶纤维按同一批次同一等级的纤维包随机抽取样包,抽取数量应符合表2的规定。从批样的每包中随机取出纤维试样作为实验室试样。

表 2 抽样要求

批纤维包数	≤5	≤8	≤13	≤22	≤41	≤118	≥119
取样包数	3	4	5	6	7	8	9

6.2 试样制备

6.2.1 纤维断裂强力试样

将试样整理平直,对齐基部,从试验试样中段剪取 300 mm,整理成粗细均匀的一束纤维,称取每束质量为 1.00 g 试样。

6.2.2 纤维含杂率试样

从实验室样品中,随机抽取质量约为 30 g 的纤维作为试样。

6.2.3 纤维回潮率试样

从实验室试样中,随机抽取质量约为 50 g 的纤维作为试样,密闭封装,并在 24 h 内称取试样的质量。

6.3 检测方法

6.3.1 外观

在自然光下,目测菠萝叶纤维颜色和光泽,不应在阳光直射或背光阴暗的地方进行。

6.3.2 纤维断裂强力

按 GB/T 12411 的规定执行。

6.3.3 含杂率

按 GB/T 12411 的规定执行。

6.3.4 回潮率

按 GB/T 9995 的规定执行。

7 检验规则

7.1 检验项目

7.1.1 菠萝叶纤维应按本标准第 5 章规定的全部项目检验。

7.1.2 纤维出厂应附上检验报告,检验报告应包括品名、数量及检验项目的检验结果、判定的等级、检验单位、检验者和检验条件、日期等内容。

7.2 判定规则

7.2.1 检验结果全部符合表 1 指标的,判定为合格。

7.2.2 纤维外观质量和含杂率两项指标中,如有一项指标达不到相应等级的要求,应降一级。

7.3 包装质量

7.3.1 包质量的判定

可用按规定周期检定合格的在用精度 0.05 kg 的计量器具,随机抽样称量进行评定,有关各方对纤维质量有异议,可重新抽样,测定含杂率、回潮率及纤维包实际质量,计算纤维包公定质量,整批纤维质量按每包纤维公定质量乘纤维包数计算。计算结果为该批纤维包公定质量值。整批纤维包每包的公定质量以全部样包的平均值表示。纤维包公定质量按式(1)计算。

$$M_k = M\frac{100+W_k}{100+W} \times \frac{100-F}{100-F_k} \quad\cdots\cdots (1)$$

式中:

M_k——公定质量,单位为千克(kg);

M ——实际质量,单位为千克(kg);

W_k——公定回潮率,13%;

W ——实际回潮率,单位为百分率(%);

F ——实际含杂率,单位为百分率(%);

F_k——标准含杂率,单位为百分率(%)。

数值精确至小数后一位。

7.3.2 外观尺寸的判定

可用合格的在用长度计量器具如钢尺(精度为 1 mm),随机抽样,对长方体纤维包的六个面的不同部位,分别进行长、宽、高的测量读数,每个面的每一项目至少取 3 个数值采用平均数值进行分析评定。

8 包装、标识、运输和贮存

8.1 包装

每件纤维包应由同一品种、同一批次、同一等级的菠萝叶纤维组成,打包时基稍分清,伸直整齐。按规定的长方体定型后用镀锌铁丝或打包带捆扎,每包至少扎四道。包质量和外观尺寸应符合表 3 的规定。

表 3　菠萝叶纤维的包质量和外观尺寸要求

项目	包质量,kg	长,mm	宽,mm	高,mm
要求	30.0 ± 0.5	800^{+50}_{0}	500^{+50}_{0}	400^{+50}_{0}

8.2　标识

每件纤维包应附有标识,标识内容应包括产品标记、质量、生产单位、生产日期等。

8.3　运输

纤维运输中应该保持清洁、防火、防雨、防潮,不应与易燃、易爆和腐蚀性物品混装。

8.4　贮存

纤维应按等级分别堆放在室内的仓垫物上,保持清洁、干燥、通风良好,防止纤维受潮,严禁烟火。不应与易燃、易爆和腐蚀性物品一起堆放。

附加说明:

本标准按照 GB/T 1.1—2009 给出的规则起草。

本标准由中华人民共和国农业部提出。

本标准由农业部热带作物及制品标准化技术委员会归口。

本标准起草单位:中国热带农业科学院农业机械研究所。

本标准主要起草人:李明福、连文伟、张劲、黄涛、何俊燕、欧忠庆、邓干然、庄志凯。

中华人民共和国农业行业标准

木薯种质资源抗虫性鉴定技术规程

Technical regulations for the identification of cassava-
germplasm resistance to pests

NY/T 2445—2013

1 范围

本标准规定了木薯(*Manihot esculenta* Crantz)种质资源对朱砂叶螨(*Tetranychus cinnabarinus*)、木薯单爪螨（*Mononychellus mcgregori*)、蔗根锯天牛幼虫(*Dorysthenes granulosus*)和铜绿丽金龟(*Anomala corpulenta*)幼虫蛴螬的室内和田间抗性鉴定的技术方法和评价标准。

本标准适用于从事木薯育种、木薯生产和植物保护等单位鉴定木薯种质资源对朱砂叶螨、木薯单爪螨、蔗根锯天牛幼虫和铜绿丽金龟幼虫蛴螬的抗性。

2 规范性引用文件

下列文件对于本文件的应用是必不可少的。凡是注日期的引用文件,仅注日期的版本适用于本文件。凡是不注日期的引用文件,其最新版本(包括所有的修改单)适用于本文件。

GB/T 22101.1 棉花抗病虫性评价技术规范 第1部分:棉铃虫

NY/T 356 木薯 种茎

NY/T 1681 木薯生产良好操作规范(GAP)

3 术语与定义

GB/T 22101.1—2008 界定的以及下列术语和定义适用于本文件。

3.1

植物抗虫性 plant resistance to pests

同种植物在昆虫为害较严重的情况下,某些植株能耐害、避免受害、或虽受害而有补偿能力的特性。本标准中的抗虫性包含抗螨性。

3.2

抗虫性鉴定 identification of plant resistance to pests

通过一定技术方法鉴定植物对特定害虫的抗性水平。

3.3

抗虫性评价 evaluation of resistance to pests

根据采用的技术标准判别寄主对特定虫害反应程度和抵抗水平的描述。

3.4

虫情级别 pest rating scale

植物个体或群体虫害程度的数值化描述。

3.5

害螨存活率　survival rate of mites

取食木薯叶片后存活的朱砂叶螨或木薯单爪螨数占供试朱砂叶螨或木薯单爪螨总数的比率。

3.6

植株死亡率　mortality rate of plants

被蔗根锯天牛幼虫或铜绿丽金龟幼虫蛴螬为害后死亡的植株数占供试植株总数的比率。

3.7

接种体　inoculum

用于接种以引起虫害的特定生长阶段的虫体。本标准中特指用于人工接种鉴定用的朱砂叶螨和木薯单爪螨的成螨及蔗根锯天牛 5 龄幼虫和铜绿丽金龟 5 龄幼虫蛴螬。

4　鉴定方法

4.1　室内人工接种鉴定

4.1.1　接种体准备

从田间采集朱砂叶螨和木薯单爪螨的成螨,经形态学鉴定确认后,用离体新鲜木薯品种华南 205 叶片(顶芽下第 10 片～16 片叶)人工繁殖。

从田间采集蔗根锯天牛幼虫和铜绿丽金龟幼虫蛴螬,经形态学鉴定确认后,用 100 目网室内盆栽 6 个月的木薯品种华南 205 人工繁殖。

人工繁殖条件为 25℃～28℃、RH 75%～80% 及每天连续光照时间≥14 h。整个繁殖过程中不使用杀虫剂。

4.1.2　室内抗虫性鉴定

4.1.2.1　室内抗螨性鉴定

鉴定时设华南 205 为感螨对照品种,C1115 为抗螨对照品系。将人工繁殖的接种体雌雄成螨配对后,分别接到养虫盒(长 40 cm×宽 30 cm×高 5 cm)中的新鲜离体木薯叶背(顶芽下第 10 片～16 片叶),每个养虫盒 10 张叶片,每张叶片接 10 对,每份种质资源 50 张叶。24 h 后除去成螨,收集有卵木薯叶片。在 25℃～28℃、RH 75%～80% 及每天连续光照时间≥14 h 条件下,每 24 h 观察一次,直至 F_0 代成螨死亡,记录朱砂叶螨和木薯单爪螨生长发育情况,计算 F_0 代存活率。种质资源抗螨性鉴定评级标准见表 1。

表 1　室内抗螨性鉴定评级标准

抗螨性级别	F_0 代害螨存活率,%
免疫(IM)	0.0
高抗(HR)	0.1～10.0
抗(R)	10.1～30.0
中抗(MR)	30.1～60.0
感(S)	60.1～80.0
高感(HS)	＞80.0

4.1.2.2　室内抗虫性鉴定

鉴定时设华南 205 为感虫对照品种,C1115 为抗虫对照品系。在 100 目网室内盆栽待鉴定木薯种质,6 个月后接种人工繁殖的蔗根锯天牛和铜绿丽金龟接种体。每份种质种植 30 盆(不小于直径 40 cm×高 30 cm),每盆 1 株,每株接虫 5 头,在 25℃～28℃、RH 75%～80% 及每天连续光照时间≥14 h 条件下,连续观察 4 个月,计算植株死亡率。种质资源抗虫性鉴定评级标准见表 2。

表 2　室内抗虫性鉴定评级标准

抗虫性级别	植株死亡率，%
免疫（IM）	0.0
高抗（HR）	0.1～15.0
抗（R）	15.1～25.0
中抗（MR）	25.1～40.0
感（S）	40.1～60.0
高感（HS）	＞60.0

4.2　田间鉴定

4.2.1　鉴定圃

应具备良好的朱砂叶螨、木薯单爪螨、蔗根锯天牛和铜绿丽金龟自然发生条件，面积 0.2 hm² 以上。

4.2.2　木薯种植

种植时按照 NY/T 356—1999 规定的要求选择种茎，并按照 NY/T 1681—2009 规定的生产要求，鉴定时设华南 205 为感虫对照品种，C1115 为抗虫对照品系。按随机区组设计将鉴定材料和对照材料种植于鉴定圃内，每份种质资源重复 3 次，每重复种 10 株（株行距为 80 cm×100 cm）。

4.2.3　保护行

以相同株行距在待鉴定种质资源四周种植华南 205 品种作为保护行。

4.2.4　鉴定圃管理

全生育期内鉴定圃不使用杀虫剂，杀菌剂的使用根据鉴定圃内病害发生种类和程度而定。

4.2.5　虫情调查

每年螨害高峰期，调查朱砂叶螨、木薯单爪螨为害情况 1 次～2 次，从植株上、中、下部 3 个部位中各选 4 片受害最重的叶片为代表，每株 12 片叶，每份种质资源调查 30 株～50 株，连续调查 3 年，记录螨害叶片数与调查总叶片数。

每年虫害高峰期，调查蔗根锯天牛幼虫和铜绿丽金龟幼虫蛴螬为害情况 1 次～2 次，每份种质资源调查 30 株～50 株，连续调查 3 年，记录虫害植株数与调查总植株数。

4.2.6　虫情级别

4.2.6.1　田间抗螨性鉴定

4.2.6.1.1　朱砂叶螨、木薯单爪螨为害分级

根据木薯叶片螨害程度将朱砂叶螨、木薯单爪螨为害分为 0、1、2、3、4 共 5 级。螨害分级标准如下：

0 级：叶片未受螨害，植株生长正常；

1 级：叶片表面出现黄白色小斑点，受害轻微，螨害面积占叶片面积的 25% 以下；

2 级：叶面出现黄褐（红）斑，红斑面积占叶片面积的 26%～50%；

3 级：叶面黄褐斑较多且成片，红斑面积占叶片面积的 51%～75%，叶片局部卷缩；

4 级：叶片受害严重，黄褐（红）斑面积占叶片面积 76% 以上，严重时叶片焦枯、脱落。

4.2.6.1.2　田间抗螨性鉴定评级标准

根据鉴定材料的螨害指数，将木薯的抗螨性分为免疫、高抗、抗、中抗、感和高感共 6 级（表3）。

螨害指数按式（1）计算。

$$I_1 = \frac{\sum (S_1 \times N_{1s})}{N_1 \times 4} \times 100 \quad\cdots\cdots\cdots\cdots\cdots\cdots\cdots\cdots\cdots（1）$$

式中：

I_1——螨害指数，单位为百分率（%）；

S_1 ——叶片受害级别；

N_{1S} ——该受害级别叶片数；

N_1 ——调查总叶片数。

表 3　田间抗螨性鉴定评级标准

抗性级别	免疫(IM)	高抗(HR)	抗(R)	中抗(MR)	感(S)	高感(HS)
I_1,%	0.0	0.1~12.5	12.6~37.5	37.6~62.5	62.6~87.5	>87.5

4.2.6.2　田间抗虫性鉴定

4.2.6.2.1　蔗根锯天牛幼虫和铜绿丽金龟幼虫蛴螬为害分级

根据虫害率将蔗根锯天牛幼虫和铜绿丽金龟幼虫蛴螬为害分为 0、1、2、3、4、5 共 6 级。虫害分级标准如下：

0 级：植株未受虫害；

1 级：植株虫害率低于 20%；

2 级：植株虫害率为 21%~40%；

3 级：植株虫害率为 41%~60%；

4 级：植株虫害率为 61%~80%；

5 级：植株虫害率大于 80%。

4.2.6.2.2　田间抗虫性鉴定评级标准

根据鉴定材料的虫害指数，将木薯种质的抗虫性分为免疫、高抗、抗、中抗、感和高感共 6 级（表 4）。虫害指数按式（2）计算。

$$I_2 = \frac{\sum(S_2 \times N_{2S})}{N_2 \times 4} \times 100 \cdots\cdots\cdots\cdots\cdots\cdots\cdots (2)$$

式中：

I_2 ——虫害指数，单位为百分率（%）；

S_2 ——叶片受害级别；

N_{2S} ——该受害级别叶片数；

N_2 ——调查总叶片数。

表 4　田间抗虫性鉴定评级标准

抗性级别	免疫(IM)	高抗(HR)	抗(R)	中抗(MR)	感(S)	高感(HS)
I_2,%	0.0	0.1~10.0	10.1~30.0	30.1~50.0	50.1~70.0	>70.0

附　录　A

（资料性附录）

朱砂叶螨、木薯单爪螨、蔗根锯天牛和铜绿丽金龟形态及为害状

A.1　朱砂叶螨形态及为害状

见图A.1。

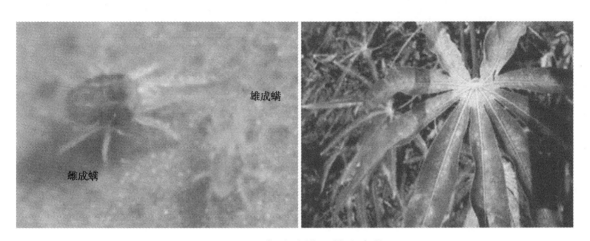

图A.1　朱砂叶螨及其为害状

A.2　木薯单爪螨形态及为害状

见图A.2。

图A.2　木薯单爪螨及其为害状

A.3　铜绿丽金龟与蔗根锯天牛形态及为害状

见图A.3。

铜绿丽金龟成虫(左♀,右♂)　铜绿丽金龟幼虫蛴螬　蛴螬与蔗根锯天牛幼虫为害状

蔗根锯天牛幼虫

蔗根锯天牛成虫(左♀,右♂)　蔗根锯天牛幼虫为害状　蛴螬与蔗根锯天牛幼虫为害状

图 A.3　铜绿丽金龟与蔗根锯天牛形态及为害状

A.4　螨害分级

见图 A.4。

0 级:叶片未受螨害,植株生长正常　　1 级:叶片表面出现黄白色小斑点,受害轻微,螨害
面积占叶片面积的 25%以下

2 级:叶面出现黄褐(红)斑,红斑面积占叶片面积的　3 级:叶面黄褐斑较多且成片,红斑面积占叶片
26%~50%　　　　　面积的 51%~75%,叶片局部卷缩

4 级:叶片受害严重,黄褐(红)斑面积占叶片面积 76%以
上,严重时叶片焦枯、脱落

图 A.4　螨害分级

附　录　B
（资料性附录）
朱砂叶螨、木薯单爪螨、蔗根锯天牛和蛴螬发生特点

B.1　朱砂叶螨

朱砂叶螨（*Tetranychus cinnabarinus*）又名红蜘蛛（spider mite），属真螨目（Acariformes）叶螨科（Tetranychidae）叶螨属（*Tetranychus*），是目前国内外木薯栽培和生产上发生最广泛的一种害螨，以成、若螨群聚于寄主叶背吸取汁液，造成木薯叶片褪绿黄化，发生严重时，全叶枯黄，造成早期落叶和植株早衰，枝条干枯，严重时整株死亡。

B.2　木薯单爪螨

木薯单爪螨（*Mononychellus mcgregori*）又名木薯绿螨（green mite），属真螨目（Acariformes）叶螨科（Tetranychidae）单爪螨属（*Mononychellus*），是木薯重要危险性害螨之一，1971 年在非洲乌干达首次发生与为害，以成、若螨群聚于寄主叶背吸取汁液，受害叶片主要呈黄白色斑点、褪绿、畸形，发育受阻，斑驳状，变形，变黑，枝条干枯，严重时整株死亡。

B.3　蔗根锯天牛

蔗根锯天牛（*Dorysthenes granulosus*），又名蔗根土天牛（longhorn），属鞘翅目（Coleoptera）天牛科（Cerambycidae）土天牛属（*Dorysthenes*），是近年来危害木薯的重要地下害虫之一，主要以幼虫取食种茎和鲜薯，咬食刚种植种茎导致缺苗，咬食鲜薯则可将鲜薯取食至仅剩皮层，地下部分食空后可沿茎基部向上咬食，造成死苗。受害植株生长衰弱，叶片枯黄，严重时整株死亡。

B.4　蛴螬

蛴螬（grub beetle）是鞘翅目（Coleoptera）金龟总科（Scarabaeoidea）丽金龟属（*Anomala*）幼虫的通称，是地下害虫种类最多、分布最广，危害最严重的一个类群，近年发现严重危害木薯。目前，危害我国木薯的蛴螬主要为铜绿丽金龟（*Anomala corpulenta*）幼虫，主要咬食木薯根部及埋在土中的幼茎。以幼虫取食种茎和鲜薯，咬食刚种植种茎导致缺苗，可将鲜薯整块取食，取食完地下部分后可沿茎基部向上咬食，造成死苗。受害植株生长衰弱，叶片枯黄，严重时整株死亡。

附加说明：
本标准按照 GB/T 1.1—2009 给出的规则起草。
本标准由中华人民共和国农业部提出。
本标准由农业部热带作物及制品标准化技术委员会归口。
本标准起草单位：中国热带农业科学院环境与植物保护研究所。
本标准主要起草人：陈青、卢芙萍、徐雪莲、卢辉。

中华人民共和国农业行业标准

热带作物品种区域试验技术规程 木薯

Technical regulations for the regional tests of tropical
crop varieties—Cassava

NY/T 2446—2013

1 范围

本标准规定了木薯(*Manihot esculenta* Crantz)品种区域试验的试验设置、参试品种(品系)确定、试验设计、田间管理、调查和记载项目、数据处理、报告撰写的原则、参试品种的评价办法等内容。

本标准适用于木薯品种区域试验的设计、方案制订和组织实施。

2 规范性引用文件

下列文件对于本文件的应用是必不可少的。凡是注日期的引用文件,仅注日期的版本适用于本文件。凡是不注日期的引用文件,其最新版本(包括所有的修改单)适用于本文件。

GB 4285 农药安全使用标准

GB/T 8321(所有部分) 农药合理使用准则

GB 8821 食品安全国家标准 食品添加剂 β-胡萝卜素

GB/T 5009.5 食品安全国家标准 食品中蛋白质的测定

GB/T 5009.9 食品中淀粉的测定

GB/T 5009.10 食品中粗纤维的测定

GB/T 6194 水果、蔬菜可溶性糖测定法

GB/T 6195 水果、蔬菜维生素 C 测定法(2,6-二氯靛酚滴定法)

GB/T 22101.1 棉花抗病虫性评价技术规范 第 1 部分:棉铃虫

GB/T 20264 粮食、油料水分两次烘干测定法

NY/T 356 木薯 种茎

NY/T 1681 木薯生产良好操作规范(GAP)

NY/T 1685 木薯嫩茎枝种苗快速繁殖技术规程

NY/T 1943 木薯种质资源描述规范

NY/T 2036 热带块根茎作物品种资源抗逆性鉴定技术规范 木薯

NY/T 2046 木薯主要病虫害防治技术规范

3 术语和定义

下列术语和定义适用于本文件。

3.1

试验品种 testing variety

人工培育的基因型或自然突变体并经过改良,群体形态特征和生物学特性一致、遗传性状相对稳

定,不同于现有所有品种,来源清楚,无知识产权纠纷,符合国家命名规定的品种名称。试验品种包括非转基因和转基因品种,转基因品种应提供农业转基因生物安全证书。

3.2

对照品种 control variety

符合试验品种定义,已经通过品种审定或认定,是试验所属生态类型区的主栽品种或主推的优良品种,其产量、品质和抗逆性水平在生产上具有代表性,用于试验作品种比照的品种。

3.3

预备品种试验 pre-registration variety test

为选拔区域试验的参试品种(品系),提前组织开展的品种(品系)筛选试验。

3.4

区域品种试验 regional variety test

在同一生态类型区的多个不同自然区域,选择能代表该地区土壤特点、气候条件、耕作制度、生产水平的地点,按照统一的试验方案和技术规程,安排多点进行多年品种(品系)比较试验,鉴定品种(品系)的适应性、稳产性、丰产性、抗病虫性、抗逆性、品质、生育成熟期及其他重要特征特性,从而对试验品种进行综合评价,确定品种(品系)的利用价值和适宜种植区域,为品种审定和推广提供科学依据。

3.5

生产试验 yield test

在同一生态类型区接近大田生产的条件下,针对区域试验中表现优良的品种(品系),在多个地点,相对较大面积对其适应性、稳产性、丰产性、抗逆性等进一步验证,同时总结配套栽培技术。

4 试验设置

4.1 组织实施单位

品种区域试验由全国热带作物品种审定委员会负责组织实施。

4.2 承试单位

根据气候、土壤和栽培等条件,在各生态类型区内选择田间试验条件较好、技术力量较强、人员相对稳定、有能力承担试验任务的单位承担田间试验任务。

4.3 品质检测、抗性鉴定

选择有检测资质的机构承担品质检测和抗性鉴定任务。

4.4 试验组别的划分

依据生态区划、种植区划、品种类型、种植时期、收获时期及用途等,结合生产实际、耕作制度和优势布局,确定试验组别。

4.5 试验点的选择

试验点的选择应能代表所在试验组别的气候、土壤、栽培条件和生产水平,交通便利、地势平缓、前茬作物一致、土壤肥力一致、便利排涝、避风的代表性地块;不受山体、林木、林带、建筑物等遮阳物影响。

5 试验品种(品系)确定

5.1 品种(品系)数量

预备试验品种(品系)数量不受限制。区域试验同一组别内的品种(品系)数量宜在 7 个～12 个(包括对照在内),当品种(品系)数量超过 12 个,应分组设立试验。生产试验根据实际情况安排品种(品系)数量。

5.2 参试品种(品系)的申请和确定

育种单位提出参加区域试验品种(品系)的申请,由品种审定委员会确定组别和参加区域试验的品种(品系)数量,并对试验的组别、区号及品种(品系)进行代码编号。生产试验参试品种(品系)为区域试验中综合表现较好的品种(品系)。

5.3 对照品种的确定

对照品种由品种审定委员会确定,每组别确定1个,根据试验需要可增加1个辅助对照品种。

5.4 供试种茎的质量和数量

试验种茎应采用中下部主茎,并符合 NY/T 356 的要求。供种单位应于种植前 15 d 向承试单位无偿供应足量种茎。供种单位不应对参试种茎进行任何影响植株生长发育的处理。可采用 NY/T 1685 的要求快速繁殖和供应参试种茎。

6 试验设计

6.1 试验设计

由全国热带作物品种审定委员会决定是否采用预备试验。每轮预备试验、区域试验和生产试验前,由品种审定委员会制订包含试验小区排列图的试验设计方案,各试验点必须严格执行。

6.2 小区面积

预备试验和区域试验的小区面积不少于 20 m²,种植行数不少于 4 行。生产试验小区面积不少于 300 m²,种植行数不少于 10 行。

6.3 小区排列

预备试验采用间排法排列,一次重复。区域试验采用随机区组排列,3 次重复。生产试验至少 2 次重复,应采用对角线或间排法排列。

6.4 区组排列

区组排列方向应与试验地的坡度或肥力梯度方向一致。

6.5 小区形状与方位

试验小区宜采用长方形,小区长边方向应与坡度或肥力梯度方向平行。

6.6 走道设置

试验区与周围保护行之间、区组之间、区组内小区之间可留走道,走道宽 20 cm~40 cm。

6.7 保护行设置

试验区的周围,应种植 3 行以上的保护行,并应为四周试验小区品种(系)的延伸种植。

7 试验年限和试验点数

7.1 试验年限

预备试验 1 年。区域试验 2 年。生产试验 1 年。生产试验可与第二年区域试验同时进行。

7.2 试验点数

同一组别试验点数不少于 5 个。

8 种植

8.1 种植时期

按当地适宜种植时期种植,一般在春季平均气温稳定在 15℃以上开始种植,采用地膜覆盖可提前种植,宜在土壤墒情达到全苗的条件下种植。同一组别不同试验点的种植时期应控制在本组要求范围内。

8.2 植前准备

整地质量应一致。种植前,按照 GB 4285、GB/T 8321 和 NY/T 2046 的要求,选用杀虫(螨)剂和杀菌剂统一处理种茎。

8.3 种植密度

依据土壤肥力、生产条件、品种(品系)特性及栽培要求来确定,株距和行距宜在 80 cm~100 cm,种植密度为 10 000 株/hm²～15 625 株/hm²。同一组别不同试验点的种植密度应一致,要求定标定点种植。生产试验密度可依据各个承试单位的建议确定。

8.4 种植方式

根据气候特点、土壤条件、整地方式、机械化要求和种植习惯,确定平放、平插、斜插或直插方式。在同一试验点,同一组别的种植方式、种植深度和种茎芽眼朝向等应一致,但同一组别不同试验点可不一致。

9 田间管理

出苗后 10 d 内,若出现缺苗,应及时查苗补苗,可补植新鲜种茎,或移栽在保护行同期种植的幼苗。田间管理水平应相当或高于当地中等生产水平,及时施肥、培土、除草、排涝,但不应使用各种植物生长调节剂。在进行田间操作时,在同一试验点的同一组别中,同一项技术措施应在同一天内完成,如确实有困难,应保证同一重复内的同一管理措施在同一天内完成。试验过程中应及时采取有效的防护措施,防止人畜、台风和洪涝对试验的危害。可参照 NY/T 1681 的规定进行田间管理。

10 病虫草害防治

在生长期间,根据田间病情、虫情和草情,选择高效、低毒的药剂防治,使用农药应符合 GB 4285、GB/T 8321 和 NY/T 2046 的要求。

11 收获和计产

当木薯品种(品系)达到成熟期,应及时组织收获,同一组别不同试验点的收获时期应控制在本组要求范围内。在同一试验点中,同一组别宜在同一天内完成,如确实有困难,应保证同一重复内的同一调查内容在同一天内完成。小区测产不计算边行。缺株在允许范围内,应以实际收获产量作为小区产量,不能以收获株数的平均单株质量乘以种植株数推算缺株小区产量。

12 调查记载

按照附录 A 的要求进行调查记载。当天调查结果先记入自制的记载表,并及时整理填写《木薯品种区域试验年度报告》,见附录 B。在同一试验点中,同一组别应在同一天完成同一调查项目,如确实有困难,应保证在同一天内完成同一重复的调查项目。

13 食味评价、品质检测和抗性鉴定

13.1 食味评价

由承试单位随机挑选 5 人以上,对食用木薯品种的蒸熟薯肉进行香度、苦度、甜度、粉度、黏度、纤维感等指标的评价。

13.2 品质检测

从指定的试验点抽取参试品种(品系)样本,送交有资质的机构进行检测。

13.3 抗性鉴定

对参加区域试验的品种,由有资质的机构进行抗病性、抗虫性、抗寒性、抗旱性等抗性鉴定。根据两年的鉴定结果,将试验品种对每一种抗性分别作出定量或定性评价,并与对照品种进行比较。

14 试验检查

品种审定委员会应每年组织专家对各个试验点的实施情况进行检查,并提交评估报告和建议。

15 试验报废

15.1 试验点报废

试验承担单位有下列情形之一的,该点区域试验做报废处理。

a) 严重违反试验技术规程,试验的田间设计未按试验方案执行者。

b) 由于自然灾害或人为因素,参试品种不能正常生长发育而严重影响试验结果者。

c) 试验中多个小区缺失,无法统计者。

d) 试验点产量数据误差变异系数达 20%以上者。

e) 平均总产量低于全组所有试验点平均总产量的 50%者。

f) 试验结果的品种表现明显异于多数试点者。

g) 试验数据不真实及其他严重影响试验质量、客观性和真实性者。

h) 未按时报送《木薯品种区域试验年度报告》者。

15.2 试验品种报废

试验品种有下列情形之一的,该品种做报废处理。

a) 未按照规定的时间、质量、数量和地址寄送种茎的品种。

b) 试验中参试品种的缺株率累计达 20%以上者。

c) 试验中参试品种的变异株率累计达 10%以上者。

d) 转基因品种以非转基因品种申报者。

e) 在当年的全部试点中,有 2 个(含 2 个)以上试验点的参试品种被报废,该品种数据不参与汇总。

因不可抗拒原因报废的试验点和试验品种数据,承担单位应在 1 个月内报告汇总单位,并由汇总单位报告品种审定委员会。

16 试验总结

16.1 寄送报告

承担预备试验、区域试验、生产试验、品质检测、抗性鉴定的单位,应在试验结束后 1 个月内,向指定汇总单位报送加盖公章的试验、检测、鉴定和测试报告,报告格式见附录 B。

16.2 汇总和评价

由汇总单位对试验数据进行统计分析及综合评价,对鲜薯产量、薯干产量和淀粉产量进行方差分析和多重比较,数据应精确到小数点后 1 位,并汇总撰写本试验组别的区试年度报告,交由品种审定委员会审批和及时发布。

16.3 品种(品系)处理

应在每两年一轮的区域试验前,由品种审定委员会讨论确定该轮木薯品种审定标准。对完成第一年区域试验且达到该轮区域审定标准的优良品种,在继续参加第二年区试的同时,可安排进行生产试验。对完成两年区域试验且达到该轮区域审定标准的优良品种,安排进行生产试验。

16.4 推荐审定

对已完成区域试验和生产试验程序,并符合该轮区域试验审定标准的木薯品种(品系),向品种审定委员会推荐报审。

17 其他

各承担单位所接收的试验用种只能用于品种试验工作,对不需要继续参试的品种(品系)材料,承担单位应就地销毁,不能用于育种、繁殖、交流等活动,也不能擅自改名用作其他用途。如发现不正常行为,应及时向主管部门和品种审定委员会汇报情况,经查实后,将依法追究违规者的责任,并取消严重违规者的承试资格。

附 录 A

（规范性附录）

木薯品种区域试验调查记载项目与标准

A.1 前言

所有记载项目均应记载,但经品种审定委员会批准,不同组别可增补有特殊要求的记载项目或减少不必要的记载项目。产量性状、食味评价、品质检测应分别记录3个重复的数据。其余性状应有3个重复的数据或表现,并以其平均值或综合评价填入年度报告。为便于应用计算机储存和分析试验资料,除已按数值或百分率记载的项目外,可对其他记载项目进行分级或分类的数量化表示。所有上报数据应同时使用 Word 文档和 Excel 报表。

A.2 气象和地理数据

A.2.1 纬度、经度、海拔。

A.2.2 气温:生长期间旬最高、最低和平均温度。

A.2.3 降水量:生长期间降水天数、降水量。

A.2.4 初霜时间。

A.3 试验地基本情况和栽培管理

A.3.1 基本情况

坡度、前茬、土壤类型、耕整地方式等。

A.3.2 田间设计

参试品种(品系)数量、对照品种、小区排列方式、重复次数、行株距、种植密度、小区面积等。

A.3.3 栽培管理

种植方式和方法、施肥(时间、方法、种类、数量)、灌排水、间苗、补苗、中耕除草、化学除草、病虫草害防治等。同时,记载在生长期内发生的特殊事件。

A.4 生育期

A.4.1 种植期

种植当天的日期。以年、月、日表示。

A.4.2 出苗期

小区有50%的幼苗出土高度达5 cm 的日期,开始出苗后隔天调查。以年、月、日表示。

A.4.3 分枝期

小区有50%的植株分枝长度达5 cm 的日期,分第一、二、三次分枝。以年、月、日表示。

A.4.4 开花期

小区有10%的植株开花的日期。以年、月、日表示。

A.4.5 成熟期

鲜薯品质达到加工或食用要求的时期,具体表现为块根已充分膨大,地上部分生长趋缓,叶片陆续脱落,鲜薯产量和鲜薯淀粉含量均临近最高值的稳定时期。以年、月、日表示。

A.4.6 收获期

收获鲜薯的日期。以年、月、日表示。

A.4.7 生育期

出苗期到收获期的天数。

A.5 农艺性状

A.5.1 出苗率

出苗数占实际种植株数的百分率。

A.5.2 一致性

目测木薯出苗及植株生长的一致性,分为:

1) 一致;

2) 较一致;

3) 不一致。

A.5.3 生长势

目测木薯苗期及生长中后期的植株茎叶旺盛程度和生长速度,分为:

1) 强;

2) 中;

3) 弱。

A.5.4 株形

在生长中后期,观察长势正常植株,以出现最多的株形为准,分为:

1) 直立形;

2) 紧凑形;

3) 圆柱形;

4) 伞形;

5) 开张形。

A.5.5 株高

临收获前,每小区选择 10 株有代表性的植株,用直尺测量从地面到最高心叶的植株垂直高度。单位为厘米(cm)。

A.5.6 开花有无

在生长中后期,观察自然条件下有无开花,分为:

1) 有;

2) 无。

A.5.7 结果有无

在生长中后期,观察有无结果,分为:

1) 有;

2) 无。

A.5.8 主茎高

临收获前,每小区选择 10 株有代表性的植株,用直尺测量从地面到第一次分枝部位的主茎垂直高度。单位为厘米(cm)。

A.5.9 主茎直径

临收获前,每小区选择 10 株有代表性的植株,用游标卡尺测量离地面高度 10 cm 处主茎的直径。单位为毫米(mm),保留一位小数。

A.5.10 分枝次数

临收获前,每小区选择10株有代表性的植株,计算分枝的总次数,取平均值,单位为次每株,保留一位小数。

A.5.11 第一分枝角度

临收获前,每小区选择10株有代表性的植株,用角度尺测量第一次分枝与垂直主茎的夹角度数,分为:

1) ≤30°为小;

2) 30°～45°为中;

3) ≥45°为大。

A.5.12 叶痕突起程度

临收获前,每小区选择10株有代表性的植株,用直尺测量主茎中部的叶痕突起高度,单位为厘米(cm),保留一位小数,分为:

1) ≤0.5 cm为低;

2) 0.5 cm～1.0 cm为中;

3) ≥1.0 cm为高。

A.5.13 嫩茎外皮颜色

在生长中期,目测离心叶5 cm～10 cm处的嫩茎外皮颜色,以出现最多的情形为准,分为:

1) 浅绿色;

2) 灰绿色;

3) 银绿色;

4) 紫红色;

5) 赤黄色;

6) 淡褐色;

7) 深褐色;

8) 其他。

A.5.14 成熟主茎外皮颜色

临收获前,目测离地0 cm～20 cm处的主茎外皮颜色,以出现最多的情形为准,分为:

1) 灰白色;

2) 灰绿色;

3) 红褐色;

4) 灰黄色;

5) 褐色;

6) 黄褐色;

7) 深褐色;

8) 其他。

A.5.15 成熟主茎内皮颜色

临收获前,刮开离地0 cm～20 cm处的主茎,目测内皮颜色,以出现最多的情形为准,分为:

1) 浅绿色;

2) 绿色;

3) 深绿色;

4) 浅红色;

5) 紫红色;

6) 褐色；

7) 其他。

A.5.16 顶端未展开嫩叶颜色

在生长中期,目测植株顶端未展开嫩叶颜色,以出现最多的情形为准,分为:

1) 黄绿色；

2) 淡绿色；

3) 深绿色；

4) 紫绿色；

5) 紫色；

6) 其他。

A.5.17 顶部完全展开叶的裂叶数

在生长中期,目测植株顶部完全展开叶的裂叶数,以出现最多的情形为准,分为:

1) 3裂叶；

2) 5裂叶；

3) 7裂叶；

4) 9裂叶；

5) 其他。

A.5.18 顶部完全展开叶的裂叶形状

在生长中期,目测植株顶部完全展开叶的中部裂叶形状,以出现最多的情形为准,分为:

1) 拱形；

2) 披针形；

3) 椭圆形；

4) 倒卵披针形；

5) 提琴形；

6) 戟形；

7) 线形；

8) 其他。

A.5.19 顶部完全展开叶的裂叶颜色

在生长中期,目测植株顶部完全展开叶的裂叶正面颜色,以出现最多的情形为准,分为:

1) 淡绿色；

2) 绿色；

3) 深绿色；

4) 紫绿色；

5) 浅褐色；

6) 褐色；

7) 浅紫色；

8) 紫色；

9) 紫红色；

10) 其他。

A.5.20 顶部完全展开叶的叶主脉颜色

在生长中期,目测植株顶部完全展开叶中部裂叶背面的叶主脉颜色,以出现最多的情形为准,分为:

1) 白色；

2) 淡绿色；

3) 绿色；

4) 浅红色；

5) 紫红色；

6) 其他。

A.5.21 顶部完全展开叶的叶柄颜色

在生长中期,目测植株顶部完全展开叶的叶柄颜色,以出现最多的情形为准,分为:

1) 紫红色；

2) 红带绿色；

3) 红带乳黄色；

4) 紫色；

5) 红色；

6) 绿带红色；

7) 绿色；

8) 淡绿色；

9) 紫绿色；

10) 其他。

A.6 结薯性状

A.6.1 分布

收获时,观察植株结薯的整体分布情况,以最多出现的情形为准,分为:

1) 下斜伸长；

2) 水平伸长；

3) 无规则。

A.6.2 集中度

收获时,观察植株结薯的集中和分散程度,分为:

1) 集中；

2) 较集中；

3) 分散。

A.6.3 整齐度

收获时,观察薯块形状、大小和长短的整齐度,分为:

1) 整齐；

2) 较整齐；

3) 不整齐。

A.6.4 薯形

收获时,观察薯块的形状,分为:

1) 圆锥形；

2) 圆锥—圆柱形；

3) 圆柱形；

4) 纺锤形；

5) 无规则形。

A.6.5 薯柄长度

连接种茎与薯块之间的长度,分为:

1) 无;

2) 短(<3.0 cm);

3) 长(≥3.0 cm)。

A.6.6 缢痕有无

收获时,观察薯块有无缢痕,分为:

1) 有;

2) 无。

A.6.7 光滑度

收获时,观察薯皮的光滑度,分为:

1) 光滑;

2) 中等;

3) 粗糙。

A.6.8 外薯皮色

收获时,观察薯块的外皮颜色,以出现最多的情形为准,分为:

1) 白色;

2) 乳黄色;

3) 淡褐色;

4) 黄褐色;

5) 红褐色;

6) 深褐色;

7) 其他。

A.6.9 内薯皮色

收获时,刮开薯块外皮,观察内皮颜色,以出现最多的情形为准,分为:

1) 白色;

2) 乳黄色;

3) 黄色;

4) 粉红色;

5) 浅红色;

6) 其他。

A.6.10 薯皮厚度

收获时,随机取 10 条中等薯块的中段横切面,用游标卡尺测量薯皮的厚度,取平均值,单位为毫米(mm),保留一位小数。

A.6.11 薯肉颜色

收获时,随机取 10 条中等薯块的中段横切面,观察薯肉颜色,以出现最多的情形为准,分为:

1) 白色;

2) 乳黄色;

3) 淡黄色;

4) 深黄色;

5) 其他。

A.7 产量性状

A.7.1 单株结薯数

收获时,每小区选择 10 株有代表性的植株,计算薯块直径大于 3 cm 的单株结薯数,取平均值,保留一位小数。

A.7.2 单株鲜茎叶质量

收获时,每小区选择 10 株有代表性的植株,计算除薯块以外的单株鲜茎叶质量,取平均值,单位为千克/株(kg/株),保留一位小数。

A.7.3 单株鲜薯质量

收获时,每小区选择 10 株有代表性的植株,计算单株鲜薯质量,取平均值,单位为千克/株(kg/株),保留一位小数。

A.7.4 收获指数

按式(A.1)计算收获指数(HI),保留两位小数。

$$HI = \frac{M_1}{M_1 + M_2} \quad\cdots\cdots\cdots\cdots\cdots\cdots\cdots\cdots\cdots\cdots\cdots\cdots\cdots\cdots\cdots \text{(A.1)}$$

式中:

HI——收获指数;

M_1——单株鲜薯质量,单位为千克每株(kg/株);

M_2——单株鲜茎叶质量,单位为千克每株(kg/株)。

A.7.5 鲜薯产量

按式(A.2)计算鲜薯产量(FRY),以千克每公顷(kg/hm²)为单位,保留一位小数。

$$FRY = \frac{10000}{S} \times Y \quad\cdots\cdots\cdots\cdots\cdots\cdots\cdots\cdots\cdots\cdots\cdots\cdots\cdots \text{(A.2)}$$

式中:

FRY——鲜薯产量,单位为千克每公顷(kg/hm²);

S　——收获小区面积,单位为平方米(m²);

Y　——收获小区鲜薯产量,单位为千克每区(kg/区)。

A.7.6 薯干产量

按式(A.3)计算薯干产量(DRY),以千克每公顷(kg/hm²)为单位,保留一位小数。

$$DRY = FRY \times DMC \cdots\cdots\cdots\cdots\cdots\cdots\cdots\cdots\cdots\cdots\cdots\cdots\cdots \text{(A.3)}$$

式中:

DRY——薯干产量,单位为千克每公顷(kg/hm²);

FRY——鲜薯产量,单位为千克每公顷(kg/hm²);

DMC——鲜薯干物率,单位为质量分数(%)。

A.7.7 淀粉产量

按式(A.4)计算淀粉产量(SY),以千克每公顷(kg/hm²)为单位,保留一位小数:

$$SY = FRY \times SC \cdots\cdots\cdots\cdots\cdots\cdots\cdots\cdots\cdots\cdots\cdots\cdots\cdots\cdots \text{(A.4)}$$

式中:

SY　——淀粉产量,单位为千克每公顷(kg/hm²);

FRY——鲜薯产量,单位为千克每公顷(kg/hm²);

SC　——鲜薯淀粉含量,单位为克每百克(g/100 g)。

A.8 食用品种的食味评价

A.8.1 香度

收获时,品尝蒸煮后薯块的香度,分为:

1) 不香;

2) 较香；

3) 香。

A.8.2 苦度

收获时，品尝蒸煮后薯块的苦度，分为：

1) 不苦；

2) 较苦；

3) 苦。

A.8.3 甜度

收获时，品尝蒸煮后薯块的甜度，分为：

1) 不甜；

2) 较甜；

3) 甜。

A.8.4 粉度

收获时，品尝蒸煮后薯块的粉度，分为：

1) 不粉；

2) 较粉；

3) 粉。

A.8.5 黏度

收获时，品尝蒸煮后薯块的黏度，分为：

1) 不黏；

2) 较黏；

3) 黏。

A.8.6 纤维感

收获时，品尝蒸煮后薯块的纤维感，分为：

1) 无；

2) 较多；

3) 多。

A.8.7 综合评价

收获时，品尝蒸煮后薯块的综合风味，是对薯块香度、苦度、甜度、粉度、黏度、纤维感的综合评价，分为：

1) 好；

2) 中；

3) 差。

A.9 品质检测

A.9.1 鲜薯干物率

收获时，按 GB/T 20264 规定的方法测定。也可采用比重法测定，随机抽样约 5 000 g 鲜薯，先称其在空气中的质量，再称其在水中的质量，然后按式（A.5）计算鲜薯干物率（DMC），以百分率（%）为单位，保留一位小数。

$$DMC = 158.3 \times \frac{W_1}{W_1 - W_2} - 142.0 \quad \cdots\cdots\cdots\cdots\cdots\cdots\cdots (A.5)$$

式中：

DMC ——鲜薯干物率,单位为百分率(%);

W_1 ——鲜薯在空气中的质量,单位为克(g);

W_2 ——鲜薯在水中的质量,单位为克(g)。

A.9.2　鲜薯粗淀粉含量

收获时,按 GB/T 5009.9 规定的方法测定。也可采用比重法测定,随机抽样约 5 000 g 鲜薯,先称其在空气中的质量,再称其在水中的质量,然后按式(A.6)计算鲜薯淀粉含量(SC),以百分率(%)为单位,保留一位小数。

$$SC = 210.8 \times \frac{W_1}{W_1 - W_2} - 213.4 \quad\cdots\cdots\cdots\cdots\cdots\cdots\cdots\cdots\cdots\cdots \text{(A.6)}$$

式中:

SC——鲜薯淀粉含量,单位为百分率(%);

W_1——鲜薯在空气中的质量,单位为克(g);

W_2——鲜薯在水中的质量,单位为克(g)。

A.9.3　鲜薯可溶性糖含量

收获时,按 GB/T 6194 规定的方法测定。

A.9.4　鲜薯粗蛋白含量

收获时,按 GB/T 5009.5 规定的方法测定。

A.9.5　鲜薯粗纤维含量

收获时,按 GB/T 5009.10 规定的方法测定。

A.9.6　鲜薯氢氰酸含量

收获时,按 NY/T 1943 规定的方法测定。

A.9.7　鲜薯 β-胡萝卜素含量

收获时,按 GB 8821 规定的方法测定。

A.9.8　鲜薯维生素 C 含量

收获时,可按 GB/T 6195 规定的方法测定。

A.10　病虫害抗性

参照 GB/T 22101.1 和 NY/T 2046 进行抗病虫性调查。抗性强弱分为:

1) 高抗;

2) 抗;

3) 中抗;

4) 感;

5) 高感。

A.11　抗逆性

A.11.1　耐寒性

在低温条件下,观察植株忍耐或抵抗低温的能力,参照 NY/T 2036 的规定鉴定其耐寒性,耐寒性强弱分为:

1) 强;

2) 中;

3) 弱。

A.11.2　抗旱性

在连续干旱条件下,观察植株忍耐或抵抗干旱的能力,参照 NY/T 2036 的规定鉴定其抗旱性,抗旱性强弱分为:

1) 强;
2) 中;
3) 弱。

A.11.3 耐盐性

参照 NY/T 2036 的规定鉴定其耐盐性强弱,耐盐性强弱分为:

1) 强;
2) 中;
3) 弱。

A.11.4 耐湿性

在连续降水造成土壤湿涝情况下,雨涝后 10 d 内,观察植株忍耐或抵抗高湿涝害的能力,以百分率(%)记录,精确到 0.1%。耐湿性强弱分为:

1) <30.0%叶片变黄为强;
2) 30.0%~70.0%叶片变黄为中;
3) >70.0%叶片变黄且有叶片脱落为弱。

A.11.5 抗风性

在 9 级~10 级强热带风暴危害后,3 d 内观察植株抵抗台风或抗倒伏的能力,以植株倾斜 30°以上作为倒伏的标准,以百分率(%)记录,精确到 0.1%。抗性强弱分为:

1) 植株倒伏率<30.0%为强;
2) 植株倒伏率 30.0%~70.0%为中;
3) 植株倒伏率>70.0%为弱。

附 录 B
（规范性附录）
木薯品种区域试验年度报告
（　　年度）

试验组别：_____

试验地点：_____

承担单位：_____

试验负责人：_____

试验执行人：_____

通信地址：_____

邮政编码：_____

联系电话：_____

电子信箱：_____

B.1 气象和地理数据

B.1.1 纬度：＿＿＿＿＿＿＿＿，经度：＿＿＿＿＿＿＿＿，海拔：＿＿＿＿＿＿＿＿。

B.1.2 木薯生育期的气温和降水量，见表 B.1。

表 B.1 木薯生育期的气温和降水量（常年气象资料系　　年平均）

项目		月		月		月		月		月	
		当年	常年	当年	常年	当年	常年	当年	常年	当年	常年
上旬 ℃	最高气温										
	最低气温										
	平均气温										
中旬 ℃	最高气温										
	最低气温										
	平均气温										
下旬 ℃	最高气温										
	最低气温										
	平均气温										
月平均气温 ℃											
降水量 mm	上　旬										
	中　旬										
	下　旬										
月降水总量,mm											
月降水天数,d											

初霜时间：＿＿＿＿＿＿＿＿＿＿＿＿。

特殊气候及各种自然灾害对供试品种生长和产量的影响以及补救措施：＿＿＿＿＿＿＿＿＿＿

B.2 试验地基本情况和栽培管理

B.2.1 基本情况

坡度：＿＿＿＿＿＿＿，前茬：＿＿＿＿＿＿＿，土壤类型：＿＿＿＿＿＿＿，耕整地方式：＿＿
＿＿＿＿＿＿＿。

B.2.2 田间设计

参试品种：＿＿＿＿个，对照品种：＿＿＿＿，见表 B.2。＿＿＿＿排列，重复：＿＿＿＿次，见表
B.3。＿＿＿＿行区，行长：＿＿＿＿ m,行距：＿＿＿＿ cm,株距：＿＿＿＿ cm,种植密度：＿＿＿＿ 株/
hm²,小区面积：＿＿＿＿ m²,区间走道宽：＿＿＿＿ cm,试验全部面积：＿＿＿＿ m²。

表 B.2 参试品种汇总表

代号	品种名称	类型(组别)	亲本组合	选育单位	联系人

表 B.3 品种田间排列表

重复Ⅰ	
重复Ⅱ	
重复Ⅲ	

B.2.3 栽培管理

种植方式和方法：_____，

施肥（日期、方法、配比、含量、数量）：_____，

灌排水（日期、方法）：_____，

间苗补苗（日期、方法）：_____，

中耕除草（日期、方法）：_____，

病虫草害防治（日期、药剂、方法）：_____，

其他特殊处理：_____。

B.3 生育期

种植期：_____月_____日,出苗期：_____月_____日,分枝期：第一次分枝：_____月_____日,

第二次分枝：_____月_____日,第三次分枝：_____月_____日,开花期：_____月_____日,成熟期：

_____月_____日,收获期：_____月_____日,生育期：_____d。

B.4 农艺性状

木薯的农艺性状调查结果汇总表见表B.4、表B.5和表B.6。

表 B.4　木薯生长习性的农艺性状调查结果汇总表

代号	品种名称	出苗率 %	一致性	生长势	株型	株高 cm	开花有无	结果有无

表 B.5　木薯茎枝的农艺性状调查结果汇总表

代号	品种名称	主茎高 cm	主茎直径 mm	分枝次数 次	第一次分枝角度 °	叶痕突起程度 mm	嫩茎外皮颜色	成熟主茎颜色 外皮	成熟主茎颜色 内皮

表 B.6　木薯叶的农艺性状调查结果汇总表

代号	品种名称	顶端未展开嫩叶颜色	顶部完全展开叶 裂叶数	顶部完全展开叶 裂叶形状	顶部完全展开叶 裂叶颜色	顶部完全展开叶 叶主脉颜色	顶部完全展开叶 叶柄颜色

B.5 结薯性状

木薯的结薯性状调查结果汇总表见表B.7。

表 B.7　木薯的结薯性状调查结果汇总表

代号	品种名称	分布	集中度	整齐度	薯形	薯柄长度	缢痕有无	光滑度	外薯皮色	内薯皮色	薯皮厚度 mm	薯肉颜色

B.6 产量性状

木薯的产量性状调查结果汇总表见表B.8、表B.9、表B.10和表B.11。

表 B.8　木薯的产量性状调查结果汇总表

代号	品种名称	重复	收获小区		单株结薯数条/株	单株鲜质量 kg/株		收获指数	小区产量 kg/区		
			面积 m²	株数		茎叶	薯块		鲜薯	薯干	淀粉
		Ⅰ									
		Ⅱ									
		Ⅲ									
		Ⅰ									
		Ⅱ									
		Ⅲ									

表 B.9　鲜薯产量统计结果汇总表

代号	品种名称	产量 kg/hm²				比对照增减 %	产量位次	显著性测定	
		重复Ⅰ	重复Ⅱ	重复Ⅲ	平均			P>0.05	P>0.01
注:试验设一个以上对照品种时,列出较其他对照品种增产的百分数。									

表 B.10　薯干产量统计结果汇总表

代号	品种名称	产量 kg/hm²				比对照增减 %	产量位次	显著性测定	
		重复Ⅰ	重复Ⅱ	重复Ⅲ	平均			P>0.05	P>0.01
注:试验设一个以上对照品种时,列出较其他对照品种增产的百分数。									

表 B.11　淀粉产量统计结果汇总表

代号	品种名称	产量 kg/hm²				比对照增减 %	产量位次	显著性测定	
		重复Ⅰ	重复Ⅱ	重复Ⅲ	平均			P>0.05	P>0.01
注:试验设一个以上对照品种时,列出较其他对照品种增产的百分数。									

B.7 食味评价

木薯食用品种的食味评价结果汇总表见表B.12。

表 B.12　木薯食用品种的食味评价结果汇总表

代号	品种名称	重复	香度	苦度	甜度	粉度	黏度	纤维感	其他	综合评价	终评位次
		Ⅰ									
		Ⅱ									
		Ⅲ									
		Ⅰ									
		Ⅱ									
		Ⅲ									

注:每重复选一条中等薯块的中段薯肉,蒸熟,请至少 5 名代表品尝评价,可采用 100 分制记录,终评划分 3 个等级:好、中、差。

B.8　品质检测

鲜薯品质检测结果汇总表见表 B.13。

表 B.13　鲜薯品质检测结果汇总表

代号	品种名称	重复	干物率质量分数,%	粗淀粉含量 g/100 g	可溶性糖含量 g/100 g	粗蛋白含量 g/100 g	粗纤维含量 g/100 g	氢氰酸含量 mg/100 g	β-胡萝卜素含量 mg/100 g	维生素C含量 mg/100 g
		Ⅰ								
		Ⅱ								
		Ⅲ								
		Ⅰ								
		Ⅱ								
		Ⅲ								

B.9　病虫害抗性

木薯主要病虫害抗性调查结果汇总表见表 B.14。

表 B.14　木薯主要病虫害抗性调查结果汇总表

代号	品种名称	木薯细菌性枯萎病	朱砂叶螨			

B.10　抗逆性

木薯抗逆性调查结果汇总表见表 B.15。

表 B.15　木薯抗逆性调查结果汇总表

代号	品种名称	耐寒性	耐旱性	耐盐性	耐涝性	抗风性	

B.11 品种综合评价(包括品种特征特性、优缺点和推荐审定等)

木薯品种综合评价表见表 B.16。

表 B.16　木薯品种综合评价表

代号	品种名称	综合评价

B.12 本年度试验评述(包括试验进行情况、准确程度、存在问题等)

B.13 对下年度试验工作的意见和建议

附加说明:

本标准按照 GB/T 1.1—2009 给出的规则起草。

本标准由中华人民共和国农业部提出。

本标准由农业部热带作物及制品标准化技术委员会归口。

本标准起草单位:中国热带农业科学院热带作物品种资源研究所。

本标准主要起草人:黄洁、陆小静、叶剑秋、李开绵、郑玉、徐娟、魏艳、韩全辉、周建国、闫庆祥。

中华人民共和国农业行业标准

椰心叶甲啮小蜂和截脉姬小蜂繁殖与释放技术规程

Technical regulation for mass rearing and applying *Tetrastichus brontispae* Ferrière and *Asecodes hispinarum* Boucek

NY/T 2447—2013

1 范围

本标准规定了生物防治用椰心叶甲啮小蜂（*Tetrastichus brontispae* Ferrière）和椰甲截脉姬小蜂（*Asecodes hispinarum* Bouček）工厂化生产技术、产品质量检验、包装、运输和释放的技术要求。

本标准适用于我国椰心叶甲［*Brontispa longissima*（Gestro）］发生区人工繁育、释放椰甲截脉姬小蜂和椰心叶甲啮小蜂。

2 术语和定义

下列术语和定义适用于本文件。

2.1

椰心叶甲 coconut leaf beetle

属鞘翅目（Coleoptera），铁甲科（Hispidae），*Brontispa* 属，是危害棕榈科植物的一种重要害虫。

2.2

椰甲截脉姬小蜂 *Asecodes hispinarum* Bouček

属膜翅目（Hymenoptera），姬小蜂科（Eulophidae），*Asecodes* 属，是一种椰心叶甲幼虫专性寄生蜂。成虫形态及生物学特征参见附录 A。

2.3

椰心叶甲啮小蜂 *Tetrastichus brontispae* Ferrière

属膜翅目（Hymenoptera），姬小蜂科（Eulophidae），*Tetrastichus* 属，是一种椰心叶甲蛹专性寄生蜂。成虫形态及生物学特征参见附录 B。

2.4

人工繁殖 mass rearing

椰甲截脉姬小蜂：根据椰甲截脉姬小蜂的生物学特性（参见附录 A），交配后成蜂接入椰心叶甲 4 龄幼虫。通过人为控制温度、湿度，使其在寄主体内完成世代发育，增加发育代数，扩大种群数量。

椰心叶甲啮小蜂：根据椰心叶甲啮小蜂的生物学特性（参见附录 B），交配后成蜂接入椰心叶甲 1 日龄蛹或 2 日龄蛹，通过人为控制温度、湿度，使其在寄主体内完成世代发育，增加发育代数，扩大种群数量。

2.5

种蜂 seed wasps

自然环境条件下采集或室内人工繁育的第 1 代或第 2 代，个体健壮、适应性和繁殖力强，用于人工繁殖的椰甲截脉姬小蜂或椰心叶甲啮小蜂个体。

中华人民共和国农业部 2013 - 09 - 10 发布　　　　　　　　　　2014 - 01 - 01 实施

2.6

复壮　rejuvenation

通过一定的方法和技术,使人工繁育数代后发生退化的寄生蜂的各项指标恢复到正常水平的过程。

2.7

寄主　host

用于人工繁殖寄生蜂的椰心叶甲,通常为椰心叶甲 4 龄幼虫和椰心叶甲 1 日龄蛹或 2 日龄蛹。

2.8

田间释放　field release

将室内繁殖的寄生蜂应用到野外进行椰心叶甲控制的过程。

2.9

蜂虫比　parasitoid-pest ratio

寄生蜂个体数量与椰心叶甲个体数量的比值。

2.10

放蜂器　parasitoids release facility

一种用于释放寄生蜂的装置,主要由携蜂体和遮蔽盖组成。

3　人工繁育技术

3.1　繁蜂场地、设施条件

3.1.1　繁蜂室

繁蜂室具备保温、保湿、通风、透光、防虫、防鼠条件,配备调节温度、湿度、光照设备,保持温度为 25℃～27℃,相对湿度 70％～80％,光照 12 h,墙壁、地面应易清洗、消毒并保持清洁卫生。

3.1.2　繁蜂盒

繁蜂时用的容器,通常为清洁无异味,长 30 cm×宽 20 cm×高 12 cm 的塑料盒。盒盖开有长 10 cm×宽 5 cm 的开口,开口用 100 目铜纱网覆盖。

3.1.3　繁蜂架

放置繁蜂盒用,大小可根据蜂盒数量而定,木条或金属制成。一般为长 200 cm×宽 50 cm×高 180 cm。共分 4 层,层间距 25 cm,最低层离地高 55 cm～60 cm,架脚要隔水防蚁。

3.2　种蜂的获得

自然环境条件下生长发育或室内人工繁育的第 1 代或第 2 代椰甲截脉姬小蜂(或椰心叶甲啮小蜂),并挑选虫体较大(椰心叶甲姬小蜂体长≥0.6 mm;椰心叶甲啮小蜂体长≥1 mm)、活力较强的个体,控制合理性别比例(雌:雄=3:1),用棉花或海绵吸附 10％(V/V)的蜂蜜水为种蜂提供营养。

3.3　繁蜂器具和繁蜂室消毒

接蜂前应对繁蜂器具用 3％石碳酸或 70％酒精消毒 1 h;每半年利用 3％(V/V)双氧水喷雾消毒繁蜂室,防止细菌、真菌等的污染。

3.4　接蜂方法

3.4.1　椰甲截脉姬小蜂:挑选干净、鲜嫩的椰子叶,剪成 5 cm 长的片段,每盒放入 10 片,同时接入椰心叶甲 4 龄幼虫 400 头,然后接上椰甲截脉姬小蜂种蜂 550 头,用 10％(V/V)蜂蜜水为补充营养。盖好盒盖并用透明胶密封,将繁蜂盒放在繁蜂架上,在繁蜂架进行培育子代蜂。

3.4.2　椰心叶甲啮小蜂:挑选椰心叶甲 1 日龄～2 日龄蛹 1 000 头,放入繁蜂盒内,然后接上椰心叶甲啮小蜂种蜂 1 400 头,用 10％的蜂蜜水补充营养,盖好盒盖并用透明胶密封,将繁蜂盒放在繁蜂架上培育子代蜂。

3.5 接种蜂量

按照雌蜂与寄主1：1的数量比进行接蜂。

3.6 复壮技术

寄生蜂每繁殖15代后到野外采集椰心叶甲被寄生僵虫或僵蛹,挑选出节间拉长不能活动、表面光亮而薄的被寄生幼虫或被寄生蛹,以单头放入指形管在26℃的人工气候箱中培育。从羽化的椰甲截脉姬小蜂或椰心叶甲啮小蜂成蜂中选择体壮、个体大、活动能力强的作为种蜂,淘汰弱蜂。

4 样品检验

4.1 椰甲截脉姬小蜂:从同一批被椰甲截脉姬小蜂的寄生椰心叶甲幼虫中,随机抽取30头,单头装入指形管,出蜂后镜检,记录出蜂量和雌雄蜂数量,计算雌蜂率。

4.2 椰心叶甲啮小蜂:从同一批被椰心叶甲啮小蜂的寄生椰心叶甲蛹中,随机抽取30头,单头装入指形管,出蜂后镜检,记录出蜂量和雌雄蜂数量,计算雌蜂率。

5 质量标准

5.1 椰甲截脉姬小蜂质量合格标准:寄主被椰甲截脉姬小蜂寄生的寄生率≥95%。随机选30头被椰甲截脉姬小蜂寄生的椰心叶甲僵虫,单头僵虫装入指形管中,用棉花塞好管口,出蜂后统计出蜂量平均≥50头/僵虫,后代雌蜂比≥65%。

5.2 椰心叶甲啮小蜂质量合格标准:椰心叶甲1日龄蛹或2日龄蛹被椰心叶甲啮小蜂寄生率≥95%。随机选30头椰心叶甲僵蛹,单头僵蛹装入指形管中,用棉花塞好管口,出蜂后统计出蜂量平均≥20头/僵蛹,后代雌蜂比≥65%。

6 贮存

6.1 椰甲截脉姬小蜂发育至预蛹期为适宜的贮存虫态。筛选、收集润泽饱满的被寄生的椰心叶甲4龄幼虫用于贮存。注明批次、日期和核查人。贮存条件为14℃、相对湿度65%~85%。贮存时间≤10 d。

6.2 椰心叶甲啮小蜂发育至蛹中期为适宜的贮存虫态。筛选、收集润泽饱满的被寄生的椰心叶甲僵蛹用于贮存。注明批次、日期和核查人。贮存条件为14℃、相对湿度65%~85%。贮存时间≤15 d。

7 包装与运输

根据放蜂计划,分期分批将寄生的寄主送进繁蜂室让其发育,在中蛹期或后蛹期装入繁蜂盒,并用透明胶将盒盖和盒体密封,然后装入四周填充泡沫的纸箱,运输到椰心叶甲疫区释放点。运输工具要求清洁卫生,无异味,不与有毒物品混运。避免重压,要求通风和防热,严禁烈日曝晒,雨淋,运输时间≤3 d,运输环境温度在20℃~28℃。

8 释放技术

8.1 放蜂区域

在椰心叶甲发生地区均可释放。

8.2 释放量

1 000株以上的释放地,随机抽取100棵植株;1 000株以下的释放地,随机抽取10%的植株;检查每棵植株上椰心叶甲种群数量,估算椰心叶甲林间种群数量。根据椰心叶甲林间种群数量,以10：1的蜂虫比确定释放天敌的总量。

8.3 释放方法

释放采用放蜂器进行,具体释放分 5 次进行,每个月释放一次,连续 5 个月释放完毕。每次释放只取释放总量的 1/5,即每一次的蜂虫比为 2：1,椰甲截脉姬小蜂和椰心叶甲啮小蜂比例为 3：1,两只放蜂器的距离不超过 60 m,每只放蜂器携带被寄生的僵虫≤50 头,悬挂放蜂器的数量由放蜂总量决定。

8.4 注意事项

8.4.1 杀虫剂使用

施用杀虫剂,需 3 个月后才能进行寄生蜂的释放。

8.4.2 天气因素

放蜂应避开阴雨、低温、大风不利天气,若放蜂后遇此类天气,应及时补放。

附　录　A
（资料性附录）
椰甲截脉姬小蜂成虫形态及基本生物学特征

A.1　形态特征

A.1.1　雌成虫：体长 0.5 mm～0.85 mm，棕褐色，有蓝黑色或绿色反光。触角和足除基节外均为黄褐色。体光滑无明显刻点或刻纹，具微弱的短体毛。体壁骨化弱，头背面观宽为长的 2 倍。触角柄节 1 节，梗节 1 节，环状节 0，索节 2 节，棒节 3 节。梗节、索节等长；梗节加索节、棒节及柄节三者等长。小盾片光滑，宽大于长。腹部无柄，圆形至短卵圆形，腹部下方可见产卵器。

A.1.2　雄成虫：体长略短于雌蜂，棕褐色，有蓝黑色或绿色反光。触角和足除基节外均为黄褐色。体光滑无明显刻点或刻纹，具微弱的短体毛。体壁骨化弱，头背面观宽为长的 2 倍。触角柄节 1 节，梗节 1 节，环状节 0，索节 2 节，棒节 3 节。梗节、索节等长；梗节加索节、棒节及柄节三者等长。小盾片光滑，宽大于长。腹部较窄，卵圆形，腹部末端可见交配器。

A.2　生物学特征

　　椰甲截脉姬小蜂从卵至蛹期均在寄主体内度过。在 22℃～26℃，相对湿度 65%～85% 条件下，卵期 2 d～3 d，幼虫期 6 d～7 d，蛹期（含预蛹期）7 d～8 d；羽化后，成蜂在没有补充营养的情况下，可存活 2 d～3 d。椰甲截脉姬小蜂的最佳繁育温度为 23℃～28℃，高于 30℃ 或低于 20℃ 都不利于该寄生蜂的发育。椰甲截脉姬小蜂的最佳繁育湿度为 65%～85%。该蜂发育不受光照影响，可在自然光照条件下繁育。椰甲截脉姬小蜂偏雌性，雌蜂约占 75%，每头雌蜂的怀卵量约为 53 粒，每头寄主（椰心叶甲 4 龄幼虫）平均出蜂量约为 60 头。椰甲截脉姬小蜂的发育起点温度为 10.7℃，有效积温为 261.3 日度，在海南每年可发生 16 代～20 代。在上述条件下，椰甲截脉姬小蜂羽化高峰期在开始羽化后的最初 2 h（85%～95%）。该蜂羽化不久即能交配，雄蜂一生能交配多次，雌蜂通常也有几次交配动作。当多对成蜂在一起时，雄蜂有明显的交配竞争行为，一头雄蜂会干扰正在交配的另一头雄蜂。每头寄主上可有多头寄生蜂同时进行产卵，每头蜂可以在不同寄主上产卵。观察发现，椰甲截脉姬小蜂将卵产于椰心叶甲表皮下的脂肪体组织内，多粒卵集中在一起。椰甲截脉姬小蜂具有强烈的趋光性。

附　录　B
（资料性附录）
椰心叶甲啮小蜂成虫形态及生物学特征

B.1　形态特征

B.1.1　雌成虫：体长 0.85 mm～1.45 mm，黑色，有光泽。头横形，长 0.22 mm～0.25 mm，宽 0.34 mm～0.38 mm。单眼 3 个，弧形排列。膝状触角，柄节短，淡黄色；索节 3，淡黄色；棒节 3，膨大，顶部尖，褐色，索节及棒节上密生感觉毛。胸背板平，中胸背板和小盾片具细小刻点。翅透明有光泽，前翅大过腹，后翅较小，翅面及边缘有短而密的毛。基节黑色，转节黄色，腿节除端部褐色，胫节和跗节黄色，跗节 4 节。腹部近椭圆形，下方可见产卵器。

B.1.2　雄成虫：体长 0.98 mm～1.25 mm，比雌成虫小。头横形，长 0.20 mm～0.23 mm，宽 0.32 mm～0.36 mm。单眼 3 个，弧形排列。膝状触角，柄节短，淡黄色；索节 3 节，淡黄色；棒节 3 节，膨大，顶部尖，褐色，索节及棒节上密生感觉毛。胸背板平，中胸背板和小盾片具细小刻点。翅透明有光泽，前翅大过腹，后翅较小，翅面及边缘有短而密的毛。基节黑色，转节黄色，腿节除端部褐色，胫节和跗节黄色，跗节 4 节。腹部较雌蜂细长，末端可见交配器。

B.2　生物学特征

椰心叶甲啮小蜂从卵至蛹期均在寄主体内度过。在 22℃～26℃，相对湿度 65%～85% 条件下，卵期 2 d～3 d，幼虫期 6 d～7 d，蛹期（含预蛹期）10 d～11 d；羽化后，成蜂在没有补充营养的情况下，平均存活 2 d～4 d。椰心叶甲啮小蜂的最佳繁育温度为 22℃～26℃，相对湿度 65%～85%，高于 30℃ 或低于 20℃ 都不利于该寄生蜂的发育。该蜂发育不受光照影响，可在自然光照条件下繁育。椰心叶甲啮小蜂偏雌性，雌蜂约占 75%，每头寄主（椰心叶甲 4 龄幼虫）平均出蜂量约为 20 头。椰心叶甲啮小蜂的发育起点温度为 7.4℃，有效积温为 368.3 日度，在海南每年可发生 17 代～19 代。在上述条件下，椰心叶甲啮小蜂羽化高峰期在开始羽化后的最初 2 h（90%～95%）。该蜂羽化不久即能交配，雄蜂一生能交配多次，雌蜂通常也有几次交配动作。当多对成蜂在一起时，雄蜂有明显的交配竞争行为，一头雄蜂会干扰正在交配的另一头雄蜂。每头寄主上可有多头寄生蜂同时进行产卵，每头蜂可以在不同寄主上产卵。观察发现椰心叶甲啮小蜂将卵产于椰心叶甲表皮下的脂肪体组织内，多粒卵集中在一起。椰心叶甲啮小蜂具有强烈的趋光性。

附加说明：
本标准按照 GB/T 1.1—2009 给出的规则起草。
本标准由中华人民共和国农业部提出。
本标准由农业部热带作物及制品标准化技术委员会归口。
本标准起草单位：中国热带农业科学院环境与植物保护研究所、中国热带农业科学院椰子研究所、海南省森林资源监测中心。
本标准主要起草人：彭正强、吕宝乾、覃伟权、李朝绪、金涛、黄山春、金启安、阎伟、温海波、王东明、李洪。

中华人民共和国农业行业标准

剑麻种苗繁育技术规程

Technical code for propagation of sisal seedling

NY/T 2448—2013

1 范围

本标准规定了剑麻种苗繁育的术语和定义、苗圃地选择与处理、种苗繁殖、培育和出圃等技术要求。

本标准适用于剑麻品种 H.11648 的种苗繁育,其他剑麻品种的种苗繁育可参照执行。

2 规范性引用文件

下列文件对于本文件的应用是必不可少的。凡是注日期的引用文件,仅注日期的版本适用于本文件。凡是不注日期的引用文件,其最新版本(包括所有的修改单)适用于本文件。

NY/T 1439　剑麻　种苗

NY/T 1803　剑麻主要病虫害防治技术规程

3 术语和定义

NY/T 1439 界定的以及下列术语和定义适用于本文件。

3.1

腋芽苗　axillary bud seedling

植株茎尖生长点受破坏后,由腋芽萌发而形成的小苗。

3.2

母株苗　maternal breeding seedling

疏植于繁殖苗圃进一步繁殖种苗的麻苗。

注:改写 NY/T 1439,定义 3.4。

3.3

疏植苗　dispersal breeding seedling

通过疏植培育用于大田种植的麻苗。

注:改写 NY/T 1439,定义 3.6。

4 苗圃地选择与处理

应选择土壤肥沃、土质疏松、排水良好、阳光充足、靠近水源、无或少恶草的土地作苗圃地。不宜选剑麻连作地作苗圃地。苗圃面积可按种植面积的 10% 进行规划。苗圃地应合理设计道路和排水系统,1 hm² 以上苗圃应设计 3 m 宽的运输道路,外围开通排水沟并设立防畜设施。在育苗前应翻耕晒地,二犁三耙,深耕 30 cm。

中华人民共和国农业部 2013-09-10 发布　　　　　　　　　　　　　2014-01-01 实施

5 种苗繁殖

5.1 母株繁殖

5.1.1 母株苗选择

选择经密植培育后首批出圃的珠芽苗、组培苗或通过母株繁殖出的第一批腋芽苗,苗高 25 cm～30 cm,株重 0.25 kg 以上的嫩壮无病虫害苗作母株。母株苗数量按计划繁殖种苗数量的 10% 配备。

5.1.2 母株苗种植

5.1.2.1 起畦

畦面宽 100 cm,畦高 20 cm～30 cm,沟宽 80 cm～90 cm。

5.1.2.2 施基肥

以优质腐熟有机肥或生物有机肥为主,配合磷肥、钾肥和钙肥为基肥。施肥采用条施或撒施,钙肥在整地时撒施,施肥量参见附录 A。

5.1.2.3 种植

将母株苗按种苗大小分级、分畦种植,植前从根茎交界处把根全部切除;每畦种植两行,株行距 50 cm×50 cm,浅种,深度不宜超过种苗基部白绿交界处,母株苗种植应在上半年进行。

5.1.3 母株苗抚管

5.1.3.1 除草

应保持苗床无杂草,可采用化学除草剂除草。

5.1.3.2 追肥

以氮肥、钾肥穴施为主。钻心前进行两次追肥,母株苗新展叶 2 片～3 片开始追肥,第二次在母株钻心前 1 个月进行,并增施有机肥。钻心后追肥 1 次,并于畦面撒施优质腐熟有机肥,撒施后盖少量表土以利腋芽萌发。往后每采苗 1 次追肥 1 次,以氮肥、磷肥、钾肥为主,配合施用腐熟有机肥,穴施,干旱季节淋水施。钙肥每年撒施 1 次,不应与化肥混施。冬季前撒施腐熟有机肥覆盖畦面,并盖少量表土。施肥量参见附录 A。

5.1.4 钻心繁殖

5.1.4.1 钻心

母株苗培育半年后,当苗高达 35 cm～40 cm,叶片达 20 片～23 片时进行钻心处理。用扁头钻沿叶轴四周插下拔去心叶,然后插进心叶轴内,旋转数次,深至硬部,破坏生长点,促使腋芽萌生。应避免高温或雨季钻心。

5.1.4.2 采苗

钻心半年后可采苗,每 4 个～6 个月采苗一次,一个母株每年可采收 5 株苗以上,其生命周期内共采苗 10 株～15 株;母株繁殖出来的小苗高 25 cm～30 cm,展叶 4 片～5 片时即可采收。采苗时应用手把小苗与母株分开,用小刀把小苗从基部切下,避免伤及母株和小苗,并保留小苗茎基 1 cm～1.5 cm 不受伤,以增加腋芽萌发。不宜在雨季及高温期采苗。

5.2 组培繁殖

5.2.1 外植体选择

选择高产麻园中生长健壮、展叶 600 片以上的无病虫害的植株,于晴天选取高 10 cm～20 cm 的健壮吸芽或花轴中、上部 7 cm～10 cm 高的珠芽作为外植体;也可选择通过母株繁殖出的第一批腋芽苗作外植体。

5.2.2 组织培养繁殖

剑麻组织培养繁殖方法参见附录 B。

6 种苗培育

6.1 密植苗培育

6.1.1 选苗

选择高产麻园中生长健壮、展叶 600 片以上的植株留珠芽。当花梗抽生结束后将花轴顶部 30 cm 截除,待长出珠芽后,采集花轴中、上部叶片数达 3 片,高度 7 cm～10 cm 的自然脱落或人工摇动花轴后脱落的健壮珠芽为培育材料。

6.1.2 密植苗种植

6.1.2.1 起畦

畦面宽 120 cm～140 cm,畦高 15 cm～25 cm,沟宽 60 cm。

6.1.2.2 施基肥

按 5.1.2.2 要求。

6.1.2.3 种植

将珠芽苗按苗基部大小、植株高矮分级,分苗床种植,每畦种植 8 行～9 行,株行距 15 cm×20 cm,浅种,种稳。

6.1.3 密植苗抚管

6.1.3.1 除草

在杂草幼小期间及时除净,保持苗床无杂草。人工除草宜在小苗新展 2 片叶后进行;也可采用安全低毒除草剂封闭土壤,抑制杂草萌发。

6.1.3.2 追肥

小苗新展叶 2 片～3 片后,温度在 20℃ 以上时开始追肥,用浓度为 1% 的复合肥水肥开沟淋施,避免肥料直接淋在叶面上。初次施肥浓度应适当降低,每月施肥 1 次,共淋施 3 次～4 次。苗圃干旱时应注意淋水,雨季做好苗圃排水。施肥量参见附录 A。

6.1.4 密植苗出圃

珠芽苗密植 6 个月后,当苗高 25 cm～30 cm、株重 0.25 kg 以上时,便可移植至疏植苗圃培育。

6.2 疏植苗培育

6.2.1 疏植苗选择

选择经母株繁殖出的腋芽苗或密植苗圃培育出的小苗,苗高 25 cm～30 cm,株重 0.25 kg 以上的嫩壮无病虫害苗作培育材料。

6.2.2 疏植苗种植

6.2.2.1 起畦

畦面宽 140 cm,畦高 20 cm～35 cm,沟宽 80 cm～90 cm。

6.2.2.2 施基肥

按 5.1.2.2 要求。

6.2.2.3 种植

将疏植苗按大小分级、分畦种植,植前从根茎交界处把根全部切除;每畦种植 3 行,株行距 50 cm×50 cm,种植深度不宜超过种苗基部白绿交界处。疏植苗种植宜在上半年进行。

6.2.3 疏植苗抚管

6.2.3.1 除草

保持苗床无杂草,除草应在施肥前进行,保证小苗封行前把杂草除净;可采用化学除草剂除草。

6.2.3.2 追肥

封行前进行两次追肥,以氮肥和钾肥为主。小苗新展叶 2 片～3 片开始追肥,第二次追肥在小行封行前进行,并增施腐熟有机肥。施肥应在雨后进行,穴施或沟施,干旱季节淋水施。施肥量参见附录 A。

6.3 组培苗培育

6.3.1 组培苗疏植培育

组织培养繁殖出来的组培苗经炼苗和移栽假植培育后,选取苗高 15 cm 以上的壮苗,按 6.2 的方法疏植培育成符合大田种植标准的种苗。

6.3.2 组培苗容器培育

6.3.2.1 容器及培育基质

容器可选择 30 cm×30 cm、厚度为 0.06 cm 的塑料袋;基质为表土,按基质质量添加 4%～5% 的粉状生物有机肥和 0.15% 的复合肥。

6.3.2.2 容器苗移栽

选择经假植培育的组培苗,苗高 15 cm～25 cm,切除全部老根后按种苗大小分级、分区移植到袋中,每袋 1 株,稍压实,深度不超过种苗基部白绿交界处。

6.3.2.3 容器苗抚管

及时消除杂草和预防病虫害发生;注意淋水,防止干旱;小苗新展叶 2 片～3 片开始喷施 0.5%～1% 的水肥,每次每 667 m²(容器苗 10 500 株)施复合肥 13 kg～15 kg 或施尿素 8 kg～10 kg 和氯化钾 10 kg～12 kg,每月施肥 1 次,共施 1 次～2 次。

7 病虫害防治

按 NY/T 1803 的规定执行。

8 种苗出圃

8.1 出圃要求

8.1.1 疏植苗

疏植苗培育 12 个～18 个月,苗高 50 cm～70 cm,叶片 28 片～40 片,苗重 3 kg～6 kg,无病虫害种苗可出圃供大田种植,种苗分级与质量要求按 NY/T 1439 的规定执行。

8.1.2 容器苗

容器苗培育 8 个～10 个月后,苗高 40 cm～60 cm,苗重 1 kg～2 kg 时可带培育基质出圃供大田种植。

8.2 起苗及处理

8.2.1 起苗

应选择合格的剑麻疏植苗或组培苗作种植材料,并预防虫害经种苗传播。种苗应提前起苗,让种苗自然风干 2 d～3 d 后种植。雨天不宜起苗,起苗后及时分级和运输,避免堆放。

注:预防剑麻粉蚧虫害可在起苗前 15 d～20 d 用有效成分 240 g/L 的螺虫乙酯 3 000 倍和快润 5 000 倍混合均匀喷植株心叶。

8.2.2 种苗处理

切去老根,切平老茎,保留老茎 1 cm～1.5 cm,以促进萌生新根;起苗后 2 d 内对种苗切口进行消毒。

注:种苗切口消毒可用 40% 灭病威 100 倍～200 倍和 8% 甲霜灵或 72% 甲霜·锰锌 150 倍～300 倍混合均匀喷雾。

8.3 包装、标志与运输

按 NY/T 1439 的规定执行。

附　录　A

（资料性附录）

剑麻种苗培育施肥参考量

剑麻种苗培育施肥参考量见表 A.1。

表 A.1　剑麻种苗培育施肥参考量

种类	施肥量 kg/(667 m²·次)			说明
	繁殖苗圃	密植苗圃	疏植苗圃	
一、基肥				
有机肥	3 000～5 000	3 000～5 000	3 000～5 000	以优质腐熟栏肥计
生物有机肥	500	500	500	以有机质含量 40％以上（干基计）
磷肥	100～150	100～150	100～150	以过磷酸钙计
钾肥	40～45	15～20	40～45	以氯化钾计
钙肥	150～200	75	150～200	以石灰计
二、追肥				
有机肥	1 000～1 500；5 000（撒施用量）	/	1 000～1 500	以优质腐熟栏肥计
氮肥	25～28	/	25	以尿素计
磷肥	15～20	/	/	以过磷酸钙计
钾肥	25～30	/	30	以氯化钾计
钙肥	100～150	/	/	以石灰计
复合肥	/	30	/	以 N：P：K 比例 17：17：17 的复合肥计
注 1：施用其他化肥按表列品种肥份含量折算。				
注 2：有机肥与生物有机肥只施用其中一种。				

附　录　B

（资料性附录）

剑麻组织培养繁殖方法

B.1　外植体的选择与处理

外植体应选自生长健壮、无病虫害的植株。于晴天选取高 10 cm～20 cm 的健壮吸芽或花轴中、上部 7 cm～10 cm 高的珠芽，切除全部根系，流水冲洗，除去茎尖外层绿色叶片，用浓度为 0.3% 的高锰酸钾溶液处理 15 min，并一片片向内环剥。将处理好的茎尖在超净工作台上用 75% 乙醇浸泡 5 min，用无菌水冲洗 2 次～3 次，再用浓度为 0.1% 的氯化汞溶液消毒 30 min，无菌水冲洗 3 次～4 次后用于接种。

B.2　接种与培养

将接种材料通过轴心缘切成大小 1.5 cm×1.5 cm 的带节茎块，接种于改良 SH ＋ 6-BA 2.0 mg/L～3.0 mg/L＋ NAA 0 mg/L～1.0 mg/L＋IBA 0 mg/L～1.5 mg/L＋蔗糖 30 g/L＋琼脂 6.5 g/L 的培养基上，pH 为 5.8，在温度（28±2）℃，光照强度 2 000 lx，每天连续光照 12 h～14 h 的条件下培养。以后每隔 30 d～45 d 继代 1 次，可迅速增殖出大量试管苗。

B.3　生根培养

经增殖培养和壮苗后，将高 3 cm～5 cm 以上，带有 3 片～5 片叶的小苗转入改良 SH＋IBA 0 mg/L～1.5 mg/L＋蔗糖 30 g/L＋琼脂 6.5 g/L 的培养基中，pH 为 5.8，在光照 12 h～14 h，温度（28±2）℃的条件下，培养 25 d 后每株苗可长出 4 条～5 条壮根。

B.4　无菌苗移栽

经生根培养 25 d 后，选择生根瓶苗置于温室炼苗 7 d，然后取出洗去苗基部培养基，用高锰酸钾 1 000 倍液浸泡 3 min，移植到培育基质为表土＋河沙＋椰糠的塑料遮光大棚中，在遮光度 75%，温度 20℃～32℃的条件下培育，每天注意淋水，防止干旱。幼苗长出新叶后开始追施 0.3%～1% 的复合肥水肥，施肥浓度随着小苗长大逐渐提高，每次每 667 m² 施 0.30 kg～1.00 kg，每 15 d～20 d 施肥 1 次，施肥后应立即用清水淋洗小苗，避免肥料沉积在心叶或叶片上。待幼苗长出新叶 3 片，苗高约 10 cm 即可去网开膜，增加光照。当小苗新长叶 4 片～8 片，株高 15 cm～20 cm 时即可出圃供大田疏植培育。

附加说明：

本标准按照 GB/T 1.1—2009 给出的规则起草。

本标准由中华人民共和国农业部提出。

本标准由农业部热带作物及制品标准化技术委员会归口。

本标准起草单位：中国热带农业科学院南亚热带作物研究所。

本标准主要起草人：周文钊、陆军迎、李俊峰、张燕梅、张浩、戴梅莲、林映雪。

中华人民共和国农业行业标准

饲 料 用 木 薯 干

Dried cassava slice for feedstuffs

NY/T 120—2014
代替 NY/T 120—1989

1 范围

本标准规定了饲料用木薯干的要求、试验方法、检验规则、包装、标签、运输和贮存。

本标准适用于以鲜木薯为原料生产的饲料用木薯干。

2 规范性引用文件

下列文件对于本文件的应用是必不可少的。凡是注日期的引用文件,仅注日期的版本适用于本文件。凡是不注日期的引用文件,其最新版本(包括所有的修改单)适用于本文件。

GB/T 5494 粮油检验 粮食、油料的杂质、不完善粒检验

GB/T 6434 饲料粗纤维测定方法 过滤法

GB/T 6435 饲料中水分和其他挥发性物质含量的测定

GB/T 6438 饲料中粗灰分的测定方法

GB 10648 饲料标签

GB 13078 饲料卫生标准

GB/T 14698 饲料显微镜检查方法

GB/T 14699.1 饲料采样

GB/T 18823 饲料检测结果允许误差

GB/T 20194 饲料中淀粉含量的测定 旋光法

国家质量监督检验检疫总局令第75号 定量包装商品计量监督管理办法

3 要求

3.1 感官

外观形态均匀,色泽一致,无霉变、无结块、无异味。

3.2 理化指标

应符合表1的要求。

表 1 饲料用木薯干理化指标

单位为克每百克

项目	指标
水分	≤13.0
粗纤维	<4.0
粗灰分	<5.0

表 1（续）

项目	指标
淀粉	≥65.0
杂质	≤2.0

3.3 卫生指标

应符合 GB 13078 的规定。

4 试验方法

4.1 感官检验

按 GB/T 14698 的规定执行。

4.2 水分的测定

按 GB/T 6435 的规定执行。

4.3 粗纤维的测定

按 GB/T 6434 的规定执行。

4.4 粗灰分的测定

按 GB/T 6438 的规定执行。

4.5 淀粉的测定

按 GB/T 20194 的规定执行。

4.6 杂质的测定

按 GB/T 5494 的规定执行。

5 检验规则

5.1 组批

同一品种、同一工艺、同一天生产的为同一批次。

5.2 采样

按 GB/T 14699.1 的规定执行。

5.3 检验类别

5.3.1 出厂检验

感官指标、水分、粗纤维、灰分、淀粉含量为出厂检验项目。

5.3.2 型式检验

本文件第 3 章规定的所有指标为型式检验项目,正常生产条件下,每半年进行一次型式检验。有下述情况之一者,应进行型式检验:

    a) 主要生产设备、工艺或原材料发生了较大变化时;

    b) 停产半年以上,重新开始生产时;

    c) 出厂检验结果与上次型式检验结果有较大差异时;

    d) 国家产品监督机构提出要求时。

5.4 判定规则

检验结果全部符合本标准要求的判为合格。若有一项指标不符合标准要求,应重新自双倍的抽样单元进行采样复检,复检结果中仍有一项指标不合格则判定该批产品不合格。卫生指标不得复检。检验结果判定应符合 GB/T 18823 的规定。

6 包装、标签、运输和贮存

6.1 包装

采用塑料编织袋包装,包装形式和规格根据客户和市场需求定。包装净含量按国家质量监督检验检疫总局令第 75 号执行。

6.2 标签

包装上应有牢固、清晰的标志,内容符合 GB 10648 的规定。

6.3 运输

在运输过程中应有防晒、防雨措施,不得与有毒、有害或其他有污染的物品混装、混运。

6.4 贮存

应于阴凉、干燥、通风处贮存,不得与有毒、有害或其他有污染的物品同库存放。在此贮存条件下,保质期 240 d。

附加说明:

本标准按照 GB/T 1.1—2009 给出的规则起草。

本标准代替 NY/T 120—1989《饲料用木薯干》,与 NY/T 120—1989 相比,除编辑性修改外,主要技术变化如下:

——将原标准中感官性状、水分、质量指标和卫生标准四章合并为一章;

——质量指标增加了淀粉指标;

——增加试验方法的具体内容;

——增加了饲料用木薯干质量的检验规则以及包装、标签、运输、贮存等技术要求。

本标准由农业部农垦局提出。

本标准由农业部热带作物及制品标准化技术委员会归口。

本标准起草单位:中国热带农业科学院热带作物品种资源研究所。

本标准主要起草人:周汉林、王东劲、李琼、张如莲、侯冠彧、王定发、夏万良。

本标准的历次版本发布情况为:

——NY/T 120—1989。

中华人民共和国农业行业标准

龙舌兰麻纤维及制品 术语

NY

Agave fiber and its products—Vocabulary NY/T 233—2014

代替 NY/T 233—1994

1 范围

本标准规定了龙舌兰麻纤维及制品的术语。

本标准适用于编写有关标准、技术文件、教材、书刊和翻译专业手册等。

2 规范性引用文件

下列文件对于本文件的应用是必不可少的。凡是注日期的引用文件,仅注日期的版本适用于本文件。凡是不注日期的引用文件,其最新版本(包括所有的修改单)适用于本文件。

GB/T 5705 纺织名词术语(棉部分)

GB/T 15029 剑麻白棕绳

GB/T 15031 剑麻纤维

GB/T 18374 增强材料术语及定义

NY/T 255 剑麻纱

NY/T 260 剑麻加工机械 制股机

NY/T 712 剑麻布

NY/T 1941 农作物种质资源鉴定技术规程 龙舌兰麻

3 一般术语

3.1

龙舌兰麻 agave

可以从叶片中获取纤维的龙舌兰科(Agaveceae)植物的统称。

[NY/T 1941—2010,定义 3.1]

3.2

剑麻 sisal

龙舌兰科龙舌兰属剑麻植物(包括龙舌兰杂种第 11648 号)。

3.3

番麻 agave americana

龙舌兰科龙舌兰属番麻植物。

4 纤维

4.1

剑麻纤维 sisal fibre

从龙舌兰科龙舌兰属剑麻植物(包括龙舌兰杂种第 11648 号)叶片中获取的纤维。

4.2

长纤维 long fibre

叶片经加工处理后所得到的长度不小于 65 cm 且有条理的纤维。

4.2.1

晒干纤维 sun dried fibre

利用阳光等自然条件除去水分获得的干燥长纤维。

4.2.2

烘干纤维 oven dried fibre

通过人工加热方式除去水分获得的干燥长纤维。

4.2.3

抛光纤维 polished fibre

经过抛光工序除去麻屑和乱纤维的干燥长纤维。

4.3

乱纤维 kinky fibre

从麻渣中分离出来的和长纤维在脱糠或抛光工序中被机械打落的互相纤缠、长短不一的散纤维。

4.4

麻头纤维 sten fibre

从麻茎部及割叶时保留在茎上的叶基中获取的纤维。

5 制品

5.1

剑麻条 sisal sliver

剑麻纤维经机械梳理、并合、牵伸后得到的连续条状集合体。

5.2

剑麻纱 sisal yarn

用剑麻条为原料经过牵伸、加捻纺成的纱。

5.2.1

染色纱 dyed yarn

用染色纤维为原料纺成的纱。

5.2.2

漂白纱 bleached yarn

用漂白纤维为原料纺成的纱。

5.2.3

剪毛纱 cut yarn

经过剪毛机或手工处理除去纱条上毛羽的剑麻纱。

5.2.4

农用剑麻纱 agricultural sisal yarn

用于农牧业上的剑麻纱。

5.2.5

捻线 twist

由两根以上单纱捻合在一起形成的线。

5.2.6

乱纤维纱　kinky fibre yarn

用乱纤维为原料纺成的纱线。

5.2.7

S 捻　S-twist

纱线、股条或绳索的倾斜方向与字母"S"的中部相一致的捻向。

[NY/T 260—2011,定义3.2]

5.2.8

Z 捻　Z-twist

纱线、股条或绳索的倾斜方向与字母"Z"的中部相一致的捻向。

[NY/T 260—2011,定义3.3]

5.3

白棕绳　agave ropes

以龙舌兰麻纤维为原料制成的绳索。

5.4

工艺绳　crafted ropes

以龙舌兰麻纤维为原料,经漂白用于制作工艺品、宠物用品等基本不含油的绳索。

5.5

剑麻绳　sisal ropes

以剑麻纤维为原料制成的绳索。

5.6

剑麻钢丝绳芯　sisal rope core

以剑麻纤维为原料制成的在钢丝绳的中心起支撑和润滑作用的绳索。

5.7

剑麻布　sisal cloth

以剑麻纱为材料织成的布。

5.8

剑麻地毯　sisal carpets

以剑麻纱线为经纬线编织的无绒头地毯。

5.9

剑麻絮垫　sisal mattress

以剑麻纤维为原料,经铺压、针刺或喷涂胶乳黏合而成的垫。

5.10

剑麻铺垫　sisal mat

用剑麻纤维编织而成或用剑麻絮垫缝制的垫。

5.11

剑麻抛光轮　sisal buff

以剑麻纤维为主要原料制成的抛光轮。

6　辅料

6.1

软化油剂　softening oil

为便于梳理纤维而加入的软化润滑剂。

6.2

浸渍剂　impregnating compound

注入纤维及其制品以改变外观或改善某种性能的化学制剂,如染色剂、漂白剂等。

6.3

地毯背衬材料　carpet backing material

覆盖在地毯背面的胶乳或布等防滑材料。

7　试验和检验

7.1

束纤维　fibre bundle

从纤维中部截取的长度为 300 mm 的单根纤维对齐集合成 1 g 重的纤维。

7.2

纤维长度　length of fibre

按规定的试验方法和计算公式进行的长度测试统计结果。

[GB/T 15031—2009,定义 3.4]

7.3

杂质　impurity

夹杂在纤维中的麻屑、病斑、干皮、青皮等不纯成分。

7.3.1

麻屑　fibre scrap

刮麻后黏附在纤维中的叶肉和叶皮等碎屑。

7.3.2

病斑　speck

叶片遭受病害,加工制成的纤维上留下的棕黄色或黑色疵点。

7.3.3

干皮　dry bark

残留在纤维上的干枯物。

7.3.4

青皮　residual bark

经刮麻后残留在纤维上的叶肉或叶皮。

7.4

捻距　lay length

绳、股围绕绳芯旋转一周的起止点间的直线距离。

7.5

线密度　linear density

纱线单位长度的质量,以 tex(特克斯)为单位。

注:改写 GB/T 18374—2008,定义 2.37。

7.6

纱线不匀率　yarn unevenness level

评价纱线各部位粗细不一致程度的统计指标。

注:改写 NY/T 255—2007,定义 3.3。

7.7

含杂率　impurity content

单位质量样品中含有杂质的质量百分数。

7.8

含油率　oil content

纤维中可提取物(不含水)与抽提后剩下的干纤维材料(不含可提取物和水)的质量百分率。

7.9

回潮率　moisture regain

按规定的方法测定的纤维中任何形态水的质量对被测纤维的干燥质量百分率。

7.10

色泽　color luster

纤维外观的颜色及光泽。

7.11

支数　metric count

指在公定回潮率下,1 g 重纱线长度的米倍数。

7.12

断裂强力　breaking force

试样在规定条件下拉伸至断裂的最大力值。

注:改写 NY/T 712—2011,定义 3.10。

7.13

最低断裂强力　lowest breaking force

按规定的方法对每一绳索样品进行 3 次以上断裂强力试验,其试验结果中最小值为最低断裂强力。

［GB/T 15029—2009,定义 3.2］

7.14

束纤维断裂强力　breaking force of fibre bundle

在规定条件下将束纤维拉伸至断裂所需的力值。

注:改写 GB/T 15031—2009,定义 3.3。

7.15

斑点　spots

纤维上棕黑色的小点。

7.16

粗节　thick place slubs

纱线直径粗于正常纱的节段(一般指超过规定直径 2 倍)。

［GB/T 5705—1985,定义 2.3.1.3］

7.17

细节　thin place slubs

纱线直径细于正常纱的节段(一般指不到规定直径的 1/2)。

［GB/T 5705—1985,定义 2.3.1.4］

7.18

麻绒　hemp

纱线或织物上凸起绒状物。

7. 19

麻粒 granulite

纱线或织物上凸起粒状物。

索　引

汉语拼音索引

英文对应词索引

A

B

C

D

F

G

H

I

K

L

M

O

P

R

S

T

Y

Z

附加说明：

本标准按照 GB/T 1.1—2009 给出的规则起草。

本标准代替 NY/T 233—1994《龙舌兰麻纤维及制品　术语》。

本标准与 NY/T 233—1994 相比，主要变化如下：

——增加了"晒干纤维、烘干纤维、抛光纤维"的术语与定义（见 4.2.1、4.2.2 和 4.2.3）；

——将短纤维和打光短纤维合并后定义为乱纤维（见 4.3,1994 年版的 2.4.2 和 2.4.3）；

——增加了"染色纱、漂白纱、剪毛纱、捻线、乱纤维纱"的术语与定义（见 5.2.1、5.2.2、5.2.3、5.2.5 和 5.2.6）；

——删除了"细纱、粗纱"的术语与定义（见 1994 年版的 2.9.1 和 2.9.2）；

——增加了"S 捻、Z 捻"的术语与定义（见 5.2.7 和 5.2.8）；

——增加了"工艺绳、剑麻钢丝绳芯、剑麻布、剑麻地毯和剑麻铺垫"的术语与定义（见 5.4、5.6、5.7、5.8 和 5.10）；

——删除了剑麻门口垫的术语与定义（见 1994 年版的 2.13）；

——增加了"束纤维、纤维长度"的术语与定义（见 7.1 和 7.2）；

——增加了"捻距、线密度、纱线不匀率、含杂率、含油率、回潮率、色泽、支数"的术语与定义（见 7.4、7.5、7.6、7.7、7.8、7.9、7.10 和 7.11）；

——删除了"脱胶、整理"的术语与定义（见 1994 年版的 3.1 和 3.3）；

——增加"断裂强力、最低断裂强力、束纤维断裂强力"的术语与定义（见 7.12、7.13 和 7.14）；

——增加了"粗节、细节、麻绒、麻粒"的术语与定义（见 7.16、7.17、7.18 和 7.19）；

——增加了"汉语拼音索引、英文对应词索引"部分。

本标准由中华人民共和国农业部提出。

本标准由农业部热带作物及制品标准化技术委员会归口。

本标准起草单位:中国热带农业科学院南亚热带作物研究所、广东省东方剑麻集团有限公司。

本标准主要起草人:周文钊、陆军迎、张燕梅、李俊峰、庄兆明、赵艳龙。

本标准的历次版本发布情况为:

——NY/T 233—1994。

中华人民共和国农业行业标准

天然橡胶初加工机械　手摇压片机

Machinery for primary processing of natural rubber—
Hand-operated roll mill

NY/T 339—2014
代替 NY/T 339—1998

1 范围

本标准规定了天然橡胶初加工机械手摇压片机的术语和定义、型号规格和主要技术参数、技术要求、试验方法、检验规则及标志、包装、运输与贮存要求。

本标准适用于天然橡胶初加工机械手摇压片机。

2 规范性引用文件

下列文件对于本文件的应用是必不可少的。凡是注日期的引用文件，仅注日期的版本适用于本文件。凡是不注日期的引用文件，其最新版本（包括所有的修改单）适用于本文件。

GB/T 700　碳素结构钢

GB/T 1348　球墨铸铁件

GB/T 1958　产品几何量技术规范(GPS)形状和位置公差　检测规定

GB/T 2828.1　计数抽样检验程序　第1部分:按接收质量限(AQL)检索的逐批检验抽样计划

GB/T 3177　产品几何技术规范(GPS)光滑工件尺寸的检验

GB/T 3768　声学　声压法测定噪声源声功率级　反射面上方采用包络测量表面的简易法

GB/T 5226.1　机械电气安全 机械电气设备　第1部分:通用技术条件

GB/T 8196　机械安全　防护装置　固定式和活动式防护装置设计与制造一般要求

GB/T 9439　灰铸铁件

GB/T 10095.1　渐开线圆柱齿轮精度　第1部分:齿轮同侧齿面偏差的定义和允许值

GB 10396　农林拖拉机和机械、草坪和园艺动力机械　安全标志和危险图形　总则

JB/T 9832.2　农林拖拉机及机具　漆膜附着力性能测定法　压切法

NY/T 232—2011　天然橡胶初加工机械　基础件

NY/T 408—2000　天然橡胶初加工机械产品质量分等

NY/T 409—2013　天然橡胶初加工机械通用技术条件

NY/T 1036—2006　热带作物机械　术语

3 术语和定义

下列术语和定义适用于本文件。

3.1

压片　sheeting

将胶乳凝块滚压、脱水、压薄成胶片的工艺。

［NY/T 1036—2006,定义 2.1.4］

3.2

手摇压片机 hand-operated roll mill

由一对辊筒组成的,可手摇,也可电机驱动的小型压片机。

4 型号规格和主要技术参数

4.1 型号规格表示方法

产品型号规格编制应符合 NY/T 409—2013 中 4.1 的规定,由机名代号和主要参数等组成,表示如下:

示例:

SY—100×560 表示手摇压片机,辊筒直径为 100 mm,辊筒长度为 560 mm。

4.2 型号规格和主要技术参数

产品型号规格和主要技术参数见表1。

表 1 产品型号规格和主要技术参数

项 目		型号规格			
		SY—100×560	SY—110×580	SY—100×610	SY—127×610
辊筒外形尺寸(直径×长度),mm		100×560	110×580	100×610	127×610
辊筒花纹	槽宽和槽深,mm	2.5、3.0	2.5、3.0	2.5、3.0	2.5、3.0
	导 程,mm	96	160	96	96
	头 数,头	15	32	15	16
前后辊筒速比		1∶1	1∶1	1∶1	1∶1
辊压凝块最大尺寸(厚度×宽度),mm		40×380	40×380	40×380	40×380
辊压后胶片厚度,mm		2.5～3.5	2.5～3.5	2.5～3.5	2.5～3.5
生产率,kg/h(干胶)		80	80	100	100
电动机功率,kW		0.37～0.55	0.37～0.55	0.37～0.55	0.37～0.55

5 技术要求

5.1 基本要求

5.1.1 应按批准的图样和技术文件制造。

5.1.2 运转时应平稳,不应有异响;滑动、转动部位应运转灵活、平稳、无阻滞现象。

5.1.3 使用有效度应不小于 95%。

5.1.4 空载噪声应不大于 75 dB(A)。

5.2 主要零部件

5.2.1 辊筒

辊筒质量应按 NY/T 232—2011 中 4.2 规定。

5.2.2 齿轮

5.2.2.1 应采用力学性能不低于 GB/T 9439 规定的 HT200 材料制造。

5.2.2.2 加工精度应不低于 GB/T 10095.1 规定的 9 级精度。

5.2.3 机架

5.2.3.1 应采用力学性能不低于 GB/T 9439 规定的 HT150 材料制造。

5.2.3.2 铸件不应有裂纹,导轨、孔的部位不应有砂眼、气孔等缺陷,其他部位的砂眼、气孔直径和深度均小于 4 mm,其之间距离应不少于 40 mm。

5.3 装配

5.3.1 所有零、部件应检验合格;外购件、协作件应有合格证明文件并经检验合格后方可进行装配。

5.3.2 辊筒运转前后两辊间隙应保持一致。

5.4 外观和涂漆

5.4.1 表面不应有明显的凸起、凹陷、粗糙不平和损伤等缺陷。

5.4.2 涂层采用喷漆方法,色泽应均匀,平整光滑。

5.4.3 漆层的漆膜附着力应符合 JB/T 9832.2 中 2 级 3 处的规定。

5.5 铸锻件

铸锻件质量应按 NY/T 409—2013 中 5.3 的规定。

5.6 焊接件

焊接件质量应按 NY/T 409—2013 中 5.4 的规定。

5.7 安全防护

5.7.1 在醒目部位固定安全警示标志,安全警示标志应符合 GB 10396 的要求。

5.7.2 产品使用说明书中应有安全操作注意事项和维护保养方面的安全内容。

5.7.3 外露转动部件应装有安全防护装置,且应符合 GB/T 8196 的规定。

5.7.4 附件电气设备应符合 GB/T 5226.1 的规定,并有安全合格证。

5.7.5 电气设备应有可靠的接地保护装置,接地电阻应不大于是 10 Ω。

6 试验方法

6.1 空载试验

6.1.1 试验应在总装检验合格后进行。

6.1.2 连续运转时间应不少于 30 min。

6.1.3 试验项目、方法和要求见表 2。

表 2 空载试验项目、方法和要求

序号	试验项目	测定方法	标准要求
1	工作平稳性及声响	感 官	符合 5.1.2 的规定
2	辊筒间隙	用塞尺测量	符合 5.3.2 的规定
3	空载噪声	按 GB/T 3768 的规定	符合 5.1.4 的规定

6.2 负载试验

6.2.1 试验应在空载试验合格后进行。

6.2.2 连续运转时间应不少于 2 h。

6.2.3 试验项目、方法和要求见表 3。

表 3 负载试验项目、方法和要求

序号	试验项目	测定方法	标准要求
1	工作平稳性及声响	感 官	符合 5.1.2 的规定
2	压片厚度	用卡尺测量	符合 4.2 的规定
3	生产率	按 NY/T 408 的规定	符合 4.2 的规定

6.3 其他指标测定方法

6.3.1 材料力学性能试验应按照 GB/T 9439、GB/T 700、GB/T 1348 规定的方法执行。

6.3.2 使用有效度的测定应按照 NY/T 408—2000 中 4.3 规定的方法执行。

6.3.3 尺寸公差的测定应按照 GB/T 3177 规定的方法执行。

6.3.4 形位公差的测定应按照 GB/T 1958 规定的方法执行。

6.3.5 漆膜附着力的测定应按照 JB/T 9832.2 规定的方法执行。

7 检验规则

7.1 出厂检验

7.1.1 出厂检验应实行全检,产品均需经制造厂质检部门检验合格并签发"产品合格证"后才能出厂。

7.1.2 出厂检验项目及要求:
——外观和涂漆质量应符合 5.4 的规定;
——装配质量应符合 5.3 的规定;
——安全防护应符合 5.7 的规定;
——空载试验应符合 6.1 的规定。

7.1.3 用户有要求时,应进行负载试验,负载试验应符合 6.2 的规定。

7.2 型式检验

7.2.1 有下列情况之一时,应进行型式检验:
——新产品生产或产品转厂生产;
——正式生产后,结构、材料、工艺等有较大改变,可能影响产品性能;
——正常生产时,定期或周期性抽查检验;
——产品长期停产后恢复生产;
——出厂检验发现与本标准有较大差异;
——质量监督机构提出进行型式检验要求。

7.2.2 型式检验应采用随机抽样,抽样方法按 GB/T 2828.1 中正常检查一次抽样方案确定。

7.2.3 样本应在 12 个月内生产的产品中随机抽取。抽样检查批量应不少于 3 台,样本大小为 2 台,应在生产企业成品库或销售部门抽取,零部件在零部件成品库或装配线上已检验合格的零部件中抽取,也可在样机上拆取。

7.2.4 型式检验项目、不合格分类见表 4。

表 4　型式检验项目、不合格分类

不合格分类	检验项目	样本数	项目数	检查水平	样本大小字码	AQL	Ac	Re
A	1. 生产率 2. 压片质量 3. 安全防护及安全警示标志		3			6.5	0	1
B	1. 空载噪声 2. 使用有效度 3. 辊筒质量和间隙 4. 轴承与孔、轴配合精度	2	4	S-I	A	25	1	2
C	1. 机架质量 2. 漆膜附着力 3. 外观质量 4. 标志和技术文件		4			40	2	3
注:AQL 为合格质量水平,Ac 为合格判定数,Re 为不合格判定数。								

7.2.5 判定规则:评定时采用逐项检验考核,A、B、C 各类的不合格总数小于等于 Ac 为合格,大于等于 Re 为不合格。A、B、C 各类均合格时,该批产品为合格品,否则为不合格品。

8 标志、包装、运输和贮存

按照 NY/T 409—2013 中第 8 章的规定执行。

附加说明:

本标准按照 GB/T 1.1—2009 给出的规则起草。

本标准代替 NY/T 339—1998《天然橡胶初加工机械 手摇压片机》。

本标准与 NY/T 339—1998 相比,主要变化如下:

——增加了术语和定义(见第 3 章);

——增加了"SY—100×610 和 SY—127×610"型号(见 4.2)

——辊压后胶片厚度由原来"3 mm~4 mm"改为"2.5 mm~3.5 mm"(见 4.2)

——对技术要求重新进行了分类、修改和补充(见第 5 章,1998 版第 4 章);

——增加了使用有效度、空载噪声等指标(见 5.1.3 和 5.1.4);

——增加了安全警示标志和产品使用说明书中应有安全操作注意事项和维护保养方面的安全内容等规定(见 5.7.1 和 5.7.2);

——增加了材料力学性能、使用有效度、硬度、尺寸公差、形位公差、漆膜附着力等指标具体测定方法(见 6.3);

——修改了型式检验项目,主要是增加了安全警示标志、压片质量、辊筒硬度等指标(见 7.2.5,1998 版 6.3.3);

——增加了对产品贮存的要求(见第 8 章,1998 版第 7 章)。

本标准由中华人民共和国农业部提出。

本标准由农业部热带作物及制品标准化技术委员会归口。

本标准起草单位:中国热带农业科学院农业机械研究所、农业部热带作物机械质量监督检验测试中心。

本标准主要起草人:李明、邓怡国、卢敬铭、董学虎。

本标准的历次版本发布情况:

——NY/T 339—1998。

中华人民共和国农业行业标准

荔枝 种苗

Litchi—Grafting

NY/T 355—2014
代替 NY/T 355—1999

---

1 范围

本标准规定了荔枝(*Litchi chinensis* Sonn.)种苗相关的术语和定义、要求、检测方法与规则、包装、标识、运输和贮存。

本标准适用于妃子笑(Feizixiao)、鸡嘴荔(Jizuili)、糯米糍(Nuomici)、白糖罂(Baitangying)、桂味(Guiwei)等品种嫁接苗的生产与贸易,也可作为其他荔枝品种嫁接苗参考。

2 规范性引用文件

下列文件对于本文件的应用是必不可少的。凡是注日期的引用文件,仅注日期的版本适用于本文件。凡是不注日期的引用文件,其最新版本(包括所有的修改单)适用于本文件。

GB 9847 苹果苗木

GB 15569 农业植物调运检疫规程

中华人民共和国农业部1995年第5号令 植物检疫条例实施细则(农业部分)

3 术语和定义

下列术语和定义适用于本文件。

3.1
嫁接苗 grafting

特定的砧木和接穗组合而成的接合苗。

3.2
新梢 shoot

接穗上新抽生的已老熟枝梢。

4 要求

4.1 基本要求

植株生长正常,茎、枝无破皮或断裂等严重机械损伤;新梢成熟,叶片完整,叶色浓绿,富有光泽;嫁接口愈合良好,无肿大、粗皮或缚带绞缢现象;出圃时容器无明显破损,土团完整,无严重穿根现象;品种纯度≥99.0%;无检疫性病虫害。

4.2 分级指标

种苗分级应符合表1规定。

表 1 种苗分级指标

项　　目	等　级	
	一级	二级
种苗高度 cm	≥50	40～50
砧木茎粗 cm	≥0.90	0.70～0.90
新梢长度 cm	≥40	30～40
新梢茎粗 cm	≥0.70	0.60～0.70
分枝数 个	≥2	1
嫁接口高度 cm	≥15,≤30	
品种纯度 %	≥99.0	

5　试验方法

5.1　纯度检测

参照附录 A 用目测法逐株检验种苗,根据品种的主要特征,确定本品种的种苗数。纯度按式(1)计算。

$$X=\frac{A}{B}\times100 \quad\quad\quad\quad (1)$$

式中:

X ——品种纯度,单位为百分率(%),保留一位小数;

A ——样品中鉴定品种株数,单位为株;

B ——抽样总株数,单位为株。

5.2　外观检测

采用目测法检测植株生长情况、嫁接口愈合情况、土团完整情况等外观指标。

5.3　检疫性病虫害检测

按照中华人民共和国农业部 1995 年第 5 号令和 GB 15569 的有关规定执行。

5.4　分级指标测定

5.4.1　种苗高度

测量从土面至苗木最高新梢顶端的垂直距离(精确至 1 cm),保留整数。

5.4.2　砧木茎粗

用游标卡尺测量嫁接口下方 2 cm 处的最大直径 (精确至 0.01 cm),保留两位小数。

5.4.3　新梢长度

测量最粗新梢从基部至顶芽间的距离(精确至 1 cm),保留整数。

5.4.4　新梢茎粗

用游标卡尺测量嫁接口以上 3 cm 处最粗新梢的最大直径(精确至 0.01 cm),保留两位小数。

5.4.5　分枝数

目测长度在 10 cm 以上的一级分枝数量。

5.4.6 嫁接口高度

测量从土面至嫁接口的距离(精确至 1 cm),保留整数。

5.4.7 检测记录

将检测的数据记录于附录 B 的表格中。

6 检验规则

6.1 组批

凡同一品种、同一等级、同一批种苗可作为一个检验批次。检验限于种苗装运地或繁育地进行。

6.2 抽样

按 GB 9847 中有关抽样的规定进行,采用随机抽样法。

6.3 判定规则

6.3.1 如不符合 4.1 的要求,该批种苗判定为不合格;在符合 4.1 要求的情况下,再进行等级判定。

6.3.2 同一批种苗中,允许有 5%的种苗低于一级苗标准,但应达到二级苗标准,则判定为一级种苗。

6.3.3 同一批种苗中,允许有 5%的种苗低于二级苗标准,则判定为二级种苗。超过此范围,则判定为不合格。

6.4 复验规则

如果对检验结果产生异议,可抽样复验一次,复验结果为最终结果。

7 包装、标识、运输和贮存

7.1 包装

育苗容器完整的种苗,不需要进行包装;育苗容器轻微破损或有穿根现象的应剪除根系,再进行单株包装,包装应牢固。

7.2 标识

种苗销售或调运时必须附有质量检验证书和标签。检验证书格式参见附录 C,标签格式参见附录 D。

7.3 运输

种苗应按不同品种、不同级别分批装运;装卸过程应轻拿轻放,防止土团松散;防止日晒、雨淋,并适当保湿和通风透气。

7.4 贮存

种苗运抵目的地后应尽快种植。短时间内不能种植的,应贮存于阴凉处,保持土团湿润。

附 录 A
（资料性附录）
荔枝部分栽培品种种苗特征

A.1 妃子笑（Feizixiao）

枝条疏长、粗硬、下垂，1年生新梢黄褐色，皮孔近圆形，小而密，明显，新梢平均长度18.1 cm，节间长9.7 cm。叶形为长椭圆状披针形，叶片较大，绿色，叶尖渐尖，叶基楔形，叶缘波浪状明显。小叶3对～4对，一般3对，长10.0 cm～13.5 cm、宽2.5 cm～3.5 cm，小叶柄长约0.6 cm。

A.2 鸡嘴荔（Jizuili）

枝条粗壮、较硬，新梢黄褐色，皮孔圆、疏，不明显，平均长14.5 cm，节间长1.9 cm。叶形为长椭圆形，叶片中等大，深绿色，有光泽，嫩叶紫红色，叶尖渐尖或短尖，叶基楔形，叶面平展，叶缘平整。小叶3对～4对，一般3对，长约12.5 cm，宽3.9 cm，小叶柄较短，长0.4 cm。

A.3 糯米糍（Nuomici）

1年生枝条黄褐色，皮孔细、极密、近圆形、明显。叶为披针形，叶薄，叶面浓绿色，有光泽，叶背青绿色。叶尖渐尖而歪，叶基楔形，叶缘微波浪状或稍向上卷。小叶2对～3对，对生或互生，长6 cm～9 cm，宽2 cm～3 cm，小叶柄绿色，叶枕较明显，带褐红色。复叶柄短，约5.9 cm，红褐色，背面略带绿色。

A.4 白糖罂（Baitangying）

树干黑褐色，主枝较开张，1年生枝条黄褐色，皮孔近圆形，疏而突起。叶椭圆形、卵圆形或长椭圆形，叶薄，叶色淡绿，叶尖短尖，叶基楔形，叶缘平直，主脉粗，侧脉明显。小叶2对～4对，对生或互生，长5.5 cm～10.4 cm，宽2.3 cm～4.8 cm，小叶柄细有凹沟，红褐色。

A.5 桂味（Guiwei）

枝条疏散细长，生势略向上，1年生枝条黄褐色而带灰白，皮孔密，近圆形，枝条较脆，易折断。叶长椭圆形，叶较厚，浅绿色而有光泽，主脉细，侧脉较疏、不明显，叶尖短尖，叶基宽楔形，叶缘向内卷，或有微波浪形。小叶柄扁平，有浅沟，上为红褐色，下面绿褐色，小叶长7 cm～9 cm，宽2.5 cm～3.8 cm。

附 录 B

（资料性附录）

荔枝种苗质量检测记录

荔枝种苗质量检测记录表见表 B.1。

表 B.1 荔枝种苗质量检测记录表

品种名称：_____　　　　　　　　　　　　　　　　样品编号：_____

育苗单位：_____　　　　　　　　　　　　　　　　购苗单位：_____

出圃株数：_____　　　　　　　　　　　　　　　　抽检株数：_____

品种纯度：_____　　　　　　　　　　　　　　　　检测日期：_____

样株号	种苗高 cm	砧木茎粗 cm	新梢长度 cm	新梢茎粗 cm	分枝数 个	嫁接口高度 cm	外观情况	初评级别

审核人（签字）：　　　　　　　　　校核人（签字）：　　　　　　　　　检测人（签字）：

附 录 C

（资料性附录）

荔枝种苗质量检验证书

荔枝种苗质量检验证书见表 C.1。

表 C.1 荔枝种苗质量检验证书

No.：

育苗单位		购苗单位	
出圃株数		品种名称	
品种纯度，%			
检验结果			
证书签发日期			
检验单位			
注：本证一式三份，育苗单位、购苗单位、检验单位各一份。			

单位负责人（签字）： 　　　　　　　　　　　　　　　　单位名称（签章）：

附 录 D
（规范性附录）
荔 枝 种 苗 标 签

荔枝种苗标签见图 D.1。

单位为厘米

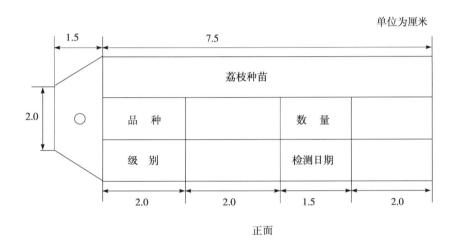

正面

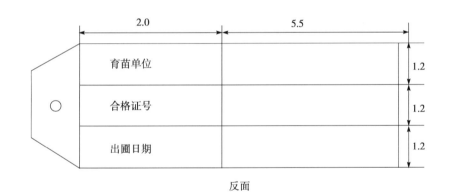

反面

注:标签用 150 g 的牛皮纸。标签孔用金属包边。

图 D.1 荔枝种苗标签

附加说明：

本标准按照 GB/T 1.1—2009 给出的规则起草。

本标准代替 NY/T 355—1999《荔枝 种苗》,与 NY/T 355—1999 相比,除编辑性修改外主要技术变化如下：

——删去部分术语(3.1,3.3,3.4,3.5,3.6,3.7),增加新梢术语(3.2)；

——删去砧木条件、接穗要求和砧穗组合形式(4,5,6)；

——修改了基本要求的内容(7.1),删去具体的数值指标,保留并修改部分文字(4.1)；

——删去干高指标,增加嫁接口高度指标(4.2)；

——修改了一、二级种苗指标(4.2);

——增加了种苗质量判定规则(6.3);

——修改、补充了荔枝主要栽培品种特征(附录 A)。

本标准由农业部农垦局提出。

本标准由农业部热带作物及制品标准化技术委员会归口。

本标准起草单位:中国热带农业科学院热带作物品种资源研究所、农业部热带作物种子种苗质量监督检验测试中心。

本标准主要起草人:张如莲、李莉萍、王琴飞、高玲、洪彩香、应东山、王明、徐丽、刘迪发、李松刚。

本标准历次版本发布情况为:

——NY/T 355—1999。

中华人民共和国农业行业标准

咖啡　种子种苗

Coffee—Seed and seedling

NY/T 358—2014
代替 NY/T 358—1999，
NY/T 359—1999

1　范围

本标准规定了咖啡(*Coffea* spp.)种子种苗的术语和定义、要求、试验方法、检验规则以及包装、标志、运输和贮存。

本标准适用于小粒种咖啡(*C. arabica* L.)用于繁育种苗的种子和实生苗，中粒种咖啡(*C. canephora* Pierre ex Froehner)的嫁接苗和扦插苗。

2　规范性引用文件

下列文件对于本文件的应用是必不可少的。凡是注日期的引用文件，仅注日期的版本适用于本文件。凡是不注日期的引用文件，其最新版本(包括所有的修改单)适用于本文件。

GB 9847　苹果苗木

GB/T 18007　咖啡及其制品　术语

NY/T 1518　袋装生咖啡　取样

ISO 6673　生咖啡　105℃时质量损失的测定

中华人民共和国农业部 1995 年第 5 号令　植物检疫条例实施细则(农业部分)

3　术语和定义

GB/T 18007 界定的以及下列术语和定义适用于本文件。

3.1

种衣　parchment

咖啡果的内果皮，由石细胞组成的一层角质薄壳。

3.2

实生苗　seedling

由种子繁殖成的种苗。

3.3

嫁接苗　grafting

用特定的砧木和接穗，通过嫁接方法繁育的种苗。

3.4

扦插苗　rooted cutting

从特定品种母树上切取枝段，在插床上催根后，装入营养袋，培育成的种苗。

中华人民共和国农业部 2014-03-24 发布　　　　　　　　　　2014-06-01 实施

4 要求

4.1 基本要求

4.1.1 种子

种子来源于经确认的品种纯正、优质高产、抗锈病强的母本园或母株,品种纯度≥95.0%;种衣保存完好,浅黄色,色泽均匀,无霉点。

4.1.2 实生苗和扦插苗

植株生长正常,叶色正常,无病虫危害,无明显机械性损伤;出圃时营养袋完好,营养土柱完整不松散。

4.1.3 嫁接苗

植株生长正常,叶色正常,无病虫危害,无明显机械性损伤;嫁接口发育均匀,皮平滑,没有茎部肿大、粗皮、解绑过迟致薄膜带绞缢等不良情况。

4.2 疫情要求

无检疫性病虫害。

4.3 质量要求

4.3.1 咖啡种子

咖啡种子质量分级指标见表1。

表 1 咖啡种子质量分级指标

项 目	级 别		
	一级	二级	三级
发芽率 %	≥90.0	≥80.0	≥70.0
含水量 %	≤19.0	≤20.0	≤20.0
净度 %	≥98.0		
纯度	符合品种特征		

4.3.2 小粒种实生苗

咖啡实生苗分为两个级别,各级别的种苗应符合表2规定。

表 2 小粒种咖啡实生苗质量分级指标

项 目	级 别	
	一级	二级
株高 cm	15.0~24.9	25.0~43.0
茎粗 cm	0.30~0.49	0.50~0.78
叶片数 对	5~7	8~12
分枝数 对	0	≥1
品种纯度 %	≥98.0	

注:分级指标针对使用长12 cm、宽10 cm的育苗袋培育的袋装苗。

4.3.3 中粒种嫁接苗

咖啡嫁接苗分为两个级别,各级别的种苗应符合表3规定。

表3 中粒种咖啡嫁接苗质量分级指标

项　目	级　别	
	一级	二级
株高 cm	16.0～35.0	11.0～15.9

表3（续）

项　目	级　别	
	一级	二级
茎粗 cm	0.51～0.70	0.30～0.50
叶片数 对	5～6	3～4
分枝数 对	2～6	0～1
品种纯度 %	≥98.0	

4.3.4 中粒种扦插苗

咖啡扦插苗分为两个级别,各级别的种苗应符合表4规定。

表4 中粒种咖啡扦插苗分级指标

项　目	级　别	
	一级	二级
株高 cm	30.0～50.0	25.0～29.9
茎粗 cm	0.40～0.60	0.30～0.39
叶片数 对	5～7	3～4
分枝数 对	≥1	0
品种纯度 %	≥98.0	

5 试验方法

5.1 外观

5.1.1 种子

用目测法检测带种衣的咖啡种子的颜色、形状。

5.1.2 种苗

用目测法检验植株长势,叶色,病虫危害情况,有无机械性损伤,营养袋、营养土的完整度等。

5.2 发芽率

从净种子中随机取300粒种子,分成3个重复,每重复100粒种子。剥去种衣,用饱和 Ca_2SO_4 溶液浸泡种子并置于30℃水浴12 h,用纯净水冲洗3次,均匀点播于干净河沙中,置于恒温保湿箱中,(29±1)℃进行发芽试验,23 d～25 d检查胚根伸长情况,凡胚根伸长0.2 cm以上的均为有发芽力的种子。发芽率以粒数的百分率x_2计,按式(1)计算。检验结果记录表参见表B.1。

$$x_2 = \frac{M_2}{100} \times 100 \quad \cdots\cdots\cdots\cdots\cdots\cdots\cdots\cdots\cdots\cdots\cdots\cdots \quad (1)$$

式中:

x_2——发芽率,单位为百分率(%);

M_2——发芽种子数,单位为粒。

计算结果保留一位小数。

5.3 含水量

咖啡种子含水量按ISO 6673规定的方法测定。检验结果记录表参见表B.1。

5.4 净度

用百分之一天平称取2份约相等质量的送检样品(最低重300 g)于净度检验台,将样品分为净种子、杂质(石头、土块、果壳、干果、枝条)两部分,分别称重,记录结果。净度以质量分数x_1计,按式(2)计算:检验结果记录表参见表B.1。

$$x_1 = \frac{M_1 - m_1}{M_1} \times 100 \quad \cdots\cdots\cdots\cdots\cdots\cdots\cdots\cdots\cdots\cdots \quad (2)$$

式中:

x_1——净度,单位为百分率(%);

M_1——称取的种子样总质量,单位为克(g);

m_1——杂质质量,单位为克(g)。

计算结果保留一位小数。

5.5 种子纯度

参照附录A,用目测法比对种子外观特征、采集园母株的树姿、树冠、分枝、叶片、果实等特征特性,判定种子纯度。检验结果记录表参见表B.1。

5.6 株高

测量株高,实生苗和扦插苗为营养袋土面至种苗顶端的垂直距离;嫁接苗为嫁接部位中部至种苗顶端的垂直距离(精确至0.1 cm),保留一位小数。检验结果记录表参见表B.3。

5.7 茎粗

用游标卡尺测量直径,实生苗为营养袋土面以上2 cm处的茎干直径,嫁接苗为嫁接口以上2 cm处的茎干直径,扦插苗为新主干抽生处以上2 cm处的茎干直径(精确至0.01 cm),保留两位小数。检验结果记录表参见表B.3。

5.8 叶片数

用肉眼观察,记载主干上叶片数量,单位为对,保留整数。检验结果记录表参见表B.3。

5.9 分枝数

用肉眼观察,记载主干上抽生的分枝数量,单位为对,保留整数。检验结果记录表参见表B.3。

5.10 种苗纯度

将实生苗、嫁接苗、扦插苗对应按附录A的标准逐株用目测法检验,根据指定品种的主要特征,确定指定品种的种苗数。纯度按式(3)计算。

$$P = \frac{m_3}{M_3} \times 100 \cdots\cdots\cdots\cdots\cdots\cdots\cdots\cdots\cdots\cdots\cdots\cdots \quad (3)$$

式中:

P ——品种纯度,单位为百分率(%);

m_3——样品中鉴定品种株数,单位为株;

M_3——抽样总株数,单位为株。

计算结果保留一位小数。

5.11 疫情检验

根据中华人民共和国农业部 1995 年第 5 号令的规定进行疫情检验。

6 检验规则

6.1 批次

6.1.1 种子

品种、产地、生长年限和收获时期相同以及质量基本一致的同一批种子为一个检验批次。

6.1.2 种苗

同品种、同等级、同一批种苗可作为一个检验批次。检验限于种苗装运地或繁殖地进行。

6.2 种子取样

按 NY/T 1518 的规定进行,用咖啡取样器随机从一批咖啡种子的某一袋中抽取约 30 g 的小样,抽取的袋数不少于总袋数的 10%,将抽取的小样混合成不少于 1 500 g 的混合样,从混合样中分取质量不少于 300 克的实验室样。

6.3 种苗抽样

按 GB 9847 中的规定进行,采用随机抽样法。种苗基数在 999 株以下(含 999 株),按基数的 10%抽样,并按式(4)计算抽样量;种苗基数在 1 000 株以上时,按式(5)计算抽样量。具体计算公式如下:

$$y_1 = y_2 \times 10\% \quad \cdots\cdots\cdots\cdots\cdots\cdots\cdots\cdots\cdots\cdots\cdots\cdots\cdots\cdots\cdots (4)$$

$$y_3 = 100 + (y_2 - 999) \times 2\% \quad \cdots\cdots\cdots\cdots\cdots\cdots\cdots\cdots\cdots\cdots\cdots (5)$$

式中:

y_1——种苗基数在 999 株以下的抽样量,单位为株,结果保留整数;

y_2——种苗基数,单位为株,结果保留整数;

y_3——种苗基数在 1 000 株以上的抽样量,单位为株,结果保留整数。

6.4 判定规则

6.4.1 基本判定

如达不到 4.1 和 4.2 中的某一项要求,则判该批种子或种苗为不合格。

6.4.2 种子质量判定

咖啡种子质量指标达不到 4.3.1 的净度和纯度指标中任何一项时判为不合格;达到 4.3.1 的净度和纯度指标后,依据发芽率和含水量指标进行分级,任何一项质量指标达不到该级别要求,就可判定为下一级别,达到三级要求时判为不合格。

6.4.3 种苗质量判定

同一批检验的一级苗中,允许有 5%的苗低于一级标准,但应达到二级标准,超过此范围,则为二级苗;同一批检验的二级苗中,允许有 5%的苗低于二级标准,但应符合基本要求,超过此范围,则该批苗为不合格。

6.4.4 复验

当贸易双方对判定结果有异议时,可抽样复验一次,以复验结果为最终结果。

7 包装、标志、运输和贮存

7.1 包装

咖啡种子必须用干净透气的麻袋、布袋、纤维袋包装;袋装苗营养袋完好或营养袋破损不严重、土团不松散的,可直接装运。

7.2 标志

种子贸易及种苗出圃时应附有质量检验证书和标签,质量检验证书和标签的要求见表 B.2、表 B.4和附录 C。

7.3 运输

种子种苗应按不同品种、级别分别装运,在运输过程中应防止日晒雨淋,保证通风透气。当运到目的地后及时卸下,种子可暂时存放室内通风处,并尽快播种;种苗置于荫棚或阴凉处,并及早定植。

7.4 贮存

咖啡种子必须贮存在干燥通风的室内,而且要定期检查通风设施以及种子是否发霉。贮存期不宜超过 3 个月。

附　录　A

（资料性附录）

咖啡主要品种特征

咖啡主要品种特征见表 A.1。

表 A.1　咖啡主要品种特征

品种	株高	树形	树冠	分枝	嫩叶颜色	成熟叶颜色	叶片特征	成熟果实特征	种子形状	抗锈病性
卡帝姆 CIFC7963 (F6)	矮生	直立	近圆柱形	粗壮，节密	翠绿	浓绿	椭圆披针形	近圆形，红色。果粒中等	椭圆形	强
S288	矮生	直立	圆柱形	粗壮，节密	红色	浓绿	叶小，革质较硬，长椭圆形，叶面光亮	近圆形，红色。果粒大	椭圆形	强
热研1号	高大	直立	圆柱形，树冠疏透	一级分枝粗且长	绿色	浓绿	阔椭圆披针形	扁圆形，橙红色，果粒大	长椭圆形，粒大	强
中粒种咖啡24-2号	高度中等	开张	圆柱形，树冠疏透	一级分枝粗且长	铜绿色	黄绿	宽椭圆披针形，叶脉间叶肉突出	红色，近圆形	椭圆形	强
热研2号	矮生	直立	圆柱形，树冠疏透	一级分枝相对细软	铜绿色	绿	叶片小，椭圆披针形	橙红色，近圆形	椭圆形，粒小	强
中粒种咖啡26号	高度中等	直立	圆柱形，树冠紧密	一级分枝粗，二级分枝多，节密	铜绿色	浓绿	椭圆披针形，叶缘波浪明显	红色，近圆形，较有光泽	椭圆形	强

附 录 B
（资料性附录）
咖啡种子种苗质量检测记录表

B.1 咖啡种子质量检测记录表

见表 B.1。

表 B.1 咖啡种子质量检测记录表

育种单位＿＿＿＿＿＿＿＿＿　　　　　　　　　　　品　　种＿＿＿＿＿＿＿＿

种子园地址＿＿＿＿＿＿＿＿＿　　　　　　　　　　抽样地点＿＿＿＿＿＿＿＿

取样日期＿＿＿＿＿＿＿＿＿　　　　　　　　　　　取　样　人＿＿＿＿＿＿＿＿

检验日期＿＿＿＿＿＿＿＿＿

项目	测定值			
	1	2	3	平均
净度,%				
发芽率,%				
含水量,%				
纯度				

测定人：　　　　　　　　　　　　　　　　　　记录人：

B.2 咖啡种子质量检验证书

见表 B.2。

表 B.2 咖啡种子质量检验证书

No.：＿＿＿＿＿＿＿＿

制种单位		购种单位	
种子数量		品种	
采种日期			
检验结果			
证书签发期			

注:本证书一式三份,制种单位、购种单位、检验单位各一份。

审核人(签字)：　　　　　　　　　校准人(签字)：　　　　　　　　　检测人(签字)：

B.3 咖啡种苗质量检验记录表

见表 B.3。

表 B.3 咖啡种苗质量检验记录表

品　　种:_____　　　　　　　　　　　　No.:_____
育苗单位:_____　　　　　　　　　　　购苗单位:_____
出圃株数:_____　　　　　　　　　　　抽检数量:_____
纯　　度:_____

样株号	株高 cm	茎粗 cm	叶片数 对	分枝数 对	外观	初评级别

审核人(签字):　　　　校核人(签字):　　　　检测人(签字):　　　　检测日期:　年　月　日

B.4 咖啡苗木质量检验证书

见表 B.4。

表 B.4 咖啡苗木质量检验证书

育苗单位		购苗单位	
种苗数量		品种	
检验结果			
证书签发期			
注:本证一式三份,育苗单位、购苗单位、检验单位各一份。			

审核人(签字):　　　　　　　　校核人(签字):　　　　　　　　检测人(签字):

附 录 C
（资料性附录）
咖啡种子种苗标签

咖啡种子种苗标签见图 C.1。

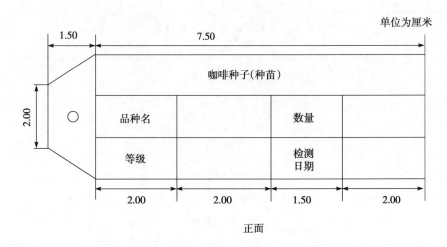

正面

反面

注:标签用 150 g 的牛皮纸。标签孔用金属包边。

图 C.1　咖啡种子种苗标签

附加说明:

本标准按照 GB/T 1.1—2009 给出的规则起草。

本标准代替 NY/T 358—1999《咖啡种子》、NY/T 359—1999《咖啡种苗》。本标准与 NY/T 358—1999、NY/T 359—1999 相比,除编辑性修改外主要技术变化如下:

——增加了适合于本标准的规范性引用文件(见 2);

——修改了术语和定义(见 3.1~3.4,NY/T 358—1999 中 3.1~3.6、NY/T 359—1999,3.1~3.13);

——增加了基本要求的内容(见 4.1.1~4.1.3);

——删除了种子质量分级指标中种子完整度、种子饱满度、种子保存期项目(见 NY/T 358—1999 表1);增加了种子净度项目(见表1);

——修改了种子发芽率、含水量质量要求(见表1和 NY/T 358—1999 中表1);

——删除了实生苗、嫁接苗、扦插苗质量分级指标中根项目(见 NY/T 359—1999 中表1、表3、表4);

——修改了实生苗、嫁接苗、扦插苗的株高、茎粗、叶片数、分枝数质量要求(见表2～表4、NY/T 359—1999 中表1、表3、表4);

——增加了试验方法(见5);

——修改了检验规则(见6,NY/T 358—1999 中5,NY/T 359—1999 中5);

——增加了附录 A 咖啡主要品种特征(资料性附录)(见附录 A)。

本标准由农业部农垦局提出。

本标准由农业部热带作物及制品标准化技术委员会归口。

本标准起草单位:中国热带农业科学院香料饮料研究所。

本标准主要起草人:董云萍、闫林、龙宇宙、谭乐和、孙燕、王晓阳、黄丽芳、林兴军、陈鹏。

本标准历次版本发布情况为:

——NY/T 358—1999、NY/T 359—1999。

中华人民共和国农业行业标准

天然生胶 蓖麻油含量的测定 第 1 部分:蓖麻油
甘油酯含量的测定 薄层色谱法

Rubber,raw,natural—Determination of castor oil content—Part 1:
Determination of castor oil glyceride content by thin-layer
chromatography(ISO 6225.1:2006,MOD)

NY/T 1402.1—2014

代替 NY/T 1402.1—2007

警告:使用本标准的人员应有正规实验室的实践经验。本标准并未指出所有可能的安全问题。使用者有责任采取适当的安全和健康措施,并保证符合国家有关法规规定。

1 范围

本部分规定了用于测定天然生胶的蓖麻油和蓖麻油甘油酯含量的薄层色谱法。

本部分适用于所有等级的天然生胶。本部分规定的方法对于蓖麻油甘油酯的最低检测限量的质量分数约为 0.05%。

2 规范性引用文件

下列文件对于本文件的应用是必不可少的。凡是注日期的引用文件,仅注日期的版本适用于本文件。凡是不注日期的引用文件,其最新版本(包括所有的修改单)适用于本文件。

GB/T 3516—2006 橡胶中溶剂抽出物的测定(ISO 1407:1992,MOD)

3 原理

用丙酮抽提试料,再用薄层色谱法把蓖麻油甘油酯从其他可抽出物中分离出来,然后用磷钼酸或对甲氧基苯甲醛使蓖麻油甘油酯斑点展开,再用目测或光谱进行测定。

4 试剂

本部分仅使用确认的分析级试剂和蒸馏水或纯度相当的水。

4.1 硅胶

薄层色谱级,GF254 适用。

4.2 展开剂

制备石油醚(沸程为 40℃～60℃)、乙醚和冰醋酸的混合物,三者的体积比为 50:50:1。

4.3 喷雾剂

4.3.1 磷钼酸乙醇溶液

15 g 磷钼酸溶解于 100 mL 的 95%(体积分数)乙醇中。

4.3.2 对甲氧基苯甲醛

将 10 mL 乙醇、0.5 mL 硫酸(ρ=1.84 g/mL)和 0.5 mL 的对甲氧基苯甲醛混合在一起。

4.4 溶剂

4.4.1 丙酮

双蒸馏。

4.4.2 二氯甲烷

4.5 标准蓖麻油溶液

4.5.1 精确称取(0.5±0.01)g 药剂级蓖麻油,置于单标容量瓶(5.9)中,并用二氯甲烷(4.4.2)稀释至100 mL 以制备标准贮备液。

4.5.2 当用 5 g 天然生胶进行分析时,分别吸取 2 mL、4 mL、6 mL、8 mL 和 10 mL 的贮备溶液(4.5.1),各置于单标容量瓶中,用二氯甲烷(4.4.2)稀释至 10 mL,以制备相当于 0.2%、0.4%、0.6%、0.8%和1.0%(质量分数)的蓖麻油(按天然生胶计)溶液。

5 仪器

5.1 普通的实验室仪器。

5.2 全玻璃的抽提装置(见 GB/T 3516—2006 的图 1、图 2 或图 3)。

5.3 水浴或电热板。

5.4 薄层色谱板

称取 2 g 硅胶(4.1)加水调成糊状,在尺寸为 200 mm×200 mm 玻璃板上涂覆一层厚度约 0.25 mm 的硅胶糊,稍干后于 110℃的烘箱活化 1 h,取出置于干燥器内备用。也可使用商品薄层色谱板。

5.5 薄层敷板器

5.6 展开槽

尺寸可容纳薄层色谱板。

5.7 喷雾器

用于使用喷雾剂(4.3)。

5.8 烘箱

能使温度保持在(100±5)℃和(110±5)℃。

5.9 单标容量瓶

容量为 5 mL、10 mL 和 100 mL。

5.10 离心机

转速为 4 000 r/min。

5.11 分光光度计

能进行精确测量[在(700±1)nm 处的总光度达±1%],配备有光程长度为 10 mm 的池。

为达到最佳性能,应按照仪器说明书操作分光光度计。

6 试样的制备

从胶包取一块至少重 10 g 的天然生胶并切成小粒(约 1 mm×3 mm)。

如果天然生胶的蓖麻油含量过高,则在胶包的表面易有油腻感。在这种情况下,则应选择足够数量的胶块(每块至少 10 g)以便有充分的代表性。分别制样和测定每块胶块,并确保在制样过程中不发生交叉污染。

7 操作步骤

7.1 试料

精确地称取(5±0.1)g 试样并将其放入抽提装置(5.2)的抽提套管中。如果样品经过压片,则将其包卷在滤纸或滤布中以防黏结。

7.2 测定

7.2.1 把套管放入虹吸杯中，在抽提瓶里加入 100 mL 丙酮(4.4.1)将试料抽提 16 h,用水浴或电热板(5.3)保持足够温度,使回流的丙酮每小时注满抽提杯 10 次～20 次。

7.2.2 将丙酮从抽提瓶内的抽提物中蒸发出来,例如,用水浴蒸发,直到剩留液 2 mL 为止。

7.2.3 将抽提物转入 10 mL 的单标容量瓶(5.9)中,用二氯甲烷(4.4.2)漂洗,然后再加二氯甲烷(4.4.2)至刻度。

7.2.4 将 5 μL 试液(7.2.3)以及 5 μL 每一种稀释的标准蓖麻油溶液(4.5.2)点在薄层色谱板(5.4)上。

7.2.5 在展开槽中用展开剂(4.2)将薄层色谱板展开至 100 mm 高度。

7.2.6 取出薄层色谱板,让其在空气中干燥,再用磷钼酸溶液(4.3.1)或对甲氧基苯甲醛溶液(4.3.2)喷涂。放入(100±5)℃的烘箱(5.8)内烘烤,直到浅色的背景上显出逐渐展开的深色斑点为止;烘烤时间需要 10 min。

注:对于相对"清洁"的天然生胶而言(即抽出物含量较少的天然生胶),使用磷钼酸已足够了;然而,对一些不太"清洁"的天然生胶来说,主要的蓖麻油斑点会被另一种也呈蓝色的斑点重叠。避免这种干扰的办法是使用对甲氧基苯甲醛溶液(4.3.2),这种溶液显现的斑点最初呈淡紫色,很快转成绿色。

7.2.7 如果使用磷钼酸溶液,可按 8.1～8.2.4 的规定用目测或分光光度计测定蓖麻油的含量;如果使用对甲氧基苯甲醛溶液,则按 8.1 的规定目测蓖麻油的含量。

注:用对甲氧基苯甲醛溶液的方法不适用于蓖麻油甘油酯的分光光度计测定。

8 评定

8.1 将两个蓝色斑点中较大的斑点(相当蓖麻油酸的甘油酯,其 R_f 值约为 0.2)的面积与各标准溶液的面积比较,再目测估计试料的蓖麻油含量(以质量分数表示)。

8.2 如果需提高精确度,可从薄层色谱板上刮取较大的斑点,再按下述的方法以分光光度计测定。

8.2.1 分别将由试料以及由每个标准溶液生成的各两个蓝色斑点(8.1)中较大的斑点定量刮下,并用 1 mL 水浸渍,将此液用离心机(5.10)进行离心以获得清亮的溶液,再将上层清液转入一个 5 mL 单标容量瓶中(如果所得的溶液太浓,也可使用较大的容量瓶),并加水定量至刻度,这一过程要确保没有硅胶进入容量瓶。

8.2.2 用分光光度计(5.11)测量每个溶液(8.2.1)在 700 nm 处的吸光度(光密度),以水作参比液。

8.2.3 使用从各标准溶液所得的斑点的数值,以吸光度和蓖麻油含量(以质量分数表示)作坐标绘制校准曲线。

8.2.4 从校准曲线读取试料的蓖麻油含量(以质量分数表示)。

8.3 试验结果精确到 0.05%(质量分数)。

9 试验报告

试验报告应包括下列内容:
a) 本部分的标准号;
b) 样品标识的详细内容;
c) 测定结果和使用的评定方法;
d) 可能影响试验结果的任何异常现象;
e) 试验日期。

附加说明：

NY/T 1402《天然生胶　蓖麻油含量的测定》为系列标准：

——第1部分：蓖麻油甘油酯含量的测定　薄层色谱法；

——第2部分：总蓖麻油酸含量的测定　气相色谱法。

本部分为 NY/T 1402 的第1部分。

本部分按照 GB/T 1.1—2009 给出的规则起草。

本部分代替 NY/T 1402.1—2007《天然生胶　蓖麻油含量的测定　第1部分：蓖麻油甘油酯含量的测定　薄层色谱法》。

本部分与 NY/T 1402.1—2007 的主要差异如下：

——增加了"警告"内容；

——删去引用标准 GB/T 15340 天然生胶　取样和制样方法。

本部分采用重新起草法修改采用 ISO 6225.1:2006《天然生胶　蓖麻油含量的测定　第1部分：蓖麻油甘油酯含量的测定　薄层色谱法》(英文版)。

本部分与 ISO 6225.1:2006 相比，主要差异如下：

——删去 ISO 6225.1:2006 的前言部分；

——删去 ISO 6225.1:2006 的引言部分；

——关于规范性引用文件，本标准做了具有技术差异的调整，以适应我国的技术条件。调整的情况集中反映在第2章"规范性引用文件"中，具体调整如下：

· 用修改采用国际标准的 GB/T 3516—2006 代替 ISO 1407:1992(见5.2)；

· 在4.1中列出了经过验证适用的硅胶型号：GF254；

· 为本部分的使用者提供方便，在5.4中详细列出了薄层色谱板的制备方法；

· 在5.8中增加了烘箱的温度能保持"(110±5)℃"；

· 在 ISO 6225.1:2006 的8.2.1中试液是需要离心的，但没有规定离心机，为了方便并经过验证，增加：5.10 离心机。

本部分由中华人民共和国农业部提出。

本部分由农业部热带作物及制品标准化技术委员会归口。

本部分起草单位：中国热带农业科学院农产品加工研究所、农业部食品质量监督检验测试中心(湛江)、国家橡胶及乳胶制品质量监督检验中心。

本部分主要起草人：张北龙、周慧莲、华建坤、邓维用、郑向前、黄红海、周慧玲。

本标准的历次版本发布情况为：

——NY/T 1402.1—2007。

中华人民共和国农业行业标准

红掌 种苗

Anthurium seedling

NY/T 2551—2014

1 范围

本标准规定了红掌(*Anthurium* spp.)种苗相关的术语和定义、要求、试验方法、检验规则、包装、运输和贮存。

本标准适用于红掌组培种苗的生产及贸易。

2 规范性引用文件

下列文件对于本文件的应用是必不可少的。凡是注日期的引用文件,仅注日期的版本适用于本文件。凡是不注日期的引用文件,其最新版本(包括所有的修改单)适用于本文件。

GB/T 2828.1 计数抽样检验程序 第1部分:按接收质量限(AQL)检索的逐批检验抽样计划

GB 15569 农业植物调运检疫规程

中华人民共和国农业部1995年第5号令 植物检疫条例实施细则(农业部分)

3 术语和定义

下列术语和定义适用于本文件。

3.1

穴盘苗 tray plantlet

以穴盘为容器培养的种苗。

3.2

钵苗 pot plantlet

以营养钵为容器培养的种苗。

3.3

整体感 general appearance

植株外形的整体感观,包括植株的长势、茎叶色泽、健康状况、缺损状况等。

3.4

变异 variation

植株在形态上表现出区别于原品种植株的特征。

3.5

变异率 rate of variation

变异种苗株数占供检种苗的百分率。

4 要求

4.1 基本要求

符合品种特性,植株生长正常,叶片完整,富有光泽;无病虫危害症状,出圃时栽培容器无明显破损,栽培基质团完整不松散。

4.2 分级指标

4.2.1 瓶苗

红掌瓶苗分为两个级别,各级别的种苗应符合表1规定。

表1 红掌瓶苗分级指标

项 目	等 级	
	一级	二级
整体感	植株健壮,无畸变及机械损伤	植株较健壮,基本无畸变及机械损伤
苗高 cm	≥4.0	≥3.0
叶片数 片	≥4	≥3
根数 条	≥4	≥3
变异率 %	≤3	≤5

4.2.2 穴盘苗

红掌穴盘苗分为两个级别,各级别的种苗应符合表2规定。

表2 红掌穴盘苗分级指标

项 目	等 级	
	一级	二级
整体感	植株健壮,无畸变及机械损伤	植株较健壮,基本无畸变及机械损伤
苗高 cm	≥8.0	≥5.0
叶片数 片	≥5	≥4
根系	根系发达,根数≥5条	根系较发达,根数≥4条
变异率 %	≤3	≤5

4.2.3 钵苗

红掌钵苗分为两个级别,各级别的种苗应符合表3规定。

表3 红掌钵苗分级指标

项 目	等 级	
	一级	二级
整体感	植株健壮,无畸变及机械损伤	植株较健壮,基本无畸变及机械损伤
苗高 cm	≥15.0	≥10.0
叶片数 片	≥7	≥5

表 3（续）

项　目	等　级	
	一级	二级
根系	根系发达,根数≥6条	根系较发达,根数≥5条
变异率 %	≤3	≤5

4.3　疫情要求

无检疫性病虫害。

5　试验方法

5.1　外观

用目测法检测植株生长情况,叶片色泽,根系状况,有无机械损伤、病虫危害及畸变,栽培容器及栽培基质团的完整度等。

5.2　苗高

测量从基质面至种苗最顶端的垂直距离,精确到 0.1 cm。

5.3　叶片数

目测计数,以完全展开的叶片数计,单位为片。

5.4　根系

根系状况用目测法检测,根数以目测计算所有长度超过 1.0 cm 的根的数量,单位为条。

5.5　变异率

用目测法逐株检验种苗,根据本品种正常种苗及变异种苗的主要特征,确定变异种苗数。变异率按式(1)计算。

$$X = \frac{A}{B} \times 100 \quad\cdots\cdots\cdots\cdots\cdots\cdots\cdots\cdots\cdots\cdots\cdots\cdots\cdots\cdots\cdots\cdots\cdots (1)$$

式中:

X ——变异率,单位为百分率(%),结果保留整数;

A ——样品中变异种苗株数,单位为株;

B ——抽样总株数,单位为株。

5.6　检测记录

将检测的数据记录于附录 A 的表格中。

5.7　疫情检测

按中华人民共和国农业部 1995 年第 5 号令和 GB 15569 的有关规定执行。

6　检验规则

6.1　批次

同一生产单位、同一品种、同一批种苗作为一个检验批次。

6.2　抽样

检测样本数按 GB/T 2828.1 中规定进行,采用随机抽样法。

6.3　判定规则

6.3.1　如不符合 4.1 和 4.3 的要求,则判定该批种苗为不合格;在符合 4.1 和 4.3 要求的情况下,再进行等级判定。

6.3.2　同一批种苗中,有 95% 及以上种苗满足一级苗要求,且其余种苗满足二级苗要求,则判定为一级种苗。

6.3.3 同一批种苗中,有 95% 及以上种苗满足二级苗要求,则判定为二级种苗。超过此范围,则判定为不合格。

6.4 复验

如果对检验结果产生异议,可抽样复验一次,复验结果为最终结果。

7 包装、标识、运输和贮存

7.1 包装

种苗采用纸箱包装,包装箱应清洁、无污染,具良好承载能力。装箱时须将茎叶部朝上整齐排列,保持适当紧密度,以保证运输时不易发生偏移。纸箱两侧各留 4 个~8 个透气孔。

7.2 标识

包装箱应注明品种名称、等级、数量、生产单位、生产日期,还应有方向性、防雨防湿、防挤压等标识。种苗销售或调运时必须附有质量检验证书,检验证书格式参见附录 B。

7.3 运输

种苗应按不同品种、不同级别分批装运;装卸过程应轻拿轻放,运输应有冷藏或加温条件,温度保持在 15℃~25℃,并适当保湿和通风透气。

7.4 贮存

种苗运抵目的地后应尽快种植,如需短期贮存,应将包装箱打开,分散置于阴凉的库房中,温度保持在 15℃~25℃,保持栽培基质湿润,贮存期不能超过 7 d。

附　录　A
（资料性附录）
红掌种苗质量检测记录表

红掌种苗质量检测记录表见表 A.1。

表 A.1　红掌种苗质量检测记录表

品　　种：＿＿＿＿＿＿＿＿＿＿＿＿＿＿＿＿＿　　　　样品编号：＿＿＿＿＿＿＿＿＿＿＿＿＿＿＿＿＿

育苗单位：＿＿＿＿＿＿＿＿＿＿＿＿＿＿＿＿＿　　　　购苗单位：＿＿＿＿＿＿＿＿＿＿＿＿＿＿＿＿＿

出圃株数：＿＿＿＿＿＿＿＿＿＿＿＿＿＿＿＿＿　　　　抽检株数：＿＿＿＿＿＿＿＿＿＿＿＿＿＿＿＿＿

样株号	整体感	苗高 cm	叶片数 片	根系	变异率	初评级别

审核人（签字）：　　　　　校核人（签字）：　　　　　检测人（签字）：　　　　　检测日期：　年　月　日

附　录　B

（资料性附录）

红掌种苗质量检验证书

红掌种苗质量检验证书见表B.1。

表 B.1　红掌种苗质量检验证书

育苗单位		出苗日期	
购苗单位		品种	
种苗类型		种苗数量	
检测结果			
证书签发日期			
检验单位			
注:本证一式三份,育苗单位、购苗单位、检测单位各一份。			

单位负责人(签字):　　　　　　　　　　　　　　　　　　　　　　单位名称(签章):

_____

附加说明：

本标准按照GB/T 1.1—2009给出的规则起草。

本标准由农业部农垦局提出。

本标准由农业部热带作物及制品标准化技术委员会归口。

本标准起草单位:中国热带农业科学院热带作物品种资源研究所。

本标准主要起草人:杨光穗、徐世松、尹俊梅、黄素荣、陈金花、黄少华、任羽。

中华人民共和国农业行业标准

能源木薯等级规格　鲜木薯

Product Specification for Bioenergy Cassava—
Fresh cassava tuberous root

NY/T 2552—2014

1　范围

本标准规定了能源木薯(*Manihot esculenta* Crantz)鲜薯块根的有关定义、分类分级标准、试验方法和检验规则以及标签、运输和贮存的要求。

本标准适用于能源木薯(*Manihot esculenta* Crantz)鲜薯块根。

2　规范性引用文件

下列文件对于本文件的应用是必不可少的。凡是注日期的引用文件,仅注日期的版本适用于本文件,凡是不注日期的引用文件,其最新版本(包括所有的修改单)适用于本文件。

GB 5009.9—2008　食品中淀粉的测定

GB 6434　饲料粗纤维测定方法

GB 6435　饲料水分的测定方法

GB 7718—2011　预包装食品标签通则

3　术语和定义

下列术语与定义适用于本文件。

3.1

能源木薯　bioenergy cassava

泛指用于加工燃料乙醇的鲜木薯原料。

3.2

鲜薯块根　fresh tuberous root

新鲜的未经处理的木薯块根,由侧根或不定根的局部膨大而形成的淀粉贮藏器官。

3.3

原料　raw material

没有经过加工制造的材料。

3.4

纤维根　fibrous root

木薯地下根系中未经膨大而正常生长的起支撑和营养输送的须根。

3.5

木薯淀粉　cassava starch

各种品种的木薯中所含有的淀粉,是用湿磨法从木薯块根中提取出来的。

3.6

纤维　fibre

从植物中提取出黏附着淀粉的植物皮壳。

3.7

粗纤维　crude fibre

淀粉与其衍生物及副产品,在规定条件下,经处理后所得到的纤维类剩余物。

3.8

气味　smell

淀粉所固有的正常气味。

3.9

霉烂　rot

有机体由于微生物的滋生而破坏、烂掉或朽坏。

3.10

变质　deterioration

指由各种生物或非生物因素引起的工农业产品质量下降的现象。

3.11

外观颜色　apparent color

块根外表天然显现出来的色彩。

3.12

病虫害　plant diseases and insect pests

块根遭受病虫为害出现虫蛀、腐烂、病斑等伤害。

3.13

杂质(特指沙石泥土)　impurity

一切混于鲜薯块根中无加工价值的沙粒、石块、淤泥、尘土等夹杂物。

3.14

冻害　cold injury

块根经低温或霜冻后发生霉烂、变质、糖化等伤害。

4　分类分级

4.1　基本要求

新鲜,表面尚清洁,薯块破损率小,完整性较好,纤维根少,无薯柄,无异味、臭味。

4.2　等级规格

分为优级品、一级品和合格品三种规格,各等级规格应符合表1的要求。

表 1　能源木薯鲜薯块根质量指标

等级指标		优级品	一级品	合格品
感观要求	外观颜色	天然的白色或乳黄色、黄褐色、红褐色、淡褐色、深褐色		
	薯块规格	薯块较大,新鲜,破损率小,块根不带泥土		
	气味	具有木薯固有的特殊气味,无异味		
	冻害	无		
	霉烂	无		
	变质	无		
	病虫害	无病虫害		

表1（续）

等级指标		优级品	一级品	合格品
理化指标	块根淀粉含量,%	≥29	≥27	≥25
	水分含量,%	≤65	≤65	≤65
	粗纤维含量,%	≤2	≤3	≤4
	杂质成分,‰	≤0.5	≤1	≤2

5 试验方法

5.1 感官要求

5.1.1 色泽

在明暗适度的光线下,用肉眼观察样品的颜色,然后在较强烈的阳光下观察其光泽。

5.1.1.1 块根外皮颜色

鲜薯块根天然的外皮颜色(白色或乳黄色、黄褐色、红褐色、淡褐色、深褐色)。

5.1.1.2 块根内皮颜色

鲜薯块根天然的内皮颜色(白色或乳黄色、黄色、粉红色、浅红色、紫红色)。

5.1.1.3 块根的肉质颜色(剥皮后马上观察)

鲜薯块根天然的肉质颜色(白色或乳黄色、黄色、粉红色)。

5.1.2 薯块规格

薯块完整、新鲜、较大,破损率小,块根不带泥土。

5.1.3 气味

具有木薯固有的特殊气味,无异味。

5.1.4 冻害

无。

5.1.5 霉烂

无。

5.1.6 变质

无。

5.1.7 病虫害

表皮光滑,无病虫害。

5.2 理化指标

5.2.1 块根淀粉含量

按照 GB 5009.9—2008 的有关规定执行。

5.2.2 水分含量

按照 GB 6435 的规定执行。

5.2.3 粗纤维含量

按照 GB 6434 的规定执行。

5.2.4 杂质(沙石泥土)含量

随机取 5 kg 鲜薯块根样品,称其重量后于清水中洗去泥沙晾干,再称其重量。按式(1)独立取样测定 3 次,取平均值。

$$P = \frac{G-N}{G} \times 100 \quad \cdots\cdots\cdots\cdots\cdots\cdots\cdots \quad (1)$$

式中:

P ——杂质含量,单位为百分率(%);

G ——未清洗前鲜薯块根总重量,单位为千克(kg);

N ——清洗晾干明水后块根重量,单位为千克(kg)。

6 检验规则

6.1 组批规则

同一批原料、同一收获日期的同一品种为一组批。

6.2 抽样方法

抽样方法依原料来源分下列两种情况:

原料生产基地抽样方法:按东、西、南、北、中分布位点,取有代表性的鲜薯块根 5 kg 样品(以整株的木薯块根合计)供原料出圃检验。

原料进厂贮存基地抽样方法:同一批进厂原料中按五点取样法抽取有代表性的鲜薯块根 5 kg 样品(较完整的木薯块根)供原料进厂检验。

6.3 出圃检验

出圃检验项目包括基本要求、感官要求和理化指标。

6.4 判定及复验规则

理化指标不符合本标准要求时,可从该批产品中抽取 2 倍样品,对不合格项目进行一次复验,若复验结果仍有指标不符合标准要求,则判定该产品为不合格品。

7 标签、运输、贮存

7.1 标签

标签按照 GB 7718—2011 规定执行。

7.2 运输、贮存

运输工具应清洁、不积水、无异味,不影响鲜薯品质,便于装卸、仓储和运输。贮存于清洁、不积水、无异味的专用仓库中或堆放于露天水泥地板上,贮存时间不宜超过 48 h,堆放高度不宜超过 1.0 m,仓库周围或露天水泥地板无异味和污染源。

附加说明:

本标准按照 GB/T 1.1—2009 给出的规则起草。

本标准由农业部农垦局提出。

本标准由农业部热带作物及制品标准化技术委员会归口。

本标准起草单位:中国热带农业科学院热带作物品种资源研究所。

本标准主要起草人:李开绵、欧文军、张振文、陈松笔、叶剑秋、许瑞丽、蒋盛军、郑永清。

椰子　种苗繁育技术规程

Cocount—The technical rules for the propagation of coconut seedlings　　　　NY/T 2553—2014

1　范围

本标准规定了椰子(*Cocos nucifera* L.)种苗繁育技术相关的术语和定义、种果选择、催芽、苗圃建设和苗圃管理。

本标准适用于椰子种苗繁育。

2　规范性引用文件

下列文件对于本文件的应用是必不可少的。凡是注日期的引用文件,仅注日期的版本适用于本文件。凡是不注日期的引用文件,其最新版本(包括所有的修改单)适用于本文件。

NY/T 353　椰子　种果和种苗

3　术语和定义

下列术语和定义适用于本文件。

3.1
果蒂　fruit pedicel
种果与花序小穗的连接处。

3.2
果肩　fruit shoulder
种果果蒂周围的凸起部分。

4　苗圃建设

4.1　选地
苗圃应建立在灌溉方便、土壤肥沃、排水良好、地势平坦、交通便利的地方,避开病虫为害严重的区域。

4.2　整地
催芽圃需起畦,畦宽 150 cm、畦高 20 cm,畦长以 15 m 为宜,畦与畦之间留一条 60 cm 宽的人行道。

4.3　架设荫棚
荫棚高 2 m,催芽要求荫蔽度 50%～60%;育苗初期荫蔽度 40%为宜,以后逐渐减少荫蔽度,直到出圃前 3 个月,拆除全部荫蔽物,使苗木生长健壮。

5 催芽

5.1 种果处理

按 NY/T 353 选择椰子种果。采摘种果后,在果蒂旁果肩最凸出部分45°角斜切去直径10 cm～15 cm 的椰果种皮,以利于种果吸收水分和正常出芽,减少畸形苗率。

5.2 播种

开沟,将种果斜切面向上并朝同一个方向倾斜约 45°角逐个排列在沟内,盖土至种果 3/4 处,淋透水。

5.3 管理

定期淋水,保持催芽圃湿润,预防鼠害、畜害和病虫害等,参照附录 A 执行。

6 育苗

6.1 选芽与移苗

种果芽长到 20 cm 时,淘汰畸形芽苗,按芽长短进行分级移植。

6.2 育苗方法

分地播育苗和容器育苗。

6.2.1 地播育苗

按株行距 40 cm×40 cm 挖穴,穴深、宽各 30 cm,每 4 行留一条 60 cm 宽人行道,移好芽苗后盖土,厚度略超过种果,压实。

6.2.2 容器育苗

6.2.2.1 育苗袋

选用黑色塑料袋等容器,口径 20 cm～30 cm、高度 30 cm～45 cm,在袋中下部均匀地打 4 个～6 个圆孔,孔径 0.5 cm,以便排水。

6.2.2.2 营养土配制

取地表土,每吨加入 20 kg 过磷酸钙或钙镁磷肥,充分混匀。

6.2.2.3 装袋

在容器里装入 1/3 营养土,将芽苗放进容器内,继续填充营养土,覆盖过椰果并压实。按株行距 40 cm×40 cm(以苗茎之间的距离为准)排列,在容器之间用椰糠或者泥土填至 1/2 高,每 4 行为一畦,两畦之间留一条 60 cm 宽的人行道。

7 苗圃管理

7.1 淋水与覆盖

幼苗移植之后,淋透水,以后每周淋水 2 次～3 次,以保持土壤湿润。可在椰苗周围覆盖一层椰糠或其他覆盖物,以减少水分蒸发,促进椰苗正常生长。

7.2 追肥

苗龄 4 个～5 个月后追肥 2 次～3 次。追肥可淋施 0.5%复合肥(N：P_2O_5：K_2O＝15：15：15,下同),也可撒施 12 kg/亩～15 kg/亩或穴施 5 g/株～10 g/株复合肥。

7.3 病虫害防治

参照表 A.1、表 A.2 的方法执行。

7.4 育苗记录

参照附录 B 执行。

7.5 种苗出圃

椰子种苗达到 NY/T 353 规定的要求时,可以出圃。地播苗起苗时,尽量深挖土、多留根;容器苗起苗时将穿出容器的根剪断,保持容器完整不破损。叶片较多的种苗可剪去部分老叶。

附　录　A

（资料性附录）

椰子苗期主要病虫害症状及防治方法

A.1　椰子苗期主要虫害症状及防治方法

见表 A.1。

表 A.1　椰子苗期主要虫害症状及防治方法

防治对象	症状	防治方法
介壳虫类	若虫和雌虫主要危害叶片，附着在叶片背面，吸取叶片组织汁液，致使叶腹面呈现不规则的褪绿黄斑；可分泌蜜露导致煤烟病	剪除危害严重的叶片；盛发期（3月下旬至4月及7月）喷施5％吡虫啉乳油2 000倍液，每隔1周喷施1次
黑刺粉虱	幼虫和成虫群集在叶背面吮吸汁液，使被害处形成黄斑，并能分泌蜜露诱发煤烟病，影响植株长势，害虫大量发生时可致叶片枯死	剪除严重被害叶片；喷施5％吡虫啉乳油2 000倍液和1.8％阿维菌素1 000倍液
椰心叶甲	成虫和幼虫潜藏于未展开的心叶或心叶间取食危害。心叶受害后干枯变褐，影响幼苗生长。严重危害时，导致幼苗死亡	化学防治：用辛硫磷、敌百虫、高效氯氰菊酯等化学药剂（商品推荐使用浓度）喷施在椰子苗心部，每3周1次，直至害虫得到控制

A.2　椰子苗期主要病害症状及防治方法

见表 A.2。

表 A.2　椰子苗期主要病害症状及防治方法

防治对象	危害症状	防治方法
椰子灰斑病	初时小叶片出现橙黄色小圆点，然后扩散成灰白色条斑，边缘黄褐色，长5 cm以上，病斑中心灰白色或暗褐色；条斑聚成不规则的坏死斑块；严重时叶片干枯皱缩，呈火烧状	发病初期，可用50％克菌丹可湿性粉剂300倍～500倍液，或70％代森锰锌可湿性粉剂400倍～600倍液喷射，每周1次，连续2次～3次；为害严重时，先剪除病叶再喷药
椰子芽腐病	为害幼嫩叶片和芽的基部。初期心叶停止抽出，幼叶停止生长，随之枯萎腐烂，散发出臭味，外层叶片相继枯萎。在潮湿多雨地区，此病较易发生流行	挖除病株并烧毁。用40％多·硫悬浮剂200倍～300倍液浇灌心叶，每10 d～15 d 1次

附 录 B
（资料性附录）
椰子育苗技术档案

椰子育苗技术档案见表B.1。

表 B.1 椰子育苗技术档案

品种名称			
产　　地			
育苗责任人			
种果数量,个			
播种时间		年　　月　　日	
出芽数,个		出芽率,%	
一级苗数,%		一级苗率,%	
二级苗数,%		二级苗率,%	
总苗数,%		成苗率,%	
备注			

育苗单位(盖章):　　　　　　　　　责任人(签字):　　　　　　　　　日期:　　年 月 日

附加说明:

本标准按照 GB/T 1.1—2009 给出的规则起草。

本标准由农业部农垦局提出。

本标准由农业部热带作物及制品标准化技术委员会归口。

本标准起草单位:中国热带农业科学院椰子研究所、国家重要热带作物工程技术研究中心。

本标准主要起草人:唐龙祥、刘立云、李艳、李和帅、李朝绪、李杰、冯美利、黄丽云。

中华人民共和国农业行业标准

生咖啡　贮存和运输导则

Green coffee—Guidelines for storage and transport
（ISO 8455：2011，IDT）

NY/T 2554—2014

1　范围

本标准给出了生咖啡贮存和运输的指南，规定了国际贸易中袋装和大袋装、散装和仓贮的生咖啡（也称生咖啡豆）最大限度地降低动物危害、污染及质量恶化风险的条件，适用于从出口包装直至抵达进口国期间的生咖啡。

注：大袋用现代柔性塑料纤维编织，能够容纳约 1 000 L 松散咖啡豆。

2　规范性引用文件

下列文件对于本文件的应用是必不可少的。凡是注日期的引用文件，仅注日期的版本适用于本文件。凡是不注日期的引用文件，其最新版本（包括所有的修改单）适用于本文件。

ISO 1446　生咖啡　水分含量的测定　基准参照法（Green coffee—Determination of water content—Basic reference method）

ISO 3509　咖啡及其制品　术语（Coffee and coffee products—Vocabulary）

ISO 4072　袋装生咖啡　取样（Green coffee in bags—Sampling）

ISO 4149　生咖啡　嗅觉和肉眼检验以及杂质和缺陷的测定（Green coffee—Olfactory and visual examination and determination of foreign matter and defects）

ISO 6666　咖啡取样　生咖啡和带种皮咖啡豆取样器（Coffee sampling—Triers for green and in parchment coffee ）

ISO 6667　生咖啡　虫蛀豆比例的测定（Green coffee—Determination of proportion of insect-damaged beans）

ISO 6673　生咖啡　105℃下质量损失的测定（Green coffee—Determination of loss in mass at 105℃）

3　术语和定义

ISO 3509 所界定的术语和定义适合于本文件。

4　入库条件

4.1　贮存的质量特征

4.1.1　生咖啡存放前宜无生虫、无啮齿动物污染、无霉和其他污染的迹象（必要时按 ISO 4149 和 ISO 6667 测定）。生咖啡豆宜足够干燥以不长霉，但干燥程度也不宜使生咖啡豆发生不必要的破裂。应按 ISO 1446 或 ISO 6673 测定生咖啡的水分含量，所采用的方法宜予以说明。

因为可接受的水分含量上下限值取决于测定时所使用的方法和仪器,所以这一上下限值宜建立在实践经验上,并在产品规格和合同中明确说明。

4.1.2 用来贮存生咖啡的包装袋、大包装袋、集装箱或筒仓,在使用之前宜进行检查,确保其无异味、无生虫、无啮齿动物污染和其他污染的迹象,同时确保其本身也完好无损。

4.2 生咖啡入库

4.2.1 准备入库贮存的出口生咖啡装袋后,宜尽快运到通风及维护良好的贮存场所或贮存设备中。贮存期间,袋装生咖啡周围空气的温度和相对湿度宜足够稳定和足够低(根据实际经验来确定),以确保袋装生咖啡在整个贮存期保持原有的品质。

4.2.2 在装载生咖啡之前,所有内陆运输车辆都宜由专人负责检查,以确保这些运输车辆卫生条件良好,即无污物(昆虫碎片、啮齿动物毛发等)、无霉、无化学污染或其他污染。

4.2.3 在进出贮存库的内陆运输过程中,袋装生咖啡宜实行遮盖保护,以防止散落污染和天气损害。宜特别注意防止生咖啡回潮。对不透气的集装箱进行密封会导致冷凝作用,宜避免。

5 贮存条件

5.1 仓库位置

仓库宜避开低洼潮湿的地区,不宜建在冷空气可能发生积聚的地方;仓库宜建在地势高的地方,墙壁和地基宜防水隔热,以隔绝外界湿气。

仓库宜为东西、南北朝向,长墙最好是东西朝向,也就是短墙朝阳,以节省隔热材料。仓库门不宜迎风朝向,否则会损害生咖啡的品质。

5.2 仓库外围

5.2.1 宜迅速把溢漏清扫干净。

5.2.2 宜及时清除废物、垫木和垃圾。

5.2.3 存放的设备不致成为啮齿动物、昆虫和鸟类的藏身处。

5.2.4 不宜有排水不良的地方,否则会成为昆虫或其他害虫的繁殖场所。

5.2.5 宜有一个周围场地动物危害防治规划,并进行定期检查。宜雇请一个认可的动物危害防治机构来执行。

5.2.6 硬地面区域宜打扫干净且保持清洁。

5.3 仓库建筑及其内部环境

5.3.1 为了减少太阳辐射的影响,仓库顶部宜作隔热处理;最高一排袋装生咖啡与仓库梁高宜至少间隔2m,以确保堆放在最高处的袋装生咖啡品质不受影响。

5.3.2 建筑物结构上宜完好无损,无裂缝,能防啮齿动物和鸟类。

5.3.3 所有会发生冷凝的管道宜有足够的隔热措施。

5.3.4 建筑物宜打扫干净且保持清洁;对溢漏及日常清洁宜有一个清洁规划,以免地面存积污垢和碎屑。

5.3.5 泄漏的物品宜立即清除。

5.3.6 垃圾宜定期清除并妥善处置。

5.3.7 宜实施一个合适的对鸟类、啮齿动物、昆虫及其他动物危害的防治规划,并由一个认可的动物危害防治机构来监督。

5.3.8 宜由专人负责对建筑物进行定期检查,以贯彻清洁规划。

5.3.9 任何卫生间设施宜与生咖啡贮存区域分开,完全用墙围住并保持清洁。

5.4 贮存与搬运

5.4.1 袋装生咖啡存放时与外墙相隔一定距离,以便在生咖啡与墙之间的地面进行检查及保持清洁卫生;此外,适当的距离也有利于空气流通。建议袋装生咖啡与外墙的距离在 0.8 m 以上。

5.4.2 空气温度和湿度是贮存生咖啡的重要而基本的指标,宜进行适当的控制。建议空气温度控制在22℃,相对湿度控制在 60% 以下。宜对生咖啡的水分含量进行监测,以确保其不超过 4.1.1 建议的上限。

5.4.3 生咖啡不宜存放在仓库开放处(如窗、门等)附近,以避免受天气影响。

5.4.4 由于光是造成生咖啡褪色和质量下降的影响因素之一,因此,对自然光和人工照明实行控制对生咖啡的品质及保存至关重要。仓库不宜有自然光,人工照明的时间宜尽可能短,大多数时间里生咖啡应完全在黑暗中保存,但该条件应与安全的工作环境相适应。为了不损害生咖啡的品质,人工照明只宜安装在过道和走廊,并分段打开,且绝不可安装在包装袋顶部。

5.4.5 袋装生咖啡不宜直接与地面接触,垫板或其他隔离装置宜干净并完全干燥;建议对地板进行防水处理。如果使用木制垫板,生咖啡包装袋与垫板之间可放置加强的硬纸板,以防包装袋受到木条尖刺损害。

5.4.6 生咖啡贮存时宜避免靠近或直接堆放在潜在污染的货物(例如:化学药品、有异味或粉尘的物料、生咖啡筛余物以及可能受到动物危害的其他商品)的场地。

5.4.7 不同品质的生咖啡宜保存在仓库里不同地方,以避免劣质生咖啡可能对优质生咖啡造成污染。建议有机咖啡单独存放在不同的地方,以避免与需要熏蒸消毒的咖啡产生交叉污染。

5.4.8 仓库宜禁止机动车驶入,以避免引起温度、湿度和光线的变化以及有害的燃料尾气污染。如果无法避免车辆进入仓库,则宜有一个能避免燃料尾气对生咖啡造成污染的系统。有几种可行方法,一种是设置一个有两道门的前室作装卸用,其中只有外部的那道门可以打开让车辆进入;另一种是在紧靠仓库门处搭建遮阳棚。

5.4.9 宜将散落、跌落的袋装生咖啡立即移走;当生咖啡贮存条件恰当时,这种事情很少出现。

5.4.10 在仓库内,宜避免使用机器或进行任何可能对生咖啡的整个贮存过程产生影响的活动。如果有加工或重新加工生咖啡所用的机械或其他设备,则宜保证将其与生咖啡存放场所适当隔离开。

5.4.11 袋装生咖啡和贮存用垫板宜保持清洁,特殊情况下(如果有必要)可遮盖保护,建议避免采用会限制袋装生咖啡通风或对生咖啡品质有不良影响的遮盖措施和遮盖材料。

5.4.12 贮存的袋装生咖啡宜定期按 ISO 4072 和 ISO 6666 进行取样,并根据适用情况按 ISO 4149 和 ISO 6667 测定检查生咖啡是否损坏或变质。

5.4.13 在运输和贮存期间,袋装生咖啡宜用遮盖保护,以防雨淋和水雾的损害。

6 海运条件

6.1 装货和卸货港口

6.1.1 袋装生咖啡宜尽快装车或装入待运到船上的集装箱里,已装货的货车或集装箱宜尽可能停放在遮阳处。另外,为了最大限度地减少生咖啡的温度上升,宜用浅色的遮盖物来保护。

6.1.2 生咖啡不宜装在有裂缝、有异味或不卫生的集装箱里,也不宜装在顶板、箱壁或底板潮湿的或有潮湿迹象的集装箱里。装箱前,集装箱最好由专人负责检查。建议集装箱的构造可产生等温环境,使外部环境对装载生咖啡的温度影响不大。

6.1.3 装卸时,宜防止生咖啡货物与其他可能引起污染的货物相接触。

6.1.4 袋装生咖啡不宜放在不清洁的或已污染的码头地面上。

6.1.5 建议在港口中转的时间不超过 72 h。

6.2 海运

6.2.1 装货前,船舱宜打扫干净。

6.2.2 如果是成组的生咖啡货物,则适宜使用单独清洁的干燥垫板或马里诺(Msrino)型吊具。当使用钢索吊具时,宜将其清洁干净。

6.2.3 宜防止生咖啡货物受到海水及船舱潮湿的侵害。同时,装载的生咖啡宜避免靠近或直接堆放在有潜在污染货物(例如:化学药品、有异味或粉尘的物料、生咖啡筛余物以及可能受到动物危害的其他商品)的场地。

6.2.4 宜实施合适的动物危害防治规划。

6.2.5 无论是否使用集装箱运输,袋装生咖啡都宜存放在甲板下远离供热或制冷区域并且通风的船舱内。

6.2.6 样品宜从靠近集装箱壁的袋装生咖啡中随机抽取;建议在装货前和到达目的地后,在同一袋生咖啡中取样,至少各进行一次水分含量测定。

附加说明:

本标准按照 GB/T 1.1—2009 给出的规则起草。

本标准等同采用 ISO 8455:2011《袋装生咖啡 贮存和运输导则》。

与本标准中规范性引用的国际文件有一致性对应关系的我国文件如下:

——GB/T 15033—2009 生咖啡 嗅觉和肉眼检验以及杂质和缺陷的测定(ISO 4149:2005,IDT);

——GB/T 18007—2011 咖啡及其制品 术语(ISO 3509:2005,IDT);

——NY/T 234—1994 咖啡取样器(eqv ISO 6666:1983);

——NY/T 1518—2007 袋装生咖啡 取样(ISO 4072:1982,IDT)。

本标准由农业部农垦局提出。

本标准由农业部热带作物及制品标准化技术委员会归口。

本标准起草单位:中国热带农业科学院农产品加工研究所、云南省德宏热带农业科学研究所。

本标准主要起草人:陈民、卢光、方蕾、李文伟。

中华人民共和国农业行业标准

剑麻加工机械 手喂式刮麻机
质量评价技术规范

NY/T 2647—2014

Technical specifications for quality evaluation of sisal fibre
processing machinery—Hand-feeding decorticator

1 范围

本标准规定了剑麻加工机械 手喂式刮麻机的质量要求、检测方法和检验规则。

本标准适用于剑麻加工机械 手喂式刮麻机(以下简称刮麻机)的质量评定。

2 规范性引用文件

下列文件对于本文件的应用是必不可少的。凡是注日期的引用文件,仅注日期的版本适用于本文件。凡是不注日期的引用文件,其最新版本(包括所有的修改单)适用于本文件。

GB/T 228.1 金属材料 拉伸试验 第1部分:室温试验方法

GB/T 230.1 金属材料 洛氏硬度试验 第1部分:试验方法(A、B、C、D、E、F、G、H、K、N、T标尺)

GB/T 699 优质碳素结构钢

GB/T 700 碳素结构钢

GB/T 1184 形状和位置公差 未注公差值

GB/T 1958 产品几何量技术规范(GPS)形状和位置公差 检测规定

GB/T 2828.1 计数抽样检验程序 第1部分:按接收质量限(AQL)检索的逐批检验抽样计划

GB/T 3768 声学 声压法测定噪声源声功率级 反射面上方采用包络测量表面的简易法

GB/T 4706.1 家用和类似用途电器的安全 第1部分:通用要求

GB/T 5226.1 机械电气安全 机械电气设备 第1部分:通用技术条件

GB/T 8196 机械设备防护罩安全要求

GB/T 9239.1 机械振动 恒态(刚性)转子平衡品质要求 第1部分:规范与平衡允差的检验

GB/T 9439 灰铸铁件

GB/T 9969 工业产品使用说明书 总则

GB/T 13306 标牌

GB/T 15031 剑麻纤维

NY/T 264 剑麻加工机械 刮麻机

3 基本要求

3.1 文件资料

刮麻机质量评价所需的文件资料应包括:

a) 产品执行的标准或产品制造验收技术条件;

b) 产品使用说明书。

3.2 主要技术参数核对

对产品进行质量评价时应核对其主要技术参数,其主要内容应符合表1的要求。

表 1 产品主要技术参数确认表

机型型号	设计值	检测方法
外形尺寸,mm		测量
整机质量,kg		测量
刀轮直径,mm		测量
刀轮转速,r/min		测量
电机功率,kW		校对
电机转速,r/min		测量

3.3 试验条件

3.3.1 刀片与定刀的间隙应符合使用说明书的要求。

3.3.2 剑麻叶片原料应新鲜,全部割除麻针和干尾,长度不小于 600 mm。

3.3.3 试验场地应防雨、通风和透气,地面应平整、坚实。

3.3.4 试验电压为 380 V,电压波动范围为±5%。

4 质量要求

4.1 主要性能

产品主要性能参数要求应符合表2的规定。

表 2 产品主要性能参数要求

序号	项 目	指 标
1	叶片生产率,kg/h	≥1 000
2	纤维提取率,%	≥90
3	纤维含杂率,%	≤6
4	使用有效度,%	≥95

4.2 安全性

4.2.1 V带传动装置应有皮带罩,皮带罩应符合 GB/T 8196 的规定。

4.2.2 应设置安全警示标志"运转时,严禁将手伸入机内"。

4.2.3 刮麻机的绝缘电阻应不小于 2 MΩ,接地电阻应不大于 10 Ω。

4.2.4 电器设备应有漏电保护、绝缘保护和过载保护功能。

4.2.5 刮麻机的喂料口应安装防护罩。喂料口防护罩进口高度 H 应不大于 60 mm,出口高度 h 应不大于 30 mm,防护罩宽度 L 应不小于 100 mm,如图 1 所示。

4.3 噪声

空载噪声应不大于 87 dB(A)。

4.4 关键零部件

4.4.1 刀盘应采用力学性能不低于 GB/T 9439 规定的 HT 200 的材料制造。

4.4.2 主轴应采用力学性能不低于 GB/T 699 规定的 45 钢的材料制造。

4.4.3 主轴应热处理,硬度应为 HRC 24～HRC 28。

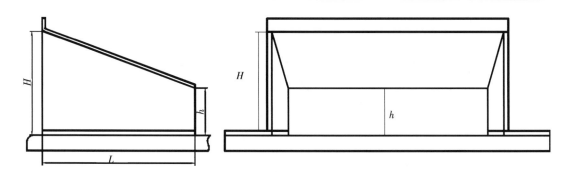

说明：

H——进口高度；

h——出口高度；

L——宽度。

图 1　喂料口防护罩

4.4.4 刀片应采用力学性能不低于 GB/T 700 规定的 Q 235 A 的材料制造。

4.4.5 刀轮应按 GB/T 9239.1 的规定进行动平衡试验，平衡精度不低于 G16 级。

4.4.6 主轴轴承位同轴度公差应不低于 GB/T 1184 规定的 8 级精度。

4.5　装配质量

4.5.1　各连接件、紧固件不应有松动现象。

4.5.2　刀轮转动灵活，不应有卡滞现象。

4.5.3　工作应平稳，不应有异响。

4.5.4　轴承应具有防尘功能。

4.6　外观质量

4.6.1　表面不应有锈蚀、损伤及制造缺陷。

4.6.2　漆层应色泽均匀，平整光滑，不应有露底，明显起泡、起皱不多于 3 处。

4.7　使用信息

4.7.1　产品使用说明书的编制应符合 GB/T 9969 的规定。

4.7.1　应在明显位置固定产品标牌，标牌应符合 GB/T 13306 的规定。

5　检测方法

5.1　性能试验

5.1.1　叶片生产率

进行正常刮麻生产操作，测定单位时间内加工的叶片质量。测定 3 次，每次按式（1）计算，取平均值，每次应不少于 1 h。

$$E = \frac{V_a}{T} \quad \cdots\cdots\cdots\cdots\cdots\cdots\cdots\cdots\cdots\cdots\cdots\cdots\cdots\cdots\cdots\cdots\cdots\cdots\cdots \quad (1)$$

式中：

E ——生产率，单位为千克每小时（kg/h）；

V_a ——叶片质量，单位为千克（kg）；

T ——工作时间，单位为小时（h）。

5.1.2　纤维提取率

按照 NY/T 264 规定的方法测定。

5.1.3　纤维含杂率

按照 GB/T 15031 规定的方法测定。

5.1.4 使用有效度

在正常工作情况下,每台样机测定时间应不少于 100 h,按式(2)计算,取 3 台的平均值评定。

$$K = \frac{\sum T_z}{\sum T_g + \sum T_z} \times 100 \quad\cdots\cdots\cdots\cdots\cdots\cdots\cdots\cdots\cdots\cdots\cdots (2)$$

式中:

K ——使用有效度,单位为百分率(%);

T_z ——班次工作时间,单位为小时(h);

T_g ——班次故障时间,单位为小时(h)。

5.2 安全性

5.2.1 安全防护装置和安全警示标志应目测检查。

5.2.2 各连接件、紧固件的松紧应感官检查。

5.2.3 绝缘电阻、接地电阻分别按 GB/T 5226.1、GB/T 4706.1 的规定测定。

5.2.4 电器设备漏电保护和过载保护装置应目测检查。

5.2.5 防护罩进口高度、出口高度和宽度应用直尺测定。

5.3 噪声

空载噪声按照 GB/T 3768 的规定测定。

5.4 关键零部件

5.4.1 刀盘材料力学性能按照 GB/T 9439 的规定测定。

5.4.2 主轴和刀片材料力学性能按照 GB/T 228.1 的规定测定。

5.4.3 主轴硬度按照 GB/T 230.1 的规定测定。

5.4.4 刀轮动平衡按照 GB/T 9239.1 的规定测定。

5.4.5 同轴度公差按照 GB/T 1958 的规定测定。

5.5 装配要求

5.5.1 各连接件、紧固件的松紧应感官检查。

5.5.2 刀轮转动灵活性应感官检查。

5.5.3 工作平稳性及异响应感官检查。

5.5.4 轴承密封应目测检查。

5.6 外观质量

表面和涂漆质量应目测检查。

5.7 使用信息

5.7.1 使用说明书按照 GB/T 9969 的规定检查。

5.7.2 产品标牌按照 GB/T 13306 的规定检查。

6 检验规则

6.1 抽样方法

6.6.1 抽样应符合 GB/T 2828.1 中正常检查一次抽样方案的规定。

6.6.2 样本应在制造单位近 12 个月内生产的合格产品中随机抽取,抽样检查批量应不少于 3 台,样本大小为 2 台。在销售部门抽样时,不受上述限制。

6.6.3 整机应在生产企业成品库或销售部门抽取,零部件应在零部件成品库或装配线上已检验合格的零部件中抽取,也可在样机上拆取。

6.2 检验项目、不合格分类

检验项目、不合格分类见表3。

表3 检验项目、不合格分类

不合格分类	检验项目	样本数	项目数	检查水平	样本大小字码	AQL	Ac	Re
A	1. 叶片生产率 2. 纤维提取率 3. 安全性		3			6.5	0	1
B	1. 空载噪声 2. 使用有效度 3. 纤维含杂率 4. 工作平稳性及异响	2	4	S—I	A	25	1	2
C	1. 关键零部件 2. 外观质量 3. 标志、标牌 4. 使用说明书		4			40	2	3
注:AQL为合格质量水平,Ac为合格判定数,Re为不合格判定数。								

6.3 判定规则

评定时采用逐项检验考核,A、B、C各类的不合格项小于或等于Ac为合格,大于或等于Re为不合格。A、B、C各类均合格时,该批产品为合格品,否则为不合格品。

附加说明:

本标准按照 GB/T 1.1—2009 给出的规则起草。

本标准由中华人民共和国农业部提出。

本标准由农业部热带作物及制品标准化技术委员会归口。

本标准起草单位:中国热带农业科学院农业机械研究所。

本标准起草人:张劲、连文伟、欧忠庆、李明福、刘智强。

中华人民共和国农业行业标准

剑麻纤维加工技术规程

Technical code for sisal fibre processing

NY/T 2648—2014

1 范围

本标准规定了剑麻叶片加工成纤维全过程的技术要求与方法。

本标准适用于从剑麻叶片中获取干纤维的机械化加工。

2 规范性引用文件

下列文件对于本文件的应用是必不可少的。凡是注日期的引用文件，仅注日期的版本适用于本文件。凡是不注日期的引用文件，其最新版本（包括所有的修改单）适用于本文件。

GB/T 15031　剑麻纤维

NY/T 233　龙舌兰麻纤维及制品　术语

NY/T 261　剑麻加工机械　纤维压水机

NY/T 264　剑麻加工机械　刮麻机

NY/T 1036　热带作物机械　术语

NY 1495　热带作物纤维刮麻机械设备　安全技术要求

NY/T 1801　剑麻加工机械　纤维干燥设备

3 术语和定义

NY/T 233、NY/T 1036 所界定的以及下列术语和定义适用于本文件。

3.1

刀次　harvest grade

剑麻植株成熟叶片收割的次数。

3.2

排麻　sisal arranging

指整理后的剑麻叶片在逐级输送中均匀、整齐、连续地排列在输送带上的过程。

3.3

匀整机　arranging machine

用于剑麻叶片的滚抛、均匀摊薄，使其基部保持整齐一致的输送机器。

3.4

麻渣　sisal residue

剑麻叶片经刮麻获取纤维后，余下的叶片角质层、表皮层、栅栏组织、海绵组织和少量的乱纤维等物质。

3.5

湿抛 wet polishing

指压水后的湿纤维在牵引链的作用下进入抛光机滚抛去除杂质的过程。

3.6

抛光 polishing

指机械的作用去除干纤维上的麻屑及短绒,使纤维顺直,增加光泽的过程。

3.7

麻水 sisal juice

从湿纤维及麻渣中压榨出来的水。

4 加工工艺流程

5 人员

5.1 剑麻纤维加工的用工配置,应根据剑麻叶片的加工量和工艺水平等实际情况而定。参见附录 A。

5.2 从事剑麻纤维加工的人员,上岗前应进行岗位知识学习和专业技能培训,经考核合格后上岗;技术人员、电工及特殊工种的人员应具有职业资格证书持证上岗。

6 设备

6.1 配置

生产设备配置参见附录 B。动力配置应以满足生产需要又节省能源为原则。

6.1.1 刮麻机

刮麻机按 NY/T 264 的规定执行。

6.1.2 压水机

纤维压水机按 NY/T 261 的规定执行。

6.1.3 干燥机

纤维干燥按 NY/T 1801 的规定执行。

6.2 主要参数

主要参数根据剑麻叶片年加工量而定。参见附录 B。

7 原料

7.1 剑麻纤维加工原料为成熟的鲜叶片(叶片生长期 10 个月以上),叶片长度≥60 cm,无叶尖、干尾和烂麻。

7.2 叶片进厂前,应在定点地称称其质量并记录。质量记录单为一式四联,客户、称量方、厂方和结算方各一联;记录单格式参见附录 C。

7.3 叶片进厂后应按刀次分区堆放。方法是:一刀次、二刀次、三刀次叶片各为一区,四刀次及以上叶片为一区。如对加工的纤维有特殊要求的,叶片可另设区堆放。

7.4 堆放叶片的场地应硬底化、无积水,并有遮阳棚,面积宜为 1 200 m²～1 800 m²。

8　纤维加工

8.1　排麻

8.1.1　叶片的加工应分区进行，先进厂叶片应先加工。

8.1.2　将麻把运到前级输送带上，切断麻把捆带。

8.1.3　叶片分前级(一级)、次级(二级)、匀整机(三级)和后级(四级)四级输送。通过整理叶片、调节各级输送带的速度，使叶片均匀、整齐、持续地排列在输送带上。

8.1.4　叶片基部应保持一致，基部应摆向前刀轮一边。

8.1.5　叶片以"品"字形输送进入刮麻机，不宜过疏、过密、成堆或不整齐。

8.2　刮麻

8.2.1　刮麻机安全技术按 NY 1495 的规定执行。

8.2.2　开机前准备。

8.2.2.1　重点检查固定凹板和刀片的螺栓。

8.2.2.2　刀轮刀片与凹板间隙调节：通过刀轮轴承部分的偏心轮装置，进行刀片与凹板间隙的微调。若新机调试或刀片磨损较大，应用专用研磨机修磨刀片，使刀片高度全部保持一致。纵向间隙用调节螺栓调整，间隙为 1.5 mm～3.0 mm，然后紧固。间隙大小以生产等级纤维而定，以刮干净纤维为原则。

8.2.2.3　夹麻链(绳)松紧度调节：夹麻链(绳)松紧度由调节螺杆压缩弹簧的弹力来调整，松紧度应适宜，以夹紧叶片为原则。

8.2.2.4　准备工作就绪后，发出开机信号(按电铃)方可开机。

8.2.3　开机。

8.2.3.1　开机时，先启动刮麻机前刀轮，待运转正常后，方可启动后刀轮，待后刀轮运转正常后，才能逐一启动夹麻链(绳)和各台输送装置，然后喂麻加工。

8.2.3.2　鼓风机风量调节：调节进风管挡板，可获得不同的风量，以合适为宜。如风量偏小时，应检查鼓风机吸风口是否堵塞或调大进风管挡板，增加风量。

8.2.3.3　在刮麻过程中，应经常观察纤维出口和机底的情况，如出现纤维刮不干净、机底麻明显增多、机器出现异响等现象，应及时停机，排除故障或检修后才能继续生产。

8.2.4　刮麻结束后，要做好清洁保养工作，清除附着机器上的麻渣、绕轴纤维等杂物，并给转动部件加注润滑油。

8.3　冲洗

8.3.1　冲洗装置安装在压水机面，其喷淋管下方应有双排小孔。

8.3.2　纤维从刮麻机输送出来后，通过喷淋管由上而下喷射纤维，喷射的出水量为 15 m³/h～20 m³/h，使纤维脱胶和脱渣。

8.4　压水

8.4.1　开机前首先检查和调节每组压辊的螺杆弹簧压力，紧固后一般不做改动。清除机上的杂物，然后逐一启动各列压水机，打开喷淋水开关，待各列压辊转动正常后，方可进料压水。

8.4.2　经水冲洗后的湿纤维应均匀地输送入压水机中压水，避免纤维成堆。

8.4.3　压水结束后，空机运行 1 min～2 min，再用水冲洗各列压水机，关闭喷淋水阀门，最后停止各列压水机。

8.4.4　湿纤维经三列压水机压水后，含水率应≤50%。

8.5　湿抛

湿纤维压水输出后,经夹麻链夹持输送进入抛光机中滚抛,去掉残渣,抖松和顺直纤维。

8.6 干燥

8.6.1 工艺流程

```
                    热油炉
                      ↓
   湿纤维 → 热交换器 ──100℃~120℃── 抽湿 → 冷风降温 → 干纤维
```

8.6.2 干燥前准备

8.6.2.1 检查链板输送带正常运行后,在转动轴和链轮中注入润滑油;关闭干燥机各扇观察窗。

8.6.2.2 热油炉热油输进干燥机后,先启动链板输送带,待运行正常后,再按顺序启动上、下置风机及引风机,且待前一台风机运转正常后,方可启动下一台风机。

8.6.2.3 干燥机柜体内空气流量为 12 000 m³/h～13 000 m³/h,风压为 1 350 Pa～1 520 Pa。

8.6.2.4 干燥机链板的线速度为 3.2 m/min。

8.6.2.5 油管油温为 180℃～200℃。

8.6.2.6 干燥机内的前区、中区、后区的工作温度分别为 105℃～120℃、100℃～115℃、95℃～115℃。

8.6.3 烘干

8.6.3.1 当干燥机内温度达到所规定的温度后,开始铺湿纤维。铺湿纤维时,应把每束湿纤维充分抖动,平铺在输送带上。

8.6.3.2 每束湿纤维基部应平直、整齐、厚薄均匀,束纤维之间不留缝隙。

8.6.3.3 湿纤维分层错开铺放,上、下层纤维基部线距离为 30 cm～50 cm,湿纤维厚度为 5 cm～8 cm。

8.6.3.4 烘干过程中,要经常观察各区内温度。每隔 3 h～4 h 要检查热交换器一次,若发现粘有短、乱纤维,应及时清理。

8.6.3.5 当干燥机内温度过高时,应调小导热油进油阀门,减少热气进入量。如干燥效果不好,可将输送带线速度调慢或增加热气进入量,将干燥机内温度升高。

8.6.3.6 纤维烘干时间为 8 min～10 min。

8.6.3.7 干纤维含水率为 11%～13%。

8.6.3.8 用自束纤维将烘干后的每一层纤维简单捆扎,并分拣、堆放。

8.6.3.9 停机前,应打开烘干机窗门。当机内温度降至 80℃后,才能停止循环油泵和逐一停止各台风机,防止油管结焦。

8.7 拣选与抛光

8.7.1 干燥后的纤维按要求拣选,并剪掉纤维中的硬皮、青皮、黑斑、麻屑和脱胶不净部分。

8.7.2 拣选后的纤维在抛光机上抛打,去除纤维中的杂质、麻糠和胶质等物质。

9 乱纤维回收

9.1 工艺流程

```
   麻渣 → 压水 → 第一次回收 → 乱纤维 → 压水 → 第二次回收 → 干燥 → 包装
           ↓                        ↓
          麻水                      麻水
```

9.2 麻渣压水

9.2.1 开机前,检查链板式压水机各组压辊弹簧压力,调节弹簧的强度,调整传动链条的松紧度。然后启动压水机,待压水机转动正常后,打开喷淋水开关,才能进料压水。

9.2.2 麻渣经淋水后喂入机中进行压水,如其含水量偏高,应及时调紧压辊弹簧压力。

9.2.3 麻渣经压水机压水后,含水率应≤70%。

9.3 回收

9.3.1 首先检查乱纤维回收机内没有杂物后才能按顺序开机。开机时,应先启动回收机,待其运转正常后,再启动振动筛及输送装置。

9.3.2 压水后的麻渣经输送带匀速喂入回收机中进行乱纤维与杂质的分离。分离过程中,观察输送带的喂入量,通过调节输送带速度,控制喂入量的大小,避免成堆喂入。如出现异响或故障时,应停机再进行处理和维修。

9.3.3 工作结束后,用水冲洗压水机的链板和压辊。停机后,清洁工作场地,清理链板中被堵塞的筛眼及绕轴纤维,清除残留在机内的麻渣、乱纤维等杂质。

9.3.4 乱纤维回收率应≥85%。

9.4 乱纤维压水

9.4.1 按照8.4的要求执行。

9.4.2 乱纤维含水率应≤60%。

9.5 乱纤维干燥

9.5.1 烘干时,按照8.6的要求执行。

9.5.2 晒干时,将乱纤维摊薄在晒场地面或专用晒纤维床上晾晒。纤维厚度为8 cm～10 cm,每隔2 h～3 h翻动1次。

9.5.3 乱纤维含水率应≤15%,含杂率应≤20%。

10 纤维检验与包装

10.1 长纤维的检验与包装,按GB/T 15031的规定执行。

10.2 乱纤维的检验与包装,按GB/T 15031的规定执行。打包规格为1 350 mm×550 mm×380 mm,包装质量为(80±1)kg。

11 麻水处理

11.1 麻水应汇集到麻水池中发酵处理,发酵沉淀周期为8 d～10 d。麻水池数量为10个～12个,每个池容积为90 m³～110 m³。

11.2 处理后的麻水用作水肥。

12 安全生产

12.1 加工企业应建立健全安全生产各项规章制度和岗位操作规程。

12.2 加工厂应按规范配备消防设施。

附 录 A
（资料性附录）
剑麻纤维加工用工配置

A.1 范围

本附录适用于剑麻叶片加工生产率为 18 t/h～20 t/h 的用工配置。

A.2 用工配置

用工配置表见表 A.1。

表 A.1 用工配置表

项目	叶片称量	搬运麻把	叶片输送				操控台	刮麻机	压水	收湿纤维	抖松纤维	铺纤维	收整干纤	打包	乱纤回收	电工机修	质检技术	管理人员	司炉工	合计
			一级	二级	三级	四级														
人数 人	2	10	2	2	1	1	1	2	1	4	4	2	12	4	4	6	2	1	2	63

附 录 B
（资料性附录）
剑麻纤维加工设备配置及主要参数

剑麻纤维加工设备及主要参数见表B.1。

表 B.1 剑麻纤维加工设备配置及主要参数

项目		设备	电机功率 kW	台数 n	线速度 m/min	长度 m	生产率 t/h
排麻	排麻装置	前级输送机（一级）	2.2	1	6	5	
		次级输送机（二级）	1.5	1	16	4	
		匀整机（三级）	2.2	1	21	4	
		后级输送机（四级）	1.5	1	46	5	
刮麻	刮麻机	前刀轮	75	1	2 200	—	
		后刀轮	55	1	2 100	—	
		夹麻链（绳）轮	5.5	1	47	—	
		风机	3	1	—	—	
纤维压水	压水机	水泵	4	1		—	
		前列压水机	5.5	1	11～12	—	
		中列压水机	4	1	12～13	—	
		后列压水机	4	1	13～14	—	
湿抛	抛光机	湿抛机	2.2	1	—	1	
干燥	干燥机	引风机	7.5	2	—		18～20
		循环油泵	30	2	—		
		风机	5.5	9	—	22	
		调速电机	4	1	3.2		
		鼓风机	4	1	—		
		链排机	1.5	1	—		
		抽油泵	1.5	1	—		
抛光	抛光机	抛光机	3	1	813	—	
回收乱纤维	回收装置	麻渣输送机	2.2	2	22	8.3	
		麻渣压水机	11	1	23	—	
		乱纤维压水机	5.5	1	24	—	
		第一回收机	18	1	25	—	
		第二回收机	13	1	26	—	
		振动筛	3	2	—	—	
		麻渣输送机	1.5	3	28	4.5	
		乱纤维输送机	1.5	2		1.7	
		麻渣装车带	2.2	1	30	7.5	
		乱纤维装车带	1.5	1		3.5	
纤维包装	打包机	液压打包机	22	1	—	—	
		控制动作电机	1.5	1	—	—	

附　录　C

（资料性附录）

剑麻叶片质量记录单

剑麻叶片质量记录单见表C.1。

表C.1　剑麻叶片质量记录单

_____公司

交货单位_____　　运输单位_____

客户_____　　车号_____　　____年___月___日___时___分

地　名	等级/刀次	计量单位	总质量	皮质量	扣罚质量	净质量	备注

制单：　　　　　　　　　　收货人：　　　　　　　　交货人：

_____

附加说明：

本标准按照GB/T 1.1—2009给出的规则起草。

本标准由中华人民共和国农业部提出。

本标准由农业部热带作物及制品标准化技术委员会归口。

本标准起草单位：农业部剑麻及制品质量监督检验测试中心、广东省东方剑麻集团有限公司、广西剑麻集团有限公司、广东省湛江农垦第二机械厂。

本标准主要起草人：陈伟南、庄兆明、张光辉、陶进转、陈晓涛、文尚华、张文强、周省。

中华人民共和国农业行业标准

热带作物品种审定规范　第1部分：橡胶树

Registration rules for variety of tropical crop—
Part 1：Rubber tree

NY/T 2667.1—2014

1　范围

本部分规定了橡胶树（*Hevea brasiliensis* Muell.-Arg.）品种审定要求、判定规则和审定程序。

本部分适用于橡胶树品种的审定。

2　规范性引用文件

下列文件对于本文件的应用是必不可少的。凡是注日期的引用文件，仅注日期的版本适用于本文件。凡是不注日期的引用文件，其最新版本（包括所有的修改单）适用于本文件。

NY/T 607　橡胶树育种技术规程

NY/T 1088　橡胶树割胶技术规程

NY/T 1314　农作物种质资源鉴定技术规程　橡胶树

NY/T 2668.1　热带作物品种试验技术规程　第1部分：橡胶树

农业部公告2012年第2号　农业植物品种命名规定

3　审定要求

3.1　基本要求

3.1.1　品种来源明确，无知识产权纠纷。

3.1.2　品种名称应符合农业部公告2012年第2号的要求。

3.1.3　品种具有特异性、稳定性和一致性。

3.1.4　经过品种比较试验、区域试验、抗寒前哨试验，材料齐全。

3.2　目标性状要求

3.2.1　以高产为育种目标的品种

产量与对照品种相比，有显著性差异，增产≥10%，抗寒、抗风、抗白粉病、抗炭疽病、速生等性状与对照品种相当。

3.2.2　以抗寒为育种目标的品种

寒害平均级与对照品种相比，有显著性差异，降低≥10%，产量、抗风、抗白粉病、抗炭疽病、速生等性状与对照品种相当。

3.2.3　以抗风为育种目标的品种

风害累计断倒率与对照品种相比，有显著性差异，降低≥10%，产量、抗寒、抗白粉病、抗炭疽病、速生等性状与对照品种相当。

3.2.4 以抗白粉病为育种目标品种

白粉病病情指数与对照品种相比,有显著性差异,降低≥10%,产量、抗寒、抗风、抗炭疽病、速生等性状与对照品种相当。

3.2.5 以抗炭疽病为育种目标的品种

炭疽病病情指数与对照品种相比,有显著性差异,降低≥10%,产量、抗寒、抗风、抗白粉病、速生等性状与对照品种相当。

3.2.6 以速生为育种目标的品种

平均茎围年增粗与对照品种相比,有显著性差异,高≥10%,产量、抗寒、抗风、抗白粉病、抗炭疽病等性状与对照品种相当。

4 判定规则

满足3.1的全部条件,同时满足3.2中的要求≥1项,判定为符合品种审定要求。

5 审定程序

5.1 现场鉴评

5.1.1 地点确定

根据申请书随机抽取1个～2个试验点作为现场鉴评地点。

5.1.2 现场鉴评观测项目与方法

按附录A执行。

5.1.3 综合评价

根据5.1.2的结果,对生长量、产量、抗逆性等进行综合评价。

5.2 初审

5.2.1 申请品种名称

按农业部公告2012年第2号进行审查。

5.2.2 申报材料

对品种试验报告等技术内容的完整性进行审查。

5.2.3 品种试验方案

按NY/T 2668.1进行审查。

5.2.4 品种试验结果

对申请品种的主要植物学特征、生物学特性、主要经济性状(丰产性、稳产性、适应性、抗逆性等)和生产技术要点,以及结果的完整性、真实性和准确性等进行审查。

5.2.5 初审意见

依据5.2.1、5.2.2、5.2.3、5.2.4的审查情况,结合现场鉴评结果,对品种进行综合评价,提出初审意见。

5.3 终审

对申报材料、现场鉴评综合评价、初审结果进行综合审定,提出终审意见,并进行无记名投票表决,赞成票超过与会专家总数2/3以上的品种,通过审定。

附 录 A
（规范性附录）
橡胶树品种审定现场鉴评观测项目与方法

A.1 观测项目

现场鉴评观测项目见表 A.1。

表 A.1 橡胶树品种审定现场鉴评观测项目

内 容	观测项目
基本情况	地点、经纬度、海拔、管理水平、品种名称、面积、株行距、种植密度、种苗类型、定植时间
主要植物学特征	叶痕形状、托叶痕着生形态、鳞片痕和托叶痕联成的形状、芽眼形态、芽眼与叶痕距离、叶篷形状、大叶柄形状、叶枕伸展状态、叶枕沟、叶枕膨大形态、小叶柄形态、小叶柄长度、小叶柄沟、小叶枕膨大、小叶枕膨大长度、蜜腺形态、腺点着生状态、腺点排列方式、腺点边缘、腺点面形态、叶形、叶基形状、两侧小叶基外缘形态、叶端形状、叶缘波浪、叶面光滑状况、叶面光泽、叶片颜色、三小叶间距、胶乳颜色
主要农艺性状	茎围、株次胶乳、平均株次胶乳、干胶含量、平均株次产干胶、平均年割胶刀数、平均年株产干胶、平均年亩干胶、年平均干胶含量
其他	

A.2 观测方法

A.2.1 基本情况

A.2.1.1 地理位置
调查地点、经纬度、海拔。

A.2.1.2 管理水平
分为精细、中等、粗放。

A.2.1.3 品种名称
记录申请品种和对照品种的名称。

A.2.1.4 试验地面积
记录试验地面积，单位为亩，精确到0.1亩。

A.2.1.5 株行距
测量小区内的株距和行距，单位为米（m），精确到0.1 m。

A.2.1.6 种植密度
根据 A2.1.5 数据计算种植密度，单位为株/亩，精确到0.1株/亩。

A.2.1.7 种苗类型
调查申请品种和对照品种的种苗类型，分为芽接苗（芽接桩、籽苗芽接袋苗、小苗芽接袋苗、芽接桩袋苗）、实生苗（裸根苗、袋装苗）、中切干苗、高切干苗、组织培养苗等。

A.2.1.8 定植时间
调查申请品种和对照品种的定植时间。

A.2.2 主要植物学特征

按 NY/T 1314 的规定执行。

A.2.3 主要农艺性状

A.2.3.1 取样数量

测量 30 株。

A.2.3.2 取样方式

随机取样或块状取样。

A.2.3.3 测定方法

A.2.3.3.1 割胶

按 NY/T 1088 的规定执行。

A.2.3.3.2 株次胶乳

割胶后,量取每株胶乳体积,单位为毫升(mL)。

A.2.3.3.3 平均株次胶乳

平均株次胶乳按式(A.1)计算。

$$LY_m = \frac{LY_t}{n} \quad\cdots\cdots\cdots\cdots\cdots\cdots\cdots\cdots\cdots\cdots\cdots\cdots\cdots\cdots\cdots\cdots\cdots (A.1)$$

式中:

LY_m——平均株次胶乳,单位为克(g);

LY_t——测定株胶乳总重,单位为克(g);

n ——测定株数。

A.2.3.3.4 茎围、干胶含量、年平均干胶含量、平均年株产干胶、平均年亩产干胶

按 NY/T 607 的规定执行。

A.2.3.3.5 平均株次干胶

平均株次干胶按式(A.2)计算。

$$DY_m = LY_m \times DC \quad\cdots\cdots\cdots\cdots\cdots\cdots\cdots\cdots\cdots\cdots\cdots\cdots\cdots (A.2)$$

式中:

DY_m——平均株次干胶,单位为克(g);

LY_m——平均株次胶乳,单位为克(g);

DC ——干胶含量,单位为百分率(%)。

附 录 B

（规范性附录）

橡胶树品种审定现场鉴评记录表

B.1 橡胶树品种审定现场鉴评试验地基本情况调查

见表 B.1。

表 B.1 橡胶树品种审定现场鉴评试验地基本情况调查表

日期：_____年_____月_____日

地理位置：_____省_____市(区、县)_____镇(乡/分公司)_____

经度：___°__′E 纬度：___°__′N 海拔：___m

管理水平：1. 精细 2. 中等 3. 粗放

品种名称		
试验地面积，亩		
株行距，m		
种植密度，株/亩		
种苗类型	1. 芽接苗（芽接桩、籽苗芽接袋苗、小苗芽接袋苗、芽接桩袋苗）；2. 实生苗（裸根苗、袋装苗）；3. 中切干苗；4. 高切干苗；5. 组织培养苗；6. ____	1. 芽接苗（芽接桩、籽苗芽接袋苗、小苗芽接袋苗、芽接桩袋苗）；2. 实生苗（裸根苗、袋装苗）；3. 中切干苗；4. 高切干苗；5. 组织培养苗；6. ____
定植时间		

B.2 申请品种主要植物学特征调查

见表 B.2。

表 B.2 申请品种主要植物学特征调查表

品种名称		
序号	观测项目	描述
1	叶痕形状	1. 半圆形；2. 马蹄形；3. 心脏形；4. 三角形；5. 菱角形；6. 近圆形
2	托叶痕着生形态	1. 平伸；2. 上仰；3. 下垂
3	鳞片痕和托叶痕联成的形状	1. 一字形；2. 新月形；3. 袋形
4	芽眼形态	1. 平；2. 凸；3. 凹
5	芽眼与叶痕距离，cm	1. 近(<1.0)；2. 远(≥1.0)
6	叶篷形状	1. 半球形；2. 弧形；3. 截顶圆锥形；4. 圆锥形
7	大叶柄形状	1. 直；2. 弓形；3. 反弓形；4.S形
8	叶枕伸展状态	1. 平伸；2. 上仰；3. 下垂
9	叶枕沟	1. 无；2. 有
10	叶枕膨大形态	1. 顺大；2. 突大
11	小叶柄形态	1. 平伸；2. 上仰；3. 内弯
12	小叶柄长度，cm	1. 短(<1.3)；2. 中等(1.3～2.0)；3. 长(≥2.0)
13	小叶柄沟	1. 无；2. 有
14	小叶枕膨大	1. 不显著；2. 显著
15	小叶枕膨大长度	1. 短(<1/4)；2. 中等(1/4～1/2)；3. 长(≥1/2)
16	蜜腺形态	1. 平；2. 微突起；3. 突起；4. 显著突起

表 B.2（续）

序号	观测项目	描　述
17	腺点着生状态	1. 连生；2. 分离
18	腺点排列方式	1. 前后；2. 品字形；3. 方形；4.11 字形；5. 不规则
19	腺点边缘	1. 无；2. 不明显；3. 明显
20	腺点面形态	1. 平；2. 突起；3. 下陷
21	叶形	1. 倒卵形；2. 卵形；3. 倒卵状椭圆形；4. 椭圆形；5. 菱形
22	叶基形状	1. 渐尖；2. 楔形；3. 钝尖
23	两侧小叶基外缘形态	1. 完整；2. 内斜；3. 外斜
24	叶端形状	1. 芒尖；2. 钝尖；3. 急尖
25	叶缘波浪	1. 无波；2. 小波；3. 中波；4. 大波
26	叶面光滑状况	1. 不平滑；2. 平滑
27	叶面光泽	1. 不明显；2. 明显
28	叶片颜色	1. 绿色；2. 深绿；3. 黄绿
29	三小叶间距	1. 重叠；2. 靠近；3. 分离；4. 显著分离
30	胶乳颜色	1. 白；2. 浅黄；3. 黄；4. 深黄

B.3　橡胶树品种审定现场鉴评主要农艺性状调查

见表 B.3。

表 B.3　橡胶树品种审定现场鉴评主要农艺性状调查表

日期：　　年　　月　　日

品种名称	申请品种：	对照品种：	

株号		1 2 3 4 5 6 7 8 9 10 11 12 13 14 15 16 17 18 19 20 21 22 23 24 25 26 27 28 29 30
茎围,cm	申请品种	
	对照品种	
株次胶乳,mL	申请品种	
	对照品种	
平均株次胶乳,g	申请品种	
	对照品种	
干胶含量,%	申请品种	
	对照品种	
平均株次干胶,g	申请品种	
	对照品种	

	申请品种	对照品种
平均年割胶刀数		
平均年株产干胶,kg		
平均年亩产干胶,kg		
年平均干胶含量,%		

组长：　　　　　　　　成员：

附加说明：

NY/T 2667《热带作物品种审定规范》为系列标准：

——第 1 部分:橡胶树；

——第 2 部分:香蕉；

——第 3 部分：荔枝；

——第 4 部分：龙眼。

本部分是 NY/T 2667 的第 1 部分。

本部分按照 GB/T 1.1—2009 给出的规则起草。

本部分由中华人民共和国农业部提出。

本部分由农业部热带作物及制品标准化技术委员会归口。

本部分起草单位：中国热带农业科学院橡胶研究所、中国农垦经济发展中心。

本部分主要起草人：黄华孙、王祥军、刘建玲、李维国、高新生、张晓飞、吴春太、曾霞。

中华人民共和国农业行业标准

热带作物品种审定规范　第2部分：香蕉

Registration rules for variety of tropical crops—
Part 2：Banana

NY/T 2667.2—2014

1　范围

本部分规定了香蕉（*Musa* spp.）品种审定的审定要求、判定规则和审定程序。

本部分适用于香蕉品种的审定。

2　规范性引用文件

下列文件对于本文件的应用是必不可少的。凡是注日期的引用文件，仅注日期的版本适用于本文件。凡是不注日期的引用文件，其最新版本（包括所有的修改单）适用于本文件。

NY/T 1319　农作物种质资源鉴定评价技术规范　香蕉

NY/T 2668.2　热带作物品种试验技术规程　第2部分：香蕉

农业部公告2012年第2号　农业植物品种命名规定

3　审定要求

3.1　基本要求

3.1.1　品种来源明确，无知识产权纠纷。

3.1.2　品种名称应符合农业部公告2012年第2号的要求。

3.1.3　品种具有特异性、稳定性和一致性。

3.1.4　经过品种比较试验、区域试验和生产试验，材料齐全。

3.2　目标性状

3.2.1　以丰产性为育种目标的品种

产量与对照品种相比，有显著性差异，增产≥10％，品质、生长周期和其他主要经济性状与对照品种相当。

3.2.2　以枯萎病抗性为育种目标的品种

枯萎病抗性等级为"抗"或"高抗"，在重病区种植情况下其他主要经济性状与对照品种相当。

3.2.3　以品质为育种目标的品种

耐贮性、维生素C含量、可溶性固形物含量等主要品质性状≥1项指标明显优于对照品种，产量与对照品种差异不显著或减产≤10％。

3.2.4　以其他特异性状为育种目标的品种

生长周期、假茎高度、抗逆性或其他特异经济性状等方面≥1项指标明显优于对照品种，产量与对照品种差异不显著。

中华人民共和国农业部 2014-10-17 发布

2015-01-01 实施

4 判定规则

满足 3.1 中的全部条件,同时满足 3.2 中的要求≥1 项,判定为符合品种审定要求。

5 审定程序

5.1 现场鉴评

5.1.1 地点确定

根据申请书随机抽取 1 个~2 个代表性的试验点作为现场鉴评地点。

5.1.2 鉴评内容及记录

现场鉴评项目和方法按照附录 A 执行,现场鉴评记录按照附录 B 执行。

5.1.3 综合评价

根据 5.1.2 的测定结果,对产量、品质、抗性等进行综合评价。

5.2 初审

5.2.1 申请品种名称

按农业部公告 2012 年第 2 号进行审查。

5.2.2 申报材料

对品种比较试验、区域试验、生产试验报告等技术内容的完整性进行审查。

5.2.3 品种试验方案

试验地点、对照品种的选择、试验设计、试验方法、试验年限等,按 NY/T 2668.2 进行审查。

5.2.4 品种试验结果

对申请品种的植物学特征、生物学特性、主要经济性状(包括果实品质、丰产性、稳产性、适应性、抗性等)和生产技术要点等结果的完整性、真实性、准确性进行审查。

5.2.5 初审意见

依据 5.2.1、5.2.2、5.2.3、5.2.4 的审查情况,结合现场鉴评结果,对品种进行综合评价,提出初审意见。

5.3 终审

对申报书、现场鉴评综合评价、初审结果进行综合审定,提出终审意见,并进行无记名投票表决,赞成票超过与会专家总数 2/3 以上的品种,通过审定。

附　录　A

（规范性附录）

香蕉品种审定现场鉴评内容

A.1　观测项目

现场观测项目见表 A.1。

表 A.1　观测项目

记载内容	记载项目
基本情况	地点、经纬度、海拔、试验点面积、管理水平、种苗类型、种植年限或第几造、株行距、种植密度、定植至采收时间或宿根蕉生长周期
主要植物学特征	假茎高度、假茎中部粗度、果穗结构、梳形整齐度、果梳数、果指数、单果重
丰产性	株产、亩产量
品质性状	可食率、熟果肉颜色、果肉质地、风味、香味、口感、可溶性固形物含量
其他	枯萎病等病害、虫害、风害、寒害等

A.2　观测方法

A.2.1　基本情况

A.2.1.1　试验地概况

主要包括地点、经纬度、海拔、试验点面积。

A.2.1.2　管理水平

分为精细、中等、粗放。

A.2.1.3　种苗类型

分为组培苗、吸芽苗。

A.2.1.4　种植年限

分为新植蕉、宿根蕉第几造。

A.2.1.5　株行距和种植密度

测量试验地试验树种植的株距和行距,结果以平均值表示,精确到 0.1 m。根据测量的株行距计算种植密度,单位为株/亩,精确到 0.1 株/亩。

A.2.1.6　生长周期

新植蕉生长周期为从香蕉定植至采收的时间,宿根蕉生长周期为两造蕉收获的间隔时间,单位为 d。

A.2.2　主要植物学特征

A.2.2.1　假茎高度

按 NY/T 1319 的规定执行。

A.2.2.2　假茎中部粗度

按 NY/T 1319 的规定执行。

A.2.2.3　果穗结构

按 NY/T 1319 的规定执行。

A.2.2.4 梳形整齐度

按 NY/T 1319 的规定执行。

A.2.2.5 果梳数

计数果穗的梳数,结果以平均值表示,精确到 0.1 梳/穗。

A.2.2.6 果指数

计数果穗的总果指数,结果以平均值表示,精确到 1 个/穗。

A.2.2.7 单果重

按 NY/T 1319 的规定执行。

A.2.3 丰产性

A.2.3.1 株产

随机选取生长正常的植株 3 株~5 株,将果穗在果轴头梳蕉指前 5 cm 处砍下,末梳底部果轴砍齐,测定果穗的重量。结果以平均值表示,精确到 0.1 kg。

A.2.3.2 亩产量

根据 A.2.1.5 结果,计算亩定植株数,根据单株产量和亩定植株数计算亩产量。

在枯萎病病区种植的以枯萎病抗性为育种目标的品种,应根据单株产量和亩收获株数计算其亩产量。

结果以平均值表示,精确到 0.1 kg。

A.2.4 品质性状

按 NY/T 1319 的规定执行,对可食率、熟果肉颜色、果肉质地、风味、香味、口感、可溶性固形物含量等进行评价。

A.2.5 其他

A.2.5.1 枯萎病抗性

按 NY/T 2668.2 的规定执行。

A.2.5.2 其他抗性

根据试验地当时可能发生的其他病害、虫害、寒害、风害等具体情况进行记载。

附 录 B
（规范性附录）
香蕉品种现场鉴评记录表

表 B.1 规定了香蕉品种现场鉴评记录表格式。

表 B.1 现场鉴评记录表

日期：_____年_____月_____日

试验地基本情况：_____省_____市（区、县）_____镇（乡）

经度：___°__′__″　纬度：___°__′__″　海拔：_____m

管理水平：1. 精细　　2. 中等　　3. 粗放

品种名称												
面积,亩												
株行距,m												
种植密度,株/亩												
种苗类型	1. 吸芽苗;2. 组培苗						1. 吸芽苗;2. 组培苗					
种植年限或第几造												
树号	1	2	3	4	5	平均	1	2	3	4	5	平均
假茎高度,cm												
假茎中周,cm												
生长周期,d												
株产,kg												
亩产量,kg												
果梳数,梳/穗												
果指数,个/穗												
单果重,g												
可食率,%												
果穗结构	1. 疏松;2. 紧凑;3. 很紧凑						1. 疏松;2. 紧凑;3. 很紧凑					
梳形整齐度	1. 整齐;2. 较整齐;3. 不整齐						1. 整齐;2. 较整齐;3. 不整齐					
熟果肉颜色	1. 蜡白色;2. 乳白色;3. 乳白色带血丝;4. 黄白色;5. 粉红色						1. 蜡白色;2. 乳白色;3. 乳白色带血丝;4. 黄白色;5. 粉红色					
果肉质地	1. 实且含纤维;2. 实粗;3. 实细;4. 实滑;5. 实且粉质;6. 软细;7. 软滑;8. 软黏						1. 实且含纤维;2. 实粗;3. 实细;4. 实滑;5. 实且粉质;6. 软细;7. 软滑;8. 软黏					
风味	1. 涩;2. 淡味或稍甜;3. 淡甜;4. 甜;5. 浓甜;6. 甜带微酸;7. 甜带酸						1. 涩;2. 淡味或稍甜;3. 淡甜;4. 甜;5. 浓甜;6. 甜带微酸;7. 甜带酸					
香味	1. 无香;2. 微香;3. 香;4. 浓香;5. 有异香味						1. 无香;2. 微香;3. 香;4. 浓香;5. 有异香味					
口感评价	1. 优;2. 良好;3. 中;4. 差						1. 优;2. 良好;3. 中;4. 差					
可溶性固形物含量,%												
其他												
综合评价												
签名	组长：　　　　　成员：											

注1：测量株数3株～5株。

注2：抽取方式：随机抽取。

注3：根据测产单株产量及种植密度计算亩产量。

附加说明：

NY/T 2667《热带作物品种审定规范》为系列标准：

——第 1 部分：橡胶树；

——第 2 部分：香蕉；

——第 3 部分：荔枝；

——第 4 部分：龙眼。

本部分是 NY/T 2667 的第 2 部分。

本部分按照 GB/T 1.1—2009 给出的规则起草。

本部分由中华人民共和国农业部提出。

本部分由农业部热带作物及制品标准化技术委员会归口。

本部分起草单位：广东省农业科学院果树研究所、中国农垦经济发展中心。

本部分主要起草人：易干军、魏岳荣、盛鸥、杨萍、胡春华、邝瑞彬、李春雨、杨乔松。

中华人民共和国农业行业标准

热带作物品种审定规范 第3部分：荔枝

Registration rules for variety of tropical crops—
Part 3:Litchi

NY/T 2667.3—2014

---

1 范围

本部分规定了荔枝(*Litchi chinensis* Sonn.)品种审定要求、判定规则和审定程序。

本部分适用于荔枝品种的审定。

2 规范性引用文件

下列文件对于本文件的应用是必不可少的。凡是注日期的引用文件,仅注日期的版本适用于本文件。凡是不注日期的引用文件,其最新版本(包括所有的修改单)适用于本文件。

NY/T 2329 农作物种质资源鉴定评价技术规范 荔枝

NY/T 2668.3 热带作物品种试验技术规程 第3部分:荔枝

农业部公告2012年第2号 农业植物品种命名规定

3 审定要求

3.1 基本要求

3.1.1 品种来源明确,无知识产权纠纷。

3.1.2 品种名称应符合农业部公告2012年第2号的要求。

3.1.3 品种具有特异性、稳定性和一致性。

3.1.4 经过品种的比较试验、区域试验和生产试验,材料齐全。

3.2 目标性状要求

3.2.1 以丰产性为育种目标的品种

产量与对照品种相比,有显著性差异,增产≥5%,其他主要经济性状与对照品种差异不显著。

3.2.2 以品质或其他特异性状为育种目标的品种

产量与对照品种差异不显著或减产≤10%,但内在品质、外观品质、耐贮运性、熟期、抗性等方面≥1项性状明显优于对照品种。

3.2.3 以综合性状为育种目标的品种

品质或特异性≥1项指标优于对照,产量与对照品种相比有显著性差异,增产≤5%。

4 判定规则

满足3.1中的全部条件,同时满足3.2中的要求≥1项,判定为符合品种审定要求。

中华人民共和国农业部 2014-10-17发布 2015-01-01实施

5 审定程序

5.1 现场鉴评

5.1.1 地点确定

根据申请书随机抽取 1 个~2 个代表性的试验点作为现场鉴评地点。

5.1.2 鉴评内容及记录

现场鉴评项目和方法按照附录 A 执行,现场鉴评记录按照附录 B 执行。

5.1.3 综合评价

根据 5.1.2 的测定结果,对产量、品质、抗性等进行综合评价。

5.2 初审

5.2.1 申请品种名称

按农业部公告 2012 年第 2 号进行审查。

5.2.2 申报材料

对品种比较试验、区域试验、生产试验报告等技术内容的完整性进行审查。

5.2.3 品种试验方案

试验地点、对照品种的选择、试验设计、试验方法、试验年限,按 NY/T 2668.3 进行审查。

5.2.4 品种试验结果

对申请品种的植物学特征、生物学特性、主要经济性状(包括果实品质、丰产性、稳产性、适应性、抗性等)和生产技术要点等进行审查。

5.2.5 初审意见

依据 5.2.1、5.2.2、5.2.3、5.2.4 的审查情况,结合现场鉴评结果,对品种进行综合评价,提出初审意见。

5.3 终审

对申报材料、现场鉴评综合评价、初审结果进行综合审定,提出终审意见,并进行无记名投票表决,赞成票超过与会专家总数 2/3 以上的品种,通过审定。

附 录 A
（规范性附录）
荔枝品种审定现场鉴评内容

A.1 观测项目

现场观测项目见表 A.1。

表 A.1 观测项目

内容	观测记载项目
基本情况	地点、经纬度、海拔、坡向、试验点面积、耕地类型、土质、管理水平、繁殖方式、砧木品种/种植年限、定植或高接年限、株行距、种植密度
丰产性	树势、树高、冠幅、干周、株产、折亩产、果穗重、穗果数
品质性状	果实形状、果皮颜色、果实整齐度、龟裂片形状、缝合线、单果重、果肉颜色、果肉质地、风味、香味、涩味、焦(无)核率、可食率、可溶性固形物含量
其他	

A.2 观测方法

A.2.1 基本情况

A.2.1.1 试验地概况

调查试验地概况,主要包括地点、经纬度、海拔、坡向、试验点面积、耕地类型、土质。

A.2.1.2 管理水平

考察试验地管理水平,分为精细、中等、粗放。

A.2.1.3 繁殖方式

调查试验树采用的繁殖方式,分为嫁接、高空压条、高接换种、其他。

A.2.1.4 砧木品种/种植年限

调查试验树采用砧木的品种与种植年限。

A.2.1.5 定植或高接年限

调查试验树定植或高接的年份。

A.2.1.6 株行距

用皮尺测量小区内的株距和行距,精确到 0.1 m。

A.2.1.7 种植密度

根据 A.1.6 数据计算种植密度,精确到 0.1 株/亩。

A.2.1.8 管理水平

根据试验园区管理情况判断管理水平,包括精细、中等、粗放。

A.2.2 丰产性

A.2.2.1 冠幅

每小区选取生长正常的植株大于等于 3 株,测量植株树冠东西向、南北向的宽度,精确到 0.1 m。

A.2.2.2 树高

用 A.2.2.1 的样本,测量植株高度,精确到 0.1 m。

A.2.2.3 干周

用 A.2.2.1 的样本,测量植株主干离地 20 cm 处的粗度,精确到 0.1 cm。

A.2.2.4 单株产量

果实成熟时,每小区随机选取生长正常的植株大于等于 3 株,采摘全树果穗,称量果穗重量。精确到 0.1 kg。

A.2.2.5 亩产量

根据 A.2.1.7 结果,计算亩定植株数,根据单株产量和亩株数计算折亩产量。精确到 0.1 kg。

A.2.2.6 树势、果穗重、穗果数

按 NY/T 2329 的规定执行。

A.2.3 品质性状

按 NY/T 2329 的规定执行。

A.2.4 其他

可根据小区内发生的病害、虫害、寒害等具体情况加以记载。

附 录 B

（规范性附录）

荔枝品种现场鉴评记录表

表 B.1 规定了荔枝品种现场鉴评记录表格式。

表 B.1 荔枝品种现场鉴评记录表

日期：＿＿＿年＿＿＿月＿＿＿日

基本情况：＿＿＿＿省＿＿＿＿市（区、县）＿＿＿＿镇（乡）

经度：＿＿＿°＿＿′＿＿″　　　纬度：＿＿＿°＿＿′＿＿″　　　海拔：＿＿＿m

坡向：＿＿＿　　　　　　　面积：＿＿＿亩　　　　耕地类型和土质：＿＿＿＿＿

测试项目	申请品种				对照品种			
品种名称								
管理水平	1. 精细；2. 中等；3. 粗放							
繁殖方式	1. 嫁接；2. 高空压条；3. 高接换种；4. 其他				1. 嫁接；2. 高空压条；3. 高接换种；4. 其他			
砧木品种/种植年限								
定植或高接年限，年								
株行距，m								
种植密度，株/亩								
树势	1. 强；2. 中；3. 弱				1. 强；2. 中；3. 弱			
树号	1	2	3	平均	1	2	3	平均
株高，m								
冠幅，m								
干周，cm								
株产，kg								
折亩产，kg								
果穗重，g								
穗果数，个/穗								
果实形状	1. 心形；2. 长心形；3. 歪心形；4. 短圆形；5. 近圆球形；6. 卵圆形；7. 椭圆形				1. 心形；2. 长心形；3. 歪心形；4. 短圆形；5. 近圆球形；6. 卵圆形；7. 椭圆形			
果皮颜色	1. 黄绿；2. 绿白带微红；3. 淡红带微黄；4. 红带绿；5. 浅红；6. 鲜红；7. 浅紫红；8. 深紫红；9. 暗红；10. 暗红带墨绿				1. 黄绿；2. 绿白带微红；3. 淡红带微黄；4. 红带绿；5. 浅红；6. 鲜红；7. 浅紫红；8. 深紫红；9. 暗红；10. 暗红带墨绿			
果实整齐度	1. 好；2. 中；3. 差				1. 好；2. 中；3. 差			
龟裂片形状	1. 锥尖状突起；2. 乳头状突起；3. 隆起；4. 平滑；5. 微凹				1. 锥尖状突起；2. 乳头状突起；3. 隆起；4. 平滑；5. 微凹			
缝合线	1. 不明显；2. 明显				1. 不明显；2. 明显			
单果重，g								
果肉颜色	1. 乳白色；2. 蜡白色；3. 蜡黄色				1. 乳白色；2. 蜡白色；3. 蜡黄色			
果肉质地	1. 爽脆；2. 细嫩；3. 细韧；4. 粗糙				1. 爽脆；2. 细嫩；3. 细韧；4. 粗糙			
风味	1. 淡；2. 甜；3. 酸甜；4. 酸				1. 淡；2. 甜；3. 酸甜；4. 酸			
香味	1. 无香；2. 微香；3. 蜜香；4. 特殊香味				1. 无香；2. 微香；3. 蜜香；4. 特殊香味			
涩味	1. 无涩；2. 微涩；3. 涩				1. 无涩；2. 微涩；3. 涩			
焦（无）核率，%								
可食率，%								
可溶性固形物含量，%								

表 B.1（续）

测试项目	申请品种	对照品种
其他		

组长：　　　　成员：

注 1：测量株数 3 株～5 株。
注 2：抽取方式：随机抽取。
注 3：根据测产单株产量及亩定植株数计算亩产量。

附加说明：

NY/T 2667《热带作物品种审定规范》为系列标准：

——第 1 部分：橡胶树；

——第 2 部分：香蕉；

——第 3 部分：荔枝；

——第 4 部分：龙眼。

本部分是 NY/T 2667 的第 3 部分。

本部分按照 GB/T 1.1—2009 给出的规则起草。

本部分由中华人民共和国农业部提出。

本部分由农业部热带作物及制品标准化技术委员会归口。

本部分起草单位：华南农业大学园艺学院、中国农垦经济发展中心。

本部分主要起草人：陈厚彬、胡桂兵、刘建玲、杨萍、苏钻贤、刘成明、秦永华、冯奇瑞。

中华人民共和国农业行业标准

热带作物品种审定规范 第4部分：龙眼

Registration rules for variety of tropical crops—
Part 4：Longan

NY/T 2667.4—2014

1 范围

本部分规定了龙眼（*Dimocarpus longan* Lour.）品种审定的审定要求、判定规则和审定程序。

本部分适用于龙眼品种的审定。

2 规范性引用文件

下列文件对于本文件的应用是必不可少的。凡是注日期的引用文件，仅注日期的版本适用于本文件。凡是不注日期的引用文件，其最新版本（包括所有的修改单）适用于本文件。

NY/T 1305 农作物种质资源鉴定技术规程 龙眼

NY/T 2668.4 热带作物品种试验技术规程 第4部分：龙眼

农业部公告 2012 年第 2 号 农业植物品种命名规定

3 审定要求

3.1 基本要求

3.1.1 品种来源明确，无知识产权纠纷。

3.1.2 品种名称应符合农业部公告 2012 年第 2 号的要求。

3.1.3 品种具有特异性、稳定性和一致性。

3.1.4 经过品种的比较试验、区域试验和生产试验，材料齐全。

3.2 目标性状要求

3.2.1 品种基本指标

可溶性固形物含量≥18％，可食率≥68％，产量、品质等主要经济性状优于对照品种或与对照品种相当。

3.2.2 品种特异性状

3.2.2.1 大果品种

果实单果重≥15 g，其他性状符合 3.2.1 条件。

3.2.2.2 高糖品种

果实可溶性固形物含量≥23％，其他性状符合 3.2.1 条件。

3.2.2.3 高可食率品种

果实可食率≥72％，其他性状符合 3.2.1 条件。

3.2.2.4 高多糖品种

果肉中多糖含量≥500 mg/(100 g·FW),其他性状符合3.2.1条件。

3.2.2.5 高产品种

产量比对照品种增产≥10%,其他性状符合3.2.1条件。

3.2.2.6 香气品种

果肉中有明显的香味,其他性状符合3.2.1条件。

3.2.2.7 早熟品种

果实成熟期与对照品种(古山二号、八一早)相当,其他性状符合3.2.1条件。

3.2.2.8 特早熟品种

果实成熟期比对照品种(古山二号、八一早)早熟≥10 d,其他性状符合3.2.1条件。

3.2.2.9 晚熟品种

果实成熟期与对照品种(松风本)相当,其他性状符合3.2.1条件。

3.2.2.10 特晚熟品种

果实成熟期比对照品种(松风本)晚熟≥10 d,其他性状符合3.2.1条件。

3.2.2.11 其他特异品种

其他特异经济性状≥1项明显优于对照品种,其他性状符合3.2.1条件。

注:提供古山二号、八一早、松风本的信息是为了方便本标准的使用,不代表对该品种的认可和推荐,经鉴定具有相应性状的其他品种均可作为对照品种。

4 判定规则

满足3.1、3.2.1中的全部要求,同时满足3.2.2中的要求≥1项,判定为符合品种审定要求。

5 审定程序

5.1 现场鉴评

5.1.1 地点确定

随机抽取申请书中提供的试验点1个~2个,作为现场鉴评地点。

5.1.2 鉴评内容及记录

现场鉴评项目和方法内容按照附录A执行,现场鉴评记录按照附录B执行。

5.1.3 综合评价

根据5.1.2的测定结果,对产量、品质、抗性等进行综合评价。

5.2 初审

5.2.1 申请品种名称

按农业部公告2012年第2号进行审查。

5.2.2 申报材料

对品种比较试验、区域试验、生产试验报告等技术材料的完整性进行审查。

5.2.3 品种试验方案

试验地点、对照品种的选择、试验设计、试验方法、试验年限,按NY/T 2668.4进行审查。

5.2.4 品种试验结果

对申请品种的植物学特征、生物学特性、主要经济性状(包括果实品质、丰产性、稳产性、适应性、抗性等)和生产技术要点,以及结果的完整性、真实性和准确性等进行审查。

5.2.5 初审意见

依据5.2.1、5.2.2、5.2.3、5.2.4的审查情况,结合现场鉴评结果,对品种进行综合评价,提出初审意见。

5.3 终审

对申报书、现场鉴评综合评价结果、初审结果进行综合审定,提出终审意见,并进行无记名投票表决,赞成票超过与会专家总数 2/3 以上的品种,通过审定。

附 录 A
（规范性附录）
龙眼品种审定现场鉴评内容

A.1 观测项目

现场观测项目见表 A.1。

表 A.1 观测项目

内容	观测记载项目
基本情况	地点、经纬度、海拔、坡向、试验点面积、管理水平、繁殖方式、砧木品种、种植年限、定植或高接年份、株行距、土壤类型、土质
主要植物学特征	树势、树高、冠幅、干周、果穗重、穗粒数
品质特性	单果重、果皮颜色、可食率、果实整齐度、果实形状、果肉颜色、流汁程度、离核难易、汁液、果肉质地、化渣程度、风味、香味、可溶性固形物含量
丰产性	株产、亩产
其他	

A.2 观测方法

A.2.1 基本情况

A.2.1.1 试验地概况

调查试验地概况，主要包括地点、经纬度、海拔、坡向、试验点面积、土壤类型、土质。

A.2.1.2 管理水平

考察试验地管理水平，分为精细、中等、粗放。

A.2.1.3 繁殖方式

调查试验树采用的繁殖方式，分为小苗嫁接、高空压条、高接换种、其他。

A.2.1.4 砧木品种与种植年限

调查试验树采用砧木的品种与种植年限。

A.2.1.5 定植或高接年份

调查试验树定植或高接的年份。

A.2.1.6 株行距

测量小区内的株距和行距，精确到 0.1 m。

A.2.1.7 种植密度

根据 A.2.1.6 数据计算种植密度。精确到 0.1 株/亩。

A.2.1.8 管理水平

根据试验园区管理情况判断管理水平，包括精细、中等、粗放。

A.2.2 植物学特性

A.2.2.1 冠幅

每小区选取生长正常的植株，测量植株树冠东西向、南北向的宽度，精确到 0.1 m。

A.2.2.2 树高

用 A.2.2.1 的样本,测量植株高度,精确到 0.1 m。

A.2.2.3 干周

用 A.2.2.1 的样本,测量植株主干离地 20 cm 处的粗度,精确到 0.1 cm。

A.2.2.4 树势、果穗重、穗粒数

按 NY/T 1305 的规定执行。

A.2.3 品质性状

按 NY/T 1305 的规定执行。

A.2.4 丰产性

A.2.4.1 株产

果实成熟时,每小区随机选取生长正常的植株 1 株或以上,采摘全树果穗,称量果穗重量,精确到 0.1 kg。

A.2.4.2 亩产

根据 A.2.1.7 结果,计算亩定植株数,根据单株产量和亩株数计算亩产,精确到 0.1 kg。

A.2.5 其他

可根据小区内发生的病害、虫害、寒害等具体情况加以记载。

附 录 B

（规范性附录）

龙眼品种现场鉴评记录表

表 B.1 规定了龙眼品种现场鉴评记录表格式。

表 B.1　龙眼品种现场鉴评记录表

日期：_____年_____月_____日

基本情况：_____省_____市（区、县）_____镇（乡）

经度：_____°___′___″　　　纬度：_____°___′___″　　　海拔：_____m

坡向：_____　　　　　　面积：___亩　　　　　　土壤类型和土质：_____

测试项目	申请品种				对照品种			
品种名称								
管理水平	1. 精细；2. 中等；3. 粗放							
株行距，m								
种植密度，株/亩								
繁殖方式	1. 小苗嫁接；2. 高空压条；3. 高接换种；4. 其他				1. 小苗嫁接；2. 高空压条；3. 高接换种；4. 其他			
砧木品种与种植年限								
定植或高接年限，年								
树势	1. 强；2. 中；3. 弱				1. 强；2. 中；3. 弱			
树号	1	2	3	平均	1	2	3	平均
株高，m								
冠幅，m								
干周，cm								
株产，kg								
亩产，kg								
果穗重，g								
穗粒数，粒/穗								
单果重，g								
可溶性固形物含量，%								
可食率，%								
果实整齐度	1. 好；2. 中；3. 差				1. 好；2. 中；3. 差			
果皮颜色	1. 黄白色；2. 青褐色；3. 灰褐色；4. 黄褐色；5. 棕褐色；6. 赤褐色；7. 黑褐色				1. 黄白色；2. 青褐色；3. 灰褐色；4. 黄褐色；5. 棕褐色；6. 赤褐色；7. 黑褐色			
果实形状	1. 扁圆形；2. 近圆形；3. 侧扁圆形；4. 椭圆形；5. 心脏形				1. 扁圆形；2. 近圆形；3. 侧扁圆形；4. 椭圆形；5. 心脏形			
果肉颜色	1. 蜡白色；2. 乳白色；3. 乳白色带血丝；4. 黄白色；5. 粉红色				1. 蜡白色；2. 乳白色；3. 乳白色带血丝；4. 黄白色；5. 粉红色			
流汁程度	1. 不流汁；2. 稍流汁；3. 流汁				1. 不流汁；2. 稍流汁；3. 流汁			
离核难易	1. 难（黏核）；2. 较易（较易离核）；3. 易（易离核）				1. 难（黏核）；2. 较易（较易离核）；3. 易（易离核）			
汁液	1. 少；2. 中；3. 多				1. 少；2. 中；3. 多			
果肉质地	1. 细嫩；2. 软韧；3. 稍脆；4. 韧脆；5. 脆；6. 爽脆				1. 细嫩；2. 软韧；3. 稍脆；4. 韧脆；5. 脆；6. 爽脆			
化渣程度	1. 不化渣；2. 较化渣；3. 化渣				1. 不化渣；2. 较化渣；3. 化渣			
风味	1. 淡甜；2. 甜；3. 浓甜				1. 淡甜；2. 甜；3. 浓甜			

表 B.1（续）

测试项目	申请品种	对照品种
香味	1. 无;2. 淡;3. 浓;4. 异味	1. 无;2. 淡;3. 浓;4. 异味
其他		

组长：　　　　　成员：

注 1:测量株数 3 株~5 株。

注 2:抽取方式:随机抽取。

注 3:根据测产单株产量及亩定植株数计算亩产量。

附加说明:

NY/T 2667《热带作物品种审定规范》为系列标准:

——第 1 部分:橡胶树;

——第 2 部分:香蕉;

——第 3 部分:荔枝;

——第 4 部分:龙眼。

本部分是 NY/T 2667 的第 4 部分。

本部分按照 GB/T 1.1—2009 给出的规则起草。

本部分由中华人民共和国农业部提出。

本部分由农业部热带作物及制品标准化技术委员会归口。

本部分起草单位:福建省农业科学院果树研究所、中国农垦经济发展中心。

本部分主要起草人:郑少泉、蒋际谋、陈秀萍、孙娟、姜帆、胡文舜、邓朝军、陈明文、黄爱萍、许家辉、许奇志。

中华人民共和国农业行业标准

热带作物品种试验技术规程　第1部分:橡胶树

Regulations for the variety tests of tropical crops—
Part 1:Rubber tree

NY/T 2668.1—2014

1　范围

本部分规定了橡胶树(Hevea brasiliensis,Muell.-Arg.)品种比较试验、区域试验和抗寒前哨试验的方法。

本部分适用于橡胶树的品种试验。

2　规范性引用文件

下列文件对于本文件的应用是必不可少的。凡是注日期的引用文件,仅注日期的版本适用于本文件。凡是不注日期的引用文件,其最新版本(包括所有的修改单)适用于本文件。

NY/T 221　橡胶树栽培技术规程

NY/T 607　橡胶树育种技术规程

NY/T 1088　橡胶树割胶技术规程

NY/T 1089　橡胶树白粉病测报技术规程

NY/T 1314　农作物种质资源鉴定技术规程　橡胶树

3　品种比较试验

3.1　试验点选择

在海南、云南、广东等主要植胶区进行试验。试验点应具有生态与生产代表性,试验地土壤类型和肥力应相对一致。

3.2　试验年限

正常割胶≥5年,但国外引进的推广级品种正常割胶≥3年。

3.3　对照品种

根据不同育种目标及植胶类型区确定对照品种。

——丰产性和速生性:云南植胶区为 GT1、RRIM600、云研 77-4 等,广东植胶区为 GT1、PR107 等,海南植胶区东部、南部重风区为 PR107、热研 7-33-97 等,其他地区为 RRIM600 或热研 7-33-97等;

——抗寒性:云南植胶区为 GT1、云研 77-4、93-114 等,广东植胶区为 GT1、云研 77-4、93-114 等;

——抗风性:为 PR107、热研 7-33-97 等;

——抗病性:白粉病为 RRIC52 等,炭疽病为热研 88-13 等。

3.4　试验设计

采用随机区组或改良对比法设计,重复≥3次。每小区约60株,中心记录株数≥30株。株距2.5 m~3 m,行距6 m~10 m。

3.5 胶园管理

栽培管理按NY/T 221的要求执行,割胶管理按NY/T 1088的要求执行。

3.6 观测记载项目及方法

按附录A的要求执行。

3.7 试验总结

试验结束后,对试验数据进行统计分析及综合评价,对试验品种主要植物学特征、生物学特性、产量、生长量及抗逆性做出鉴定,参照附录B撰写年度报告。

4 品种区域试验

4.1 试验点选择

在海南、云南、广东等橡胶树主栽区的2个或以上生态类型区开展区域试验,每个生态区设置不少于2个试验点。试验点应具有生态与生产代表性。试验地土壤类型和肥力应相对一致。

4.2 试验年限

正常割胶≥3年,但国外引进的推广级品种正常割胶≥2年。

4.3 对照品种

按3.3的要求执行。

4.4 试验设计

采用随机区组法或改良对比法设计,每个试验品种种植≥100株,带状种植。种植密度依据立地条件和参试单位的生产常规确定。

4.5 胶园管理

按3.5的要求执行。

4.6 观测记载项目及方法

按附录A的要求执行。

4.7 试验总结

试验结束后,对试验数据进行统计分析及综合评价,对试验品种产量、生长量及抗逆性做出鉴定,并总结主要栽培技术要点,参照附录B撰写年度报告。

5 抗寒前哨试验

5.1 试验实施原则

以抗寒为育种目标的品种选育应进行品种抗寒前哨试验。

5.2 试验点选择

选择植胶区寒害多发地带进行试验,试验地土壤类型和肥力应相对一致。

5.3 试验年限

定植起2年~3年,且经历一次对照品种平均级别为0.5级或以上的寒害。

5.4 对照品种

辐射低温多发区为云研77-4、GT1,平流低温多发区为93-114。

5.5 试验设计

采用随机区组设计,重复≥3次。每小区5株,株距为1 m,行距为1 m。

5.6 栽培管理

按 NY/T 221 的要求执行。

5.7 抗寒性鉴定

按 NY/T 607 的要求执行,观测记录项目按附录 C 执行。

5.8 试验品种测评报告

根据试验结果,对试验品种的抗寒能力进行总结评价。

附 录 A
(规范性附录)
橡胶树品种比较试验(区域试验)观测项目与记载标准

A.1 基本情况

A.1.1 试验地概况

主要包括地理位置、地形、坡度、坡向、海拔、土壤类型等情况。

A.1.2 气象资料

主要包括气温、降水量、无霜期、极端温度以及灾害天气等。

A.1.3 栽培管理

主要包括整地、土壤处理、抚管措施等。

A.2 观测项目和鉴定方法

A.2.1 观测项目

观测项目见表 A.1。

表 A.1 观测项目

性状	观测项目
主要植物学特征	叶篷形状、叶片、蜜腺等
生物学特性	抽叶期,春花期,落叶期等。树围生长量、树皮厚度、生长习性
产量	株产干胶,亩产干胶等
抗逆性	抗风性、抗寒性、抗病性等
副性状	死皮停割率、早凝及长流、胶乳颜色、胶乳 pH 等

A.2.2 鉴定方法

A.2.2.1 主要植物学特征

按 NY/T 1314 的要求执行。

A.2.2.2 生物学特性

抽叶期,当观测的植株上叶片出现 5% 叶片为古铜期时,为抽叶始期,出现 50% 以上叶片为淡绿时为抽叶盛期;春花,观测林段内有 5% 植株开花时为开花始期,50% 以上植株开花时为开花盛期;落叶期,全株约有 5% 的叶子脱落时为落叶始期,全株有 30%~50% 的叶片脱落时,为落叶盛期。生长特性鉴定按 NY/T 607 的要求执行。

A.2.2.3 产量

按 NY/T 607 和 NY/T 1088 的要求执行。

A.2.2.4 抗逆性

按 NY/T 607 的要求执行。

A.2.2.5 副性状

——割胶性状:死皮停割率按 NY/T 607 执行;胶乳早凝指在正常割胶的情况下,较对照品种提早凝固明显,此处填写是或否;胶乳长流指在正常割胶条件下,正常收胶后仍有较长时间有流胶现象,此处填写是或否。

——胶乳性状:胶乳颜色判定标准按 NY/T 1314 执行;胶乳 pH 测定,取胶乳样品与玻璃片上,用洁净干燥的玻璃棒蘸取待测液点滴于试纸的中部,观察变化稳定后的颜色,与标准比色卡对比,判断胶乳 pH。

A.3 记载项目

A.3.1 基本资料

橡胶树品种比较试验(区域试验)基本资料登记见表 A.2。

表 A.2 橡胶树品种比较试验(区域试验)基本资料登记表

试验类型					
参试品种					
对照品种					
生态类型区					
试验地点					
重复数					
株行距,m					
种植材料					
种植株数	E		种植面积,亩	E	
	CK			CK	
中心小区株数	E		中心小区面积,亩	E	
	CK			CK	
开割年份	E				
	CK				
开割率,%	E				
	CK				

注:表中 E 代表试验品种,CK 为对照品种。

A.3.2 橡胶树品种植物学特征和生物学特性

品种比较试验中橡胶树品种植物学特征和生物学特性记录见表 A.3。

表 A.3 橡胶树品种植物学特征和生物学特性记录表

观测项目		参试品种	对照品种
植物学特征	叶痕形状		
	托叶痕着生形态		
	鳞片痕和托叶痕联成的形状		
	芽眼形态		
	芽眼与叶痕距离,cm		
	叶篷形状		
	大叶柄形状		
	叶枕伸展状态		
	叶枕沟		
	叶枕膨大形态		
	小叶柄形态		
	小叶柄长度,cm		
	小叶柄沟		
	小叶枕膨大		
	小叶枕膨大长度		
	蜜腺形态		
	腺点着生状态		

表 A.3（续）

观测项目		参试品种	对照品种
植物学特征	腺点排列方式		
	腺点边缘		
	腺点面形态		
	叶形		
	叶基形状		
	两侧小叶基外缘形态		
	叶端形状		
	叶缘波浪		
	叶面光滑状况		
	叶面光泽		
	叶片颜色		
	三小叶间距		
	胶乳颜色		
生物学特性	抽叶期 始期		
	抽叶期 盛期		
	春花 始期		
	春花 盛期		
	落叶期 始期		
	落叶期 盛期		

A.3.3 橡胶树品种年生长及产量

品种比较试验(区域试验)中橡胶树品种年生长及产量统计见表 A.4。

表 A.4 橡胶树品种年生长及产量统计表

项目	品种	时间(年)											平均
		1	2	3	4	5	6	7	8	9	10	11	
开割前树围,cm	E												
	CK												
开割后树围,cm	E												
	CK												
树皮厚度,cm	原生皮 E												
	原生皮 CK												
	次生皮 E												
	次生皮 CK												
测产株数[a]	E												
	CK												
割胶刀数	E												
	CK												
割胶制度[b]													
干胶含量,%	E												
	CK												
株产	E,kg												
	CK,kg												
	E/CK,%												
亩产	E,kg												
	CK,kg												
	E/CK,%												

注:表中 E 代表试验品种,CK 为对照品种。

[a]　测产株数为正常割胶株数。

[b]　割胶制度为不同年份所采用的割胶制度,若有使用刺激割胶,标明用法与浓度。

A.3.4 橡胶树品种抗逆性及副性状

品种比较试验(区域试验)中橡胶树品种抗性、副性状及生物学特性统计见表 A.5。

表 A.5 橡胶树品种抗逆性及副性状统计表

统计观察期		抗性							割胶性状			胶乳	
		抗风性		抗寒性			抗病性		死皮停割率%	早凝	长流	颜色	pH
		存树率%	断倒率%	树干	割面	茎基	白粉病	炭疽病					
年	E												
	CK												
年	E												
	CK												
注:表中 E 代表试验品种,CK 为对照品种。白粉病判定标准按 NY/T 1089 的规定执行。													

附　录　B

（规范性附录）

橡胶树品种区域试验年度报告

B.1　概述

本附录给出了《橡胶树品种区域试验年度报告》格式。

B.2　报告格式

橡胶树品种区域试验年度报告

（　　　年度）

试验类型：＿＿＿＿＿＿＿＿＿＿＿＿＿＿＿＿＿

试验地点：＿＿＿＿＿＿＿＿＿＿＿＿＿＿＿＿＿

承担单位：＿＿＿＿＿＿＿＿＿＿＿＿＿＿＿＿＿

试验负责人：＿＿＿＿＿＿＿＿＿＿＿＿＿＿＿＿＿

试验执行人：＿＿＿＿＿＿＿＿＿＿＿＿＿＿＿＿＿

通信地址：＿＿＿＿＿＿＿＿＿＿＿＿＿＿＿＿＿

邮政编码：＿＿＿＿＿＿＿＿＿＿＿＿＿＿＿＿＿

联系电话：＿＿＿＿＿＿＿＿＿＿＿＿＿＿＿＿＿

电子信箱：＿＿＿＿＿＿＿＿＿＿＿＿＿＿＿＿＿

B.3 项目基本情况

B.3.1 试验地基本情况

经度：_____ °_____ '_____ "，纬度：_____ °_____ '_____ "，海拔：_____ m，年平均

气温：_____℃，最冷月气温：_____℃，最低气温：_____℃，年降水

量：_____mm。

坡度：_____ °，坡向：_____，土壤类型：_____。

特殊气候及各种自然灾害对供试品种生长和产量的影响以及补救措施：_____

_____。

B.3.2 田间试验设计

参试品种：_____个，对照品种：_____，重复：_____次，行距：_____m，株

距：_____m，试验面积：_____亩。

B.4 田间抚管

施肥：_____

除草：_____

病虫害防治：_____

其他特殊处理：_____

B.5 橡胶树品种综合表现(包括生长、产量及副性状)

橡胶树品种性状统计表见表 B.1。

表 B.1 橡胶树品种性状统计表

序号	试验代号	品种名称	定植株数	现存株数	茎围增粗 cm	平均株产 kg	平均亩产 kg	自然灾害损失情况

B.6 品种综合评价(包括品种特征特性、优缺点等)

橡胶树品种综合评价表见表 B.2。

表 B.2 橡胶树品种综合评价表

代号	品种名称	综合评价

B.7 栽培技术要点

_____

B.8 本年度试验评述(包括试验进行情况、准确程度、存在问题等)

_____

B.9 对下年度试验工作的意见和建议

_____

附　录　C
（规范性附录）
橡胶树品种抗寒前哨试验观测记载表

橡胶树品种抗寒前哨试验观测记载表见表 C.1。

表 C.1　橡胶树品种抗寒前哨试验观测记载表

试验地点		省＿＿市＿＿县＿＿乡(村)经度＿＿°＿＿'＿＿"纬度＿＿°＿＿'＿＿"
立地条件		
气象资料[a]		
寒害类型		
参试品种		
对照品种		
定植时间		
种植材料		
栽培管理		
越冬前生长情况及物候期		
寒害症状	E	
	CK	
平均寒害级别	E	
	CK	
寒害恢复情况	E	
	CK	
抗寒能力评价		
注:表中 E 代表参试品种,CK 为对照品种。		
[a]　气象资料主要记载记录降温性状,时间长短,极端低温等项目。		

附加说明：

NY/T 2668《热带作物品种试验技术规程》为系列标准：

——第1部分:橡胶树；

——第2部分:香蕉；

——第3部分:荔枝；

——第4部分:龙眼；

…………

本部分为 NY/T 2668 的第1部分。

本部分按照 GB/T 1.1—2009 给出的规则起草。

本部分由中华人民共和国农业部提出。

本部分由农业部热带作物及制品标准化技术委员会归口。

本部分起草单位:中国热带农业科学院橡胶研究所、中国农垦经济发展中心。

本部分主要起草人:李维国、张晓飞、杨萍、黄华孙、高新生、吴春太、王祥军。

中华人民共和国农业行业标准

热带作物品种试验技术规程 第 2 部分：香蕉

Regulations for the variety tests of tropical crops—
Part 2：Banana

NY/T 2668.2—2014

1 范围

本部分规定了香蕉（*Musa* spp.）的品种比较试验、区域试验和生产试验的方法。

本部分适用于香蕉品种试验。

2 规范性引用文件

下列文件对于本文件的应用是必不可少的。凡是注日期的引用文件，仅注日期的版本适用于本文件。凡是不注日期的引用文件，其最新版本（包括所有的修改单）适用于本文件。

GB 4285 农药安全使用标准

GB/T 6195 水果、蔬菜维生素 C 含量测定法（2,6-二氯靛酚滴定）

GB/T 8321（所有部分） 农药合理使用准则

GB/T 12456 食品中总酸的测定

NY/T 357 香蕉 组培苗

NY/T 1278 蔬菜及其制品中可溶性糖的测定 铜还原碘量法

NY/T 1319 农作物种质资源鉴定技术规程 香蕉

NY/T 1475 香蕉病虫害防治技术规范

NY/T 1689 香蕉种质资源描述规范

NY/T 2120 香蕉无病毒种苗生产技术规范

NY/T 5022 无公害食品 香蕉生产技术规程

3 品种比较试验

3.1 试验点选择

试验地点应能代表所属生态类型区的气候、土壤、栽培条件和生产水平，选择光照充足、土壤肥力一致、排灌方便的地块。

3.2 对照品种

对照品种应是同一栽培类型，当地已登记或审定的品种，或当地生产上公知公用的品种，或在育种目标性状上表现最突出的现有品种。

3.3 试验设计与实施

完全随机设计或随机区组设计，3 次重复；同类型参试品种、对照品种作为同一组别，安排在同一区组内；每个小区每个品种≥30 株，株距 1.5 m～2 m，行距 2 m～3 m。种苗生产按 NY/T 2120 的规定执行，种苗质量符合 NY/T 357 的要求。试验年限至少含有新植蕉和一茬宿根蕉的 2 个生长周期。

中华人民共和国农业部 2014-10-17 发布　　　　　　　　　　　　　　　　　　2015-01-01 实施

3.4 观测记载与鉴定评价

按附录 A 的规定执行。

3.5 试验总结

对试验品种的质量性状进行描述,对数量性状如果实大小、果实质量、产量等观测数据进行统计分析,撰写品种比较试验报告。

4 品种区域试验

4.1 试验点的选择

满足 3.1 要求;根据不同品种的适应性,在 2 个或以上省区不同生态区域设置≥3 个试验点。

4.2 试验品种确定

4.2.1 对照品种

满足 3.2 要求,可根据试验需要增加对照品种。

4.2.2 品种数量

试验品种数量≥2 个(包括对照品种),当参试品种类型>2 个时,应分组设立试验。

4.3 试验设计

采用随机区组排列,3 次重复;同类型参试品种、对照品种作为同一组别,安排在同一区组内;每个小区每个品种种植面积≥0.5 亩;依据土壤肥力、生产条件、品种特性及栽培要求来确定种植密度,同一组别不同试验点的种植密度应一致。试验年限至少含有新植蕉和一茬宿根蕉的 2 个生长周期。

4.4 试验实施

4.4.1 种植时期

在当地习惯种植时期或按品种的最佳种植期种植。种苗生产按 NY/T 2120 的规定执行,种苗质量符合 NY/T 357 的要求。

4.4.2 植前准备

整地质量一致。种植前,按照 GB 4285、NY/T 1475 和 NY/T 5022 的规定执行,选用杀菌剂和杀虫剂统一处理种苗。

4.4.3 田间管理

参照 NY/T 5022 的规定执行。在同一试验点的同一组别中,同一项技术措施应在同一天内完成。果实生长期间禁止使用各种植物生长调节剂。

4.4.4 病虫草害防治

参照 GB 4285、GB/T 8321 和 NY/T 1475 的规定执行。如果需要比较试验品种的抗病、抗虫等性状,则不应对该病害、虫害进行防治。

4.4.5 收获和测产

当香蕉品种达到要求的成熟度,应及时组织收获。在同一试验点中,同一组别宜在同一天内完成。每个品种随机测产 5 株及以上的单株产量,以收获株数的平均单株产量乘以种植株数推算小区产量。计算单位面积产量时,缺株应计算在内。

4.5 观测记载与鉴定评价

按附录 A 的规定执行。主要品质指标由品种审定委员会指定或认可的专业机构进行检测。以抗逆性为育种目标的参试品种,由专业机构进行抗枯萎病、抗风等抗逆性鉴定。

4.6 试验总结

对试验数据进行统计分析及综合评价,对单位面积产量和单株产量等进行方差分析和多重比较,参照附录 B 撰写年度报告。

5 品种生产试验

5.1 试验点的选择

满足 4.1 的要求。

5.2 试验品种确定

5.2.1 对照品种

对照品种应是当地主要栽培品种,或在育种目标性状上表现较突出的现有品种,或品种审定委员会指定的品种。

5.2.2 品种数量

满足 4.2.2 的要求。

5.3 试验设计

一个试验点的种植面积≥6 亩。采用随机区组排列,3 次重复;小区内每个品种种植面积≥1 亩,依据土壤肥力、生产条件、品种特性及栽培要求确定种植密度,同一组别不同试验点的种植密度应一致。种苗生产按 NY/T 2120 的规定执行,种苗质量符合 NY/T 357 的要求。试验年限至少含有新植蕉和一茬宿根蕉的 2 个生长周期。

5.4 试验实施

5.4.1 田间管理

满足 4.4.3 的要求。

5.4.2 收获和测产

满足 4.4.5 的要求。

5.5 观测记载与鉴定评价

按 4.5 的规定执行。

5.6 试验总结

对试验数据进行统计分析及综合评价,对单位面积产量和单株产量等进行方差分析和多重比较,并总结出生长技术要点,撰写生产试验报告。

附　录　A
（规范性附录）
香蕉品种试验观测项目与记载标准

A.1　基本情况

A.1.1　试验地概况

主要包括地理位置、地形、坡度、坡向、海拔、土壤类型和性状、基肥及整地等情况。

A.1.2　气象资料

主要包括年平均日照总时数、年平均太阳总辐射量、年平均气温、年总积温、年均降水量、无霜期以及灾害天气等。

A.1.3　种苗情况

组培苗来源、质量、定植时间等。

A.1.4　田间管理情况

包括除草、灌溉、施肥、病虫害防治、立桩、断蕾、疏花疏果、抹花、套袋等。

A.2　香蕉品种试验田间观测项目和记载标准

A.2.1　田间观测项目

田间观测项目见表 A.1。

表 A.1　田间观测项目

内　　容	记载项目
植物学特征	假茎：树势、假茎高度、假茎基部粗度、假茎中部粗度、假茎颜色、假茎色斑 叶片：叶姿、叶柄基部斑块、叶柄基部斑块颜色、叶柄长度、叶片长度、叶片宽度 果穗：果穗形状、果穗结构、梳形、果穗长度、果穗粗度、果穗梳数、最大梳果指数、第三梳果指数、总果指数 果指：果顶形状、果指弯行、果形、果指长度、果指粗度、果柄长度、果柄粗度、生果皮颜色、果指横切面、单果重、熟果皮颜色、熟果脱把、果皮厚度、剥皮难易、果皮开裂
生物学特性	定植至抽蕾期间抽生的叶片总数、定植至现蕾时间、定植至收获时间、宿根蕉生长周期、抽蕾期青叶数、收获期青叶数、总叶片数
品质特性	熟果肉颜色、可食率、货架期、风味、果肉香味、果肉质地、可溶性固形物含量、可溶性糖含量、可滴定酸含量、维生素 C 含量
丰产性	单株产量、亩产量
抗逆性	抗风性、抗枯萎病和其他抗逆性
其他	

A.2.2　鉴定方法

A.2.2.1　植物学特征

按 NY/T 1319 的规定执行。

A.2.2.2　生物学特性

按 NY/T 1319 的规定执行。

A.2.2.3　品质特性

A.2.2.3.1 果肉质地

可食用果肉质地粗细、口感硬软,按 NY/T 1689 的规定执行。

A.2.2.3.2 可溶性固形物含量

可按折射仪法或相近方法测定,用％表示,精确到 0.1％。

A.2.2.3.3 可溶性糖含量

按 NY/T 1278 的规定执行。

A.2.2.3.4 可滴定酸含量

按 GB/T 12456 的规定执行。

A.2.2.3.5 维生素 C 含量

按 GB/T 6195 的规定执行。

A.2.2.3.6 其他品质性状

按 NY/T 1319 的规定执行。

A.2.2.4 丰产性

A.2.2.4.1 单株产量

果实达九成熟时,每小区随机选取生长正常的植株 5 株,采摘果穗,称量果穗重量。结果以平均值表示,精确到 0.1 kg。

A.2.2.4.2 亩产量

测量株、行距,计算亩植株数,根据单株产量和亩株数计算折亩产量。结果以平均值表示,精确到 0.1 kg。

A.2.2.5 抗逆性

A.2.2.5.1 抗风性

记载试验区域发生 9 级以上强热带风暴危害后的植株折倒数量,根据折倒率判定抗风性强弱。

A.2.2.5.2 抗枯萎病

采用在枯萎病园种植全生育期田间鉴定方法,进行枯萎病抗性评价。选择枯萎病发病率达 80％以上的蕉园,以不抗病的主栽品种为对照,定植后每月定期记录植株枯萎病发病情况,收获时统计枯萎病发病率,连续种植观察 2 年以上(含 2 年),计算平均枯萎病发病率。

枯萎病抗性依发病率分为 5 级:高抗,发病率≤10％;抗,10％<发病率≤20％;中抗,20％<发病率≤40％;感,40％<发病率≤60％;高感,发病率>60％。

A.2.2.6 其他

根据小区内发生的其他病害、虫害和寒害等具体情况加以记载。

A.2.3 记载项目

A.2.3.1 香蕉品种比较试验田间观测记载项目

香蕉品种比较试验田间观测项目记载表见表 A.2。

表 A.2 香蕉品种比较试验田间观测项目记载表

观测项目		参试品种	对照品种	备 注
植物学特征	树势			
	假茎颜色			
	假茎色斑			
	假茎高度,m			
	假茎基部粗度,cm			
	假茎中部粗度,cm			
	叶姿			

表 A.2（续）

观测项目		参试品种	对照品种	备　注
植物学特征	叶柄长度,cm			
	叶片长度,cm			
	叶片宽度,cm			
	叶柄基部斑块			
	叶柄基部斑块颜色			
	果穗形状			
	果穗结构			
	梳形			
	果穗长度,cm			
	果穗粗度,cm			
	果穗梳数,穗/梳			
	最大梳果指数,根/梳			
	第三梳果指数,根/梳			
	总果指数,根/穗			
	果顶形状			
	果指弯形			
	果形			
	果指长度,cm			
	果指粗度,cm			
	果柄长度,cm			
	果柄粗度,cm			
	生果皮颜色			
	果指横切面			
	单果重,g			
	熟果皮颜色			
	熟果脱把			
	果皮厚度,mm			
	剥皮难易			
	果皮开裂			
生物学特性	定植至抽蕾期间抽生的叶片总数,d			
	定植至现蕾时间,d			
	定植至收获时间,d			
	宿根蕉生长周期,d			
	抽蕾期青叶数,片/株			
	收获期青叶数,片/株			
	总叶片数,片/株			
品质特性	熟果肉颜色			
	可食率,%			
	货架期,d			
	主要风味			
	果肉香味			
	果肉质地			
	可溶性固形物含量,%			
	可溶性糖含量,%			
	可滴定酸含量,%			
	维生素 C 含量,mg/100 g			
丰产性	单株产量,kg			
	亩产量,kg			

表 A.2（续）

	观测项目	参试品种	对照品种	备 注
抗逆性	抗风性(倒伏率),%			
	枯萎病发病率,%			
	其他			
其他				

A.2.3.2 香蕉品种区域试验及生产试验田间记载项目

香蕉品种区域试验及生产试验田间观测项目记载表见表 A.3。

表 A.3 香蕉品种区域试验及生产试验田间观测项目记载表

	观测项目	参试品种	对照品种	备 注
植物学特征	树势			
	假茎高度,m			
	假茎基部粗度,cm			
	假茎中部粗度,cm			
	叶姿			
	叶柄基部斑块			
	叶柄基部斑块颜色			
	果穗形状			
	果穗结构			
	梳形			
	果穗梳数,穗/梳			
	最大梳果指数,根/梳			
	第三梳果指数,根/梳			
	总果指数,根/穗			
	果指长度,cm			
	果指粗度,cm			
	果柄长度,cm			
	果柄粗度,cm			
	单果重,g			
	熟果皮颜色			
	熟果脱把			
	果皮厚度,mm			
	果皮开裂			
生物学特性	定植至抽蕾期间抽生的叶片总数,d			
	定植至现蕾时间,d			
	定植至收获时间,d			
	宿根蕉生长周期,d			
	抽蕾期青叶数,片/株			
	收获期青叶数,片/株			
	总叶片数,片/株			
品质特性	熟果肉颜色			
	可食率,%			
	货架期,d			
	主要风味			
	果肉香味			
	果肉质地			
	可溶性固形物含量,%			
	可溶性糖含量,%			
	可滴定酸含量,%			
	维生素C含量,mg/100 g			

表 A.3（续）

	观测项目	参试品种	对照品种	备 注
丰产性	单株产量,kg			
	亩产量,kg			
抗逆性	抗风性(倒伏率),%			
	枯萎病发病率,%			
	其他			
其他				

表 A.3（续）

附 录 B

（规范性附录）

香蕉品种区域试验报告

B.1 概述

本附录给出了《香蕉品种区域试验报告》格式。

B.2 报告格式

B.2.1 封面

香蕉品种区域试验报告

（起止年月： ― ）

试验组别：_____

试验地点：_____

承担单位：_____

试验负责人：_____

试验执行人：_____

通信地址：_____

邮政编码：_____

联系电话：_____

E - mail：_____

B.2.2 地理和气象资料、数据

生态类型：_____,纬度：____°____′____″,经度：____°____′____″,海拔：_____m,年日照总时数：_____h,年太阳总辐射量：_____kJ/cm²,年平均气温：_____℃,年总积温：_____℃,年降水量：_____mm,无霜期：_____d。

特殊气候及各种自然灾害对供试品种生长和产量的影响,以及补救措施：_____

_____

B.2.3 试验地基本情况和栽培管理

B.2.3.1 基本情况

坡度：_____°,坡向：_____,土壤类型：_____。

B.2.3.2 田间设计

参试品种：_____个,对照品种：_____。详见表 B.1。

种植密度:株距_____m,行距_____m,_____株/hm² 或_____株/亩。

排列方式：_____,重复：_____次。试验面积：_____m²。

表 B.1 参试品种汇总表

代号	品种名称	选育方式	亲本来源	选育单位	联系人

B.2.3.3 栽培管理

种植日期、方式和方法：_____

补苗日期：_____

施肥：_____

灌排水：_____

断蕾：_____

套袋：_____

病虫草害防治：_____

其他特殊处理：_____

B.2.4 物候期

物候期调查汇总表见表 B.2。

表 B.2 物候期调查汇总表

调查项目	参试品种				对照品种			
	重复Ⅰ	重复Ⅱ	重复Ⅲ	平均	重复Ⅰ	重复Ⅱ	重复Ⅲ	平均
种植期,d								
定植至现蕾时间,d								
定植至收获时间,d								
宿根蕉生长周期,d								

B.2.5 主要形态特征调查表

主要形态特征调查汇总表见表 B.3。

表 B.3　主要形态特征性状调查汇总表

调查项目	参试品种				对照品种			
树势	1. 强；2. 中；3. 弱				1. 强；2. 中；3. 弱			
假茎颜色	1. 黄绿；2. 浅绿；3. 绿；4. 深绿；5. 红绿；6. 红；7. 紫红；8. 蓝；9. 褐·锈褐；10. 黑；11.____				1. 黄绿；2. 浅绿；3. 绿；4. 深绿；5. 红绿；6. 红；7. 紫红；8. 蓝；9. 褐·锈褐；10. 黑；11.____			
假茎色斑	1. 无；2. 褐·锈褐；3. 紫黑；4.____				1. 无；2. 褐·锈褐；3. 紫黑；4.____			
叶姿	1. 直立；2. 开张；3. 下垂				1. 直立；2. 开张；3. 下垂			
叶柄基部斑块	1. 无斑；2. 稀少斑点；3. 小斑块；4. 大斑块；5. 大片着色				1. 无斑；2. 稀少斑点；3. 小斑块；4. 大斑块；5. 大片着色			
叶柄基部斑块颜色	1. 褐；2. 深褐；3. 黑褐；4. 紫黑；5. 棕红；6.____				1. 褐；2. 深褐；3. 黑褐；4. 紫黑；5. 棕红；6.____			
	重复Ⅰ	重复Ⅱ	重复Ⅲ	平均	重复Ⅰ	重复Ⅱ	重复Ⅲ	平均
假茎高度,cm								
假茎基周,cm								
假茎中周,cm								
叶柄长度								
叶片长度								
叶片宽度								
现蕾期青叶数,片/株								
采收时青叶数,片/株								
植株抽生总叶数,片/株								

B.2.6　产量和商品性状

香蕉产量性状调查汇总表见表 B.4,果实商品性状调查汇总表见表 B.5。

表 B.4　香蕉产量性状调查结果汇总表

代号	品种名称	重复	收获小区		单株产量 kg	亩产量 kg	平均亩产 kg	比对照增减 %	显著性测定	
			株距,m	行距,m					0.05	0.01
		Ⅰ								
		Ⅱ								
		Ⅲ								
		Ⅰ								
		Ⅱ								
		Ⅲ								

香蕉果实商品性状调查汇总表见表 B.5。

表 B.5　香蕉果实商品性状调查汇总表

调查项目	参试品种				对照品种			
	重复Ⅰ	重复Ⅱ	重复Ⅲ	平均	重复Ⅰ	重复Ⅱ	重复Ⅲ	平均
果穗梳数,梳/穗								
最大梳果指数,根/梳								
第三梳果指数,根/梳								
总果指数,根/穗								
单果重,g								
果指长,cm								
果指粗,cm								
果柄长,cm								
裂果率,%								

表 B.5（续）

调查项目	参试品种				对照品种			
	重复Ⅰ	重复Ⅱ	重复Ⅲ	平均	重复Ⅰ	重复Ⅱ	重复Ⅲ	平均
果皮厚度,mm								
可食率,%								
货架期,d								
果穗结构	1. 疏松;2. 紧凑;3. 很紧凑				1. 疏松;2. 紧凑;3. 很紧凑			
梳形	1. 整齐;2. 较整齐;3. 不整齐				1. 整齐;2. 较整齐;3. 不整齐			
果顶形状	1. 尖;2. 长尖;3. 钝尖;4. 瓶颈状;5. 圆				1. 尖;2. 长尖;3. 钝尖;4. 瓶颈状;5. 圆			
果指弯行	1. 直;2. 微弯;3. 弯;4. 末端直;5.S 形弯曲				1. 直;2. 微弯;3. 弯;4. 末端直;5.S 形弯曲			
果形	1. 圆形;2. 长柱行;3. 葫芦形;4. 椭圆形				1. 圆形;2. 长柱行;3. 葫芦形;4. 椭圆形			
果指横切面	1. 棱角明显;2. 微具棱角;3. 圆形				1. 棱角明显;2. 微具棱角;3. 圆形			
生果皮颜色	1. 黄;2. 绿白;3. 灰绿;4. 浅绿;5. 绿;6. 深绿;7. 绿并有褐或锈褐;8. 绿并有粉红、红或紫;9. 粉红,红或紫;10.____				1. 黄;2. 绿白;3. 灰绿;4. 浅绿;5. 绿;6. 深绿;7. 绿并有褐或锈褐;8. 绿并有粉红、红或紫;9. 粉红,红或紫;10.____			
熟果皮颜色	1. 黄;2. 金黄;3. 橙;4. 灰黄;5. 黄并有褐锈斑;6. 紫红并有黄;7. 紫红;8.____				1. 黄;2. 金黄;3. 橙;4. 灰黄;5. 黄并有褐锈斑;6. 紫红并有黄;7. 紫红;8.____			
熟果肉颜色	1. 蜡白色;2. 乳白色;3. 乳白色带血丝;4. 黄白色;5. 粉红色;6.____				1. 蜡白色;2. 乳白色;3. 乳白色带血丝;4. 黄白色;5. 粉红色;6.____			
熟果脱把	1. 脱把;2. 不脱把				1. 脱把;2. 不脱把			
剥皮难易	1. 易剥离;2. 不易剥离				1. 易剥离;2. 不易剥离			
果皮开裂	1. 无开裂;2. 有开裂				1. 无开裂;2. 有开裂			

B.2.7 品质测试和品质评价

香蕉果实品质测试结果汇总表见表 B.6,果实品质评价汇总表见表 B.7。

表 B.6 香蕉果实品质测试结果汇总表

品种名称	重复	可溶性固形物含量,%	可溶性糖含量,%	可滴定酸含量,%	维生素 C,mg/100 g
参试品种	Ⅰ				
	Ⅱ				
	Ⅲ				
	平均				
对照品种	Ⅰ				
	Ⅱ				
	Ⅲ				
	平均				

表 B.7 果实品质评价表

评价项目	参试品种	对照品种
果肉质地	1. 结实且含纤维;2. 结实且粗;3. 结实且细腻;4. 结实且滑口;5. 结实且粉质;6. 柔软且细腻;7. 柔软且滑口;8. 柔软且黏稠	1. 结实且含纤维;2. 结实且粗;3. 结实且细腻;4. 结实且滑口;5. 结实且粉质;6. 柔软且细腻;7. 柔软且滑口;8. 柔软且黏稠
风味	1. 涩;2. 淡味或稍甜;3. 淡甜;4. 甜;5. 浓甜;6. 甜带微酸;7. 甜带酸	1. 涩;2. 淡味或稍甜;3. 淡甜;4. 甜;5. 浓甜;6. 甜带微酸;7. 甜带酸
香味	1. 无香;2. 微香;3. 香;4. 浓香;5. 有异香味	1. 无香;2. 微香;3. 香;4. 浓香;5. 有异香味
品质评价	1. 优;2. 良好;3. 中;4. 差	1. 优;2. 良好;3. 中;4. 差
注:品质评价至少请 5 名代表品尝评价。		

B.2.8 抗逆性

香蕉抗逆性评价汇总表见表 B.8。

表 B.8 香蕉抗逆性评价汇总表

评价项目		参试品种		对照品种
抗风性	倒伏率,%	1. 很强;2. 强;3. 中等;4. 弱;5. 很弱	倒伏率,%	1. 很强;2. 强;3. 中等;4. 弱;5. 很弱
枯萎病抗性	发病率,%	1. 高抗;2. 抗;3. 中抗;4. 感;5. 高感	发病率,%	1. 高抗;2. 抗;3. 中抗;4. 感;5. 高感
其他抗逆性				

B.2.9 其他特征特性

_____。

B.2.10 品种综合评价

包括品种主要的特征特性、优缺点和推荐审定等见表 B.9。

表 B.9 品种综合评价表

代号	品种名称	综合评价

B.2.11 本试验评述(包括试验进行情况、准确程度、存在问题等)

B.2.12 对下一试验周期工作的意见和建议

B.2.13 附年度专家测产结果

_____

附加说明：

NY/T 2668《热带作物品种试验技术规程》为系列标准：

——第1部分:橡胶树;

——第2部分:香蕉;

——第3部分:荔枝;

——第4部分:龙眼;

············

本部分为 NY/T 2668 的第 2 部分。

本部分按照 GB/T 1.1—2009 给出的规则起草。

本部分由中华人民共和国农业部提出。

本部分由农业部热带作物及制品标准化技术委员会归口。

本部分起草单位:广东省农业科学院果树研究所、中国农垦经济发展中心。

本部分主要起草人:易干军、盛鸥、魏岳荣、陈明文、胡春华、李春雨、杨乔松、邝瑞彬。

中华人民共和国农业行业标准

热带作物品种试验技术规程 第3部分：荔枝

Regulations for the variety tests of tropical crops—
Part 3：Litchi

NY/T 2668.3—2014

---

1 范围

本标准规定了荔枝（*Litchi chinensis* Sonn.）的品种比较试验、区域试验和生产试验的方法。

本标准适用于荔枝品种试验。

2 规范性引用文件

下列文件对于本文件的应用是必不可少的。凡是注日期的引用文件，仅注日期的版本适用于本文件。凡是不注日期的引用文件，其最新版本（包括所有的修改单）适用于本文件。

GB 4285 农药安全使用标准

GB/T 6195 水果、蔬菜维生素C测定法（2,6-二氯靛酚滴定法）

GB/T 12456 食品中总酸的测定

NY/T 355 荔枝 种苗

NY/T 1478 荔枝病虫害防治技术规范

NY/T 1691 荔枝、龙眼种质资源描述规范

NY/T 2329 农作物种质资源鉴定评价技术规范 荔枝

NY/T 5174 无公害食品 荔枝生产技术规程

3 品种比较试验

3.1 试验点选择

试验地点应能代表所属生态类型区的气候、土壤、栽培条件和生产水平；选择光照充足、土壤肥力一致、排灌方便的地块。

3.2 对照品种

对照品种应是成熟期接近、当地已登记或审定的品种，或当地生产上公知公用的品种，或在育种目标性状上表现最突出的现有品种。

3.3 试验设计和实施

完全随机设计或随机区组设计，3次重复。同类型参试品种、对照品种作为同一组别，安排在同一区组内。每个小区每个品种≥5株，株距3 m～7 m，行距4 m～8 m；试验区的肥力一致，采用当地大田生产相同的栽培管理措施。试验年限≥2个生产周期。试验区内各项管理措施要求及时、一致。同一试验的每一项田间操作应在同一天内完成。

3.4 观测记载与鉴定评价

按附录A的规定执行。

中华人民共和国农业部 2014-10-17发布 2015-01-01实施

3.5 试验总结

对试验品种的质量性状进行描述,对数量性状如果实大小、果实质量、产量等观测数据进行统计分析,撰写品种比较试验报告。

4 品种区域试验

4.1 试验点的选择

4.1.1 应根据不同品种的适应性,在 2 个以上省区不同生态区域设置≥3 个试验点。

4.1.2 满足 3.1 要求。

4.2 试验品种确定

4.2.1 对照品种

满足 3.2 要求,根据试验需要可增加 1 个辅助对照品种。

4.2.2 品种数量

参试品种数量≥2 个(包括对照在内),当参试品种类型＞2 个时,应分组设立试验。

4.3 试验设计

采用随机区组排列,3 次重复。小区内每个品种≥5 株。区组排列方向应与试验地的坡度或肥力梯度方向一致。试验年限自正常开花结果起≥2 个生产周期。

4.4 试验实施

4.4.1 种植或高接换种

在当地适宜时期,开始种植或高接换种。同一组别不同试验点的种植或高接换种时期应一致。苗木质量应符合 NY/T 355 要求。

4.4.2 植前准备

整地质量一致。种植前,按照 GB 4285 和 NY/T 1478,选用杀虫(螨)剂和杀菌剂统一处理种苗。

4.4.3 种植密度

依据土壤肥力、生产条件、品种(品系)特性及栽培要求来确定,株距 3 m～7 m,行距 4 m～8 m。同一组别不同试验点的种植密度应一致。

4.4.4 田间管理

田间管理参照 NY/T 5174 的规定进行。种植或高接换种后检查成活率,及时补苗或补接。田间管理水平应与当地中等生产水平相当。及时施肥、培土、除草、排灌、剪修、除虫等。果实发育期间禁止使用各种植物生长调节剂。

在进行田间操作时,在同一试验点的同一组别中,同一项技术措施应在同一天内完成。试验过程中应及时采取有效的防护措施。

4.4.5 病虫草害防治

在果实发育期间,根据田间病情、虫情和草情,选择高效、低毒的药剂防治,使用农药应符合 GB 4285 和 NY/T 1478 的要求。

4.4.6 收获和测产

当荔枝品种(品系)达到要求的成熟期,应及时组织收获,同一组别不同试验点的收获时期应控制在本组要求范围内。在同一试验点中,同一组别宜在同一天内完成。每个品种随机测产≥3 株的单株产量,以收获株数的平均单株质量乘以种植株数推算小区产量。计算单位面积产量时,缺株应计算在内。

4.5 观测记载与鉴定评价

按附录 A 的规定执行。主要品质指标由品种审定委员会指定或认可的专业机构进行检测。以抗性为育种目标的品种,由专业机构进行抗病性、抗虫性等抗性鉴定。

4.6 试验总结

对试验数据进行统计分析及综合评价,对单位面积产量、株产、穗重和单果重等进行方差分析和多重比较,并参照附录 B 的规定撰写年度报告。

5 品种生产试验

5.1 试验点的选择

满足本规程 4.1.1 中的要求。

5.2 试验品种确定

5.2.1 对照品种

参试对照品种应是当地主要栽培品种,或在育种目标性状上表现较突出的现有品种,或品种审定委员会指定的品种。

5.2.2 品种数量

满足本规程 4.2.2 中的要求。

5.3 试验设计

一个试验点的种植面积≥3 亩。小区内每个品种大于等于 10 株,株距 3 m～7 m、行距 4 m～8 m。采用随机区组排列,3 次重复。区组排列方向应与试验地的坡度或肥力梯度方向一致。试验年限和试验点数满足本规程 4.1.1 和 4.3 中的要求。

5.4 试验实施

5.4.1 田间管理

田间管理与大田生产相当。

5.4.2 收获和测产

满足本规程 4.4.6 中的要求。

5.5 观测记载与鉴定评价

按 4.5 的规定执行。

5.6 试验总结

对试验数据进行统计分析及综合评价,对单位面积产量和单株产量等进行方差分析和多重比较,并总结出生长技术要点,撰写生产试验报告。

附　录　A
（规范性附录）
荔枝品种试验观测项目与记载标准

A.1　基本情况的记载内容

凡有关试验的基本情况,都应详细记载,以保证试验结果的准确性,供分析对比时参考。

A.1.1　试验地概况

试验地概况主要包括:地理位置、地形、坡度、坡向、海拔、土壤类型、土壤pH、土壤养分、基肥及整地情况。

A.1.2　气象资料的记载内容

记载内容主要包括气温、降水量、无霜期、极端温度以及灾害天气等。

A.1.3　繁殖情况

A.1.3.1　嫁接苗:苗木嫁接时间、嫁接方法、砧木品种、砧木年龄,苗木定植时间、苗木质量等。

A.1.3.2　高压苗:高压时间、苗木质量、定植时间等。

A.1.3.3　高接换种:多头高接的时间、基砧品种、中间砧品种、高接树树龄、株嫁接芽数、嫁接高度等。

A.1.4　田间管理情况

常规管理,包括修剪、疏花疏果、锄草、灌溉、施肥、病虫害防治等。

A.2　荔枝品种试验观测项目和记载标准

A.2.1　观测项目

观测项目见表A.1。

表A.1　观测项目

性状	记载项目
植物学特征	树姿、树形、冠幅、树高、干周、叶幂层厚、当年生末次秋梢长度、当年生末次秋梢粗度、当年生秋梢复叶数、小叶着生方式、复叶轴长度、小叶间距、小叶对数、小叶形状、叶基形状、叶尖形状、叶姿、叶缘姿态、老熟叶片叶面颜色、叶柄长、叶片长、叶片宽、嫩枝颜色、嫩叶颜色、花序轴颜色、花序形状、花序长、花序宽、子房颜色、子房褐毛、二裂柱头形态、花柱开裂程度、雄花高、雄花宽、雌花高、雌花宽
生物学特性	树势、新梢萌发期(梢次)、花序分化期、始花期、雌花盛开期、末花期、开花特性、生理落果期、果实成熟期、果实整齐度、穗果数、果穗重
果实性状	果形、果皮颜色、果肩形状、果顶形状、龟裂片形状、裂片峰形状、缝合线、单果重、果实纵径、果实横径、果实侧径、果肉颜色、果肉内膜褐色、肉质、风味、香气、涩味、皮重百分率、无核率、种皮颜色、饱满种子形状、饱满种子单核重、焦核率、焦核种子单核重、可食率、可溶性固形物含量、还原糖含量、总糖含量、蔗糖含量、可滴定酸含量、维生素C含量
丰产性	单株产量、折亩产量
抗性	抗风性、耐寒性、抗旱性、抗病虫性(蛀蒂虫、霜疫霉病、炭疽病、其他)
其他特征特性	贮藏保鲜期等

A.2.2　鉴定方法

A.2.2.1　植物学特征

A.2.2.1.1 树形

按 NY/T 1691 的规定执行。

A.2.2.1.2 冠幅

每小区选取生长正常的植株大于等于 3 株,测量植株树冠东西向、南北向的宽度。结果以平均值表示,精确到 0.1 m。

A.2.2.1.3 树高

用 A.2.2.1.2 的样本,测量植株高度。结果以平均值表示,精确到 0.1 m。

A.2.2.1.4 干周

用 A.2.2.1.2 的样本,测量植株主干离地 20 cm 处的粗度。结果以平均值表示,精确到 0.1 cm。

A.2.2.1.5 叶幂层厚

用 A.2.2.1.2 的样本,测量植株叶片最低处到植株顶端的厚度。结果以平均值表示,精确到 0.1 m。

A.2.2.1.6 其他植物学特征

按 NY/T 2329 的规定执行。

A.2.2.2 生物学特性

A.2.2.2.1 新梢萌发期(梢次)

全树约 50% 以上枝梢顶芽生长至约 2 cm 时的日期为新梢萌发期,表示方法为"年月日"。一年中新梢萌发的次数,为梢次。

A.2.2.2.2 生理落果期

谢花后、幼果大量自然脱落的时期。表示方法为"年月日"。

A.2.2.2.3 果实整齐度

果实成熟时,果穗中果实形状和大小的差异程度。以"差、中、好"三个级别来描述。

A.2.2.2.4 果穗重

果实成熟时,果穗的重量。单位为克(g)。

A.2.2.2.5 其他

按 NY/T 2329 的规定执行。

A.2.2.3 果实性状

A.2.2.3.1 焦核率

果实成熟时,选取树冠不同部位有代表性果穗 5 穗以上,统计每个果穗上果粒数和焦核种子数,计算焦核率。结果以百分率(%)表示,精确到小数点后一位。

A.2.2.3.2 可滴定酸含量

按 GB/T 12456 的规定执行。

A.2.2.3.3 维生素 C 含量

按 GB/T 6195 的规定执行。

A.2.2.3.4 其他品质性状

按 NY/T 2329 的规定执行。

A.2.2.4 丰产性

A.2.2.4.1 单株产量

果实成熟时,每小区随机选取生长正常的植株,采摘全树果穗,称量果穗重量。结果以平均值表示,精确到 0.1 kg。

A.2.2.4.2 折亩产量

用卷尺测量株、行距,计算亩定植株数,根据单株产量和亩株数计算折亩产量。结果以平均值表示,精确到 0.1 kg。

A.2.2.5 抗性

A.2.2.5.1 抗风性

按 NY/T 1691 的规定执行。

A.2.2.5.2 耐寒性

按 NY/T 1691 的规定执行。

A.2.2.5.3 抗旱性

按 NY/T 1691 的规定执行。

A.2.2.5.4 抗病虫性(蛀蒂虫、霜疫霉病、炭疽病、其他)

可根据小区内发生的蛀蒂虫、霜疫霉病、炭疽病及其他病虫害等具体情况加以记载。

A.2.2.6 其他特征特性

A.2.2.6.1 贮藏保鲜期

按 NY/T 1691 的规定执行。

A.2.3 记载项目

A.2.3.1 荔枝品种比较观测记载项目

荔枝品种比较观测记载项目见表 A.2。

表 A.2 荔枝品种比较试验观测项目记载表

观测项目		申请品种	对照品种	备注
植物学特征	树姿			
	树形			
	冠幅,m×m			
	树高,m			
	干周,cm			
	叶幕层厚,m			
	当年生末次秋梢长度,cm			
	当年生末次秋梢粗度,cm			
	当年生秋梢复叶数,张			
	小叶着生方式			
	复叶轴长度,cm			
	小叶间距,cm			
	小叶对数,对			
	小叶形状			
	叶基形状			
	叶尖形状			
	叶姿			
	叶缘姿态			
	老熟叶片叶面颜色			
	叶柄长,cm			
	叶片长,cm			
	叶片宽,cm			
	嫩枝颜色			
	嫩叶颜色			
	花序轴颜色			
	花序形状			
	花序长,cm			
	花序宽,cm			

表 A.2（续）

观测项目		申请品种	对照品种	备注
植物学特征	子房颜色			
	子房褐毛			
	二裂柱头形态			
	柱头开裂程度			
	雄花高,mm			
	雄花宽,mm			
	雌花高,mm			
	雌花宽,mm			
生物学特性	树势			
	新梢萌发期,梢次			
	花序分化期,年月日			
	始花期,年月日			
	雌花盛开期,年月日			
	末花期,年月日			
	开花特性			
	生理落果期,年月日			
	果实成熟期,年月日			
	果实整齐度			
	穗果数,个/穗			
	果穗重,g			
果实性状	果形			
	果皮颜色			
	果肩形状			
	果顶形状			
	龟裂片形状			
	裂片峰形状			
	缝合线			
	单果重,g			
	果实纵径,mm			
	果实横径,mm			
	果实侧径,mm			
	果肉颜色			
	果肉内膜褐色			
	肉质			
	风味			
	香气			
	涩味			
	皮重百分率,%			
	无核率,%			
	种皮颜色			
	饱满种子形状			
	饱满种子单核重,g			
	焦核率,%			
	焦核种子单核重,g			
	可食率,%			
	可溶性固形物含量,%			
	还原糖含量,%			
	总糖含量,%			

表 A.2（续）

观测项目		申请品种	对照品种	备注
果实性状	蔗糖含量,%			
	可滴定酸含量,mg/100 g			
	维生素 C 含量,mg/100 g			
丰产性	单株产量,kg			
	折亩产量,kg			
抗性	抗风性			
	耐寒性			
	抗旱性			
	抗病虫性（蛀蒂虫、霜疫霉病、炭疽病、其他）			
其他特征特性	贮藏保鲜期,d			

A.2.3.2 荔枝品种区域试验及生产试验观测项目

荔枝品种区域试验及生产试验观测项目见表 A.3。

表 A.3 荔枝品种区域试验及生产试验观测项目记载表

调查项目		申请品种	对照品种	备 注
植物学特征与生物学特性	树姿			
	树形			
	冠幅（长、宽）,m			
	树高,m			
	干周,cm			
	叶幂层厚,m			
	花序长,cm			
	花序宽,cm			
	穗果数,个/穗			
	果形			
	单果重,g			
	果实纵径,cm			
	果实横径,cm			
	果实侧径,cm			
物候期	末次梢老熟期,年月日			
	花序分化期,年月日			
	雌花盛开期,年月日			
	生理落果期,年月日			
	果实成熟期,年月日			
品质特性	果皮颜色			
	果肉颜色			
	肉质			
	风味			
	香气			
	涩味			
	焦核率,%			
	可食率,%			
	可溶性固形物含量,%			
	总糖含量,%			
	可滴定酸含量,%			
	维生素 C 含量,mg/100 g			

表 A.3（续）

调查项目		申请品种	对照品种	备　注
丰产性	单株产量,kg			
	折亩产量,kg			
其他特征特性	裂果率,%			
	贮藏保鲜期,d			
	其他,%			

附　录　B

（资料性附录）

荔枝品种区域试验年度报告

B.1　概述

本附录给出了《荔枝品种区域试验年度报告》格式。

B.2　报告格式

B.2.1　封面

荔枝品种区域试验年度报告

（　　年度）

试验组别：＿＿＿＿＿＿＿＿＿＿＿＿＿＿＿＿＿＿

试验地点：＿＿＿＿＿＿＿＿＿＿＿＿＿＿＿＿＿＿

承担单位：＿＿＿＿＿＿＿＿＿＿＿＿＿＿＿＿＿＿

试验负责人：＿＿＿＿＿＿＿＿＿＿＿＿＿＿＿＿

试验执行人：＿＿＿＿＿＿＿＿＿＿＿＿＿＿＿＿

通信地址：＿＿＿＿＿＿＿＿＿＿＿＿＿＿＿＿＿＿

邮政编码：＿＿＿＿＿＿＿＿＿＿＿＿＿＿＿＿＿＿

联系电话：＿＿＿＿＿＿＿＿＿＿＿＿＿＿＿＿＿＿

E‐mail：＿＿＿＿＿＿＿＿＿＿＿＿＿＿＿＿＿＿

B.2.2 气象和地理数据

纬度：_____,经度：_____,海拔：_____ m,年平均气温：_____ ℃,最冷月气温：_____ ℃,最低气温：_____ ℃,年降水量：_____ mm。

特殊气候及各种自然灾害对供试品种生长和产量的影响以及补救措施：_____。

B.2.3 试验地基本情况和栽培管理

B.2.3.1 基本情况

坡度：_____,坡向：_____,土壤类型：_____。

B.2.3.2 田间设计

参试品种：_____ 个,对照品种：_____,重复：_____ 次,行距：_____ m,株距：_____ m,试验面积：_____ m² 。

表 B.1 参试品种汇总表

代号	品种名称	类型(组别)	亲本组合	选育单位	联系人与电话

B.2.3.3 栽培管理

种植或高接换种日期、方式和方法：_____

施肥：_____

灌排水：_____

中耕除草：_____

修剪：_____

病虫草害防治：_____

其他特殊处理：_____

B.2.4 物候期

末次梢老熟期：____月____日,花序分化期：____月____日,雌花盛开期：____月____日,生理落果期：____月____日,果实成熟期：____月____日。

B.2.5 农艺性状

农艺性状调查汇总表见表 B.2、表 B.3。

表 B.2 荔枝农艺性状调查结果汇总表

代号	品种名称	树势	树形	冠幅,m×m	树高,m	干周,cm	叶幕层厚,m	花序长度,cm	花序宽度,cm

表 B.3 荔枝农艺性状调查结果汇总表

代号	品种名称	果形	穗果数,个/穗	果实整齐度	果穗重 平均,g	果穗重 比对照增减,%	单果重 平均,g	单果重 比对照增减,%

B.2.6 产量性状

荔枝产量性状调查汇总表见表 B.4。

表 B.4 荔枝的产量性状调查结果汇总表

代号	品种名称	重复	收获小区		单株产量，kg	折亩产，kg	平均亩产，kg	比对照增减，%	显著性测定	
			株距,m	行距,m					0.05	0.01
		Ⅰ								
		Ⅱ								
		Ⅲ								
		Ⅰ								
		Ⅱ								
		Ⅲ								

B.2.7 品质评价

荔枝品质评价汇总表见表 B.5。

表 B.5 荔枝的品质评价结果汇总表

代号	品种名称	重复	果皮颜色	果肉颜色	肉质	风味	香气	涩味
		Ⅰ						
		Ⅱ						
		Ⅲ						
		Ⅰ						
		Ⅱ						
		Ⅲ						

代号	品种名称	重复	皮重百分率,%	无核率,%	焦核率,%	可食率,%	综合评价	终评位次
		Ⅰ						
		Ⅱ						
		Ⅲ						
		Ⅰ						
		Ⅱ						
		Ⅲ						

注：品质评价至少请 5 名代表品尝评价，可采用 100 分制记录，终评划分 4 个等级：优、良、中、差。

B.2.8 品质检测

荔枝品质检测汇总表见表 B.6。

表 B.6 荔枝品质检测结果汇总表

代号	品种名称	重复	可溶性固形物含量,%	可溶性糖,%	可滴定酸含量,%	维生素C含量，mg/100 g
		Ⅰ				
		Ⅱ				
		Ⅲ				
		Ⅰ				
		Ⅱ				
		Ⅲ				

B.2.9 抗性

荔枝抗性评价汇总表见表 B.7。

表 B.7 荔枝主要抗性调查结果汇总表

代号	品种名称	抗风性	耐寒性	抗旱性	抗病虫性(蛀蒂虫、霜疫霉病、炭疽病等)	裂果率,%	贮藏保鲜期

B.2.10 其他特征特性

_____。

B.2.11 品种综合评价(包括品种特征特性、优缺点和推荐审定等)

品种综合评价表见表 B.8。

表 B.8 品种综合评价表

代号	品种名称	综合评价

B.2.12 本年度试验评述(包括试验进行情况、准确程度、存在问题等)

B.2.13 对下年度试验工作的意见和建议

B.2.14 附年度专家测产结果

_____

附加说明：

NY/T 2668《热带作物品种试验技术规程》为系列标准：

——第 1 部分：橡胶树；

——第 2 部分：香蕉；

——第 3 部分：荔枝；

——第 4 部分：龙眼；

············

本部分为 NY/T 2668 的第 3 部分。

本部分按照 GB/T 1.1—2009 给出的规则起草。

本部分由中华人民共和国农业部提出。

本部分由农业部热带作物及制品标准化技术委员会归口。

本部分起草单位：华南农业大学园艺学院、中国农垦经济发展中心。

本部分主要起草人：胡桂兵、陈厚彬、孙娟、陈明文、刘成明、秦永华、冯奇瑞、苏钻贤。

中华人民共和国农业行业标准

热带作物品种试验技术规程 第4部分：龙眼

Regulations for the variety tests of tropical crops—
Part 4：Longan

NY/T 2668.4—2014

1 范围

本部分规定了龙眼（*Dimocarpus longan* Lour.）的品种比较试验、区域试验和生产试验的方法。
本部分适用于龙眼品种试验。

2 规范性引用文件

下列文件对于本文件的应用是必不可少的。凡是注日期的引用文件，仅注日期的版本适用于本文件。凡是不注日期的引用文件，其最新版本（包括所有的修改单）适用于本文件。

GB 4285 农药安全使用标准

GB/T 6195 水果、蔬菜维生素C测定法（2,6-二氯靛酚滴定法）

GB/T 12456 食品中总酸的测定

NY/T 1305 农作物种质资源鉴定技术规程 龙眼

NY/T 1472 龙眼 种苗

NY/T 1479 龙眼病虫害防治技术规范

NY/T 1691 荔枝、龙眼种质资源描述规范

NY/T 2022 农作物优异种质资源评价规范 龙眼

NY/T 5176 无公害食品 龙眼生产技术规程

3 品种比较试验

3.1 试验点的选择

试验地点应能代表所属生态类型区的气候、土壤、栽培条件和生产水平，选择光照充足、土壤肥力一致、排灌方便的地块。

3.2 对照品种确定

对照品种应是成熟期接近、当地已登记或审定的品种，或当地生产上公知公用的品种，或在育种目标性状上表现最突出的现有品种。

3.3 试验设计与实施

试验采用完全随机设计或随机区组设计，3次重复；同类型参试品种、对照品种作为同一组别，安排在同一区组内。每个小区每个品种≥5株，株距3 m～7 m、行距4 m～8 m；试验区的肥力一致，采用当地大田生产相同的栽培管理措施；试验年限≥2个生产周期；试验区内各项管理措施要求及时、一致；同一试验的每一项田间操作应在同一天内完成。

3.4 观测记载与鉴定评价

按附录 A 的规定执行。

3.5 试验总结

对试验品种的质量性状进行描述,对数量性状如果实大小、果实质量、产量等观测数据进行统计分析,撰写品种比较试验报告。

4 品种区域试验

4.1 试验点的选择

满足 3.1 要求。根据不同品种的适应性,在 2 个或以上省区不同生态区域设置≥3 个试验点。

4.2 试验品种确定

4.2.1 对照品种

满足 3.2 要求,可根据试验需要增加对照品种。

4.2.2 品种数量

试验品种数量≥2 个(包括对照品种);当参试品种类型>2 个时,应分组设立试验。

4.3 试验设计

采用随机区组排列,3 次重复;小区内每个品种≥5 株;依据土壤肥力、生产条件、品种特性及栽培要求确定种植密度,株距 3 m～7 m、行距 4 m～8 m。同一组别不同试验点的种植密度应一致。试验年限自正常开花结果起≥2 个生产周期。

4.4 试验实施

4.4.1 种植或高接换种

在适宜时期种植或高接换种。同一组别不同试验点的种植或高接换种时期应一致。苗木质量应符合 NY/T 1472 的要求。

4.4.2 植前准备

整地质量一致。种植前,按照 GB 4285 和 NY/T 1479 的要求,选用杀虫(螨)剂和杀菌剂统一处理种苗。

4.4.3 田间管理

参照 NY/T 5176 的要求执行。种植或高接换种后检查成活率,及时补苗或补接。田间管理水平应与当地中等生产水平相当。果实发育期间禁止使用各种植物生长调节剂。在进行田间操作时,在同一试验点的同一组别中,同一项技术措施应在同一天内完成。试验过程中试验树、果实等应及时采取有效的防护措施。

4.4.4 病虫草害防治

在果实发育期间,根据田间病情、虫情和草情,选择高效、低毒的药剂防治,使用农药应符合 GB 4285 和 NY/T 1479 的要求。

4.4.5 收获和测产

当龙眼品种达到成熟期,应及时组织收获。在同一试验点中,同一组别宜在同一天内完成。每个品种随机测产≥3 株,以收获株数的株产乘以亩种植株数折算亩产。计算单位面积产量时,缺株应计算在内。

4.5 观测记载与鉴定评价

按附录 A 的规定执行。主要品质指标由品种审定委员会指定或认可的专业机构进行检测。以抗性为育种目标的品种,由专业机构进行抗病性、抗虫性等抗性鉴定。

4.6 试验总结

对试验数据进行统计分析及综合评价,对单位面积产量、株产、穗重和单果重等进行方差分析和多重比较,并按附录 B 的规定撰写年度报告。

5 品种生产试验

5.1 试验点的选择

满足 4.1 的要求。

5.2 试验品种确定

5.2.1 对照品种

对照品种应是当地主要栽培品种,或在育种目标性状上表现较突出的现有品种,或品种审定委员会指定的品种。

5.2.2 品种数量

满足 4.2.2 的要求。

5.3 试验设计

一个试验点的种植面积≥3 亩;采用随机区组排列,3 次重复;小区内每个品种≥10 株,株距 3 m～7 m、行距 4 m～8 m;试验年限和试验点数满足 4.3 的要求。

5.4 试验实施

5.4.1 田间管理

田间管理与大田生产相当。

5.4.2 收获和测产

满足 4.4.5 的要求。

5.5 观测记载与鉴定评价

按 4.5 的规定执行。

5.6 试验总结

对试验数据进行统计分析及综合评价,对单位面积产量、株产、穗重和单果重等进行方差分析和多重比较,并总结生产技术要点,撰写生产试验报告。

附 录 A

（规范性附录）

龙眼品种试验观测项目与记载标准

A.1 基本情况

A.1.1 试验地概况

主要包括地理位置、地形、坡度、坡向、海拔、土壤类型和性状、基肥及整地等情况。

A.1.2 气象资料

主要包括气温、降水量、无霜期、极端最高最低温度以及灾害天气等。

A.1.3 繁殖情况

A.1.3.1 嫁接苗：嫁接时间、嫁接方法、砧木品种、砧木年龄，苗木质量、定植时间等。

A.1.3.2 高压苗：高压时间、苗木质量、定植时间等。

A.1.3.3 高接换种：高接时间、基砧品种、中间砧品种、高接树树龄、株嫁接芽数、嫁接高度等。

A.1.4 田间管理情况

包括修剪、疏花疏果、除草、灌溉、施肥、病虫害防治等。

A.2 龙眼品种试验田间观测项目和记载标准

A.2.1 田间观测项目

田间观测项目见表 A.1。

表 A.1 田间观测项目

内容	记载项目
植物学特征	树势、树形、冠幅、树高、干周、叶幂层厚、叶片形状、叶片颜色、叶尖形态、叶缘形态、叶面光泽、叶片长度、叶片宽度、花序长度、花序宽度、柱头开裂程度、果穗长度、果穗宽度、果穗紧密度、果实整齐度、穗粒数、果穗重、果形、果皮颜色、单果重、果实纵径、果实横径、果实侧径、果肩、果顶、放射纹、龟裂纹、疣状突起、果皮光滑度、果皮质地、种子重、种皮颜色、种子形状、种顶面观、种脐形状、种脐大小
生物学特性	抽梢期（梢次）、雄花初花期、雌花初花期、生理落果期、果实成熟期、裂果率
品质特性	果肉颜色、果肉厚度、果肉透明度、流汁程度、离核难易、果肉质地、汁液、化渣程度、风味、香味、焦核率、可食率、可溶性固形物含量、可溶性糖含量、可滴定酸含量、维生素 C 含量
丰产性	株产、亩产
抗逆性	龙眼鬼帚病、其他主要病害发病率
其他	

A.2.2 鉴定方法

A.2.2.1 植物学特征

A.2.2.1.1 树形

按 NY/T 1691 的规定执行。

A.2.2.1.2 冠幅

每小区选取生长正常的植株进行测量,测量株数≥3株,测量植株树冠东西向、南北向的宽度。精确到0.1 m。

A.2.2.1.3 树高

用A.2.2.1.2的样本,测量植株高度,精确到0.1 m。

A.2.2.1.4 干周

用A.2.2.1.2的样本,测量植株主干离地20 cm处的粗度,精确到0.1 cm。

A.2.2.1.5 叶幂层厚

用A.2.2.1.2的样本,测量植株叶片最低处到植株顶端的厚度,精确到0.1 m。

A.2.2.1.6 其他植物学特征

按NY/T 1305的规定执行。

A.2.2.2 生物学特性

A.2.2.2.1 生理落果期

谢花后、幼果大量自然脱落的日期。表示方法为"年月日"。

A.2.2.2.2 裂果率

果实生长发育期内,随机选取树冠不同部位果穗≥10穗,统计每个果穗上果粒数和裂果数,计算裂果率。结果以百分率(%)表示,精确到小数点后一位。

A.2.2.2.3 其他

按NY/T 1305的规定执行。

A.2.2.3 品质特性

A.2.2.3.1 焦核率

果实成熟时,选取树冠不同部位有代表性果穗≥5穗,统计每个果穗上果粒数和焦核种子数,计算焦核率。结果以百分率(%)表示,精确到小数点后一位。

A.2.2.3.2 可滴定酸含量

按GB/T 12456的规定执行。

A.2.2.3.3 维生素C含量

按GB/T 6195的规定执行。

A.2.2.3.4 其他品质性状

按NY/T 1305的规定执行。

A.2.2.4 丰产性

A.2.2.4.1 株产

果实成熟时,每小区随机选取生长正常的植株,采摘全树果穗,称量果穗重量。精确到0.1 kg。

A.2.2.4.2 亩产

测量株、行距,计算亩定植株数,根据株产和亩株数计算亩产。精确到0.1 kg。

A.2.2.5 抗逆性

A.2.2.5.1 龙眼鬼帚病

按NY/T 2022的规定执行。

A.2.2.6 其他

根据小区内发生的病害、虫害、寒害等具体情况加以记载。

A.2.3 记载项目

A.2.3.1 品种比较试验田间观测记载项目

龙眼品种比较试验田间观测项目记载表见表 A.2。

表 A.2 龙眼品种比较试验田间观测项目记载表

观测项目		参试品种	对照品种	备注
植物学特征	树势			
	树形			
	冠幅,m			
	树高,m			
	干周,cm			
	叶幕层厚,m			
	叶片形状			
	叶片颜色			
	叶尖形态			
	叶缘形态			
	叶面光泽			
	叶片长度,cm			
	叶片宽度,cm			
	花序长度,cm			
	花序宽度,cm			
	柱头开裂程度			
	果穗长,cm			
	果穗宽,cm			
	果穗紧密度			
	果实整齐度			
	穗粒数,粒/穗			
	果穗重,g			
	果形			
	果皮颜色			
	单果重,g			
	果实纵径,cm			
	果实横径,cm			
	果实侧径,cm			
	果肩			
	果顶			
	放射纹			
	龟裂纹			
	疣状突起			
	果皮光滑度			
	果皮质地			
	种子重,g			
	种皮颜色			
	种子形状			
	种顶面观			
	种脐形状			
	种脐大小			
生物学特性	抽梢期(梢次),YYYYMMDD			
	雄花初花期,YYYYMMDD			
	雌花初花期,YYYYMMDD			
	生理落果期,YYYYMMDD			
	果实成熟期,YYYYMMDD			
	裂果率,%			

表 A.2（续）

观测项目		参试品种	对照品种	备注
品质特性	果肉颜色			
	果肉厚度,mm			
	果肉透明度			
	流汁程度			
	离核难易			
	果肉质地			
	汁液			
	化渣程度			
	风味			
	香味			
	焦核率,%			
	可食率,%			
	可溶性固形物含量,%			
	可溶性糖含量,%			
	可滴定酸含量,%			
	每100 g维生素C含量,mg			
丰产性	株产,kg			
	亩产,kg			
抗逆性	龙眼鬼帚病,%			
	其他			
其他				

A.2.3.2 区域试验及生产试验田间记载项目

龙眼品种区域试验及生产试验田间观测记载表见表 A.3。

表 A.3 龙眼品种区域试验及生产试验田间观测项目记载表

观测项目		参试品种	对照品种	备注
植物学特征	树势			
	冠幅,m			
	树高,m			
	干周,cm			
	叶幂层厚,m			
	果穗长,cm			
	果穗宽,cm			
	果穗紧密度			
	果实整齐度			
	穗粒数,粒/穗			
	果穗重,g			
	果形			
	单果重			
	果实纵径,cm			
	果实横径,cm			
	果实侧径,cm			
生物学特性	抽梢期(梢次),YYYYMMDD			
	果实成熟期,YYYYMMDD			
	裂果率,%			

表 A.3 （续）

	观测项目	参试品种	对照品种	备注
品质特性	果肉厚度,mm			
	流汁程度			
	离核难易			
	果肉质地			
	汁液			
	化渣程度			
	风味			
	香味			
	焦核率,%			
	可食率,%			
	可溶性固形物含量,%			
	可溶性糖含量,%			
	可滴定酸含量,%			
	每100 g维生素C含量,mg			
丰产性	株产,kg			
	亩产,kg			
抗逆性	龙眼鬼帚病,%			
	其他			
其他				

附　录　B

（规范性附录）

龙眼品种区域试验年度报告

B.1　概述

本附录给出了《龙眼品种区域试验年度报告》格式。

B.2　报告格式

B.2.1　封面

龙眼品种区域试验年度报告

（　　　年度）

试验组别：_____

试验地点：_____

承担单位：_____

试验负责人：_____

试验执行人：_____

通信地址：_____

邮政编码：_____

联系电话：_____

电子信箱：_____

B.2.2 气象和地理数据

纬度：_____°_____′_____″,经度：_____°_____′_____″,海拔：_____ __m,年平均气温：_____℃,最冷月气温：_____℃,最低气温： __℃,年降水量：_____mm。

特殊气候及各种自然灾害对供试品种生长和产量的影响以及补救措施：_____ _____。

B.2.3 试验地基本情况和栽培管理

B.2.3.1 基本情况

坡度：_____°,坡向：_____,土壤类型：_____。

B.2.3.2 田间设计

参试品种：_____个,对照品种：_____,重复：_____次,行距：_____ m,株距：_____m,试验面积：_____m²。

参试品种汇总表见表 B.1。

表 B.1 参试品种汇总表

代号	品种名称	类型(组别)	亲本组合	选育单位	联系人与电话

B.2.3.3 栽培管理

种植或高接换种日期、方式和方法：_____

施肥：_____

灌排水：_____

中耕除草：_____

修剪：_____

病虫草害防治：_____

其他特殊处理：_____

B.2.4 物候期

抽梢期：____月___日,果实成熟期：____月___日。

B.2.5 农艺性状

龙眼农艺性状调查结果汇总表见表 B.2。

表 B.2 龙眼农艺性状调查结果汇总表

代号	品种名称	树势	树形	冠幅,m×m	树高,m	干周,cm	叶幂层厚,m

代号	品种名称	果穗长度 cm	果穗宽度 cm	果穗紧密度	穗粒数	果实整齐度	果穗重		单果重	
							平均,g	比增,%	平均,g	比增,%

B.2.6 产量性状

龙眼产量性状调查结果汇总表见表 B.3。

表 B.3 龙眼产量性状调查结果汇总表

代号	品种名称	重复	收获小区		株产,kg	平均亩产,kg	比增,%	显著性测定	
			株距,m	行距,m				0.05	0.01
		I							
		II							
		III							
		I							
		II							
		III							

B.2.7 品质评价

龙眼品质评价结果汇总表见表 B.4。

表 B.4 龙眼的品质评价结果汇总表

代号	品种名称	重复	果肉颜色	果肉厚度 mm	果肉透明度	流汁程度	汁液	果肉质地	化渣程度
		I							
		II							
		III							
		I							
		II							
		III							

代号	品种名称	重复	离核难易	风味	香味	焦核率,%	可食率,%	综合评价[a]
		I						
		II						
		III						
		I						
		II						
		III						

[a] 品质评价至少请 5 名代表品尝评价,可采用 100 分制记录,终评划分 4 个等级:1)优、2)良、3)中、4)差。

B.2.8 品质检测

龙眼品质检测结果汇总表见表 B.5。

表 B.5 龙眼品质检测结果汇总表

代号	品种名称	重复	可溶性固形物含量,%	可溶性糖含量,%	可滴定酸含量,%	每 100 g 维生素 C 含量,mg
		I				
		II				
		III				
		I				
		II				
		III				

B.2.9 抗性

龙眼主要抗性调查结果汇总表见表 B.6。

表 B.6 龙眼主要抗性调查结果汇总表

代号	品种名称	龙眼鬼帚病,%					

B.2.10 其他特征特性

_____。

B.2.11 品种综合评价(包括品种特征特性、优缺点和推荐审定等)

龙眼品种综合评价表见表 B.7。

表 B.7 龙眼品种综合评价表

代号	品种名称	综合评价

B.2.12 本年度试验评述(包括试验进行情况、准确程度、存在问题等)

_____

B.2.13 对下年度试验工作的意见和建议

B.2.14 附年度专家测产结果

_____

_____

附加说明:

NY/T 2668《热带作物品种试验技术规程》为系列标准:

——第 1 部分:橡胶树;

——第 2 部分:香蕉;

——第 3 部分:荔枝;

——第 4 部分:龙眼;

·············

本部分为 NY/T 2668 的第 4 部分。

本部分按照 GB/T 1.1—2009 给出的规则起草。

本部分由中华人民共和国农业部提出。

本部分由农业部热带作物及制品标准化技术委员会归口。

本部分起草单位:福建省农业科学院果树研究所、中国农垦经济发展中心。

本部分主要起草人:郑少泉、蒋际谋、陈秀萍、陈明文、胡文舜、姜帆、邓朝军、孙娟、黄爱萍、许家辉、许奇志。

中华人民共和国农业行业标准

热带作物品种审定规范　木薯

Registration rules for variety of tropical crops—Cassava

NY/T 2669—2014

1 范围

本标准规定了木薯(*Manihot esculenta* Crantz)品种审定要求、判定规则和审定程序。

本标准适用于木薯品种的审定。

2 规范性引用文件

下列文件对于本文件的应用是必不可少的。凡是注日期的引用文件,仅注日期的版本适用于本文件。凡是不注日期的引用文件,其最新版本(包括所有的修改单)适用于本文件。

NY/T 1681　木薯生产良好操作规范(GAP)

NY/T 1685　木薯嫩茎枝种苗快速繁殖技术规程

NY/T 1943　木薯种质资源描述规范

NY/T 2446　热带作物品种区域试验技术规程　木薯

农业部公告 2012 年第 2 号　农业植物品种命名规定

3 审定要求

3.1 基本要求

3.1.1 品种来源明确,无知识产权纠纷。

3.1.2 品种名称应符合农业部公告 2012 年第 2 号的要求。

3.1.3 品种具有特异性、稳定性和一致性。

3.1.4 经过品种比较试验、区域试验和生产性试验,材料齐全。

3.2 目标性状要求

3.2.1 以产量为目标的品种

鲜薯产量比对照品种增产≥10%,且淀粉含量与对照品种相当。

3.2.2 以加工品质为目标的品种

3.2.2.1 鲜薯淀粉含量比对照品种的提高≥1 个百分点,且产量与对照品种相当。

3.2.2.2 鲜薯干物率比对照品种的提高≥1 个百分点,且产量与对照品种相当。

3.2.3 以食用品质为目标的品种

鲜薯氢氰酸含量≤50 mg/kg,产量、香味、甜度等主要经济性状与对照品种相当。

3.2.4 以综合性状为目标的品种

品质或特异性中有≥1 项指标明显优于对照品种,产量与对照品种相当。

3.2.5 以特异性状为目标的品种

株型、耐贮性等性状有≥1项指标明显优于对照品种,鲜薯产量、淀粉含量和干物率与对照品种相当。

4 判定规则

满足3.1中的全部要求,同时满足3.2中的要求≥1项,判定为符合品种审定要求。

5 审定程序

5.1 现场鉴评

5.1.1 地点确定

根据申请书随机抽取1个~2个试验点作为现场鉴评地点。

5.1.2 鉴评内容

现场鉴评项目和方法参照附录A,现场鉴定记录参照附录B。

5.1.3 综合评价

根据5.1.2的测定结果,对产量、品质等进行综合评价。

5.2 初审

5.2.1 申请品种名称

按农业部公告2012年第2号进行审查。

5.2.2 申报材料

对初级系比试验、中级系比试验、高级系比试验、区域试验、生产性试验报告等技术资料的完整性进行审查。

5.2.3 品种试验方案

初级系比试验、中级系比试验按附录C执行,高级系比试验、区域试验和生产性试验按NY/T 2446进行审查。

5.2.4 品种试验结果

对申请品种的主要植物学特征、生物学特性、主要经济性状(包括品质和丰产性等)和生产技术要点,以及结果的完整性、真实性和准确性等进行审查。

5.2.5 初审意见

依据5.2.1、5.2.2、5.2.3、5.2.4的审查情况,结合现场鉴评结果,对品种进行综合评价,提出初审意见。

5.3 终审

对申报材料、现场鉴评综合评价结果、初审结果进行综合审定,提出终审意见,并进行无记名投票表决,赞成票超过与会专家总数2/3以上的品种,通过审定。

附　录　A

（规范性附录）

木薯品种审定现场鉴评内容

A.1　观测项目

现场观测项目见表 A.1。

表 A.1　观测项目

内容	观测记载项目
基本情况	地点、经纬度、海拔、试验点面积、耕地类型、土质、管理水平、繁殖方式、株行距、种植密度
主要植物学特征	整齐度、株型、裂片叶形、叶柄颜色、株高、主茎高度、主茎直径、分枝角度、茎的分叉、成熟主茎外皮颜色、成熟主茎内皮颜色、块根分布、结薯集中度、块根形状、块根缢痕、块根外皮颜色、块根内皮颜色、块根肉质颜色
丰产性	单株鲜薯产量、亩鲜薯产量
品质性状	鲜薯干物率、鲜薯淀粉含量、氢氰酸含量
其他	

A.2　观测方法

A.2.1　基本情况

A.2.1.1　试验地概况

主要包括地理位置、地形、坡度、坡向、海拔、土壤类型。

A.2.1.2　气象资料

主要包括气温、降水量、无霜期、极端最高最低温度以及灾害天气的记载等。

A.2.1.3　种植材料

按 NY/T 2446 的规定执行。

A.2.1.4　田间管理情况

按 NY/T 2446 的规定执行。

A.2.2　植物学性状

按 NY/T 1943 的规定执行。

A.2.3　丰产性

按 NY/T 2446 的规定执行。

A.2.4　品质性状

按 NY/T 2446 的规定执行。

附　录　B

（规范性附录）

木薯品种审定现场鉴评记录表

表 B.1 规定了木薯品种现场鉴评记录表格式。

表 B.1　木薯品种现场鉴评记录表

日期：_____年_____月_____日

试验地基本情况：_____省_____市(区、县)_____镇(乡)_____村

经度_____°_____'_____"　　纬度：_____°_____'_____"　　海拔(m)：_____

管理水平：1. 精细　2. 中等　3. 粗放

测试项目		申请品种	对照品种
品种名称			
种植时间			
收获时间			
株行距，m			
生长时间(月)			
整齐度		1. 整齐　2. 中等整齐　3. 不整齐	1. 整齐　2. 中等整齐　3. 不整齐
株　型		1. 直立型　2. 紧凑型　3. 圆柱型　4. 伞型　5. 开张型	1. 直立型　2. 紧凑型　3. 圆柱型　4. 伞型　5. 开张型
裂片叶形		1. 椭圆形　2. 披针形　3. 线形　4. 倒卵披针形　5. 提琴形　6. 拱形　7. 其他	1. 椭圆形　2. 披针形　3. 线形　4. 倒卵披针形　5. 提琴形　6. 拱形　7. 其他
叶柄颜色		1. 紫红色　2. 红带绿色　3. 红带乳黄色　4. 紫色　5. 红色　6. 绿带红色　7. 绿色　8. 淡绿色　9. 紫绿色　10. 其他	1. 紫红色　2. 红带绿色　3. 红带乳黄色　4. 紫色　5. 红色　6. 绿带红色　7. 绿色　8. 淡绿色　9. 紫绿色　10. 其他
性状	株数	平均值	平均值
株高，cm	10		
主茎高度，cm			
主茎直径，cm			
分枝角度，°			
木薯茎的分叉		1. 无分叉　2. 二分叉　3. 三分叉　4. 四分叉　5. 五分叉	1. 无分叉　2. 二分叉　3. 三分叉　4. 四分叉　5. 五分叉
成熟主茎外皮颜色		1. 灰白色　2. 灰绿色　3. 红褐色　4. 灰黄色　5. 褐色　6. 黄褐色　7. 深褐色　8. 其他	1. 灰白色　2. 灰绿色　3. 红褐色　4. 灰黄色　5. 褐色　6. 黄褐色　7. 深褐色　8. 其他
成熟主茎内皮颜色		1. 浅绿色　2. 绿色　3. 深绿色　4. 浅红色　5. 紫红色　6. 褐色	1. 浅绿色　2. 绿色　3. 深绿色　4. 浅红色　5. 紫红色　6. 褐色
块根分布		1. 垂直　2. 水平伸长　3. 无规则	1. 垂直　2. 水平伸长　3. 无规则
结薯集中度		1. 集中　2. 分散	1. 集中　2. 分散
块根形状		1. 圆锥形　2. 圆锥—圆柱形　3. 圆柱形　4. 纺锤形　5. 无规则	1. 圆锥形　2. 圆锥—圆柱形　3. 圆柱形　4. 纺锤形　5. 无规则
块根缢痕		1. 无　2. 有	1. 无　2. 有
块根外皮颜色		1. 白色　2. 乳黄色　3. 淡褐色　4. 黄褐色　5. 红褐色　6. 深褐色　7. 其他	1. 白色　2. 乳黄色　3. 淡褐色　4. 黄褐色　5. 红褐色　6. 深褐色　7. 其他
块根内皮颜色		1. 白色　2. 乳黄色　3. 黄色　4. 粉红色　5. 浅红色　6. 紫红色　7. 其他	1. 白色　2. 乳黄色　3. 黄色　4. 粉红色　5. 浅红色　6. 紫红色　7. 其他

表 B.1（续）

测试项目	申请品种	对照品种
块根肉质颜色	1. 白色 2. 乳黄色 3. 粉红色 4. 深黄色 5. 淡黄色	1. 白色 2. 乳黄色 3. 粉红色 4. 深黄色 5. 淡黄色
单株鲜薯产量,kg		
鲜薯产量,吨/亩		
鲜薯干物率,%		
鲜薯淀粉含量,%		
鲜薯氢氰酸含量,mg/kg		
组长：　　　　成员：		
注 1：测量株数 10 株。 注 2：抽取方式：随机抽取。 注 3：根据测产单株产量及亩定植株数计算产量。		

附 录 C

（规范性附录）

木薯品种比较试验

C.1 初级系比试验

C.1.1 试验目的

从试验中选出优良株系，为进入中级系比试验提供材料。

C.1.2 试验区域和年限

在海南、广西、云南、广东等木薯主栽区进行试验。

试验年限为一个生长周期。

C.1.3 试验材料

C.1.3.1 参试品种

从实生苗试验选出的优良单株。

C.1.3.2 对照品种

根据申请品种的目标性状选择公知公用品种为对照品种。

C.1.4 试验设计和实施

C.1.4.1 试验设计

采用随机区组设计，株距 1.0 m，行距 1.0 m。每个株系种植 5 株，每 10 个株系种植一株对照。

C.1.4.2 栽培管理

按 NY/T 1681、NY/T 1685 的规定执行。

C.1.4.3 数据观测

按附录 B。

C.1.5 结果与分析

对参试品种的性状观测数据进行比较分析。

C.1.6 结论

根据试验结果分析，对参试品种进行总结评价，客观说明参试品种与对照品种相比较表现出的特性。同时，说明参试品种性状的一致性和稳定性。

C.2 中级系比试验

C.2.1 试验目的

从试验中选出优良株系，为进入高级品比试验提供材料。

C.2.2 试验区域和年限

在海南、广西、云南、广东等木薯主栽区进行试验。

试验年限为一个生长周期。

C.2.3 试验材料

C.2.3.1 参试品种

从初级系比试验中选择 10% 的优良株系参加中级系比试验。

C.2.3.2 对照品种

根据申请品种的目标性状选择公知公用品种为对照品种。

C.2.4 试验设计和实施

C.2.4.1 试验设计

采用随机区组设计,小区面积 5.0 m×5.0 m,株距 1.0 m,行距 0.8 m~1.0 m。每一个小区为一个重复,每个品种 2 个~3 个重复。

C.2.4.2 栽培管理

按 NY/T 1681、NY/T 1685 的规定执行。

C.2.4.3 数据观测

按附录 B。

C.2.5 结果与分析

对参试品种的性状观测数据进行统计分析和比较。

C.2.6 结论

根据试验结果分析,对参试品种进行总结评价,客观说明参试品种与对照品种相比较表现出的特性。同时,说明参试品种性状的一致性和稳定性。

附加说明：

本标准按照 GB/T 1.1—2009 给出的规则起草。

本标准由中华人民共和国农业部提出。

本标准由农业部热带作物及制品标准化技术委员会归口。

本标准起草单位:中国热带农业科学院热带作物品种资源研究所、中国农垦经济发展中心。

本标准主要起草人:李开绵、叶剑秋、肖鑫辉、陈明文、张洁、黄洁、许瑞丽、万仲卿。

中华人民共和国农业行业标准

剑麻加工机械　刮麻机

Machinery for processing of sisal-decorticator

NY/T 264—2015
代替 NY/T 246—2004

1　范围

本标准规定了剑麻加工机械刮麻机的术语和定义、型号规格和主要技术参数、技术要求、试验方法、检验规则及标志、包装、运输和贮存等要求。

本标准适用于横向喂入式刮麻机。

2　规范性引用文件

下列文件对于本文件的应用是必不可少的。凡是注日期的引用文件,仅注日期的版本适用于本文件。凡是不注日期的引用文件,其最新版本(包括所有的修改单)适用于本文件。

GB/T 699　优质碳素结构钢

GB/T 700　碳素结构钢

GB/T 1176　铸造铜合金技术条件

GB/T 1184　形状和位置公差　未注公差值

GB/T 1804　一般公差　未注公差的线性和角度尺寸的公差

GB/T 2828.1　计数抽样检验程序　第1部分:按接收质量限(AQL)检索的逐批检验抽样计划

GB/T 3280　不锈钢冷轧钢板

GB/T 3768　声学　声压法测定噪声源声功率级　反射面上方采用包络测量表面的简易法

GB/T 5226.1　机械电气安全　机械电气设备　第1部分:通用技术条件

GB/T 8196　机械安全　防护装置　固定式和活动式防护装置设计与制造一般要求

GB/T 9439　灰铸铁件

GB/T 10089　圆柱蜗杆、蜗轮精度

GB/T 10095.1　渐开线圆柱齿轮精度　第1部分:齿轮同侧齿面偏差的定义和允许值

GB 10396　农林拖拉机和机械、草坪和园艺动力机械　安全标志和危险图形　总则

GB/T 13306　标牌

GB/T 15031　剑麻纤维

JB/T 5994　装配通用技术条件

JB/T 9832.2　农林拖拉机及机具漆膜附着力性能测定法　压切法

NY/T 1036　热带作物机械　术语

3　术语和定义

NY/T 1036界定的术语和定义适用于本文件。

4 型号规格和主要技术参数

4.1 型号规格的编制方法

型号由机名代号、主要参数和刮麻位置代号组成。

机名代号用刮麻机名称第一个汉字拼音开头的大写字母和夹麻部件名称汉字拼音开头的大写字母表示。

主要参数用小时加工叶片能力(生产率)表示。

刮麻位置代号用刮麻边数汉字拼音开头的大写字母表示。

4.2 型号规格表示方法

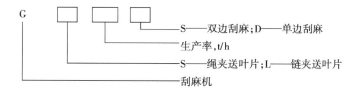

G

S——双边刮麻;D——单边刮麻
生产率,t/h
S——绳夹送叶片;L——链夹送叶片
刮麻机

示例:

GS18S 表示为用绳夹送叶片,生产率 18 t/h,双边刮麻的刮麻机。

4.3 产品型号规格和主要参数

产品型号规格和主要参数见表 1。

表 1 产品型号规格和主要参数

项 目		机 型						
		GS18S	GL18S	GL18D	GL12S	GL6D	GS6S	GS5S
生产率,kg/h		18 000	18 000	18 000	12 000	6 000	6 000	5 000
最大动力,kW		137.5	141	147	120	70	70	47
小刀轮	直径,mm	1 230	1 210	1 240	1 000	900	900	900
	转速,r/min	560	630	593	580	705	705	723
	线速度,m/s	36	40	38	30	33	33	34
	刀片数	12	16	12	12	10	10	10
大刀轮	直径,mm	1 550	1 580	1 532	1 400	1 100	1 100	1 100
	转速,r/min	456	472	490	420	605	605	605
	线速度,m/s	37	39	39	31	35	35	35
	刀片数	16	16	16	12	12	12	12
喂叶线速度,m/s		0.8	0.6	0.8	0.5	0.6	0.6	0.4
夹叶方式		剑麻绳	链条	链条	链条	链条	剑麻绳	剑麻绳
夹叶线速度,m/s		0.8	0.6	0.9	0.6	0.8	0.8	0.7
注:表中线速度为参考值。								

5 技术要求

5.1 一般要求

5.1.1 应按照经规定程序批准的图样及技术文件制造、检验、装配与调整。

5.1.2 所有电气线路、管路应排列整齐,紧固可靠,在运行中不应出现松动、碰撞与摩擦。

5.1.3 各运动副应运转灵活,无异常响声,减速箱体不应有渗漏现象。

5.1.4 轴承在运转时,温度不应有骤升现象;空载时,温升不应超过 30℃;负载时,温升不应超过 40℃。

减速箱润滑油的最高温度应不超过 65℃。

5.1.5 仪表应工作可靠、灵敏、准确、读数清晰、观察方便。

5.1.6 空载时,噪声应不大于 87 dB(A)。

5.1.7 图样上未注明公差的机械加工尺寸,应符合 GB/T 1804 中 C 级的规定。

5.1.8 加工出的纤维,青皮率应不大于 1%;经脱水和干燥后,纤维含杂率应不大于 5%。

5.1.9 纤维提取率应不小于 75%,机底漏麻率应不大于 2%。

5.1.10 刀轮与凹板间隙调整应方便可靠,调节范围应符合图纸设计要求。

5.1.11 夹麻输送装置应换位准确,性能可靠。

5.1.12 使用有效度应不小于 95%。

5.2 主要零部件

5.2.1 机架

5.2.1.1 应采用力学性能不低于 GB/T 9439 规定的 HT 200 的材料制造。

5.2.1.2 铸件非加工面的平面度在任意 600 mm×600 mm 长度上应不大于 3 mm。

5.2.1.3 机架加工面高度公差应不低于 GB/T 1184 规定的 9 级精度。

5.2.1.4 机架侧面连接面与底面垂直度公差应不低于 GB/T 1184 规定的 9 级精度。

5.2.1.5 机架的结合面和外露的加工面不应有气孔和缩孔。

5.2.1.6 机架不应有裂纹、疏松等影响力学性能的铸造缺陷。

5.2.2 轴

5.2.2.1 应采用力学性能不低于 GB/T 699 规定的 45 钢的材料制造。

5.2.2.2 刀轮轴各轴承位同轴度公差应不低于 GB/T 1184 规定的 8 级精度,其余相关轴颈同轴度公差应不低于 9 级精度要求。

5.2.2.3 调质处理后硬度应为 22 HRC~28 HRC。

5.2.3 刀轮

5.2.3.1 应采用力学性能不低于 GB/T 9439 规定的 HT 200 的材料制造。

5.2.3.2 刀轮轴孔表面和联接刀片的螺栓孔处不应有冷隔、夹渣和偏析现象。

5.2.3.3 刀轮动刀直线度公差应不低于 GB/T 1184 规定的 9 级精度。

5.2.3.4 刀轮与刀片等零件组装总成后,应作静平衡试验。

5.2.4 刀片

5.2.4.1 应采用力学性能不低于 GB/T 3280 规定的 1Cr13 的材料制造。

5.2.4.2 大、小刀轮的刀片加工完毕以后,刀片高度偏差均应不大于 0.5 mm。

5.2.5 凹板

应采用力学性能不低于 GB/T 3280 规定的 1Cr13 的材料制造。

5.2.6 凹板座

5.2.6.1 应采用力学性能不低于 GB/T 9439 规定的 HT 200 的材料制造。

5.2.6.2 各螺纹孔处不应有砂眼、气孔、疏松等铸造缺陷。

5.2.6.3 跟主绳轮轴相连的凸台平面与底面垂直度公差应不低于 GB/T 1184 规定的 9 级精度。

5.2.7 夹麻链轮、绳轮

5.2.7.1 应采用力学性能不低于 GB/T 9439 规定的 HT 200 的材料制造。

5.2.7.2 绳轮槽、链轮齿和中心孔内表面均不应有砂眼、气孔、疏松等缺陷。

5.2.8 夹麻链

5.2.8.1 链销应采用力学性能不低于 GB/T 699 规定的 45 钢的材料制造。

5.2.8.2 链板应采用力学性能不低于 GB/T 700 规定的 Q235A 的材料制造。

5.2.8.3 链板上两销孔中心距公差应不大于 GB/T 1804 中规定的 m 级精度。

5.2.8.4 链板表面硬度应不低于 40 HRC。

5.2.9 齿轮

5.2.9.1 应采用力学性能不低于 GB/T 699 规定的 45 钢的材料制造。

5.2.9.2 齿轮加工精度应不低于 GB/T 10095.1 规定的 9 级精度,齿面粗糙度 Ra 值为 6.3,齿面硬度为 40 HRC~50 HRC。

5.2.9.3 齿轮接触斑点,在齿长方向应不小于 50%,在齿高方向应不小于 40%。

5.2.10 蜗轮箱

5.2.10.1 箱体应采用力学性能不低于 GB/T 9439 规定的 HT 200 的材料制造,轴承孔、螺栓孔处不应有灰渣、砂眼、气孔等铸造缺陷。

5.2.10.2 蜗轮副精度应不低于 GB/T 10089 规定的 9C。

5.2.10.3 蜗轮轴与蜗杆轴间的垂直度公差应不大于 0.08 mm。

5.2.10.4 蜗轮轴心线与蜗轮箱底面平行度公差应不大于 0.08 mm。

5.2.10.5 蜗轮应采用 GB/T 1176 规定的 ZCuAl10Fe3Mn2 材料制造。

5.2.10.6 蜗杆应采用力学性能不低于 GB/T 699 规定的 45 钢的材料制造,两轴承位、接盘位对齿形圆柱面同轴度公差应不大于 0.04 mm,调质处理后硬度为 22 HRC~28 HRC。

5.3 装配要求

5.3.1 装配前应对各种零件进行清洗。所有零部件必须检验合格,外购件、协作件应有合格证明文件并经检验合格后方可进行装配。各种零部件的装配应符合 JB/T 5994 的规定。

5.3.2 夹麻链轮系和夹麻绳轮轮系各轮宽的中心面轴向错位量应不大于 3.0 mm。

5.3.3 啮合齿轮中心面轴向错位量应不大于 1.5 mm。

5.4 外观与涂漆

5.4.1 表面不应有明显的凸起、凹陷、粗糙不平和损伤等缺陷。

5.4.2 涂层采用喷漆方法,色泽应均匀,平整光滑。

5.4.3 漆膜附着力应检测 3 处均应达到 JB/T 9832.2 规定的 2 级。

5.5 安全防护

5.5.1 在醒目部位固定安全警示标志,安全警示标志应符合 GB 10396 的要求。

5.5.2 产品使用说明书中应有安全操作注意事项和维护保养方面的安全内容。

5.5.3 外露转动部件应装有安全防护装置,且应符合 GB/T 8196 的规定。

5.5.4 附件电气设备应符合 GB/T 5226.1 的规定,并有安全合格证。

5.5.5 电气设备应有可靠的接地保护装置,接地电阻应不大于 10 Ω。

6 试验方法

6.1 空载试验

6.1.1 应在总装检验合格后进行。

6.1.2 在额定转速下连续运转应不少于 4 h。

6.1.3 试验项目、方法和要求见表 2。

表 2 空载试验项目、方法和要求

序号	试验项目	试验方法	标准要求
1	运转平稳性及声响	感官	应符合5.1.3的规定
2	仪表和控制装置	目测	应符合5.1.5的规定
3	轴承温升	测温仪器	应符合5.1.4的规定
4	减速箱和油封处渗漏	目测	应符合5.1.3的规定
5	空载噪声	按GB/T 3768的规定	应符合5.1.6的规定

6.2 负载试验

6.2.1 应在空载试验后,并对刮麻机进行全面清洗、润滑,保养夹麻链、更换减速箱润滑油后进行。

6.2.2 应在额定转速及满负荷条件下,连续运转不少于2 h。

6.2.3 试验用叶片长度应符合该刮麻机使用说明书的规定。

6.2.4 试验项目、方法和要求见表3。

表 3 负载试验项目、方法和要求

序号	试验项目	试验方法	标准要求
1	运转平稳性及声响	感官	应符合5.1.3的规定
2	仪表和控制装置	目测	应符合5.1.5的规定
3	轴承温升和减速箱油温	测温仪器	应符合5.1.4的规定
4	减速箱和油封处渗漏	目测	应符合5.1.3的规定
5	纤维提取度、纤维含杂率、青皮率、机底漏麻率	按附录A的规定	应符合5.1的规定
6	生产率	按附录A的规定	应符合5.3的规定

7 检验规则

7.1 出厂检验

7.1.1 产品均需经制造厂质检部门检验合格并签发"产品合格证"后才能出厂。

7.1.2 产品出厂应实行全检,并做好产品出厂档案记录。

7.1.3 出厂检验项目及要求:
——产品的外观质量应符合5.4的规定;
——产品的装配质量应符合5.3的规定;
——安全防护应符合5.5的规定;
——产品的空载试验应符合6.1的规定。

7.1.4 用户有要求时,应进行负载试验。负载试验应符合6.2的规定。

7.2 型式检验

7.2.1 有下列情况之一时应对产品进行型式检验:
——新产品或老产品转厂生产;
——正式生产后,结构、材料、工艺等有较大改变,可能影响产品性能;
——正常生产时,定期或周期性抽查检验;
——产品长期停产后恢复生产;
——出厂检验结果与上次型式检验有较大差异;
——质量监督机构提出进行型式检验要求。

7.2.2 型式检验应采用随机抽样,抽样方法按GB/T 2828.1中正常检查一次抽样方案确定。

7.2.3 样本应在 12 个月内生产的产品中随机抽取。抽样检查批量应不少于 3 台,样本大小为 2 台,应在生产企业成品库或销售部门抽取,零部件在零部件成品库或装配线上已检验合格的零部件中抽取,也可在样机上拆取。

7.2.4 型式检验项目和不合格分类见表 4。

表 4　型式检验项目和不合格分类

不合格分类	检验项目	样本数	项目数	检查水平	样本大小字码	AQL	Ac	Re
A	1. 生产率 2. 纤维提取率 3. 安全防护及安全警示标志		3			6.5	0	1
B	1. 空载噪声 2. 使用有效度 3. 轴承温升、减速箱油温及渗漏油 4. 含杂率 5. 青皮率 6. 机底漏麻率	2	6	S-I	A	25	1	2
C	1. 刀轮静平衡 2. 刀轮、刀片和凹板质量 3. 轴承与孔、轴配合尺寸 4. 齿轮质量、齿轮副侧隙和接触斑点 5. 漆膜附着力 6. 外观质量 7. 标志和技术文件		7			40	2	3

注:AQL 为合格质量水平,Ac 为合格判定数,Re 为不合格判定数。

7.2.5 判定规则:评定时采用逐项检验考核,A、B、C 各类的不合格总数小于等于 Ac 为合格,大于等于 Re 为不合格。A、B、C 各类均合格时,该批产品为合格品,否则为不合格品。

8　标志、包装、运输、贮存及技术文件

8.1　标志

产品应在明显部位固定标牌,标牌应符合 GB/T 13306 的规定。标牌上应包括产品名称、型号、技术规格、制造厂名称、商标、出厂编号、出厂年月等内容。

8.2　包装

8.2.1 产品在包装前应在机件和工具的外露加工面上涂防锈剂,主要零部件的加工面应包防潮纸,在正常运输和保管情况下,防锈的有效期自出厂之日起应不少于 6 个月。

8.2.2 产品可整体装箱,也可分部件包装,产品零件、部件、工具和备件应固定在箱内。

8.2.3 包装箱应符合运输和装载要求,箱内应铺防水材料。包装箱外应标明收货单位及地址、产品名称及型号、制造厂名称及地址、包装箱尺寸(长×宽×高)、毛重等。还应有"不得倒置"、"向上"、"小心轻放"、"防潮"和"吊索位置"等标志。

8.3　运输和贮存

产品在运输过程中,应保证整机和零部件及随机备件、工具不受损坏。产品应贮存在干燥、通风的仓库内,并注意防潮,避免与酸、碱、农药等有腐蚀性物质混放,在室外临时贮放时应有遮篷。

8.4　随机技术文件

每台产品应提供下列技术文件:

——产品使用说明书；

——产品合格证；

——装箱单（包括附件及随机工具清单）。

附　录　A

（规范性附录）

性能指标的测定

A.1　使用有效度测定

在正常生产和使用条件下考核200 h，同一机型不少于3台，可在不同地区测定，取所测定结果的算术平均值。

$$K = \frac{\sum T_z}{\sum T_g + \sum T_z} \times 100$$

式中：

K　——使用有效度，单位为百分率（%）；

T_z　——作业时间，单位为小时（h）；

T_g　——故障停机时间，单位为小时（h）。

A.2　生产率测定

在刮麻机额定转速及满负荷条件下测定生产率，测定3次每次不少于1 h，计算生产率的算术平均值，精确到1 kg/h，时间精确到分钟（min）。

$$E = \frac{N_a}{T}$$

式中：

E　——生产率，单位为千克每小时（kg/h）；

N_a——加工的剑麻叶片质量，单位为千克（kg）；

T　——工作时间，单位为小时（h）。

A.3　纤维提取率测定

在测定生产率时，分别测定各次提取的直纤维和丢失的乱纤维质量，计算3次纤维提取率的算术平均值，精确到1%。

$$L = \frac{N_b}{N_b + N_c} \times 100$$

式中：

L　——纤维提取率，单位为百分率（%）；

N_b——提取的直纤维质量，单位为千克（kg）；

N_c——丢失的乱纤维质量，单位为千克（kg）。

A.4　机底漏麻率测定

取使用说明书规定长度的叶片3 t分3次做刮麻试验，分别统计各次掉落在机底的剑麻叶片质量P，计算3次机底漏麻率的算术平均值，精确到1%。

$$D = \frac{P}{N_d} \times 100$$

式中：

D ——机底漏麻率，单位为百分率(%)；

P ——每次掉落在机底的剑麻叶片质量，单位为千克(kg)；

N_d——每次被加工的剑麻叶片质量，单位为千克(kg)。

A.5 青皮率测定

在刚加工出的湿纤维 100 kg 中取 3 个试样，每个试样 1 kg，剪取青皮称取质量，计算 3 次青皮率的算术平均值，精确到 0.1%，质量精确到 1 g。

$$G = \frac{N_p}{N_e} \times 100$$

式中：

G ——青皮率，单位为百分率(%)；

N_p——青皮质量，单位为千克(kg)；

N_e——纤维总质量，单位为千克(kg)。

A.6 纤维含杂率测定

纤维含杂率测定按 GB/T 15031 的规定执行。

附加说明：

本标准按照 GB/T 1.1—2009 给出的规则起草。

本标准代替 NY/T 264—2004《剑麻加工机械 刮麻机》。

本标准与 NY/T 264—2004 相比，主要技术变化如下：

——修改了规范性引用文件；

——增加了术语和定义(见第 3 章)；

——型号规格表示方法中"两边刮麻、一边刮麻"分别改为"双边刮麻、单边刮麻"(见 4.2，2004 年版的 3.2)；

——技术要求中机底漏麻率由原来的"应不大于 3%"改为"应不大于 2%(见 5.1.9，2004 年版的 4.1.9)；

——技术要求中"使用可靠性"改为"使用有效度"(见 5.1.12，2004 年版的 4.1.12)；

——技术要求中增加了安全防护(见 5.5)；

——试验方法中空载试验、磨合试验和负载试验中增加了各试验项目的要求(见 6.1、6.2 和 6.3)；

——检验规则中检验项目进行了调整(见 7.2.4，2004 年版的 6.2.5)。

本标准由农业部农垦局提出。

本标准由农业部热带作物机械及产品加工设备标准化分技术委员会归口。

本标准起草单位：中国热带农业科学院农业机械研究所、农业部热带作物机械质量监督检验测试中心。

本标准主要起草人：李明、覃双眉、邓怡国、欧忠庆、韦丽娇。

本标准的历次版本发布情况为：

——NY/T 264—2004。

中华人民共和国农业行业标准

橡胶树白粉病测报技术规程

Technical procedure for forecasting the powdery
mildew of rubber tree

NY/T 1089—2015
代替 NY/T 1089—2006

1 范围

本标准规定了橡胶树白粉病测报的术语和定义、测报网点建设与管理、测报数据的收采集和统计方法、流行强度和流行区的划分、测报等技术方法。

本标准适用于我国植胶区橡胶树白粉病的测报。

2 规范性引用文件

下列文件对于本文件的应用是必不可少的。凡是注日期的引用文件,仅注日期的版本适用于本文件。凡是不注日期的引用文件,其最新版本(包括所有的修改单)适用于本文件。

NY/T 2263—2012 橡胶树栽培学 术语

3 术语和定义

下列术语和定义适用于本文件。

3.1

橡胶树白粉病 powdery mildew of rubber tree

由橡胶树粉孢(*Oidium heveae* Steinm)侵染引起的一种真菌性病害,造成橡胶树不正常落叶或叶片组织坏死。

3.2

越冬期 over-wintering period

橡胶树衰老叶片开始变黄落叶并进入暂时休眠状态时至开始萌动时的时段。

3.3

抽芽期 budding period

橡胶树开始萌动时至新芽转变为古铜颜色小叶片时的时段。

3.4

古铜期 period of brown leaves

橡胶树新长出古铜颜色小叶片时至古铜颜色小叶片开始转变为淡绿色时的时段。

3.5

淡绿期 period of green leaves

橡胶树新长出的古铜色叶片开始转为淡绿色时至淡绿色叶片开始转变为老熟稳定叶片时的时段。

3.6

老叶期 period of mature leaves

橡胶树新长出的淡绿色叶片转变为绿色、浓绿色，叶面具光泽，挺直稳定以后的时段。

3.7

物候状态 phenological status

橡胶树所处的物候阶段，包括越冬落叶、抽新芽、古铜色叶片、淡绿叶片和老化稳定叶片等5个阶段。单株橡胶树指该树树冠上大多数枝条所处的物候阶段。单个橡胶林段指该林段中大多数橡胶植株所处的物候阶段。

3.8

越冬老叶 aged leaves during over-wintering

在冬春季节萌动长新叶期间，残存在橡胶树树冠上的正常老化叶片。

3.9

冬嫩梢 new twigs during over-wintering

橡胶树在进入越冬期仍处于嫩叶阶段的枝条。

3.10

越冬菌量 inoculation quantity before over-wintering

橡胶林中进入抽芽期的植株达到5%时，残存在橡胶树和苗圃的白粉病菌数量。

3.11

林段 stands

橡胶树种植生产的基本作业土地单元。

[NY/T 2263—2012，定义3.3.28]

3.12

病害始见期 time of disease first appearance

橡胶树在冬春季节新叶抽出期间，在叶芽或叶片上出现肉眼可观察到的白粉病病斑的日期。

4 测报网点建设和管理

4.1 测报网点由监测站和固定观察点组成

4.2 监测站建设和管理

4.2.1 在橡胶树主栽区内，每个市县设立1个监测站。每个监测站设立不少于3个监测点，并配备相应人员和设备。

4.2.2 监测站应有具体的挂靠单位。各省（自治区）的橡胶生产主管部门为监测站的业务主管部门。

4.2.3 监测站负责将所辖地区每期的观察结果规范整理和报送。

4.3 固定观察点设置和管理

4.3.1 在监测站辖区内，根据地形地貌、微气候、橡胶树品系、树龄、长势、往年白粉病发生等情况选择有代表性的橡胶林段，作为固定观察点。

4.3.2 每个监测站内的固定观察点数目根据监测站辖区内橡胶树栽培面积大小、地形地貌和微气候的复杂性等具体情况而定，不少于2个观察点。

4.3.3 固定观察点的橡胶树应不少于220株。采用隔行连株法（见图A.1）选择100株树进行编号，用于进行物候和白粉病病情的系统观察。

4.3.4 一个监测站内设一定面积林段不进行白粉病防治的空白对照区。

4.3.5 每个固定观察点应有1名监测员负责白粉病的系统观察。

4.3.6 固定观察点的系统观察数据汇总到监测站。

5　测报数据采集和统计方法

5.1　橡胶树物候状态调查和统计

5.1.1　越冬落叶调查

在固定观察点的橡胶树约有5%的植株进入抽芽期时,进行1次越冬落叶的调查。方法:按表 B.1 的分级,用目测法对固定观察点中编号的每株橡胶树进行观测,记录每株树的落叶级别。调查结果汇总并填入表 C.2 的相应栏目中。

5.1.2　落叶指数统计

橡胶树落叶程度用落叶指数计量,以株为单位,按式(1)计算。

$$N_0 = \frac{\sum (N_1 \times N_2)}{N_3 \times 4} \times 100 \cdots\cdots\cdots\cdots\cdots\cdots\cdots\cdots\cdots\cdots (1)$$

式中:

N_0——落叶指数;

N_1——各落叶级别株数;

N_2——落叶级值(从表 B.1 中查取);

N_3——调查总株数。

5.1.3　橡胶树新抽叶片物候调查

在固定观察点的橡胶树约有5%的植株进入抽芽期时开始,直至该固定观察点橡胶树植株有75%进入老叶期时为止,每隔3 d~4 d调查1次。新抽叶片的物候分级按表 B.2 进行。每次观测结果填入表 C.2 的相应栏目中。

5.1.4　抽叶率统计

以橡胶树植株数为单位,用式(2)计算。

$$N_4 = \frac{N_5 + N_6 + N_7 + N_8}{N_3} \times 100 \cdots\cdots\cdots\cdots\cdots\cdots\cdots (2)$$

式中:

N_4——抽叶率,单位为百分率(%);

N_5——树冠上处于抽芽期的枝条占大多数的橡胶植株数;

N_6——树冠上处于古铜期的枝条占大多数的橡胶植株数;

N_7——树冠上处于淡绿期的枝条占大多数的橡胶植株数;

N_8——树冠上处于老化稳定期的枝条占大多数的橡胶植株数。

5.1.5　落叶程度划分

在固定观察点的橡胶树约有5%的植株进入抽芽期时进行类型的划分。划分按表 B.3 的要求。

5.2　越冬菌量的调查和统计

5.2.1　在固定观察点的橡胶树约有5%的植株进入抽芽期时调查一次。

5.2.2　越冬老叶病情调查和统计

在固定观察点中编好号的植株中随机选取20株橡胶树,每株随机取两篷仍然有生理功能的老叶,从每篷叶顶端随机摘取5片复叶的中间一片小叶,共200片。

越冬老叶病情以发病率衡量,按式(3)计算。

$$N_9 = \frac{N_{10}}{N_{11}} \times 100 \cdots\cdots\cdots\cdots\cdots\cdots\cdots\cdots\cdots (3)$$

式中:

N_9——越冬老叶发病率,单位为百分率(%);

N_{10}——有病叶片数;

N_{11}——调查总叶片数。

调查和统计结果填入表 C.1。

5.2.3 冬嫩梢数量调查方法及发病率计算

在固定观察点植株中随机选取 50 株橡胶树,计数和记录树冠上所有的冬嫩梢条数。根据冬嫩梢的多寡决定进一步操作:如果冬嫩梢条数少于或等于 10 条,则用高枝剪全部剪取;如果冬嫩梢多于 10 条,则从中随机剪取 10 条。剪下冬嫩梢后,将所有中间小叶摘下,检查和记录有白粉病的中间小叶,并根据式(4)计算。

$$N_{12} = \frac{N_{10}}{N_{13}} \times 100 \quad\cdots\cdots\cdots\cdots\cdots\cdots\cdots\cdots\cdots\cdots\cdots\cdots \quad (4)$$

式中:

N_{12}——冬嫩梢发病率,单位为百分率(%);

N_{13}——中间小叶总数。

调查和统计结果填入表 C.1。

5.2.4 越冬菌量计算

橡胶树白粉病的越冬菌量按式(5)计算。

$$N_{14} = (1 - N_0) \times N_9 + 50N_{15} \times N_{12} \quad\cdots\cdots\cdots\cdots\cdots\cdots\cdots\cdots \quad (5)$$

式中:

N_{14}——越冬菌量;

N_{15}——50 株树的冬嫩梢总数。

5.3 新抽叶片病情调查和统计

5.3.1 叶片病情调查和统计

在固定观察点的橡胶树约有 5% 的植株进入古铜期时开始,直至 75% 进入老叶期时为止,每隔 3 d~4 d 调查 1 次。随机选取 20 株,每株橡胶树冠上随机剪取 20 篷叶,每篷叶从下往上取 5 复叶中摘取 5 片中间小叶,共 100 片中间小叶,按照表 B.4 的标准对白粉病进行分级,并按式(6)和式(7)计算病情。

$$N_{16} = \frac{\sum (N_{17} \times N_{18})}{N_{11} \times 9} \times 100 \quad\cdots\cdots\cdots\cdots\cdots\cdots\cdots\cdots \quad (6)$$

式中:

N_{16}——病情指数;

N_{17}——各级病叶数;

N_{18}——相应病级值(从表 B.4 中查取)。

发病率按式(7)计算。

$$N_{19} = 100 - N_{20} \quad\cdots\cdots\cdots\cdots\cdots\cdots\cdots\cdots\cdots\cdots\cdots\cdots \quad (7)$$

式中:

N_{19}——发病率,单位为百分率(%);

N_{20}——病级值为 0 的叶片数。

调查和统计结果填入表 C.3。

5.3.2 整株病情调查和统计

在固定观察点编号的橡胶树植株全部进入老叶期时调查 1 次。方法:按照表 B.5 的标准,目测观察并记录所有编号的植株的白粉病病情。调查结果按式(8)计算:

$$N_{21} = \frac{\sum (N_{22} \times N_{18})}{N_3 \times 9} \times 100 \quad\cdots\cdots\cdots\cdots\cdots\cdots\cdots\cdots \quad (8)$$

式中：

N_{21}——整株病情指数；

N_{22}——各级病株数。

调查和统计结果填入表 C.4。

5.4 总发病率计算

橡胶树白粉病的总发病率按式(9)计算。

$$N_{23} = N_{19} \times N_4 \times 100 \cdots\cdots\cdots\cdots\cdots\cdots\cdots\cdots\cdots\cdots\cdots\cdots\cdots\cdots \quad (9)$$

式中：

N_{23}——总发病率，单位为百分率(%)。

5.5 空中孢子捕捉方法和计算

将孢子捕捉器安装在固定观察点的橡胶树林段边缘，高度以该林段的橡胶树树冠中部为宜。从橡胶树抽芽率5%开始，至第一次橡胶树白粉病防治行动时止。每天在14:00和16:00将涂抹有凡士林的载玻片安放到孢子捕捉器中，开动孢子捕捉器，转动10 min后取出载玻片，根据橡胶树白粉病的孢子形态特征，在生物显微镜用低倍视野检查，观察、记录每个视野的孢子数，换算成每个载玻片的孢子数量。取每天2次的观察结果的平均值。

如果遇上大风和下雨等异常天气，应提前或推后1 h～2 h进行孢子收集。

5.6 气象资料收集和统计

监测站应系统收集当地橡胶树白粉病流行期间的气象资料。包括日最高温、日最低温、日均温、日均相对湿度和日降水量等。如果所在地附近有气象观测站，可利用该气象观测站的气象数据。否则，应按照气象部门的标准方法和度量进行观察记录有关气象资料。

6 流行强度划分

根据未防治橡胶树整株病情，将橡胶树白粉病流行强度按表 B.6 的标准划分为4个等级。

7 流行区类型划分

根据历年来橡胶树白粉病的发生、流行强度，将我国橡胶植胶区划分为表 B.7 所列的三个白粉病流行区。

8 橡胶树白粉病测报

8.1 中期预测

8.1.1 定量方法

利用历年积累的越冬菌量、物候和气象资料等为自变量，以最终病情为因变量，采取多元回归分析方法或拟合逻辑斯蒂增长曲线[式(10)]的方法，建立橡胶树白粉病的测报数学模式。

$$\chi_t / (1 - \chi_t) = \chi_0 \cdot e^{rt} / (1 - \chi_0) \cdots\cdots\cdots\cdots\cdots\cdots\cdots\cdots\cdots \quad (10)$$

式中：

t ——测报当天到目标日期的天数；

χ_t ——t 日后的病情；

χ_0 ——测报当天的病情，可以是病情指数或发病率；

e ——自然对数底数；

r ——白粉病的病情日增长量。

海南和广东植胶区的橡胶树白粉病，可按表1中的数学模式进行预测。

表 1　海南和广东植胶区橡胶树白粉病流行测报数学模式

地区	数学模式
海南东部地区	$Y=87.6-0.43X_1-0.75X_3$
海南南部地区	$Y=114.3-0.79X_1-0.325X_4+0.024X_5$
海南西部地区	$Y=27.6-0.33X_4+1.15X_7$
海南中部地区	$Y=65.8-0.5X_1+0.26X_2$
广东西部地区	$Y=71.2-0.72X_1+4.72X_2-0.88X_3+2.2X_6$

式中：

Y ——当年橡胶树白粉病最终病情指数；

X_1 ——橡胶树越冬落叶量；

X_2 ——越冬菌量；

X_3 ——5%抽芽期。海南东部以1月20日为0，中部以1月15日为0，向后推算，每顺延1d加1；

X_4 ——12月和1月的雨量；

X_5 ——12月平均温度；

X_6 ——2月中旬平均温度；

X_7 ——橡胶树越冬期存叶量。

有孢子捕捉设备的，可以根据式(11)进行测报。

$$Y=67.5-0.46X \quad\cdots\cdots\cdots\cdots\cdots\cdots\cdots\cdots\cdots\cdots\cdots\cdots\cdots\cdots\cdots\cdots\quad (11)$$

式中：

X ——平均每载玻片的孢子个数。

8.1.2　定性方法

海南和广东植胶区可以根据表2，云南植胶区可以根据表3，对当年橡胶树白粉病是否流行做出判断。

表 2　海南和广东植胶区橡胶树白粉病流行趋势预测表

序号	流行因素	预测
1	从1月中下旬开始至2月中旬，平均温度在17℃以上	可能会流行，但是否流行取决于后续的天气、橡胶的物候进程和越冬菌量
2	序号1的流行因素，且橡胶树在2月中旬以前抽芽，抽芽参差不齐，抽芽率在5%左右时越冬落指数在60%以下	重病或大流行
3	在病害易发区，抽芽率在5%左右时越冬落指数在60%以下且越冬老叶病叶率0.1%以上，病害始见期出现在未展开的小古铜叶期	重病或大流行
4	序号1的流行因素，且气象预报2月下旬至3月中旬平均温度18℃～21℃或同期有12d以上的冷空气影响，平均温度12℃～20℃，极端低温8℃以上	重病或大流行
5	海南省西部、中部、北部及广东省粤西地区，除参考上述指标外，如果预报2月下旬至4月上旬共有18d以上的冷空气天气（温度指标同序号4）	重病或大流行

表 3　云南植胶区橡胶树白粉病流行强度预测表

嫩叶期温度条件			抽叶整齐度	预测
抽叶至古铜叶期	变色期	淡绿叶期至老化叶量90%以上		
最高温由30℃左右持续上升到32℃以上；或最低温10℃以下，最高温多为29℃以上或最高温多为30℃～32℃	最高温由32℃左右持续上升到33℃以上；或出现3d～5d最高温29℃以下天气，以后最高温又迅速回升到32℃以上	最高温由32℃左右持续上升到33℃以上	整齐或不整齐	轻度流行
		最高温30℃～36℃，多为33℃以上	整齐或不整齐	中度流行
		最高温多为32℃以下	整齐或不整齐	特大流行

表 3 （续）

嫩叶期温度条件			抽叶整齐度	预 测
抽叶至古铜叶期	变色期	淡绿叶期至老化叶量90%以上		
最高温由30℃左右持续上升到32℃以上；或最低温10℃以下，最高温多为29℃以上或最高温多为30℃~32℃	古铜叶盛期至变色期持续出现3d~5d最高温29℃以下天气,后迅速回升到32℃以上；最高温多为30℃~32℃	最高温由32℃迅速回升到34℃以上；或最高温31℃~36℃,多为33℃以上	整齐	中度流行
			不整齐	大流行
		最高温30℃~36℃,多为33℃左右	整齐或不整齐	大流行
		最高温多为33℃以下	整齐或不整齐	特大流行
		最高温回升到33℃以上后又出现2d~3d最高温32℃以下天气	整齐	中度流行
			不整齐	大流行
	最高温多为29℃以下	最高温多持续在34℃以上	整齐	中度流行
			不整齐	大流行
		最高温多为34℃以下	整齐或不整齐	特大流行
最高温多为29℃以下,最低温多为10℃以上	最高温多为32℃以上	最高温多持续在34℃以上	整齐或不整齐	中度流行
		最高温升到33℃以上后又出现2d~3d低于32℃天气	整齐或不整齐	大流行
		最高温多为32℃以下	整齐或不整齐	特大流行
	最高温多为32℃以下	最高温多为33℃以上	整齐或不整齐	特大流行
		最高温多为33℃以下	整齐或不整齐	特大流行
	最高温多为29℃以下	最高温多为33℃以上	整齐或不整齐	特大流行
		最高温多为33℃以下	整齐或不整齐	特大流行

8.2 短期预测

8.2.1 总发病率法

从5%橡胶树植株抽芽时开始到75%植株新叶老化时止,每隔3d~4d调查一次白粉病病情和橡胶树物候。调查方法:对固定观察点中编号的100株橡胶树,按各物候期分级标准,用目测法逐株查看和记录每株物候期,如树冠中有多种物候期,则以占多数的物候为该株物候期。将调查结果填入表C.2,按式(2)计算抽叶率。然后按各物候比例,用高枝剪在固定观察点中剪取不同物候期的新叶40篷,例如,物候比例为古铜：淡绿：老化=5：4：1,则剪取的叶片为古铜叶20篷、淡绿叶16篷、老化稳定叶4篷。剪下叶篷后,从每篷叶中随机摘取顶端展开的5片复叶的中间一片小叶,共200片,逐片观察有无白粉病病斑,统计病叶率(病叶数除以2),并根据抽叶率和病叶率,按式(9)计算总发病率。

总发病率法的判断标准见表4。

表 4 橡胶树白粉病总发病率法短期预测表

判断序号	判断条件			预 测
	总发病率(x),%	抽叶率(N₄),%	其他条件	
1	3<x≤5	N₄≤20	没有低温阴雨或冷空气	在4d内对固定观察点代表区内橡胶林全面喷药
		20<N₄≤50	没有低温阴雨或冷空气	在3d内对固定观察点代表区内橡胶林全面喷药
		50<N₄≤85	没有低温阴雨或冷空气	在5d内对固定观察点代表区内橡胶林全面喷药

表 4（续）

判断序号	判断条件			预测
	总发病率（x），%	抽叶率（N₄），%	其他条件	
2	≤3	N₄≥86	没有低温阴雨或冷空气	不用全面喷药,但3 d内对固定观察点代表区内物候进程较晚的橡胶树进行局部喷药
3	—		没有低温阴雨或冷空气;第一次或第二次全面喷药8 d后;进入老叶期植株比例≤50%	在4 d内对固定观察点代表区内橡胶林再次全面喷药
4	≥20	—	进入老叶期植株比例≥60%	在4 d内对固定观察点代表区内物候进程较晚的橡胶树局部喷药
5	—	—	中期测报结果为特大流行的年份	在判断序号1~序号3的判断结果基础上提早1 d喷药
6	—	—	防治药剂为粉锈宁	在判断序号1~序号4的判断结果基础上提早1 d~2 d喷药
注:序号1~序号5均以硫黄粉为防治药剂。				

8.2.2 嫩叶病率法

调查时间及方法与总发病率法相同。但在采叶调查病情时,只采古铜叶和淡绿叶,并且仅计算古铜叶和淡绿叶的发病率(即嫩叶发病率)。根据嫩叶发病率,按照表5的判断标准进行预报。

表 5　橡胶树白粉病嫩叶病率法短期预测表

判断序号	判断条件		预测
	物候	嫩叶发病率,%	
1	抽叶率≤30%	≥20	不用全面喷药,但2 d内对固定观察点代表区内物候进程较晚的橡胶树局部喷药
2	抽叶率>30%,但≤50%	≥20	在2 d内对固定观察点代表区内橡胶林全面喷药
3	抽叶率>50%,老化物候期植株比例≤40%	≥25	
4	老化物候期植株比例>40%,但≤70%	≥50	
5	老化物候期植株比例>70%	—	不用全面喷药,但2 d内对固定观察点代表区内物候进程较晚的橡胶树局部喷药
6	前一次喷药后第8 d再次调查,根据调查结果,根据序号1~序号5再次判断。直至橡胶树老化物候期植株比例达到90%为止		

8.2.3 孢子捕捉法

物候数据和孢子数据的采集方法分别见5.1.3和5.5。根据收集观察到的孢子数量按表6的判断标准进行预报。

表 6　橡胶树白粉病孢子捕捉法短期预测表

判断序号	判断条件		预　测
	每玻片上孢子数量达到 8 个以上时橡胶林段所处的物候	其他条件	
1	古铜期的植株占大多数	—	在 3 d～5 d 后对固定观察点代表区内橡胶林第一次全面喷药
2	淡绿期的植株占大多数	—	在 5 d～7 d 后对固定观察点代表区内橡胶林第一次全面喷药
3	老化物候期植株比例≥70％	第一次喷药后 7 d～9 d	在 2 d～3 d 内对固定观察点代表区内橡胶林第二次全面喷药
4	老化物候期植株比例≥70％	第一次喷药后 7 d～9 d；未来 3 d 的天气预报日均温≤24 ℃	不用全面喷药，但 2 d 内对固定观察点代表区内物候进程较晚的橡胶局部喷药
5	老化物候期植株比例≥70％	第一次喷药后 7 d～9 d；未来 3 d 的天气预报日均温＞24 ℃	不用采取喷药行动

8.2.4　病害始见期法

从 5％橡胶树植株抽芽开始，每 3 d～4 d 调查一次，对观察记录固定观察点内编号的橡胶树的病情和物候。若病害始见期出现在 70％抽叶率以前，病害将严重或中度流行。建议根据病害上升速度，在病害始见期出现后 9 d～13 d 进行第一次全面喷药防治。

8.2.5　病情指数法

固定观察点的橡胶树抽新叶率达到 20％时，对固定观察点代表区内所有林段进行物候和病情调查，每 3 d～4 d 一次，直至第一次全面喷药行动时止。根据调查结果，按式(8)计算病情指数，按照表 7 的判断标准进行预测。

表 7　橡胶树白粉病病情指数法短期预测

判断序号	判断条件		预　测
	物候状态	病情指数	
1	古铜期的植株占大多数	≥1	在 2 d～3 d 内第一次全面喷药
2	淡绿期的植株占大多数	≥4	在 2 d～3 d 内第一次全面喷药
3	老叶期的植株占大多数，但老化物候期植株比例≤70％	—	不用全面喷药，视天气和病情对林段中物候进程较晚的植株进行局部喷药
4	第一次全面喷药后 7 d 调查结果仍然满足判断序号 1～序号 2 的物候和病情条件		在 2 d～3 d 内第二次全面喷药
5	前一次全面喷药后 7 d 调查结果仍然满足判断序号 1～序号 2 的物候和病情条件		在 2 d～3 d 内再次全面喷药

8.2.6　短期预测方法选择

根据当地的小环境、人力、设备条件等实际情况，从上述短期测报方法中选择适合自身的短期测报方法。

9　预报结果上报和发布

监测站对橡胶树白粉病的预测结果，整理成预测报告后报送上级业务主管部门，由上级主管部门审核后向辖区内生产部门发布。

附　录　A
（规范性附录）
隔　行　连　株　法

固定观察点的调查橡胶植株按照之字形走向,隔一行选一行进行编号;林段四周的树不选;遇断倒、根病等不正常树不选。

隔行连株法选择系统观察橡胶树植株示意图见图 A.1。

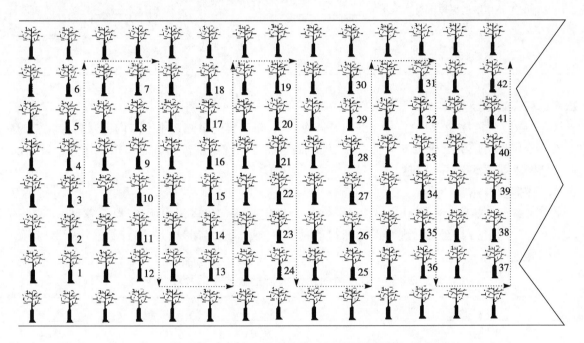

图 A.1　隔行连株法选择系统观察橡胶树植株示意图

附　录　B
（规范性附录）
橡胶树物候和白粉病病情统计表

B.1　橡胶树落叶分级

见表 B.1。

表 B.1　橡胶树落叶分级

落叶级值	已落叶的枝条数占树冠上总枝条数的比例(V)
0	$V<50\%$
1	$50\%\leqslant V<65\%$
2	$65\%\leqslant V<80\%$
3	$80\%\leqslant V<95\%$
4	$V\geqslant95\%$

B.2　橡胶树的抽叶量分级

见表 B.2。

表 B.2　橡胶树的抽叶量分级

抽叶级值	物候状态
0	树冠上抽芽的枝条占总枝条的5%以下
1	树冠上大多数枝条处于新抽芽期
2	树冠上新抽的叶片大多数处于古铜期
3	树冠上新抽的叶片大多数处于淡绿期
4	树冠上新抽的叶片大多数处于老叶期

B.3　橡胶树落叶程度划分

见表 B.3。

表 B.3　橡胶树落叶程度划分

落叶类型	落叶指数(W)
落叶极不彻底	$W<80\%$
落叶不彻底	$80\%\leqslant W<90\%$
落叶彻底	$90\%\leqslant W<99\%$
落叶极彻底	$W\geqslant99\%$

B.4　橡胶树叶片病情分级

见表 B.4。

表 B.4 橡胶树叶片病情分级

病害级值	白粉病病斑面积占叶片面积的比例（X）
0	整张叶片无白粉病病灶
1	$0<X<1/20$
3	$1/20\leqslant X<1/16$
5	$1/16\leqslant X<1/8$
7	$1/8\leqslant X<1/4$
9	$X\geqslant 1/4$
注:叶片病斑双面重叠只计一面。	

B.5 橡胶树整株病情分级

见表 B.5。

表 B.5 橡胶树整株病情分级

病害级值	白粉病病叶占树冠上叶片的比例（Y）
0	$Y<1\%$
1	$1\%\leqslant Y<5\%$
3	$5\%\leqslant Y<10\%$
5	$10\%\leqslant Y<20\%$，有零星的新抽叶片脱落
7	$20\%\leqslant Y<50\%$，可见较多叶片皱缩，有较多的新抽叶片脱落
9	$Y\geqslant 50\%$，有很多的新抽叶片脱落，可见树冠上许多因病落叶而光秃的枝条

B.6 橡胶树白粉病流行强度划分

见表 B.6。

表 B.6 橡胶树白粉病流行强度划分

整株病情指数（Z）	流行强度
$Z<20\%$	轻度流行
$20\%\leqslant Z<40\%$	中度流行
$40\%\leqslant Z<60\%$	大流行
$Z\geqslant 60\%$	特大流行

B.7 橡胶树白粉病流行区划分

见表 B.7。

表 B.7 橡胶树白粉病流行区划分

流行情况	流行区的类型	主要包括的地区
多数年份轻病，个别年份重病	病害偶发区	海南西部、东北部的文昌、海口及广东徐闻、阳江、阳春等地
多数年份病情中等，个别年份重病或者轻病	病害易发区	海南万宁、琼海、定安，广东化州、高州、电白以及广西陆川和钦州等地
病害流行频率高，多数年份重病	病害常发区	海南三亚、保亭、陵水、乐东、琼中，云南西双版纳、普洱、河口等地

附 录 C
（规范性附录）
橡胶树物候和白粉病病情登记表

C.1 橡胶树白粉病越冬菌量调查和统计表

见表 C.1。

表 C.1 橡胶树白粉病越冬菌量调查和统计表

监测站名称：　　　　固定观察点编号：　　　　调查人：　　　　调查日期：

调查内容		调查结果
越冬老叶病情	调查叶片总数	
	有病叶片数[a]	
	越冬老叶发病率，%	
冬嫩梢病情	50株树的嫩梢条数	
	有白粉病的中间小叶数[a]	
	调查的中间小叶总数	
	冬嫩梢发病率，%	
[a]　只将新鲜的白粉病病斑的叶片归入病叶,已经稳定的褐斑归入健康叶。		

C.2 橡胶树的物候记录表

见表 C.2。

表 C.2 橡胶树的物候记录表

监测站名称：　　　　固定观察点编号：　　　　调查人：　　　　调查日期：

落叶级别	株数	抽叶级别	株数
0级		1级	
1级		2级	
2级		3级	
3级		4级	
4级			
落叶程度，%		抽叶率，%	

C.3 橡胶树白粉病病情调查记录表

见表 C.3。

表 C.3 橡胶树白粉病病情调查记录表

监测站名称：　　　　固定观察点编号：　　　　调查人：　　　　调查日期：

病害级别	叶片数
0级	
1级	
3级	
5级	

表 C.3 （续）

病害级别	叶片数
7 级	
9 级	
总叶片	100
发病率，%	
发病指数	

C.4 橡胶树整株病情调查记录表

见表 C.4。

表 C.4 橡胶树整株病情调查记录表

监测站名称：　　　　　固定观察点编号：　　　　　调查人：　　　　　调查日期：

病害级别	植株数
0 级	
1 级	
3 级	
5 级	
7 级	
9 级	
发病指数	

附加说明：

本标准按照 GB/T 1.1—2009 给出的规则起草。

本标准代替 NY/T 1089—2006《橡胶树白粉病测报技术规程》，与 NY/T 1089—2006 相比，除编辑性修改外，主要技术变化如下：

——将均匀级差指标修订为不均匀级差，重点放在落叶量大于 60% 以后落叶情况的分级（见表 B.1，2006 年版表 A.1）；

——将橡胶树白粉病的病情级别和判断标准修订为 0、1、3、5、7、9 级别（见表 B.5，2006 年版表 A.5）；

——增加了云南植胶区橡胶树白粉病流行强度预测方法（见表 3）；

——增加了隔行连株法（见附录 A）。

本标准由中华人民共和国农业部提出。

本标准由农业部热带作物及制品标准化技术委员会归口。

本标准起草单位：海南大学、中国热带农业科学院环境与植物保护研究所、云南省热带作物科学研究所。

本标准主要起草人：郑服丛、张宇、贺春萍、郑肖兰、周明、梁艳琼。

本标准的历次版本发布情况为：

——NY/T 1089—2006。

中华人民共和国农业行业标准

荔 枝 等 级 规 格

Grades and specifications of litchi

NY/T 1648—2015
代替 NY/T 1648—2008

1 范围

本标准规定了荔枝等级规格的术语和定义、要求、检验规则、包装、标识及贮运。

本标准适用于新鲜荔枝的规格、等级划分。

2 规范性引用文件

下列文件对于本文件的应用是必不可少的。凡是注日期的引用文件，仅注日期的版本适用于本文件。凡是不注日期的引用文件，其最新版本（包括所有的修改单）适用于本文件。

GB/T 191　包装储运图示标志

GB/T 5737　食品塑料周转箱

GB/T 6543　运输包装用单瓦楞纸箱和双瓦楞纸箱

GB/T 8855　新鲜水果和蔬菜　取样方法

GB 9687　食品包装用聚乙烯成型品卫生标准

国家质量监督检验检疫总局 2005 年 75 号令　定量包装商品计量监督管理办法

3 术语和定义

下列术语和定义适用于本文件。

3.1

机械伤　mechanical injury

果实采摘时、采摘前后或运输受外力碰撞或受压迫、摩擦等造成的损伤。

3.2

病虫害症状　symptom caused by diseases and pests

果皮或果肉遭受病虫为害，以致形成肉眼可见的伤口、病虫斑、水渍斑等。

3.3

缺陷果　defective fruit

机械伤、病虫害等造成创伤的，未发育成熟或过熟的果实。

3.4

一般缺陷　general defection

荔枝果皮受到病虫害或轻微机械伤等而影响果实外观，但尚未影响果实品质。

3.5

严重缺陷　serious defection

荔枝果实受到蛀果害虫、椿象、吸果夜蛾、霜疫霉病等病虫的为害或严重机械伤,导致严重影响果实外观和品质。

3.6

异味 abnormal smell and taste

果实吸收了其他物质的不良气味或因果实变质等其他原因而引起的不正常气味或滋味。

3.7

异品种 different variety

荔枝分类上相互不同的品种或品系。

4 要求

4.1 规格

4.1.1 规格划分

以单果重为指标,荔枝分为大(L)、中(M)、小(S)三个规格。各规格的划分应符合表1的规定。

表 1 荔枝规格

单位为克

规 格	大(L)	中(M)	小(S)
单果重	＞25	15～25	＜15
同一包装中的最大和最小质量的差异	≤5	≤3	≤1.5

4.1.2 规格容许度

规格容许度按质量计:

a) 大(L)规格荔枝允许有5%的产品不符合该规格的要求;

b) 中(M)、小(S)规格荔枝允许有10%的产品不符合该规格的要求。

4.2 等级

4.2.1 基本要求

根据对每个等级的规定和容许度,荔枝应符合下列基本条件:

——果实新鲜,发育完整,果形正常,其成熟度达到鲜销、正常运输和装卸的要求;

——果实完好,无腐烂或变质的果实,无严重缺陷果;

——果面洁净,无外来物;

——表面无异常水分,但冷藏后取出形成的凝结水除外;

——无异味。

4.2.2 等级划分

在符合基本要求的前提下,荔枝分为特级、一级和二级。各等级的划分应符合表2的规定。

表 2 荔枝等级

等 级	要 求
特 级	具有该荔枝品种特有的形态特征和固有色泽,无变色,无褐斑;果实大小均匀;无裂果;无机械伤、病虫害症状等缺陷果及外物污染;无异品种果实
一 级	具有该荔枝品种特有的形态特征和固有色泽,基本无变色,基本无褐斑;果实大小较均匀;基本无裂果;基本无机械伤、病虫害症状等缺陷果及外物污染;基本无异品种果实
二 级	基本上具有该荔枝品种特有的形态特征和固有色泽,少量变色,少量褐斑;果实大小基本均匀;少量裂果;少量机械伤、病虫害症状等缺陷果及外物污染;少量异品种果实

4.2.3 等级容许度

等级容许度按质量计：

a) 特级允许有5%的产品不符合该等级的要求,但应符合一级的要求;

b) 一级允许有8%的产品不符合该等级的要求,但应符合二级的要求;

c) 二级允许有10%的产品不符合该等级的要求,但应符合基本要求。

5 检验规则

5.1 检验批次

同一生产基地、同一品种、同一等级、同一日采收的荔枝鲜果为一个检验批次。

5.2 抽样

按 GB/T 8855 的规定执行。

5.3 检验方法

5.3.1 规格

从抽样所得样品中随机取 10 颗果实,用精度为 0.1 g 的天平称量果实重量,计算单果重。

5.3.2 等级

将样品置于自然光下,有鼻嗅和品尝的方法检测异味,其余指标由目测、手捏等进行评定,并做记录。当果实外部表现有病虫害症状或对果实内部有怀疑时,应抽取样果剖开检验。一个果实同时存在多种缺陷时,仅记录最主要的一种缺陷。

5.3.3 结果计算

不合格率以不合格果与检验样本量的比值百分数计,结果保留一位小数。

5.4 判定规则

5.4.1 规格判定

整批产品不超过某规格规定的容许度,则判为某规格产品。若超过,则按低一级规定的容许度检验,直到判出规格为止。

5.4.2 等级判定

整批产品不超过某等级规定的容许度,则判为某等级产品。若超过,则按低一级规定的容许度检验,直到判出等级为止。

6 包装

6.1 一致性

同一包装内产品的等级、规格、品种和来源应一致,如有例外要进行特别说明。包装内可视部分的产品等级规格应能代表整个包装中产品的等级规格。

6.2 包装材料

包装容器要求大小一致、洁净、干燥、牢固、透气、无异味。塑料箱应符合 GB/T 5737 的规定,纸箱应符合 GB/T 6543 的规定。内包装可用聚乙烯塑料薄膜(袋),应符合 GB 9687 的规定。如用竹篓或塑料筐包装,允许在篓底、筐底及篓面、筐面铺垫或覆盖少量洁净、新鲜的树叶。

6.3 包装容许度

每个包装单位净含量及允许误差应符合国家质量监督检验检疫总局 2005 年 75 号令的要求。

6.4 限度范围

每批受检样品等级或规格的允许误差按其所检单元的平均值计算,其值不应超过规定的限度,且任何所检单位的允许误差不应超过规定值的 2 倍。

7 标识

包装上应有明显标识,内容包括:产品名称、品种名称及商标、等级(用特、一、二汉字表示)、规格[用大(L)、中(M)、小(S)或者直观易懂的词汇表示,同时标注相应规格指标值的范围]、产品执行标准编号、生产者(生产企业)或供应商(经销商)名称、详细地址、邮政编码及电话、产地(包括省、市、县名,若为出口产品,还应冠上国名)、净重、毛重和采收日期、包装日期等,若需冷藏保存,应注明其保存方式。标注内容要求字迹清晰、完整、准确,且不易褪色、无渗漏,标注于包装的外侧。包装、贮运、图示应符合GB/T 191的要求。

8 贮运

荔枝贮藏和运输条件应根据荔枝的品种、运输方式和运输距离等进行确定,以确保荔枝品质。

附加说明:

本标准按照GB/T 1.1—2009给出的规则起草。

本标准代替NY/T 1648—2008《荔枝等级规格》。本标准与NY/T 1648—2008相比,主要技术变化如下:

——增加了机械伤、病虫害症状、异味、异品种的术语及定义;

——修改了规格的具体要求,规格指标由果实千克粒数改为单果重,将"规格误差允许范围"改为"规格容许度";

——修改了等级的具体要求,增加了"外物污染物"、"异品种果实"等要求,将"等级误差允许范围"改为"等级容许度";

——增加了"检验规则"中的检验批次、检验方法、判定规则;

——修改了包装和标识的具体要求;

——增加了贮运的具体要求。

本标准由农业部农垦局提出。

本标准由农业部热带作物及制品标准化技术委员会归口。

本标准起草单位:农业部蔬菜水果质量监督检验测试中心(广州)、广东省农业科学院农产品公共监测中心。

本标准主要起草人:王富华、耿安静、杨慧、赵晓丽、文典、陈岩、何舞。

本标准的历次版本发布情况为:

——NY/T 1648—2008。

中华人民共和国农业行业标准

胡椒初加工技术规程

Technical regulation for primary processing of pepper

NY/T 2808—2015

1 范围

本标准规定了胡椒初加工的术语和定义、果实采收、加工方法和包装、标志、贮存与运输的要求。

本标准适用于黑胡椒和白胡椒的初加工。

2 规范性引用文件

下列文件对于本文件的应用是必不可少的。凡是注日期的引用文件,仅注日期的版本适用于本文件。凡是不注日期的引用文件,其最新版本(包括所有的修改单)适用于本文件。

GB/T 3838　地表水环境质量标准

GB 22727　食品加工机械　基本概念　卫生要求

NY/T 455　胡椒

3 术语和定义

下列术语和定义适用于本文件。

3.1

黑胡椒　black pepper

有外果皮的胡椒(*Piper nigrum* Linnaeus)干果。

3.2

白胡椒　water pepper

去掉外果皮的胡椒(*Piper nigrum* Linnaeus)干果。

3.3

针头果　pinhead berry

很小的未成熟果。

3.4

破碎果　broken berry

果实破裂成两部分或更多部分。

3.5

脱粒机　pepper thresher

从胡椒穗上脱下鲜果粒的机械。

3.6

脱皮机　pepper peeler

脱去胡椒外果皮的机械。

4 果实采收

4.1 采果时期

放秋花的地区(如海南省),采收期一般为翌年5月~7月;放夏花的地区(如云南省),采收期一般为翌年2月~4月。胡椒鲜果表皮由绿色转为黄色或红色为成熟果的标志。一般情况下,果穗上有2粒~4粒果实为红色时,宜整穗采摘。

4.2 采果方法

胡椒鲜果应用干净的篮子或编织袋盛装。采收时宜自下而上逐行逐株进行,先采摘植株中下层果实,再采摘植株上部的果实,采摘时注意不应损伤叶片、枝条。

5 加工方法

5.1 基本要求

5.1.1 加工设备

浸泡设备、脱粒机、脱皮机、烘干机、电热烘箱、风选机、分级机、色选机、称量器具、缝袋机及其配套设备应符合GB 22727的卫生要求。

5.1.2 加工设施

应有专用的干燥房(晒场)和仓库等设施,加工场地应宽敞、明亮、干净,地面硬实、平整,墙面洁净无污垢。加工场地应无异味,无家禽、家畜及宠物出入。

5.1.3 加工用水

加工用水应符合GB/T 3838中Ⅲ类水的要求。

5.1.4 加工人员

加工人员应经过培训,熟练掌握加工技术和具有设备操作技能。

5.2 黑胡椒加工方法

5.2.1 加工工艺流程

鲜果 → 脱粒 → 去杂 → 干燥 → 风选 → 分级 → 包装

5.2.2 加工工艺

5.2.2.1 脱粒、去杂

胡椒鲜果穗可直接用脱粒机脱粒;或者将果穗在太阳下晒3 d~4 d,果皮皱缩时,采用木棒捶打或者脱粒机进行脱粒,除去果梗、枝叶等杂物。

5.2.2.2 干燥

5.2.2.2.1 日晒干燥

经脱粒去杂后的胡椒果摊开在平整、硬实、清洁的晒场上,太阳曝晒至含水量小于13%即可。

5.2.2.2.2 加热干燥

脱粒去杂后的胡椒果放入烘干机、电热烘箱或干燥房中,温度控制在(55±5)℃,干燥至含水量小于13%即可。

5.2.2.3 风选

经干燥的黑胡椒用筛子或风选机等设备,除去针头果、破碎果及枝、叶、果穗渣等杂质。

5.2.2.4 分级

将风选后的黑胡椒用人工或分级机、色选机等设备进行分级处理,分级要求按NY/T 455的规定执行。

5.3 白胡椒加工方法

5.3.1 加工工艺流程

鲜果 → 浸泡 → 脱皮洗涤 → 干燥 → 风选 → 分级 → 包装

5.3.2 加工工艺

5.3.2.1 浸泡

5.3.2.1.1 流动水浸泡

将胡椒鲜果放入有流动水、顶部有进水口、底部有排水口(带过滤网)的胡椒浸泡池中,或者将鲜果装入透水性良好的胶丝袋,置于未被污染且有流动水的河、沟中浸泡。在海南等地区,宜连续浸泡 5 d~7 d;在云南等地区,宜连续浸泡 7 d~15 d,至外果皮完全软化。

5.3.2.1.2 静水浸泡

在没有流动水的情况下,可用静水浸泡。将胡椒鲜果直接放入顶部有进水口、底部有排水口(带过滤网)的胡椒浸泡池或容器中,加入水至浸过胡椒鲜果。采用静水浸泡须每天换水至少 1 次,且换水前应把池中原有的水彻底排净,并及时灌入水,一般在海南等地区,宜连续浸泡 5 d~7 d;在云南等地区,宜连续浸泡 7 d~15 d,至外果皮完全软化。

5.3.2.2 脱皮洗涤

将外果皮已完全软化的胡椒果采用人工搓揉或脱皮机去皮,再用水反复冲洗,除去果皮、果梗、枝叶等杂质,直至洗净为止。

5.3.2.3 干燥

洗净的胡椒湿果置于平整、硬实、清洁的晒场上,经太阳曝晒 2 d~3 d,或置于(45±5)℃的烘干机、电热烘箱或干燥房中 24 h 左右,至胡椒粒含水量小于 14%。

5.3.2.4 风选

充分干燥的白胡椒用筛子或风选机等设备,除去泥沙、针头果、破碎果及枝、叶、果穗渣等杂质。

5.3.2.5 分级

将风选后的白胡椒按颗粒大小、色泽等的不同,用人工或分级机、色选机进行分级处理,分级要求按 NY/T 455 的规定执行。

6 包装、标志、贮存、运输

6.1 包装

每袋黑胡椒或白胡椒应是同一产区、同一品种、同一等级的产品。每袋净含量宜为 50 kg,用称量器具称量后,用人工或缝袋机及其配套设备缝口。包装物应牢固、干燥、洁净、无异味和完好,且不影响黑胡椒或白胡椒质量。

6.2 标志

在每一个包装袋的正面或放在包内的标志卡上应清晰地标明下列项目:

a) 产品名称、商标;

b) 产品标准编号、等级;

c) 生产企业或包装企业名称、详细地址、产品原产地;

d) 净重、毛重;

e) 收获年份及包装日期;

f) 生产国(对出口产品而言);

g) 到岸港口/城镇(对出口产品而言)。

6.3 贮存

黑胡椒和白胡椒应贮存在通风性能良好、干燥、并能防虫和防鼠的库房中,地面要有高度为 15 cm 以上的垫仓板。堆放应整齐,堆间要有适当的通道以利通风。严禁与有毒、有害、有污染和有异味物品混放。

6.4 运输

黑胡椒和白胡椒在运输中应注意避免雨淋、日晒。不应与有毒、有害、有异味物品混运。

附加说明:

本标准按照 GB/T 1.1—2009 给出的规则起草。

本标准由农业部农垦局提出。

本标准由农业部热带作物及制品标准化技术委员会归口。

本标准起草单位:中国热带农业科学院香料饮料研究所。

本标准主要起草人:邬华松、宗迎、谭乐和、朱红英、刘红、郑维全、杨建峰。

中华人民共和国农业行业标准

澳洲坚果栽培技术规程

Technical code for cultivating macadamia nuts

NY/T 2809—2015

1 范围

本标准规定了园地选择与规划、品种选择、种植、土肥水管理、整形修剪、花果管理、病虫鼠害防治、防灾减灾措施和果实采收等澳洲坚果生产技术。

本标准适用于澳洲坚果的种植及生产。

2 规范性引用文件

下列文件对于本文件的应用是必不可少的。凡是注日期的引用文件,仅注日期的版本适用于本文件。凡是不注日期的引用文件,其最新版本(包括所有的修改单)适用于本文件。

NY/T 454　澳洲坚果　种苗

NY/T 1521　澳洲坚果　带壳果

NY 5023　无公害食品　热带水果产地环境条件

3 园地选择与规划

3.1 园地选择

3.1.1 气候条件

宜在年平均气温19℃～23℃,绝对低温在0℃以上,年降水量在1 000 mm以上地区种植。不宜在平均风力≥9级,阵风达11级地区种植。

3.1.2 土壤条件

适宜在土层深度在50 cm以上,土壤pH 4.5～6.5,最适宜的pH 5.0～5.5,排水性较好地区种植。不宜在低洼地种植。

3.1.3 地势地形

适宜在平地、缓坡地及坡度≤25°的山地种植。

3.1.4 海拔

宜建在海拔800 m以下区域,如果温度、湿度、光照适合,也可建在海拔800 m～1 400 m的区域。

3.1.5 环境条件

园地环境条件应符合NY 5023的规定。

3.2 园地规划

平地和5°以下的缓坡地,栽植行南北向;5°～25°的山地,栽植行沿等高线开垦。配备必要的园内作业与运输道路、排灌设施和建筑物。有风害地区,应营造防风林。

中华人民共和国农业部 2015 - 10 - 09 发布

2015 - 12 - 01 实施

4 品种选择

品种的选择应以区域化和良种化为基础,结合当地自然条件,选择适宜本地的优良品种种植。各产区澳洲坚果推荐种植品种参见附录 A。

5 种植

5.1 整地

根据园地规划,挖长深宽 80 cm×80 cm×80 cm 的栽植穴,穴底填 20 cm 左右的作物秸秆。挖出的表土与足量有机肥混匀,回填穴中,回土约高于地面 20 cm,并覆上一层表土保墒。

5.2 栽植密度

栽植适宜密度为株距 4 m～5 m,行距 5 m～6 m,直立型品种宜密植,开张型品种宜疏植。

5.3 品种配置

不宜单一品种种植,果园宜采用 3 个～5 个品种混合种植。

5.4 苗木的选择

按 NY/T 454 的规定执行。

5.5 栽植时间

根据当地的气候条件确定定植时间,宜于雨季进行。有灌溉条件的果园旱季也可种植。

5.6 栽植技术

在栽植穴内挖种植坑,坑的深度略深于营养袋的高度。种植时除去苗木的营养袋,扶正苗木,纵横成行,填土适当压紧。填土完毕在树苗周围起直径 80 cm～100 cm 的树盘,淋足定根水。

5.7 定植后管理

定植后应及时修复定植盘,平整梯田,用草料或塑料地膜覆盖定植盘,覆盖物应离主干 10 cm;在风害地区,可给幼树附加抗风支架,防止倒伏。

定植后视天气情况及时淋水或注意排涝,确保植株成活。定植成活后及时解除嫁接苗接口处的薄膜,抹除砧木萌生芽,扶正歪倒的苗木。

6 土肥水管理

6.1 土壤管理

6.1.1 深翻改土

幼树栽植后,每年秋季结合秋施基肥从定植穴外缘开始向外深翻扩展 60 cm～80 cm。土壤回填时混以有机肥,表土放在底层,底土放在上层。

6.1.2 种植绿肥和行间生草

行间提倡间作绿肥或豆科短期作物,每年秋季通过翻压、覆盖和沤制等方法将其转化为果园有机肥以利保水、保土和改善果园生态。

6.1.3 中耕除草与覆盖

在没有间种的清耕区内,保持树盘土壤疏松无杂草,中耕深度 5 cm～10 cm。提倡树盘覆盖作物秸秆或草料,覆盖物厚 10 cm～20 cm,或用塑料地膜覆盖,覆盖物应离主干 10 cm。

6.2 施肥

澳洲坚果幼树期、结果期树分别参见附录 B、附录 C 执行。

6.3 水分管理

6.3.1 灌水

根据土壤墒情而定。展叶期、春梢迅速生长期、开花期、果实迅速膨大期等及时灌水,水源缺乏的果园应用作物秸秆覆盖树盘保墒。有条件的果园可采用滴灌、渗灌、微喷等节水灌溉措施。

6.3.2 排水

当果园出现积水时,要及时排水。

7 整形修剪

7.1 幼树期

定植成活后在幼树主干离地约 80 cm 处打顶,注意抹除砧木上的萌芽。1 年～3 年树以培养树冠为主,当新梢长 30 cm～40 cm 时进行摘心,促其分枝。对密集的树冠进行冬季修剪,疏去交叉、重叠枝、徒长枝、枯枝及病虫为害枝。

7.2 初果期

结合冬季修剪除去粘留在结果枝上的果柄轴,疏去交叉重叠枝、徒长枝、枯枝及病虫为害枝,使树冠保持通风透光。

7.3 盛果期

除去影响作业的树冠低位枝,结合冬季修剪除去粘留在结果枝上的果柄轴,疏去交叉重叠枝、徒长枝、枯枝及病虫为害枝。树冠密集时,在顶部开天窗,进行适当回缩修剪,抑制顶端优势,促进多分枝,对长势弱的树也可进行回缩更新复壮。

8 花果管理

8.1 授粉

一般条件下以自然授粉为主,有条件的果园可放养蜜蜂促进授粉。

8.2 保花保果

在花穗抽出至开花前喷施一次含 0.2% 硼酸的叶面肥,以提高花的质量。谢花后,及时追施肥一次,以氮、磷、钾复合肥为主,适当增施氮肥。

9 病虫鼠害防治

9.1 主要病虫鼠害

9.1.1 主要病害

澳洲坚果主要病害有斑点病、炭疽病、花疫病。

9.1.2 主要虫害

澳洲坚果主要虫害有蓟马、蚜虫、光亮缘蝽、褐缘蝽、蛀果螟。

9.1.3 鼠害

在果实生长周期内时有鼠害发生,鼠类会在地面或树上咬穿果皮及果壳取食果仁,注意防除。

9.2 防治原则

积极贯彻"预防为主,综合防治"的植保方针,提倡生物防治,根据预测预报和病虫害的发生规律进行综合防治。

9.3 防治措施

澳洲坚果主要病虫鼠害防治措施参见附录 D、附录 E、附录 F。

10 防灾减灾措施

10.1 防冻害

注意气象台低温霜冻天气预报。加强果园管理,减轻冻害。如:结合冬季清园,对树盘进行覆盖,涂白树干;在冻害发生的前 1 d 灌水保温,用塑料袋包裹树冠,在果园进行熏烟。

10.2 防风害

10.2.1 选择风害较少或无台风为害地区种植,必要时营造防风林带;选用抗风品种种植。

10.2.2 加强栽培管理,在树旁设支撑柱;台风季节来临前,对树冠进行适当修剪。

10.2.3 风害发生后的处理方法

有积水的果园及时开沟排水;扶树修枝;防病、追肥。风害后对果园进行杀菌处理,如用 450 g/L 的咪鲜胺乳油 300 mg/kg～500 mg/kg+0.1%～0.5%的磷酸二氢钾+0.2%尿素进行叶面喷施,每隔 7 d 左右喷 1 次,连喷 3 次,待树势恢复后,再土施腐熟的人畜粪尿、饼肥或尿素,促发新根。

10.3 防火

澳洲坚果叶片含油量高,易发生火灾。在果园四周应设立防火警示标志,结合冬季清园工作,及时将果园枯草、枯枝清除干净。

11 果实采收

11.1 采果前准备

果实成熟脱落前 1 周～2 周必须先清除果园杂草、枯枝落叶和其他障碍物。平整树冠下的地面,填补洞穴,清理排水沟。

11.2 采收与分拣

坚果落在地后,采用手工或者机械收果,视地面潮湿程度,每隔 1 周～2 周收果一次。在机械脱皮前,必须进行分拣,把碎石、枯枝落叶和果实分离,以便机械脱皮操作。

11.3 脱皮与干燥

果实采收后应在 24 h 内脱皮,如果不能在 24 h 内完成脱皮,应把带皮果存在通风干燥的室内摊晾,不宜在阳光下直接曝晒。去皮后的带壳果必须尽量清除杂质、果皮碎片、病虫受害果、发芽果、裂果(细小的裂缝除外)等。

带壳果按 NY/T 1521 的规定进行大小规格和等级分类。分类后的带壳果要尽快进行干燥,可自然风干或者人工干燥。

自然风干:摊晾在室内钢丝风干架上,不宜在阳光下直接曝晒,摊放厚度不应超过 10 cm,每天翻晾 2 次以上,约 1 个月后果仁含水量降至 10%左右,可供短期贮藏。

人工干燥:将带壳果置于干燥箱或干燥生产线上分别干燥。一般如下程序:32℃(5 d～7 d)→38℃(1 d～2 d)→44℃(1 d～2 d)→50℃(一直干燥到所要求的果仁含水量为止)。干燥的壳果壳内果仁含水量应≤3%。

附　录　A

（资料性附录）

各产区澳洲坚果推荐种植品种

各产区澳洲坚果推荐种植品种见表 A.1。

表 A.1　各产区澳洲坚果推荐种植品种

产区	品　种
云南	Own choice(O. C)、Kau(344)、Purvis(294)、Keauhou(246)、922、Hinde(H2)、900
广西	Own choice(O. C)、922、Beaumont(695)、900、Pahala(788)、桂热 1 号、南亚 1 号、南亚 2 号
广东	Hinde(H2)、Own choice(O. C)、922、Beaumont(695)、Kau(344)、Pahala(788)、南亚 1 号、南亚 2 号、南亚 3 号、南亚 12 号
贵州、四川	Hinde(H2)、Own choice(O. C)、Kau(344)、Pahala(788)
注:品种排名不分先后。	

附　录　B

（资料性附录）

澳洲坚果幼树施肥量推荐表

澳洲坚果幼树施肥量推荐表见表 B.1。

表 B.1　澳洲坚果幼树施肥量推荐表

树龄 年		1	2	3	4
促梢肥 g/（株·次）	尿素	40	50	75	100
壮梢肥 g/（株·次）	复合肥（N∶P∶K＝ 13∶2∶13）	30	40	50	75
	氯化钾	20	20	30	50
铺肥 kg/（株·次）	猪粪		7.5	15	15
	饼肥		0.25	0.50	0.75
	石灰		0.15	0.15	0.15
压青 kg/（株·次）	绿肥		25	25	25
	猪粪		7.5	15	15
	饼肥		0.50	0.75	1
	石灰		0.25	0.25	0.25
注：促梢肥在枝梢萌芽前一周至植株有少量枝梢萌芽期间施；壮梢肥在新梢长到 10 cm 至新梢基部叶片由淡绿变为深 　　绿期间施；铺肥在春季生长高峰来临前进行；压青在 7 月～8 月进行。					

附　录　C

（资料性附录）

澳洲坚果结果树年施肥量推荐表

澳洲坚果结果树年施肥量推荐表见表 C.1。

表 C.1　澳洲坚果结果树年施肥量推荐表

树龄 年	氮磷钾复合肥 kg/（株·年）	有机肥 kg/（株·年）
5	3	20
6	4	25
7	4.5	30
8	5	35
9	5.5	40
10	6	50
注:第10年后各年参照第10年施肥量。结果树一年施3次,4月上旬、7月上中旬施复合肥、冬季施一次有机肥,分别施全年施肥量的30%、30%和40%,不同地区施肥时间根据气候条件略有不同。结果较多的年份应适当增加施肥量。		

附　录　D
（资料性附录）
澳洲坚果主要病害及其防治措施表

澳洲坚果主要病害及其防治措施表见表 D.1。

表 D.1　澳洲坚果主要病害及其防治措施表

病害名称	为害部位	药剂防治		其他防治
		推荐使用种类与浓度	方法	
斑点病	果壳	50％戊唑醇悬浮剂 10 000 倍～14 000 倍；或 250 g/L 苯醚甲环唑乳油 8 000 倍～12 000 倍	幼果期喷药，每月 1 次，连喷 3 次	选用抗病品种；果壳做肥料应充分腐熟
炭疽病	幼苗叶片果实果柄	250 g/L 苯醚甲环唑乳油 8 000 倍～12 000 倍；50％多菌灵可湿性粉剂 800 倍～1 000 倍液	幼苗定期喷洒，结果期定期喷洒	保持果园清洁，及时除草排水，果壳做肥料须充分腐熟
花疫病	花序	50％多菌灵可湿性粉剂 800 倍～1 000 倍液	花期喷洒	合理种植，果园不宜过于密闭

附　录　E

（资料性附录）

澳洲坚果主要虫害及其防治方法

澳洲坚果主要虫害及其防治方法见表E.1。

表E.1　澳洲坚果主要虫害及其防治方法

虫害名称	为害部位	药剂防治		其他防治
		推荐使用种类与浓度	方法	
蓟马	刺吸花、嫩梢、嫩叶汁液	2.5%多杀霉素悬浮剂1 000倍～1 500倍；或22.4%螺虫乙酯悬浮剂4 000倍～5 000倍；或25%亚胺硫磷乳油600倍～1 000倍	流行季节喷洒花、嫩梢、嫩枝	经常清园，防除杂草，减少栖息场所
蚜虫	刺吸嫩梢、花穗、幼果汁液	2.5%高效氯氟氰菊酯乳油1 000倍～2 000倍；或22.4%螺虫乙酯悬浮剂4 000倍～5 000倍	喷洒嫩梢、花穗、幼果	
光亮缘蝽褐缘蝽	成虫，若虫刺吸果仁汁液	20%氰戊菊酯乳油2 000倍～4 000倍；或90%敌百虫可溶性粉剂600倍～800倍液	结果期内喷洒果实	
蛀果螟	幼虫在果实中钻洞，取食果仁	20%氰戊菊酯乳油2 000倍～4 000倍；或90%敌百虫可溶性粉剂600倍～800倍液	为害期喷洒果实，每隔10 d～15 d喷1次	

附 录 F

（资料性附录）

澳洲坚果鼠害及其综合防治表

澳洲坚果鼠害及其综合防治表见表F.1。

表F.1 澳洲坚果鼠害及其综合防治表

为害特点	防治技术	
	农业防治	物理机械防治
在地面或树上咬穿果皮及果壳取食果仁，果实生长周期内均可为害	清除果园周围杂草，枯枝叶及其他杂物，避免老鼠窝藏，结果期采用塑料薄膜包裹地面以上0.3 m～0.5 m的树干部分，避免老鼠爬树	根据鼠类生活习性，采取堵塞鼠洞，运用鼠笼、鼠夹、竹筒鼠吊及电子捕鼠器等捕捉老鼠

附加说明：

本标准按照GB/T 1.1—2009给出的规则起草。

本标准由农业部农垦局提出。

本标准由农业部热带作物及制品标准化技术委员会归口。

本标准起草单位：中国热带农业科学院南亚热带作物研究所、云南省热带作物科学研究所、广西南亚热带农业科学研究所。

本标准主要起草人：杜丽清、倪书邦、曾辉、贺熙勇、吴浩、蓝庆江、谢江辉、邹明宏、王文林、魏长宾、陶丽。

中华人民共和国农业行业标准

橡胶树褐根病菌鉴定方法

Methods for identification of *Phellinus noxius*(Corner)
G.H.Cunn of rubber tree

NY/T 2810—2015

1 范围

本标准规定了橡胶树褐根病菌(*Phellinus noxius*)的术语和定义、鉴定依据、试剂及配制方法、采样、症状鉴定、培养鉴定、PCR鉴定、结果判定、标本和样品保存等技术要求。

本标准适用于橡胶树褐根病菌(*P. noxius*)的鉴定。

2 规范性引用文件

下列文件对于本文件的应用是必不可少的。凡是注日期的引用文件,仅注日期的版本适用于本文件。凡是不注日期的引用文件,其最新版本(包括所有的修改单)适用于本文件。

GB/T 28095 木层孔褐根腐病菌检疫鉴定方法

3 术语和定义

下列术语和定义适用于本文件。

3.1

橡胶树褐根病 brown root disease of rubber tree

由有害层孔菌[*Phellinus noxius*(Corner)G. H. Cunn]引起的一种为害橡胶树根部的真菌病害。该病害病原菌的危害症状和培养性状见附录A。

4 鉴定依据

依据褐根病菌在橡胶树上的为害症状、形态特征、室内病原菌培养性状以及PCR特异性反应进行鉴定。根据褐根病菌核糖体基因内转录间隔区(rDNA‐ITS)特有碱基序列设计特异性引物进行PCR扩增。依据是否扩增获得预期653 bp的特异DNA片段,判断样品中是否携带橡胶树褐根病病菌。

5 试剂及配制方法

5.1 马铃薯葡萄糖琼脂培养基(PDA)

称取200 g洗净去皮的马铃薯,切碎,加一级超纯水900 mL煮沸30 min,纱布过滤,再加20 g葡萄糖(化学纯)充分溶解后,用一级超纯水定容至1 000 mL,分装后,每100 mL培养基中加入2.2 g琼脂粉(高纯度),121℃高温灭菌20 min,4℃或室温保存备用。马铃薯葡萄糖液体培养基不加琼脂粉。

5.2 试剂

琼脂粉、葡萄糖、无菌水、75%酒精、氯化钠、0.1%升汞、乙二胺四乙酸二钠(EDTA‐Na₂)、氢氧化钠(NaOH)、三羟甲基氨基甲烷(Tris)、冰乙酸、四环素、链霉素、异丙醇、无水乙醇、真菌DNA提取试剂盒、琼脂糖、液氮、蒸馏水、*Taq* DNA 聚合酶、引物、DNA 纯化试剂盒、PCR 产物回收试剂盒、pMD18‐T Vector、感受态细胞、Golden view 核酸染料、DL 2000 Marker、TAE 电泳缓冲液等。

5.3 试剂配制

5.3.1 四环素(Tetracycline)

称取 0.1 g 四环素溶解于无水乙醇,定容至 10 mL。以 50 μg/mL 终浓度添加于生长培养基。

5.3.2 链霉素(Streptomycin)

称取 0.5 g 链霉素硫酸盐溶解于足量的无水乙醇中,最后定容至 10 mL。以 100 μg/mL 的终浓度添加于生长培养基。

5.3.3 1 mol/L Tris‐HCl(pH 8.0)

称取 121.1 g 三羟甲基氨基甲烷(Tris,优级纯)溶解于 800 mL 一级超纯水中,用盐酸(HCl,分析纯)调 pH 至 8.0,加超纯水定容至 1 000 mL。分装后高温灭菌(121℃)20 min,4℃或室温保存备用。

5.3.4 10 mol/L NaOH

称取 80.0 g 氢氧化钠(NaOH,分析纯)溶解于 160 mL 一级超纯水中,溶解后再加一级超纯水定容至 200 mL。

5.3.5 1 mol/L EDTA‐Na$_2$(pH 8.0)

称取 372.2 g 乙二铵四乙酸二钠(EDTA‐Na$_2$,优级纯),溶解于 70 mL 一级超纯水中,再加入适量 NaOH 溶液(5.3.4),加热至完全溶解后,冷却至室温,再用 NaOH 溶液(5.3.4)调 pH 至 8.0,加超纯水定容至 100 mL。分装后高温灭菌(121℃)20 min,4℃或室温保存备用。

5.3.6 TE 缓冲液(pH 8.0)

分别量取 10 mL Tris‐HCl(5.3.4)和 1 mL EDTA‐Na$_2$(5.3.5),加一级超纯水定容至 1 000 mL。分装后高温灭菌(121℃)20 min,4℃或室温保存备用。

5.3.7 50×TAE 电泳缓冲液(pH 8.0)

称取 242.2 g 三羟甲基氨基甲烷(Tris,优质纯),先用 500 mL 一级超纯水加热搅拌溶解后,加入 100 mL EDTA‐Na$_2$(5.3.5),用冰乙酸(分析纯)调 pH 至 8.0,然后加一级超纯水定容至 1 000 mL。室温保存备用,使用时用一级超纯水稀释成 1×TAE。

5.3.8 PCR 反应试剂

10×PCR 缓冲液(Mg^{2+} Plus)、dNTP(2.5 mmol/L)、*Taq* 聚合酶(5 U/μL)及特异性引物对(10 μmol/L)。

6 采样

仔细检查橡胶树根和根茎部,发现橡胶树褐根病疑似症状(见 A.1),将可疑部分切(锯)下 500 g 以上,装入封口袋中,备用。

7 症状鉴定

根据发病植株的症状(见 A.1),观察记录发病植株有无类似橡胶树褐根病的网纹状菌丝束、菌膜以及子实体。

8 培养鉴定

洗净根部泥沙土,在无菌操作台上剪取长宽为 0.5 cm 大小的病块组织,用 75% 酒精＋0.1% 升汞的溶液进行表面消毒 30 s~60 s,无菌水清洗 3 次,灭菌滤纸吸干水分,移植到 PDA 培养基上,28℃恒温培养 5 d~10 d,出现真菌菌落,立即挑取菌落边缘菌丝进行转皿,观察菌落的形态、颜色等形态特征(见 A.2)。

9 PCR 鉴定

9.1 病菌 DNA 提取及检测

9.1.1 菌丝体收集及 DNA 提取

将待检分离菌株和阴性对照菌株的菌丝体分别接种至含 50 μg/mL 四环素、100 μg/mL 链霉素的马铃薯葡萄糖液体培养基中，28℃ 150 r/min 振荡培养 5 d，用滤纸过滤收集菌丝体，将收集的菌丝体分摊在无菌离心管管壁，于−70℃冰箱冷冻 12 h。将冷冻好的菌丝体于真空冷冻干燥机抽真空至菌丝体完全干燥，然后将菌丝体放置于研钵中加入液氮迅速研磨成粉末，按 DNA 提取试剂盒步骤提取 DNA。吸取 5 μL DNA 提取液用于琼脂糖凝胶电泳检测 DNA 纯度和浓度。

9.1.2 病组织 DNA 提取

将病组织切成长宽约 0.5 cm 小块，用液氮冷冻后研磨成粉，取 0.2 g 粉末，按 DNA 提取试剂盒步骤提取 DNA。

9.2 PCR 扩增

PCR 反应体系：2.5 μL 10×PCR 缓冲液（含 Mg^{2+}），2 μL dNTPs(10 mmol/L)，引物对 G_1-F(5′-GCCCT TTCCTCCGCTTATTG-3′)/G_1-R(5′-CTTGATGCTGGTGGGTCTCT-3′)各 1 μL(10 μmol/L)，0.2 μL Taq DNA 聚合酶(5 U/μL)以及 2 μL 模板 DNA，最后补足 ddH_2O 至 25 μL，清水作阴性对照。

PCR 反应程序：94℃预变性 2 min；94℃变性 30 s，56℃退火 30 s，72℃延伸 40 s，30 个循环；72℃延伸 5 min，4℃保存。

9.3 PCR 产物凝胶电泳检测

9.3.1 凝胶制备

用 1×TAE 工作液配制质量分数为 1.0%琼脂糖凝胶，在微波炉中溶化混匀，冷却至 60℃左右；加入核酸染料，混匀，倒入胶槽，插上样品梳；待凝胶凝固后，拔出固定在凝胶中的样品梳，将带凝胶的胶板置于电泳槽中，使样品孔位于电场负极，向电泳槽中加入 1×TAE 电泳缓冲液（缓冲液越过凝胶表面即可）。

9.3.2 加样与电泳

取 1 μL 加样缓冲液与 5 μL PCR 反应产物，混匀，然后分别将其和 DNA 分子量标准加入到电泳槽的负极样品孔中；接通电源，电泳电压为 5 V/cm，当加样缓冲液中的溴酚蓝迁移到凝胶 1/2 位置，切断电源，停止电泳。凝胶成像系统观察、拍照。

10 结果判定

10.1 若为害症状符合第 7 章或无性阶段培养特征符合第 8 章鉴定特征，可初步判定为橡胶树褐根病。

10.2 若 PCR 特异性反应阳性，即 PCR 扩增获得 653 bp 的 DNA 片段（见图 B.1），可判定为橡胶树褐根病菌。

11 标本和样品保存

分离获得的橡胶树褐根病菌分离物转移至 PDA 培养基的试管内，放置于 15℃条件下保存。病根样品和菌株至少保存 6 个月。

12 废弃物处理

生物材料、有毒有害废弃物要进行无害化处置。

附　录　A
（规范性附录）
橡胶树褐根病菌的基本信息

A.1　症状

A.1.1　地上部症状

　　寄主植物全株生势衰弱,树冠叶片稀疏,顶芽抽不出或抽芽不均匀,叶片变小,无光泽,以至黄化、凋萎,脱落,枝条干枯,最后整株枯死(见图A.1)。有的植株树干基部出现条沟、凹陷或烂洞,高温多雨季节会在病死树头基部长出黑褐色菌膜和子实体。

图A.1　橡胶树褐根病菌为害橡胶树症状

A.1.2　地下部症状

　　病根表面黏附泥沙多,凹凸不平,不易洗脱,茎基部及根部表面常有黄色、深褐色至黑褐色菌丝面(菌丝或菌膜),根部菌丝面常与泥沙结合而不明显。病根散发出蘑菇气味。剖开茎基部及根部的树皮,可见树皮内侧面和木质部组织干腐,质硬而脆,剖面呈不规则黄褐色网纹,又称蜂窝状褐纹(见图A.2)。

　　有的茎基部可观察到黄褐色至黑褐色的平伏至具菌盖的子实体,其比菌丝面坚硬且有细小的菌孔(见图A.3)。子实体生于病死树头或树干上,单生,多年生,菌盖半圆形或平伏反卷,无柄。菌肉褐色,单层,子实层体管孔状,菌管多层。将受感染的木材(病组织)放置在封口塑胶袋内,高湿保持2 d～5 d,病组织表面可形成黄褐色菌丝面。

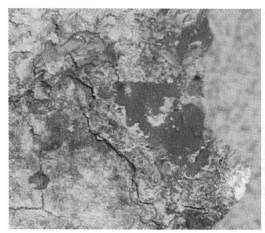

图 A.2　橡胶树褐根病病根症状

图 A.3　橡胶树褐根病子实体

A.2　病原特征

A.2.1　菌落特征

在 PDA 培养基表面生长初期菌落乳白色,培养 3 d 后逐渐变成不规则颜色深浅的黄褐色菌落。气生菌丝量较丰富,后期菌落有黄褐色轮纹或呈现不规则黄色(见图 A.4)。橡胶树 *P. noxius* 在 28℃黑暗条件下生长较快,生长速度可达 2.4 cm/d;35℃的生长速度可达 1.02 cm/d。

A.2.2　病菌形态

菌丝透明至褐色,无锁状联合,断裂可形成杆状、球形或卵形的节孢子(见图 A.5),较成熟的菌落可形成深褐色毛状菌丝,鹿角状,菌丝分叉生长,表面有刺状突起。担孢子无色或深褐色,透明,单孢,圆形或卵圆形,大小(3.25～4.12)μm×(2.6～8.25)μm。

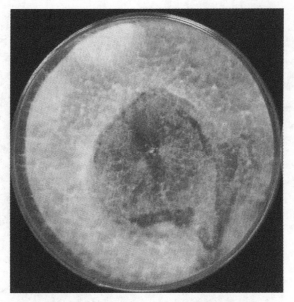

图 A.4 *Phellinus noxius* 培养性状

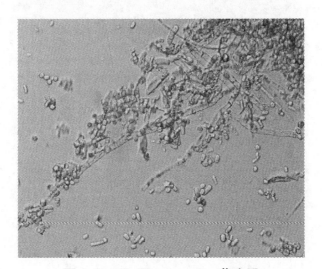

图 A.5 *Phellinus noxius* 节孢子

附　录　B
（规范性附录）
橡胶树褐根病菌（*Phellinus noxius*）PCR 分子检测

橡胶树褐根病菌 *Phellinus noxius* DNA PCR 扩增电泳图谱见图 B.1。

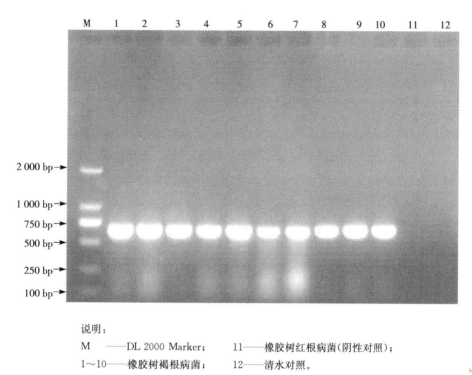

说明：

M ——DL 2000 Marker;　　　11——橡胶树红根病菌（阴性对照）;

1～10——橡胶树褐根病菌;　　12——清水对照。

图 B.1　*Phellinus noxius* DNA PCR 扩增电泳图谱

附加说明：

本标准按照 GB/T 1.1—2009 给出的规则起草。

本标准由农业部农垦局提出。

本标准由农业部热带作物及制品标准化技术委员会归口。

本标准起草单位:中国热带农业科学院环境与植物保护研究所、厦门出入境检验检疫局。

本标准主要起草人:贺春萍、梁艳琼、林石明、李锐、吴伟怀、郑肖兰、郑金龙。

橡胶树棒孢霉落叶病病原菌分子检测技术规范

Molecular detection for pathogen of *Corynespora* leaf fall disease of rubber tree

NY/T 2811—2015

1 范围

本标准规定了橡胶树棒孢霉落叶病病原菌(*Corynespora cassiicola*)的术语和定义、检测方法、结果判定、样品保存等技术要求。

本标准适用于橡胶树的棒孢霉落叶病病原菌的检测。

2 规范性引用文件

下列文件对于本文件的应用是必不可少的。凡是注日期的引用文件,仅注日期的版本适用于本文件。凡是不注日期的引用文件,其最新版本(包括所有的修改单)适用于本文件。

GB/T 19495.2 转基因产品检测实验室技术要求

3 术语和定义

下列术语和定义适用于本文件。

3.1

橡胶树棒孢霉落叶病 corynespora leaf fall disease of rubber tree

由多主棒孢霉[*Corynespora cassiicola* (Berk. et Curt.) Wei]引起的一种为害橡胶树叶片和嫩梢的真菌病害。该病害病原菌的学名、形态特征及其危害症状参见附录 A。

4 检测方法

4.1 原理

根据橡胶树棒孢霉落叶病病原菌核糖体基因内转录间隔区(rDNA‐ITS)特有碱基序列设计特异性引物进行 PCR 扩增。依据是否扩增获得预期 272 bp 的 DNA 片段,判断样品中是否携带橡胶树棒孢霉落叶病病原菌。

4.2 仪器

显微镜(10×40 倍)、高压灭菌锅、高速冷冻离心机(最大离心力 25 000×*g*)、PCR 扩增仪、电泳仪及紫外凝胶成像仪等。

4.3 试剂及配制方法

4.3.1 1 mol/L Tris‐HCl(pH 8.0)

称取 121.1 g 三羟甲基氨基甲烷(Tris,优级纯)溶解于 800 mL 一级超纯水中,用盐酸(HCl,分析纯)调 pH 至 8.0,加超纯水定容至 1 000 mL。分装后高温灭菌(121℃)20 min,4℃或室温保存备用。

4.3.2 10 mol/L NaOH

称取 80.0 g 氢氧化钠(NaOH,分析纯)溶解于 160 mL 一级超纯水中,溶解后再加一级超纯水定容至 200 mL。

4.3.3　1 mol/L EDTA‑Na₂(pH 8.0)

称取 372.2 g 乙二铵四乙酸二钠(EDTA‑Na₂,优级纯),溶解于 70 mL 一级超纯水中,再加入适量 NaOH 溶液(4.3.2),加热至完全溶解后,冷却至室温,再用 NaOH 溶液(4.3.2)调 pH 至 8.0,加超纯水定容至 100 mL。分装后高温灭菌(121℃)20 min,4℃或室温保存备用。

4.3.4　CTAB 提取液(pH 8.0)

称取 81.9 g 氯化钠(NaCl,分析纯)溶解于 800 mL 一级超纯水中,缓慢加入 20 g 十六烷基三甲基溴化铵(CTAB,优级纯),加热并搅拌,充分溶解后加入 100 mL Tris‑HCl(4.3.1),4 mL EDTA‑Na₂(4.3.3),加一级超纯水定容至 1 000 mL,分装后高温灭菌(121℃)20 min,室温保存,研磨植物材料之前加 β‑巯基乙醇(分析纯)至体积分数为 2%。

4.3.5　CTAB 沉淀液

称取 2.34 g NaCl(分析纯)溶解于 800 mL 一级超纯水中,缓慢加入 50 g CTAB(优级纯),加热并搅拌,充分溶解后加一级超纯水定容至 1 000 mL,分装后高温灭菌(121℃)20 min,室温保存备用。

4.3.6　1.2 mol/L NaCl

称取 70.2 g NaCl(分析纯)溶解于 800 mL 一级超纯水中,加一级超纯水定容至 1 000 mL,分装后高温灭菌(121℃)20 min,4℃或室温保存备用。

4.3.7　TE 缓冲液(pH 8.0)

分别量取 10 mL Tris‑HCl(4.3.1)和 1 mL EDTA‑Na₂(4.3.3),加一级超纯水定容至 1 000 mL。分装后高温灭菌(121℃)20 min,4℃或室温保存备用。

4.3.8　加样缓冲液

称取 250.0 mg 溴酚蓝(化学纯),加 10 mL 一级超纯水,在室温下溶解 12 h;称取 250.0 mg 二甲基苯腈蓝(化学纯)溶解于 10 mL 一级超纯水中;称取 50.0 g 蔗糖(化学纯)溶解于 30 mL 一级超纯水中。混合以上 3 种溶液,加一级超纯水定容至 100 mL,4℃或室温保存备用。

4.3.9　50×TAE 电泳缓冲液(pH 8.0)

称取 242.2 g Tris(优级纯),先用 500 mL 一级超纯水加热搅拌溶解后,加入 100 mL EDTA‑Na₂(4.3.3),用冰乙酸(分析纯)调 pH 至 8.0,然后加一级超纯水定容至 1 000 mL。室温保存备用,使用时用一级超纯水稀释成 1×TAE。

4.3.10　PCR 反应试剂

10×PCR 缓冲液(Mg²⁺ Plus)、dNTP (2.5 mmol/L)、*Taq* 聚合酶(5 U/μL)及特异性引物对(20 μmol/L)。

4.3.11　其他试剂

Tris 饱和酚(pH≥7.8)、氯仿、异戊醇、异丙醇、无水乙醇均为分析纯,核酸染料(高纯度)及 DNA 分子量标准。

4.4　PDA 培养基

取 200 g 马铃薯,洗净去皮切碎,加一级超纯水 900 mL 煮沸半个小时,纱布过滤,再加 20 g 葡萄糖(化学纯)充分溶解后,加一级超纯水定容至 1 000 mL,分装后,每 100 mL 培养基中加入 2.2 g 琼脂(高纯度),高温灭菌(121℃)20 min,4℃或室温保存备用。

4.5　操作步骤

4.5.1　取样

仔细检查橡胶树叶片和嫩梢,采集橡胶树棒孢霉落叶病疑似症状(参见 A.3)叶片或嫩梢带回实验室,称取样本 200 g,装入牛皮纸袋中,备用。

4.5.2 显微观察

从疑似病样病斑上挑取或用透明胶粘取霉状物制成临时玻片进行镜检,观察有无类似多主棒孢霉的分生孢子梗及分生孢子(参见 A.2)。

4.5.3 PCR 模板制备

植物材料准备:剪取待检材料病健交界处叶片或嫩枝组织 1 g,置于研钵中加液氮冷冻后充分研磨成粉。

菌丝样品准备:将橡胶树棒孢霉落叶病病原菌菌株接种到 PDA 培养基上,28℃培养 10 d,用载玻片刮取培养基表面的菌丝,置于 10 mL 灭菌离心管中,—20℃保存备用。称取 200 mg 菌丝样品,置于研钵中加液氮冷冻后充分研磨成粉。

总 DNA 提取:称取 100 mg 干粉置于 1.5 mL 离心管中,加入 250 μL CTAB 抽提液充分混匀后,于 65℃水浴 30 min。离心(14 000 $\times g$, 10 min);取上清,加入等体积 Tris 饱和酚(pH 7.8):氯仿:异戊醇(25:24:1 的体积比),充分混匀,离心(14 000 $\times g$, 10 min);取上清,加入 2 倍体积 CTAB 沉淀液,室温温育 60 min;离心(14 000 $\times g$, 10 min),弃上清,用 350 μL NaCl(1.2 mol/L)溶解沉淀,加入等体积氯仿:异戊醇(24:1 的体积比),混匀;离心(14 000 $\times g$, 10 min),取上清于另一新离心管,加入 0.6 倍体积异丙醇沉淀核酸;离心(14 000 $\times g$, 10 min),弃上清,用体积分数为 75%的乙醇悬浮沉淀,离心(14 000 $\times g$, 10 min),弃上清,重复该步骤一遍,晾干后将 DNA 溶解于 100 μL TE 缓冲液或 150 μL 超纯水中,置于—20℃保存备用。采用 DNA 提取试剂盒的,操作步骤参照产品说明书。

无病橡胶树叶片基因组 DNA 按同样的方法制备与保存。

4.5.4 PCR 反应体系

在 PCR 薄壁管中分别加入以下试剂(25 μL 体系)后进行 PCR 反应:1 μL 总 DNA(100 ng),10$\times$ PCR 缓冲液(Mg^{2+} Plus)2.5 μL,脱氧核糖核苷酸(dNTP)混合物 2 μL,特异性引物(见表 1)各 0.5 μL, Taq 酶 0.2 μL,无菌一级超纯水 18.3 μL。

表 1　PCR 反应的引物及扩增产物

引物名称	引物序列	预期扩增产物
CCF	5′- CCC TTC GAG ATA GCA CCC - 3′	272 bp
CCR	5′- ATG CCC TAA GGA ATA CCA AA - 3′	

反应条件:94℃预变性 2 min;后 30 个循环为 94℃变性 45 s~60 s;62℃退火 45 s~60 s;最后 72℃延伸 5 min。取出 PCR 反应管,对反应产物进行电泳检测或于 4℃条件下保存,存放时间不超过 24 h。

4.5.5 PCR 对照设置

4.5.5.1 阳性对照

用橡胶树棒孢霉落叶病病原菌提取的总 DNA 作为模板。

4.5.5.2 样品对照

用无病橡胶树叶片提取的总 DNA 作为模板。

4.5.5.3 空白对照

用无菌一级超纯水作为模板。

4.5.6 PCR 产物凝胶电泳检测

4.5.6.1 凝胶制备

用 1$\times$TAE 工作液配制质量分数为 1.0%琼脂糖凝胶,在微波炉中溶化混匀,冷却至 60℃左右;加入核酸染料,混匀,倒入胶槽,插上样品梳;待凝胶凝固后,拔出固定在凝胶中的样品梳,将带凝胶的胶板置于电泳槽中,使样品孔位于电场负极,向电泳槽中加入 1$\times$TAE 电泳缓冲液(缓冲液越过凝胶表面即可)。

4.5.6.2 加样与电泳

取 1 μL 加样缓冲液与 5 μL PCR 反应产物,混匀,然后分别将其和 DNA 分子量标准加入到电泳槽的负极样品孔中;接通电源,电泳电压为 5 V/cm,当加样缓冲液中的溴酚蓝迁移到凝胶 1/2 位置,切断电源,停止电泳。

4.5.7 防污染措施

检测过程中防污染措施按照 GB/T 19495.2 中的规定执行。

5 结果判定

PCR 检测结果判定见表 2。

表 2 PCR 检测结果判定表

判定条件				结果判定
PCR 产物在 272 bp 处是否有条带出现(见附录 B)				
序号	阳性对照	待检样品	样品对照	空白对照	
1	是	是	否	否	检测样品携带橡胶树棒孢霉落叶病病原菌
2	是	否	否	否	检测样品不携带橡胶树棒孢霉落叶病病原菌
3	否	是/否	是/否	是/否	检测结果无效
4	是/否	是/否	是	是/否	
5	是/否	是/否	是/否	是	

6 样品保存和销毁

经检测确定携带橡胶树棒孢霉落叶病病原菌的叶片或嫩枝经液氮干燥后,于 −70℃ 以下保存 90 d 以备复核,保存的样品必须做好登记和标记工作。

保存期过后的样品及用具应进行灭活处理。

附　录　A

（资料性附录）

橡胶树棒孢霉落叶病病原菌（*Corynespora cassiicola*）的背景资料

A.1　学名

Corynespora cassiicola（Berk. & Curt.）Wei。

A.2　形态特征

　　该病原菌分生孢子梗单生或丛生，直立或稍弯曲，有分隔，具膨大的基部，浅褐色至深褐色，大小为 (59～343) μm ×(4～12) μm。分生孢子椭圆形、倒棍棒形至圆柱形，直或微弯，厚壁，光滑，具有 4 个～9 个假隔膜，大小为(52～191) μm×(13～20) μm，有时可见 Y 形孢子。

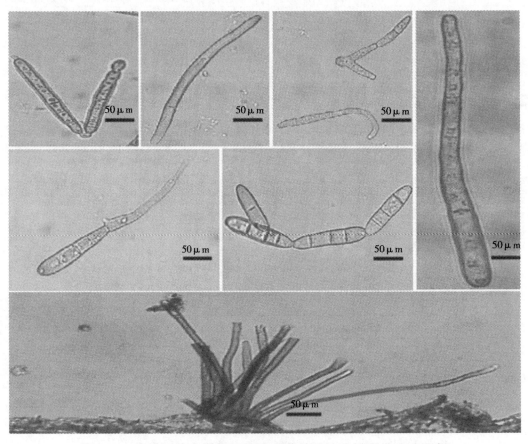

图 A.1　橡胶树棒孢霉落叶病病原菌的分生孢子及分生孢子梗

A.3　危害症状

　　橡胶树嫩叶和老叶都受侵害，其症状随品系、叶龄、侵染部位而异。

　　黄绿色嫩叶上早期产生小的浅褐色圆形病斑，病斑组织呈纸质，有轮纹，边缘褐色，外围有黄色晕圈；有时受害嫩叶上的病斑周围叶脉呈现黑色坏死，也形成本病特征性的"鱼骨"症状（见图 A.2 中 1）。

老叶上的病斑边缘深褐色或红褐色,外围有明显的晕圈,病斑周围叶脉呈现黑色坏死,形成本病特征性的"鱼骨"或"铁轨"症状(见图 A.2 中 2 和图 A.2 中 3)。

老叶叶尖或叶缘被侵染时,形成 V 形或波浪形病斑并干枯,伴有叶脉黑色坏死(见图 A.2 中 4)。

胶苗严重受害后大量落叶,茎秆光秃(见图 A.2 中 5)。

说明:
1——嫩叶;   5——胶苗。
2~4——老叶;

图 A.2　棒孢霉落叶病病原菌为害橡胶树症状

附　录　B
（规范性附录）
橡胶树棒孢霉落叶病病原菌(*Corynespora cassiicola*)PCR 分子检测

橡胶树棒孢霉落叶病病原菌 *Corynespora cassiicola* DNA PCR 扩增电泳图谱见图 B. 1。

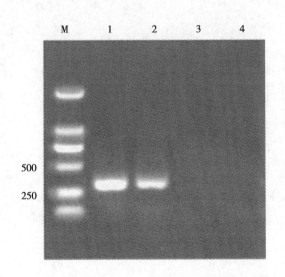

说明：

M——DNA 分子量标准；　　　　　　　　　　　　3——样品对照；

1——阳性对照；　　　　　　　　　　　　　　　4——空白对照。

2——待检样品；

图 B. 1　*Corynespora cassiicola* DNA PCR 扩增电泳图谱

附加说明：

本标准按照 GB/T 1.1—2009 给出的规则起草。

本标准由农业部农垦局提出。

本标准由农业部热带作物及制品标准化委员会归口。

本标准起草单位：中国热带农业科学院环境与植物保护研究所。

本标准主要起草人：谢艺贤、漆艳香、张欣、蒲金基、张贺、陆英、喻群芳、张辉强。

中华人民共和国农业行业标准

热带作物种质资源收集技术规程

Technical regulations for the collection of tropical
crops germplasm resources

NY/T 2812—2015

1 范围

本标准规定了热带作物种质资源考察收集、引种及征集的术语和定义、收集对象和收集方式。

本标准适用于热带作物种质资源收集。

2 规范性引用文件

下列文件对于本文件的应用是必不可少的。凡是注日期的引用文件,仅注日期的版本适用于本文件。凡是不注日期的引用文件,其最新版本(包括所有的修改单)适用于本文件。

GB/T 2260 中华人民共和国行政区划代码

GB/T 2659 世界各国和地区名称代码

GB/T 12404 单位隶属关系代码

NY/T 1737 引进农作物种质资源试种鉴定技术规程

3 术语和定义

下列术语和定义适用于本文件。

3.1

热带作物 tropical crops

只能在我国热带或南亚热带地区种植的作物,主要包括橡胶树、木薯、香蕉、荔枝、龙眼、芒果、菠萝、咖啡、胡椒、椰子、油棕、槟榔、剑麻、八角等。

3.2

种质资源 germplasm resource

栽培种、野生种以及利用它们创造的各种遗传材料,如果实、种子、苗、根、茎、叶、花、组织、细胞等。

3.3

引种 introduction

从异地引入的作物种、变种、类型、品种等种质资源,经试种鉴定,筛选出适宜者为当地农业生产和科学研究利用的过程(参照 NY/T 1737)。

3.4

征集 acquisition

国内通过国家行政部门或从事种质资源研究的组织协调单位,向省(市)或科研单位、种子公司发通知或征集函,由当地人员采集本地区(本单位)的种质资源,送往指定的主持单位的活动。

4 收集对象

4.1 实物资源

种子、种苗、离体材料及标本等实物。

4.2 信息资源

有关实物资源的共性特征、个性特征、图像等信息。

5 考察收集

5.1 工具

照相机、GPS等电子设备,砍刀、枝剪等采集工具,卷尺、卡尺等度量工具,标签、工作记录本等记录工具,自封袋、保鲜袋等包装工具,标本夹、标本浸渍液等标本制作工具。

5.2 数量要求

数量因作物而异,在不破坏原生境的前提下,根据种质类型和收集部位的不同,收集足够的资源,最大限度地满足保存、科研、育种的需求。

5.3 采集号

由年份加2位省份代码加全年采集顺序号组成。

5.4 考察收集程序

5.4.1 准备工作

5.4.1.1 确定考察收集地点

考察地点应重点选择作物分布中心,尚未考察的地区,具有珍稀、濒危种质资源的地区,种质资源损失威胁最大的地区。

5.4.1.2 制订考察计划

确定目的和任务,制定考察地点和路线,根据5.1准备相关工具并做好经费预算等。

5.4.1.3 组建考察队伍

根据考察计划,组建专业的考察队并进行系统的培训。

5.4.2 收集步骤

5.4.2.1 采集

采集种子(种苗)或其他离体材料。

5.4.2.2 采集编号与信息收集

将采集材料按5.3进行编号,记录该种质的信息资料(见表A.1)。省、市、县名称按照GB/T 2260执行,单位名称参照GB/T 12404执行。

5.4.2.3 图像采集

采集种质的生境、植株以及花果等图像信息资料。

5.4.2.4 安全存放

将采集到的实物和信息等资源安全存放。

5.4.3 材料整理

5.4.3.1 种质材料整理

核对每份实物资源的采集号与数据采集表的记录是否一致,将种质材料和标本分类放置,并列出清单备用。

5.4.3.2 信息数据整理

整理考察收集中填写的种质资源考察收集数据采集表、文字和拍摄图像等资料,统计各项数据。

5.4.4 资料归档和建立数据库

种质资源考察收集有关文字、图表等资料,均应立卷归档。所有资料均应规范、准确、完整地输入计算机,建立种质资源考察收集数据库,并输入种质资源信息共享网络系统。

5.4.5 种质繁育

将收集到的种质带回实验室或苗圃进行繁育。

5.4.6 考察总结

撰写考察报告,总结本次考察的心得和收获。

5.4.7 考察收集注意事项

参见附录B。

6 国外引种

6.1 引种途径

赴国外考察引种或委托他人从国外收集并带入国内,本文件主要指前者。

6.2 引种数量

同5.2,且与政府有关部门审批的数量一致。

6.3 引种号

由年份加4位顺序号组成的8位字符串组成,如"20140001"。

6.4 国外考察引种程序

6.4.1 准备工作

6.4.1.1 确定引种目标

熟悉和掌握引种目标国家、单位的资源情况,确定种质目标及其所属单位或个人。

6.4.1.2 制订引种计划

根据引种目标,制订引种计划和经费预算。

6.4.1.3 组建引种队伍

组建专业的考察队并进行系统的培训。

6.4.2 引种步骤

同5.4.2,信息数据的收集见引种信息收集表(表A.2),国家和地区名称参照GB/T 2659执行。

6.4.3 材料整理

同5.4.3。

6.4.4 检疫

对国外引进的种质资源,应到相关部门进行登记,并在有资质的场所隔离试种,依作物生长期的不同,确定隔离试种时间,检查是否携带危险性病、虫、杂草和其他有害生物。

6.4.5 种质繁育

同5.4.5。

6.4.6 引种总结

同5.4.6。

6.5 引种注意事项

参见附录 B。

7 征集

7.1 征集发起单位

一般由农业部或从事热带种质资源研究的国家级科教单位组织发起。

7.2　征集对象

从事热带作物种质资源相关研究的科教单位、组织和个人或拥有种质资源的企业和个人。

7.3　征集样本数量

同5.2。

7.4　征集号

由作物名称(拼音首字母大写)＋征集省(自治区、直辖市)＋征集单位＋数字编号(4位数)组成。省(自治区、直辖市)名称按照GB/T 2260执行,单位名称参照GB/T 12404执行。

7.5　征集程序

7.5.1　准备工作

拟定征集函或征集通知,准备种质资源征集数据采集表(表A.3),发往征集目标单位。

7.5.2　种质征集

根据征集发起单位的要求和任务,收集种质资源,采集信息,具体步骤同5.4.2,省、市、县名称按照GB/T 2260执行,单位名称参照GB/T 12404执行。

7.5.3　样本保管

征集的种子、种苗以及离体材料应妥善处理和放置,防止发霉或使样本失去生活力。

7.5.4　样本寄送

对所征集到的样本进行初步整理,按类型分类有序地归并、包装,尽快寄往指定接受单位进行保存和繁殖。

7.5.5　整理编目

由征集发起单位协调各种质资源研究单位,按类型整理、鉴定以及编写种质资源目录。

7.5.6　种质繁育

同5.4.5。

7.6　征集注意事项

参见附录B。

附 录 A
（规范性附录）
信 息 采 集 表

A.1 考察收集信息采集表

见表 A.1。

表 A.1 考察收集信息采集表

基本信息			
收集号		收集者	
收集日期		收集单位	
作物名称		种质名称	
种名		属名	
别名			
种质类型	1 野生资源 2 地方品种 3 选育品种 4 品系 5 遗传材料 6 其他		
收集材料	1 种子 2 种苗 3 块根、块茎 4 插条（接穗）5 种茎、根蘖 6 标本 7 其他		
种子数量	粒	种苗数量	株
块根块茎数量	个	插条（接穗）数量	条
种茎根蘖数量	个	标本数量	份
原产地			
选育方法		亲本组合	
选育单位（人）		育成年份	
收集地信息			
收集地点	＿＿＿＿省(市、区)＿＿＿＿县＿＿＿乡＿＿＿村		
经度	＿＿度＿＿分＿＿秒	纬度	＿＿度＿＿分＿＿秒
海拔			
收集场所	1 田间、旷野 2 农贸市场 3 村庄农户 4 植物园 5 自然保护区 6 其他		
地形	1 平原 2 山地 3 丘陵 4 盆地 5 高原		
小环境	1 涝洼地 2 沼泽地 3 乱石滩 4 林下 5 林缘 6 林间空地 7 灌丛下 8 竹林下 9 池塘 10 山顶 11 山腰 12 山脚 13 田埂 14 田边 15 田间 16 路边 17 沟底 18 沙岗 19 河滩 20 河谷 21 溪边 22 海滩 23 湖边 24 草地 25 房前屋后 26 村边 27 其他		
气候带	1 热带 2 亚热带 3 温带 4 暖温带 5 其他		
主要伴生物种			
土壤类型	1 砖红壤 2 赤红壤 3 红壤 4 黄壤 5 褐土 6 盐碱土 7 沼泽土 8 其他（说明）		
土壤 pH		年均日照时间	h
年均温度	℃	年均降水量	mm
主要特征信息			
生长习性			
主要生育期			
形态特征			
农艺性状			
抗逆性			
抗病虫性			
品质特性			
补充性记录			

A.2 引种信息采集表

见表 A.2。

表 A.2 引种信息采集表

基本信息				
引种号		引种者		
种质名称		当地名		
属名		种名		
种质类型	1 野生资源 2 地方品种 3 选育品种 4 品系 5 遗传材料 6 其他			
引种地点				
原产地				
引种单位				
采集材料	1 种子 2 种苗 3 块根、块茎 4 插条(接穗) 5 种茎、根蘖 6 标本 7 其他			
种子数量	粒	种苗数量		株
块根块茎数量	个	插条(接穗)数量		条
种茎根蘖数量	个	标本数量		份
选育单位				
选育方法		育成年份		
亲本组合		推广面积		hm²
主要特征信息				
生长习性				
主要生育期				
形态特征				
农艺性状				
抗逆性				
抗病虫性				
品质特性				
补充性记录				

A.3 征集信息采集表

见表 A.3。

表 A.3 征集信息采集表

基本信息			
征集号		种质名称	
属名		种名	
种质类型	1 野生资源 2 地方品种 3 选育品种 4 品系 5 遗传材料 6 其他		
种质来源	1 当地（　）2 外地（　）3 外国（　）		
征集材料	1 种子 2 种苗 3 块根、块茎 4 插条（接穗）5 种茎、根蘖 6 标本 7 其他		
种子数量	粒	种苗数量	株
块根块茎数量	个	插条数量	条
种茎根蘖数量	个	标本数量	份
选育单位			
选育方法		育成年份	
亲本组合		推广面积	hm²
收集地点			
收集地经度	___度___分___秒	收集地纬度	___度___分___秒
收集地海拔	m	收集地年均气温	℃
收集地年均降水量	mm	收集地年均日照	h
采集单位		采集者	
主要特征特性			
生长习性			
主要生育期			
形态特征			
农艺性状			
抗逆性			
抗病虫性			
品质特性			

附　录　B
（资料性附录）
注　意　事　项

B.1　种子收集和存放

浆果类易腐烂霉变果实应及时将种子取出，并用清水冲洗后晾晒；其他类型果实可带回单位后，剖开果实取出种子。顽拗性种子应采取特殊方式保存，尽快进行繁育，以免存放时间过长而导致萌发力丧失。

B.2　种苗收集和存放

种苗应连根挖起，适当剪去部分枝叶，根部放在塑料袋中保湿，干燥时可加少许水，确保其水分不会丧失太多。

B.3　接穗、插条收集和存放

接穗、插条等采集后，应立即摘去叶片和嫩梢，下部浸水后用半干纸巾或毛巾等包裹，外面用塑料袋包严，临时置于阴凉处，并尽早进行嫁接或扦插繁育。

B.4　块根、块茎等存放

块根、块茎、鳞茎保持适当的湿度，防止霉变，尽量置于阴凉通风处。

B.5　花粉、叶片等材料的采集

花粉、叶片、芽等器官尽量采集分生能力强的新鲜材料，尽快进行组织培养繁育。

B.6　图像资料采集和保存

每份种质图像资料应包括完整植株、生境、花或果的照片；图片格式为".jpg"，像素大小至少为1 024×768或600 dpi。每份种质的图像分别按照片内容命名（如："生境"、"植株"、"花"、"果"），放在同一文件夹内，文件夹用种质编号命名，存放在专门的存储介质中。

B.7　采集区域

避免在小范围内收集，应尽可能覆盖整个居群，增大种质的遗传多样性。

B.8　病虫害检查

检查实地是否有作物的危害性病虫害。收集的材料如带有传染性病虫害的要进行杀虫、杀菌处理，隔离栽种或组培繁殖后才能进行入圃（库）保存。

附加说明：
本标准按照 GB/T 1.1—2009 给出的规则起草。

本标准由农业部农垦局提出。

本标准由农业部热带作物及制品标准化技术委员会归口。

本标准起草单位：中国热带农业科学院热带作物品种资源研究所。

本标准主要起草人：李琼、田新民、李洪立、何云、洪青梅、胡文斌。

中华人民共和国农业行业标准

热带作物种质资源描述规范　菠萝

Descriptors standard for tropical crpos germplasm—Pineapple

NY/T 2813—2015

1　范围

本标准规定了凤梨科(Bromeliaceae)凤梨属(*Ananas* Merr.)菠萝种质资源描述的要求和方法。

本标准适用于菠萝种质资源的描述,不适用于观赏凤梨。

2　规范性引用文件

下列文件对于本文件的应用是必不可少的。凡是注日期的引用文件,仅注日期的版本适用于本文件。凡是不注日期的引用文件,其最新版本(包括所有的修改单)适用于本文件。

GB/T 2260　中华人民共和国行政区划代码

GB/T 2659　世界各国和地区名称代码

GB/T 5009.88　食品中膳食纤维的测定

GB/T 6195　水果、蔬菜维生素 C 含量测定法(2,6-二氯靛酚滴定法)

GB/T 12456　食品中总酸的测定

NY/T 1688　腰果种质资源鉴定技术规范

NY/T 2637　水果和蔬菜可溶性固形物含量的测定　折射仪法

3　术语和定义

下列术语和定义适用于本文件。

3.1

基本熟　basic mature

菠萝果实基部 1 层～2 层小果的果皮呈黄色,其余小果饱满,呈草绿色。

3.2

全熟　whole mature

菠萝整个果实外皮呈金黄或黄色。

4　要求

4.1　描述内容

描述内容见表1。

表 1 菠萝种质资源描述内容

描述类别	描述内容
种质基本信息	全国统一编号、种质库编号、种质圃编号、采集号、引种号、种质名称、种质外文名、科名、属名、学名、种质类型、主要特性、主要用途、系谱、遗传背景、繁殖方式、选育单位、育成年份、原产国、原产省、原产地、原产地经度、原产地纬度、原产地海拔、采集地、采集单位、采集时间、采集材料、保存单位、保存单位编号、种质保存名、保存种质类型、种质定植年份、种质更新年份、图像、特性鉴定评价机构名称、鉴定评价地点、备注
植物学特征	植株树姿、地上茎形状、地上茎颜色、冠芽数量、裔芽(托芽)数量、吸芽数量、蘖芽(块茎芽)数量、冠芽特征、冠芽形状、冠芽叶刺有无、冠芽叶刺分布、叶片着生姿态、叶片数量、叶片在茎上的排列、叶背粉状态、叶片颜色、叶片彩带分布、叶刺有无、叶刺分布、叶刺生长方向、叶刺密度、小花数量、苞片颜色、苞片边缘形态、萼片颜色、花瓣颜色、花瓣开张程度、花冠形态、果实形状、果基形状、果顶形状、果实小果能否剥离、未成熟果实果皮颜色、成熟果实果皮颜色、成熟时果皮颜色的一致性、果颈、果眼数量、果眼外观形态、果眼大小、果眼深度、果眼排列方式、果瘤、种子数量、种皮颜色
生物学特性	定植(播种期)、营养生长期、植株高度、地上茎长度、地上茎直径、冠芽高度、冠芽重量、最长叶片的长度、最长叶片最宽处的宽度、最长苞片的长度、最长萼片的长度、花瓣长度、果实生育期、果实重量、果实横径、果实纵径、果柄长度、果柄粗度、果形指数、果实锥化度、果实整齐度、种子重量
品质性状	果皮重量、果皮厚度、果实耐贮性、果肉重量、果肉厚度、果肉颜色、果肉硬度、果肉质地、果肉风味、果汁的含量、果肉香气、果心直径、可食率、可溶性固形物含量、可溶性糖含量、可滴定酸含量、维生素 C 含量、纤维含量

5 描述方法

5.1 种质基本信息

5.1.1 全国统一编号

种质资源的全国统一编号,由物种编号"BL"加保存单位代码再加 4 位顺序号(4 位顺序号从"0001"到"9999",下同)的字符串组成,种质资源编号具有唯一性。

5.1.2 种质库编号

种质资源长期保存库编号,由"GP"加 2 位物种代码再加 4 位顺序号组成。每份种质具有唯一的种质库编号。

5.1.3 种质圃编号

种质资源保存圃编号,方法同 5.1.2。若种质库与种质圃同时保存的,种质资源保存圃编号由种质库编号加"(P)"组成。

5.1.4 采集号

种质在野外采集时赋予的编号,由年份加 2 位省份代码加全年采集顺序号组成。

5.1.5 引种号

引种号是由年份加 4 位顺序号组成的 8 位字符串,如"19940024",前 4 位表示种质从外地引进年份,后 4 位为顺序号,从"0001"到"9999"。每份引进种质具有唯一的引种号。

5.1.6 种质名称

国内种质的原始名称,如果有多个名称,可以放在英文括号内,用英文逗号分隔;国外引进种质如果没有中文译名,可以直接填写种质的外文名。

5.1.7 种质外文名

国外引进种质的外文名和国内种质的汉语拼音名,每个汉字的首字拼音大写,字间用连接符连接。

5.1.8 科名

凤梨科(Bromeliaceae)。

5.1.9 属名

凤梨属（*Ananas* Merr.）。

5.1.10 学名

种质资源的植物学名称。

5.1.11 种质类型

种质资源的类型,分为:野生资源、地方品种、引进品种(系)、选育品种(系)、特殊遗传材料、其他。

5.1.12 主要特性

种质资源的主要特性,分为:高产、优质、抗病、抗虫、抗寒、抗旱、其他。

5.1.13 主要用途

种质资源的主要用途,分为:食用、药用、观赏、纤维、材用、育种、其他。

5.1.14 系谱

种质资源的系谱为选育品种(系)和引进品种(系)的亲缘关系。

5.1.15 遗传背景

遗传背景分为:自花授粉、自然授粉、异花授粉、种间杂交、种内杂交、无性选择、自然突变、人工诱变、其他。

5.1.16 繁殖方式

繁殖方式分为:种子繁殖、吸芽繁殖、冠芽繁殖、裔芽繁殖、茎部繁殖、组培繁殖、带芽叶插、其他。

5.1.17 选育单位

选育菠萝品种(系)的单位或个人全称。

5.1.18 育成年份

品种(系)通过新品种审定、品种登记或品种权申请公告的年份,用4位阿拉伯数字表示。

5.1.19 原产国

种质资源的原产国家、地区或国际组织名称。国家和地区名称参照GB/T 2659执行,如该国家名称现不使用,应在原国家名称前加"前"。

5.1.20 原产省

省份名称参照GB/T 2260执行。国外引进种质原产省用原产国家一级行政区的名称。

5.1.21 原产地

菠萝种质资源的原产县、乡、村名称。县名参照GB/T 2260执行。

5.1.22 采集地

菠萝种质的来源国家、省、县名称,地区名称或国际组织名称。

5.1.23 采集地经度

单位为度和分。格式为DDDFF,其中DDD为度,FF为分。后面标明东经(E)、西经(W),如"12136E"。如果"分"的数据缺失,则缺失数据要用连字符(-)连接,如121-E。

5.1.24 采集地纬度

单位为度和分。格式为DDFF,其中DD为度,FF为分。后面标明南纬(S)、北纬(N),如"3921N"。如果"分"的数据缺失,则缺失数据要用连字符(-)连接,如391-N。

5.1.25 采集地海拔

单位为米(m)。

5.1.26 采集单位

种质资源采集单位或个人全称。

5.1.27 采集时间

以"年月日"表示,格式"YYYYMMDD"。

5.1.28 采集材料

采集材料分为:种子、果实、芽、茎、叶片、花粉、组培材料、苗、其他。

5.1.29 保存单位

负责菠萝种质繁殖,并提交国家种质资源长期库前的原保存单位或个人全称。

5.1.30 保存单位编号

种质在原保存单位中的种质编号。保存单位编号在同一保存单位应具有唯一性。

5.1.31 种质保存名

种质在资源圃中保存时所用的名称,应与来源名称相一致。

5.1.32 保存种质类型

保存种质资源类型分为:植株、种子、组织培养物、花粉、其他。

5.1.33 种质定植年份

种质在种质圃中定植的年份。以"年月日"表示,格式"YYYYMMDD"。

5.1.34 种质更新年份

种质进行重新种植的年份。以"年月日"表示,格式"YYYYMMDD"。

5.1.35 图像

种质的图像文件名,图像格式为.jpg。图像文件名由统一编号(图像种质编号)加"—"加序号加".jpg"组成。图像要求600 dpi以上或1 024×768以上。

5.1.36 特性鉴定评价机构名称

种质特性鉴定评价的机构名称,单位名称应写全称。

5.1.37 鉴定评价地点

种质形态特征和生物学特性的鉴定评价地点,记录到省和县名。

5.1.38 备注

资源收集者了解的生态环境的主要信息、产量、栽培实践等。

5.2 植物学特征

5.2.1 植株树姿

在正常生长菠萝的盛花期,选取代表性植株10株以上,测量地上茎中心轴线与地面水平面的夹角,依据夹角的平均值确定植株树姿类型,分为:直立(夹角≥80°)、开张(40°≤夹角<80°)、匍匐(夹角<40°)。

5.2.2 地上茎形状

用5.2.1的样本,参照图1以最大相似的原则确定地上茎形状,分为:圆柱形、近纺锤形、其他。

5.2.3 地上茎颜色

用5.2.1的样本,用标准比色卡按最大相似的原则确定地上茎颜色。

5.2.4 冠芽数量

在正常生长菠萝的果实达基本熟时,选取代表性植株10株以上,记载着生于果实顶部冠芽的数量,计算平均值,单位为个,精确到0.1个。

5.2.5 裔芽(托芽)数量

用5.2.4的样本,记载着生于果柄上部裔芽(托芽)的数量,计算平均值,单位为个,精确到0.1个。

5.2.6 吸芽数量

用5.2.4的样本,记载着生于地上茎吸芽的数量,计算平均值,单位为个,精确到0.1个。

5.2.7 蘖芽(块茎芽)数量

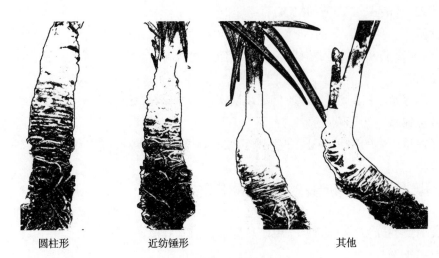

圆柱形   近纺锤形   其他

图 1 地上茎形状

用 5.2.4 的样本,记载着生于地下茎蘖芽(块茎芽)的数量,计算平均值,单位为个,精确到0.1 个。

5.2.8 冠芽特征

用 5.2.4 的样本,参照图 2 以最大相似的原则确定冠芽的组成特点,分为:单冠芽、双冠芽、多冠芽、单小冠芽(冠芽高度小于果体高度的 1/2)。

单冠芽   双冠芽   多冠芽   单小冠芽

图 2 冠芽特征

5.2.9 冠芽形状

用 5.2.4 的样本,参照图 3 以最大相似的原则确定冠芽形状,分为:短椭圆形、长圆柱形、长圆锥形、心形、扇形、其他。

短椭圆形 长圆柱形 长圆锥形   心形   扇形

图 3 冠芽形状

5.2.10 冠芽叶刺有无

用 5.2.4 的样本,参照图 4 以最大相似的原则确定冠芽叶缘是否着生叶刺。分为:无刺、有刺。

5.2.11 冠芽叶刺分布

用 5.2.4 的样本,参照图 5 以最大相似的原则确定冠芽叶缘叶刺着生位置。分为:部分叶缘有刺、叶尖有刺、全缘有刺。

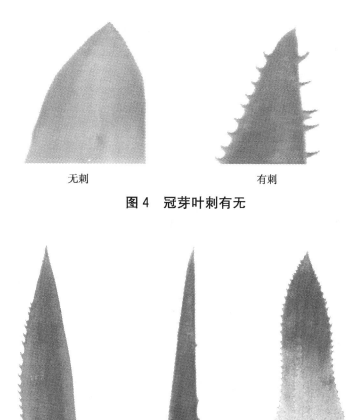

| 无刺 | 有刺 |

图 4 冠芽叶刺有无

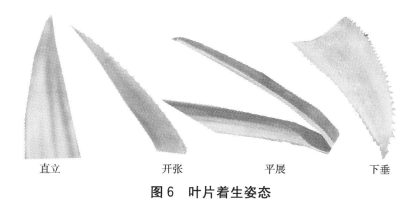

| 部分叶缘有刺 | 叶尖有刺 | 全缘有刺 |

图 5 冠芽叶刺分布

5.2.12 叶片着生姿态

用 5.2.1 的样本,参照图 6 以最大相似的原则确定地上茎中部完全展开叶片的着生姿态,分为:直立、开张、平展、下垂。

| 直立 | 开张 | 平展 | 下垂 |

图 6 叶片着生姿态

5.2.13 叶片数量

用 5.2.1 的样本,记载地上茎抽生的叶片的数量,计算平均值,单位为片,精确到 0.1 片。

5.2.14 叶片在茎上的排列

用 5.2.1 的样本,记载叶片在茎上的螺旋排列方式,分为:左旋排列、右旋排列、其他。

5.2.15　叶被粉状态

用5.2.1的样本,记载叶片的叶面叶背被粉的情况,分为:叶两面厚粉或薄粉、叶面厚粉或薄粉、叶背厚粉或薄粉、叶两面无被粉。

5.2.16　叶片颜色

用5.2.1的样本,用标准比色卡按最大相似的原则确定叶片颜色。

5.2.17　叶片彩带分布

用5.2.1的样本,参照图7以最大相似的原则确定叶片是否具有彩带和彩带显现部位,分为:无、两侧、中央。

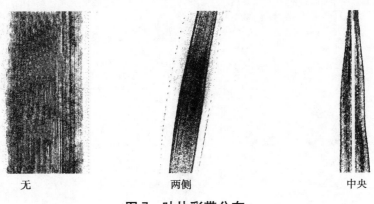

无　　　　　　　两侧　　　　　　　中央

图7　叶片彩带分布

5.2.18　叶刺有无

用5.2.1的样本,观察地上茎中部完全展开叶片叶缘是否有刺。分为:无、有。

5.2.19　叶刺分布

用5.2.1的样本,观察地上茎中部完全展开叶片叶缘,参照图8以最大相似的原则确定叶缘叶刺分布状态。分为:叶先端少刺、细而密布满叶缘、少刺分布不规律、较多刺分布不规律。

叶先端少刺　细而密布满叶缘　少刺分布不规律　较多刺分布不规律

图8　叶刺分布

5.2.20　叶刺生长方向

用5.2.1的样本,参照图9以最大相似的原则确定叶刺尖的朝向状态。分为:向上顺生、向上顺生与向下倒生两种兼备。

5.2.21　叶刺密度

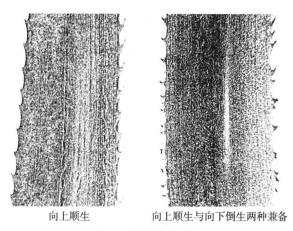

向上顺生　　　　　　向上顺生与向下倒生两种兼备

图9　叶刺生长方向

用5.2.1的样本,参照图10以最大相似的原则确定叶刺着生密度。分为:稀疏(≤1枚/cm)、中等(1枚/cm～2枚/cm)、密集(≥3枚/cm)。

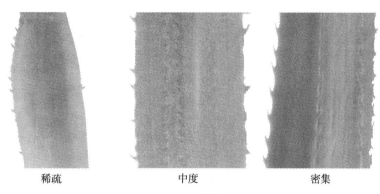

稀疏　　　　　　　　中度　　　　　　　　密集

图10　叶刺密度

5.2.22　小花数量

用5.2.1的样本,记载每个花序的小花数量,计算平均值,单位为朵,精确到0.1朵。

5.2.23　苞片颜色

用5.2.1的样本,用标准比色卡按最大相似的原则确定小花苞片颜色。

5.2.24　苞片边缘形态

用5.2.1的样本,参照图11以最大相似的原则确定小花苞片的边缘形态,分为:锯齿状、波浪状、光滑。

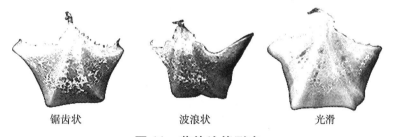

锯齿状　　　　　　　波浪状　　　　　　　光滑

图11　苞片边缘形态

5.2.25　萼片颜色

用5.2.1的样本,用标准比色卡按最大相似的原则确定萼片颜色。

5.2.26　花瓣颜色

用5.2.1的样本,用标准比色卡按最大相似的原则确定花瓣颜色。

5.2.27 花瓣开张程度

用5.2.1的样本,在花朵完全展开时,参照图12以最大相似的原则确定花瓣开张的程度,分为:微开、张开。

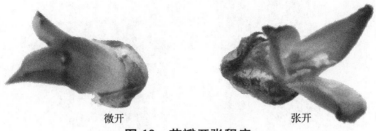

微开　　　　　　　　　　　张开

图12 花瓣开张程度

5.2.28 花冠形态

用5.2.1的样本,参照图13以最大相似的原则确定花冠间是否重叠及其状态,分为:镊合状、旋转状、覆瓦状。

镊合状　　　　　　旋转状　　　　　　覆瓦状

图13 花冠形态

5.2.29 果实形状

用5.2.4的样本,按照图14以最大相似的原则确定果实形状,分为:圆台形、球形、圆柱形、圆锥形、长圆柱形、梨形、其他。

圆台形　　　球形　　　圆柱形　　　圆锥形　　　长圆柱形　　　梨形

图14 果实形状

5.2.30 果基形状

用5.2.4的样本,参照图15以最大相似的原则确定果基形状,分为:平、弧形、突起。

平　　　　　　　　　　弧形　　　　　　　　　突起

图15 果基形状

5.2.31 果顶形状

用5.2.4的样本,参照图16以最大相似的原则确定果顶形状,分为平顶、浑圆、钝圆、尖圆。

平顶　　　　　　浑圆　　　　　　钝圆　　　　　　尖圆

图16 果顶形状

5.2.32 果实小果能否剥离

用5.2.4的样本,观察每个小果能否完整从果实上被剥离。分为:不可剥离、可剥离。

5.2.33 未成熟果实果皮颜色

在正造果接近成熟时,随机选取10个果实,用标准比色卡按最大相似的原则确定未成熟果皮颜色。

5.2.34 成熟果实果皮颜色

用5.2.4的样本,用标准比色卡按最大相似的原则确定成熟果实果皮颜色。

5.2.35 成熟时果皮颜色的一致性

用5.2.4的样本,果实成熟时,果实基部与顶部的果皮颜色是否一致,分为:一致、基本一致、不一致。

5.2.36 果颈

用5.2.4的样本,参照图17以最大相似的原则确定果实顶部与冠芽连接处的外观形态,分为:无颈、有颈。

无颈　　　　　　　　　　有颈

图17 果 颈

5.2.37 果眼数量

用5.2.4的样本,记载每个果实的小果数量,计算平均值,单位为个,精确到0.1个。

5.2.38 果眼外观形态

用5.2.4的样本,参照图18以最大相似的原则确定果实的小果外观形态,分为:扁平或微凹、微隆起、突起/隆起。

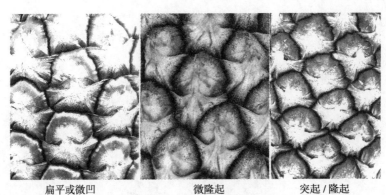

扁平或微凹　　　　　微隆起　　　　　突起/隆起

图 18　果眼外观形态

5.2.39　果眼大小

用 5.2.4 的样本,选取果实中部 5 个小果,测量纵、横径,计算平均值,单位为毫米(mm),精确到 0.1 mm。

5.2.40　果眼深度

用 5.2.4 的样本,选取成熟果实中部 5 个小果,测量果实果眼中部凹陷下去部分的深度,计算平均值,单位为毫米(mm),精确到 0.1 mm。

5.2.41　果眼排列方式

用 5.2.4 的样本,参照图 19 以最大相似的原则确定果实果眼排列方式,分为:左旋、其他、右旋。

左旋　　　　　其他　　　　　右旋

图 19　果眼排列方式

5.2.42　果瘤

用 5.2.4 的样本,参照图 20 以最大相似的原则确定果实底部着生的瘤状物的有无和多少。分为:无、少(1 个~2 个)、多。

无　　　　　少(1 个~2 个)　　　　　多

图 20　果　瘤

5.2.43　种子数量

用5.2.4的样本,选取全熟果实取出种子,记载每个果实的种子数量,计算平均值,单位为个,精确到0.1个。

5.2.44 种皮颜色

用5.2.4的样本,用标准比色卡按最大相似的原则确定种皮颜色。

5.3 生物学特性

5.3.1 定植(播种期)

日期的记载采用"YYYYMMDD"格式。

5.3.2 营养生长期

植株种植至出现"红心"(抽蕾)时所需天数(d)。

5.3.3 植株高度

用5.2.1的样本,测量地面至果顶处的距离,计算平均值,单位为厘米(cm),精确到0.1 cm。

5.3.4 地上茎长度

用5.2.1的样本,测量从地面至果柄连接处的茎秆距离,计算平均值,单位为厘米(cm),精确到0.1 cm。

5.3.5 地上茎直径

用5.2.1的样本,测量茎秆最粗部位的直径,计算平均值,单位为毫米(mm),精确到1 mm。

5.3.6 冠芽高度

用5.2.4的样本,测量果顶至冠芽最高处的距离,计算平均值,单位为毫米(mm),精确到1 mm。

5.3.7 冠芽重量

用5.2.4的样本,称量所有生长的冠芽总质量,计算平均值,单位为克(g),精确到0.1 g。

5.3.8 最长叶片的长度

用5.2.1的样本,测量最长叶片基部到顶端的距离,计算平均值,单位为厘米(cm),精确到0.1 cm。

5.3.9 最长叶片最宽处的宽度

用5.2.1的样本,测量最长叶片最宽处的距离,计算平均值,单位为毫米(mm),精确到0.1 mm。

5.3.10 最长苞片的长度

用5.2.1的样本,测量最长包片基部到顶端的距离,计算平均值,单位为毫米(mm),精确到0.1 mm。

5.3.11 最长萼片的长度

用5.2.1的样本,测量最长萼片基部到顶端的距离,计算平均值,单位为毫米(mm),精确到0.1 mm。

5.3.12 花瓣长度

用5.2.1的样本,测量花瓣基部到顶端的距离,计算平均值,单位为毫米(mm),精确到0.1 mm。

5.3.13 果实生育期

用5.2.4的样本,观测植株第一朵花开放至商品成熟可采收时所经历的天数,计算平均值,单位为天(d),精确到0.1 d。

5.3.14 果实重量

用5.2.4的样本,称量果实(不包括冠芽部分)质量,计算平均值,单位为克(g),精确到0.1 g。

5.3.15 果实横径

用5.2.4的样本,测量果实横切面的最大直径,计算平均值,单位为毫米(mm),精确到0.1 mm。

5.3.16 果实纵径

用5.2.4的样本,测量果实果顶至果基间纵切面的最大直径,计算平均值,单位为毫米(mm),精确到 0.1 mm。

5.3.17 果柄长度

用 5.2.4 的样本,测量果实果柄长度,计算平均值,单位为毫米(mm),精确到 0.1 mm。

5.3.18 果柄粗度

用 5.2.4 的样本,测量果实果柄粗度,计算平均值,单位为毫米(mm),精确到 0.1 mm。

5.3.19 果形指数

计算果实纵径与横径的比值,结果取平均值,精确到 0.1。

5.3.20 果实锥化度

用 5.2.4 的样本,计算果实的 3/4 高度处横径与 1/4 高度处横径的比值,结果取平均值,精确到 0.1。

5.3.21 果实整齐度

用 5.2.4 的样本,在果实基本熟时,观察果实形状的一致性,确定果实的整齐度,分为:整齐、基本整齐、不整齐。

5.3.22 种子重量

用 5.2.4 的样本,取出种子,称取质量。结果以平均值表示,单位为毫克(mg),精确到 0.1 mg。

5.4 品质性状

5.4.1 果皮重量

用 5.2.4 的样本,剥取果皮,称取质量。结果以平均值表示,单位为克(g),精确到 0.1 g。

5.4.2 果皮厚度

用 5.2.4 的样本,剥取果皮,测量赤道面果皮厚度。结果以平均值表示,单位为毫米(mm),精确到 0.1 mm。

5.4.3 果实耐贮性

用 5.2.4 的样本,选取 5 个基本熟的果实在恒温 25℃ 条件下,果实品质基本保持不变时可存放的天数。结果以平均值表示,单位为天(d),精确到 1 d。

5.4.4 果肉重量

用 5.2.4 的样本,剥去果皮后,称取果肉质量。结果以平均值表示,单位为克(g),精确到 0.1 g。

5.4.5 果肉厚度

用 5.2.4 的样本,沿果肩中部纵切,测量果实纵切面赤道面的果肉厚度。结果以平均值表示,单位为毫米(mm),精确到 0.1 mm。

5.4.6 果肉颜色

用 5.2.4 的样本,用标准比色卡按最大相似的原则确定成熟果实果肉颜色。

5.4.7 果肉(果实)硬度

用 5.2.4 的样本,测量果实中部果肉单位面积可承受的压力强度,单位为千克每平方厘米(kg/cm²)。

5.4.8 果肉质地

用 5.2.4 的样本,品尝判断果肉的质地,分为:细嫩、软滑、软韧、稍脆、爽脆、粗糙。

5.4.9 果肉风味

用 5.2.4 的样本,品尝判断果肉风味,分为:浓甜、清甜、甜酸、酸、极酸、微涩、其他。

5.4.10 果汁的含量

用 5.2.4 的样本,榨取果肉果汁,计算果汁质量占果肉质量的百分率。结果以平均值表示,单位为百分率(%),精确到 0.1%。

5.4.11 果肉香气

用5.2.4的样本,品尝判断果肉香气,分为:无、微香、浓香、特殊香味、异味。

5.4.12 果心直径

用5.2.4的样本,测量果实果心最大直径。结果以平均值表示,单位为毫米(mm),精确到0.1 mm。

5.4.13 可食率

计算果肉质量占全果重的百分率。结果以平均值表示,单位为百分率(%),精确到0.1%。

5.4.14 可溶性固形物含量

按NY/T 2637的规定执行。

5.4.15 可溶性糖含量

按NY/T 1688的规定执行。

5.4.16 可滴定酸含量

按GB/T 12456的规定执行。

5.4.17 维生素C含量

按GB/T 6195的规定执行。

5.4.18 纤维含量

按GB/T 5009.88的规定执行。

附加说明:

本标准按照GB/T 1.1—2009给出的规则起草。

本标准由农业部农垦局提出。

本标准由农业部热带作物及制品标准化技术委员会归口。

本标准起草单位:中国热带农业科学院南亚热带作物研究所、中国热带农业科学院热带作物品种资源研究所。

本标准主要起草人:杜丽清、贺军虎、孙光明、陆新华、刘胜辉、张秀梅、陈华蕊、梁李宏、吴青松。

中华人民共和国农业行业标准

热带作物种质资源抗病虫鉴定技术规程
橡胶树白粉病

NY/T 2814—2015

Technical specification for resistance identification to diseases and
insects of tropical crops germplasm—Powdery mildew of rubber tree

1 范围

本标准规定了橡胶树种质资源抗白粉病鉴定的术语和定义、接种体制备、田间抗性鉴定、病情调查
及统计、抗性判定。

本标准适用于橡胶树种质资源对白粉病抗性的田间鉴定及评价。

2 规范性引用文件

下列文件对于本文件的应用是必不可少的。凡是注日期的引用文件,仅注日期的版本适用于本文
件。凡是不注日期的引用文件,其最新版本(包括所有的修改单)适用于本文件。

GB/T 17822.2 橡胶树苗木

NY/T 221 橡胶树栽培技术规程

3 术语和定义

下列术语和定义适用于本文件。

3.1

橡胶树白粉病 powdery mildew of rubber tree

由橡胶树粉孢(*Oidium heveae* Steinm)侵染引起的一种真菌性病害,造成橡胶树不正常落叶或叶
片组织坏死。

3.2

接种体 inoculum

橡胶树白粉病菌的分生孢子。

3.3

接种悬浮液 inoculum suspension

用橡胶树白粉病菌的分生孢子,以无菌水配制的一定浓度的孢子悬浮液。

4 接种体制备

4.1 病原物采集

于春季采集田间具有典型白粉病病斑的橡胶树病叶(参见 A.2),用毛刷刷取单个病斑上的孢子于装
有体积分数为 0.05%吐温 20 的水溶液中,混合均匀,得到含有白粉病菌的孢子悬浮液,用于接种体繁殖。

4.2 接种体繁殖

在温室大棚内用小型手持喷雾器将 4.1 所采集分离物均匀喷洒在感病品系幼苗的健康古铜期嫩叶

上,进行接种体繁殖,获得所需要的分生孢子量。

4.3 接种体制备

接种前用干净毛刷刷取叶片上长出的新鲜孢子于装有体积分数为 0.05% 吐温 20 的水溶液中,混合均匀后即获得接种悬浮液,用血球计数板计数分生孢子数,并用体积分数为 0.05% 吐温 20 的水溶液稀释至浓度为约 8×10^4 个孢子/mL。配制完成后立即使用。

5 田间抗性鉴定

5.1 鉴定地块选择

选择交通便利、操作方便、有利于橡胶树生长的地块。

5.2 对照品系

选用"RRIC52"为抗病对照品系,"PB5/51"为感病对照品系。

5.3 鉴定材料

选择砧木相同、长势一致的三篷稳定叶的橡胶树袋装芽接苗。摆放间距根据袋装苗树冠大小而定,以叶片不相互交叉为宜。鉴定材料随机排列,每份材料重复 3 次,每重复 10 株苗。种苗质量符合 GB/T 17822.2 的要求,栽培技术按照 NY/T 221 进行。

5.4 接种

5.4.1 接种条件

接种时的田间环境温度应为 16℃~22℃,相对湿度应在 60% 以上。

5.4.2 接种方法

采用喷雾接种法。用小型手持喷雾器将配制好的接种悬浮液,均匀喷洒于鉴定品系幼苗新抽出的顶篷叶的健康古铜期嫩叶正、反两面上,至有水滴流出为止。

5.5 接种后管理

试验期间不可使用杀菌剂;通过搭设荫棚、适量喷水等方式控制田间温湿度,以符合发病条件。

6 病情调查及统计

6.1 调查方法

接种 3 d 后每日 1 次观察病情扩展情况,叶片老化时进行 1 次病情调查。调查每份鉴定材料所接种叶篷的叶片发病情况,每株从上往下调查 5 复叶的中间小叶。按照表 1 叶片病情分级标准调查,并记录病情级值,计算病情指数(D_i),填写表 B.1。

6.2 统计方法

6.2.1 病情指数计算

病情指数按式(1)计算:

$$D_i = \frac{\sum (N_i \times i)}{N \times 9} \times 100 \quad \cdots\cdots\cdots\cdots\cdots\cdots\cdots\cdots\cdots\cdots (1)$$

式中:

D_i——病情指数;

N_i——各级病叶数;

i——各级级别值;

N——调查叶数。

6.2.2 病情分级

橡胶树白粉病叶片病情分级标准见表 1。

表 1　橡胶树白粉病叶片病情分级标准

病情级别	分级标准
0	整张叶片无病斑
1	0＜病斑面积与叶面积的比值≤1/8
3	1/8＜病斑面积与叶面积的比值≤1/4
5	1/4＜病斑面积与叶面积的比值≤1/2
7	1/2＜病斑面积与叶面积的比值≤3/4
9	病斑面积与叶面积的比值＞3/4,或叶片皱缩,或叶片脱落

7　抗性判定

7.1　鉴定有效性判定

如果感病对照品系病情指数 $D_i \geqslant 40$,则该批次抗白粉病鉴定视为有效。

7.2　抗性判定标准

依据鉴定材料的病情指数确定其对白粉病的抗性水平,判定标准见表2。

表 2　橡胶树对白粉病抗性判定标准

病情指数(D_i)	抗性级别
$0＜D_i \leqslant X$	抗病(R)
$X＜D_i \leqslant (X+Y)/2$	中抗(MR)
$(X+Y)/2＜D_i＜Y$	中感(MS)
$D_i \geqslant Y$	感病(S)
注:X为抗病对照品系的病情指数,Y为感病对照品系的病情指数。	

附 录 A
（资料性附录）
橡 胶 树 白 粉 病

A.1 学名

橡胶树粉孢菌（*Oidium heveae* Steinm）。

A.2 症状

该菌主要为害橡胶树古铜期和淡绿期叶片、嫩梢及花序，不侵染老叶。感病初期，在叶面或叶背出现辐射状银白色菌丝，随着病情发展在病斑上出现一层白色粉状物，形成大小不一的白粉病斑。发病严重时，病叶正反面都布满白粉，甚至出现叶片的皱缩、黄化、脱落。

A.3 形态描述

菌丝体生于寄主表面，无色透明、有隔膜、具分枝，以梨形或圆形的吸器侵入寄主体内。表生菌丝分化形成无色、棒状、直立不分枝的分生孢子梗，顶端产生数个串生的分生孢子，自顶端向下依次先后成熟脱落。分生孢子单胞、无色透明、内含液泡、细胞壁薄、卵形或椭圆形，大小(25～45)μm×(12～27)μm。目前尚未发现有性阶段。

附　录　B
（规范性附录）
橡胶树抗白粉病鉴定结果统计表

橡胶树抗白粉病鉴定结果统计表见表 B.1。

表 B.1　橡胶树抗白粉病鉴定结果统计表

编号	品系名称	重复	调查总叶数	病情级别						病情指数	平均病情指数	抗性级别
				0级	1级	3级	5级	7级	9级			
		1										
		2										
		3										
		1										
		2										
		3										
1. 鉴定地块：												
2. 接种日期：												
3. 调查日期：												
4. 记录人：												

鉴定技术负责人(签字)：

附加说明：

本标准按照 GB/T 1.1—2009 给出的规则起草。

本标准由农业部农垦局提出。

本标准由农业部热带作物及制品标准化技术委员会归口。

本标准起草单位：中国热带农业科学院环境与植物保护研究所、中国热带农业科学院橡胶研究所。

本标准主要起草人：张欣、涂敏、黄贵修、漆艳香、刘先宝、蒲金基、谢艺贤。

中华人民共和国农业行业标准

热带作物病虫害防治技术规程　红棕象甲

Technical specification for controlling pest of tropical crop—
Red palm weevil

NY/T 2815—2015

---

1 范围

本标准规定了红棕象甲(*Rhynchophorus ferrugineus*)防治的有关术语和定义及防治要求等技术。本标准适用于我国棕榈植物种植区域红棕象甲的防治。

2 规范性引用文件

下列文件对于本文件的应用是必不可少的。凡是注日期的引用文件,仅注日期的版本适用于本文件。凡是不注日期的引用文件,其最新版本(包括所有的修改单)适用于本文件。

GB 4285　农药安全使用标准

GB/T 8321(所有部分)　农药合理使用准则

NY/T 2818　热带作物病虫害监测技术规程　红棕象甲

3 术语和定义

下列术语和定义适用于本文件。

3.1

监测　monitoring

长期固定连续不断监督测试工作,具体表现为通过一定的技术手段而摸清某种有害生物的发生区域、发生时期及发生数量等。

3.2

防治适期　optimum control period

病、虫、草等有害生物生长过程中,最适合进行防治的时期。

4 防治要求

4.1 基本信息

红棕象甲的识别及发生特点参见附录A。

4.2 防治原则

贯彻"预防为主,科学治理,依法监管,强化责任"的绿色植保方针,在防治中以农业防治为基础,协调应用聚集信息素诱捕、饵料诱杀和化学防治等措施对红棕象甲进行有效控制。

4.3 田间监测

按照NY/T 2818的规定执行。

4.4 检疫

依据我国植物及产品检疫的有关规定,对调运的棕榈植物苗木和产品进行检疫及检疫处理。

4.5 农业防治

4.5.1 合理安排种植树种

在棕榈园有选择性的种植红棕象甲喜食树种,如假槟榔、大王棕等。

4.5.2 田园清理

发现树干受伤时,可用沥青或泥浆涂封伤口,以防成虫产卵;及时清理落叶和受害致死的植株,并集中烧毁。

4.6 化学防治

4.6.1 农药使用要求

按照 GB 4285 和 GB/T 8321 的规定,严格掌握使用剂量、使用方法和安全间隔期。不使用国家严格禁止使用的杀虫剂(见附录 B)。

4.6.2 药剂使用方法

4.6.2.1 心叶基部施药

成虫羽化初始期、高峰期,应于上午 9 时前施药,以心叶基部湿润为宜,高温季节应避免在中午烈日和高温下施药。用 2%噻虫啉微胶囊悬浮剂 500 倍液或 5%吡虫啉悬浮剂 1 000 倍液淋灌心叶基部,施药 7 d~10 d 后检查虫情,如发现幼虫排泄物,应进行第 2 次施药,连用 2 次~3 次。

4.6.2.2 树干打孔注药

对实施喷药等其他措施防治困难的高大树木,在离地面 0.5 m 处树干基部的 3 个方向,用 10 mm 钻头的打孔机,钻出与树干纵轴呈 45°的斜孔,孔深 7 cm~10 cm,注入 5%吡虫啉悬浮剂 5 倍~10 倍液或 2%噻虫啉微胶囊悬浮剂 5 倍~10 倍液,以不溢出为宜,注药后用泥浆或塑料布封口。在第 1 次注药 30 d 后,可进行第 2 次注药。连续施用 3 次以上。

附　录　A
（资料性附录）
红棕象甲形态特征、发生及危害特点

A.1　红棕象甲形态特征（图 A.1）

卵：乳白色，具光泽，长卵圆形，光滑无刻点，两端略窄。卵期 3 d～4 d。

幼虫：幼虫体表柔软，皱褶，无足，气门椭圆形，8 对。头部发达，突出，具刚毛。腹部末端扁平略凹陷，周缘具刚毛。初孵幼虫体乳白色，比卵略细长。老熟幼虫体黄白至黄褐色，略透明，可见体内一条黑色线位于背中线位置。头部坚硬，蜕裂线 Y 字形，两边分别具黄色斜纹。体大于头部，纺锤形，体长约 50 mm。

蛹：蛹为离蛹，长 20 mm～38 mm，宽 9 mm～16 mm，长椭圆形，初为乳白色，后呈褐色。前胸背板中央具一条乳白色纵线，周缘具小刻点，粗糙。喙长达前足胫节，触角长达前足腿节，翅长达后足胫节。触角及复眼突出，小盾片明显。蛹外被一束寄主植物纤维构成的长椭圆形茧。

成虫：体长 19 mm～34 mm，宽 8 mm～15 mm，胸厚 5 mm～10 mm，喙长 6 mm～13 mm。身体红褐色，光亮或暗。体壁坚硬。喙和头部的长度约为体长的 1/3。口器咀嚼式，着生于喙前端。前胸前缘小，向后逐渐扩大，略呈椭圆形，前胸背板具两排黑斑，前排 2 个～7 个，中间一个较大，两侧较小，后排 3 个均较大，或无斑点。鞘翅短，边缘（尤其侧缘和基缘）和接缝黑色，有时鞘翅全部暗黑褐色。身体腹面黑红相间，腹部末端外露；各足腿节末端和胫节末端黑色，各足跗节黑褐色。触角柄节和索节黑褐色，棒节红褐色。成虫前胸前缘小向后缘逐渐宽大，略呈椭圆形，具两排黑斑，前排 3 个或 5 个，中间一个较大，两侧的较小，后排 3 个，均较大，有极少数虫体没有两排黑斑。

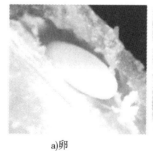

a)卵　　　　　　　b)幼虫　　　　　c)蛹　　　d)茧　　　　e)成虫

图 A.1　红棕象甲各虫态

A.2　红棕象甲发生危害特点

红棕象甲成虫和幼虫都能危害，尤以幼虫造成的损失最大。成虫一般产卵于棕榈植物的伤口或裂缝，卵孵化后，幼虫钻进树干内取食茎秆疏导组织，为害初期很难被发现，为害后期，心叶干枯，被害寄主叶片减少，被害叶的基部枯死，倒披下来；移开枯死的叶柄，能看到红棕象甲的茧，剥开表皮可看到幼虫钻蛀的坑道。受害严重的植株，心叶枯萎，生长点死亡，只剩下数片老叶，树干被蛀食中空，只剩下空壳。

红棕象甲在华南地区 1 年发生 2 代～3 代，时代重叠严重。第 1 代时间最短，100.5 d，第 3 代时间最长，127.8 d。幼虫 7 龄～9 龄，历期平均 55 d，蛹期平均 17 d～33 d，成虫寿命变化较大，雌虫平均59.5 d，雄虫平均 83.6 d。全年有两个成虫高峰期，分别为 4 月～5 月和 7 月～8 月。

附 录 B
（规范性附录）
禁止使用防治红棕象甲的剧毒、高毒和高残留杀虫剂

在红棕象甲防治中禁止使用甲拌磷、久效磷、磷胺、对硫磷、甲胺磷、水胺硫磷、甲基对硫磷、甲基异柳磷、氧化乐果、甲基硫环磷、特丁硫磷、治螟磷、内吸磷、硫线磷、地虫硫磷、氯唑磷、苯线磷、灭线磷、蝇毒磷、杀扑磷、克百威、灭多威、杀虫脒、滴滴涕、六六六、硫丹、毒杀芬、二溴氯丙烷、二溴乙烷、艾氏剂、狄氏剂、汞制剂、砷类、铅类、氟乙酰胺、氟乙酸钠、甘氟、五氯苯酚、氯丹、灭蚁灵、六氯联苯、溴甲烷、磷化铝、磷化锌、磷化钙、硫线磷、乙酰甲胺磷、丁硫克百威、乐果、氟虫氰等以及国家规定禁止使用的其他农药。

附加说明：

本标准按照 GB/T 1.1—2009 给出的规则起草。

本标准由中华人民共和国农业部提出。

本标准由农业部热带作物及制品标准化技术委员会归口。

本标准起草单位：中国热带农业科学院椰子研究所。

本标准主要起草人：覃伟权、阎伟、刘丽、黄山春、李朝绪、孙晓东、吕朝军、钟宝珠。

中华人民共和国农业行业标准

热带作物主要病虫害防治技术规程 胡椒

Technology regulations for control of main pests
of tropical crop—Pepper

NY/T 2816—2015

---

1 范围

本标准规定了胡椒(*Piper nigrum*)主要病虫害基本信息、防治原则和防治措施。

本标准适用于我国胡椒产区的胡椒主要病虫害防治。

2 规范性引用文件

下列文件对于本文件的应用是必不可少的。凡是注日期的引用文件,仅注日期的版本适用于本文件。凡是不注日期的引用文件,其最新版本(包括所有的修改单)适用于本文件。

GB 4285　农药安全使用标准

GB/T 8321　农药合理使用准则

NY/T 360　胡椒插条苗

NY/T 969　胡椒栽培技术规程

3 基本信息

3.1　胡椒主要病害有胡椒瘟病、胡椒根结线虫病、胡椒细菌性叶斑病、胡椒花叶病、胡椒枯萎病、胡椒炭疽病(参见附录 A)。

3.2　胡椒主要害虫有胡椒粉蚧和丽绿刺蛾(参见附录 B)。

4 防治原则

4.1　贯彻"预防为主、综合防治"的植保方针,依据胡椒主要病虫害的发生规律及防治要求,综合考虑影响其发生的各种因素,采取以农业防治为基础,协调应用化学防治、物理防治等措施,实现对胡椒主要病虫害的安全、有效控制。

4.2　胡椒种苗质量应符合 NY/T 360 的规定。

4.3　胡椒日常栽培管理应符合 NY/T 969 的规定。

4.4　本标准推荐使用药剂防治应符合 GB 4285 和 GB/T 8321 的规定,掌握使用浓度、使用剂量、使用次数、施药方法和安全间隔期。应进行药剂的合理轮换使用。

5 防治措施

5.1 胡椒瘟病

5.1.1 农业防治

5.1.1.1 培育壮苗

胡椒种苗质量应符合 NY/T 360 的规定。

5.1.1.2 园地选择与规划

园地选择与规划应符合 NY/T 969 的规定。

5.1.1.3 园地基本建设

修建排水沟,等高梯田或起垄适当高种。胡椒园外应有深 0.6 m~0.8 m、宽 0.8 m 的排水沟,园内每隔 12 株~15 株胡椒应开一条纵沟,梯田内壁或垄应建有小排水沟,做到大雨不积水。一块胡椒园面积以 0.3 hm²~0.4 hm² 为宜,胡椒园四周应种植防护林带。

5.1.1.4 栽培管理

合理修剪,搞好椒园卫生。常年湿度较大的胡椒园,应修剪基部 20 cm 以下的枝条,使椒头保持通风透光,一般在第二次割蔓后逐渐剪去"送嫁枝",第三次割蔓时修剪完毕,如剪口较大,应涂上波尔多液、甲霜灵等杀菌剂保护;定期清除胡椒园内的枯枝落叶、病残体,集中园外低处烧掉。

加强肥、水管理。增施有机肥,不偏施氮肥;及时绑蔓;雨季前椒头适当培土,保证椒头不积水,培土用的泥土应预先翻晒或从园外取新土;被台风吹倒吹脱的胡椒应及时处理并更换损坏的支柱,操作时尽量减少植株损伤,并填实支柱周围的洞穴。

在瘟病发生流行时,从事田间劳作应先管理无病椒园,后管理有病椒园;应防止禽畜进入椒园;发病椒园地面未干时不应进入;发病椒园使用过的任何用具应及时消毒。

5.1.1.5 减少侵染源

旱季松土、晒土,减少地表层的病原菌;雨季来临前,应对胡椒园土壤进行消毒,可用 0.5% 波尔多液或 68% 精甲霜•锰锌可湿性粉剂 300 倍~500 倍液均匀喷施于冠幅内及株间土壤上。

5.1.1.6 定期巡查

建立检查制度,专人负责巡查工作。巡查工作在大雨后进行,重点检查低洼处、水沟边、人行道、粪池附近的胡椒园地面落叶和堆放落叶的场所;发现瘟病应做好标记并及时处理,做到"勤检查,早发现,早防治"。

关注天气状况,特别是台风来临前,做好预防工作,准备好防治药剂及工具。

5.1.2 化学防治

5.1.2.1 地上部分防治

发生瘟病病灶(病叶、花和果穗),可在露水干后先除去病灶后再喷药保护。遇雨天,可先喷药 1 次,再除去病灶。应将所有病灶集中清出园外低处烧毁。

药剂及施药方法:用 68% 精甲霜•锰锌可湿性粉剂、25% 甲霜•霜霉威可湿性粉剂或 50% 烯酰吗啉可湿性粉剂 500 倍~800 倍液整株喷药,或在离顶部病叶 50 cm 以下的所有叶片喷药,叶片正反面都喷湿,以有药液刚滴下为宜。每隔 7 d~10 d 喷 1 次,连续喷施 2 次~3 次。

5.1.2.2 地下部分防治

发病初期在中心病区(即病株四个方向各 2 株胡椒)的胡椒树冠下淋施 68% 精甲霜•锰锌可湿性粉剂或 25% 甲霜•霜霉威可湿性粉剂 500 倍液,每株淋施药液 5 kg/次~7.5 kg/次。视病情轻重,一般隔 7 d~8 d 淋施 1 次,连续淋施 2 次~3 次。

雨天湿度大时可用 1:10 粉状硫酸铜和沙土混合,均匀撒在冠幅内及株间土壤上。

经喷施药剂 2 次以上未能救治的病死株,应在晴天及时挖除,并集中清出园外低处烧毁,不应将病死株残体丢进水中污染水源。病死株植穴应用石灰或乙磷铝消毒并曝晒 3 个~6 个月再补植。

5.2 胡椒根结线虫病

5.2.1 农业防治

5.2.1.1 培育壮苗

培育胡椒种苗的苗圃应选择远离发生根结线虫的胡椒园，苗圃四周应设有阻隔设施，以防止外界水源流入和土壤传入；不应从病区取土育苗；苗床用土应用阿维菌素处理后曝晒 1 个月；应从长势良好的胡椒植株上剪取插条培育种苗；不应将感染线虫病的种苗出圃种植；插条苗质量应符合 NY/T 360 的规定。

5.2.1.2 园地选择与规划

园地选择与规划应符合 NY/T 969 的规定。

5.2.1.3 栽培管理

选择干旱季节开垦胡椒园；深翻土壤 40 cm～50 cm，翻晒 2 次～3 次，拾净杂物。适施磷钾肥，增施有机肥；定期清理园区杂草及周围野生寄主；冬季及高温干旱季节在椒头盖草，保持椒头湿度；日常栽培管理应符合 NY/T 969 的规定。

5.2.1.4 定期巡查

每月巡查 1 次，根据植株长势、叶片颜色、根系产生根结等情况，综合判断是否有根结线虫为害。如有根结线虫为害应做好标记并及时撒施药剂防治。

5.2.2 化学防治

对发生根结线虫为害的胡椒植株，每株幼龄胡椒施 10%噻唑膦颗粒剂 10 g～15 g 或 0.5%阿维菌素颗粒剂 20 g～35 g，成龄胡椒药剂可适当增加，每隔 30 d 施药 1 次，连续撒施 2 次。

施药方法：沿胡椒植株冠幅下缘开挖环形施药沟，沟宽 15 cm～20 cm、深 15 cm，药剂均匀撒施于沟内，施药后及时回土、淋水。

5.3 胡椒细菌性叶斑病

5.3.1 农业防治

5.3.1.1 培育壮苗

胡椒种苗质量应符合 NY/T 360 的要求。

5.3.1.2 园地选择与规划

园地选择与规划应符合 NY/T 969 的规定。

5.3.1.3 栽培管理

上半年干旱季节，应定期清理胡椒园杂草、病叶等集中清出园外烧毁，保持胡椒园清洁；适当施用磷钾肥，增施有机肥，改良土壤，提高肥力，增强植株抗病能力；栽培管理应符合 NY/T 969 的规定。

5.3.1.4 定期巡查

应建立检查制度，重点在台风雨季前做好检查工作。发现植株上有病状时，应及时将病叶、病枝、病花和病果摘除，集中清出园外烧毁，做到"勤检查，早发现，早防治"。

5.3.2 化学防治

先摘除病部，然后用 72%农用硫酸链霉素可溶性粉剂 2 000 倍液或 77%氢氧化铜可湿性粉剂 500 倍液，喷洒病株及其邻近植株，每 5 d～7 d 喷施 1 次，连续喷施 3 次～5 次。

5.4 胡椒花叶病

5.4.1 农业防治

5.4.1.1 培育壮苗

胡椒种苗质量应符合 NY/T 360 的规定。

5.4.1.2 栽培管理

应及时铲除椒园及周边的杂草，拔除病株及田间病残体并集中清出园外低处烧毁，尽量减少毒源。胡椒定植后应经常检查及补插荫蔽物，直至幼苗枝条能自行荫蔽椒头时，方可除去荫蔽物。不应在高温干旱季节割苗，以避免病毒的侵入。避免偏施氮肥，氮、磷、钾肥配合施用；增施充分腐熟的有机肥。及时浅水灌溉。

5.4.2 化学防治

重点加强幼龄胡椒阶段病害防治。发病初期整株喷洒3.95%病毒必克可湿性粉剂500倍液,隔7 d喷施1次,连续喷施3次;同时喷10%吡虫啉可湿性粉剂或20%啶虫脒可湿性粉剂1 000倍液防治传毒昆虫如蚜虫等。

5.5 胡椒枯萎病

5.5.1 农业防治

5.5.1.1 培育壮苗

胡椒种苗质量应符合NY/T 360的规定。

5.5.1.2 园地选择与规划

园地选择与规划应符合NY/T 969的规定。

5.5.1.3 栽培管理

施足基肥,增施有机肥,不偏施化肥,追肥时应施用腐熟的有机肥,避免发生肥害。线虫为害严重的胡椒园应施用杀线虫剂,减少线虫伤根,降低枯萎病发生。

5.5.2 化学防治

发病初期在发病植株的树冠下淋施45%恶霉灵·溴菌腈可湿性粉剂或恶霉灵可湿性粉剂＋多菌灵可湿性粉剂(1∶1)500倍液,每株淋施药液3 kg/次～5 kg/次,每隔7 d～10 d淋施1次,连续淋施3次。

5.6 胡椒炭疽病

5.6.1 农业防治

每月应清除病叶一次,并集中清出园外低处烧毁。加强施肥管理,增施有机肥和钾肥,提高植株抗病力。雨后应及时排水,防止胡椒园积水。

5.6.2 化学防治

植株发病初期,喷施45%咪酰胺乳油或50%多·锰锌可湿性粉剂500倍～800倍液等,每隔7 d～14 d喷药1次,连续喷施2次～3次。

5.7 胡椒粉蚧

5.7.1 农业防治

5.7.1.1 培育壮苗

胡椒种苗质量应符合NY/T 360的规定。

5.7.1.2 栽培管理

应避免胡椒园土壤过分干旱,定期铲除杂草,保持胡椒园清洁。

5.7.2 化学防治

幼龄胡椒发病初期,用48%毒死蜱乳油1 000倍液灌根,每株药液用量2 L～3 L,每隔5 d～7 d灌根1次,连续用药2次～3次。

5.8 丽绿刺蛾

在第一代幼虫孵化高峰期即6月上中旬和第二代高峰期7月中旬后,选用20%除虫脲悬浮剂1 000倍液或4.5%高效氯氰菊酯乳油2 000倍液喷洒,每隔5 d～7 d喷药1次,连续喷施2次～3次。

附　录　A
（资料性附录）
胡椒主要病害基本信息

胡椒主要病害症状及发生特点见表A.1。

表A.1　胡椒主要病害症状及发生特点

病害名称	症状及发生特点
胡椒瘟病	病原菌为辣椒疫霉（*Phytophthora capsici*） 　胡椒瘟病是一种典型的气候依赖性土传病害，也是为害胡椒种植业的首要病害。病菌能侵染胡椒的主蔓基部、根、叶、枝条、花、果穗等器官，以侵染茎基部（胡椒头）为害最严重，常引起整株胡椒萎蔫和死亡 　叶片感病症状是识别胡椒瘟病的典型特征。植株下层枝蔓上的叶片最先感病，开始为灰黑色水渍状斑点，以后病斑变黑褐色，病斑一般呈圆形或菱形或半圆形，边缘向外呈放射状。环境湿度大时在病叶背面长出白色霉状物，即病菌的菌丝体和孢子囊。主蔓基部感病，一般在离地面上下20 cm的地方。感病初期，外表皮无明显症状，当刮去外表皮时可见内皮层变黑。剖开主蔓，可见木质部导管变黑，有黑褐色条纹向上下扩展。后期表皮变黑，木质部腐烂，并流出黑水。挖开地下部分检查，感病的根变黑色。花序和果穗染病一般从尾部开始感病，水渍状，以后变黑，脱落 　胡椒瘟病的发生流行与气象因子关系极密切，降雨（特别是台风雨后，连续降雨）是该病害发生流行的主导因素，病害发生和流行主要取决于当年降雨量。年雨量大于2 000 mm的地区，8月～10月或9月～11月3个月的总雨量超过1 000 mm，病害可能局部发病流行。在病害流行期，2个月总雨量超过1 000 mm，加上台风暴雨的袭击，则可导致大面积胡椒瘟病流行 　瘟病的发生流行还与土壤质地、地形地势关系较密切。土壤较黏、地势低洼、排水不良，发病较严重；反之，则发病较轻。靠近河流水沟、水库边的椒园容易被洪水浸泡，更容易发病 　栽培措施对胡椒瘟病发生流行也有影响，如选地不当、椒园过于集中、没有营造防护林、没有排水沟或排水沟长期失修、椒头枝叶太密、枯枝落叶太多等，均有利于病害的发生和流行
胡椒根结线虫病	病原主要类群为南方根结线虫（*Meloidogyne incognita* Chitwood），少量为花生根结线虫（*Meloidogyne arenaria*） 　线虫直接侵入胡椒根系，使受害根部形成许多不规则、大小不一的根瘤。根瘤初期乳白色，后变淡褐色或深褐色，最后呈暗黑色。雨季根瘤腐烂，旱季根瘤干枯开裂。被害植株叶片无光泽，叶色变黄，生长停滞，节间变短，落花落果，严重影响胡椒的生长和产量，甚至整株死亡 　初侵染源来自病根和土壤，病苗是重要的传播途径。再侵染主要是靠灌溉和流水，人员、畜禽的行走，以及肥料、农具运输等也能传播 　病原线虫多分布在10 cm～30 cm深的土层内，以卵或幼虫随病体在土壤中存活，寄主存在时孵化出的二龄幼虫侵入为害。该病的发生和流行与土壤类型、气候条件和栽培管理措施等有关。通常在通气良好的沙质土中发生较严重，栽培管理差，缺乏肥料特别是缺乏有机肥，土壤干旱的椒园易发生，在旱季寄主地上部症状表现更明显、严重
胡椒细菌性叶斑病	病原菌为*Xanthomonas campestris* pv.，属野油菜黄单胞菌萎叶致病变种 　该病在各龄胡椒园均有发生，以大、中椒发病较多。主要为害叶片，也为害枝、蔓、花序和果穗。叶片感病初期出现多角形水渍状病斑，病斑扩展后，中间呈褐色，边缘变黄，后期许多病斑汇合成灰白色大病斑，边缘有黄色晕圈。雨天或早晨露水大时，叶上病斑背面出现细菌溢脓，病斑外层扩展迅速的水渍状也清晰可见。枝蔓感病多从节间或伤口侵入，呈不规则紫褐色病斑。剖开枝蔓病组织，可见导管已变色。花序和果穗一般从末端或中部感病，病部紫黑色，后期变黑，易脱落 　该病的发生与气象因子和栽培管理有密切关系。一般上半年病害发展缓慢，多数年份，由于高温干旱，病情常有自然下降的趋势；下半年雨多，湿度大，病害发展快，病情严重。特别是遭到大的台风袭击后，又遇连续下雨，能导致病害大流行。因此，应抓好上半年干旱季节这个关键时期的防治

表 A.1（续）

病害名称	症状及发生特点
胡椒花叶病	病原菌为黄瓜花叶病毒（*Cucumber mosaic virus*，简称 CMV） 感病初期，植株顶部嫩叶变小或叶色浓淡不均，重病植株矮小畸形、主蔓节间变短、叶片皱缩变小、变窄、卷曲、花穗短、果粒小且少。该病可借助带毒种苗、修剪传播，棉蚜为主要传播介体；高温干旱促进发病，园区管理差，特别在幼龄期，胡椒生长不良，发病率高且症状严重 该病主要通过种苗、插条苗以及割取插条苗的刀具等传播。远距离传播主要通过感病的种苗，田间短距离传播主要靠蚜虫，由棉蚜在胡椒植株间直接传毒。棉蚜传播该病不需要任何中间寄主，带毒的棉蚜可在田间胡椒植株之间直接传毒，使胡椒感病。高温、强光照、干旱会抑制胡椒植株生长和降低其抗病能力，病毒的潜育期缩短，同时，高温、干旱有利于传毒媒介（蚜虫等）的繁殖、迁飞和取食活动，有利于病毒迅速传播和复制，加剧胡椒花叶病的发生和流行
胡椒枯萎病	病原菌为尖孢镰刀孢菌（*Fusarium oxysporum*）。该病与胡椒根结线虫的发生有一定的关系，一般胡椒根结线虫越严重，枯萎病的发生亦越重 苗期和成株期的胡椒均可受害。病菌从根部和埋入土中的主蔓部侵入，属维管束系统病害。植株感病后，叶片褪绿，叶片、花及果穗变小、畸形、稔实少、果小，叶片自下而上，由内向外变黄凋萎脱落，最后整株枯死。地上部症状分为慢性型和急性型两大类：①慢性型：常呈现典型的"半边死"症状：同一支柱两侧种植的 2 株胡椒，1 株的枝叶已变褐枯死，另 1 株的叶片才开始褪绿变黄，不同病株的褐色枯死枝叶与黄绿色枝叶混杂相间。症状表现期持续时间较长，通常可达 1 年以上；②急性型：初期表现为植株停止生长，顶端叶片褪绿、变黄；随后自上而下扩展至植株大部分叶片发黄、变褐脱落，最后整株枯死。症状表现期一般持续 4 个～6 个月，初期症状同慢性型相似，但发病半年左右，植株突然失水萎蔫，短时间内枯死，大量叶片萎垂不落 该病周年均有发生，以 10 月至翌年 3 月发病较集中。气候及土壤因素是影响该病发生的主要因素。气温在 20℃～30℃时最适合此病的发生流行。土壤黏重，酸性较大，肥力低，排水渗透性差，湿度高，低注积水的胡椒园易发病，施城镇垃圾肥、伤根多的植株易发病。大风、大雨或人、畜活动频繁的椒园病害扩展蔓延快，降雨量大，降雨天集中，降雨持续时间长发病严重。土质好，肥力高，保水渗透性好，生长健壮的植株发病少
胡椒炭疽病	病原菌为胶孢炭疽菌［*Colletotrichum gloeosporioides*（Penz.）Sacc.］ 发病初期叶片上出现褪绿斑点，随即病斑变为暗褐色，扩大成不规则的圆形，有黄色晕圈，坏死部分呈灰褐色，继而变为灰白色，在叶缘和叶尖产生灰褐色，后变成灰白色的圆形或不规则形大病斑，外围有黄晕，病斑上有众多小黑粒，常排列成同心轮纹。其上散生或轮生小黑点（病菌的分生孢子盘）。潮湿条件下受害叶片在被侵染 10 d 左右脱落。嫩枝受害扩展成黑色坏死病斑，侵染严重时可导致嫩枝干枯。病菌为害幼嫩果穗，引起果穗脱落，果粒干枯、颜色变黑，发病部位腐烂。果实受害时，最初症状与枝条的症状相似，严重时成熟椒粒果皮破裂、腐烂 该病全年均可发生，在高温多雨季节流行。老叶受高温日灼后遇雨最易发生此病，生长势差的植株或受风害损伤的叶片发病严重。该病菌以菌丝体和分生孢子盘在枯枝、病叶、病果等病组织中越冬。翌年春季当温、湿度条件适宜时，便会产生大量分生孢子，分生孢子借风雨和昆虫传播。落在叶面上的分生孢子在高湿条件下萌发产生芽管，从气孔、伤口或直接穿透表皮侵入寄主，潜育期 3 d～6 d。该病的发生与气候及环境条件关系密切。相对湿度大于 90% 时才可发病，高温和晴朗天气抑制其发生发展；受温湿度影响，形成多次发病高峰；寒害严重时，伤口多易发病。地势低洼、冷空气沉积、日照短、荫蔽潮湿的胡椒园发病严重

附　录　B

（资料性附录）

胡椒主要害虫基本信息

胡椒主要害虫为害症状及发生特点见表 B.1。

表 B.1　胡椒主要害虫为害症状及发生特点

害虫名称	发生特点
胡椒粉蚧	同翅目，粉蚧科，学名：*Planococcus lilacinus*，Cockerell 　　该虫主要为害胡椒根部，也可为害嫩叶、嫩蔓及果实，以若虫及雌成虫生活于胡椒根部，胡椒受害后轻则长势衰退，造成减产，重则烂根至整株枯死。此虫以若虫在寄主根部湿润的土壤中越冬，翌年 3 月～4 月为第 1 代成虫盛期，6 月～7 月为第 2 代成虫盛发期，世代重叠，一般完成一代需 60 d 左右。一般喜在茸草及灌木丛生、土壤肥沃疏松、富有机质和稍湿润的林地发生，主要靠蚂蚁传播
丽绿刺蛾	鳞翅目，刺蛾科，学名：*Latoia lepida*，Cramer 　　该虫是为害胡椒的重要害虫，在海南胡椒上 1 年发生 2 代～3 代。以幼虫取食胡椒叶片呈孔洞、不规则缺刻，严重时可将叶片吃光，仅剩叶柄和叶脉，造成树势衰弱，影响胡椒果实的质量和产量

_____

附加说明：

本标准按照 GB/T 1.1—2009 给出的规则起草。

本标准由中华人民共和国农业部提出。

本标准由农业部热带作物及制品标准化技术委员会归口。

本标准起草单位：中国热带农业科学院香料饮料研究所。

本标准主要起草人：刘爱勤、桑利伟、孙世伟、谭乐和、邬华松、苟亚峰。

中华人民共和国农业行业标准

热带作物病虫害监测技术规程　香蕉枯萎病

Technical regulation on monitoring of the tropical
plant pests—Banana wilt disease

NY/T 2817—2015

1　范围

本标准规定了由尖孢镰刀菌古巴专化型［*Fusarium oxysporum* f. sp. *cubense*（E. F. Smith）Snyder et Hansen］，1号和4号小种引起的香蕉枯萎病监测区划分、假植苗圃监测、发生区监测、未发生区监测、疫情诊断及监测结果上报等技术要求。

本标准适用于全国香蕉产区香蕉镰刀菌枯萎病的调查和监测。

2　规范性引用文件

下列文件对于本文件的应用是必不可少的。凡是注日期的引用文件，仅注日期的版本适用于本文件。凡是不注日期的引用文件，其最新版本（包括所有的修改单）适用于本文件。

NY/T 1807　香蕉镰刀菌枯萎病诊断及疫情处理规范

3　术语和定义

下列术语和定义适用于本文件。

3.1

监测　monmitoring

长期固定连续不断的监督测试工作，具体表现为通过一定的技术手段而摸清某种有害生物的发生区域、发生时期即发生数量等。

3.2

监测区　monitoring region

开展监测的行政区域内，所有的香蕉种植区即为监测区。

3.3

香蕉假植杯苗　banana temporary plantlet planted in culture cup

假植于装有营养土塑料杯中的香蕉苗。

3.4

五点取样法　five-spot-sampling method

先确定对角线的中点作为中心抽样点，再在对角线上选择四个与中心样点距离相等的点作为样点的取样方法。

4　香蕉枯萎病发生区与未发生区划分

以县级行政区域作为发生区与未发生区划分的基本单位。县级行政区域内有香蕉枯萎病发生，无论发生面积大或小,该区域即为枯萎病发生区。

5 发生区监测

5.1 监测工具

GPS定位仪、标签、砍刀、锄头、铁锹、剪刀、样品袋、记录笔、一次性手套和鞋套等。

5.2 监测时间

监测时间为香蕉假植杯苗育苗期、出圃期、定植后的营养生长中后期和果实抽蕾期,每个时期各调查1次。

5.3 监测区

以县级行政区域作为1个监测区。

5.4 监测点

在监测区内,以种植香蕉的乡镇作为1个监测点,无论该乡镇是否有枯萎病发生。

5.5 监测内容

监测内容包括枯萎病的发生面积及病株率。

5.6 监测与计算方法

5.6.1 监测方法

5.6.1.1 调查

由各市(区)、县农业局(农委)组织当地植保植检人员会同各乡、镇农业技术人员向香蕉种植区蕉农询问当地香蕉种植、病虫害发生情况、蕉苗来源、蕉苗圃及蕉苗集散地情况,了解香蕉植株是否有香蕉枯萎病症状出现,做好访问调查记录,分析是否存在香蕉枯萎病可疑发生区。对访问调查过程中发现的可疑地点进行重点目测观察。

5.6.1.2 工具处理

每监测一个点需更换鞋套,使用过的剪刀、砍刀、锄头和铁锹等工具在使用前后应消毒处理。

5.6.2 计算方法

5.6.2.1 发病面积

对具有明显发病中心的地块,持GPS定位仪沿最外围病株向外延伸20 m走完一个闭合轨迹,将GPS定位仪计算出的面积作为其发病面积;对点状发生无明显发病中心的地块,通过咨询蕉农,获取该地的种植面积,根据病害发生的实际情况测量发病面积;对零星发病地块,可将整个种植面积地定为发病面积。调查结果按表B.1的格式记录。

5.6.2.2 监测点面积发生率

监测点面积发生率的计算:根据实际测量的发病面积和监测点总面积计算面积发生率,按式(1)计算。

$$S_1 = \frac{s_1}{t_1} \times 100 \quad \cdots\cdots\cdots\cdots\cdots\cdots\cdots\cdots\cdots\cdots\cdots\cdots \quad (1)$$

式中:

S_1——监测点面积发生率,单位为百分率(%);

s_1——监测点的发病面积,单位为平方米(m^2);

t_1——监测点总面积,单位为平方米(m^2)。

计算结果精确到小数点后一位。

将计算结果记录到表B.1中。

5.6.2.3 监测区面积发生率

监测区面积发生率的计算:根据各监测点实际测量的发病面积和监测区总面积计算面积发生率,按式(2)计算。

$$S_2 = \frac{\sum_{i=1}^{n} s_i}{t_2} \times 100 \quad\cdots\cdots\cdots\cdots\cdots\cdots\cdots\cdots\cdots\cdots\cdots\cdots\cdots (2)$$

式中:

S_2——监测区面积发生率,单位为百分率(%);

s ——监测点的发病面积,单位为平方米(m²);

t_2——监测区总面积,单位为平方米(m²);

n ——监测点数,$i=1,2,\cdots,n$。

计算结果精确到小数点后一位。

将计算结果记录到表 B.2 中。

5.6.2.4 病株率

根据香蕉种植地面积,1 hm² 以下的香蕉地,应全面调查;面积 2 hm²～10 hm² 的,抽查种植面积的 35%,按式(3)计算。面积 10 hm² 以上,以道路为基线每 10 hm² 划分一个监测区块,每个监测区块随机 选择 3 个点,集中计数每个点 100 株香蕉中发病植株数量计算病株率,按式(4)计算。

$$D_1 = \frac{d}{m} \times 100 \quad\cdots\cdots\cdots\cdots\cdots\cdots\cdots\cdots\cdots\cdots\cdots\cdots\cdots\cdots\cdots\cdots (3)$$

$$D_2 = \frac{\sum_{i=1}^{n} d_i}{300 \times n} \times 100 \quad\cdots\cdots\cdots\cdots\cdots\cdots\cdots\cdots\cdots\cdots\cdots\cdots (4)$$

式中:

D_1——调查面积小于 10 hm² 的病株率,单位为百分率(%);

d ——发病株数,单位为株;

m ——调查田块总株数,单位为株;

D_2——调查面积大于 10 hm² 的病株率,单位为百分率(%);

n ——分区块数,$i=1,2,\cdots,n$。

计算结果精确到小数点后一位。

将计算结果记录到表 B.1 中。

5.6.2.5 发病严重程度

以病株率确定病害严重程度:病株率<1% 为 1 级,1%～10% 为 2 级,11%～20% 为 3 级,21%～ 30% 为 4 级,>30% 为 5 级。调查结果记录到表 C.1 中。

6 未发生区监测

6.1 监测点

对距离香蕉枯萎病发生区较近的水源下游、坡脚,以及有频繁客货运往来等高风险地区,应进行重 点和定点调查。

6.2 监测时间

每年分别在香蕉种植后的营养生长中后期和果实抽蕾期进行调查。

6.3 监测内容

香蕉枯萎病是否发生;监测到可疑植株后,应立即全面调查其发生情况并按照第 5 章规定的方法开 展监测;有疑似症状的植株,应采集并用纸质材料包装样品,送省级以上植物检疫部门指定的机构进行 检测和鉴定。

7 假植杯苗圃监测

7.1 抽样

7.1.1 假植杯苗抽样

对香蕉种苗圃,应在全面目测的基础上,采用五点取样法对繁育场每一批次所有香蕉假植杯苗进行抽样检测;对出场种苗和市场销售种苗,应按1万株以下抽查100株,1万株~10万株抽查300株,10万株以上抽查500株的抽样量随机抽查。

7.1.2 假植杯土壤抽样

在全面目测香蕉种苗圃的基础上,采用五点取样法对繁育场每一批次香蕉假植苗的假植杯土壤进行抽样,根据苗圃的规模,以1万株作为一个样本点,每个样本点的土壤由5个采样点混合均匀,每一个采样点取3个~5个杯中的土样100 g,一个样本点共500 g。每个土样应该用纸质材料包装并封口标记。

7.2 样本检测

对抽取的假植苗样本先进行目测,对出现黄叶、萎蔫的植株球茎和假茎进行纵横切,观察球茎和假茎的症状。对土壤样本和不能确定病害的植株,应送省级以上植物检疫部门指定的机构进行病害的检测和鉴定。调查结果填入表C.1。

8 疫情诊断

8.1 现场诊断

按照附录A及NY/T 1807进行现场鉴定。

8.2 室内鉴定

现场不能诊断,难以下结论的,取样带回实验室,按照NY/T 1807进行鉴定,自行鉴定结果不确定或仍不能做出鉴定的,送具有资质的检疫机构或其委托的科研教学单位鉴定,送检时应填写表D.1,并附上田间症状照片。

9 样本采集、处理和保存

9.1 采集

对疑似病株应选取症状典型且中等发病程度的植株,取样部位包括蕉头病健组织(8 cm×8 cm)、根1.2 m以下具有典型症状的假茎(长20 cm);对发现疑似病株的假植杯苗应取包括培植土壤的整个植株。在同一田块或苗圃内同一批次,具有相同或相似症状植株所取的组织作为1个样品,所取样品采用纸质材料包裹。

9.2 处理

在样本的采集、运输、制作等过程中,植物活体部分均不可遗撒或随意丢弃,应统一烧毁或灭菌处理;在运输中应特别注意包装完整。

9.3 保存

采集的样本除送检后,应妥善保存于县级以上的监测负责部门,以备复核。重复的或无需保存的样本应集中灭活后进行销毁,不得随意丢弃。

10 监测结果上报与数据保存

香蕉枯萎病发生区的监测结果,应于监测结束后或送交鉴定的样本鉴定结果返回后及时汇总上报。

未发生区发现枯萎病后,应立即将初步结果上报当地植物检疫机构,包括监测人、监测日期、监测地点、监测面积、发病地块和发生面积等信息,并在详细说明调查情况后及时上报完整的监测报告。

监测中所有的原始数据、记录表、照片等均应进行整理后妥善保存于县级以上的监测部门,以备复核。

附 录 A

（资料性附录）

香蕉枯萎病的病原及其症状特征

A.1 病原

病害英文名：Banana vasclar wilt；Panama disease of banana；Banana fusarium wilt。

病害名：香蕉枯萎病；香蕉镰刀菌枯萎病；香蕉巴拿马病；黄叶病。

病原拉丁名：*Fusarium oxysporum* f. sp. *cubense* Snyder&Hansen。

病原菌学名：尖孢镰刀菌古巴专化型。

A.1.1 病原分类地位

半知菌亚门(Deuteromycotina)丝孢纲(Hyphomycetes)瘤座孢目(Tuberculariales)镰刀菌属(*Fusarium*)。

A.1.2 病原菌特征

香蕉枯萎病菌有三种类型孢子(图 A.1 中 C、D、E)：大型分生孢子、小型分生孢子和厚垣孢子。大型分生孢子产生于分生孢子座上，镰刀形，无色，具足细胞，3 个～7 个隔膜，多数为 3 个隔膜，大小为(30～43) μm ×(3.5～4.3) μm；小型分生孢子在孢子梗上呈头状聚生，数量大，单胞或双胞，椭圆形至肾形，大小为(5～16) μm ×(2.4～3.5) μm；厚垣孢子椭圆形或球形，顶生或间生，单个或成串，单个厚垣孢子(5.5～6) μm×(6～7) μm。

香蕉枯萎病菌在马铃薯琼脂(PDA)培养基平板上(图 A.1 中 A、B)菌落中心突起絮状，粉白色、浅粉色，背面呈肉色，略带些紫色；菌落边缘呈放射状，菌丝白色质密。病原菌可正常生长温度为 15℃～35℃，最适生长温度为 26℃～30℃。适宜弱酸性环境，pH 5 条件下生长最好。香蕉枯萎病菌是兼性寄生菌，腐生能力很强，在土壤中可以存活 8 年～10 年。病原菌采用死体营养方式，进入寄主后，先降解寄主组织，再吸收营养。

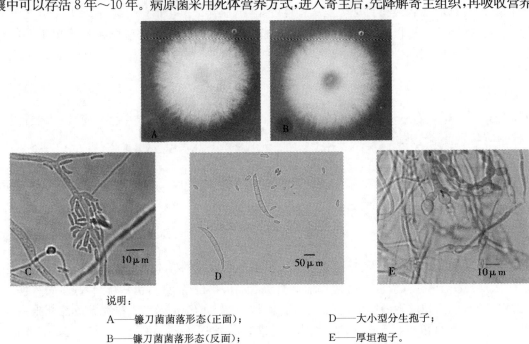

说明：

A——镰刀菌菌落形态(正面)；   D——大小型分生孢子；

B——镰刀菌菌落形态(反面)；   E——厚垣孢子。

C——产孢结构及小型分生孢子；

图 A.1 香蕉枯萎病病原菌尖孢镰刀菌古巴专化型的形态特征

A.1.3 病原寄主范围

香蕉枯萎病菌有4个生理小种。1号小种感染香蕉的栽培种大蜜哈(Gros Michel AAA)和龙牙蕉(Silk,ABB),2号小种在中美洲仅感染三倍体杂种棱香蕉(Bluggoe ABB),3号小种感染野生的羯尾蕉属(*Heliconia* spp.),4号小种感染大蜜哈(Gros Michel AAA)、矮香蕉(Dwarf Cavendish AAA)、野蕉(BB)和棱指蕉,其危害性最大。

A.2 病害特征

香蕉的各个生长期,从幼小的吸芽至成株期都能发病。由于各个生长期土壤类型等情况的不同,外部症状也有些差异;病原菌的不同小种,也会导致不完全相同的症状。

A.2.1 外部症状

受害蕉株初期老叶外缘呈现黄色,黄色病变初表现于叶片边缘,后逐渐向中肋扩展,致使整叶发黄迅速枯萎。叶柄在靠近叶鞘处下折,致使叶片下垂;随后病株除顶叶外,所有叶片自下而上相继变褐、干枯;心叶延迟抽出或不能抽出。病害后期,整株枯死,形成一条枯秆,倒挂着干枯的叶子。部分病株可以看到假茎基部出现纵裂,先在假茎外围近地面处开裂,继而开裂向内扩展。严重发病时整株死亡,有些病株虽能继续生长并抽蕾,但果实发育不良、果梳少、果指小,无食用价值(见图A.2)。

说明:
A——营养生长期发病症状;   B——挂果期发病症状。

图A.2 香蕉感枯萎病外部症状

A.2.2 内部症状

横切病株球茎及假茎基部,中柱生长点和皮层薄壁组织间,出现黄色或红棕色的斑点,这是被病原菌侵染后坏死的维管束。这种变色也集中在髓部和外皮层之间,内皮层内面维管束形成一圈坏死。纵向剖开病株根茎,初发病的组织有黄红色病变的维管束,近茎基部,病变颜色很深,越向上病变颜色渐渐变淡。在根部木质导管上,常产生红棕色病变,一直延伸至根茎部;至后期,大部分根变黑褐色而干枯。病茎旁所生吸芽的导管也会受侵染,纵剖球茎,可以看到红棕色的维管束从母株延伸侵染的迹象。病害严重的植株,整个球茎内部明显地变为深红色及棕褐色,中柱和内层的叶鞘变褐色;剖开病组织,有一种特异而不是臭的气味。只有在其他微生物再次侵染后,才腐烂发臭(见图A.3)。

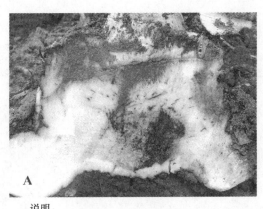

说明：
A——香蕉根部球茎感病症状； B——香蕉茎部维管束感病症状。

图 A.3　香蕉感枯萎病内部症状

A.3　分布地区

香蕉枯萎病是全球香蕉最重要的毁灭性土传病害之一。该病于1874年在澳大利亚发现，1940—1950年在中南美洲的巴拿马等国家的香蕉暴发感染，使风靡世界的国际贸易香蕉品种大蜜哈（Gros Michel）退出历史舞台。菲律宾、澳大利亚、马来西亚以及非洲等地的香蕉也相继局部发生枯萎病。1970年我国台湾发生香芽蕉的枯萎病，福建、广东和海南等地也因从台湾传入了强致病力的镰刀菌4号生理小种，蔓延十分迅速，造成我国香蕉产业的巨大经济损失。特别是海南的三亚、乐东、东方、昌江、文昌、澄迈、海口等市县香蕉种植区，广州的珠江三角洲，以及福建的漳浦等地。广西和云南随着种植面积的增加，枯萎病的发病面积也逐年增大。

附　录　B

（规范性附录）
香蕉枯萎病田间监测调查表

B.1 香蕉枯萎病田间监测调查表见表 B.1。

表 B.1　香蕉枯萎病田间监测调查表

填表时间：

蕉园地点	____省（区、市） ____市（地、州、盟）____县（区、市）____镇 ____村委会 ____村（组）						
土壤类型	沙壤		黏壤			其他	
*海拔	m	*经度	°　′　″		*纬度	°　′　″	
种植地类型	水田面积		坡地面积			山地面积	
	hm²			hm²			hm²
品种			种苗来源		种苗类型		
种植面积	hm²		发病面积	hm²	监测点面积发生率		%
总株数		株	发病株数	株	病株率		%
发病严重程度	级		监测时间		年　月　日		
初次种蕉时间	年　月　日		初次发病时间		年　月　日		
灌溉方式	漫灌		喷灌		滴灌	其他	
	井水		湖泊水		水库水	其他	
种植历史说明							
香蕉其他病害发生情况							
监测人（签名）			联系方式				
*　表示可以不填。							

B.2 根据表 B.1 的监测结果，按表 B.2 的格式进行汇总整理。

表 B.2　香蕉枯萎病监测结果汇总表

地区	____省（区、市） ____市（地、州、盟）____县（区、市）					
	1	2	3	4	5	6
市/县/镇/乡						
香蕉种植面积，hm²						
发病面积，hm²						
发病后轮作面积，hm²						
发病后丢荒面积，hm²						
监测区面积发生率，%						
	品种1	品种2	品种3	品种4	品种5	品种6
种植品种						
来源						
发病率						
发病严重程度						
汇总日期	年　月　日	汇总人		联系方式		

附　录　C

（规范性附录）

香蕉假植杯苗监测调查表

香蕉假植杯苗监测调查见表C.1。

表C.1　香蕉假植杯苗监测调查表

监测单位（盖章）				
调查地点	省　　　　县(市、区)　　　镇(街)　　　村			
苗圃公司、单位名称			苗圃面积 hm²	
苗圃经度	°　′　″	苗圃纬度	°　′　″	
品种名称				
数量,株				
抽查数量,株				
疑似病株数,株				
确诊病株数,株		水源		
培养土来源		种苗来源		
监测人（签名）		监测时间		
联系方式				
备注				

附 录 D

（规范性附录）

香蕉生物样本送检表

香蕉生物样本送检表见表 D.1。

表 D.1 香蕉生物样本送检表

送样（生产）单位（盖章）						
通信地址					邮编	
送样人		电话		传真		E-mail	
标本编号		标本类型		样本数量		
采样人		采集时间		采集地点		
采集方式		采集场所		危害部位		
症状描述：						
发生与防控情况及原因：						
抽样方法、部位和抽样比例						
备注：						
检测单位（盖章）： 检测人（签名）： 年　月　日			生产/经营者 现场负责人 年　月　日			
注：本表一式两份，检测单位和送样（生产）单位各一份。						

附加说明：

本标准按照 GB/T 1.1—2009 给出的规则起草。

本标准由中华人民共和国农业部提出。

本标准由农业部热带作物及制品标准化技术委员会归口。

本标准起草单位：中国热带农业科学院环境与植物保护研究所。

本标准主要起草人：黄俊生、王国芬、张欣、杨腊英、王福祥、李潇楠、任小平、汪军。

中华人民共和国农业行业标准

热带作物病虫害监测技术规程　红棕象甲

Technical specification for monitoring pest of
tropical crop—Red palm weevil

NY/T 2818—2015

1　范围

本标准规定了红棕象甲（*Rhynchophorus ferrugineus*）监测相关的术语和定义、基本信息及监测方法。

本标准适用于我国棕榈科植物种植区红棕象甲的发生和种群动态监测。

2　术语和定义

下列术语和定义适用于本文件。

2.1

监测　monitoring

长期固定连续不断监督测试工作，具体表现为通过一定的技术手段而摸清某种有害生物的发生区域、发生时期及发生数量等。

2.2

聚集信息素　aggregation pheromone

由昆虫释放或人工合成的，能引起同种其他个体聚集的信息化学物质。

2.3

诱芯　lure

含有昆虫聚集信息素的载体。

2.4

诱捕器　trap

用来引诱和捕杀昆虫的器具。

3　基本信息

红棕象甲的形态特征、生物学特性、发生及为害特点参见附录 A。

4　监测方法

4.1　监测原理

根据昆虫对聚集信息素具有趋性的生物学特性，人工合成对红棕象甲成虫具有特异吸引的聚集信息素，并置于诱芯中。将诱芯置于诱捕器中，吸引成虫进入诱捕器。根据诱捕到的成虫数量，即可了解不同时间、空间的红棕象甲种群数量。

4.2　诱捕器构造

诱捕器由遮雨盖、集虫桶、漏斗等构成,与诱芯配合使用。诱捕器由耐用的聚乙烯制成,结构图见附录 B。

4.3 聚集信息素活性成分

红棕象甲聚集信息素的主要成分为 4-甲基-5-壬醇、4-甲基-5-壬酮和乙酸乙酯,能有效吸引成虫。聚集信息素由具有缓释功能的微胶囊和 PVC 微管组成的诱芯包裹密封,以控制聚集信息素的释放速率,正常情况下,释放速率为 2 mg/d。

4.4 诱捕器放置

在棕榈园边缘或园内空旷地带的地面放置诱捕器,每 667 m² 放置 1 个。在集虫桶中加入清水,水面高度以集虫桶高度的 2/3 为宜。

4.5 诱捕器管理和数据记录

注意检查诱捕器集虫桶水面高度,清除其中杂物。诱芯每 90 d 更换一次。每 7 d 收集一次诱捕到的红棕象甲,记录虫口数量,记录表格见表 1。

表 1   红棕象甲诱捕结果记录表

监测地点:_____   调查人:_____   寄主植物:_____

检查日期	诱捕器编号/诱集数量(头)					
	1	2	3	4	5	合计
注:此表将作为监测的原始记录,请妥善保管。						

4.6 发生程度划分标准

红棕象甲的发生程度用诱虫数划分,分级标准见表 2,当发生程度达到中度时应采取防治措施。

表 2   红棕象甲发生为害程度分级标准

指标	级别		
	轻	中	重
每月诱虫量 头/诱捕器	<5	5~20	>20

附 录 A
（资料性附录）
红棕象甲的形态特征、发生及为害特点

A.1 红棕象甲形态特征

见图 A.1。

卵：乳白色，具光泽，长卵圆形，光滑无刻点，两端略窄。卵期 3 d～4 d。

幼虫：幼虫体表柔软，皱褶，无足，气门椭圆形，8 对。头部发达，突出，具刚毛。腹部末端扁平略凹陷，周缘具刚毛。初孵幼虫体乳白色，比卵略细长。老熟幼虫体黄白至黄褐色，略透明，可见体内一条黑色线位于背中线位置。头部坚硬，蜕裂线"Y"字形，两边分别具黄色斜纹。体大于头部，纺锤形，体长约 50 mm。

蛹：蛹为离蛹，长 20 mm～38 mm（有多处类似表述不规范），宽 9 mm～16 mm，长椭圆形，初为乳白色，后呈褐色。前胸背板中央具一条乳白色纵线，周缘具小刻点，粗糙。喙长达前足胫节，触角长达前足腿节，翅长达后足胫节。触角及复眼突出，小盾片明显。蛹外被一束寄主植物纤维构成的长椭圆形茧。

成虫：体长 19 mm～34 mm，宽 8 mm～15 mm，胸厚 5 mm～10 mm，喙长 6 mm～13 mm。身体红褐色，光亮或暗。体壁坚硬。喙和头部的长度约为体长的 1/3。口器咀嚼式，着生于喙前端。前胸前缘小，向后逐渐扩大，略呈椭圆形，前胸背板具两排黑斑，前排 2 个～7 个，中间一个较大，两侧较小，后排 3 个均较大，或无斑点。鞘翅短，边缘（尤其侧缘和基缘）和接缝黑色，有时鞘翅全部暗黑褐色。身体腹面黑红相间，腹部末端外露；各足腿节末端和胫节末端黑色，各足跗节黑褐色。触角柄节和索节黑褐色，棒节红褐色。成虫前胸前缘小向后缘逐渐宽大，略呈椭圆形，具两排黑斑，前排 3 个或 5 个，中间一个较大，两侧的较小，后排 3 个，均较大，有极少数虫体没有两排黑斑。

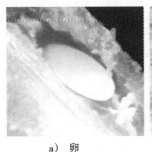

a）卵　　　　　b）幼虫　　　　　c）蛹　　　d）茧　　　e）成虫

图 A.1 红棕象甲各虫态

A.2 红棕象甲发生为害特点

红棕象甲成虫和幼虫都能危害，尤以幼虫造成的损失最大。成虫一般产卵于棕榈植物的伤口或裂缝，卵孵化后，幼虫钻进树干内取食茎秆疏导组织，为害初期很难被发现，为害后期，心叶干枯，被害寄主叶片减少，被害叶的基部枯死，倒披下来；移开枯死的叶柄，能看到红棕象甲的茧，剥开表皮可看到幼虫钻蛀的坑道。受害严重的植株，心叶枯萎，生长点死亡，只剩下数片老叶，树干被蛀食中空，只剩下空壳。

红棕象甲在华南地区 1 年发生 2 代～3 代，时代重叠严重。第 1 代时间最短，100.5 d，第 3 代时间最长，127.8 d。幼虫 7 龄～9 龄，历期平均 55 d，蛹期平均 17 d～33 d，成虫寿命变化较大，雌虫平均 59.5 d，雄虫平均 83.6 d。全年有两个成虫高峰期，分别为 4 月～5 月和 7 月～8 月。

附　录　B

（规范性附录）

红棕象甲诱捕器结构图

红棕象甲诱捕器结构图见图 B.1。

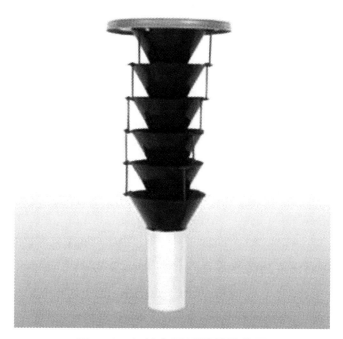

图 B.1　红棕象甲诱捕器结构图

附加说明：

本标准按照 GB/T 1.1—2009 给出的规则起草。

本标准由中华人民共和国农业部提出。

本标准由农业部热带作物及制品标准化技术委员会归口。

本标准起草单位：中国热带农业科学院椰子研究所。

本标准主要起草人：覃伟权、阎伟、刘丽、黄山春、李朝绪。

索　引

图书在版编目（CIP）数据

中国农业热带作物标准：2011—2015 / 农业农村部
热带作物及制品标准化技术委员会编 . —北京：中国农
业出版社，2021.12
　　ISBN 978-7-109-29089-1

　　Ⅰ.①中… 　Ⅱ.①农… 　Ⅲ.①热带作物—标准—汇编
—中国—2011—2015 　Ⅳ.①S59-65

　　中国版本图书馆 CIP 数据核字（2022）第 005328 号

中国农业出版社出版
地址：北京市朝阳区麦子店街 18 号楼
邮编：100125
责任编辑：冀　刚
版式设计：杜　然　　责任校对：吴丽婷
印刷：北京科印技术咨询服务有限公司
版次：2021 年 12 月第 1 版
印次：2021 年 12 月北京第 1 次印刷
发行：新华书店北京发行所
开本：880mm×1230mm　1/16
印张：52.75
字数：1600 千字
定价：298.00 元